STATISTICS CLASSICS　统计学经典译丛

PROBABILITY AND STATISTICS FOR ENGINEERS AND SCIENTISTS

概率与统计

（理工类·第**9**版）

罗纳德·沃波尔（Ronald E. Walpole）

雷蒙德·迈尔斯（Raymond H. Myers）

沙伦·迈尔斯（Sharon L. Myers）

叶可英（Keying Ye）　著

袁东学　龙少波　译

贾俊平　主审

U0385929

中国人民大学出版社

·北京·

译者序

本书是由罗纳德·沃波尔等著的一部优秀的统计学教材，其内容系统，结构层次分明，案例丰富。这样的一部教材十分难得，英文版本已更新至第9版。从内容来看，本书深入浅出，注重统计思想，而不偏重理论推导，对数学和概率论基础要求少，更多地强调实用性。此外，本书最为显著和耀眼的特点在于，其大部分章节都包含旨在建立起与本书其他章节之间联系的相关讨论。如此一来，读者更容易从宏观上认识统计的全貌，这正是本版教材的用心之处，也是其显著有别于本书历史版本之处。因此，本书适合统计学和相关专业的本科和研究生，尤其适合需要获得统计学的全景的读者。

从发展的角度来看，"统计是动态的历史，历史是静态的统计"。这说明统计理论本身是不断发展和完善的，是一个持续的过程，而且其产生和发展还与生产和社会历史进步密切联系，依赖于特定的社会历史条件（或实践），受到它的影响和制约（或激励）。例如，在农业和工业试验中，人们对试验设计产生了需求，于是催生了这个分支的发展，进一步在工业生产中又对质量控制和可靠性提出了要求。眼下大数据（big data）这个概念风行于世，姑且不论其内涵和外延，试问大数据是现在才有的吗？古圣先贤就没想过要"变废为宝"吗？技术进步，尤其是计算机技术的进步，使得这种想法成为可能，而且人们也认识到了大数据的重要性，于是从应用层面对处理大数据的方法提出了要求。我们可以看到，在生产和社会历史的实践过程中，普遍的规律是，人们常常需要通过个体（样本）来认识一般现象（总体），正是人类的现实需求和认识论意义上的这种天性催生了统计（思维）的发展，于是以归纳总结范式来认识世界的认知逻辑构成了统计学的基础逻辑，可见，统计学并不是在思维层面上具有纯粹性的数学演绎。但在理论层面，统计学将基础建立在大数定律和中心极限定理之上，确保了从个体（样本）到一般（总体）在一定基础（概率基础）上的正确性。因此，围绕大数定律和中心极限定理进行演绎的概率论便构成统计研究的基础，本书第2~6章以及第7章的部分内容就属于概率论的范畴。

我们开展统计研究来认识一般现象（总体）的过程中，主要面临两大统计问题：一个是参数估计问题（第8章），另一个是假设检验问题（第9章）。本书在内容上对这两部分的内容进行了充分的介绍，并且在结构安排上充分考虑了这两个问题之间的关联。读者在学习这两部分时需要掌握点估计、无偏估计、区间估计、置信水平、预测区间、容忍限、零假设（或原假设）、备择假设、犯第一类错误的概率 α、犯第二类错误的概率 β、P 值（或显著性）、自由度、检验的势等基础性概念的思想和内涵，前后联系来理解参数估计和假设检验两者之间的异同，从而对统计思想、概念和方法有更深刻、更准确的认识。例如，置信区间、预测区间和容忍区间这三者之间的差异及其产生的原因、所基于的假设以及在何种类型的科学研究或科学问题中应当采用何种区间形式。又如，零假设和备择假设之间，何者更为重要？当我们拒绝了备择假设时，是否可以说"接受零假设"这样的话，为什么？这些内容需要读者根据相应的统计思想去体会。

上面提到，称为"统计方法"的所有方法的主题在很大程度上几乎都是围绕估计和假设检验问题而展开的，只不过第 9 章以后的内容在很大程度上要依赖于我们的统计建模。在许多科研和工程领域，人们需要对很多不同类型的实际问题去进行建模，从而挖掘变量或参数之间的关系，统计上将这种关系定义为相关关系。不过，统计模型的框架通常用处不大，除非可以获取用于估计模型参数的数据。第 10 章和第 11 章介绍回归模型时这一点就会非常清楚。而且，与第 8 章有关的一些概念和理论还要进一步推广。第 9 章所讨论到的假设检验的框架、P 值、检验的势以及对样本容量的选取这些内容，在一起还将发挥非常重要的作用。在第 10 章和第 11 章，读者需要根据简单线性回归中的回归线和拟合回归线等基本概念（尤其是相关性的概念）以及回归分析所基于的基础假设来学习，因此也就可以理解为何要采用最小二乘法来估计模型的参数。估计出参数之后我们是否就有信心将该模型用于加深我们对工业生产的理解或者预测？不然，原始的模型表达式通常还需要通过拟合优度检验（如拟合不足检验等）、残差检验（如异方差）等方法来进行统计诊断，以判别是否存在违背基础假设的情况，并对模型质量进行评估，借此再对模型进行修正。

现实情形中我们所需估计和检验的总体参数通常不止两个，此时，第 8 章和第 9 章中的方法就显得窘迫了，我们需要采用方差分析技术或开展因子试验来解决这一类问题。可见，第 12 章是全书极为关键的一章，它是试验设计和方差分析这类重要问题的入门基础。试验设计中，随机指派消除了由于系统性指派造成的偏差，并将试验因子的不一致性造成的风险均匀地分配给每一个因子水平，从而最好地模拟出模型的假设条件。在第 12 章，本书还通过在试验中进行区组化，将试验单元分成一个个称为区组的相似对，因子水平或处理则随机地指派给每个区组，从而减少实验误差所造成的影响。在本章中，本书将相似对自然地推广到规模更大的区组上，而方差分析就是我们进行分析的主要工具。

第 13 章与第 12 章所讨论的是一样的问题，它只是推广到了包含一个以上因子的情形，不过，对这类问题的分析难度会因为我们对各因子之间所存在交互的解释而加大。而且在有些时候，科学实验中的交互效应相对于主因子（主效应）而言所起的作用更加重要。交互效应的存在使得我们要更加重视对图形方法的利用。在第 13 章和第 14 章，由于因子组合的方式繁多，因此本书就随机化方法进行了更详细的讨论。在阅读试验设计这三章的内容时，读者需要找到其中的关联，并认识到随机化的重要性以及交互效应对结果解释所起的作用等重要问题。虽然第 14 章有两方面的内容基本上就是第 12 章和第 13 章这两章的基本原则的一个推广，但在因子试验中我们是采用回归分析的方法来解决问题的，因为假设绝大多数因子都是定量的，而且都是在连续统上进行测度的。预测方程是根据设计性试验的数据得到的，于是我们可以将其用于工艺改进，甚至是工艺过程优化。此外，本书还提出了部分因子试验，即只对全因子试验中的部分因子进行试验，因为开展全因子试验往往存在过高的成本。

本译本有三处删节需要向读者说明。第一，本书的英文原版为读者提供了丰富的习题，出版社从教材本身的体量考虑，在习题部分只保留了编号为奇数的习题，不过即便是这样，本版教材的练习题在规模上仍然是非常庞大的。第二，本书将原版教材中不影响全书完整性的可选章节也进行了删减。第三，考虑到计算机在教学中的普遍应用，包括 Excel 在内的多款软件都可以直接计算出均值等重要统计信息，而且使用软件是现代统计学习中不可或缺的一项技能，因此本书对附录 A 中的内容并未收录，而是选择放在网上（www.rdjg.com），读者可自行下载。此外，为了方便我们使用软件来解决统计问题，英文原版的作者还在他们的网站上提供了原书中所有例子和习题的数据集，请读者自行到指定网站下载。

限于译者水平，译文中定有不当之处，欢迎专家和读者批评指正。

袁东学

前　言

■ 一般方法与教学水平要求

　　我们编纂第9版更多地不在于增加新的内容，而是要让本书清晰易懂。通过各章末新增内容所建立起的章节之间的关联关系，我们部分地达成了这一目标。我们将章末的这些评述称作 Pot Holes。因为这些内容非常有益于读者构建起本书的大框架，找到各章内容在这个框架中的位置，并让读者认识到其中的局限及对方法的误用所可能落入的陷阱。此外，通过我们在某几个章节中加入的课堂作业，读者可以更深入地了解在现实世界中是如何使用统计方法的。读者可以独自或者分组去采集试验数据并进行推断。在某些例题中，对问题的解答将极好地阐明某个概念的内涵，或给出对某个重要的统计结果的经验解释。我们不仅对已有的一些例子进行了推广，还以案例研究的方式引入了一些新的例子，我们在其中所做的评述都是为了使读者清晰地理解现实情境中的统计概念。

　　在本版中，我们会继续在理论和应用两者之间选择一个平衡点。本版所用到的微积分以及其他数学基础（例如，线性代数）与上一版处在大致相同的水平上。在我们将探讨的对象锁定为概率中的法则与概念时，统计学中分析工具的适用范围随着对微积分的应用就扩大了。第2~9章我们会着重讲解概率分布和统计推断。第10~14章会稍微用到线性代数和矩阵的知识来主要讲解线性回归和方差分析。因此，学习这部分内容的读者应当具备一个学期的微分学和积分学的知识储备。线性代数的知识非常有用，却并非必需的，如果教师不把第11章中用到矩阵代数知识的多元线性回归这一小节的内容放入教学大纲的话。和之前的几个版本一样，我们给出了大量的习题，涉及科研和工程的现实问题，需要读者前去挑战。习题中所涉及的许多数据集读者都可以到如下网址下载：http://www.pearsonhighered.com/datasets。

■ 第9版变化概览

　　• 在几个章节中加入了课堂作业，读者可以更深入地了解在现实世界中是如何使用统计方法的。我们要求读者去得到或采集他们自己的试验数据，并据此进行推断。

　　• 在本版中我们加入了更多的案例研究以及其他一些扩展的例题，帮助读者去理解现实情境中用到的统计方法。例如，现实情境中对置信限、预测限、容忍限的解释。

　　• 我们在某些章节末尾添加了 Pot Holes，在某些章节对其进行了扩展。我们做出这些评论的目的在于让读者找到各个章节在本书大框架中的位置，并理解各章之间的关联。此外，在这部分内容中我们还会指出一些可能误用本章所展示统计方法的地方，并提请注意。

　　• 第1章增加了更多有关单值统计量及图形方法的内容，而且对于抽样和试验设计也给出了新的基础材料。

- 第 7 章添加的有关抽样分布的例子，旨在说明 P 值和假设检验。这样有助于读者做好充分的准备来接受这些在第 9 章讲述到的、具有难度的主题。
- 第 11 章进一步提出了模型中单个回归变量与其他变量之间存在严重共线性的问题。
- 第 14 章介绍了响应面法这一重要的主题。其中使用的噪声变量有助于我们以图形方式来呈现均值和方差（对偶响应面）建模。
- 第 14 章介绍了中心组合（合成）设计。

内容和教学计划

本书适合在一个学期或两个学期学完。一个学期的教学计划包括第 1 ~ 9 章的内容会更合理。这样一来，这门课的课程计划中就可以包含估计和假设检验这些基础性内容。如果教师期望你能够学到简单线性回归的内容，则可能会要求你继续学习第 10 章中的部分内容。如果教师期望你能够学到方差分析而非回归，那么一个学期的教学计划中就会包括第 12 章，而不是第 10 ~ 11 章。第 12 章主要讲述单因素方差分析。另一个选择是，删除第 5 ~ 6 章的部分内容。如果这样选择的话，需要删除第 5 ~ 6 章中的一个或多个离散型或连续型分布，包括负二项分布、几何分布、伽马分布、韦布尔分布、贝塔分布、对数正态分布。在一个学期的课程计划中，还可以考虑删除极大似然估计、预测、第 8 章中的容忍限。我们可以看到，一个学期的课程安排具有内在的灵活性，关键取决于教师对回归、方差分析、试验设计、响应面法中的哪些内容更感兴趣。不过，有几个离散型分布和连续型分布（第 5 ~ 6 章）在工程和科研领域中有着广泛的应用。

第 10 ~ 16 章中的大量内容都可以放在有两个学期课程安排的第二学期。第 10 ~ 11 章中介绍的是简单线性回归和多元线性回归的内容。不过，第 11 章中的内容具有很大的灵活性。多元线性回归还包括分类变量或示性变量、诸如进行模型选择的逐步回归这样的序贯方法、研究残差以检测违背假设的问题、交叉验证和对统计量 PRESS 和 C_p 的应用、逻辑回归这样的"特殊主题"。可以着重介绍对正交回归因子——这是对第 14 章所介绍的试验设计的初级形式——的应用。第 12 ~ 13 章中的大量内容都是关于具有固定效应模型、随机效应模型、混合效应模型的方差分析的。第 14 章着重介绍全因子试验和部分因子试验中对两水平设计的应用，其中说明了筛选设计这个特殊的问题。第 14 章还有一个特点，在新的一节中使用响应面法来说明如何应用试验设计去求解最优的过程条件（或工艺条件），并讨论了如何使用中心组合（合成）设计来拟合二阶模型。响应面法因此也被扩展为包含对稳健参数设计这类问题的分析。噪声变量则被用来支撑对偶响应面模型。第 15 ~ 16 章适度地对非参数统计、质量控制的内容进行了介绍。

第 1 章从简单的数学层面上对统计推断进行了概括性的介绍。这一章的内容从第 8 版扩展到更全面的包含单值统计量和图形方法这些内容。本章的宗旨是要为读者初步构建起基本概念，以助力读者对后续内容能有更深入的理解。其中包括抽样、数据采集、试验设计的基本概念，也介绍了图形工具的一些基本方面，使读者获得对数据集中所蕴藏信息的一个认识。此外，还增加了茎叶图和箱线图。图形进行了系统化，并做了标记。对科研问题中的不确定性和变差我们进行了全面深入的探讨和说明。其中我们提供了如何从所研究的过程或科研问题中整理出重要特征的一些例子，在诸如生产过程、生物医学研究、生物学研究和其他科研问题这些实际情境中对这些思想进行了说明，而且对离散型数据和连续型数据的应用进行了对比。本章的重点在于介绍如何使用模型，以及可以通过图形工具获取的关于统计模型的信息。

第 2 ~ 4 章介绍的是基础概率、离散型随机变量和连续型随机变量的内容。第 5 ~ 6 章着重介绍了某些特殊的离散型分布和连续型分布，以及它们之间的关联。在这些章节中我们同样重点列举了现实科研和工程研究中所使用分布的例题。其中给出了例子、案例研究、大量的习题来启发读者如何去使用这些分布，而且通过课堂作业让读者体会到如何将这些分布应用到现实生活中。第 7 章包含对图形工具的介绍，不过这些都是对我们在第 1 章所呈现和阐述的基本图形工具的扩展。而且我们采用例题对概率图进行了探讨与说明，并深入介绍了抽样分布这个重要的概念，还阐述了中心极限定理以及独立正态抽样情境中样本方差的分布。其中也介绍了 t 分布和 F 分布，以引出我们在后续章节对它们的应用。在第 7 章中新增的内容有助于读者认识到假设检验的重要性，以引出 P 值的概念。

第 8 章包含单样本和两样本的点估计和区间估计问题，而且我们通过例证对不同类型的区间——置信区间、预测区间和容忍区间——之间的区别进行了深入讨论。我们还通过生产情境中的一个案例研究对这三类统计区间进行了阐述。在该案例研究中，我们着重说明了各区间之间的差异，其产生的原因、所基于的假设，以及在何种类型的科学研究或科学问题中应当采用何种区间形式。此外，本章还新增了一个关于比例推断的近似方法。在第 9 章开篇，我们通过一个简单的例子就假设检验的实际内涵进行了说明，并重点介绍了诸如零假设和备择假设、概率的作用与 P 值、检验的势这些基本概念。随后给出了标准情形中单样本和两样本检验的例证。当然，其中也介绍了配对观测的两样本 t 检验。案例研究有助于读者形成对因子之间交互效应的真实含义的清晰认识，以及在处理和试验单元之间存在交互效应的情形中，清晰认识到其所可能出现的危险。第 9 章最后一节是非常重要的一节，它将第 8 章和第 9 章（估计与假设检验）与主要讲述统计模型的第 10 ~ 15 章联系了起来。因此，对于读者而言，清晰地认识到其中的强关联非常重要。

第 10 ~ 11 章是简单线性回归和多元线性回归的内容。本书用了更多的笔墨对回归变量之间多重共线性带来的影响进行讨论。就单个回归变量与模型中的因变量之间存在很大程度上的相关性的情形，我们在书中说明了它的影响。针对（多重共线性）这个概念，书中重新回顾了序贯模型筛选法（前向法、后向法、逐步法等），并给出了每种方法所使用 P 值的合理数值。第 11 章主要介绍非线性模型，其中特别介绍了逻辑回归，它在工程学和生物学中具有很多应用。可见，书中有极其多的内容都在介绍多元回归，这为教授这门课程的教师留下了极大的灵活度。第 11 章最后一节是将其与第 13 ~ 14 章联系起来的评价性内容。本书在内容上突出了几个新的特点，有助于从总体上对此有更好的理解。比如，大部分章的最后一节都会提醒读者可能会遇到的所需注意的地方和难点。值得一提的是，实践中存在的几种类型的响应变量（如比例响应变量、计数响应变量、其他几种响应变量）是不能使用标准的最小二乘估计的，因为标准的假设已不再成立，而违背假设则可能引起严重的误差。在某些情形中，对响应变量所做的数据变换可以缓解这一困境。第 12 ~ 13 章的主题是方差分析，这两章对于教师来说也具有相应的灵活度。第 12 章的内容是完全随机化设计中的单因素方差分析，并以对方差的检验与多重比较相补充。其中以在区组中对处理进行比较为重点，并讨论随机化的全区组。图形方法也拓展到了方差分析中，以形象化的推断形式辅助读者进行正式的统计推断，这样可以基于读者在本书中所学内容来极大地助力其科学和工程研究。在这里我们也为读者新增了课堂作业，读者需要采用恰当的随机化方式混合到每个方案/计划中，并应用图形技术和 P 值来作答。第 13 章将第 12 章中的内容扩展成因子结构中包含 3 个或多个因子在内的情形。第 13 章中的方差分析既包括随机效应模型，又包含固定效应模型。第 14 章的内容为 2^k 部分因子设计；本书以例题和案例研究的形式为读者呈现了如何应用筛选设计和 2^k 某些特别的高阶的部分因子设计。本章新增的两项内容是响应面法和稳健参数设计。本书将上述主题通过一个案例研究连接了起来，该案例研究表达和说明的是一个对偶响应面设计与分析，其特点是要使用到过程均值和方差响应面。

■ 电脑软件

　　本书自第 7 章的案例研究开始使用 SAS 和 MINITAB 两者所输出的分析结果及其所产生的图形素材。本书将电脑软件的内容包含其中，源于我们坚信读者是具备电脑使用经验的，且可以读懂电脑软件的输出结果与图形，即使你的老师所使用的软件不是本书所采用的软件。对于读者而言，多接触几种软件可以拓展自身的经验基础。而且不要期望在本门课程的学习之中使用到的软件，会是毕业之后实务操作中所要求你们应用的那款软件。本书在适当的地方为其中的例子和案例研究都配有不同类型的残差图、分位数图、正态概率图，以及其他种类的图形。第 10 ~ 14 章就大量使用了这些种类的图形。

■ 补充材料

　　《教师参考答案手册》：该手册中给出了所有习题的答案，可从培生教育教师资源中心（Pearson Education's Instructor Resource Center）获取。

　　《学生参考答案手册》：该手册给出了选中习题的完整答案，它是读者学习和解决难题的重要工具书。

　　PPT 课件：该课件中包含本书中绝大多数图形和表格，可从培生教育教师资源中心获取。

　　StatCrunch 电子文本：该电子文本是交互式的在线系统，其中包含 StatCrunch，它是基于网络的一款强大的统计软件。内嵌的 StatCrunch 按钮有助于用户一点击该按钮就能打开本书中的所有数据集和表格，并立即使用 StatCrunch 进行数据分析。

　　StatCrunch™：StatCrunch 是基于网络的统计软件，它有助于用户进行复杂的分析、分享数据集、根据他们的数据生产出令人信服的报告。用户可以上传自己的数据到 StatCrunch，也可以在由超过 12 000 个公之于众的共享数据集构成的数据库中搜寻数据，该数据库几乎涵盖每一个领域。交互式的图形输出结果有助于用户深入理解统计概念，并且通过获取到的交互式图形输出以可视化数据的形式丰富我们的报告。此外，它还有其他一些特点：

- 大量的数量方法和图形工具，为用户分析并深入了解每个数据集提供了途径。
- 报告选项，为用户生产众多可视化的数据表现形式提供了便利。
- 在线调查工具，为用户通过网络形式快速进行调查并管理这些调查提供了路径。

取得资格的用户可以获取 StatCrunch 的接口。更多详情，请访问网站 www. statcrunch. com。

致 谢

在此我们要向参与审阅本书之前各个版本，并为本版提供良多有益建议的同行致意。他们是迈阿密大学的 David Groggel、拉里坦谷社区学院的 Lance Hemlow、得克萨斯大学圣安东尼奥分校的 Ying Ji、北艾奥瓦大学的 Thomas Kline、罗格斯大学的 Sheila Lawrence、布鲁姆社区学院的 Luis Moreno、科罗拉多大学波德分校的 Donald Waldman、斯伯汀大学的 Marlene Will。我们还要感谢为本书提供帮助的米勒斯维尔大学的 Delray Schulz、后京学院的 Roxane Burrows 和 Frank Chmely。

感谢培生为本书的出版而工作的编辑和印刷人员，尤其是总编辑 Deirdre Lynch、策划编辑 Christopher Cummings、执行编辑 Christine O'Brien、制作编辑 Tracy Patruno、文字编辑 Sally Lifland。非常感谢为本书提供颇多有益意见和建议的校对员 Gail Magin。最后，我们要感谢弗吉尼亚理工大学统计咨询中心，该中心为本书提供了有关现实生活的丰富数据实例。

目 录

第1章 统计与数据分析导言

1.1 概述：统计推断、样本、总体及概率的作用

质量提升自20世纪80年代就是，而且到21世纪仍是美国工业大量关注的焦点，但日本自20世纪中叶就创造了被大量谈及并见诸文献的"工业奇迹"。美国及其他国家都未能使生产高质量产品的环境出现，而日本人却成功了。事实上，他们的大部分成功都要归因于管理层对统计方法和统计思维的应用。

1.1.1 科学资料的应用

在制造、食品开发、电脑软件、能源、制药以及其他领域，应用统计方法时都需要进行信息或**科学资料**的采集。数据收集已经有一千多年的历史，并不是什么新的东西。数据一般会经收集、汇总、报告及存储等程序，以便查阅。然而，数据收集和**推断统计**之间却有着巨大的差别，后者在近几十年的时间里才受到应有的重视。

推断统计就是统计从业者所使用的统计方法的一个大"工具箱"。这些统计方法都是为了**不确定性**和**变异**出现时的科学决策过程而开发的。生产过程中，特定材料的产品密度并非总是相同的。如果该生产过程是分批次非连续进行的，那么生产线上下来的材料密度就不仅存在各批之间的差异（批间差异），而且会出现批内差异。使用统计方法就是为了分析诸如该过程中的数据资料，从而获知更多可用以提升生产过程**质量**的优化信息。在该生产过程中，质量就可以以对某个目标密度值的接近程度进行严格定义，而且任何时间都要满足该接近程度准则。大气污染过程研究中，工程师可能会关注用以测量一氧化硫的某特定工具（或方法）的情况。如果该工程师怀疑该工具的有效性，那么其中就会有两类待确认的**变异来源**。第一类是一天内同一地点一氧化硫数值的变异，第二类是大气中一氧化硫的观测值和真实值在特定时间的变异。这两类来源中的任何一类波动过大（根据该工程师设定的某个标准），就需要更换测量工具（或方法）。在降压新药的生物医学研究中，有85%的患者症状得到缓解，现有药物或旧药则能缓解80%慢性高血压患者的症状。不过，该新药却可能会带来一些副作用，并且生产起来更昂贵。那么是否应该批准新药呢？这是制药厂和美国食品药品监督管理局（FDA）经常遇到的问题（问题通常更复杂）。这时还是需要对产生变异的因素进行考察。"85%"这个数值是在该研究所选定患者的基础上得到的，一旦以新患者重复该研究，观测到的则可能会是只有75%的患者症状得到缓解。因此，决策过程中，应当考虑到各次研究之间非人为因素的变异。显然，这个变异很重要，因为在（重复性研究）这样的问题中患者的变化是很常见的。

1.1.2 科学资料中的变异性

上面讨论的问题中所用的统计方法涉及对变异的处理，而我们研究的每种情形中的变异都会在科学资料中遇到。如果生产过程中，观测到的产品密度始终如一，并且等于目标值，那么就不需要统计方法。如果用以测量一氧化硫的设备也总是有相同的数值，并且还是精确值（即正确的真实值），那么也不需要统计分析。如果不同患者本身对药物的反应没有差异（即药物能缓解每位患者的症状，或者对所有患者的症状都不能缓解），那么对制药厂的科研人员和美国食品药品监督管理局来说事情就简单多了，决策过程中也不需要统计学家。统计学研究为分析诸如上述过程中的数据提供了大量的方法。这反映了统计推断这门学科的真实本质，即让我们有方

法可用，从而超越纯粹的数据报告，得出有关应用科学体系①的结论（或进行推断）。统计学家都是凭借概率和统计推断的基本定律来得出有关应用科学体系的结论的。数据通常是以**样本**或一系列**观测**的形式进行采集的。抽样过程的内容将在 1.2 节②进行阐述，有关这个问题的探讨会贯穿全书。

从**总体**中采集到的样本有可能包含所有个体，也可能只是某一特定类型的个体。有时总体就是一个应用科学体系。比如，电脑主板的制造商希望能消除缺陷，抽样过程可能就需要随机抽取 50 块电脑主板收集数据。其中，总体就是特定时间内该企业生产的所有电脑主板。假使对电脑主板的生产过程进行工艺改进，然后又抽取了电脑主板的第二个样本，依照样本得到的有关工艺改进效率的所有结论，都可以推广到工艺改进后制造的全部电脑主板的总体。在药物试验中抽取一些患者作为一个样本，让每个人都服用特定的降压药物，这时我们关注的是高血压患者总体服药后的效果。

通常，严格按照计划日程来采集科学资料很重要。有时计划也会不可避免地有很大局限。因此，我们通常只关注总体中这些对象的某些性质和特征。每个特征对试图了解总体的科学家或工程师这样的研究人员来说都具有独特的工程学或生物学上的重要性。比如，在上面的例证中，生产过程的质量与其产出的产品密度有关，那么工程师可能就会去研究生产过程中如温度、湿度、特定配料的量以及其他工艺条件的影响。工程师可以有条理地将这些**因素**调整到满足任一配方或**试验设计**要求的任何水平，然而关注某种树木密度的影响因素的森林科学家，却未必能够进行试验设计，此时他需要进行**观测性研究**，即数据可以在现场采集，但**因素水平**不能进行事先选择。这两类研究都要用到统计推断方法。前一种情况下，推断的好坏取决于是否有恰当的试验设计，后一种情况则受制于所能采集到的数据。比如，对研究雨水对作物产量影响的农学家来说，采集到的只有旱季数据是非常令人伤心的。

统计思维对经理人员的重要性和科研人员对统计推断的使用已经形成了广泛的共识。科研工作者从科学资料中获益良多，因为数据增加了他们对科学现象的认知。产品和工艺工程师从线下优化改进工艺的过程中也获益颇丰，而且他们还在常规的生产数据（线上监测）采集过程中提升了洞察力。这些都有助于他们做出必要的修正来保证所需的质量水平。

有时科研工作者仅仅需要样本数据的概要，也就是说无须进行统计推断。而且，单个统计量或**描述统计**也是非常有用的。这些统计量能告诉我们有关这组数据中心位置、变异以及该样本中观测的分布特征的信息。尽管没有结合具体的统计方法来进行**统计推断**，但这些统计量中蕴涵着大量的信息。有时，描述统计还会结合图形使用。现代的统计软件包中都有**均值**、**中位数**、**标准差**以及其他单个统计量的计算，而且能生成图形来展示蕴涵样本性质的"踪迹"。对单个统计量与直方图、茎叶图、散点图以及箱线图等图形的定义和说明，放在后续各节。

1.1.3 概率的作用

本书第 2~6 章阐述了概率的基本概念。对这些概念的充分彻底梳理，有助于读者提升对统计推断的理解。而缺乏概率理论体系的读者则无法对从数据分析到现代统计方法的内容形成真正的理解。因此，在学习统计推断理论之前，掌握概率论的知识很有必要。概率原理有助于我们量化所得结论的说服力或置信度，即概率理论构成了完整的统计方法和资以我们测度统计推断置信度的重要组成部分。因此，概率论这门学科支撑了描述统计向推断统计的发展。而概率基本原理则将结论翻译成科研工作者和工程师所需的语言。下例有助于读者理解 P 值的内涵，P 值其实就

---

① 根据书中多次出现的场合，应用科学体系/科学（研究）体系具体来说应是一个科学研究的问题或对象。因此，有时我们会直接译作"科研问题/对象"。——译者注
② 此处原文有误，原文为第 2 章，从全书的章节安排来看，应为 1.2 节。——译者注

是解释统计分析结果的"底线"。

例1.1 假设工程师获得了生产过程的数据，抽取了100个样品，有10个次品。抽到次品是很正常的，因此抽中的这100个样品就构成了我们的样本。然而，从长期运营来看，企业只能忍受生产过程中5%的次品率。这时，概率基本原理就有助于工程师来确定关系到生产过程好坏的样本信息到底有多令人信服。显然，该案例中的总体就是生产的全部产品。假设生产过程的工艺水平是可以接受的，即次品率低于5%，一次随机抽取的100个样品中仍然有0.0282的概率包含10个及以上次品。这个小概率说明，在以现有工艺水平进行生产的情况下，从长期来看次品率有超过5%的可能。换言之，对一个工艺条件可接受的生产过程来说，这样的样本（抽取100个样品，有10个次品，次品率超过5%）出现的可能性极小。事实是，刚好发生了这样的事情。显然，如果生产过程的次品率显著超过5%，那么出现这种情况的概率就会大很多。

从该例我们可以清楚地看到，概率基本原理有助于我们将样本中蕴涵的信息转变成我们对该应用科学体系形成的结论性内容。事实上，这些带有概率意义的结论对工程师和经理来说是一个警醒。统计方法（第9章会详细阐述）给出的0.0282的P值说明，生产过程的工艺条件很有可能是无法接受的。有关P值的问题将在后续章节详细介绍。下例给出了另一个例证。

例1.2 通常，科学研究的本质决定了概率和演绎推理在统计推断中所起的作用。弗吉尼亚理工学院和弗吉尼亚州立大学研究了树根和菌类之间的关系。菌类把矿物质传送给树，树又把糖分传送给菌类。共2个样本，每个样本都包含种植在温室内的10株北部红橡幼苗。其中一个样本中的幼苗以含氮物质进行培养，另一个样本的幼苗则不用含氮物质。其他条件并无差别，而且所有幼苗都有豆包菌，140天之后，植株的茎重（单位：克）数据如表1.1所示。

表1.1 例1.2的数据

不含氮	含氮
0.32	0.26
0.53	0.43
0.28	0.47
0.37	0.49
0.47	0.52
0.43	0.75
0.36	0.79
0.42	0.86
0.38	0.62
0.43	0.46

该例中，这2个样本来自两个**独立总体**。该试验的目的是研究含氮物质的使用对根部生长情况的影响，并且采用的是比较性研究，即比较两个总体的某一重要特征。以图1.1的一维点图形式来展示数据非常具有启发性，其中以○表示"含氮"样本的数据，以×表示"不含氮"样本的数据。

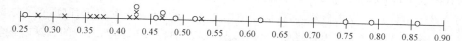

图1.1 茎重数据的一维点图

我们应该注意到，数据所展现出来的轮廓说明在平均意义上使用含氮物质能够增加茎重。含氮样本中有4个观测显著大于不含氮组的每个观测，而不含氮样本的大部分观测都低于数据的中位数。因此，该数据所展示的结果可能说明了氮（对增加根茎生长）的有效性。具体该如何进行量化？我们又该怎样从某种意义上归纳直观上所看到的结果？同前例一样，我们可以应用概率基本原理，即我们可以以概率或 P 值的形式来进行表述。在此我们不会对起概况性作用的某个概率进行统计推断，第9章会对这些方法（包括例1.1中用到的）进行详细介绍。而这里的问题就成了在假设含氮物质（对增加茎重）无效的情况下，也就是说这两个样本都是来自同一个总体的情况下，我们"可以通过样本数据观测到（两个样本来自同一总体）的概率"究竟有多大。如果这个概率非常小，比如是0.03，那么这就成了使用含氮物质确实能影响（显著增加）红橡幼苗平均茎重的有力证据。

1.1.4　概率和统计推断是如何一同起作用的

读者能认清本身就是科学的概率论这门学科和统计推断这门学科之间的区别很重要。正如我们已经说过的那样，使用概率论的概念原理有助于我们对统计推断的结果形成切身的体会。那是因为统计推断使用的就是概率论的概念原理。通过以上两例我们可以看到，研究人员拿到样本信息，运用统计方法和概率基本原理，就能得到有关总体特征的结论（比如，例1.1中的生产工艺过程是不可接受的，而例1.2中含氮物质的确能增加平均茎重）。因此，对一个统计问题而言，在统计推断正确运用概率基本原理的基础上，结合样本我们就能得出有关总体的结论。不过，本质上我们的推理逻辑是归纳法。在进入第2章及以后的章节时，读者要注意，我们不会再像这两个例子那样关注对统计问题的解决，多数例证中间甚至都不包含样本，而是以所有已知特征来对总体进行充分的刻画。我们的重点将放在总体的假定特性上。因此，在已知总体特性的基础上，运用概率基本原理我们就能知道总体假想样本的特征。而这样的推理逻辑在本质上是演绎法。图1.2给出了概率论与统计推断的基本关系。

图1.2　概论率与统计推断的基本关系

从大局着眼，究竟是概率论领域还是统计学领域更重要？显然这两者是相辅相成的，都非常重要。唯一可以确定的是，如果你不满足于仅知如何用，而不涉及太多原理或理论的"使用指南（或手册）"层面的统计学水平，那么一定要先学习概率论。因为除非你知道样本中不确定性产生的基本原理，否则就不能从样本去了解总体。比如例1.1所关注的中心问题是，生产工艺过程所刻画的总体的次品率是否超过5%，即平均意义上100个样品中有5个次品这个假设。而事实是，100个样品中有10个次品。这个现象是支持还是拒绝我们的假设？表面上看起来确实拒绝了该假设，因为100个样品中出现10个次品确实看起来有点儿多了。如果没有概率基本原理，我们又怎么知道这一点？通过后续章节的学习，我们就会知道接受（5%的次品率）该生产工艺过程所应满足的条件。100个样品的样本中出现10个及以上次品的概率为0.028 2。

在这两个例子中，我们运用概率基本原理给出了资以科研工作者或工程师进行决策的证据。而数据和结论的桥梁却是建立在统计推断、分布理论以及抽样分布基础之上的，这些内容我们将会在后续章节进行阐述。

1.2　抽样过程与数据采集

在1.1节我们简要谈到了抽样和抽样过程的内容。抽样看似一个简单的概念，但所需要解决的单个或多个总体的问题所具有的复杂性有时使得抽样过程非常繁复。第 7 章会对抽样进行专门的介绍，在此我们也尽量对抽样的常识进行一些说明，因为抽样是讨论变异概念的过渡。

1.2.1　简单随机抽样

合理抽样的重要性在于确定科研工作者用以解释问题的**置信度**。假定我们的问题中只有一个总体（例 1.2 是有两个总体的情况），**简单随机抽样**意味着指定样本容量的某个样本与其他具有相同容量的样本被抽中的机会是相等的。术语**样本容量**即是样本中元素的个数。随机数表可用于多种场合的样本遴选。简单随机抽样的优点在于它有助于消除这样的问题，即样本表征了与我们进行推断的那个总体不同的（甚至有更多局限的）另一个总体。比如，为了知道美国某个州有关政治倾向的问题，我们抽取了一个样本。假设样本包括 1 000 个家庭，我们对这些家庭做了调查。如果使用的不是简单随机抽样，抽中的这 1 000 个家庭全部或几乎全部都住在城区。而乡村家庭一般与城区家庭的政治倾向有很大差别，也就是说，我们的样本事实上缩小了总体，因此推断的结论也只适用于受限总体，显然该例中的这种情形并非我们想要的结果。所以，如果我们需要的是整个州的推断结果，那么这个 1 000 个家庭的样本就是**有偏样本**。

正如前面所提示的一样，简单随机抽样也并非总是合适的。具体使用哪种抽样方法取决于问题的复杂程度。比如，抽样单元通常不具有同质性，却能分成一些不重叠的同质性群组。这些群组称为**层**，此时使用**分层随机抽样**在各层内进行随机抽样就能得到样本。分层随机抽样的目的在于确保每个层都不出现代表性不足或过度的情况。比如，某城市为了摸清大众对债务公投的初步看法而实施一项抽样调查，该城市聚居着多个族裔，族裔特征就成了划分层的自然标志。为了不使任何一个族裔的民众受到忽视或代表过度，就可以采取分层随机抽样在每个族裔中分别抽取家庭的方式。

1.2.2　试验设计

随机性或随机分组的概念在**试验设计**领域起了非常重要的作用，1.1 节已对试验设计做了简要介绍，它几乎可以称为工程学和实验科学所有领域的重要支柱。详细的讨论贯穿第 12～14 章。不过，在随机抽样的背景下在此对其进行简要阐述仍具有启发意义。在某种意义上，所谓的**处理**和**处理组**就成为多个总体中所研究或比较的对象。比如例 1.2 中的含氮和不含氮就构成两个处理。安慰剂与活性药物也构成两个处理。疲劳腐蚀研究中样品是否有涂层和样品暴露的低湿或高湿环境也构成了处理组，其中共有 4 个处理或因子组合（即 4 个总体）。许多研究问题都可以通过统计和推断方法来解答。首先考虑例 1.2 中的情形，若试验中的 20 株幼苗都是病株。那么从数据本身就很容易发现这些幼苗之间是有差别的，含氮或不含氮组内的茎重都有由称为**试验单元**的因素引起的显著**变差**，它是统计推断中一个非常重要的概念，后续章节还会对此详述。变差的性质很重要。如果由试验单元过大的非同质性引起的变差太大，那么该变差就会掩盖两个样本之间任何测量到的差异。不过这种情况（在例 1.2 中）并没有发生。

图 1.1 中的一维点图和 P 值都说明，这两者有显著差别。那么试验单元在数据获取过程中又起了什么作用？通常意义下的标准方法是把这 20 株幼苗或试验单元在两个处理间进行随机分组。在药物试验中，共有 200 个患者，但患者个体在一定程度上肯定存在差别，他们就是该研究的试验单元。不过，这些患者都有可用该药物进行治疗的慢性病症状。在称为**完全随机化设计**的试验中，随机分给 100 个患者活性药物，其余的则是安慰剂。同样，一个组或处理中的试验单元在数据结果（如血压）上，或药物的功效值上产生的变差（即观测数据上的变差）也很重要。疲劳腐蚀试验中的试验单元就是被腐蚀的对象（即样品）。

1.2.3　为何要对试验单元进行随机分组

如果在处理或处理组间不采用随机的方法进行随机分组，会带来什么负面影响？药物试验中的情形最为明显。引起患者的结果之间产生变差的特征一般包括年龄、性别以及体重。假设安慰剂组中恰巧有一位患者的体重显著比对照组（治疗组）中所有患者都重，那么这位体重更重的患者其血压就有可能会更高一些。很显然，这样的结果是有偏的，而且统计推断所得到的结果有可能与药物毫无关系，更多地则是反映了两个样本的体重所引起的差异。

我们要着重突出变差的重要性。试验单元间过大的变差会掩饰研究结果。后续章节中我们会介绍和量化变差的各种测度，并就可以通过样本计算得到的某些特定的量进行探讨，通过这些量我们就能形成对样本性质的认识，如数据的中心位置信息和变差。探讨这些单值测度（单值统计量），有助于我们提前形成认识，即何种统计信息是统计方法（后续章节会详述）的重要组成。这些辅助我们刻画数据特征的测度（统计量）都属于**描述统计**的范畴。对这些内容的分析一般都会在进一步以图形方法来刻画样本数据之前进行。我们在这里谈到的统计方法在全书都会用到。例1.3 向读者更清晰地展示了试验设计的梗概。

例 1.3　腐蚀性试验中，我们想知道在铝的表面添加防腐材料，是否能降低铝受到腐蚀的程度。据说在铝的表面添加这种防护剂能把铝受到的疲劳损伤降到最低。此外，我们还想知道湿度对腐蚀程度的影响。腐蚀程度的测度可以用出现故障时所经的正常工作次数来表示。试验中我们所用的涂层水平有无涂层和化学防腐涂层两个。湿度也有 20% 和 80% 两个相对水平。

试验包含 4 个处理组，8 个试验单元。这 8 个试验单元都是备制好的铝样品，并且两两随机地在 4 个处理组间进行分配。试验数据在表 1.2 中给出。

表 1.2　例 1.3 的数据

涂层	湿度	平均腐蚀
无涂层	20%	975
	80%	350
化学防腐涂层	20%	1 750
	80%	1 550

表 1.2 中的每个数据都是 2 个样品的平均值。图 1.3 绘制了这组数据，其中较大的值意味着受到的腐蚀量较小。正如你所见，随着湿度增加，受腐蚀的程度也更加严重，而使用化学防腐涂层看起来也能降低受腐蚀的程度。

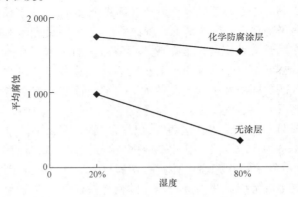

图 1.3　例 1.3 中的腐蚀数据

该试验设计的例证中，工程师对称地选取了 4 个处理组。要将这里的情况与我们的理论概念联系起来，就需要假定表征 4 个处理组的外界条件是 4 个独立的总体，而且观测到的每个总体的 2 个腐蚀值都是重要的信息。承载并归纳了总体某些特征的均值非常重要，1.3 节会着重对此进行介绍。根据图 1.3 我们能得出有关湿度的作用以及防腐涂层的影响的结论，但在不考虑围绕均值的变差的情况下，我们并不能真正地对这个结果从分析视角进行评价。正如前面所提到的，如果每个处理组的这 2 个腐蚀值靠得比较近，那么图 1.3 就是准确的。但如果图中的每个腐蚀值都是差距较大的两个值的平均，我们仍然只关注平均值时，其中的变差就会掩饰所有真实的信息。上例阐明了以下概念：

（1）对试验单元（样品）随机分配（或施加）处理组（涂层和湿度）。

（2）用样本均值（平均腐蚀值）归纳样本信息。

（3）分析样本数据时必须考虑变异的测度。

这个例子说明了描述统计的必要性，即数据中心位置的测度和变差的测度，1.4 节和 1.5 节会对此进行介绍。

1.3 位置测度：样本均值和中位数

位置测度为分析者以定量数值的形式提供样本中心位置或其他位置的信息。例 1.2 中，它就是简单的数值平均。

定义 1.1 假定一个样本的观测为 x_1，x_2，$\cdots$，x_n，则样本均值 $\bar{x}$ 可表示为：

$$\bar{x} = \sum_{i=1}^{n} \frac{x_i}{n} = \frac{x_1 + x_2 + \cdots + x_n}{n}$$

有关中心趋势的其他测度我们会在后续章节中详述。其中还有一个非常重要的测度是**样本中位数**，以样本中位数表征样本的中心趋势的原因在于，它不受极值或异常值的影响。

定义 1.2 假定一个样本的观测为 x_1，x_2，$\cdots$，x_n，把这些观测从小到大按升序排列，则样本中位数可以表示为：

$$\tilde{x} = \begin{cases} x_{(n+1)/2} & n \text{ 为奇数} \\ \dfrac{1}{2}(x_{n/2} + x_{n/2+1}) & n \text{ 为偶数} \end{cases}$$

比如，有一组数据是 1.7，2.2，3.9，3.11 和 14.7。则样本均值和中位数分别为：

$\bar{x} = 5.12$

$\tilde{x} = 3.9$

显然，极端值 14.7 的出现极大地影响了样本均值，而中位数却只关心这组数据真实的中心位置。在例 1.2 的两样本情形下，各样本的两种中心趋势为：

$\bar{x}(\text{不含氮}) = 0.399(\text{克})$

$\tilde{x}(\text{不含氮}) = \dfrac{0.38 + 0.42}{2} = 0.400(\text{克})$

$\bar{x}(\text{含氮}) = 0.565(\text{克})$

$\tilde{x}(\text{含氮}) = \dfrac{0.49 + 0.52}{2} = 0.505(\text{克})$

显而易见，均值和中位数在概念上不同。样本均值事实上就是**数据的重心**所在，这一点可能会令工科背景的读者感兴趣。也就是说，均值代表的这个点是用以平衡系统的支点。图 1.4 呈现的是含氮样本的情况。

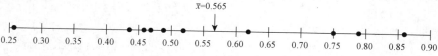

图 1.4 作为含氮茎重样本重心的均值

后续章节会讲到，我们计算 $\bar{x}$ 的依据在于它是**总体均值**的一个估计。前已叙及，我们进行统计推断的目的是获得有关总体特征或**参数**的结论，而（就参数）进行**估计**就是统计推断的一个重要特征。

中位数和均值的差别很大，但请注意，茎重样本的例证中不含氮样本的均值和中位数十分接近。

1.3.1　位置的其他测度

还有其他几种量化样本数据中心位置的方法，在此我们不做详细介绍。大多数情况下，替代样本均值的位置测度一般都是在均值和中位数之间进行折中处理，不过一般我们也很少用。但探讨一下这一类估计量还是会很有启发意义的，比如截尾平均。截尾平均是同时去掉一定比例的最大值和最小值计算得到的。比如，去掉 10% 的最大值和 10% 的最小值后，对剩下的计算平均值就得到 10% 截尾平均。对无氮样本而言，10% 截尾平均为：

$$\bar{x}_{\text{tr}(10)} = \frac{0.32 + 0.37 + 0.47 + 0.43 + 0.36 + 0.42 + 0.38 + 0.43}{8} = 0.397\,50$$

含氮样本 10% 截尾平均为：

$$\bar{x}_{\text{tr}(10)} = \frac{0.43 + 0.47 + 0.49 + 0.52 + 0.75 + 0.79 + 0.62 + 0.46}{8} = 0.566\,25$$

请注意，和我们预想的一样，截尾平均与样本均值和中位数都很接近。因为截尾平均没有样本平均对异常值那么敏感，但它对异常值的敏感度仍然要高于中位数。另一方面，相比中位数，截尾平均使用了更多的样本信息。事实上，剔除样本中其他所有观测，只剩中间那个观测（样本容量 n 为奇数）或中间那两个观测（样本容量 n 为偶数）时，样本中位数就是截尾平均的一个特例。

习　题

1.1　以下测量值记录了某品牌乳胶漆变干所需要的时间，以小时计。

3.4　2.5　4.8　2.9　3.6　2.8　3.3　5.6
3.7　2.8　4.4　4.0　5.2　3.0　4.8

假定这些测量值都来源于简单随机样本。请问：

（a）上述样本的样本容量是多少？

（b）请计算这组数据的样本均值 $\bar{x}$。

（c）请计算其样本中位数。

（d）请在点图中绘制出这组数据。

（e）请计算出上述数据集的 20% 截尾平均。

（f）这组数据的样本均值比起截尾平均是更能刻画其中心位置，还是更不能？

1.3　某种聚合物可用于飞机的疏散系统。聚合物的抗老化性能非常重要。在试验中我们用到了 20 个样本。随机分配 10 个样本到加速老化试验组，使其暴露在高温下 10 天。测量试品的张力值，所得数据如下，以 psi 为单位。

非加速老化组：227　222　218　217　225
　　　　　　　218　216　229　228　221

加速老化组：　219　214　215　211　209

218　203　204　201　205

（a）请绘制出这组数据的点图。

（b）根据你所绘制出的图形来观察，老化过程是否对这种聚合物的张力有影响？请对此作出解释。

（c）请计算两个样本张力的样本均值。

（d）请计算两个样本的中位数，并讨论每组的均值和中位数之间是否存在相似性。

1.5　20 名年龄在 30～40 岁之间的成年男性参与了一项研究，以评估一种特定的食品和运动健康计划对胆固醇的影响。随机选取 10 个人到控制组，另外 10 个人则参与健康计划，持续 6 个月，作为治疗组。下列数据为这段时间之后 20 名参与者的胆固醇下降水平。

控制组：　　7　　3　－4　14　2
　　　　　　5　22　－7　9　5

治疗组：　－6　　5　　9　4　4
　　　　　　12　37　　5　3　3

（a）请在同一幅图中绘制这两组数据的点图。

（b）请计算这两组数据的均值、中位数以及 10%

截尾平均。

（c）解释为什么我们根据均值所得到的是一种结论，而根据中位数或截尾平均所得到的是另一种结论。

1.4　变异的测度

　　样本的变异性在数据分析中起了很大的作用。生产工艺过程和产品的变异性也是工程和应用科学研究中常有的，而控制或降低工艺变差通常是一大难题。越来越多的工艺工程师和经理开始认识到，产品质量和作为生产成果的利润在很大程度上就是**工艺变差**的函数。由于第 8 ~ 14 章的大部分内容都与数据分析和建模有关，因此样本变差在这些章节中将起主要作用。即便在小样本的数据分析问题中，成功应用特定统计方法的关键也可能在于样本中各观测的变差大小。而位置测度并不能为我们提供数据特征的全貌，因此在例 1.2 中不考察样本变差的情况下，我们就不能得出使用氮能促进树根生长的结论。

　　对这类数据的详细分析本书放到了第 8 章，但通过图 1.1 我们也要清楚，无氮样本的变差和含氮样本的变差无疑具有一定的重要性。事实上，含氮样本的变差比无氮样本的变差大。也许含氮物质不仅能增加茎重[①]（$\bar{x}$ 为 0.565 克，而无氮样本中 $\bar{x}$ 为 0.399 克），还能增加各观测的茎重差异（即使得各观测的茎重差别更大）。

　　我们再提供另一个实例。比较如下两组数据，每组数据中都有两个样本，这两个样本的均值之间有一个差，这个差值在两组数据之间完全一致。数据集 B 中所提供样本的总体之间的对比（或差别）更明显，如果我们的试验目的是发现两个总体之间的差异，那么对数据集 B 来说任务就算完成了。然而，数据集 A 中这两个样本间（以均值计算出来）的巨大变差也增加了问题的难度，因为这两个总体的差别（看起来）并不明显。

```
数据集A:   X X X X X  O X X O O X X O  O O O O O O
                     ↑              ↑
                     X̄ₓ             X̄₀

数据集B:   X X X X X X X X X X X    O O O O O O O O O O O
                    ↑                      ↑
                    X̄ₓ                     X̄₀
```

1.4.1　样本极差和样本标准差

　　正如中心趋势或位置有多种测度一样，数据的散布程度或变差也有多种测度。最简单的测度就是**样本极差** $X_{\max} - X_{\min}$。极差很有用，我们在第 16 章讲述统计质量控制的时候会对其进行详细介绍。通常，在测度样本散布程度时，用得最多的是**样本标准差**。令 x_1，x_2，$\cdots$，x_n 为样本观测值。

　　定义 1.3　记**样本方差**为 s^2，则

$$s^2 = \sum_{i=1}^{n} \frac{(x_i - \bar{x})^2}{n-1}$$

而**样本标准差**就是 s^2 的算术平方根，记为 s，即

$$s = \sqrt{s^2}$$

　　我们应该清楚，样本标准差实际上是变差的一种测度。一般说来，数据的变差大，则 $(x - \bar{x})^2$ 的数值相应也会大，因此样本方差也大。$n-1$ 是方差估计的**自由度**。以样本方差为例，自由度就是用于计算变差的独立信息的个数。比如，我们要计算（5，17，6，4）这组数据的样本方差和标准差。样本均值 $\bar{x}$ 为 8，而方差的计算式为：

[①]　此处原文有误，原文为茎高（stem height）。例 1.2 一直都是围绕茎重（stem weight）讨论的。——译者注

$$(5-8)^2 + (17-8)^2 + (6-8)^2 + (4-8)^2 = (-3)^2 + 9^2 + (-2)^2 + (-4)^2$$

上式中圆括号内的数字之和为 0，即 $\sum_{i=1}^{n}(x_i - \bar{x}) = 0$。计算样本方差时并没有 n 个与 $\bar{x}$ 独立的平方偏差。原因在于，式子 $x - \bar{x}$ 中的最后一项（即 $\bar{x}$）由样本中前 $n-1$ 个观测确定了，所以计算 s^2 时只有 $n-1$ 个（独立）观测信息。也就是说，样本方差的自由度是 $n-1$，而不是 n。

例 1.4　第 9 章要深入讨论的一个例子是，一位工程师对检验 pH 值测量仪的偏倚产生了兴趣。用 pH 值测量仪对某种中性物质（pH = 7.0）的 pH 值进行了测量，样本容量为 10，测量结果为：

　　　7.07　7.00　7.10　6.97　7.00　7.03　7.01　7.01　6.98　7.08

则样本均值 $\bar{x}$ 为：

$$\bar{x} = \frac{7.07 + 7.00 + \cdots + 7.08}{10} = 7.025\ 0$$

样本方差 s^2 为：

$$s^2 = \frac{1}{9}[(7.07 - 7.025)^2 + (7.00 - 7.025)^2 + \cdots + (7.08 - 7.025)^2] = 0.001\ 939$$

因此，样本标准差为：

$$s = \sqrt{0.001\ 939} = 0.044$$

自由度 $n-1$ 为 9 的样本标准差就等于 0.044。

1.4.2　标准差和方差的单位

由定义 1.3 易见，方差测度的是相对于 $\bar{x}$ 的平方偏差的平均。虽然定义中的除项是自由度 $n-1$，而非 n，但我们仍然要使用平均平方偏差这个术语。当 n 足够大时，分母的差别就微不足道了。不过，样本方差的单位是观测值单位的平方，而样本标准差的单位却是和观测值的单位一致的线性单位。比如例 1.2，茎重是以克为单位计量的，样本标准差的单位也是克，而方差的单位则为克^2。也就是说，无氮组的标准差为 0.072 8 克，而含氮组的标准差则为 0.186 7 克。通过标准差说明，含氮样本中的变异相对无氮样本而言更大。这一点在图 1.1 中已经有所反映。

1.4.3　变异的何种测度更重要

正如前面所提到的，样本极差在统计质量控制领域有较多应用。读者可能会就此认为，同时使用样本方差和样本标准差是多余的。这两种测度基于同一个理论来度量变异，样本标准差是以线性单位度量的变异，样本方差使用的则是平方单位。在使用统计方法时，这两者都有巨大的作用。不过，这些作用大多是在对总体特征进行统计推断的背景中达成的。总体所特有的这些特征都是常数，这些常数一般称为**总体参数**。其中两个非常重要的参数就是**总体均值**和**总体方差**。样本方差在用以推断总体方差的统计方法中起了重要作用。在推断总体均值时，样本标准差结合样本均值也起到了重要作用。相比之下，在统计推断理论中更多的是考虑方差，而在实际应用中则会更多地用到标准差。

习　题

1.7　请根据习题 1.1 中的干燥时间数据，计算样本方差和样本标准差。

1.9　请根据习题 1.3 中的样本张力数据，一个样本中的样品被加速老化，而另一个样本中的样品则采用非加速老化的方式，分别计算两组样本的样本方差和样本标准差。

1.11　请根据习题 1.5 中的数据，分别计算控制和治疗两组样本中的样本方差和样本标准差。

1.5　离散型和连续型数据

　　贯穿观测性研究或设计性试验，统计推断在很多领域都有应用。由于应用领域不同，我们所采集到的数据可能是离散的，也可能是连续的。比如，化学工程师可能期望，设计的试验能使得产出最大化。产出可能是以连续的方式测量的，并以百分比或克每磅计量。而进行混合药物试验的药理学家得到的可能是二分类数据（即患者要么有反应，要么没有）。

　　概率论对离散型数据和连续型数据做了较大区分，这有助于我们进行统计推断。通常，计数数据中也要应用统计推断。比如，工程师对 1 毫秒内穿过计数器的放射粒子数的研究感兴趣，主管港口设备运行效率的人员则对每天到达某港口城市的邮轮数感兴趣。计数数据的情形不同，处理的方式也会不一样，第 5 章会对计数数据就几种不同的情形进行探讨。

　　就二分类数据而言，有几个需要特别注意的细节。实际中，需要对二分类数据进行统计分析的情形有很多。在这样的分析中，通常所用的测度是**样本比例**。显然二分类数据中包含 2 个类别。如果样本容量为 n，x 为落入第 1 类的观测个数，$n-x$ 则为落入第 2 类的观测个数。因此，x/n 就是第 1 类的样本比例，$1-x/n$ 则为第 2 类的样本比例。在生物医学应用中，在一个由 50 位胃病患者构成的样本中，假设有 20 位患者在用药后症状得到改善，则 $20/50=0.4$ 就是药物有效的样本比例，$1-0.4=0.6$ 则为药物无效的样本比例。事实上，二分类数据主要的数值测度一般是以 0 或 1 表示的。比如，在药物试验中，有效就记为 1，无效则记为 0。因此，样本比例实际上是这些 1 和 0 的平均。就药物有效性这个研究而言

$$\frac{x_1 + x_2 + \cdots + x_{50}}{50} = \frac{1 + 1 + 0 + \cdots + 0 + 1}{50} = \frac{20}{50} = 0.4$$

1.5.1　二分类数据能解决何种问题

　　有别于我们所关注的连续型测度中的情形，二分类数据给科研工作者和工程师带来的问题并不多。连续总体的样本观测的平均就是样本均值，由于样本均值和样本比例的统计性质存在巨大的差别，因此针对样本比例就要用到不同的处理方法。考虑这样一个统计问题：一个干预（如提升加工温度）能否改变总体均值，比如硅胶加工过程的抗拉强度。又如质量控制领域，一个汽车轮胎制造厂商得到了这样的鉴定结果：随机从生产过程中抽取 5 000 个轮胎，有 100 个轮胎存在瑕疵。则样本比例为 $100/5\,000=0.02$。随后又改进了生产流程以降低次品率，第二次抽取的含 5 000 个样品的样本中有 90 个次品，则样本比例降为 $90/5\,000=0.018$。样本比例从 0.02 降为 0.018，是否足以支撑总体中瑕疵轮胎的比例得到了改善的结论？这两个例证都要用到样本均值的统计性质，一个来自连续总体，另一个则来自离散（如二分类）总体。在这两个例子中，样本均值就是对总体参数的一个估计，一个是总体均值（即平均抗拉强度），另一个是总体比例（即总体中瑕疵轮胎的比例）。这样一来，我们就得到了用以对总体参数进行科学推断的样本估计量。正如 1.3 节所说，这是应用统计推断的许多实际问题中的常见主题。

1.6　统计建模、科学检验以及图形诊断

　　统计分析的最终结果是对某个**假设模型**的参数的估计。对科研工作者和工程师而言，这些都很正常，因为他们在建模过程中要经常遇到。统计模型并不是确定性的，而是具有一定概率特征。模型形式通常是研究人员做出**假设**的基础。比如例 1.2 中，科研人员可能希望通过样本信息推断出含氮和无氮总体间一定水平的差别。然而研究人员可能还需要一个描述这两个总体的具体模型，假设这两个总体都服从**正态分布**或**高斯分布**。详见第 6 章对正态分布的探讨。

显然，应用统计方法的研究人员并不能生成足够的信息或试验数据来完全表征总体。我们通常只能获得总体的部分特征。科研人员和工程师经常要处理数据，他们都深知，表征或概述数据集所具有性质的重点在于，一定要明显且易于理解。通过图形对数据集进行概括和呈现，通常能让我们获得对总体的深刻见解。比如1.1节和1.3节所给出的一维点图。

本节将对抽样和数据显式化在提升统计推断价值中所起的作用进行详细探讨。我们仅介绍一些简单而有效的数据显式化方法，这些显式化方法能辅助我们对统计总体进行研究。

1.6.1 散点图

有时，假设模型的形式在一定程度上会比较复杂。比如，一个纺织品制造商设计的试验中，所生产布样的含棉百分比各不相同。数据如表1.3所示。

表1.3 抗拉强度

含棉百分比（%）	抗拉强度
15	7，7，9，8，10
20	19，20，21，20，22
25	21，21，17，19，20
30	8，7，8，9，10

含棉百分比共分4个等级，每个等级都有5个布样。本例中，试验模型和所用的分析模型都应当考虑到该试验的目标和来自织物研究人员的重要投入。使用某些简单的图就能轻易阐明各样本间的显著差别。如图1.5所示，散点图很好地表征了样本均值和变差。该试验一个可能的目的是确定哪个含棉量等级的织物与其他几个等级有显著差别。也就是说，如含氮/无氮数据中的情形一样，确定哪个含棉量等级的总体和其他总体存在明显差别，具体地即是哪个含棉量等级的总体均值和其他总体均值存在明显差别。本例中，一个合理的假设可能是，每个样本都出自正态分布。此时的目标与含氮/无氮数据中的情形就非常一致了，只不过本例中包含的样本数更多。本例的分析程序涉及在第9章才会讨论的假设检验。不过，在有诊断图的情况下，上述分析程序则并非必需的。不过这样的方法真的能说明该试验的目的，因此就是分析此类数据的恰当方法吗？研究人员可能希望在该试验中找到某个含棉量等级的织物，它能使总体均值（即平均抗拉强度）最大。这样一来，分析数据的模型就与之前不同了，即该模型的假定结构应当把总体均值（即平均抗拉强度）与含棉量联系到一起。也就是说，该模型应当有如下形式：

$$\mu_{t,c} = \beta_0 + \beta_1 C + \beta_2 C^2$$

式中，$\mu_{t,c}$是总体均值（平均抗拉强度），它随着布样中含棉量 C 的变化而变化。该模型说明，在一个固定含棉量水平上，总体都有一个抗拉强度值，而总体均值就是 $\mu_{t,c}$。这类模型称为回归模型，第10章和第11章会对此进行讨论。该模型的函数形式是由研究人员选定的。有时我们也可能会根据数据分析结果对模型进行一些调整。数据分析人员所用的模型可能要经过几轮分析调整后才最终成型。通常需要引入估计理论才能使用经验模型，其中 β_0，β_1，β_2 都是通过数据估计的。进一步，还可以使用统计推断来判断模型的充分性。

通过这两个例子可以明显发现以下两点：（1）说明数据的模型类型通常取决于试验的目的；（2）模型结构在设计上应充分考虑非统计意义上的科研成果。对模型的选择决定了统计推断结果所基于的基本假设。贯穿全书，我们会发现图形非常重要。以图形说明的信息通常有助于科研工作者或工程师之间更好地交流规范的统计推断的结果。有时，图形或**探索性数据分析**还能告诉分析人员一些在规范分析中无法获取的信息。几乎所有规范的数据分析都需要根据数据的模型做出

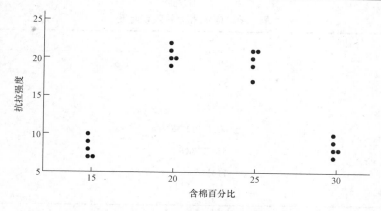

图1.5 抗拉强度和含棉百分比的散点图

假设。图形可以完美地把违背假设的情况集中显示出来,如果不使用图形的话则很难发觉。贯穿全书将会用到大量的图形来辅助规范的数据分析。以下围绕探索性数据分析或描述统计分析中非常有用的图形工具进行介绍。

1.6.2 茎叶图

在数据量很大时,如果以结合表格法和图形法的**茎叶图**来表现统计数据的分布情况会非常有用。

我们以表1.4中的数据来说明如何构建一幅茎叶图,表中列出的是近10年内40块相同的汽车电池的寿命记录。这些电池的设计寿命是3年。首先,将每个观测分成茎和叶两个部分,以茎表示观测值的整数部分,以叶表示小数部分。以3.7这个数值为例,指定3为茎,7就为叶。表1.5的左侧按垂直的方式列出了表1.4中所有观测的4个茎:1,2,3和4,与茎对应的叶则记在其右侧。因此,观测值1.6中6这片叶子就记在1这个茎的右侧,观测值2.5中5这片叶子就记在2这个茎的右侧,以此类推。表1.5中的频数列记录了每个茎的叶子总数。

表1.4 汽车电池寿命

2.2	4.1	3.5	4.5	3.2	3.7	3.0	2.6
3.4	1.6	3.1	3.3	3.8	3.1	4.7	3.7
2.5	4.3	3.4	3.6	2.9	3.3	3.9	3.1
3.3	3.1	3.7	4.4	3.2	4.1	1.9	3.4
4.7	3.8	3.2	2.6	3.9	3.0	4.2	3.5

表1.5 电池寿命的茎叶图

茎	叶	频数
1	69	2
2	25669	5
3	0011112223334445567778899	25
4	11234577	8

表1.5中的茎叶图只有4个茎,因而还不足以充分展现数据的分布情况。为了修正这个问题,有必要增加图中茎的个数。一个简单的办法是每个茎都重复一遍,把0,1,2,3,4这5类叶子都记在第一个茎的右侧,5,6,7,8,9这5类叶子则记在第二个茎的右侧。修正后的双茎叶图如表1.6所示,与0*,1*,2*,3*,4*这5类叶子对应的茎以*标记,与5,6,7,8,9这5类叶子对应的茎则以·标记。

表 1.6   电池寿命的双茎叶图

茎	叶	频数
1 ·	69	2
2 *	2	1
2 ·	5669	4
3 *	001111222333444	15
3 ·	5567778899	10
4 *	11234	5
4 ·	577	3

对任一问题，我们都必须确定适当的茎值。尽管仍然受到样本容量的限制，但一定程度上说对茎值的选取其实具有主观性。通常，我们会选取 5 ~ 20 个茎。获取的数据量越少，茎的个数也会越少。比如，随机抽取的 40 个工作日内在自助餐厅用餐的人数的取值范围是 1 ~ 21，我们选用双茎叶图来展现这些数据，0 ∗，0 ·，1 ∗，1 ·，2 ∗ 为茎。这样一来，最小的观测 1 所对应的茎就为 0 ∗，叶为 1；观测 18 的茎为 1 ·，叶为 8；最大的观测 21 的茎为 2 ∗，叶为 1。另一个例子是，汽车经销商的 100 辆新车最可能的成交价为 18 800 ~ 19 600 美元，我们选用单茎叶图来表现这些数据，188 ~ 196 这 9 个数为茎，叶则为余下的两位数。成交价 19 385 美元的茎为 193，叶为 85。茎叶图中茎的叶子是多位数的话，则以逗号分隔每片叶子。如果小数点后的数字都是叶子的话，那么一般会省略小数点，如表 1.5 和表 1.6 中的情形。但如果样本观测的取值范围在 21.8 ~ 74.9 之间，我们则会以 2，3，4，5，6，7 作为茎。以 48.3 为例，4 为茎，8.3 为叶。

茎叶图是归集数据的一种有效方式。**频数分布**也是一种有效的方式。数据被归集到不同的组或区间，而茎就是一个分组区间，从属于每个茎（分组区间）的叶子数就构成了频数分布。在表 1.5 中，有 2 片叶子的茎 1 的区间是 1.0 ~ 1.9，有 2 个观测；有 5 片叶子的茎 2 的区间是 2.0 ~ 2.9，有 5 个观测；有 25 片叶子的茎 3 的区间是 3.0 ~ 3.9，有 25 个观测；有 8 片叶子的茎 4 的区间是 4.0 ~ 4.9，有 8 个观测。表 1.6 的双茎叶图中，有 7 个分组区间：1.5 ~ 1.9，2.0 ~ 2.4，2.5 ~ 2.9，3.0 ~ 3.4，3.5 ~ 3.9，4.0 ~ 4.4，4.5 ~ 4.9，各自的频数分别是 2，1，4，15，10，5，3。

1.6.3   直方图

以总的观测个数除以各组的频数即为各组观测的比例。列示相对频数的表称为相对频数分布。表 1.4 中数据的相对频数分布如表 1.7 所示，表 1.7 还给出了各组区间的中点。

表 1.7   电池寿命的相对频数分布

分组区间	组中值	频数 f	相对频数
1.5 ~ 1.9	1.7	2	0.050
2.0 ~ 2.4	2.2	1	0.025
2.5 ~ 2.9	2.7	4	0.100
3.0 ~ 3.4	3.2	15	0.375
3.5 ~ 3.9	3.7	10	0.250
4.0 ~ 4.4	4.2	5	0.125
4.5 ~ 4.9	4.7	3	0.075

相对图形而言，以表格形式给出的相对频数分布提供的信息更易于理解。借助各分组区间的中点和相应的相对频数，就能制成图 1.6 所示的**相对频数直方图**。

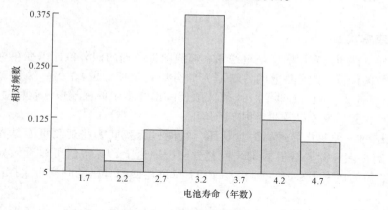

图 1.6   相对频数直方图

大多数连续型频数分布都能以图 1.7 中的钟形曲线进行具象的展现。图 1.6 和图 1.7 中的图形工具有助于我们提取有关总体性质的特征。第 5 章和第 6 章会阐述总体的**分布**性质。下面会对分布**或概率分布**进行更严格的定义，此时在未定义的情况下，我们可以把分布或概率分布看做图 1.7 中所示在样本趋于无穷大时的极限形式。

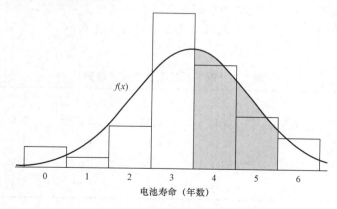

图 1.7   估计频数分布

把一个分布沿垂直方向对折后，两边能重叠到一起，那么分布就是**对称的**。在垂直方向上不具有对称性的分布则是**偏斜的**。图 1.8（a）的分布是右偏的，因为该分布右侧的尾部较长，而左侧的尾部较短。图 1.8（b）的分布是对称的，图 1.8（c）的分布是左偏的。

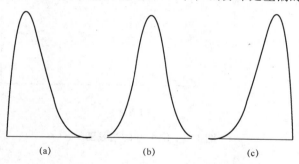

图 1.8   数据的偏态

把茎叶图逆时针旋转 90 度，我们会看到叶子这一栏所形成的图形与直方图非常类似。因此，如果我们研究数据的主要目的在于判断分布的一般形态或形式，绘制相对频数直方图就并非必需的。

1.6.4 箱线图或盒状图

另一个表征样本性质的有用图形是**箱线图**。箱线图把数据的四分位差围在箱（或盒）内，并在箱内标明中位数的位置。四分位差的一端是 75% 分位（上四分位），另一端是 25% 分位（下四分位）。此外还有延伸的"须"（即线），"须"能反映出样本中的极端值。就相对大的样本而言，箱线图能展示中心位置、变差以及非对称度等信息。

此外，箱线图的一种变化形式称为**盒状图**，它能提示我们哪些观测可能是异常值。**异常值**通常是离群的。有许多探测异常值的统计检验方法。理论上，异常值可以看做异常事件的观测（因为出现离群数值的概率很小）。我们会在第 11 章讲述回归分析的时候再次探讨有关异常值的概念。

不过，箱线图或盒状图中的形象信息并非检测异常值的规范检验，只能把它看做一种诊断工具。我们所用的各种软件在判断异常值时存在很大差别，一个通用的方法是使用**四分位差的倍数**。比如，如果观测值到箱的距离超过了 1.5 倍的四分位差（无论从哪个方向），该观测就是异常值。

例1.5 在一个由 40 支香烟构成的随机样本中，我们测量了其中的尼古丁含量。数据如表 1.8 所示。图 1.9 是这些数据的箱线图，0.72 和 0.85 为下侧尾部的轻度异常值，观测 2.55 为上侧尾部的轻度异常值。本例中的四分位差为 0.365，1.5 倍的四分位差为 0.547 5。图 1.10 是尼古丁含量数据的茎叶图。

表 1.8 例 1.5 的尼古丁含量数据

1.09	1.92	2.31	1.79	2.28	1.74	1.47	1.97
0.85	1.24	1.58	2.03	1.70	2.17	2.55	2.11
1.86	1.90	1.68	1.51	1.64	0.72	1.69	1.85
1.82	1.79	2.46	1.88	2.08	1.67	1.37	1.93
1.40	1.64	2.09	1.75	1.63	2.37	1.75	1.69

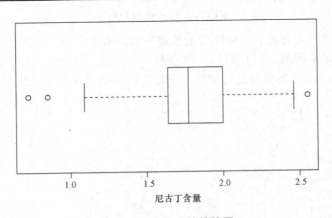

尼古丁含量

图 1.9 例 1.5 的箱线图

```
 7 | 2
 8 | 5
 9 |
10 | 9
11 |
12 | 4
13 | 7
14 | 07
15 | 18
16 | 3447899
17 | 045599
18 | 2568
19 | 0237
20 | 389
21 | 17
22 | 8
23 | 17
24 | 6
25 | 5
```

图 1.10 尼古丁含量数据的茎叶图

例 1.6 表 1.9 中的数据包含 30 个测量漆罐拉盖厚度的样本（见 Hogg and Ledolter，1992）。图 1.11 是该非对称数据集的箱线图。我们注意到，箱的左侧区域显著比右侧区域大。中位数是 35，下四分位数是 31，上四分位数是 36。我们还注意到，右侧的极端观测相对左侧离箱形更远。但该数据集并没有异常值。

表 1.9 例 1.6 的数据

样本	测量值	样本	测量值
1	29 36 39 34 34	16	35 30 35 29 37
2	29 29 28 32 31	17	40 31 38 35 31
3	34 34 39 38 37	18	35 36 30 33 32
4	35 37 33 38 41	19	35 34 35 30 36
5	30 29 31 38 29	20	35 35 31 38 36
6	34 31 37 39 36	21	32 36 36 32 36
7	30 35 33 40 36	22	36 37 32 34 34
8	28 28 31 34 30	23	29 34 33 37 35
9	32 36 38 38 35	24	36 36 35 37 37
10	35 30 37 35 31	25	36 30 35 33 31
11	35 30 35 38 35	26	35 30 29 38 35
12	38 34 35 35 31	27	35 36 30 34 36
13	34 35 33 30 34	28	35 30 36 29 35
14	40 35 34 33 35	29	38 36 35 31 31
15	34 35 38 35 30	30	30 34 40 28 30

箱线图和其他图形方法还能以别的方式来辅助研究人员进行数据分析。我们可以用图形方法

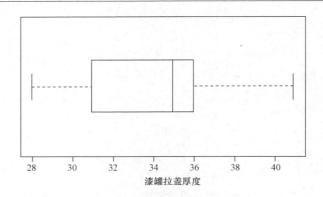

漆罐拉盖厚度

图 1.11　漆罐拉盖厚度的箱线图

来对比多重样本。图形方法也能揭示变量之间的关系，甚至辅助我们发现样本中的异常观测或离群观测。

其实，我们所要用的还有其他类别的图形工具和方法，第 7 章在我们讲述了其他理论细节后会对此进行介绍。

1.6.5　样本的其他重要特征

除中心位置测度和变异测度，还有能进一步反映样本或分布性质的其他特征。比如，中位数把数据（或分布）分成了两部分，而一些非常有用的其他测度也能对分布进行划分。四分位数能把分布划分为 4 部分，第三四分位数首先把上 1/4 的数据分出来，第二四分位数即中位数，而第一四分位数则把下 1/4 的数据分出来。用分位点（百分位点）还能对分布进行更细的划分。这些量有助于研究人员认识分布的尾部，也就是或大或小的极端值。如 95% 分位点把上 5% 的数据同下 95% 的数据分割开来。对极端值的定义也适用于分布的下侧或下尾。如 1% 分位点把分布中下 1% 的数据同其他数据分割开。分位点的概念在后续多个章节中所起的作用都很大。

1.7　统计研究的一般类型：设计性试验、观测性研究以及回溯性研究

前面各节我们重点介绍了从总体中抽样的概念，以及如何使用统计方法来获取或证实有关总体的重要信息。在许多重要的科研和工程领域，使用统计方法探究或获取的信息通常能影响到决策的制定和问题的解决。例 1.3 就是例证，该例中的这个简单试验的结果有助于我们判断在哪种更易导致腐蚀的环境中使用铝合金是不可取的。该结论不仅对生产该合金的厂商有用，而且适用于该合金的用户。这个例证以及第 12~14 章的多数例子的重点在于，获得一些（腐蚀程度）特征或测量时对所关心的试验条件（结合涂层条件和湿度因素）的设计或控制。腐蚀测定试验使用了包含中心趋势测度和变异测度在内的统计方法。我们在下面会看到，根据这些方法通常会产生类似 1.6 节探讨的统计模型。这种情况下，该模型便可用于估计（或预测）腐蚀程度，其中腐蚀程度是湿度和所采用涂层类型的函数。同样，在建立此类模型时，以中心趋势和变异为重点的描述统计就变得非常有用。

例 1.3 所提供的信息很好地说明了一点，即只要在设计性试验中使用本书所提及的统计方法就能解决这类工程学问题，如：

（1）在试验的相对湿度范围内，相对湿度对铝合金产生腐蚀影响的本质是什么？

（2）化学防腐涂层能减弱腐蚀吗？这种减弱效果在某些情况下能否量化？

（3）涂层类型与相对湿度是否存在影响合金腐蚀程度的交互作用？如果存在，我们该如何解释？

1.7.1 什么是交互作用

第（1）个和第（2）个问题的重要性是显而易见的，因为它们关系到对合金的生产和使用双方来说都很重要的问题。然而第（3）个问题呢？第 13～14 章会对交互作用的概念进行详细介绍。图 1.3 就是探究简单设计性试验中的两个因素间交互作用的例证。由图 1.3 我们注意到，连接样本均值的直线并不平行。如果平行的话，则说明相对湿度在有无化学涂层这两种情况下（对腐蚀）的作用（表现为直线的斜率）是一致的，即无作用。图 1.3 中直线的斜率为负，这说明随着湿度的提升腐蚀更严重。而且，直线不平行还说明涂层类型和相对湿度之间存在交互作用。与无涂层条件下陡峭的直线相反，化学防腐涂层几乎水平的直线却说明，不仅化学防腐涂层有效（注意直线之间的置换），而且由于防腐涂层的存在还使湿度的作用变得微不足道了。显然，所有这些问题对这两个因素各自的效应，以及解释两者之间的交互作用（如果存在的话）而言都非常重要。

如果数据都是来自设计性试验，那么统计方法对回答诸如上面所列的（1）、（2）和（3）这 3 个问题而言就非常有用。但我们并非总有设计一个试验的意愿或资源。在很多情况下，科研人员或工程师所关心的条件都无法满足，而其原因仅仅在于我们无法控制重要的因素。例 1.3 中的相对湿度和涂层类型很容易控制。而无法控制重要因素当然也是设计性试验的一个限定性特征。在许多领域，所研究的因素由于众多原因中的一个会变得不受控制。诸如例 1.3 中的严格控制令研究人员自信他们所发现的任何差异（如腐蚀程度）都是由受控的因素引起的。另一个例证如下：假设抽取 24 个硅胶样品，对半分成两组，各组的加工温度不同。由于温度受到严格控制，因此该例就是以加工温度为单因素的设计性试验。这样一来，抗拉强度均值间的差异就是由不同的加工温度造成的。

1.7.2 不受控制的因素

在因素不受控制的情形下，就无法对试验单元的既定处理进行随机分组，而我们仍然需要收集数据。为了进行说明，考虑血液中胆固醇水平与钠含量之间关系的一个研究。我们监测了一组个体在一段时间内血液的胆固醇水平和钠含量。毫无疑问，从该数据集中能采集到一些有用信息。不过，应当清楚一点，血液中的钠含量是不受到严格控制的。理想的情况下，试验对象能随机分为两组，即血液中钠含量高的为一组，钠含量低的为另一组。显然这种理想情况并未出现。因为多数其他不受控制的因素中的一个发生变化，胆固醇水平就会有明显的变化。无法控制因素（的变化）的研究称为**观测性研究**。而且多数时候，要完成对试验对象的观测都存在一个时间跨度。

生物学和生物医药学研究通常不得不采用观测性研究。而且，观测性研究也不仅限于这些领域。比如我们要判断环境温度对化工厂电力消耗量的影响而设计一个试验。环境温度显然是不受控制的，因此数据只能通过在一个时间跨度内对化工厂的监测得到。

完全的设计性试验和观测性研究的显著区别是，后者在确定真实原因和效应时的难度较大。而且，主要响应（如腐蚀水平、血液中胆固醇水平、工厂的电力消耗量）之间的差异也有可能是由其他不受控制的潜在因素引起的。理想情况下，在设计性试验中一般通过随机化分组设计就能平抑干扰因素。毫无疑问，血液中胆固醇水平的变化也可能由于摄取脂肪、体育活动以及其他因素引起。电力消耗量也会受到工厂的产量甚至产品纯度的影响。

与完全的设计性试验相比，观测性研究的另一个常被忽视的劣势在于，观测性研究还受到自然、环境以及其他不受控制的因素的限制，因为它们也能对我们所研究的因素产生影响，这一点与设计性试验不同。比如在生物医学研究中，钠含量对血液中胆固醇水平的影响研究。两者间可能确实存在较强的关系，但受制于试验对象本身的特质，钠含量的取值范围在我们所采集到的数据集中却较窄。而在设计性试验中，研究人员是可以选取和控制因素的范围的。

被称为**回溯性研究**的第三类统计研究模式非常有用，但与设计性试验相比也存在明显的弱点。此类研究使用的是某个时间段的**历史数据**。回溯性数据的一个显著优势是能降低数据采集成本。

不过，正如你所见，该研究模式也存在明显的弱点。

（1）历史数据的有效性和可靠性通常是存疑的。

（2）如果时间是构成数据的一个重要因素，那么可能存在数据缺失的情况。

（3）采集数据时可能产生了未知的误差。

（4）同观测性数据中的情形一样，我们无法控制观测变量（即研究中的因素）的范围。事实上，历史数据中变量的范围可能与目前的研究不一致。

1.6 节重点提到了如何对变量关系进行建模。我们介绍了回归分析的概念（第 10~11 章会进行详细介绍），它是对第 13~14 章介绍的设计性试验进行数据分析的一种方式。1.6 节有一个例证，建立了总体均值（平均抗拉强度）和布料含棉百分比间关系的模型，其中试验单元为 20 块布样。该例的数据来自一个简单的设计性试验，各布样的含棉百分比由科研人员决定。

观测性数据和回溯性数据通常会用来考察变量之间的关系，一般是通过建立变量之间模型的方式，第 10~11 章会对此进行探讨。当目标是建立统计模型时，虽然设计性试验所具有的优势可以体现出来，但在许多领域却无法应用设计性试验。因此，我们只能使用观测性数据或历史数据。一个历史数据的例子请参见习题 11.5，其目标是建立一个等式或关系模型，把月度用电量和环境平均温度 x_1、每月的天数 x_2、产品的平均纯度 x_3、按吨计的产品产量 x_4 关联起来，不过这道习题使用的是上一年度的历史数据。

习 题

1.13 一个生产电子元件的生产厂家想观测某种类型电池的寿命，得到如下所示的一个样本。

123 116 122 110 175
126 125 111 118 117

（a）求这组数据的样本均值和中位数。

（b）数据集的哪些特征使得上述两种统计值之间有了差异？

1.15 5 次独立的抛硬币试验所得到的结果是 *HHHHH*。如果抛硬币后正反面的出现概率是相等的，则得出上述结果的概率为 $(1/2)^5 = 0.031\ 25$。那么是否有很强的证据说明硬币的正反面不是均匀的？请根据 1.2 节中 P 值的概念来解释这个问题。

1.17 在研究吸烟对睡眠的影响的试验中，我们观察入睡时间（分钟）后得到如下数据。

吸烟组： 69.3 56.0 22.1 47.6 53.2 48.1
          52.7 34.4 60.2 43.8 23.2 13.8

不吸烟组：28.6 25.1 26.4 34.9 29.8
          28.4 38.5 30.2 30.6 31.8
          41.6 21.1 36.0 37.9 13.9

（a）求每组的样本均值。

（b）求每组的样本标准差。

（c）请在同一条直线上绘制出数据集 A 和 B 的点图。

（d）请根据上述数据，说明吸烟对入睡时间有怎样的影响。

1.19 下列数据为 30 个相似燃料泵的使用寿命，以年计。

2.0 3.0 0.3 3.3 1.3 0.4 0.2 6.0 5.5
6.5 0.2 2.3 1.5 4.0 5.9 1.8 4.7 0.7
4.5 0.3 1.5 0.5 2.5 5.0 1.0 6.0 5.6
6.0 1.2 0.2

（a）以数据的整数部分为茎，作出燃料泵使用寿命的茎叶图。

（b）请列出相对频数分布。

（c）请计算样本均值、样本中位数和样本标准差。

1.21 停电时间的长短如下所示，以分钟计。

22   18 135   15   90   78   69   98 102
83   55   28 121 120   13   22 124 112
70   66   74   89 103   24   21 112   21
40   98   87 132 115   21   28   43   37
50   96 118 158   74   78   83   93   95

（a）求停电时间的样本均值和样本中位数。

（b）求停电时间的样本标准差。

1.23 下列两组 20 个数据分别来自 1980 年末和 1990 年末随机选取的汽车在怠速时的碳氢化合物排放情况，以每百万分之一单位（ppm）中的含量计。

1980 年末：141 359 247 940 882 494
           306 210 105 880 200 223
           188 940 241 190 300 435
           241 380

1990 年末： 140   160   20   20   223   60
         20   95   360   70   220   400
         217   58   235   380   200   175
         85   65

（a）请作出类似于图 1.1 的点图。

（b）分别计算 1980 年和 1990 年的样本均值，并将这两个均值绘制在该图中。

（c）我们能否从散点图中看出 1980 年末和 1990 年末的总体发生了变化？请根据变差的思想进行解释。

1.25   下面的数据为 30 所学校中高收入家庭所占比例。

72. 2   31. 9   26. 5   29. 1   27. 3   8. 6   22. 3
26. 5   20. 4   12. 8   25. 1   19. 2   24. 1   58. 2
68. 1   89. 2   55. 1   9. 4   14. 5   13. 9   20. 7
17. 9   8. 5   55. 4   38. 1   54. 2   21. 5   26. 2
59. 1   43. 3

（a）请计算样本均值。

（b）请计算样本中位数。

（c）请作出相对频数的直方图。

（d）请计算 10% 截尾平均，并与（a）和（b）的结果进行比较。

1.27   开展一项试验来研究轴承的负载能力 x 对磨损 y 的影响，并建立函数关系。试验中选用 700

磅、1 000 磅以及 1 300 磅这三种水平的负载能力水平。对每个承载力水平我们取 4 个样品，样本均值分别为 210，325，375。

（a）请绘制出平均磨损对负载的图形。

（b）从（a）中的图形中，能否观察到磨损和负载能力之间的关系？

（c）假定我们考察了相应负载能力下各 4 个样品的磨损程度（数据如下所示）。请绘制出三种不同负载能力下所有样品磨损程度的图形。

（d）根据（c）中的图形，能否观察到磨损和负载能力之间的关系？如果其答案与（b）有所区别，请解释其原因。

	x		
	700	1 000	1 300
y_1	148	250	150
y_2	105	195	180
y_3	260	375	420
y_4	330	480	750
	$\bar{y}_1 = 210$	$\bar{y}_2 = 325$	$\bar{y}_3 = 375$

1.33   课堂作业：采集你所在班级中每位同学的鞋码。请使用我们在本章所介绍的样本均值和方差以及多种类型的图形对男女之间鞋码分布的差异这个特征进行描述。请类似地分析班级中每位同学的身高。

第2章 概　率

2.1　样本空间

　　统计学研究中，我们主要关心的是如何描述和解释研究或科学考察中发生的**可能性结果**。比如，可以记录木筏巷和皇家橡树路交汇处十字路口每月发生的交通事故数，以此表明安装交通信号灯的必要性；也可以把流水线上生产的产品分为次品和合格品；还可以关注酸液浓度改变时某个化学反应过程中释放了多少气体。由此可见，统计学家遇到的数据通常有能以数目或大小表示的**数值型数据**和能以某个标准进行分组的**分类数据**。

　　我们把一条信息记录称为一个**观测**，无论它是数值型数据，还是分类数据。数值 2，0，1，2 构成了一组观测，分别为上年 1 至 4 月木筏巷和皇家橡树路十字路口发生的交通事故数。类似地，分类数据 N，D，N，N，D 也是检测 5 件产品后得到的一系列观测，N 为合格品，D 为次品。

　　统计学家以**试验**来描述能生成数据集的所有过程。抛硬币的过程就是统计试验的一个简单例子。在这个试验中，可能的结果有两种：正面和反面。发射导弹并观测导弹在一定时段内的速度，这也是一个试验。投票人对一项新的销售税的意见也可看做试验的一个观测。我们对多次重复试验所获得的样本特别感兴趣。因为在大多数情形下，每个结果都有出现的可能性，因此无法准确预测每个结果。如果一个化学家在相同的条件下多次重复某一分析，每次的测量值都不同，这说明该试验过程中包含概率的因素。即便重复抛硬币，我们也不能断定某一次的结果一定为正面。不过，我们知道每次抛的全部可能性（结果）。

　　如 1.7 节所探讨的那样，我们应当明确试验这个术语的范围。我们评述了 3 类统计研究模式，并给出了几个相应的实例。作为设计性试验、观测性研究、回溯性研究最终结果的数据集都是不确定的。虽然这 3 类统计研究模式中仅有设计性试验在表述上包含"试验"这个词，但生成数据的过程或观测数据的过程都属于试验的一部分。在 1.2 节，腐蚀研究毫无疑问是一个试验，对腐蚀程度的每一次测量组成了该试验的数据集。在 1.7 节，观测一组个体血液中的胆固醇水平和钠含量的例子是观测性研究（而非设计性试验），该过程生成了数据，而且结果也是不确定的，所以也是一个试验。第 3 个例子是回溯性研究，在 1.7 节，对有关月度用电量和月度环境平均温度的历史数据进行了观测，尽管这些数据可能会在文件中保存几十年，我们仍然把该过程视为一个试验。

　　定义 2.1　统计试验所有可能性结果的集合就是**样本空间**，记为 S。

　　样本空间中的每个结果就是该样本空间的**元素**或**成员**，或简称为**样本点**。如果样本空间有有限个元素，我们就在大括号中以逗号分隔的方式列出所有元素。因此，抛一枚硬币的所有可能结果构成的样本空间 S，可以表示为：

$$S = \{H,T\}$$

式中，H 和 T 分别对应于正面和反面。

例2.1　考虑掷骰子的试验，如果我们关心每次掷出的点数，则该试验的样本空间为：

$$S_1 = \{1,2,3,4,5,6\}$$

如果我们只关心每次掷出点数的奇偶性，则该样本空间为：

$$S_2 = \{ 偶, 奇 \}$$

例2.1 说明，我们可以用一个以上的样本空间来描述每个试验的结果。在该例中，样本空间 S_1 包含的信息比 S_2 多，即当我们知道了 S_1 中出现的元素，就能确定 S_2 中所出现的结果；而知道了 S_2 中所出现的元素，却无法辅助我们判断 S_1 中所出现的元素。通常，使用这样的样本空间更可取，即它能提供有关试验结果的最多信息。在某些试验中，以**树状图**系统地列出样本空间的元素会有很大帮助。

例2.2　在一个试验中抛一枚硬币，如果出现正面，则再抛第二次；如果第一次抛硬币的结果为反面，则掷一次骰子。为了列出能提供最多信息的样本空间中的元素，绘制如图 2.1 所示的树状图。树枝上的不同路径给出的是不同的样本点。从最左侧的顶点沿着第一条路径向右，我们就得到样本点 HH，它表示连续两次抛硬币均为正面朝上的结果。类似地，样本点 $T3$ 表示第一次抛硬币为反面朝上、第二次掷骰子为 3 点的结果。所有路径的结果组成该试验的样本空间

$$S = \{ HH, HT, T1, T2, T3, T4, T5, T6 \}$$

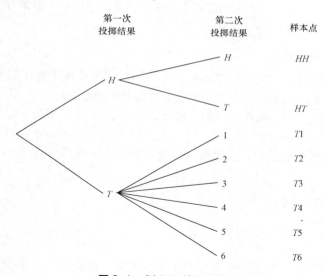

| 第一次
投掷结果 | 第二次
投掷结果 | 样本点 |

图 2.1　例 2.2 的树状图

本章的大多数概念都能以骰子和纸牌的例子来完美阐释。在前期的学习阶段，应用这些方法非常重要，可以促进这些新概念在科研和工程学问题中的应用，详见下面的例子。

例2.3　从生产过程中随机抽取 3 件产品，每件产品经过检查后被归类为次品（记为 D）或合格品（记为 N）。为了列出能提供最多信息的样本空间中的元素，我们绘制图 2.2 所示的树状图。树枝上的不同路径给出了不同的样本点。从第一条路径我们得到了样本点 DDD，表示 3 件产品都为次品。结合其他路径我们得到该试验的样本空间

$$S = \{ DDD, DDN, DND, DNN, NDD, NDN, NND, NNN \}$$

对样本点数目较大或为无穷大的样本空间，最好是采用**语句**或**规则**来表示。比如，试验的可能性结果为世界上人口在 100 万以上的城市的集合，则样本空间就可以表示为：

$$S = \{ x \mid x 是世界上人口在 100 万以上的城市 \}$$

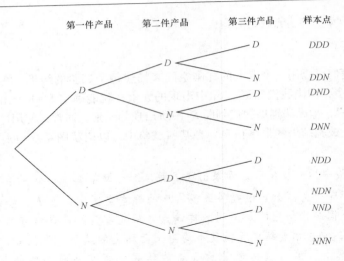

图 2.2　例 2.3 的树状图

读作"S 为使得 'x 是世界上人口在 100 万以上的城市' 的所有 x 的集合。"竖线读作"使得"。类似地，如果 S 为以原点为圆心、2 为半径的圆上和圆内所有点 (x, y) 的集合，我们就可以把这个规则表示为：

$$S = \{ (x, y) \mid x^2 + y^2 \leq 4 \}$$

我们是以规则方法，还是以列举法来描述样本空间，完全取决于具体的问题。规则法具有可操作优势，尤其是对那些通过列举就会变得繁复的大部分试验而言。

我们以例 2.3 来进行说明，其中生产的产品要么是次品 D，要么是合格品 N。而被称为抽样方案的许多重要的统计过程都能判断"大量"产品是否令人满意。诸如此类的一个抽样方案是，观测到第 k 个次品便结束抽样的试验。假设该试验观测到第 1 个次品（即 $k = 1$）便结束随机抽样，则其样本空间为：

$$S = \{ D, ND, NND, NNND, \cdots \}$$

2.2　事件

对于任意给定的试验，我们关心样本空间中某些**事件**是否发生，而非特定元素是否出现。比如，在掷骰子的试验中，我们可能对点数能被 3 整除的事件 A 感兴趣。如果出现的点数为例 2.1 中样本空间 S_1 的子集 $A = \{ 3, 6 \}$ 的元素，那么事件 A 就发生了。以例 2.3 做进一步阐述，我们可能关心次品数大于 1 的事件 B。如果结果为样本空间 S 的子集 $B = \{ DDN, DND, NDD, DDD \}$ 中的元素，那么事件 B 也发生了。

对每个事件我们都可以确定其样本点，而样本点是样本空间的子集，因此该子集就是事件为真时所有元素的集合。

定义 2.2　事件是样本空间的一个子集。

例 2.4　给定样本空间 $S = \{ t \mid t \geq 0 \}$，其中 t 为某电子元器件的使用寿命，则该电子元器件在第 5 年底前报废的事件 A 就是子集 $A = \{ t \mid 0 \leq t < 5 \}$。

可想而知，一个事件所对应的子集可以是整个样本空间 S，也可以是元素为 0 的**空集** $\varnothing$。比如，令 A 为生物学试验中用肉眼观测到微小有机体这一事件，则 $A = \varnothing$。同样，如果 $B = \{ x \mid x$ 为 7 的偶数因子 $\}$，则 $B = \varnothing$，因为 7 的因子只有奇数 1 和 7。

考虑这样一个试验，我们记录了某个制造企业中员工的吸烟习惯。样本空间可以分为非吸烟者、轻度吸烟者、中度吸烟者、重度吸烟者。如果吸烟者的集合（为样本空间 S 的子集）为一个事件，则所有非吸烟者就对应于另一个不同的事件，它也是 S 的子集，而且还是吸烟者集合的**补集**。

定义2.3　事件 A 关于 S 的补集是 S 中 A 以外的所有元素的集合。它是 S 的子集，记作 A'。

例2.5　令 R 为从52张纸牌中抽中一张红色纸牌这一事件，S 为整副牌。则 R' 为从这副牌中抽中一张黑色而非红色纸牌这一事件。

例2.6　考虑样本空间 $S=\{$书，手机，mp3，纸，文具，笔记本电脑$\}$，令 $A=\{$书，文具，笔记本电脑，纸$\}$。则集合 A 的补集为 $A'=\{$手机，mp3$\}$。

现在我们考察对事件进行运算，如此一来就形成了新的事件。这些新事件是给定事件所属样本空间的子集。假定 A 和 B 是同一个试验中的两个事件，即 A 和 B 都是同一个样本空间 S 的子集。比如，在掷骰子的试验中，如果 A 是点数为偶数这一事件，B 是点数大于3这一事件，则子集 $A=\{2,4,6\}$ 和 $B=\{4,5,6\}$ 就是同一个样本空间 $S=\{1,2,3,4,5,6\}$ 的子集。

我们注意到，如果投出的点数为集合 $\{4,6\}$ 的元素，则事件 A 和 B 同时发生，而该集合为 A 和 B 的**交集**。

定义2.4　事件 A 和 B 的交集是包含 A 和 B 所有共同元素的事件，记作 $A\cap B$。

例2.7　例2.7　记 E 是从教室中随机抽到一个工程学专业的学生这一事件，而 F 是该学生为女生的事件。则 $E\cap F$ 就是教室中所有工程学专业的女生这一事件。

例2.8　令 $V=\{a,e,i,o,u\}$，$C=\{l,r,s,t\}$。则 $V\cap C=\varnothing$。即 V 和 C 无相同的元素，因而这两个事件不能同时发生。

对某些统计试验而言，往往还需要定义两个事件，如 A 和 B 不能同时发生的情形。事件 A 和 B 就称为**互斥的**。更正式的定义见定义2.5。

定义2.5　如果 $A\cap B=\varnothing$，即 A 和 B 无相同的元素，则事件 A 和 B 是互斥的，或不相交的。

例2.9　一家有线电视公司拥有8个不同的电视频道，其中有3个频道隶属于 ABC，2个频道隶属于 NBC，1个频道隶属于 CBS，另2个为教育频道和 ESPN 体育频道。假定有个人订购了该公司的有线电视服务，但事先并未确定哪个频道。令 A 是节目属于 NBC 的事件，B 是节目属于 CBS 的事件。因为一个电视节目不可能同时属于一个以上的电视网，因此事件 A 和 B 无相同的节目。即交集 $A\cap B$ 中节目数为0，所以事件 A 和 B 是互斥的。

通常我们也关心同一个试验中两个事件至少发生一个的情形。如在掷骰子的试验中，事件 $A=\{2,4,6\}$ 和 $B=\{4,5,6\}$，我们想知道 A 或 B 发生，或 A 和 B 同时发生的事件。该事件就称为 A 和 B 的并集，即如果结果为集合 $\{2,4,5,6\}$ 的元素，则 A 和 B 的并集就发生。

定义2.6　事件 A 和 B 的并集是包含 A 或 B 或同属于 A 和 B 的所有元素的事件，记作 $A\cup B$。

例2.10　令 $A=\{a,b,c\}$ 和 $B=\{b,c,d,e\}$，则 $A\cup B=\{a,b,c,d,e\}$。

例2.11　如果 P 是从某家石油钻探公司随机抽到一名吸烟雇员的事件，Q 是抽到一名饮酒雇员的事件。则事件 $P\cup Q$ 是所有饮酒或吸烟的雇员或既饮酒又吸烟的雇员的集合。

例2.12　如果 $M=\{x\,|\,3<x<9\}$，$N=\{y\,|\,5<y<12\}$。则 $M\cup N=\{z\,|\,3<z<12\}$。

事件与相应的样本空间之间的关系可以通过**文氏图**来进行形象的说明。在文氏图中，矩形表示样本空间，并以矩形内的圆形表示事件。因此，在图2.3中，我们可以看到

$$A\cap B = 区域1和2$$
$$B\cap C = 区域1和3$$

$$A \cup C = 区域\ 1, 2, 3, 4, 5\ 和\ 7$$
$$B' \cap A = 区域\ 4\ 和\ 7$$
$$A \cap B \cap C = 区域\ 1$$
$$(A \cup B) \cap C' = 区域\ 2, 6\ 和\ 7$$

如此等等。

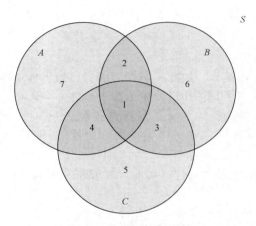

图 2.3　以不同区域表示的事件

在图 2.4 中，我们可以看到事件 A，B，C 都是样本空间 S 的子集。而且事件 B 是事件 A 的子集；事件 $B \cap C$ 中不包含任何元素，所以事件 B 和 C 是互斥的；事件 $A \cap C$ 中至少包含一个元素；事件 $A \cup B = A$。可见，图 2.4 可用来刻画这样的情形，即从 52 张纸牌中随机抽取一张，并考察如下事件是否发生：

A：抽中的这张纸牌是红色的

B：抽中的这张纸牌是方块 J，Q 或 K

C：抽中的这张纸牌是 A

显然事件 $A \cap C$ 中仅包含两张红色的 A。

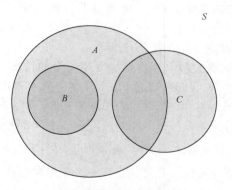

图 2.4　样本空间 S 中的事件

根据上述定义，如下几个事件可以用文氏图轻易地进行验证：

$$A \cap \varnothing = \varnothing$$
$$A \cup \varnothing = A$$
$$A \cap A' = \varnothing$$
$$A \cup A' = S$$

$$S' = \varnothing$$
$$\varnothing' = S$$
$$(A')' = A$$
$$(A \cap B)' = A' \cup B'$$
$$(A \cup B)' = A' \cap B'$$

习　题

2.1　请列出下列样本空间中的元素:

（a）1 和 50 之间能被 8 整除的整数组成的集合。

（b）集合 $S = \{x \mid x^2 + 4x - 5 = 0\}$。

（c）抛出一枚硬币,直到背面朝上或者三次正面朝上。

（d）集合 $S = \{x \mid x$ 是大陆$\}$。

（e）集合 $S = \{x \mid 2x - 4 \geq 0$ 且 $x < 1\}$。

2.3　下面哪些事件是相等的?

（a）$A = \{1, 3\}$。

（b）$B = \{x \mid x$ 是一枚骰子的点数$\}$。

（c）$C = \{x \mid x^2 - 4x + 3 = 0\}$。

（d）$D = \{x \mid x$ 为抛出的 6 枚硬币的正面数$\}$。

2.5　在一个试验中,抛出一枚骰子,如果骰子的点数为偶数,则只抛一次硬币;而如果是奇数则抛两次。以 $4H$ 表示骰子的点数为 4,硬币结果为正面朝上;以 $3HT$ 表示骰子为 3,硬币结果为一次正面朝上,一次正面朝下。请建立树状图来给出样本空间中的 18 个元素。

2.7　从一个化学班中随机选取 4 名学生,并按照男女进行分类。以字母 M 表示男性,F 表示女性,列出样本空间 S_1 中的元素。定义第二个样本空间 S_2,S_2 中的元素表示被选中的女生数。

2.9　对于习题 2.5 中的样本空间:

（a）请列出骰子上出现小于 3 的点数的事件 A 所对应的元素。

（b）请列出两次为正面朝下的事件 B 所对应的元素。

（c）请列出事件 A' 所对应的元素。

（d）请列出事件 $A' \cap B$ 所对应的元素。

（e）请列出事件 $A \cup B$ 所对应的元素。

2.11　申请一所大学化学教师职位的 2 位男性申请者和 2 位女性申请者的简历放在同一个文件夹中。两个职位中第一个职位是助理教授,从这 4 位申请者中随机选出一位申请者担任该职位;第二个职位是讲师,从剩余的 3 个人中随机选取一位申请者担任该职位。记号 $M_2 F_1$ 表示第一个职位由第二位男性申请者担任,第二个职位由第一位女性申请者担任。

（a）请列出样本空间 S 中的元素。

（b）请列出助理教授职位由一位男性申请者担任的事件 A 所对应的 S 中的元素。

（c）请列出两个职位中明确有一个职位是由男性申请者担任的事件 B 所对应的 S 中的元素。

（d）请列出两个职位中任意一个职位由男性申请者担任的事件 C 所对应的 S 中的元素。

（e）请列出事件 $A \cap B$ 所对应的 S 中的元素。

（f）请列出事件 $A \cup C$ 所对应的 S 中的元素。

（g）请用文氏图表示事件 $A \cap B \cap C$ 和 $A \cup B \cup C$。

2.13　请用文氏图表示下述事件,这些事件是在美国制造的所有汽车所组成的样本空间的交和并:

　　　F: 四门　S: 天窗　P: 动力转向装置

2.15　考察样本空间 $S = \{$铜,钠,氮,钾,铀,氧,锌$\}$,以及下述事件 $A = \{$铜,钠,锌$\}$,$B = \{$钠,氧,钾$\}$,$C = \{$氧$\}$。请列出下述事件所对应集合的元素:

（a）A'。

（b）$A \cup C$。

（c）$(A \cap B') \cup C'$。

（d）$B' \cap C'$。

（e）$A \cap B \cap C$。

（f）$(A' \cup B') \cap (A' \cap C)$。

2.17　令 A, B, C 为与样本空间 S 相关的事件。请使用文氏图以阴影表示下述事件:

（a）$(A \cap B)'$。

（b）$(A \cup B)'$。

（c）$(A \cap C) \cup B$。

2.19　一个家庭正开着他们的旅行车进行夏日休假。M 表示他们将经历机械故障的事件,T 表示他们将收到一张交通违章罚单的事件,V 表示他们将到达一个已经没有空缺的旅游野营地的事件。请根据图 2.5 中的文氏图,用语言描述下列区域所表示的事件:

（a）区域 5。

（b）区域 3。

（c）区域 1 和 2 一起。

（d）区域 4 和 7 一起。

(e) 区域3，6，7和8一起。

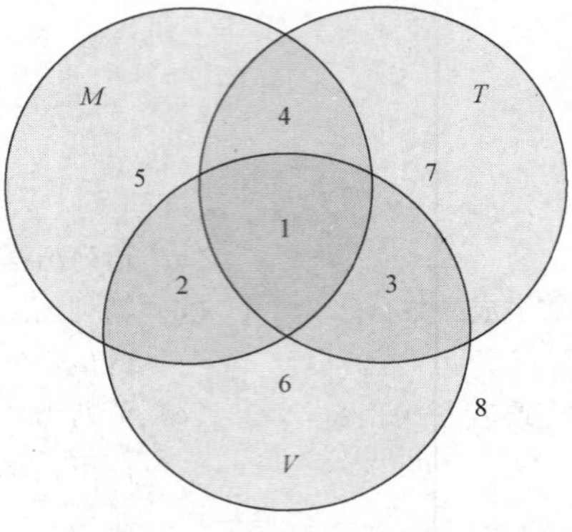

图2.5　习题2.19的文氏图

2.3　样本点计数

统计学家必须考虑并试图以数值表示的问题中，有一个是在试验中发生某一事件时可能出现的元素。这些问题属于概率论的范畴，2.4节会对此进行介绍。在许多情形中，我们可以通过计数样本空间中样本点的数目，而非枚举每一个元素来处理这个概率论问题。计数的基本原理即法则2.1中所表述的**乘法法则**。

法则2.1　*若完成第一个操作有 n_1 种方法，每种方法中完成第二个操作都有 n_2 种方法，则完成这两个操作的方法共有 n_1n_2 种。*

例2.13　一次掷下一对骰子，样本空间中共有多少个样本点？

解： 第一枚骰子面朝上的点数有 $n_1=6$ 种可能，每种可能性结果中第二枚骰子面朝上的点数也有 $n_2=6$ 种可能。因而，这对骰子能掷出 $n_1n_2=(6)(6)=36$ 种可能。

例2.14　房地产开发商为潜在的住房购买方提供了都铎式、乡村风格、殖民风格以及传统外观4种样式，并且分农场式、两层楼式以及错层式3种楼层结构。那么购买方在订购一套住房时有多少种不同的选择？

解： 因为 $n_1=4$，$n_2=3$，所以购买方可以选择的住房有 $n_1n_2=(4)(3)=12$ 种选择。

我们可以通过绘制树状图，并计数每个树枝上的路径数目来验证上述两例的结论。比如，在例2.14中，对应于不同的外观样式有 $n_1=4$ 个树枝，而对应于不同的楼层结构则沿这4个树枝都有 $n_2=3$ 个分支。根据沿着树枝的路径数目，图2.6所示的树状图中就得到 $n_1n_2=12$ 种住房选择。

例2.15　由22个成员组成的俱乐部要选出主席和财务主管各一名，选出的这两名成员有多少种可能？

解： 就主席一职而言，共有22种可能。而在每种情形下就财务主管一职而言，则都有21种可能。使用乘法法则，即可得 $n_1n_2=(22)(21)=462$ 种不同的可能。

乘法法则，即法则2.1，可以推广到任意多个操作的情形。比如，假定一位顾客想购买一部新手机，有 $n_1=5$ 个品牌、$n_2=5$ 套容量以及 $n_3=4$ 种颜色的手机可供选择。这三个类别的手机为这位顾客提供了 $n_1n_2n_3=(5)(5)(4)=100$ 种不同的选购方案。含 k 个操作的**广义乘法法则**表述如下。

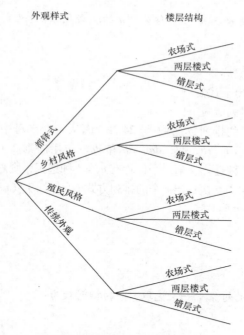

外观样式　　　　　　　楼层结构

图2.6　例2.14 的树状图

法则2.2　若完成第一个操作有 n_1 种方法，每种方法中完成第二个操作都有 n_2 种方法，前两步操作的每种方法中完成第三个操作都有 n_3 种方法，以此类推，则顺次完成 k 个操作的方法有 $n_1 n_2 \cdots n_k$ 种可能。

例2.16　山姆要自己组装一台电脑。有 2 个品牌的主板、4 个品牌的硬盘、3 个品牌的内存条以及 5 家当地商店的配件可供选择。那么山姆在订购这些部件时有多少种不同的选择？

解： 因为 $n_1 = 2$，$n_2 = 4$，$n_3 = 3$，$n_4 = 5$，则有 $n_1 n_2 n_3 n_4 = (2)(3)(4)(5) = 120$ 种订购这些部件的不同方法。

例2.17　若每个数字只能用 1 次，则 0，1，2，5，6 和 9 可以构成多少个四位偶数？

解： 因为该四位数必须是偶数，因此个位数仅有 $n_1 = 3$ 种选择。而且四位数的千位数不能为 0，因此考虑个位数是 0 和非 0 两种情况。若个位数为 0（即 $n_1 = 1$），千位数则有 $n_2 = 5$ 种选择，百位数有 $n_3 = 4$ 种选择，十位数有 $n_4 = 3$ 种选择。所以，这种情形下共有 $n_1 n_2 n_3 n_4 = (1)(5)(4)(3) = 60$ 个不同的四位偶数。若个位数非 0（即 $n_1 = 2$），则千位数有 $n_2 = 4$ 种选择，百位数有 $n_3 = 4$ 种选择，十位数有 $n_4 = 3$ 种选择。这种情形下共有 $n_1 n_2 n_3 n_4 = (2)(4)(4)(3) = 96$ 个不同的四位偶数。

由于上述两种情形是互斥的，故由这些数字组成的四位偶数共有 $60 + 96 = 156$ 个。

通常，我们还关心以一组对象所有可能的顺序和排列方法作为元素所构成的样本空间。比如，我们想知道 6 个人围坐在桌子周围的安排方法有多少种，或者想知道从 20 张彩票中抽出 2 张的不同顺序有多少种。这些不同的安排方法称为**排列**。

定义2.7　排列是对一组对象全部或部分的编排方式。

考虑 a，b，c 三个字母，其可能的排列是 abc，acb，bac，bca，cab 和 cba。可见这三个字母有 6 种不同的编排方式。应用法则2.2 就可以得到 6 这个答案，而无须枚举不同的排列顺序，其理由在于：第一个位置有 $n_1 = 3$ 种选择；而无论选到哪个字母，第二个位置总有 $n_2 = 2$ 种选择；同样，无论前两个位置选到的是哪两个字母，最后一个位置都仅有 $n_3 = 1$ 种选择；应用法则2.2 就得到 $n_1 n_2 n_3 = (3)(2)(1) = 6$ 个排列。一般，n 个不同对象的编排方式有 $n(n-1)(n-2)\cdots(3)(2)(1)$ 种。

定义 2.8 对于任意非负整数 n，$n!$ 称为 "n 的阶乘"，其定义式为：

$$n! = n(n-1)\cdots(2)(1)$$

$0! = 1$ 是其特例。

应用该定义我们可以推出下述定理。

定理 2.1 n 个对象的排列数是 $n!$。

a，b，c 和 d 这 4 个字母的排列数是 $4! = 24$。考虑从 4 个字母中一次选出 2 个的排列数，即为 ab，ac，ad，ba，bc，bd，ca，cb，cd，da，db 和 dc。应用法则 2.1，可以看到有两个需要填补的位置，第一个位置有 $n_1 = 4$ 种选择，第二个位置有 $n_2 = 3$ 种选择，则总共有 $n_1 n_2 = (4)(3) = 12$ 个排列。一般，从 n 个不同的对象中一次选出 r 个的排列方式有 $n(n-1)(n-2)\cdots(n-r-1)$ 种。以下述记号表示该乘式：

$$P_r^n = \frac{n!}{(n-r)!}$$

因此，我们有如下定理。

定理 2.2 从 n 个不同的对象中一次选取 r 个的排列数为：

$$P_r^n = \frac{n!}{(n-r)!}$$

例 2.18 一年里要为统计系的一个 25 人的研究生班授予三种奖励（科研奖、教学奖及服务奖），若每人至多只能获得一项奖励，那么有多少种选择呢？

解： 因为奖项是有区别的，所以这是一个排列问题。所有的样本点数目是

$$P_3^{25} = \frac{25!}{(25-3)!} = \frac{25!}{22!} = (25)(24)(23) = 13\,800$$

例 2.19 一个 50 人的学生社团要选出主席和司库各一名。则有多少种选取方法，若：

（a）没有任何限制。

（b）A 只有在当选主席时才愿意任职。

（c）B 和 C 或者一同任职，或者都不任职。

（d）D 和 E 不愿同时任职。

解：（a）在没有任何限制的情形下，选择方式共为：

$$P_2^{50} = \frac{50!}{48!} = (50)(49) = 2\,450(\text{种})$$

（b）因为 A 只有在当选主席时才愿意任职，所以可以就此分成两种情形：（i）A 当选主席，则司库一职有 49 种选择；（ii）主席人选是从 A 以外的其他 49 人中选出的，则主席和司库的人选有 $P_2^{49} = (49)(48) = 2\,352$ 种。故共有 $49 + 2\,352 = 2\,401$ 种选择。

（c）B 和 C 一同任职的方法有 2 种。B 和 C 都不任职的时候，选出人选的方式有 $P_2^{48} = 2\,256$ 种。故这种情形下，共有 $2 + 2\,256 = 2\,258$ 种方式。

（d）D 任职而 E 不任职时，有 $(2)(48) = 96$ 种选择，2 为 D 可胜任的职位数，48 为另一职位在社团内部除 E 以外余下诸人中可供候选的人数。E 任职而 D 不任职时，也有 $(2)(48) = 96$ 种选择。D 和 E 都不任职时，有 $P_2^{48} = 2\,256$ 种选择。故共有 $(2)(96) + 2\,256 = 2\,448$ 种选择。这个问题有更简单的解法。因为 D 和 E 一起任职的选择只有 2 种，由此即得 $2\,450 - 2 = 2\,448$。

将对象编排成一个圆环的排列称为**圆排列**。沿顺时针方向，除非两个圆排列中相对应的两个

对象所紧随或领先的对象不同，那么这两个圆排列就是相同的。比如，有 4 个人正在玩桥牌，若他们每人都沿顺时针方向移动一个位置，那么这个排列并没有变化。固定一人的位置，其他三个人的排列方式有 3！种，即在该桥牌游戏中有 6 种排列方式。

定理 2.3　在圆环上排列 n 个对象的排列数为 $(n-1)!$。

我们一直考虑的都是不同对象的排列，也就是说，所有这些对象是完全不同或有区别的。若字母 b 和 c 都等于 x，则字母 a，b，c 三个字母的 6 个排列即为 axx，axx，xax，xax，xxa 和 xxa，显然其中只有 3 个排列是不同的。故 3 个字母中若有 2 个是相同的情况下，不同的排列为 $3!/2! = 3$ 个。a，b，c，d 这 4 个字母有 24 个不同的排列，若令 $a=b=x$ 且 $c=d=y$，则不同的排列仅为 $xxyy$，$xyxy$，$yxxy$，$yyxx$，$xyyx$ 和 $yxyx$，即不同的排列为 $4!/(2!2!) = 6$ 个。

定理 2.4　n 个对象中，第一种有 n_1 个，第二种有 n_2 个，…，第 k 种有 n_k 个，则这 n 个对象不同的排列计算如下：

$$\frac{n!}{n_1!n_2!\cdots n_k!}$$

式中，$n = n_1 + n_2 + \cdots + n_k$。

例 2.20　在高校的足球训练课上，需要 10 名防守型队员站成一排。这 10 名选手中有 1 名大一新生、2 名大二学生、4 名大三学生和 3 名大四毕业生。若只考虑他们的年级差别，那么这 10 名选手站成一排的站法有多少种？

解：直接使用定理 2.4 可得，排列方法的总数为：

$$\frac{10!}{1!2!4!3!} = 12\,600\,(种)$$

通常我们关心将包含 n 个对象的集合细分成 r 个子集（称为**单元**）的方法有多少种。有一种分割是，r 个子集两两之间的交集为空集 $\varnothing$，而 r 个子集的并集就是被分割的原始集合。不过，单元内元素的顺序无关紧要。考虑集合 $\{a, e, i, o, u\}$，将其划分成一个包含 4 个元素、另一个包含 1 个元素的 2 个单元的分割有

$$\{(a,e,i,o),(u)\},\{(a,i,o,u),(e)\},\{(e,i,o,u),(a)\},\{(a,e,o,u),(i)\},\{(a,e,i,u),(o)\}$$

由此可见，要将包含 5 个元素的集合分割成一个包含 4 个元素、另一个包含 1 个元素的两个子集或单元，共有 5 种方法。

上例中分割的数目以符号表述为：

$$\binom{5}{4,1} = \frac{5!}{4!1!} = 5$$

式中，顶端的数字为元素的总数，底端的数字是分割到每个单元的元素的数目。我们可以把这种情形以定理 2.5 表述为更一般的形式。

定理 2.5　将包含 n 个对象的集合分割成第一个单元有 n_1 个元素，第二个单元有 n_2 个元素，…，第 r 个单元有 n_r 个元素的 r 个单元的分割的计算方式如下：

$$\binom{n}{n_1, n_2, \cdots, n_r} = \frac{n!}{n_1!n_2!\cdots n_r!}$$

式中，$n_1 + n_2 + \cdots + n_r = n$。

例 2.21　会议期间宾馆有 1 个三人间和 2 个双人间，安排 7 名研究生的方法有多少种？

解：可行的分割共有

$$\binom{7}{3,2,2} = \frac{7!}{3!2!2!} = 210(\text{种})$$

在许多问题中，我们关心不考虑顺序时在 n 个对象中选取 r 个的方法有多少种。这些选取结果就称为**组合**。事实上，对两个单元的一个分割就是一个组合，其中一个单元包含的是 r 个选中的对象，另一个单元包含的则是 $(n-r)$ 个余下的对象。我们将该组合数记作

$$\binom{n}{r,n-r}$$

或简记作

$$\binom{n}{r}$$

因为第二个单元中所含的元素必定是 $n-r$ 个。

定理 2.6 从 n 个不同的对象中一次取 r 个的组合数是

$$\binom{n}{r} = \frac{n!}{r!(n-r)!}$$

例 2.22 一个小男孩问妈妈要游戏男孩品牌的 5 盒磁带，他共收藏了该品牌的 10 盒街机游戏和 5 盒体育游戏的磁带。那么妈妈从小男孩的收藏品中选取 3 盒街机游戏和 2 盒体育游戏磁带的方法有多少种？

解： 从 10 盒街机游戏中取 3 盒的方法有

$$\binom{10}{3} = \frac{10!}{3!(10-3)!} = 120(\text{种})$$

从 5 盒体育游戏中取 2 盒的方法有

$$\binom{5}{2} = \frac{5!}{2!(5-2)!} = 10(\text{种})$$

借助乘法法则（即法则 2.1）可知，$n_1 = 120$ 和 $n_2 = 10$，故共有 $(120)(10) = 1\,200$ 种。

例 2.23 单词 STATISTICS 中的字母有多少种不同的排列方式？

解： 基于与定理 2.6 中同样的理由，应用定理 2.5 可得

$$\binom{10}{3,3,2,1,1} = \frac{10!}{3!3!2!1!1!} = 50\,400$$

这个单词中共 10 个字母，S 和 T 这两个字母都出现了 3 次，字母 I 出现了 2 次，字母 A 和 C 各 1 次。不过，使用定理 2.4 可以直接得出答案。

习 题

2.21 对一个大型会议的与会者在 3 天的每一天中都提供了 6 种观光旅游。那么每个与会者有多少种不同的观光旅游安排？

2.23 在一个试验中抛出一枚骰子并随机地从英文字母表中抽取一个字母，那么这个样本空间中有多少个样本点？

2.25 某种鞋有 5 种不同的款式，每种款式有 4 种不同的颜色。如果一个商店希望将这些不同款式、不同颜色的鞋子成对展示，那么这个商店有多少种不同的成对展示方法？

2.27 一个地产开发商提供给房屋购买者的选择有：4 种户型设计，3 种供热系统，1 个车库或车棚，

以及 1 个院子或亭廊。这个购买者可以有多少种不同的选购方案?

2.29 在一项燃料节约研究中,3 辆赛车中的每一辆都去位于这个国家不同地区的 7 个测试点用 5 种不同品牌的汽油进行测试。如果在这项研究中有 2 名驾驶员,这个测试在每一种不同的条件下进行一次,共需要进行多少次测试?

2.31 在一次撞车肇事逃逸案件中,一位目击证人告诉警察,肇事者的车牌号前三个字母为 RLH,后三个为数字,且第一个数字为 5。如果目击证人不记得后两个数字,但可以确定这三个数字不同。那么警察不得不检查已登记车辆的最大数目是多少?

2.33 在多项选择的考试中,有 5 个问题,每个问题都有 4 个备选答案,但只有 1 个是正确的。请问:
(a) 一个学生有多少种不同的方式来选择每个问题的答案?
(b) 一个学生有多少种不同的方式来选择每个问题的答案且全部答错?

2.35 一个承包商想要建 9 栋设计风格各异的房子。如果有 6 栋房子在马路的一边,而另外 3 栋在另一边。请问有多少种不同的方法来安置房子的位置?

2.37 请问在男女必须隔着坐的情况下,4 个男孩和 5 个女孩坐在一排的方法有多少种?

2.39 在一个地区性的拼字比赛中,决赛选手为 3 名男孩和 5 名女孩。求比赛结束时所有 8 名决赛选手以及前 3 甲选手可能的次序情况在样本空间 S 中的样本点数。

2.41 有 6 位教师可以讲授心理学入门课程的 4 个部分,如果每位教师至多讲授一个部分,则有多少个不同的安排方式?

2.43 5 棵不同的树按圆形进行种植的方式有多少种?

2.45 单词 INFINITY 中的字母有多少个不同的排列?

2.47 从 8 名具有相同资格的毕业生中选 3 名有希望的候选人在一家会计师事务所工作,有多少种选择?

2.4 事件的概率

也许是人类对赌博无法遏制的渴望才导致了概论率在早期的发展。为了赢得更多的钱,赌徒们造访了数学家并请求他们为各类机会博弈提供最优策略。帕斯卡(Pascal)、莱布尼兹(Leibniz)、费马(Fermat)以及詹姆斯·伯努利(James Bernoulli)这几位数学家为赌徒们提供了这样的策略。概率论发展的结果是,统计推断及其所有的预测(结果)和推广,所形成的分支早已超出机会博弈的范畴,而是涉及其他许多充满偶然性的领域,诸如政治、商业、天气预报以及科研等。要让这些预测(结果)和推广具备一定的精确性,就必须掌握基本的概率理论。

我们说"约翰很有可能赢得网球比赛""我有 50 比 50 的机会在掷骰子时掷出偶数点""这所高校不太可能赢得今晚的足球比赛""毕业班的大部分学生会在 3 年内结婚",其内涵何在?事实上,每种情形中,我们所表达的都是不确定的结果,但根据历史信息或基于对试验结构的了解,我们能对所作判断的正确性有一定的把握。

贯穿本章余下部分,我们只考虑这样的试验,即其样本空间所含元素个数有限的情况。统计试验中某事件发生的可能性是以取值于 0~1 之间的实数来表示的,称为**权重**或**概率**。我们对样本空间中的每个样本点都赋予一个概率,并使得所有概率值的和为 1。进行试验时,若我们有理由相信某样本点极有可能发生,那么赋予这个样本点的概率则会近似为 1。另一方面,近似为 0 的概率则会赋予不太可能发生的样本点。在许多试验中,比如抛硬币或掷骰子的试验,每个样本点出现的机会是均等的,因此给它们赋予相同的概率。样本空间以外的点,如不可能事件,则赋予概率 0。

为了求得事件 A 的概率,我们对赋予 A 中的样本点的概率进行求和。这个和就是事件 A 的**概率**,记作 $P(A)$。

定义 2.9 事件 A 的概率是 A 中所有样本点的权重之和。故有

$$0 \leqslant P(A) \leqslant 1$$

$$P(\varnothing) = 0$$
$$P(S) = 1$$

进一步地，若 A_1，A_2，A_3，…是互斥的一组事件，则

$$P(A_1 \cup A_2 \cup A_3 \cup \cdots) = P(A_1) + P(A_2) + P(A_3) + \cdots$$

例2.24　抛一枚硬币两次，至少有一次正面朝上的概率是多少？

　　解：该试验的样本空间为 $S = \{HH,\ HT,\ TH,\ TT\}$，若这枚硬币是均匀的，那么每个事件发生的机会就是均等的。因此，如果赋予每个样本点的概率为 w，则 $4w = 1$，或 $w = 1/4$。若 A 表示的是至少一次正面朝上的事件，那么 $A = \{HH,\ HT,\ TH\}$，故而 $P(A) = \dfrac{1}{4} + \dfrac{1}{4} + \dfrac{1}{4} = \dfrac{3}{4}$。

例2.25　假设掷一枚骰子出现偶数点的机会是奇数点的两倍。若 E 是掷一次出现小于 4 点的事件，求 $P(E)$。

　　解：样本空间 $S = \{1,\ 2,\ 3,\ 4,\ 5,\ 6\}$。令奇数点的概率为 w，偶数点的概率为 $2w$。因为概率之和为 1，则有 $9w = 1$，或 $w = 1/9$。故奇数点和偶数点出现的概率分别为 1/9 和 2/9。所以

$$E = \{1, 2, 3\}$$
$$P(E) = \frac{1}{9} + \frac{2}{9} + \frac{1}{9} = \frac{4}{9}$$

例2.26　在例 2.25 中，令 A 是出现偶数点的事件，B 是出现的点数能被 3 整除的事件。求 $P(A \cup B)$ 和 $P(A \cap B)$。

　　解：事件 $A = \{2,\ 4,\ 6\}$，事件 $B = \{3,\ 6\}$，因此

$$A \cup B = \{2, 3, 4, 6\}$$
$$A \cap B = \{6\}$$

因为出现奇数点的概率为 1/9，偶数点为 2/9，故

$$P(A \cup B) = \frac{2}{9} + \frac{1}{9} + \frac{2}{9} + \frac{2}{9} = \frac{7}{9}$$
$$P(A \cap B) = \frac{2}{9}$$

　　若一个试验的样本空间有 N 个元素，并且这 N 个元素发生的机会均等，则这 N 个样本点的概率都是 $1/N$。因此，有 n 个样本点的事件 A 的概率就是，A 所包含的元素数与样本空间 S 所包含的元素数之比。

　　法则2.3　若一个试验中出现 N 个不同结果的机会均等，其中有 n 个结果对应于事件 A，则事件 A 的概率为：

$$P(A) = \frac{n}{N}$$

例2.27　为工程师开设的一门统计学课上有 25 名工业工程专业、10 名机械工程专业、10 名电子工程专业以及 8 名土木工程专业的学员。若教师随机抽取一人回答问题，求这名学员是工业工程专业、土木工程专业或电子工程专业的概率。

　　解：分别以 I，M，E 和 C 表示这名学员的专业是工业工程、机械工程、电子工程和土木工程这 4 个事件。班级的总人数是 53 人，每个人被抽中的机会均等。

　　（a）因为这 53 名学员中有 25 人的专业是工业工程，事件 I，即随机抽到一名工业工程专业的

学员的概率是

$$P(I) = \frac{25}{53}$$

（b）因为这 53 名学员中有 18 人的专业是土木工程或电子工程，故

$$P(C \cup E) = \frac{18}{53}$$

例 2.28　一摞牌有 5 张，求这摞牌中有 2 张 A 和 3 张 J 的概率。

解：4 张 A 发到 2 张的可能性为：

$$\binom{4}{2} = \frac{4!}{2!2!} = 6$$

4 张 J 发到 3 张的可能性为：

$$\binom{4}{3} = \frac{4!}{3!1!} = 4$$

由乘法法则（法则 2.1）可知，2 张 A 和 3 张 J 的牌共有 $n = (6)(4) = 24$ 摞。5 张一摞的牌共有

$$N = \binom{52}{5} = \frac{52!}{5!47!} = 2\,598\,960$$

种可能，而且每种情况发生的机会均等。故 5 张一摞的牌有 2 张 A 和 3 张 J 的概率是

$$P(C) = \frac{24}{2\,598\,960} = 0.9 \times 10^{-5}$$

若试验的结果发生的机会不均等，那么其概率则会根据先验信息或试验依据来给出。比如，若一枚硬币是不均匀的，大量抛掷这枚硬币并记录所出现的结果，我们就能估计抛掷出正面发生的概率。根据概率的**相对频数**的定义，真实概率就是大量重复性试验中正反面所发生的频数。理解概率的另一个直观方式是**无差异法**。比如，若你相信一枚骰子是均匀的，则使用无差异法你就能判断 6 个面出现的概率均是 1/6。

要求得赢取网球比赛的适当概率值，必须依赖我们和对手以往在网球比赛中的表现，而且在一定程度上还取决于我们对有能力赢得比赛的信念。类似地，要求得赛马比赛中一匹马获胜的概率，则必须基于所有赛马和赛马师以往的比赛记录来得出。毫无疑问，直觉也会对我们所下多少赌注的判断起到部分作用。使用直觉、个人信心以及其他非直接信息来求得概率的方法则是对概率的主观定义。

本书中应用概率的大部分情形中，相对频数都是对概率最合适的理解。其基础在于统计试验，而非主观性的事物，因此最好将概率看做**对相对频数求极限**。所以，科学和工程中概率的多数应用都必须建立在可重复试验的基础上。若我们基于先验信息和认识赋予概率值，概率的客观性就会较低，比如我们会说"巨人队极有可能输掉超级碗的比赛"。因为认识和先验信息因人而异，所以主观概率就成了适当的办法（或对策）。在贝叶斯统计中，概率是基于先验信息而获取的，因此对概率的理解会更主观一些。

2.5　加法法则

通常，通过已知概率的其他事件去计算一个事件的概率会容易很多。如果所讨论的事件是其

他两个事件的并集或某个事件的补集，就可以看出其简单之处了。下述几个重要的法则常常能简化对概率的计算。第一个法则用于计算事件的并集，该法则称为**加法法则**。

定理 2.7 若 A 和 B 是两个事件，则

$$P(A \cup B) = P(A) + P(B) - P(A \cap B)$$

证明：考虑图 2.7 中的文氏图。$P(A \cup B)$ 是 $A \cup B$ 中样本点的概率之和，而 $P(A) + P(B)$ 是 A 中所有样本点的概率之和加 B 中所有样本点的概率之和。可以发现，$P(A) + P(B)$ 这个式子把 $A \cap B$ 中所有样本点的概率加了两次，而这些样本点的概率就等于 $P(A \cap B)$，所以要得到 $A \cup B$ 的概率之和，我们就必须减去一次 $P(A \cap B)$。

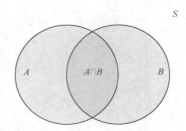

图 2.7　概率的加法法则

推论 2.1 若 A 和 B 互斥，则

$$P(A \cup B) = P(A) + P(B)$$

由定理 2.7 可以直接得到推论 2.1。如果 A 和 B 互斥，即 $A \cap B = \varnothing$，则 $P(A \cap B) = P(\varnothing) = 0$。一般，还可以得到推论 2.2。

推论 2.2 若 A_1，A_2，$\cdots$，A_n 互斥，则

$$P(A_1 \cup A_2 \cup \cdots \cup A_n) = P(A_1) + P(A_2) + \cdots + P(A_n)$$

若样本空间 S 中的一组事件 $\{A_1, A_2, \cdots, A_n\}$ 是样本空间 S 的一个**分割**，则 A_1，A_2，$\cdots$，A_n 互斥，并且 $A_1 \cup A_2 \cup \cdots \cup A_n = S$。由此我们得出推论 2.3。

推论 2.3 若 A_1，A_2，$\cdots$，A_n 是样本空间 S 的一个分割，则

$$P(A_1 \cup A_2 \cup \cdots \cup A_n) = P(A_1) + P(A_2) + \cdots + P(A_n) = P(S) = 1$$

正如你所想到的一样，定理 2.7 也可以做类似推广。

定理 2.8 有 A，B，C 三个事件，则

$$P(A \cup B \cup C) = P(A) + P(B) + P(C) - P(A \cap B) - P(A \cap C) - P(B \cap C) + P(A \cap B \cap C)$$

例 2.29 这学期末约翰即将从一所大学的工业工程系毕业。经过所喜欢的两家公司的面试后，他估计获得 A 公司工作机会的概率为 0.8，B 公司的概率为 0.6，而且他认为这两家公司都为他提供工作机会的概率为 0.5。那么他在这两家公司至少获得一个工作机会的概率是多少？

解：根据加法法则可得

$$P(A \cup B) = P(A) + P(B) - P(A \cap B) = 0.8 + 0.6 - 0.5 = 0.9$$

例 2.30 掷一对均匀的骰子，点数之和为 7 或 11 的概率是多少？

解：令 A 是点数之和为 7 的事件，B 是点数之和为 11 的事件。36 个样本点中有 6 个样本点与事件 A 对应，仅有 2 个样本点与事件 B 对应。因为每个样本点发生的机会均等，所以 $P(A) = 1/6$，$P(B) = 1/18$。而且掷一次的点数之和不可能既是 7 又是 11，所以事件 A 和 B 互斥。故

$$P(A\cup B) = P(A) + P(B) = \frac{1}{6} + \frac{1}{18} = \frac{2}{9}$$

我们也可以通过计算事件 $A\cup B$ 中样本点的个数来得到答案，其个数为 8，所以

$$P(A\cup B) = \frac{n}{N} = \frac{8}{36} = \frac{2}{9}$$

定理 2.7 及其三个推论有益于加深读者对概率的理解。针对一组事件中至少发生一个，而两个事件又不能同时发生的概率的情形，推论 2.1 和推论 2.2 为我们提供了非常直观的结论。至少发生一个事件的概率等于每个事件的概率之和。推论 2.3 朴素地说明了，（合计）最大的概率值等于全样本空间 S 的概率。

例 2.31　一个人购买新车时选择绿色、白色、红色、蓝色的概率分别为 0.09，0.15，0.21，0.23。那么他购买这 4 种颜色的一款汽车的概率是多少？

解： 令 G，W，R 和 B 分别为他选择绿色、白色、红色、蓝色汽车的事件。因为这 4 个事件互斥，所以其概率是

$$P(G\cup W\cup R\cup B) = P(G) + P(W) + P(R) + P(B)$$
$$= 0.09 + 0.15 + 0.21 + 0.23 = 0.68$$

通常，计算一个事件发生的概率比计算该事件不发生的概率要难。如果事件 A 就是这种情况，则只需先求 $P(A')$，再根据定理 2.7 做减法即得 $P(A)$。

定理 2.9　若 A 和 A' 是互补事件，则 $P(A) + P(A') = 1$。

证明： 因为 $A\cup A' = S$，而且 A 和 A' 是不相交的，所以

$$1 = P(S) = P(A\cup A') = P(A) + P(A')$$

例 2.32　一个汽车修理工在工作日修理 3 辆、4 辆、5 辆、6 辆、7 辆、8 辆及以上轿车的概率分别为 0.12，0.19，0.28，0.24，0.10，0.07。他第二天工作时要修理至少 5 辆轿车的概率是多少？

解： 令 E 为他至少要修理 5 辆轿车的事件。则 $P(E) = 1 - P(E')$，其中 E' 为他要修理的汽车不足 5 辆这个事件。因为 $P(E') = 0.12 + 0.19 = 0.31$，根据定理 2.9 可得，$P(E) = 1 - 0.31 = 0.69$。

例 2.33　假定制造商为某种型号的计算机电缆设定的长度规格为 $2\,000 \pm 10$ 毫米。该行业内，众所周知的是，尺寸偏小的电缆和尺寸偏大的电缆一样，如果达不到规格要求都属于次品，由于随机性，生产出来的电缆长度超过 $2\,010$ 毫米的概率等于长度不足 $1\,990$ 毫米的概率。已知生产流程中能达到规格要求的概率为 0.99。

（a）随机抽到一根尺寸偏大的电缆的概率是多少？

（b）随机抽到一根尺寸超过 $1\,990$ 毫米的电缆的概率是多少？

解： 令事件 M 表示达到规格要求的电缆，事件 S 和 L 分别表示尺寸偏小和偏大的电缆。

（a）具体如下：

$$P(M) = 0.99$$
$$P(S) = P(L) = (1 - 0.99)/2 = 0.005$$

（b）记随机抽到的电缆的长度为 X，则

$$P(1\,990 \leqslant X \leqslant 2\,010) = P(M) = 0.99$$

因为 $P(X \geqslant 2\,010) = P(L) = 0.005$，所以

$$P(X \geqslant 1\,990) = P(M) + P(L) = 0.995$$

我们也可以根据定理 2.9 求解

$$P(X \geqslant 1\,990) + P(X < 1\,990) = 1$$

故

$$P(X \geqslant 1\,990) = 1 - P(S) = 1 - 0.005 = 0.995$$

习　题

2.49　找出下列表述中的错误：

（a）一个汽车销售员在 2 月的某天卖出 0，1，2，3 辆汽车的概率分别为 0.19，0.38，0.29，0.15。

（b）明天下雨的概率是 0.40，明天不下雨的概率是 0.52。

（c）一个打字员在输入文档时发生 0，1，2，3，4 个错误的概率分别为 0.19，0.34，−0.25，0.43，0.29。

（d）从一副扑克牌中抽出一张牌，抽中红桃的概率为 1/4，抽中黑桃的概率为 1/2，抽中黑桃 A 的概率是 1/8。

2.51　一个盒子中装有 500 个信封，其中 75 个信封中装有 100 美元，150 个信封中装有 25 美元，275 个信封中装有 10 美元。买一个信封需要 25 美元。写出不同金额的钱所组成的样本空间。写出样本点所对应的概率，并求所购买的第一个信封中装有少于 100 美元的概率。

2.53　一家美国企业将在中国上海建立分支机构的概率是 0.7，在北京建立的概率是 0.4，或者在北京或者在上海或者在两个地方都建立的概率是 0.8。则

（a）在两个城市都建立的概率是多少？

（b）在两个城市都不建立的概率是多少？

2.55　如果数目的编码由 3 个不同的字母和 4 个非零的数字组成，且字母在数字之前，那么随机选取一个编码，该编码的第一个字母是元音且最后一个数字是偶数的概率是多少？

2.57　从英语字母表中随机选取一个字母，求这个字母是下列情况的概率：

（a）是除 y 以外的元音。

（b）位于字母 j 以前的字母。

（c）位于字母 g 以后的字母。

2.59　一摞纸牌中有 5 张牌，求下述事件的概率：

（a）3 张 A。

（b）4 张红桃和 1 张梅花。

2.61　在一个有 100 名学生的毕业班中，54 名学生学数学，69 名学生学历史，35 名学生既学数学又学历史。如果从这些学生中任选出一名，则发生下述事件的概率是多少？

（a）这名学生要么是学数学的，要么是学历史的。

（b）这名学生既不学数学，也不学历史。

（c）这名学生学历史但不学数学。

2.63　根据《消费者文摘》（1996 年 7/8 月刊），个人电脑在家中可能放置的位置为：

　　　成人卧室：0.03

　　　儿童卧室：0.15

　　　其他卧室：0.14

　　　书房：0.40

　　　其他房间：0.28

（a）电脑在卧室的概率是多少？

（b）电脑不在卧室的概率是多少？

（c）假设从有电脑的家庭中随机地选出一个家庭，你认为会在哪个房间找到电脑？

2.67　考察例 2.32 中的情形。

（a）修理工人修理不超过 4 辆汽车的概率是多少？

（b）修理工人修理少于 8 辆汽车的概率是多少？

（c）修理工人修理 3 辆汽车或 4 辆汽车的概率是多少？

2.69　在许多工业领域中，经常需要使用填充机器将箱子中填满产品。食品业以及其他一些家用产品工业（如清洁剂）都是这么做的。实际上，这个机器并非完美的，A 表示填充得正好，B 表示未填满，C 表示填充得过满。通常，人们都希望避免未填满的情况。如果 $P(B) = 0.001$，$P(A) = 0.990$。

（a）求 $P(C)$。

（b）该机器未填满的概率是多少？

（c）该机器未填满或填充得过满的概率是多少？

2.71　习题 2.69 中的情形说明，统计方法常常被用来控制质量（即工业质量控制）。有时，产品的重量就是控制中的一个重要变量。给定某种包装产品的重量规格，一个产品的包装重量过轻或者

过重都是无法接受的情形。历史数据表明，包装品符合规格的概率是 0.95，包装品过轻的概率是 0.002。每个包装品制造商投资的成本是 20.00 美元，售价是 25.00 美元。

（a）从生产线上任选出一个包装品，过重的概率是多少？

（b）对于已经卖出的 10 000 个包装品，如果这些包装品都是符合标准的，则制造商获得的利润是多少？

（c）假设所有不合格的包装品都被退回且已无任何价值，那么因为不符合质量规格，对这 10 000 个包装品所造成的损失是多少？

2.6 条件概率、独立性及乘积法则

条件概率是概率论中的一个重要概念。在一些应用中，专业人员关心在一定限制条件下的概率结构。比如，在流行病学中，我们更关心诸如 35 ~ 40 岁的亚洲女性或 40 ~ 60 岁的西班牙裔男性等不同人群患糖尿病的概率，而非对某个人患病的可能性进行研究。这一类型的概率就是条件概率。

2.6.1 条件概率

在已知事件 A 发生的条件下，事件 B 发生的概率称为**条件概率**，记作 $P(B|A)$，读作"给定 A 发生的条件下 B 发生的概率"，或更简单地，"给定 A，B 的概率"。

假定事件 B 为掷骰子后所出现的点数是一个完全平方数。这枚骰子在设计上，掷得偶数点的概率是奇数点的 2 倍。基于样本空间 $S = \{1, 2, 3, 4, 5, 6\}$，奇数点和偶数点发生的概率分别为 1/9 和 2/9，可得事件 B 发生的概率为 1/3。若已知掷下骰子后所出现的点数大于 3，此时的样本空间就缩小为 S 的子集 $A = \{4, 5, 6\}$。要求事件 B 在样本空间 A 中发生的概率，我们就必须首先根据原来的概率值成比例地给 A 中的元素指定新的概率值，并使得其和为 1。若 A 中奇数 5 的概率为 w，另两个偶数的概率为 $2w$，则 $5w = 1$，或 $w = 1/5$。对于样本空间 A，我们发现事件 B 只包含 4 一个元素。以 $B|A$ 表示该事件，则 $B|A = \{4\}$，故

$$P(B|A) = \frac{2}{5}$$

这个例子说明，在不同的样本空间中同一事件所发生的概率也不同。

我们也可将上式写作

$$P(B|A) = \frac{2}{5} = \frac{2/9}{5/9} = \frac{P(A \cap B)}{P(A)}$$

其中 $P(A \cap B)$ 和 $P(A)$ 都可在原来的样本空间 S 中求得。也就是说，样本空间 S 的子空间 A 中的条件概率也可以直接通过在原来的样本空间 S 中的元素的概率而求得。

定义 2.10　如果 $P(A) > 0$，给定 A，B 的条件概率，记作 $P(B|A)$，由下式定义

$$P(B|A) = \frac{P(A \cap B)}{P(A)}$$

为了进一步阐述，假定样本空间 S 表示某小镇获得大学文凭的成年人口，并根据性别和雇佣状态对这些人进行了分类，数据如表 2.1 所示。

表 2.1　对某小镇的成年人进行的分类

	就业	未就业	总数
男性	460	40	500
女性	140	260	400
总数	600	300	900

从这些人中随机抽取一人，并让他到所有乡村去宣传在本镇兴建新工业企业的好处。我们关心下述事件：

    M：抽到的是一名男性

    E：抽到的人已经就业

根据缩小的样本空间 E，可以求得

$$P(M \mid E) = \frac{460}{600} = \frac{23}{30}$$

令 $n(A)$ 为任意一个集合 A 中的元素个数。因为每个成年人被抽中的机会均等，利用这个记号可得

$$P(M \mid E) = \frac{n(E \cap M)}{n(E)} = \frac{n(E \cap M)/n(S)}{n(E)/n(S)} = \frac{P(E \cap M)}{P(E)}$$

其中 $P(E \cap M)$ 和 $P(E)$ 可以在原来的样本空间 S 中求得。为了验证上述结果，我们可以发现

$$P(E) = \frac{600}{900} = \frac{2}{3}$$

$$P(E \cap M) = \frac{460}{900} = \frac{23}{45}$$

由此可得与上述一致的结果

$$P(M \mid E) = \frac{23/45}{2/3} = \frac{23}{30}$$

例 2.34   定期航班准点起飞的概率是 $P(D) = 0.83$，准点降落的概率是 $P(A) = 0.83$，准点起降的概率是 $P(D \cap A) = 0.78$。

  （a）求准点起飞的航班准点到达的概率。

  （b）求准点到达的航班准点起飞的概率。

解：根据定理 2.10，有

  （a）准点起飞的航班准点到达的概率

$$P(A \mid D) = \frac{P(D \cap A)}{P(D)} = \frac{0.78}{0.83} = 0.94$$

  （b）准点到达的航班准点起飞的概率

$$P(D \mid A) = \frac{P(D \cap A)}{P(A)} = \frac{0.78}{0.82} = 0.95$$

条件概率为我们提供了这样的可能，即根据其他信息（即已知另一事件发生）来重新估计事件的概率。概率 $P(A \mid B)$ 是在已知事件 B 发生的前提下对 $P(A)$ 的校正。在例 2.34 中，获取航班准点到达的概率很重要。这样的话，我们就可知道航班晚点起飞的信息。根据其他信息，就可以计算我们更关心的概率 $P(A \mid D')$，即航班晚点起飞后还能准点降落的概率。在许多情形中，通过观察更为重要的条件概率而得出的结论会完全改变原来的认识。在计算 $P(A \mid D')$ 这个例子中

$$P(A \mid D') = \frac{P(A \cap D')}{P(D')} = \frac{0.82 - 0.78}{0.17} = 0.24$$

因此在有其他信息的情形下，我们发现航班准点到达的概率降低了很多。

例2.35 条件概率在工业和生物医学领域有着诸多应用。考虑纺织工业生产某种特殊布条的流程。一般是根据长度和纹理性质两种方法来确定成品是不是次品。就纹理性质而言，甄别程序比较复杂。不过根据历史信息已知，10%的布条未通过长度检验，5%的布条未通过质地检验，只有0.8%的布条两个检验都通不过。若随机抽取一块布条，快速测试发现它未通过长度检验，试问这块布条也无法通过质地检验的概率是多少？

解： 考虑事件 L 长度不合格和 T 质地不合格。

已知该布条长度不合格，则其质地不合格的概率为：

$$P(T \mid L) = \frac{P(T \cap L)}{P(L)} = \frac{0.008}{0.1} = 0.08$$

由此可见，条件概率相比 $P(T)$ 提供了更多的信息。

2.6.2　独立事件

本节开篇所讨论的掷骰子的试验中，$P(B \mid A) = 2/5$，而 $P(B) = 1/3$。我们发现 $P(B \mid A) \neq P(B)$，这说明 B 取决于 A。考虑如下试验，从一副牌中有放回地相继抽出2张。记事件

　　　　A：第一张为 A

　　　　B：第二张为黑桃

由于抽取第一张牌后又放回去了，这两次抽样的样本空间中都有52张纸牌，并且包含4张 A 和13张黑桃。因此

$$P(B \mid A) = \frac{13}{52} = \frac{1}{4}$$

$$P(B) = \frac{13}{52} = \frac{1}{4}$$

即 $P(B \mid A) = P(B)$。该等式成立，则说事件 A 和 B 相互**独立**。

虽然条件概率会使得事件的概率在有其他信息的条件下发生改变，但它也加深了我们对**独立性**这个重要概念，或者独立事件的理解。在例2.34中，$P(D \mid A)$ 和 $P(D)$ 不相等，这说明事件 D 的发生影响到了事件 A 的发生，在该例中这是很显然的。然而，如果事件 A 和 B 满足这种情形，即

$$P(A \mid B) = P(A)$$

也就是说，事件 B 的发生不会对事件 A 发生的概率造成影响。那么事件 A 的发生就独立于事件 B 的发生。我们不能过分强调独立性概念的重要性，但它在本书的所有章节和统计应用各领域都发挥了重要作用。

定义2.11 事件 A 和 B 独立，当且仅当

$$P(B \mid A) = P(B)$$

或

$$P(A \mid B) = P(A)$$

成立，前提是条件概率存在。否则 A 和 B 就是**相关的**。

条件 $P(B \mid A) = P(B)$ 成立，则 $P(A \mid B) = P(A)$ 成立；反之亦然。在抽取纸牌的试验中，有 $P(B \mid A) = P(B) = 1/4$，而且 $P(A \mid B) = P(A) = 1/13$。

2.6.3　乘积法则

以 $P(A)$ 乘以定义2.10中的等式可得**乘积法则**。乘积法则非常重要，它使得我们能够计算出

同时发生的两个事件的概率。

定理2.10　假定 $P(A) > 0$，若试验中的事件 A 和 B 同时发生，则

$$P(A \cap B) = P(A)P(B \mid A)$$

因此，事件 A 和 B 同时发生的概率等于事件 A 发生的概率与给定事件 A 发生时事件 B 的条件概率之积。由于事件 $A \cap B$ 和事件 $B \cap A$ 等价，因此根据定理2.10可得

$$P(A \cap B) = P(B \cap A) = P(B)P(A \mid B)$$

也就是说，积事件（$A \cap B$ 或 $B \cap A$）的概率与哪个事件是 A、哪个事件是 B 没有关系。

例2.36　假定保险盒中有20根保险丝，其中有5根次品。若以不放回第一根保险丝的方式随机从中相继抽取2根，求这2根保险丝都是次品的概率。

解： 令事件 A 表示第一次抽取的保险丝为次品，事件 B 表示第二次抽取的保险丝为次品，则可以把事件 $A \cap B$ 理解为，事件 A 发生了，然后事件 B 也发生了。第一次抽取的保险丝是次品的概率为1/4，第二次抽取的保险丝也是次品的概率为4/19，因为第一次抽取之后只剩下4根次品。故

$$P(A \cap B) = \left(\frac{1}{4}\right)\left(\frac{4}{19}\right) = \frac{1}{19}$$

例2.37　第一个袋子装有4个白球和3个黑球，第二个袋子装有3个白球和5个黑球。从第一个袋子中抽取一个球，并在不观察其颜色的情况下将其放入第二个袋子。问从第二个袋子中随机抽取的球是黑色的概率是多少？

解： 令事件 B_1，B_2 和 W_1 分别表示从第一个袋子中抽到的是黑球、从第二个袋子抽到的是黑球和从第一个袋子抽到的是白球。我们关心的是互斥事件 $B_1 \cap B_2$ 和 $W_1 \cap B_2$ 的并集。图2.8给出了所有的情形及其发生的概率。因此，我们有

$$
\begin{aligned}
P\left[(B_1 \cap B_2)\,\text{or}\,(W_1 \cap B_2)\right] &= P(B_1 \cap B_2) + P(W_1 \cap B_2) \\
&= P(B_1)P(B_2 \mid B_1) + P(W_1)P(B_2 \mid W_1) \\
&= \left(\frac{3}{7}\right)\left(\frac{6}{9}\right) + \left(\frac{4}{7}\right)\left(\frac{5}{9}\right) = \frac{38}{63}
\end{aligned}
$$

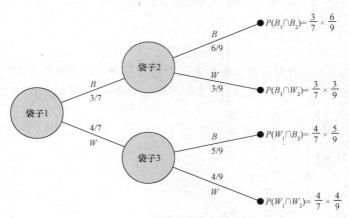

图2.8　例2.37的树状图

若在例2.36中，第一根保险丝是有放回的，并完全打乱其顺序后再抽取第二根，则第二次抽到次品的概率仍然是1/4，即 $P(B \mid A) = P(B)$，事件 A 和 B 相互独立。若 $P(B \mid A) = P(B)$ 为真，我们就可以以 $P(B)$ 代替定理2.10中的 $P(B \mid A)$，从而得到乘积法则的下述特例。

定理2.11　事件 A 和 B 相互独立，当且仅当

$$P(A \cap B) = P(A)P(B)$$

成立。因此要求得两个独立事件同时发生的概率，只需求得两个事件单独发生的概率之积。

例2.38　某小镇只有1辆消防车和1辆救护车以备紧急情况之需。在出现消防警报时，消防车能到位的概率是 0.98；在呼叫救护时，救护车能到位的概率是 0.92。在发生火灾并引起伤亡的事故中，求消防车和救护车能同时到位的概率，假定两者独立。

解： 令事件 A 和 B 分别表示消防车到位和救护车到位。则

$$P(A \cap B) = P(A)P(B) = (0.98)(0.92) = 0.9016$$

例2.39　如图2.9所示的电路系统由4个元器件组成。A 和 B 正常，且 C 和 D 两者之一正常，则该系统就能正常工作。各元器件的可靠性（正常工作的概率）如图2.9所示。求

（a）该系统正常工作的概率。

（b）该系统正常时，元件 C 不工作的概率。假定各元器件相互独立。

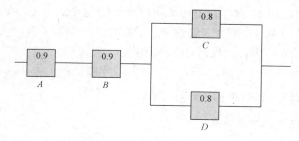

图2.9　例2.39中的电路系统

解： 该系统在构造上是由 A，B，C 和 D 子系统组成的一个串联系统，而 C 和 D 子系统本身为并联系统。

（a）显然，该系统正常工作的概率可以计算如下：

$$
\begin{aligned}
P[A \cap B \cap (C \cup D)] &= P(A)P(B)P(C \cup D) = P(A)P(B)[1 - P(C' \cap D')] \\
&= P(A)P(B)[1 - P(C')P(D')] \\
&= (0.9)(0.9)[1 - (1-0.8)(1-0.8)] = 0.7776
\end{aligned}
$$

上述等式成立的原因在于各元器件正常工作与否是相互独立的。

（b）要计算这种情形下的条件概率，我们注意到

$$
\begin{aligned}
P &= \frac{P(\text{系统正常工作但 } C \text{ 不工作})}{P(\text{系统正常工作})} \\
&= \frac{P(A \cap B \cap C' \cap D)}{P(\text{系统正常工作})} = \frac{(0.9)(0.9)(1-0.8)(0.8)}{0.7776} = 0.1667
\end{aligned}
$$

乘积法则还可以推广到两个以上事件的情形。

定理2.12　一个试验中若事件 A_1，A_2，$\cdots$，A_k 同时发生，则

$$P(A_1 \cap A_2 \cap \cdots \cap A_k) = P(A_1)P(A_2 \mid A_1)P(A_3 \mid A_1 \cap A_2) \cdots P(A_k \mid A_1 \cap A_2 \cap \cdots \cap A_{k-1})$$

如果事件 A_1，A_2，$\cdots$，A_k 相互独立，则

$$P(A_1 \cap A_2 \cap \cdots \cap A_k) = P(A_1)P(A_2) \cdots P(A_k)$$

例2.40 从一副扑克牌中以无放回的方式相继抽取了3张纸牌。求事件 $A_1 \cap A_2 \cap A_3$ 发生的概率，其中事件 A_1 表示第一张纸牌是红色的 A，事件 A_2 表示第二张纸牌是 10 或 J，事件 A_3 表示第三张纸牌大于 3 且小于 7。

解： 首先定义这三个事件

A_1：第一张牌是红色的 A

A_2：第二张纸牌是 10 或 J

A_3：第三张纸牌大于 3 且小于 7

则 $P(A_1) = \dfrac{2}{52}$, $P(A_2 \mid A_1) = \dfrac{8}{51}$, $P(A_3 \mid A_1 \cap A_2) = \dfrac{12}{50}$。故根据定理 2.12 可得

$$P(A_1 \cap A_2 \cap A_3) = P(A_1)P(A_2 \mid A_1)P(A_3 \mid A_1 \cap A_2)$$
$$= \left(\frac{2}{52}\right)\left(\frac{8}{51}\right)\left(\frac{12}{50}\right) = \frac{8}{5\,525}$$

定理 2.11 中有关独立性的性质可以推广至处理两个以上事件的情形。比如，在包含 A，B，C 三个事件的情形中，仅仅是 $P(A \cap B \cap C) = P(A)P(B)P(C)$ 这个式子还不足以定义三者之间的独立性。假定 $A = B$ 且 $C = \varnothing$，虽然 $A \cap B \cap C = \varnothing$ 这个式子能使得 $P(A \cap B \cap C) = \varnothing = P(A)P(B)P(C)$ 成立，但事件 A 和 B 并不独立。因此，我们有下述定义。

定义2.12 对于一组事件 $A = \{A_1, A_2, \cdots, A_n\}$ 的任意一个子集 $A_{i1}, A_{i2}, \cdots, A_{ik}$

$$P(A_{i_1} \cap A_{i_2} \cap \cdots \cap A_{i_k}) = P(A_{i_1})P(A_{i_2}) \cdots P(A_{i_k})$$

成立，其中 $k \leqslant n$，则这组事件相互独立。

习 题

2.73 如果 R 表示一个罪犯持械抢劫犯罪，D 表示这个罪犯贩毒，请用文字描述下述式子所表述的概率：

(a) $P(R \mid D)$。

(b) $P(D' \mid R)$。

(c) $P(R' \mid D')$。

2.75 一个由 200 人组成的样本按照下表中的性别和受教育程度进行了分类。

受教育程度	男性	女性
初中	38	45
初中	38	45
高中	28	50
大学	22	17

如果随机地从这个组中选取出一个人，求下列事件的概率：

(a) 这个人是男性，且接受过高中教育。

(b) 这个人是女性，但没有接受过大学教育。

2.77 在一个由 100 名学生组成的毕业班中，42 名学生研究数学，68 名学生研究心理学，54 名学生研究历史，22 名学生研究数学和历史，25 名学生研究数学和心理学，7 名学生研究历史但不研究数学和心理学，10 名学生研究这三门学科，8 名学生对这三门学科都不研究。如果随机地选取出一名学生，求下述事件的概率：

(a) 这名学生研究心理学且三门学科都研究。

(b) 这名学生不是研究心理学的，但是同时研究历史和数学。

2.79 在《今日美国》（1996 年 9 月 5 日刊）上，有一项关于旅行中睡觉时睡衣穿着情况的调查，其结果如下表所示。

	男性	女性	合计
内衣	0.220	0.024	0.244
睡袍	0.002	0.180	0.182
裸睡	0.160	0.018	0.178
睡衣	0.102	0.073	0.175
T 恤	0.046	0.088	0.134
其他	0.084	0.003	0.087

(a) 旅行者是女性且裸睡的概率是多少？

(b) 旅行者是男性的概率是多少？

（c）假设旅行者是男性，那么他穿睡衣睡觉的概率是多少？

（d）假设旅行者穿睡衣或者 T 恤睡觉，那么他是男性的概率是多少？

2.81 一个已婚男性观看某电视选秀节目的概率是 0.4，一个已婚女性观看这个选秀节目的概率是 0.5。假设一个男性的妻子观看这个选秀节目，这个男性观看该选秀节目的概率是 0.7。求下列事件的概率：

（a）已婚夫妇观看该选秀节目的概率是多少？

（b）假设丈夫观看这个选秀节目，那么他的妻子也观看该节目的概率是多少？

（c）已婚夫妇至少有一个人观看该选秀节目的概率是多少？

2.83 一辆进入卢瑞岩洞的汽车持有加拿大牌照的概率是 0.12；这辆车是旅行挂车的概率是 0.28；这辆车是旅行挂车且持有加拿大牌照的概率是 0.09。求下列事件的概率：

（a）进入卢瑞岩洞的旅行挂车持有加拿大牌照的概率是多少？

（b）进入卢瑞岩洞的汽车持有加拿大牌照且是旅行挂车的概率是多少？

（c）进入卢瑞岩洞的汽车没有加拿大牌照或者不是旅行挂车的概率是多少？

2.85 一名医生正确地诊断一种特殊疾病的概率是

0.7。如果这名医生做出了一个错误的诊断，该病人提起法律诉讼的概率是 0.9。求这名医生做出错误诊断，且该病人提起法律诉讼的概率是多少？

2.87 一个房地产商有 8 把万能钥匙可以打开新房，有 1 把万能钥匙可以打开任意房子。而这些房子中有 40% 通常是不锁门的。如果这个房地产商在离开办公室之前任意选取 3 把万能钥匙，那么该房地产商可以进入一个指定房子的概率是多少？

2.89 一个城镇有 2 辆消防车独立运行。在需要的时候，有一辆消防车可以使用的概率是 0.96。则

（a）在需要的时候，2 辆消防车都不能用的概率是多少？

（b）在需要的时候，有 1 辆消防车可用的概率是多少？

2.91 如果一台冷却器中装有 20 夸脱牛奶，并且有 5 夸脱已经变质了，请按下列要求计算从冷却器中连续取出 4 夸脱好牛奶的概率。

（a）使用定理 2.12 中的第一个公式。

（b）使用定理 2.6 和准则 2.3 中的公式。

2.93 一个电子装置如图 2.10 所示。假定这些元件失效的事件是相互独立的。

（a）整个装置正常工作的概率是多少？

（b）假定这个装置正常工作，元件 A 失效的概率是多少？

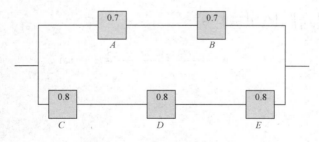

图 2.10　习题 2.93 的图示

2.7　贝叶斯准则

贝叶斯统计学为我们提供了一个工具的集合，只不过这些工具都是以特殊的形式进行统计推断，用以在科学和工程领域的诸多实际情形中对其试验数据进行分析。贝叶斯准则是概率论中最重要的准则或法则之一。

2.7.1　全概率

让我们回到 2.6 节中的例子，从小镇的成年人中随机选取了一人并让他到全部乡村去宣传在该镇兴建新工业企业的好处。假定我们获得了如下补充信息，已就业人员中有 36 人是扶轮社（Rotary Club）的会员，未就业人员中有 12 人是。若事件 A 表示选中的是扶轮社的会员，求事件 A

发生的概率。由图 2.11 可以发现，事件 A 可以记作两个互斥事件 $E \cap A$ 和 $E' \cap A$ 的并集。故 $A = (E \cap A) \cup (E' \cap A)$，由此根据定理 2.7 的推论 2.1 和定理 2.10 可得

$$P(A) = P[(E \cap A) \cup (E' \cap A)] = P(E \cap A) + P(E' \cap A)$$
$$= P(E)P(A \mid E) + P(E')P(A \mid E')$$

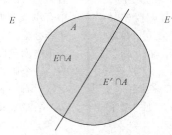

图 2.11   事件 A，E 以及 E' 的文氏图

根据 2.6 节的数据和上面给出的有关事件 A 的补充信息，计算可得

$$P(E) = \frac{600}{900} = \frac{2}{3}$$

$$P(A \mid E) = \frac{36}{600} = \frac{3}{50}$$

$$P(E') = \frac{1}{3}$$

$$P(A \mid E') = \frac{36}{600} = \frac{3}{50}$$

以图 2.12 所示的树状图来展示这些概率，第一个树枝对应于概率 $P(E)P(A \mid E)$，第二个树枝对应于概率 $P(E')P(A \mid E')$，则

$$P(A) = \left(\frac{2}{3} \right) \left(\frac{3}{50} \right) + \left(\frac{1}{3} \right) \left(\frac{1}{25} \right) = \frac{4}{75}$$

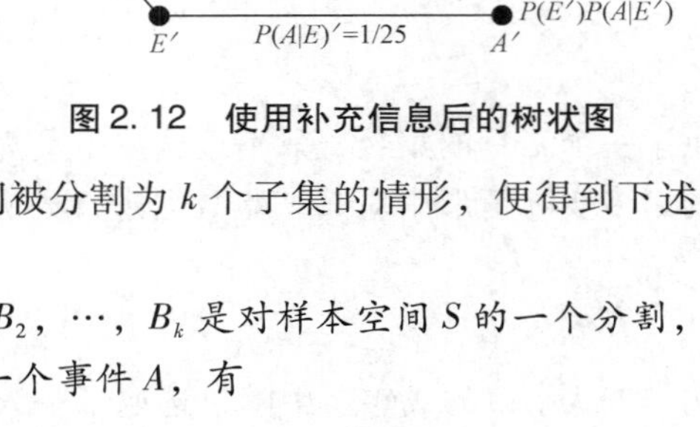

图 2.12   使用补充信息后的树状图

将该例证推广到样本空间被分割为 k 个子集的情形，便得到下述定理，有时称为**全概率公式**或**消元法则**。

定理 2.13   若事件 B_1，B_2，$\cdots$，B_k 是对样本空间 S 的一个分割，且对于 $i = 1, 2, \cdots, k$ 满足 $P(B_i) \neq 0$，则对于 S 中任意一个事件 A，有

$$P(A) = \sum_{i=1}^{k} P(B_i \cap A) = \sum_{i=1}^{k} P(B_i) P(A \mid B_i)$$

证明：从图 2.13 所示的文氏图可以发现，事件 A 是下述互斥事件的并集

$$B_1 \cap A, B_2 \cap A, \cdots, B_k \cap A$$

即有

$$A = (B_1 \cap A) \cup (B_2 \cap A) \cup \cdots \cup (B_k \cap A)$$

根据定理 2.7 的推论 2.2 和定理 2.10 可得

$$
\begin{aligned}
P(A) &= P[(B_1 \cap A) \cup (B_2 \cap A) \cup \cdots \cup (B_k \cap A)] \\
&= P(B_1 \cap A) + P(B_2 \cap A) + \cdots + P(B_k \cap A) \\
&= \sum_{i=1}^{k} P(B_i \cap A) = \sum_{i=1}^{k} P(B_i) P(A \mid B_i)
\end{aligned}
$$

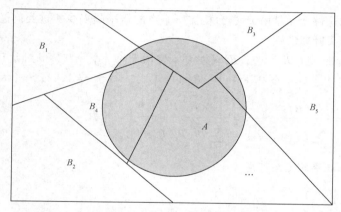

图 2.13　对样本空间 S 进行的分割

例 2.41　在一个装配厂有三台机器 B_1，B_2，B_3，装配的成品分别为 30%，45%，25%。根据之前的经验，其次品率分别为 2%，3%，2%。求随机抽取的一件成品是次品的概率。

解： 考虑以下事件

A：这件产品是次品

B_1：产品由 B_1 生产

B_2：产品由 B_2 生产

B_3：产品由 B_3 生产

根据消元法则可得

$$P(A) = P(B_1)P(A \mid B_1) + P(B_2)P(A \mid B_2) + P(B_3)P(A \mid B_3)$$

由图 2.14 所示的树状图可以求得三个树枝的概率如下：

$$P(B_1)P(A \mid B_1) = (0.3)(0.02) = 0.006$$
$$P(B_2)P(A \mid B_2) = (0.45)(0.03) = 0.013\,5$$
$$P(B_3)P(A \mid B_3) = (0.25)(0.02) = 0.005$$

故

$$P(A) = 0.006 + 0.013\,5 + 0.005 = 0.024\,5$$

2.7.2　贝叶斯准则

在例 2.41 中，假设我们用消元法求的不是 $P(A)$，而是条件概率 $P(B_i \mid A)$。即假定随机抽取

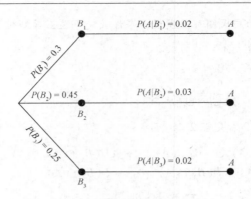

图 2.14   例 2.41 的树状图

到的产品是次品，则这件产品是由 B_i 这台机器所生产的概率是多少？这类问题可以通过下述定理来求解，该定理称为**贝叶斯准则**。

定理 2.14   若事件 B_1，B_2，$\cdots$，B_k 是对样本空间 S 的一个分割，且对于 $i=1$，2，$\cdots$，k 满足 $P(B_i)\neq 0$，则对于 S 中任意一个事件 A，在 $P(A)\neq 0$ 时，对于 $r=1$，2，$\cdots$，k 有

$$P(B_r|A)=\frac{P(B_r\cap A)}{\sum_{i=1}^{k}P(B_i\cap A)}=\frac{P(B_r)P(A|B_r)}{\sum_{i=1}^{k}P(B_i)P(A|B_i)}$$

证明： 根据条件概率的定义可得

$$P(B_r|A)=\frac{P(B_r\cap A)}{P(A)}$$

再根据定理 2.13 对分母进行处理，则

$$P(B_r|A)=\frac{P(B_r\cap A)}{\sum_{i=1}^{k}P(B_i\cap A)}=\frac{P(B_r)P(A|B_r)}{\sum_{i=1}^{k}P(B_i)P(A|B_i)}$$

定理证毕。

例 2.42   例 2.41 中，若随机抽取到的产品是次品，求这件产品是机器 B_3 所生产的概率。

解： 根据贝叶斯准则可知

$$P(B_3|A)=\frac{P(B_3)P(A|B_3)}{P(B_1)P(A|B_1)+P(B_2)P(A|B_2)+P(B_3)P(A|B_3)}$$

再将例 2.41 中的值代入即可得

$$P(B_3|A)=\frac{0.005}{0.006+0.0135+0.005}=\frac{0.005}{0.0245}=\frac{10}{49}$$

考虑到抽取到的这件产品是次品，这个结果说明这件产品不太可能是机器 B_3 所生产的。

例 2.43   一个制造企业采用了三种分析方案来设计和开发某种特殊产品。考虑到成本，三种方案是在不同的时间进行的。方案 1，2，3 分别生产了 30%，20%，50% 的产品。其次品率分别是 $P(D|P_1)=0.01$，$P(D|P_2)=0.03$，$P(D|P_3)=0.02$，其中 $P(D|P_j)$ 是第 j 方案所生产的产品是次品的概率。若随机抽到一个次品，则生产该产品最可能使用的是哪个方案？

解： 根据题意已知

$$P(P_1) = 0.30$$
$$P(P_2) = 0.20$$
$$P(P_3) = 0.50$$

则对于 $j = 1$，2，3，我们要求 $P(P_j \mid D)$。根据贝叶斯准则（定理 2.14）可得

$$P(P_1 \mid D) = \frac{P(P_1)P(D \mid P_1)}{P(P_1)P(D \mid P_1) + P(P_2)P(D \mid P_2) + P(P_3)P(D \mid P_3)}$$

$$= \frac{(0.30)(0.01)}{(0.30)(0.01) + (0.20)(0.03) + (0.50)(0.02)} = \frac{0.003}{0.019} = 0.158$$

类似地可得

$$P(P_2 \mid D) = \frac{(0.03)(0.20)}{0.019} = 0.316$$

$$P(P_3 \mid D) = \frac{(0.02)(0.50)}{0.019} = 0.526$$

这件次品是方案 3 所生产的条件概率最大，因而随机抽到的次品最有可能是采用方案 3 的结果。

基于贝叶斯准则的一种方法称为贝叶斯方法，在实用中受到了极大的关注。

习　题

2.95　根据过往的经验，从某个国家的某个地区选取一个 40 岁以上的成年人，该成年人患有癌症的概率是 0.05。如果一名医生正确地诊断出一个患有癌症的病人的概率是 0.78，错误地将一个没有癌症的人诊断为患有癌症的概率为 0.06，那么一个人被诊断为患有癌症的概率是多少？

2.97　回到习题 2.95 中，一个被诊断为患有癌症的人确实患有癌症的概率是多少？

2.99　假设生产线的最后一步为一个胶卷厂的 4 名检查者对每包胶卷贴上有效期。约翰贴这些胶卷中的 20%，每 200 包中有一包没有贴有效期；汤姆贴这些胶卷中的 60%，每 100 包中有一包没有贴有效期；杰夫贴这些胶卷中的 15%，每 90 包中有一包没有贴有效期；帕特贴这些胶卷中的 5%，每 200 包中有一包没有贴有效期。如果一位顾客抱怨她的胶卷没有贴有效期，那么这包胶卷是由约翰检查的概率是多少？

2.101　一家涂料连锁店生产和销售乳胶漆和半光漆。基于长期的销售记录，消费者购买乳胶漆的概率为 0.75。其中购买乳胶漆的人中 60% 的人还会购买滚筒，而购买半光漆的人中只有 30% 的人还会购买滚筒。从购买了一个滚筒和一桶漆的人中随机抽取出一个人。则这桶漆是乳胶漆的概率是多少？

巩固练习

2.103　一种能使人吐露实情的麻醉药具有如下的特点：有 90% 的犯罪嫌疑人通过这种药物可以被正确判别，有 10% 的犯罪嫌疑人会被错误判别，即这 10% 的嫌疑人实际上并不是清白的。另一方面，每次有 1% 的无辜嫌疑人被误判。如果从一组嫌疑人中任选一个嫌疑人，这组嫌疑人中有 5% 犯过罪，这种能使人吐露实情的麻醉药显示该嫌疑人是有罪的，那么这个嫌疑人实际上是无辜的概率是多少？

2.104　过敏专科的一位医师声称，她所检查的病人中有 50% 对某种野草过敏。请计算下述概率：

（a）她将要接诊的 4 名病人中有 3 人对这种野草过敏。

（b）她将要接诊的 4 名病人对这种野草都不过敏。

2.105　通过在文氏图中比较相关的区域，请证明：

（a）$(A \cap B) \cup (A \cap B') = A$。

（b）$A' \cap (B' \cup C) = (A' \cap B') \cup (A' \cap C)$。

2.106　某个加油站要在 30 分钟之内为 0，1，2，3，4，5 辆汽车加油的概率分别为 0.03，0.18，

0.24，0.28，0.10，0.17。请计算 30 分钟之内：

(a) 超过 2 辆汽车加上油的概率。

(b) 至多有 4 辆汽车加上油的概率。

(c) 4 辆或更多辆汽车加上油的概率。

2.107　有多少个桥牌玩家手中可能持有 4 张黑桃、6 张方块、1 张梅花以及 2 张 A？

2.108　如果一个人将其所得税申报单弄错的概率是 0.1，则请计算：

(a) 各不相关的 4 个人都弄错纳税申报单的概率是多少？

(b) 琼斯先生和克拉克女士两人同时弄错纳税申报单，而罗伯茨先生和威廉姆斯女士都没出错的概率是多少？

2.109　一家大型工业企业共有 3 个当地的旅馆为其客户提供夜间住宿。根据过去的经验我们可以知道，20% 的客户被分配到拉玛大旅馆，50% 被分配到沙拉顿旅馆，30% 被分配到湖景汽车旅馆。如果拉玛大旅馆中有 5% 的房间管道系统是损坏的，沙拉顿旅馆中有 4% 的房间管道系统是损坏的，湖景汽车旅馆中有 8% 的房间管道系统是损坏的。求下述概率：

(a) 一个客户被分配到管道损坏的房间。

(b) 一个住在管道系统损坏房间的人，被分配到湖景汽车旅馆。

2.110　病患接受某种高精尖的心脏手术后康复的概率为 0.8。则请问：

(a) 后续将接受这种手术的 3 位病患中有 2 人活下来的概率是多少？

(b) 后续将接受这种手术的 3 位病患都活下来的概率是多少？

2.111　在某所联邦监狱中，已知有 2/3 的罪犯年龄在 25 岁以下，有 3/5 的罪犯是男性，5/8 的罪犯是女性或者年龄在 25 岁及以上。那么，随机地从这所监狱中选出一个人，这个人是女性且年龄至少是 25 岁的概率是多少？

2.112　有 4 个红苹果、5 个青苹果、6 个黄苹果，如果要从每种颜色的苹果中选出 3 个苹果来，请问选出 9 个苹果的方式有多少种？

2.113　从一个装有 6 个黑球和 4 个绿球的盒子中相继取出 3 个球，并且在取出下一个球之前将已经取出来的球放回。求下述事件的概率：

(a) 取出来的所有球颜色相同。

(b) 每种颜色都被抽到。

2.114　某批次的电视机中有 3 台次品。如果某宾馆要买 5 台电视机，请问该宾馆所买的电视机中至少有 2 台是次品的概率是多少？

2.115　某联邦机构雇佣 3 家咨询公司 A，B，C 的概率分别为 0.40，0.35，0.25。根据过去的经验，成本超过公司规定的概率分别为 0.05，0.03，0.15。假设该机构发生成本超支，则请问：

(a) 该机构雇佣的是 C 公司的概率是多少？

(b) 该机构雇佣的是 A 公司的概率是多少？

2.116　某家厂商正在研究烹饪温度、烹饪时间以及烹调油的种类对薯条的影响。在该研究中，采取了 3 种不同的烹饪温度、4 种不同的烹饪时间以及 3 种不同的烹调油。请问：

(a) 研究中的组合方式有多少种？

(b) 对每种烹调油而言，有多少种组合方式？

(c) 请说明在该练习中你为什么没有使用排列？

2.117　考察巩固练习 2.116 中的情形。假设该制造商每天只尝试 2 种组合。

(a) 任意选择 2 种组合的概率是多少？

(b) 在这 2 种组合中，有一种使用的是最高温度的概率是多少？

2.118　某种癌症在 60 岁以上的女性中发现的概率是 0.07。一种血液测试法可以检测出该种疾病，但是并不可靠。实际上，已知每次测试都有 10% 的可能将未曾罹患这种疾病的患者诊断为患病者（即这种测试方法错误地给出了负面的结果），而又有 5% 的可能将罹患该种疾病的患者诊断为未患病的情形（即这种测试方法错误地给出了正面的结果）。如果一位 60 岁以上的女性接受了测试，诊断得出患有此种疾病的结果，那么她确实患有此病的概率是多少？

2.119　某电子元件生产商运送给供应商 20 批元件。假设这些元件的所有批次中有 60% 没有不合格的元件，30% 有 1 个不合格的元件，10% 有 2 个不合格的元件。随机地选取一批，从这批元件中随机地选出 2 个进行测试都是合格元件。

(a) 这批元件中没有不合格元件的概率是多少？

(b) 这批元件中有 1 个不合格元件的概率是多少？

(c) 这批元件中有 2 个不合格元件的概率是多少？

2.120　500 人中仅有 1 人会罹患某种罕见的疾病。有一种测试是否罹患这种病的方法，但是并不可靠。每次检测时得到准确结果（即病人确实患有这种疾病）的概率是 95%，而得到错误结果（即检测未患病的病人得出患病结果）的概率是 1%。如果随机选出 1 个人来进行检测，诊断得到此人患有该病的结果，请问此人确实患有这种疾病的概率是多少？

2.121　一家建筑公司雇佣了 2 个销售工程师。工程师 1 负责公司投标的成本评估工作的 70%，工程师 2 则负责其余的 30%。据悉工程师 1 工作中发生错误的概率是 0.02，工程师 2 工作中发生错误的概率是 0.04。假设进行一项投标评估成本的工作时发生了严重的错误，那么你猜测该项工作是由哪位工程师负责的？解释并列出你的思考过程。

2.122　在质量控制领域，统计学通常用来判断某生产过程是否不受控制。假设某生产过程确实是不受控制的，在这条生产线上下线的元器件中有 20% 都是次品。则请问：

（a）这条生产线上顺次下线的 3 个元器件都是次品的概率是多少？

（b）这条生产线上顺次下线的 4 个元器件中有 3 件是次品的概率是多少？

2.123　一个工厂正在进行一项研究，以便确定受伤的工人如何最快地返回工作岗位。记录显示，所有受伤工人中有 10% 必须去医院进行治疗，15% 的受伤工人在第二天返回到工作中。此外，研究还显示，2% 的受伤工人既去医院进行治疗，又在第二天返回到工作中。如果一个工人受伤了，那么这名工人或者被送进医院，或者第二天返回工作岗位，或者既被送进医院又在第二天返回工作岗位的概率是多少？

2.124　一家企业按照惯例要培训一些在生产线上完成特定作业的操作员。已知那些参加过培训的操作员每次可以完成 90% 的生产配额，而没有参加培训的新操作员则仅能完成 65% 的生产配额。50% 的新操作员将参加培训。假设一位新操作员完成了其生产配额，请问他参加过培训的概率是多少？

2.125　一项针对某种统计软件使用情况的调查显示，有 10% 的人对该统计软件是不满意的。这些不满意的人中有一半的人是从卖家 A 处购买的。而且调查还显示，有 20% 的人是从 A 处购得的该软件。如果该软件是从 A 处购得的，则某个用户不满意的概率是多少？

2.126　在经济萧条时期，工人将会被解雇，且通常会换上机器。通过对 100 位失业人员的分析发现，他们都是由于技术进步而被解雇的。就这些失业的人而言，还将对其进一步进行分类，其标准是该雇员是否在同一个公司得到了另一份工作、在同领域的另一家公司找到了工作、在新领域找到了一份工作、失业 1 年。此外，还记录了每位工人的工会成员身份。下表是我们所得到的汇总表。

	工会成员	非工会成员
同一家公司	40	15
新公司（同领域）	13	10
新领域	4	11
失业	2	5

（a）如果选中的工人在同领域的新公司中找到了一份工作，那么这名工人是工会成员的概率是多少？

（b）如果这名工人是工会成员，则他在 1 年之内没有被雇佣的概率是多少？

2.127　一位皇后有 50% 的可能携带血友病基因。如果她是一个携带者，那么每位王子都有 50% 的可能患上血友病。如果这位皇后不是携带者，则王子将不会患上这种病。假设一位皇后育有 3 位王子，3 位王子都没有这种疾病，那么这位皇后是血友病基因携带者的概率是多少？

2.128　课堂作业：给每位同学一盒 M&Ms 巧克力豆。将所有同学分成 5 组或 6 组。请计算每组 M&Ms 巧克力豆颜色的相对频数分布。

（a）随机选出的一粒巧克力豆是黄色或红色的概率值是多少？

（b）在全班中随机选出一粒巧克力豆是黄色或红色的概率值是多少？请问估计值是否发生了变化？

（c）你是否认为，每批产品中每种颜色的巧克力豆数量是相同的？请解释。

2.8　可能的错误观点及危害；与其他章节的联系

本章涵盖了基本定义、法则（或准则）以及定理，并奠定了概率作为量化科研和工程问题的一个重要工具之基础。正如章中习题和所举诸例所示，量化问题的具体形式就是通过对概率的计算实现的。诸如独立性、条件概率、贝叶斯准则以及其他各概念在解决实际问题时都能很好地相互协调，而实际问题的要旨就是一个概率值。章中习题中对此有大量的说明和范例。如习题 2.101 及大多数其他习题中，量化研究问题的方式都是采用本章所述的法则和定义审慎地通过对概率的计算来达成的。

那么本章的内容又是如何与其他章节之间建立联系的？在此我们通过展望第3章来回答该问题。第3章所涉及的也是注重计算概率的这类问题。我们将会说明对研究问题的解答是如何依赖于单个或多个概率值的。再次申明的是，条件概率和独立性起到了重要的作用。不过，还有许多新概念为我们提供了基于随机变量与其概率分布的更多结构。回顾一下，第1章曾简要介绍有关频数分布的思想。可以用等式或图像形式进行呈现的概率分布显示了概率构成上的全部，而其构成上的各个方面都是描述概率结构所必需的。比如，巩固练习2.122中关心的是随机变量，该随机变量表示次品的数目，因此是一个离散的测度。因而，概率分布就揭示了从该过程抽取的产品中出现瑕疵品所具有的概率结构。读者在第3章及以后章节可以看见，为了做出判断，通常需要进行假设，并且在研究问题中用到概率分布。

第3章 随机变量和概率分布

3.1 随机变量的概念

统计学注重于对总体和总体特征进行推断。然而，试验结果具有随机性。测试一些电子元器件的检验就是**统计试验**的一个例子，统计试验通常被用于描述能生成若干随机观测的所有过程。而对结果以数值来进行描述也很重要。比如，若测试了3个电子元器件，包含每个可能性结果的样本空间可记为

$$S = \{NNN, NND, NDN, DNN, NDD, DND, DDN, DDD\}$$

式中，N 表示正品，D 表示次品。很自然地，我们会关心次品的数量。因此，样本空间中的每个点都会被赋予0，1，2，3中的一个数值。不过，具体的数值则是由试验结果决定的随机量。它们都可以被视为随机变量 X 的值，即测试3个电子元器件时所出现的次品数。

定义3.1 随机变量是描述样本空间中各元素与实数之间关系的一个函数。

我们以大写字母，如 X 来表示随机变量，并以相应的小写字母来表示其取值，如对应于 X 则为 x。在上述测试电子元器件的例证中，我们注意到随机变量 X 取值为2时所有元素的集合为样本空间 S 的子集 $E = \{DDN, DND, NDD\}$。即在给定的试验中，X 每种可能的取值都表示一个事件，而该事件还是样本空间的子集。

例3.1 从内有4个红球与3个黑球的壶中相继无放回地抽取2个球。设 Y 为红球的个数，可能的结果及随机变量 Y 的取值 y 为

样本空间	y
RR	2
RB	1
BR	1
BB	0

例3.2 钢厂的3名员工将其安全帽存放在库房，随后库房员工又随机地将3个安全帽返还3人。若3人领取帽子的顺序为史密斯、琼斯和布朗，请枚举出领得帽子的所有可能次序所形成的样本点，并假定随机变量 M 表示正确配对的数目，求随机变量 M 的值 m。

解：若以 S, J, B 分别表示史密斯、琼斯和布朗的安全帽，则返还安全帽的所有可能的排列及正确匹配的数目是

样本空间	m
SJB	3
SBJ	1
BJS	1
JSB	1
JBS	0
BSJ	0

在前述两例中，样本空间的元素个数是有限的。而在直到出现5点才停止的掷骰子试验中，

样本空间的元素则是一个无穷序列

$$S = \{F, NF, NNF, NNNF, \cdots\}$$

式中，F 和 N 分别表示出现 5 点或未出现。即便如此，该试验中的元素个数也可等同于整数的个数，因此样本空间中就有第一个元素、第二个元素、第三个元素，以此类推。也就是说，样本空间的元素是可数的。

有些例子中的随机变量是分类变量。这种情形中所使用的变量通常称为哑变量。二分类的随机变量就是这样的一个例证，如下例所示。

例 3.3　考虑这样一个简单的情形：生产线上下来的部件被分为次品或非次品。则定义随机变量 X 为：

$$X = \begin{cases} 1, & \text{部件是次品} \\ 0, & \text{部件非次品} \end{cases}$$

显然，赋值为 0 或 1 具有随意性，却极其方便。这一点在后续章节中会更明了。以 0 和 1 来描述两种可能的取值，这样的随机变量称为**伯努利随机变量**。

下述各例会对随机变量做进一步阐释。

例 3.4　统计学家以**抽样方案**来决定接受或拒绝一批或大宗材料。假定有一个抽样方案要从含 12 件次品的 100 件产品中独立抽取 10 件产品。

令随机变量 X 表示 10 件产品的样本中所含的次品数。则本例中，随机变量的取值为 0，1，2，$\cdots$，9，10。

例 3.5　有这样一个抽样方案，重复地从生产线上抽取一件产品，直到抽中一件次品为止。对该生产线进行评估的依据在于连续抽中的产品的件数是多少。考虑到这一点，令随机变量 X 表示抽中次品前所抽取的产品数。以 N 表示非次品，D 表示次品。则若 $X=1$，则样本空间 $S = \{D\}$；若 $X=2$，则样本空间 $S = \{ND\}$；若 $X=3$，则样本空间 $S = \{NND\}$，以此类推。

例 3.6　我们关心对某种邮件订购揽客进行回应的人所占的比例。令 X 为这一比例，则随机变量 X 的取值范围是 $0 \leq x \leq 1$。

例 3.7　令随机变量 X 表示雷达设备相继监控到两个超速驾驶者的间隔时间（以小时计），则随机变量 X 的取值范围是 $x \geq 0$。

定义 3.2　若样本空间含有有限个可能的结果，或含有的是元素个数与整数一样多的一个无穷序列，则称其为**离散型样本空间**。

有一些统计试验的结果可能既非有限，亦非可数。比如，在加载 5 升汽油的规定测试项目中，欲测定某个型号的汽车所行驶的里程。假设里程这一变量我们可以在任一精度进行测量，显然样本空间中可能的里程数有无穷多个，此时便无法等价于全体整数。又如在记录发生某一化学反应所需时长的例子中，构成样本空间的所有可能的时间也有无穷个，而且是不可数的。因此，我们可以看到，并非所有的样本空间都是离散的。

定义 3.3　若一个样本空间包含无穷多种可能，且和线段上的点一样多，则这样的样本空间就是**连续型样本空间**。

若一个随机变量所有可能结果的集合是可数的，则它是**离散型随机变量**。例 3.1 至例 3.5 中的随机变量都属于离散型随机变量。若一个随机变量的所有可能取值的集合是整个实数区间，则它就不是离散型随机变量。若一个随机变量的取值具有连续尺度，则它是**连续型随机变量**。而且，连续型随机变量所有可能的取值正好与包含在连续型样本空间中的所有取值相同。显而易见，例

3.6 和例 3.7 中的随机变量就是连续型随机变量。

在绝大多数实际问题中，连续型随机变量表示的都是测量数据，如所有可能的高度、体重、温度、距离或生命周期等，而离散型随机变量则表示的是计数数据，如包含 k 件产品的一个样本中的次品数、某州每年高速公路上因事故发生的死亡人数等。例 3.1 和例 3.2 中的随机变量 Y 和 M 表示的都是计数数据，Y 是红球数，M 是正确配对的帽子数。

3.2 离散型概率分布

离散型随机变量的每个取值都具有确定的发生概率。在抛 3 次硬币的情形中，变量 X 表示的是正面出现的次数，正面出现 2 次的概率为 3/8，因为 8 个等可能出现的样本点中有 3 个样本点会出现 2 次正面朝上和 1 次背面朝上。若例 3.2 中的简单事件具有相同的权重，则员工都未拿到正确的安全帽的概率，即 M 取值为 0 的概率为 1/3。M 所有可能的取值 m 及其概率如下

m	0	1	3
$P(M=m)$	$\dfrac{1}{3}$	$\dfrac{1}{2}$	$\dfrac{1}{6}$

我们注意到，m 取遍所有可能的取值后其概率和为 1。

通常，以公式来表示随机变量 X 的所有概率更为方便。该公式是数值 x 的函数，因此将其记作 $f(x)$、$g(x)$ 或 $r(x)$ 等。故 $f(x) = P(X=x)$，即如 $f(3) = P(X=3)$。有序对 $(x, f(x))$ 的集合则称为离散型随机变量 X 的**概率函数概率质量函数**或**概率分布**。

定义 3.4 有序对 $(x, f(x))$ 的集合是离散型随机变量 X 的**概率函数**、**概率质量函数**或**概率分布**，前提是 X 的每个可能结果 x 满足

1. $f(x) \geqslant 0$。
2. $\sum\limits_{x} f(x) = 1$。
3. $P(X=x) = f(x)$。

例 3.8 运送给零售商的 20 台笔记本电脑中有 3 台次品。若某所学校随机购买了这批电脑中的 2 台，求次品数的概率分布。

解： 令随机变量 X 的取值 x 为这所学校可能买到的次品数。则 x 的取值只可能是 0，1，2。故

$$f(0) = P(X=0) = \frac{\dbinom{3}{0}\dbinom{17}{2}}{\dbinom{20}{2}} = \frac{68}{95}$$

$$f(1) = P(X=1) = \frac{\dbinom{3}{1}\dbinom{17}{1}}{\dbinom{20}{2}} = \frac{51}{190}$$

$$f(2) = P(X=2) = \frac{\dbinom{3}{2}\dbinom{17}{0}}{\dbinom{20}{2}} = \frac{3}{190}$$

因此，X 的概率分布为：

x	0	1	3
$f(x)$	$\dfrac{68}{98}$	$\dfrac{51}{190}$	$\dfrac{31}{190}$

例 3.9 若一个汽车代理商销售的某种进口车有 50% 装备了侧安全气囊，求该代理商接下来所销售的 4 辆汽车中装备有侧安全气囊的概率分布。

解： 因为售出的汽车装备有侧安全气囊的概率为 0.5，则样本空间中包含 $2^4 = 16$ 个等可能发生的样本点。因此公式中表示所有可能发生结果的分母部分就是 16。要求得售出的 3 辆汽车都有侧安全气囊的方式有多少种，我们考虑将 4 个可能的结果分割为 2 组的方式有多少种，3 辆有侧安全气囊的汽车为一组，无侧安全气囊的一辆为另一组。可以发现，分割的方式有 $\binom{4}{3} = 4$ 种。故售出 x 辆有侧安全气囊和 $4 - x$ 辆无侧安全气囊的汽车这一事件所发生的方式就有 $\binom{4}{x}$ 种，其中 x 的取值可以是 0，1，2，3，4。所以，$f(x) = P(X = x)$ 的概率分布为：

$$f(x) = \frac{1}{16}\binom{4}{x}, \quad x = 0,1,2,3,4$$

在许多问题中，我们可能都希望计算随机变量 X 的观测值小于或等于某个实数 x 的概率。对于任一实数 x，我们记 $F(x) = P(X \leq x)$，并定义 $F(x)$ 为随机变量 X 的**累积分布函数**。

定义 3.5 概率分布为 $f(x)$ 的离散型随机变量 X 的**累积分布函数** $F(x)$ 为：

$$F(x) = P(X \leq x) = \sum_{t \leq x} f(t), \quad -\infty < x < \infty$$

对于例 3.2 中表示正确配对个数的随机变量 M，我们有

$$F(2) = P(M \leq 2) = f(0) + f(1) = \frac{1}{3} + \frac{1}{2} = \frac{5}{6}$$

M 的累积分布函数则为：

$$F(m) = \begin{cases} 0, & m < 0 \\ \dfrac{1}{3}, & 0 \leq m < 1 \\ \dfrac{5}{6}, & 1 \leq m < 1 \\ 1, & m \geq 3 \end{cases}$$

我们应当特别注意这样的事实，即累积分布函数是一个单调非降的函数，它不仅是对随机变量的取值进行的定义，而且是对全体实数进行的定义。

例 3.10 求例 3.9 中的随机变量 X 的累积分布函数，并使用 $F(x)$ 验证 $f(2) = 3/8$。

解： 直接计算例 3.9 中的概率分布函数可得，$f(0) = 1/16$，$f(1) = 1/4$，$f(2) = 3/8$，$f(3) = 1/4$，$f(4) = 1/16$。故

$$F(0) = f(0) = \frac{1}{16}$$

$$F(1) = f(0) + f(1) = \frac{5}{16}$$

$$F(2) = f(0) + f(1) + f(2) = \frac{11}{16}$$

$$F(3) = f(0) + f(1) + f(2) + f(3) = \frac{15}{16}$$

$$F(4) = f(0) + f(1) + f(2) + f(3) + f(4) = 1$$

因此

$$F(x) = \begin{cases} 0, & x < 0 \\ \dfrac{1}{16}, & 0 \leqslant x < 1 \\ \dfrac{5}{16}, & 1 \leqslant x < 2 \\ \dfrac{11}{16}, & 2 \leqslant x < 3 \\ \dfrac{15}{16}, & 3 \leqslant x < 4 \\ 1, & x \geqslant 4 \end{cases}$$

于是

$$f(2) = F(2) - F(1) = \frac{11}{16} - \frac{5}{16} = \frac{3}{8}$$

从图形来考察概率分布通常会很有用。我们可以将例 3.9 中的点（x, $f(x)$）画出来，从而得到图 3.1。通过虚线或实线将该点连向 x 轴，即得到概率质量函数图。通过图 3.1 我们可以轻易地发现 X 的哪些取值最容易发生，而且该图也说明了例 3.9 中的概率具有完全的对称性。

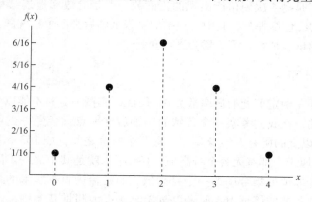

图 3.1   概率质量函数图

相比画出点（x, $f(x)$）的方法，我们通常会更多地构建图 3.2 中所示的矩形。这些矩形的底部是等宽的，其中心分别为每个 x 值，高度为相应的概率值 $f(x)$，而且各矩形的底部两两之间没有间隙。图 3.2 称为**概率直方图**。

因为图 3.2 中各矩形的底宽都是单位长度，因此 $P(X = x)$ 就等于以 x 为中心的矩形的面积。即使底宽不是单位长度，我们也可以调节矩形高度，从而使得矩形面积仍然等于 X 取任一值 x 时的概率值。使用面积来表示概率的思想在考虑连续型随机变量的概率分布中很有必要。

通过画出点（x, $F(x)$）即可得到例 3.9 的累积分布函数图，它呈现出如图 3.3 所示的阶梯函数形式。

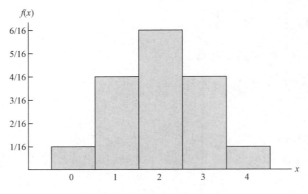

图 3.2　概率直方图

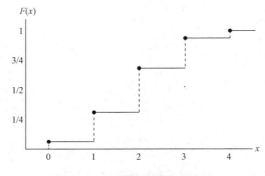

图 3.3　离散型累积分布函数

　　某些概率分布适用于一种以上的实际情形。比如，例 3.9 中的概率分布也适用于随机变量 Y 和随机变量 W，其中 Y 是抛 4 次硬币所出现的正面数，W 是有放回地连续从一副纸牌中随机抽取的 4 张纸牌中所出现的红色纸牌数，其中每次抽取 4 张纸牌后都会重新洗牌。某些特殊的离散型分布可适用于多种不同的试验情境，第 5 章会进行介绍。

3.3　连续型概率分布

　　连续型变量在取任一确定值处的概率都为 0。因此，其概率分布不能以列联形式给出。这一点初看起来是令人吃惊的，在我们考察一个特殊的例子后这一点就会变得更可信。考察一个随机变量，它的取值是 21 岁以上的所有人的身高。任意两个取值之间，如 163.5 厘米和 164.5 厘米，或 163.99 厘米和 164.01 厘米，都有无穷个身高值，164 厘米就是其中之一。随机抽中的一人其身高不是某个具有无穷多个取值的集合中的一个身高值，而是恰为 164 厘米的概率是微乎其微的，其中该集合中的所有取值都非常接近 164 厘米以至于无法人为测量其差别，因此赋予这样的事件发生的概率为 0。然而，对于抽中的一人其身高不低于 163 厘米但不高于 165 厘米的概率，就另当别论了。此时所需处理的则是随机变量的一个区间，而非一个取值。

　　我们关注对连续型随机变量诸如 $P(a < X < b)$，$P(W \geqslant c)$ 等各类区间的概率计算问题。需要注意，当 X 连续时

$$P(a < X \leqslant b) = P(a < X < b) + P(X = b) = P(a < X < b)$$

即 X 连续时是否包含区间的端点并无关系。不过，在 X 是离散的情形中，上式则不成立。

　　虽然连续型随机变量的概率分布不能以列联形式进行呈现，但却能以公式来表示。这样的公式必然是连续型随机变量 X 的数值函数，并且我们以函数 $f(x)$ 记之。在连续型随机变量中，$f(x)$ 通常称为 X 的**概率密度函数**，或简称**密度函数**。虽然 X 定义为连续型样本空间，$f(x)$ 也有可能含

有有限个不连续点。不过，在分析统计数据中有实际应用的大部分密度函数都是连续的，其图形形式也有多种，图3.4所示就是密度函数的几种图形形式。因为面积表示概率，且概率值都为正，所以密度函数全都位于 x 轴上方。

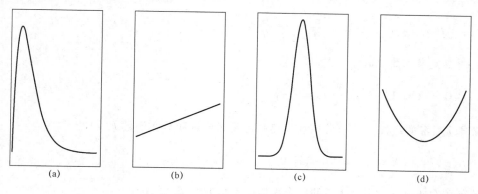

(a)   (b)   (c)   (d)

图3.4 典型的密度函数

计算定义于 X 取值范围之上的 $f(x)$ 我们发现，概率密度函数其曲线下端与 x 轴所围成的面积为1。若 X 的取值范围是一个有限的区间，我们总是可以将该区间扩展为整个实数集合，只需在该区间扩展的部分将 $f(x)$ 定义0。在图3.5中可以我们发现，X 取值于 a 和 b 之间的概率就等于密度函数下纵坐标 $x=a$ 和 $x=b$ 之间阴影部分的面积，且可由下述积分求得

$$P(a < X < b) = \int_a^b f(x)\,\mathrm{d}x$$

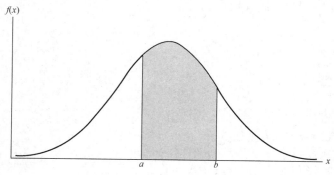

图3.5 $P(a < X < b)$

定义3.6 函数 $f(x)$ 是连续型随机变量 X 定义于实数集上的**概率密度函数**，若其满足

1. 对于所有 $x \in R$，$f(x) \geqslant 0$。

2. $\displaystyle\int_{-\infty}^{\infty} f(x)\,\mathrm{d}x = 1$。

3. $\displaystyle P(a < X < b) = \int_a^b f(x)\,\mathrm{d}x$。

例3.11 假定一个可控试验的反应温度（℃）的误差是连续型随机变量 X，其概率密度函数为：

$$f(x) = \begin{cases} \dfrac{x^2}{3}, & -1 < x < 2 \\ 0, & \text{其他} \end{cases}$$

（a）请证明 $f(x)$ 是一个密度函数。

（b）求 $P(0 < X \leqslant 1)$。

解： 根据定义 3.6，我们有

（a）显然 $f(x) \geqslant 0$，要验证定义 3.6 中的条件 2，我们有

$$\int_{-\infty}^{\infty} f(x)\,\mathrm{d}x = \int_{-1}^{2} \frac{x^2}{3}\mathrm{d}x = \frac{x^3}{9}\bigg|_{-1}^{2} = \frac{8}{9} + \frac{1}{9} = 1$$

（b）根据定义 3.6 中的第 3 式，即得

$$P(0 < X \leqslant 1) = \int_{0}^{1} \frac{x^2}{3}\mathrm{d}x = \frac{x^3}{9}\bigg|_{0}^{1} = \frac{1}{9}$$

定义 3.7 密度函数为 $f(x)$ 的连续型随机变量 X 的**累积分布函数** $F(x)$ 为：

$$F(x) = P(X \leqslant x) = \int_{-\infty}^{\infty} f(t)\,\mathrm{d}t, \quad -\infty < x < \infty$$

导数存在的情况下，定义 3.7 的一个直接推论是如下两个结论：

$$P(a < X < b) = F(b) - F(a)$$

$$f(x) = \frac{\mathrm{d}F(x)}{\mathrm{d}x}$$

例 3.12 对于例 3.11 中的密度函数，求 $F(x)$，并使用该结论求解 $P(0 < X \leqslant 1)$。

解： 当 $-1 < x < 2$ 时

$$F(x) = \int_{-\infty}^{x} f(t)\,\mathrm{d}t = \int_{-1}^{x} \frac{t^2}{3}\mathrm{d}t = \frac{t^3}{9}\bigg|_{-1}^{x} = \frac{x^3 + 1}{9}$$

因此，我们有

$$F(x) = \begin{cases} 0, & x < -1 \\ \dfrac{x^3 + 1}{9}, & -1 \leqslant x < 2 \\ 1, & x \geqslant 2 \end{cases}$$

累积分布函数 $F(x)$ 如图 3.6 所示。故

$$P(0 < X \leqslant 1) = F(1) - F(0) = \frac{2}{9} - \frac{1}{9} = \frac{1}{9}$$

该结果与例 3.11 中使用密度函数所得一致。

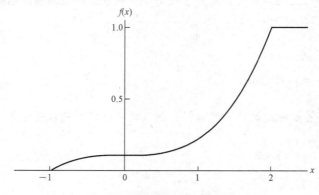

图 3.6 连续型累积分布函数

例3.13 美国能源局招标项目时通常需要估计合理的标价。假定其估价为 b。美国能源局确定的低价中标所具有的密度函数为：

$$f(y) = \begin{cases} \dfrac{5}{8b}, & \dfrac{2}{5}b \leqslant y \leqslant 2b \\ 0, & \text{其他} \end{cases}$$

求 $F(y)$，并使用该结论确定中标价格低于能源局初定标价 b 的概率。

解：当 $2b/5 \leqslant y \leqslant 2b$ 时

$$F(y) = \int_{2b/5}^{y} \frac{5}{8b} dy = \frac{5t}{8b} \Big|_{2b/5}^{y} = \frac{5y}{8b} - \frac{1}{4}$$

故有

$$F(x) = \begin{cases} 0, & y < \dfrac{2}{5}b \\ \dfrac{5y}{8b} - \dfrac{1}{4}, & \dfrac{2}{5}b \leqslant y \leqslant 2b \\ 1, & y \geqslant 2b \end{cases}$$

要确定中标价低于初定标价 b 的概率，我们则有

$$P(Y \leqslant b) = F(b) = \frac{5}{8} - \frac{1}{4} = \frac{3}{8}$$

习 题

3.1 请区分下述随机变量是离散型的还是连续型的。

X：弗吉尼亚每年发生的车祸数。

Y：打 18 杆高尔夫球的时间。

M：某头牛年产奶量。

N：一只母鸡每月产蛋量。

P：某城市每月通过的建筑许可数。

Q：每亩田所产出的谷物重量。

3.3 令 W 表示 3 次抛掷一枚硬币的试验中，正面朝上的次数减去背面朝上的次数。请列出 3 次抛掷中样本空间 S 中的元素，且对每个样本点 W 都赋予一个值 w。

3.5 求 c 的值，它使得下列每个函数都是离散型随机变量 X 的概率分布。

（a）$f(x) = c(x^2 + 4), x = 0, 1, 2, 3$。

（b）$f(x) = c \dbinom{2}{x} \dbinom{3}{3-x}, x = 0, 1, 2$。

3.7 在一年多的时间里一个家庭使用吸尘器的时间总长是连续型随机变量 X，以 100 小时为单位，其密度函数为：

$$f(x) = \begin{cases} x, & 0 < x < 1 \\ 2 - x, & 1 \leqslant x < 2 \\ 0, & \text{其他} \end{cases}$$

求在一年多的时间里一个家庭使用吸尘器的时间总长为下述情形的概率。

（a）少于 120 小时。

（b）介于 50～100 小时之间。

3.9 人们对某邮购邀请的回复比例是一个连续随机变量 X，其密度函数为：

$$f(x) = \begin{cases} \dfrac{2(x+2)}{5}, & 0 < x < 1 \\ 0, & \text{其他} \end{cases}$$

（a）请证明 $P(0 < X < 1) = 1$。

（b）求邮购邀请的回复比例大于 1/4 而小于 1/2 的概率。

3.11 7 台电视机为一批货，其中有 2 台次品。一个酒店随机地购买了这批电视机中的 3 台。如果 X 表示这个酒店所购得的次品数，求 X 的概率分布，并绘制出相应结果的概率直方图。

3.13 在连续轧制的宽度均匀的人造纤维中，每 10 米中的瑕点数 X 的概率分布如下表所示。

x	0	1	2	3	4
$f(x)$	0.41	0.37	0.16	0.05	0.01

求 X 的累积分布函数。

3.15 请求解习题 3.11 中随机变量 X 的累积分布函数，其中 X 表示次品数。然后根据 $F(x)$，求解：

（a）$P(X=1)$。

（b）$P(0<X\leq2)$。

3.17 连续型随机变量 X 取值于 $x=1$ 和 $x=3$ 之间，其密度函数为 $f(x)=1/2$。

（a）请证明该曲线下面所围成的面积为 1。

（b）求解 $P(2<X<2.5)$。

（c）求解 $P(X\leq1.6)$。

3.19 请根据习题 3.17 中的密度函数，求解 $F(x)$，并据此计算 $P(2<X<2.5)$。

3.21 考察密度函数

$$f(x)=\begin{cases}k\sqrt{x}, & 0<x<1\\ 0, & \text{其他}\end{cases}$$

（a）请估计出 k 值。

（b）请求解 $F(x)$，并据此计算 $P(0.3<X<0.6)$。

3.23 请求出习题 3.3 中的随机变量 W 的累积分布函数，并根据 $F(w)$ 计算：

（a）$P(W>0)$。

（b）$P(-1\leq W<3)$。

3.25 从一个有 4 枚一角硬币和 2 枚五分硬币的盒子中无放回地随机取出 3 枚，求这 3 枚硬币面值总和 T 的概率分布。请使用概率直方图表示其概率分布。

3.27 DVD 播放机中一个重要电子元器件的使用寿命所服从分布的密度函数为：

$$f(x)=\begin{cases}\dfrac{1}{2\,000}\exp(-x/2\,000), & x\geq0\\ 0, & x<0\end{cases}$$

（a）求解 $F(x)$。

（b）求解该元器件需要替换前持续使用 1 000 小时以上的概率。

（c）求元器件的使用寿命没有达到 2 000 小时的概率。

3.29 固体导弹燃料中一个重要因素就是粒子大小的分布。如果该粒子过大，则会产生严重的问题。

根据以往的数据，粒子大小（以微米计）的分布可以归结为：

$$f(x)=\begin{cases}3x^{-4}, & x>1\\ 0, & \text{其他}\end{cases}$$

（a）请证明该函数是密度函数。

（b）求解 $F(x)$。

（c）从所生产的燃料中随机选取一个粒子，其大小超过 4 微米的概率是多少？

3.31 在大量测试的基础上，洗衣机制造商确定了需要大修的时间 Y（以年计）的密度函数

$$f(y)=\begin{cases}\dfrac{1}{4}e^{-y/4}, & y\geq0\\ 0, & \text{其他}\end{cases}$$

（a）一般认为在第 6 年之前仍不需要进行大修的产品就是高性价比的。请计算 $P(Y>6)$，并对此进行评论。

（b）在第一年就需要进行大修的概率是多少？

3.33 由于某种类型的数据处理公司专业性较强，因此一般很难在其经营的第一年就赚取利润。请使用概率密度函数来描述利润率 Y

$$f(y)=\begin{cases}ky^4(1-y)^3, & 0\leq y\leq1\\ 0, & \text{其他}\end{cases}$$

（a）请估计 k 值，使得上述函数为一个密度函数。

（b）求该公司在第一年最多赚取 50% 的概率。

（c）求该公司在第一年至少赚取 80% 的概率。

3.35 大量的历史数据表明，在 20 秒内达到某个十字路口的汽车数 X 可以使用下面的离散型概率函数进行刻画。

$$f(x)=e^{-6}\dfrac{6^x}{x!}, \quad x=0,1,2,\cdots$$

（a）求在 20 秒内，到达十字路口的车多于 8 辆的概率。

（b）求仅有 2 辆车到达的概率。

3.4 联合概率分布

在前几节中我们研究了随机变量与其概率分布，不过都仅限于一维样本空间，因为我们所记录的试验结果是单个随机变量的取值。然而，在有些情形中我们需要记录多个随机变量同时发生的结果。比如，我们需要测定一个可控的化学试验中所产生沉淀物的数量 P 和所释放气体的体积 V，这样就上升为了由结果 (p,v) 构成的二维样本空间；我们也可能会关注冷拔铜的硬度 H 和抗拉强度 T，由此所得的结果即是 (h,t)。在基于高校数据来判断大学生取得成功的可能性的一项

研究中，我们可能会用到一个三维的样本空间，并记录每个人在智力测验中的得分、高中时的班级排名以及大学一年级的平均学分绩。

若 X 和 Y 是两个离散型随机变量，其同时发生的概率分布则可以表示成值为 $f(x, y)$ 的一个函数，其中数对 (x, y) 在随机变量 X 和 Y 的取值范围内。习惯上我们称该函数为 X 和 Y 的**联合概率分布**。

因此，对离散的情形而言

$$f(x,y) = P(X = x, Y = y)$$

即值 $f(x, y)$ 就是结果 x 和 y 同时发生的概率。比如，一辆 18 轮的汽车，X 表示这些轮胎所行驶的里程数（千米），Y 表示所需要更换的轮胎数，则 $f(30\,000, 5)$ 就是这些轮胎行驶 30\,000 千米且该汽车需要更换 5 个新轮胎的概率。

定义 3.8 函数 $f(x, y)$ 是离散型随机变量 X 和 Y 的**联合概率分布**或**概率质量函数**，若其满足

1. 对于所有 (x,y)，$f(x,y) \geqslant 0$。
2. $\sum_x \sum_y f(x,y) = 1$。
3. $P(X = x, Y = y) = f(x,y)$。

对于 xy 平面内的任一区域 A，$P[(X,Y) \in A] = \sum_A \sum f(x,y)$。

例 3.14 从装有 3 支蓝色、2 支红色以及 3 支绿色圆珠笔的盒子中随机抽取 2 支，若 X 为抽到蓝色圆珠笔的数目，Y 为抽到红色圆珠笔的数目，求

（a）联合概率函数 $f(x, y)$。

（b）$P[(X,Y) \in A]$，其中区域 A 是 $\{(x, y) | x + y \leqslant 1\}$。

解： 数对 (x, y) 可能的取值为 $(0, 0)$，$(0, 1)$，$(1, 0)$，$(1, 1)$，$(0, 2)$ 和 $(2, 0)$。

（a）$f(0, 1)$ 表示抽到 1 支红色和 1 支绿色圆珠笔的概率。从 8 支笔中抽取任意 2 支笔的方式共有 $\binom{8}{2} = 28$ 种，且每种方式是等可能的。从 2 支红笔中抽到 1 支红笔，且从 3 支绿笔中抽到 1 支绿笔的方式有 $\binom{2}{1}\binom{3}{1} = 6$ 种。因此，$f(0, 1) = 6/28 = 3/14$。类似地，可以计算其他情形下的概率，结果如表 3.1 所示。可以发现这些概率之和为 1。在第 5 章我们可以看到，表 3.1 中的联合概率分布可以表示为下式

$$f(x,y) = \frac{\binom{3}{x}\binom{2}{y}\binom{3}{2-x-y}}{\binom{8}{2}}$$

式中，$x = 0, 1, 2$；$y = 0, 1, 2$；且 $0 \leqslant x + y \leqslant 2$。

（b）(X, Y) 落入区域 A 的概率为：

$$P[(X,Y) \in A] = P(X + Y \leqslant 1) = f(0,0) + f(0,1) + f(1,0)$$
$$= \frac{3}{28} + \frac{3}{14} + \frac{9}{28}$$
$$= \frac{9}{14}$$

表 3.1　例 3.14 中的联合概率分布

$f(x, y)$		x			行和
		0	1	2	
y	0	$\frac{3}{28}$	$\frac{9}{28}$	$\frac{3}{28}$	$\frac{15}{28}$
	1	$\frac{3}{14}$	$\frac{3}{14}$	0	$\frac{3}{7}$
	2	$\frac{1}{28}$	0	0	$\frac{1}{28}$
列和		$\frac{5}{14}$	$\frac{15}{28}$	$\frac{3}{28}$	1

　　若 X 和 Y 是连续型随机变量，则**联合密度函数** $f(x, y)$ 就是位于 xy 平面上的曲面，而且当 A 是 xy 平面上任一区域时，$P[(X,Y) \in A]$ 就等于区域 A 的底部和该曲面所围成的圆柱体的体积。

　　定义 3.9　函数 $f(x, y)$ 是连续型随机变量 X 和 Y 的**联合密度函数**，若其满足

1. 对于所有的 (x,y)，$f(x,y) \geq 0$。

2. $\int_{-\infty}^{\infty} \int_{-\infty}^{\infty} f(x,y) \, dxdy = 1$。

3. 对于 xy 平面上的任一区域 A，$P[(X,Y) \in A] = \iint_A f(x,y) \, dxdy$。

例 3.15　一家私营企业经营了一个路边餐厅和一个招揽散客的餐厅。在随机挑选的一天，若 X 和 Y 分别表示这一天中路边餐厅和招揽散客的餐厅有客人的时间所占的比例，假定这两个随机变量的联合密度函数为：

$$f(x,y) = \begin{cases} \frac{2}{5}(2x + 3y), & 0 \leq x < 1, 0 \leq y < 1 \\ 0, & \text{其他} \end{cases}$$

（a）验证定义 3.9 中的条件 2。

（b）求 $P[(X,Y) \in A]$，其中 $A = \left\{ (x, y) \,\middle|\, 0 \leq x < \frac{1}{2}, \frac{1}{4} \leq y < \frac{1}{2} \right\}$。

　　解：（a）$f(x, y)$ 在整个区域内的积分为

$$\int_{-\infty}^{\infty} \int_{-\infty}^{\infty} f(x,y) \, dxdy = \int_0^1 \int_0^1 \frac{2}{5}(2x + 3y) \, dxdy$$

$$= \int_0^1 \left(\frac{2x^2}{5} + \frac{6xy}{5} \right) \Bigg|_{x=0}^{x=1} dy$$

$$= \int_0^1 \left(\frac{2}{5} + \frac{6y}{5} \right) dy = \left(\frac{2y}{5} + \frac{3y^2}{5} \right) \Bigg|_0^1 = \frac{2}{5} + \frac{3}{5} = 1$$

（b）要计算 $P[(X,Y) \in A]$，我们有

$$P[(X,Y) \in A] = P\left(0 < X < \frac{1}{2}, \frac{1}{4} < Y < \frac{1}{2} \right)$$

$$= \int_{1/4}^{1/2} \int_0^{1/2} \frac{2}{5}(2x + 3y) \, dxdy$$

$$= \int_{1/4}^{1/2} \left(\frac{2x^2}{5} + \frac{6xy}{5} \right) \Bigg|_{x=0}^{x=1/2} dy = \int_{1/4}^{1/2} \left(\frac{1}{10} + \frac{3y}{5} \right) dy$$

$$= \left(\frac{y}{10} + \frac{3y^2}{10} \right) \Big|_{1/4}^{1/2}$$

$$= \frac{1}{10} \left[\left(\frac{1}{2} + \frac{3}{4} \right) - \left(\frac{1}{4} + \frac{3}{16} \right) \right] = \frac{13}{160}$$

在给定离散型随机变量 X 和 Y 的联合概率分布 $f(x, y)$ 的情况下，X 单独的概率分布 $g(x)$ 可以通过对 $f(x, y)$ 关于 Y 的所有值进行行求和而得到；类似地，Y 单独的概率分布 $h(y)$ 也可以通过对 $f(x, y)$ 关于 X 的所有值进行求和而得到。我们定义 $g(x)$ 和 $h(y)$ 分别为 X 和 Y 的**边际分布**。若 X 和 Y 是连续型随机变量，用积分取代求和即可。这样一来我们有下述一般意义上的定义。

定义 3.10　X 和 Y 各自的**边际分布**在离散型的情况下为：

$$g(x) = \sum_y f(x,y)$$

$$h(y) = \sum_x f(x,y)$$

在连续型的情况下为：

$$g(x) = \int_{-\infty}^{\infty} f(x,y) \, \mathrm{d}y$$

$$h(y) = \int_{-\infty}^{\infty} f(x,y) \, \mathrm{d}y$$

其中所用到的"边际"这一术语是指在离散的情况下以列联形式来呈现 $f(x, y)$ 的值时，$g(x)$ 和 $h(y)$ 的值恰好是对应行和对应列的边际合计。

例 3.16　证明表 3.1 的行和与列和就是 X 和 Y 各自的边际分布。

解：对于随机变量 X，我们可以看到

$$g(0) = f(0,0) + f(0,1) + f(0,2) = \frac{3}{28} + \frac{3}{14} + \frac{1}{28} = \frac{5}{14}$$

$$g(1) = f(1,0) + f(1,1) + f(1,2) = \frac{9}{28} + \frac{3}{14} + 0 = \frac{15}{28}$$

$$g(2) = f(2,0) + f(2,1) + f(2,2) = \frac{3}{28} + 0 + 0 = \frac{3}{28}$$

恰是表 3.1 的列和。类似可证，$h(y)$ 就是表 3.1 的行和。X 和 Y 的边际分布可以用列联表表述如下：

x	0	1	2
$g(x)$	$\frac{5}{14}$	$\frac{15}{28}$	$\frac{3}{28}$

y	0	1	2
$h(y)$	$\frac{15}{28}$	$\frac{3}{7}$	$\frac{1}{28}$

例 3.17　求例 3.15 中 $g(x)$ 和 $h(y)$ 的联合密度函数。

解：根据定义，当 $0 \leqslant x < 1$ 时

$$g(x) = \int_{-\infty}^{\infty} f(x,y)\,\mathrm{d}y = \int_0^1 \frac{2}{5}(2x+3y)\,\mathrm{d}y = \left(\frac{4xy}{5} + \frac{6y^2}{10}\right)\Bigg|_{y=0}^{y=1} = \frac{4x+3}{5}$$

其他时候，$g(x) = 0$。类似地，当 $0 \leqslant y < 1$ 时

$$h(y) = \int_{-\infty}^{\infty} f(x,y)\,\mathrm{d}x = \int_0^1 \frac{2}{5}(2x+3y)\,\mathrm{d}x = \frac{2(1+3y)}{5}$$

其他时候，$h(y) = 0$。

边际分布 $g(x)$ 和 $h(y)$ 确实是随机变量 X 和 Y 各自的概率分布，这一点可以这样进行验证，即通过验证定义 3.4 或定义 3.6 的条件。比如，在连续的情况下

$$\int_{-\infty}^{\infty} g(x)\,\mathrm{d}x = \int_{-\infty}^{\infty} \int_{-\infty}^{\infty} f(x,y)\,\mathrm{d}y\,\mathrm{d}x = 1$$

且

$$P(a < X < b) = P(a < X < b, -\infty < Y < \infty) = \int_a^b \int_{-\infty}^{\infty} f(x,y)\,\mathrm{d}y\,\mathrm{d}x = \int_a^b g(x)\,\mathrm{d}x$$

我们在 3.1 节说道，随机变量 X 的取值 x 表示样本空间的一个事件，因此该事件是样本空间的一个子集。故根据第 2 章条件概率的定义可得

$$P(B \mid A) = \frac{P(A \cap B)}{P(A)}, \quad P(A) > 0$$

其中 A 和 B 此时就是分别由 $X = x$ 和 $Y = y$ 定义的事件。在 X 和 Y 是离散型随机变量时

$$P(Y = y \mid X = x) = \frac{P(X = x, Y = y)}{P(X = x)} = \frac{f(x,y)}{g(x)}, \quad g(x) > 0$$

不难证明函数 $f(x,y)/g(x)$ 满足概率分布的所有条件，$f(x,y)/g(x)$ 在固定 x 时是 y 的函数。在 $f(x,y)$ 和 $g(x)$ 分别是连续型随机变量的联合密度和边际分布时这一点也成立。因此，利用具有 $f(x,y)/g(x)$ 形式的这种特殊类型的分布，我们就能有效地计算条件概率，这一点非常重要。这一类型的分布称为**条件概率分布**，其正式定义如下。

定义 3.11 令 X 和 Y 为两个离散或连续的随机变量，在给定 $X = x$ 时，随机变量 Y 的条件分布为：

$$f(x \mid y) = \frac{f(x,y)}{g(x)}, \quad g(x) > 0$$

类似地，给定 $Y = y$ 时，随机变量 X 的条件分布为：

$$f(y \mid x) = \frac{f(x,y)}{h(y)}, \quad h(y) > 0$$

在已知离散型随机变量 $Y = y$ 时，若我们要求离散型随机变量 X 落入 a 和 b 之间的概率，则

$$P(a < X < b \mid Y = y) = \sum_{a < x < b} f(x \mid y)$$

其中求和运算取遍 X 在 a 和 b 之间的所有值。当 X 和 Y 为连续型随机变量时，则

$$P(a < X < b \mid Y = y) = \int_a^b f(x \mid y)\,\mathrm{d}x$$

例3.18 见例3.14，求给定 $Y=1$ 时，X 的条件分布，并使用该结论求解 $P(X=0 \mid Y=1)$。

解： 在 $y=1$ 时，要求 $f(x \mid y)$，首先，我们求得

$$h(1) = \sum_{x=0}^{2} f(x,1) = \frac{3}{14} + \frac{3}{14} + 0 = \frac{3}{7}$$

则

$$f(x \mid 1) = \frac{f(x,1)}{h(1)} = \left(\frac{7}{3}\right) f(x,1), \quad x = 0,1,2$$

因此

$$f(0 \mid 1) = \left(\frac{7}{3}\right) f(0,1) = \left(\frac{7}{3}\right)\left(\frac{3}{14}\right) = \frac{1}{2}$$

$$f(1 \mid 1) = \left(\frac{7}{3}\right) f(1,1) = \left(\frac{7}{3}\right)\left(\frac{3}{14}\right) = \frac{1}{2}$$

$$f(2 \mid 1) = \left(\frac{7}{3}\right) f(2,1) = \left(\frac{7}{3}\right)(0) = 0$$

在给定 $Y=1$ 时，X 的条件分布为：

x	0	1	2
$f(x \mid 1)$	$\frac{1}{2}$	$\frac{1}{2}$	0

最终可得

$$P(X=0 \mid Y=1) = f(0 \mid 1) = \frac{1}{2}$$

故在已知抽中的 2 支笔芯中有 1 支是红色的情况下，另一支笔芯不是蓝色的概率为 1/2。

例3.19 X 是单位温度变化，Y 是所产生的一个原子微粒的谱移比例，随机变量 (X, Y) 的联合密度为：

$$f(x,y) = \begin{cases} 10xy^2, & 0 < x < y < 1 \\ 0, & \text{其他} \end{cases}$$

（a）求边际分布 $g(x)$ 和 $h(y)$ 以及条件密度 $f(y \mid x)$。

（b）在已知温度上升 0.25 个单位时，求超过半数的观测发生谱移的概率。

解：（a）根据定义，我们有

$$g(x) = \int_{-\infty}^{\infty} f(x,y) \mathrm{d}y = \int_{x}^{1} 10xy^2 \mathrm{d}y = \frac{10}{3} xy^3 \Big|_{y=x}^{y=1} = \frac{10}{3} x(1-x^3), \quad 0 < x < 1$$

$$h(y) = \int_{-\infty}^{\infty} f(x,y) \mathrm{d}x = \int_{0}^{y} 10xy^2 \mathrm{d}x = 5x^2y^2 \Big|_{x=0}^{x=y} = 5y^4, \quad 0 < y < 1$$

因此

$$f(y \mid x) = \frac{f(x,y)}{g(x)} = \frac{10xy^2}{\frac{10}{3} x(1-x^3)} = \frac{3y^2}{1-x^3}, \quad 0 < x < y < 1$$

（b）于是

$$P\left(Y > \frac{1}{2} \mid X = 0.25\right) = \int_{-\infty}^{\infty} f(x,y)\,\mathrm{d}y = \int_{1/2}^{1} f(y \mid x = 0.25)\,\mathrm{d}y = \int_{1/2}^{1} \frac{3y^2}{1 - 0.25^3}\mathrm{d}y = \frac{8}{9}$$

例 3.20 已知联合密度函数为：

$$f(x,y) = \begin{cases} \dfrac{x(1+3y^2)}{4}, & 0 < x < 2, 0 < y < 1 \\ 0, & \text{其他} \end{cases}$$

求 $g(x)$，$h(y)$，$f(x \mid y)$，并计算 $P\left(\dfrac{1}{4} < X < \dfrac{1}{2} \mid Y = \dfrac{1}{3}\right)$。

解：根据边际密度的定义，当 $0 < x < 2$ 时

$$g(x) = \int_{-\infty}^{\infty} f(x,y)\,\mathrm{d}y = \int_{0}^{1} \frac{x(1+3y^2)}{4}\mathrm{d}y = \left(\frac{xy}{4} + \frac{xy^3}{4}\right)\Big|_{y=0}^{y=1} = \frac{x}{2}$$

且在 $0 < y < 1$ 时，

$$h(y) = \int_{-\infty}^{\infty} f(x,y)\,\mathrm{d}x = \int_{0}^{2} \frac{x(1+3y^2)}{4}\mathrm{d}x = \left(\frac{y^2}{8} + \frac{3x^2y^2}{8}\right)\Big|_{x=0}^{x=2} = \frac{1+3y^2}{2}$$

故使用条件密度函数的定义，当 $0 < x < 2$ 时

$$f(x \mid y) = \frac{f(x,y)}{h(y)} = \frac{x(1+3y^2)/4}{(1+3y^2)/2} = \frac{x}{2}$$

且

$$P\left(\frac{1}{4} < X < \frac{1}{2} \mid Y = \frac{1}{3}\right) = \int_{1/4}^{1/2} \frac{x}{2}\mathrm{d}x = \frac{3}{64}$$

3.4.1 统计独立性

若 $f(x \mid y)$ 如同例 3.20 中的情形一样不依赖于 y，则 $f(x \mid y) = g(x)$ 且 $f(x,y) = g(x)h(y)$。证明时需将 $f(x,y) = f(x \mid y)h(y)$ 代入 X 的边际分布。即

$$g(x) = \int_{-\infty}^{\infty} f(x,y)\,\mathrm{d}y = \int_{-\infty}^{\infty} f(x \mid y)h(y)\,\mathrm{d}y$$

若 $f(x \mid y)$ 不依赖于 y，则

$$g(x) = f(x \mid y)\int_{-\infty}^{\infty} h(y)\,\mathrm{d}y$$

此时因为 $h(y)$ 是 Y 的概率密度函数，故

$$\int_{-\infty}^{\infty} h(y)\,\mathrm{d}y = 1$$

所以

$$g(x) = f(x \mid y)$$

从而可得

$$f(x,y) = g(x)h(y)$$

读者应当清楚，若 $f(x \mid y)$ 不依赖于 y，随机变量 Y 的结果则当然不会影响随机变量 X 的结果。

换言之，X 和 Y 是独立随机变量。我们在下面给出了统计独立性的正式定义。

定义 3.12 X 和 Y 是两个离散或连续的随机变量，其联合概率分布为 $f(x, y)$，且各自的边际分布分别为 $g(x)$ 和 $h(y)$。随机变量 X 和 Y 是**统计独立**的，当且仅当对取值范围内的所有 (x, y)，$f(x, y) = g(x)h(y)$ 成立。

例 3.20 中的连续型随机变量是统计独立的，因为两个边际分布之积就是联合密度函数。然而，例 3.19 中的连续型随机变量则显然不满足这种情形。检验离散型随机变量的统计独立性需要更彻底的审查，因为对有些 (x, y) 的组合而言，边际分布之积可能等于联合概率分布，但对所有 (x, y) 的组合却未必如此。若能找到 $f(x, y)$ 定义范围之内的任何一点 (x, y) 使得 $f(x, y) \neq g(x)h(y)$，离散型随机变量 X 和 Y 就不是统计独立的。

例 3.21 求证例 3.14 中的随机变量不是统计独立的。

解： 考虑点 $(0, 1)$，从表 3.1 我们可以求得 $f(0, 1)$，$g(0)$，$h(1)$ 这三个概率。

$$f(0,1) = \frac{3}{14}$$

$$g(0) = \sum_{y=0}^{2} f(0,y) = \frac{3}{28} + \frac{3}{14} + \frac{1}{28} = \frac{5}{14}$$

$$h(1) = \sum_{x=0}^{2} f(x,1) = \frac{3}{14} + \frac{3}{14} + 0 = \frac{3}{7}$$

显然 $f(0, 1) \neq g(0)h(1)$，因此 X 和 Y 不是统计独立的。

前述针对两个随机变量的所有定义都可以推广至包含 n 个随机变量的情形。令随机变量 X_1，X_2，$\cdots$，X_n 的联合概率函数为 $f(x_1, x_2, \cdots, x_n)$。如 X_1 的边际分布在离散型的情况下为：

$$g(x_1) = \sum_{x_2} \cdots \sum_{x_n} f(x_1, x_2, \cdots, x_n)$$

在连续型的情况下为：

$$g(x_1) = \int_{-\infty}^{\infty} \cdots \int_{-\infty}^{\infty} f(x_1, x_2, \cdots, x_n) \, dx_2 \, dx_3 \cdots dx_n$$

则可得 $g(x_1, x_2)$ 的**联合边际分布**为：

$$g(x_1, x_2) = \begin{cases} \sum_{x_3} \cdots \sum_{x_n} f(x_1, x_2, \cdots, x_n), & \text{离散型的情形} \\ \int_{-\infty}^{\infty} \cdots \int_{-\infty}^{\infty} f(x_1, x_2, \cdots, x_n) \, dx_3 \, dx_4 \cdots dx_n, & \text{连续型的情形} \end{cases}$$

我们也可以考虑多种条件分布。比如给定 $X_4 = x_4$，$X_5 = x_5$，$\cdots$，$X_n = x_n$ 时，X_1，X_2 和 X_3 的**联合条件分布**为：

$$f(x_1, x_2, x_3 \,|\, x_4, x_5, \cdots, x_n) = \frac{f(x_1, x_2, \cdots, x_n)}{g(x_4, x_5, \cdots, x_n)}$$

其中 $g(x_4, x_5, \cdots, x_n)$ 是随机变量 X_4，X_5，$\cdots$，X_n 的联合边际分布。

下述关于随机变量 X_1，X_2，$\cdots$，X_n 相互统计独立的定义是定义 3.12 的一个推广。

定义 3.13 n 个离散或连续的随机变量 X_1，X_2，$\cdots$，X_n，其联合概率分布为 $f(x_1, x_2, \cdots, x_n)$，且边际分布分别为 $f_1(x_1)$，$f_2(x_2)$，$\cdots$，$f_n(x_n)$。随机变量 X_1，X_2，$\cdots$，X_n 是相互**统计独立**的，当且仅当对取值范围内的所有 $(x_1, x_2, \cdots, x_n)$，$f(x_1, x_2, \cdots, x_n) = f_1(x_1) f_2(x_2) \cdots f_n(x_n)$ 成立。

例 3.22 假定一种以纸板箱盛放的易腐食品的保存期是一个随机变量，以年为单位计算，其概率分布函数为：

$$f(x) = \begin{cases} e^{-x}, & x > 0 \\ 0, & \text{其他} \end{cases}$$

若 X_1，X_2，X_3 分别表示三箱独立抽选的食品的保存期，求 $P(X_1 < 2, 1 < X_2 < 3, X_3 > 2)$。

解：因为这三箱是独立抽选的，因此可以假定随机变量 X_1，X_2，X_3 是统计独立的，其联合概率密度在 $x_1 > 0$，$x_2 > 0$，$x_3 > 0$ 时为：

$$f(x_1, x_2, x_3) = f(x_1)f(x_2)f(x_3) = e^{-x_1}e^{-x_2}e^{-x_3} = e^{-x_1-x_2-x_3}$$

其他情况 $f(x_1, x_2, x_3) = 0$。故

$$P(X_1 < 2, 1 < X_2 < 3, X_3 > 2) = \int_2^{\infty}\int_1^3\int_0^2 e^{-x_1-x_2-x_3} \mathrm{d}x_1 \mathrm{d}x_2 \mathrm{d}x_3$$
$$= (1 - e^{-2})(e^{-1} - e^{-3})e^{-2} = 0.0372$$

3.4.2 概率分布的重要特征及其根源

本段内容是到后续 3 章的一个过渡，这是非常重要的一点。概率分布及其性质可用于解决重要的问题，我们同时使用了应用科学和工程学中的例子和习题来进行说明。这些或离散或连续的概率分布我们都以"已知"或"假设"之类的措辞，有的情形中还使用"历史数据表明"进行过介绍。在有些情形中可以通过历史数据、长期研究的数据抑或是大量的计划数据确定分布的性质，甚至是概率结构的一个优良估计。读者应谨记第 1 章对直方图的应用所进行的讨论，以及我们是如何根据直方图来估计频数分布的。然而，并非所有的概率函数和概率密度函数都能根据大量的历史数据求得。还有大量的情形中，分布的类型可以在研究情境的性质中得到反映。事实上，第 2 章和本章的习题中已经对这些内容有所反映。若独立重复的观测本质上是取值为 0 或 1 这样的二分类数据（如次品或正品、存活或死亡、过敏或不过敏），这种情形中的分布称为**二项分布**，其概率函数非常有名，第 5 章会对其一般性进行介绍。巩固练习 3.80 就是这样的例子，其他例子读者应该也能鉴别。巩固练习 3.69 或习题 3.27 中的失效时间是连续型分布的情形，其所服从的分布类型通常称为**指数分布**。这些例证仅仅是众多所谓的标准分布中的两种分布而已，标准分布在现实问题中有大量的应用，因为服从这些标准分布的应用场合非常易于辨认且在实践中经常发生。第 5 章和第 6 章介绍了许多这些类型的分布，及与其应用相关的一些基础理论。

向后续章节过渡的第二部分内容涉及的是**总体参数**或**分布参数**的问题。第 1 章我们曾提及，必须使用数据去获取有关这些参数的信息。我们详细探讨了均值和方差的概念，并在总体中对这些概念进行了定义。事实上，离散情形中，总体**均值**和**方差**可以轻易地由概率函数求得；连续情形中则可以由概率密度函数求得。第 7 ~ 16 章会对这些参数及其在解决许多现实问题中的重要性进行多方面的介绍。

习 题

3.37 请估计 c 值，使得下述函数为随机变量 X 和 Y 的联合概率分布。

(a) $f(x, y) = cxy, x = 1, 2, 3; y = 1, 2, 3$。

(b) $f(x, y) = c|x - y|, x = -2, 0, 2; y = -2, 3$。

3.39 从装有 3 个橘子、2 个苹果以及 3 个香蕉的水果袋中随机地取出 4 个水果。如果 X 表示取出的橘子数，Y 表示取出的苹果数，求：

(a) X 和 Y 的联合概率分布。

(b) $P[(X, Y) \in A]$，其中 A 为区域 $\{(x, y) \mid x + y \leq 2\}$。

3.41 一家糖果公司分发盒装巧克力，盒子里混装有三种口味：奶油、太妃糖以及酒。假设每个盒子的重量都是 1 千克，但是不同盒子里三种口味的重量是不同的。对于随机选取的一盒巧克力，令 X 和 Y 分别为奶油和太妃糖口味的重量。如果这些变量的联合密度函数为：

$$f(x) = \begin{cases} 24xy, & 0 \leqslant x \leqslant 1, 0 \leqslant y \leqslant 1, x+y \leqslant 1 \\ 0, & \text{其他} \end{cases}$$

（a）求取出的盒子中，酒口味的重量超过 1/2 的概率。

（b）求奶油口味重量的边际密度。

（c）如果已知奶油口味的重量占 3/4，求盒子中太妃糖口味的重量小于 1/8 的概率。

3.43 令 X 为某反应物的反应时间（以秒计），Y 为某个反应开始发生时的温度（℉）。假设这两个变量 X 和 Y 的联合密度为：

$$f(x,y) = \begin{cases} 4xy, & 0 < x < 1, 0 < y < 1 \\ 0, & \text{其他} \end{cases}$$

求：

（a）$P\left(0 \leqslant X \leqslant \dfrac{1}{2}, \dfrac{1}{4} \leqslant Y \leqslant \dfrac{1}{2}\right)$。

（b）$P(X < Y)$。

3.45 如果 X 是某种带壳电缆的直径，Y 是制造该电缆的陶瓷电容器的直径。将 X 和 Y 按照比例进行调整，使得两者的取值范围都在 0 ~ 1 之间。如果 X 和 Y 的联合密度为：

$$f(x,y) = \begin{cases} \dfrac{1}{y}, & 0 < x < y < 1 \\ 0, & \text{其他} \end{cases}$$

求 $P(X+Y > 1/2)$。

3.47 随机变量 Y 是在每天开始时某个桶中的煤油量（以千升计），一天中卖出的煤油也为随机变量 X。假定一天之内桶中的油不会重新补充，即 $X \leqslant Y$。如果这两个随机变量的联合密度函数为：

🌀 巩固练习

3.61 一家烟草公司生产混合烟丝，每种烟丝中包含不同比例的土耳其烟草、美国烟草和其他烟草。烟丝中的土耳其烟草和美国烟草的比例分别为随机变量 X 和 Y。其联合密度函数为：

$$f(x,y) = \begin{cases} 24xy, & 0 \leqslant x, y < 1, x+y \leqslant 1 \\ 0, & \text{其他} \end{cases}$$

（a）求某箱烟丝中土耳其烟草的比例超过一半的

$$f(x,y) = \begin{cases} 2, & 0 < x \leqslant y < 1 \\ 0, & \text{其他} \end{cases}$$

（a）判断 X 和 Y 是否独立。

（b）求 $P(1/4 < X < 1/2 \mid Y = 3/4)$。

3.49 如果 X 是某数控机器在某天中失灵的次数：1 次、2 次或 3 次。而 Y 是一名技术工人接到紧急维修电话的次数。两者的联合概率分布为：

$f(x, y)$		x	
	1	2	3
y 1	0.05	0.05	0.10
3	0.05	0.10	0.35
5	0.00	0.20	0.10

（a）请计算 X 的边际分布。

（b）请计算 Y 的边际分布。

（c）请计算 $P(Y = 3 \mid X = 2)$。

3.51 从一副 52 张扑克牌的 12 张人头牌（J，Q 及 K）中无放回地取出 3 张。令 X 是抽到的 K 的数目，Y 是抽到的 J 的数目。求：

（a）X 和 Y 的联合概率分布。

（b）$P[(X, Y) \in A]$，其中 A 是区域 $\{(x, y) \mid x+y \geqslant 2\}$。

3.53 已知联合密度函数

$$f(x,y) = \begin{cases} \dfrac{6-x-y}{8}, & 0 < x < 2, 2 < y < 4 \\ 0, & \text{其他} \end{cases}$$

请求解 $P(1 < Y < 3 \mid X = 1)$。

3.57 随机变量 X，Y，Z 的联合密度函数为：

$$f(x,y,z) = \begin{cases} kxy^2 z, & 0 < x, y < 1, 0 < z < 2 \\ 0, & \text{其他} \end{cases}$$

（a）请估计 k。

（b）请计算 $P(X < 1/4, Y > 1/2, 1 < Z < 2)$。

概率。

（b）求美国烟草所占比例的边际密度函数。

（c）如果混合烟丝中有 3/4 的美国烟草，求土耳其烟草所占比例少于 1/8 的概率。

3.62 某保险公司为其投保人提供了多种不同的保险缴费方式。对于随机选取的一位投保人来说，设 X 是连续两次缴费所间隔的月数。则 X 的累积分布函数为：

$$f(x) = \begin{cases} 0, & x < 1 \\ 0.4, & 1 \le x < 3 \\ 0.6, & 3 \le x < 5 \\ 0.8, & 5 \le x < 7 \\ 1.0, & x \ge 7 \end{cases}$$

（a）请计算 X 的概率质量函数。

（b）请计算 $P(4 < X \le 7)$。

3.63 某导弹系统的两个电子元器件通过相互协调保证整个系统的运作。令 X 和 Y 是这两个元器件的寿命（以小时计）。X 和 Y 的联合密度为：

$$f(x,y) = \begin{cases} ye^{-y(1+x)}, & x, y \ge 0 \\ 0, & \text{其他} \end{cases}$$

（a）求这两个随机变量各自的边际密度函数。

（b）求这两个元器件的寿命超过 2 个小时的概率。

3.64 某套服务设备具有两条服务线。随机选择一天，以 X 表示第一条服务线所使用时间的比例，Y 表示第二条服务线所使用时间的比例。假定 (X, Y) 两者的联合概率密度函数为：

$$f(x,y) = \begin{cases} \dfrac{3}{2}(x^2 + y^2), & 0 \le x, y \le 1 \\ 0, & \text{其他} \end{cases}$$

（a）半数以上的时间两条服务线都不繁忙的概率是多少？

（b）第一条服务线在超过 75% 以上的时间都繁忙的概率是多少？

3.65 如果某个电话交换机在 5 分钟内接到电话的呼叫次数是随机变量 X，其概率函数为：

$$f(x) = \frac{e^{-2}2^x}{x!}, \quad x = 0, 1, 2, \cdots$$

（a）请计算 X 等于 0，1，2，3；4，5，6 的概率。

（b）请绘制出 x 的这些值的概率质量函数。

（c）求在 X 的这些值上的累积概率分布函数。

3.66 考察 X 和 Y 的联合概率密度

$$f(x,y) = \begin{cases} x+y, & 0 \le x, y \le 1 \\ 0, & \text{其他} \end{cases}$$

（a）请计算 X 和 Y 的边际分布。

（b）请计算 $P(X > 0.5, Y > 0.5)$。

3.67 某工业生产过程中生产的产品被分为两类：次品或正品。产品是次品的概率是 0.1。随机地从这些产品中抽取 5 个进行试验。随机变量 X 为这 5 个产品所组成的样本中的次品数。求 X 的概率质量函数。

3.68 考察随机变量 X 和 Y 如下所示的联合概率密度：

$$(x,y) = \begin{cases} \dfrac{3x-y}{9}, & 1 < x < 1, 1 < y < 2 \\ 0, & \text{其他} \end{cases}$$

（a）请计算 X 和 Y 的边际密度函数。

（b）请问 X 和 Y 是否独立？

（c）请计算 $P(X > 2)$。

3.69 某电子元器件的寿命（以小时计）是一个随机变量，其累积分布函数为：

$$F(x) = \begin{cases} 1 - e^{-x/50}, & x > 0 \\ 0, & \text{其他} \end{cases}$$

（a）求其概率密度函数。

（b）求该电子元器件的寿命超过 70 小时的概率。

3.70 某种特殊的服装设备可以生产裤子。10 名工人为一组对裤子进行抽检。这些工人随机从生产线上抽取一些裤子来进行检查。将这些检查者从 1 到 10 进行编号。假定一位顾客购买了一条裤子，如果随机变量 X 对应于检验人员的编号。

（a）请给出 X 合理的概率质量函数。

（b）请绘制出 X 的累积分布函数。

3.71 产品的货架期是一个与顾客的认可度相关的随机变量。某种焙烤食物的货架期 Y（以天计）的密度函数为：

$$f(y) = \begin{cases} \dfrac{1}{2}e^{-y/2}, & 0 \le y < \infty \\ 0, & \text{其他} \end{cases}$$

据此请计算今天生产的这种焙烤食物从现在起 3 天之内能够卖出的比例是多少。

3.72 旅客拥堵在机场是非常严重的服务问题。为了缓解拥堵，机场内部铺设了列车。使用列车后，从主航站楼到某中央大厅的乘车时间 X（以分钟为单位）的密度函数为：

$$f(x) = \begin{cases} \dfrac{1}{10}, & 0 \le x \le 10 \\ 0, & \text{其他} \end{cases}$$

（a）请证明形如上式的函数是有效的概率密度函数。

（b）旅客从主航站楼到中央大厅的时间不超过 7 分钟的概率是多少？

3.73 在一个化学反应过程中，最终产品中所含有的杂质常常能够反映出某种严重的问题。从收集到的大量数据来看，一批产品中杂质所占比例 Y 的密度函数为：

$$f(y) = \begin{cases} 10(1-y)^9, & 0 \le y \le 1 \\ 0, & \text{其他} \end{cases}$$

(a) 请证明上式是一个概率密度函数。

(b) 如果杂质的比例超过 60%，则认为该产品不能销售。在当前对该过程的质量控制下，产品不被接受的概率是多少？

3.74 某电子辅助系统收到两次呼叫的时间间隔 Z（单位：分钟）的概率密度函数为：

$$f(z) = \begin{cases} \dfrac{1}{10} e^{-z/10}, & 0 < z < \infty \\ 0, & \text{其他} \end{cases}$$

(a) 请问在 20 分钟之内没有收到呼叫的概率是多少？

(b) 第一次呼叫在开机后 10 分钟之内来到的概率是多少？

3.75 一个由某种化学反应产生的化学系统包含两种非常重要的成分，这两种成分的比例 X_1 和 X_2 的联合分布为：

$$f(x_1, x_2) = \begin{cases} 2, & 0 < x_1 < x_2 < 1 \\ 0, & \text{其他} \end{cases}$$

(a) 请给出 X_1 的边际分布。

(b) 请给出 X_2 的边际分布。

(c) $X_1 < 0.2$ 且 $X_2 > 0.5$ 的概率是多少？

(d) 求条件分布 $f_{X_1 \mid X_2}(x_1, x_2)$。

3.76 考察巩固练习 3.75 中的情形。假定两个比例的联合分布为：

$$f(x_1, x_2) = \begin{cases} 6x_2, & 0 < x_2 < x_1 < 1 \\ 0, & \text{其他} \end{cases}$$

(a) 请计算比例 X_1 的边际分布 $f_{X_1}(x_1)$，并证明 $f_{X_1}(x_1)$ 是有效的密度函数。

(b) 在 X_1 大于 0.7 的时候，比例 X_2 小于 0.5 的概率是多少？

3.77 X 和 Y 分别为 2 分钟内到达 2 个不同十字路口的汽车数。这两个十字路口非常近，因此交通工程师在必要时对这两个点的交通进行联合考虑非常重要。假定 X 和 Y 的联合分布为：

$$f(x,y) = \left(\frac{9}{16}\right)\left(\frac{1}{4^{(x+y)}}\right),$$
$$x = 0, 1, 2, \cdots; y = 0, 1, 2, \cdots$$

(a) X 和 Y 这两个随机变量是否独立？请对此作出解释。

(b) 这段时间（2 分钟）内达到 2 个十字路口的汽车数少于 4 辆的概率是多少？

3.78 在科学和工程可靠性问题上，将元器件串联起来有着非常重要的作用。不过，整个系统的可靠性肯定不会优于该串联系统中最不可靠的元件。在串联系统中，各元件是独立运行的。假定在某个特定的系统中，三个元器件 1，2，3 符合标准规格的概率分别是 0.95，0.99，0.92。请问整个系统正常工作的概率是多少？

3.79 在工程作业中使用的另一种系统是使用一组并行的元器件，或称为并联系统。在这种更为保守的系统中，系统运行的概率大于其中每个元器件单独运行的概率。仅仅在所有元器件都不工作的时候，这个系统才会失效。考察这样一种情况，其中包含 4 个独立的元器件的平行系统，它们运行的概率为：

元器件 1：0.95

元器件 2：0.94

元器件 3：0.90

元器件 4：0.97

该系统正常工作的概率是多少？

3.80 考察某个系统中 5 个相互独立的元器件，每个元器件正常运转的概率都是 0.92。如果 5 个元器件中至少有 3 个正常运转，那么该系统就能正常工作。该系统正常工作的概率是多少？

3.81 请选取 5 节课，并记录下全班每位同学的鞋子颜色。假定鞋子颜色为红色、白色、黑色、棕色及其他。请给出每个色系的频数分布表。

(a) 请估计并解释概率密度函数及其含义。

(b) 请问在下一节课上，随机抽到的一名同学穿红色鞋子或白色鞋子的估计概率是多少？

3.5 可能的错误观点及危害；与其他章节的联系

我们可以通过表示结构的概率分布来计算各类概率，因此概率分布有助于我们量化和理解各类生产流程，这一点在后续章节中会更为明显。比如，巩固练习 3.65 中，在对该系统进行改善时，量化某时段内重载的概率分布会非常有用。巩固练习 3.69 所述的情形研究的是电子元器件的寿命。对元器件所服从概率结构的知识将极大增进我们对大型系统可靠度的了解，元器件一般只是这种大型系统中的一个部分。此外，对概率分布一般性质的了解也能增进我们对 P 值的理解，第1章曾对 P 值进行简要介绍，自第9章起 P 值都具有重要的作用。

第4章、第5章和第6章主要本章的内容为基础。第4章我们会讨论概率分布中的重要**参数**的意义。这些重要的参数将系统中（或研究问题中）的**中心趋势**和**变异**等概念进行了量化。事实上，这些量相距完整的分布还有一定距离，但对这些量本身的了解却能深化我们对系统（或研究问题）所具有特性的认识。第5章和第6章涉及的都是与特殊的分布类型有关的工程学、生物学或一般科学现象。比如，巩固练习3.65中，其概率函数的结构在第5章就可轻易地在一定假设下得到确定。巩固练习3.69中的情形也一样。这是一类特殊的**失效时间**问题，第6章会讨论其所服从的概率密度函数。

就应用本章内容可能出现的风险，我们对读者的忠告是，请不要过多阅读那些不明确的内容。经过本章的学习，具体科学现象所服从的概率分布其一般性质仍然并非显而易见的。本章的目的是要让读者知道如何使用一个概率分布，而非如何去确定其具体的分布类型。第5章和第6章会根据研究问题的一般性质大篇幅地探讨其识别问题。

第4章 数学期望

4.1 随机变量的均值

在第1章我们探讨了样本均值，它是数据的算术平均。现在考虑这样的情形。有两枚硬币，抛掷了16次，X 为每次正面朝上的个数，则 X 的取值为0，1，2。假定试验中出现0，1，2 个正面朝上的次数分别为4，7，5。故每次抛掷这两枚硬币出现正面的平均数为：

$$\frac{(0)(4) + (1)(7) + (2)(5)}{16} = 1.06$$

这是这组数据的平均值，但却并非 $\{0, 1, 2\}$ 中的任何一个值。因此，平均数并不必然是该试验的一个可能结果。例如，销售人员的月平均收入不太可能等于其在任何一个月所获取的收入。

调整上述对正面所出现的平均个数的计算，可得下述等价形式：

$$(0)\left(\frac{4}{16}\right) + (1)\left(\frac{7}{16}\right) + (2)\left(\frac{5}{16}\right) = 1.06$$

4/16，7/16，5/16 是总抛掷次数中分别出现0，1，2 次正面所占的比例。这些分数也是该试验中 X 不同取值的相对频数。事实上，我们要计算一组数据的均值或平均数，知道这组数据中所出现的不同取值及其相对频数即可，而无须知道该组数据中观测的总数。因此，若有4/16 或1/4 的抛掷结果没有出现正面，7/16 的结果出现1 个正面，5/16 的结果出现2 个正面，则每次抛掷出现正面的平均个数即为1.06，不管总抛掷次数是16 000 次，还是10 000 次。

相对频数的方法被用来计算每次抛掷两枚硬币时出现正面的平均个数，因为长期来看这就是我们所期望的结果。我们称该平均值为**随机变量 X 的均值**或 X **的概率分布的均值**，并记作 μ_x，在清楚所指的随机变量时则简记为 μ。众所周知，统计学家将这个均值称为数学期望，或随机变量 X 的期望值，并记作 $E(X)$。

若有一枚均匀的硬币，抛掷了2 次，则该试验的样本空间为：

$$S = \{HH, HT, TH, TT\}$$

因为这4 个样本点是等可能发生的，于是

$$P(X = 0) = P(TT) = \frac{1}{4}$$

$$P(X = 1) = P(TH) + P(HT) = \frac{1}{2}$$

$$P(X = 2) = P(HH) = \frac{1}{4}$$

其中 TH 这个元素表示的是，第一次抛掷出现的是反面，随后的第二次抛掷出现的是正面，依此类推。从长期来看，这些概率都是已知的这些事件的相对频数。故

$$\mu = E(X) = (0)\left(\frac{1}{4}\right) + (1)\left(\frac{1}{2}\right) + (2)\left(\frac{1}{4}\right) = 1$$

这个结果说明重复抛掷2 枚硬币的话，平均每次有1 枚硬币的正面朝上。

上面讲述了每次抛掷2 枚硬币时对正面的期望个数进行计算的方法，该方法表明，任一离散

型随机变量的均值或期望值都可通过以随机变量 X 的每个取值 x_1, x_2, $\cdots$, x_n 乘上其相应的概率 $f(x_1)$, $f(x_2)$, $\cdots$, $f(x_n)$, 再对其积求和而得到。不过, 这只在随机变量是离散型的情形下才是正确的。在连续型随机变量的情形中, 对期望值的定义在本质上仍然未变, 只是将求和换成了求积分。

定义 4.1 概率分布为 $f(x)$ 的随机变量 X, 其**均值**或**期望值**在 X 是离散型的情形下为:

$$\mu = E(X) = \sum_x xf(x)$$

在 X 是连续型的情形下为:

$$\mu = E(X) = \int_{-\infty}^{\infty} xf(x)\,\mathrm{d}x$$

读者应当注意, 上述计算期望值或均值的方法与第 1 章所述计算样本均值的方法不同, 样本均值是使用 (样本) 数据求得的。在数学期望中, 则是使用概率分布求得期望值。不过, 如定义 4.1 中那样, 我们采用期望值的话, 均值通常被理解为基础分布的 "中心" 值。

例 4.1 质检员在一批包含 7 件元件的待售商品中进行了抽样, 这批商品中有 4 件正品和 3 件次品。若质检员抽取了容量为 3 的一个样本, 求该样本中正品数的期望。

解: 若 X 表示该样本中的正品数, 则 X 的概率分布为:

$$f(x) = \frac{\binom{4}{x}\binom{3}{3-x}}{\binom{7}{3}}, \quad x = 0,1,2,3$$

经简单计算发现 $f(0) = 1/35$, $f(1) = 12/35$, $f(2) = 18/35$, $f(3) = 4/35$。故

$$\mu = E(X) = (0)\left(\frac{1}{35}\right) + (1)\left(\frac{12}{35}\right) + (2)\left(\frac{18}{35}\right) + (3)\left(\frac{4}{35}\right) = \frac{12}{7} = 1.7$$

所以, 若重复地从包含 4 件正品和 3 件次品的这批待售商品中随机抽取容量为 3 的一个样本, 则该样本中平均会有 1.7 件正品。

例 4.2 某医疗设备公司的一名销售人员一天内有两场会谈。在第一场会谈中, 他认为有 70% 的机会达成交易, 若成功的话能获得 1 000 美元的佣金; 而另一方面, 他认为在第二场会谈中只有 40% 的机会达成交易, 若成功的话能获得 1 500 美元的佣金。基于他自己确定的概率求他的期望佣金是多少? 假定两场会谈的成功与否相互独立。

解: 这名销售人员在这两场会谈中的总佣金有 4 种可能: 0 美元、1 000 美元、1 500 美元和 2 500 美元。接下来我们需要计算其相应的概率。根据独立性, 可得

$$f(0) = (1 - 0.7)(1 - 0.4) = 0.18$$
$$f(1\,000) = (0.7)(1 - 0.42) = 0.42$$
$$f(1\,500) = (1 - 0.7)(0.4) = 0.12$$
$$f(2\,500) = (0.7)(0.4) = 0.28$$

故该销售人员的期望佣金为:

$$E(X) = (0)(0.18) + (1\,000)(0.42) + (1\,500)(0.12) + (2\,500)(0.28)$$
$$= 1\,300(美元)$$

例 4.1 和例 4.2 旨在加深读者对随机变量期望值内涵的认识。这两个例子中随机变量都是离散型

的。下面给出一个连续型随机变量的例子，工程师关心的是某种类型的电子设备的平均寿命。这是一个有关实践中经常发生的失效时间问题的例证。其期望寿命值是评定该设备的一个重要参数。

例 4.3 随机变量 X 表示的是某电子设备的小时寿命。其概率密度函数为：

$$f(x) = \begin{cases} \dfrac{20\,000}{x^3}, & x > 100 \\ 0, & \text{其他} \end{cases}$$

求这类设备的期望寿命。

解： 使用定义 4.1 我们有

$$\mu = E(X) = \int_{100}^{\infty} x \frac{20\,000}{x^3}\,\mathrm{d}x = \int_{100}^{\infty} \frac{20\,000}{x^2}\mathrm{d}x = 200\,(\text{小时})$$

故我们可以预期此类设备平均可以持续 200 小时。

考虑一个依赖于 X 的新随机变量 $g(X)$，也就是说，$g(X)$ 的每个值都由 X 的每个值决定。比如 $g(X)$ 为 X^2 或 $3X - 1$，当 X 的值为 2 时，$g(X)$ 的值则为 $g(2)$。特别地，若概率分布为 $f(x)$ 的离散型随机变量 X，当 $x = -1,\ 0,\ 1,\ 2$ 且 $g(X) = X^2$，则

$$P[g(X) = 0] = P(X = 0) = f(0)$$
$$P[g(X) = 1] = P(X = -1) + P(X = 1) = f(-1) + f(1)$$
$$P[g(X) = 4] = P(X = 2) = f(2)$$

$g(X)$ 的概率分布可表述如下：

$g(X)$	0	1	4
$P[g(X) = g(x)]$	$f(0)$	$f(-1) + f(1)$	$f(2)$

根据对随机变量期望值的定义，可得

$$\begin{aligned} \mu_{g(X)} = E(g(x)) &= 0f(0) + 1[f(-1) + f(1)] + 4f(2) \\ &= (-1)^2 f(-1) + (0)^2 f(0) + (1)^2 f(1) + (2)^2 f(2) = \sum_x g(x)f(x) \end{aligned}$$

定理 4.1 将这个结果同时推广到了离散型和连续型随机变量的情形。

定理 4.1 令 X 是概率分布为 $f(x)$ 的随机变量，则随机变量 $g(X)$ 的期望值在 X 是离散型的情形下为：

$$\mu_{g(X)} = E[g(X)] = \sum_x g(x)f(x)$$

在 X 是连续型的情形下为：

$$\mu_{g(X)} = E[g(X)] = \int_{-\infty}^{\infty} g(x)f(x)\,\mathrm{d}x$$

例 4.4 假定在任一个晴朗的周五下午 4：00 至 5：00 到某个洗车处洗车的汽车数 X 有如下概率分布：

x	4	5	6	7	8	9
$P(X = x)$	$\dfrac{1}{12}$	$\dfrac{1}{12}$	$\dfrac{1}{4}$	$\dfrac{1}{4}$	$\dfrac{1}{6}$	$\dfrac{1}{6}$

若 $g(X)=2X-1$，表示的是经理支付给服务人员的美元数量。求服务人员在该特定时段内的期望报酬。

解：根据定理 4.1，服务人员的期望收入为：

$$E(g(X)) = E(2X-1) = \sum_{x=4}^{9}(2x-1)f(x)$$

$$= (7)\left(\frac{1}{12}\right) + (9)\left(\frac{1}{12}\right) + (11)\left(\frac{1}{4}\right) + (13)\left(\frac{1}{4}\right) + (15)\left(\frac{1}{6}\right) + (17)\left(\frac{1}{6}\right)$$

$$= 12.67(\text{美元})$$

例 4.5 随机变量 X 的密度函数为：

$$f(x) = \begin{cases} \dfrac{x^2}{3}, & -1 < x < 2 \\ 0, & \text{其他} \end{cases}$$

求 $g(X)=4X+3$ 的期望。

解：根据定理 4.1 我们有

$$E(4X+3) = \int_{-1}^{2} \frac{(4x+3)x^2}{3}dx = \frac{1}{3}\int_{-1}^{2}(4x^3+3x^2)dx = 8$$

现在将数学期望的概念推广到联合概率分布为 $f(x,y)$ 的两个随机变量 X 和 Y 的情形。

定义 4.2 有联合概率分布为 $f(x,y)$ 的随机变量 X 和 Y，则随机变量 $g(X,Y)$ 的均值或期望值在 X 和 Y 是离散型的情形下为：

$$\mu_{g(X,Y)} = E[g(X,Y)] = \sum_x \sum_y g(x,y)f(x,y)$$

在 X 和 Y 是连续型的情形下为：

$$\mu_{g(X,Y)} = E[g(X,Y)] = \int_{-\infty}^{\infty}\int_{-\infty}^{\infty} g(x,y)f(x,y)dxdy$$

将定义 4.2 向计算多个随机变量的函数的数学期望进行推广非常简单明了。

例 4.6 有联合概率分布如表 3.1 所示的随机变量 X 和 Y，求 $g(X,Y)=XY$ 的期望值。为方便起见，我们将表 3.1 再次列出。

$f(x,y)$		x		行和
		0	1	2	
	0	$\frac{3}{28}$	$\frac{9}{28}$	$\frac{3}{28}$	$\frac{15}{28}$
y	1	$\frac{3}{14}$	$\frac{3}{14}$	0	$\frac{3}{7}$
	2	$\frac{1}{28}$	0	0	$\frac{1}{28}$
列和		$\frac{5}{14}$	$\frac{15}{28}$	$\frac{3}{28}$	1

解：根据定义 4.2 我们有

$$E(XY) = \sum_{x=0}^{2}\sum_{y=0}^{2} xyf(x,y)$$
$$= (0)(0)f(0,0) + (0)(1)f(0,1) + (1)(0)f(1,0) + (1)(1)f(1,1) + (2)(0)f(2,0)$$
$$= f(1,1) = \frac{3}{14}$$

例 4.7 求 $E(Y/X)$，其密度函数为：

$$f(x,y) = \begin{cases} \dfrac{x(1+3y^2)}{4}, & 0 < x < 2, 0 < y < 1 \\ 0, & \text{其他} \end{cases}$$

解： 我们有

$$E\left(\frac{Y}{X}\right) = \int_0^1\int_0^2 \frac{y(1+3y^2)}{4}\,dxdy = \int_0^1 \frac{y+3y^3}{2}\,dy = \frac{5}{8}$$

我们注意到若定义 4.2 中 $g(X, Y) = X$，则我们有

$$E(X) = \begin{cases} \displaystyle\sum_x \sum_y xf(x,y) = \sum_x xg(x), & \text{离散型的情形} \\ \displaystyle\int_{-\infty}^{\infty}\int_{-\infty}^{\infty} xf(x,y)\,dxdy = \int_{-\infty}^{\infty} xg(x)\,dx, & \text{连续型的情形} \end{cases}$$

式中，$g(x)$ 为 X 的边际分布。因此，在二维空间中，既可以采用 X 和 Y 的联合概率分布来计算 $E(X)$，也可以采用 X 的边际分布。类似地，我们定义

$$E(Y) = \begin{cases} \displaystyle\sum_y \sum_x yf(x,y) = \sum_y yh(y), & \text{离散型的情形} \\ \displaystyle\int_{-\infty}^{\infty}\int_{-\infty}^{\infty} yf(x,y)\,dxdy = \int_{-\infty}^{\infty} yh(y)\,dy, & \text{连续型的情形} \end{cases}$$

式中，$h(y)$ 为随机变量 Y 的边际分布。

习 题

4.1 连续轧制的宽度均匀的人造纤维中，每 10 米所含瑕点数 X 服从的概率分布在习题 3.13 已经给出：

x	0	1	2	3	4
$f(x)$	0.41	0.37	0.16	0.05	0.01

请求解该纤维中每 10 米所包含的瑕点数平均是多少。

4.3 随机变量 T 是习题 3.25 中三枚硬币的面值总和，请计算其均值。

4.5 在一局赌博游戏中，一个女性从 52 张扑克牌中抽了牌。如果抽到了 J 或者 Q，则她获得 3 美元；如果抽到了 K 或 A，则她将获得 5 美元；如果抽到的是上述这些牌以外的其他牌，则她就要输钱。在比赛是公平的情况下，应该支付多少钱来参加这个游戏？

4.7 一个人投资了某只股票，在第一年他获得 4 000 美元利润的概率是 0.3，而损失 1 000 美元的概率是 0.7。请问这个人的期望收益是多少？

4.9 一名飞行员为他的飞机投了 200 000 美元的保险。保险公司估计发生 100% 损失的概率是 0.002，发生 50% 损失的概率是 0.01，发生 25% 损失的概率是 0.1。在忽略其他所有损失的情况下，该保险公司要实现 500 美元的盈利，则每年应该为这架飞机收取多少保费？

4.11 测度一条缠绕线的半径，拟合出其密度函数为：

$$f(x) = \begin{cases} \dfrac{4}{\pi(1+x^2)}, & 0 < x < 1 \\ 0, & \text{其他} \end{cases}$$

请计算 X 的期望。

4.13   在习题 3.7 中，以随机变量 X 表示一个家庭在一年的时间中所使用吸尘器的时长（单位：100 小时）。其密度函数为：

$$f(x) = \begin{cases} x, & 0 < x < 1 \\ 2 - x, & 1 \leqslant x < 2 \\ 0, & 其他 \end{cases}$$

请计算所有家庭每年使用吸尘器的平均时长。

4.15   假设两个随机变量 (X, Y) 均匀分布在半径为 a 的圆上，其联合概率密度函数为：

$$f(x, y) = \begin{cases} \dfrac{1}{\pi a^2}, & x^2 + y^2 \leqslant a^2 \\ 0, & 其他 \end{cases}$$

请求解 X 的期望值 μ_X。

4.17   随机变量 X 的概率分布如下表所示：

x	-3	6	9
$f(x)$	1/6	1/2	1/3

请计算 $\mu_{g(X)}$，其中 $g(X) = (2X + 1)^2$。

4.19   一家大型工业企业在每年的年底都会购买一批新的文字处理器，购买的确切数量取决于前一年的修理频率。每年购买的文字处理器数量 X 有下列概率分布：

x	0	1	2	3
$f(x)$	1/10	3/10	2/5	1/5

如果希望这一年的成本保持在 1 200 美元，而使用信用卡购买还将获得 $50X^2$ 的折扣，那么今年该公司期望在新的文字处理器上的花费是多少？

4.23   如果 X 和 Y 有如下所示的联合密度函数：

$f(x, y)$		x	
		2	4
y	1	0.10	0.15
	3	0.20	0.30
	5	0.10	0.15

（a）求 $g(X, Y) = XY^2$ 的期望。

（b）求 μ_X 和 μ_Y。

4.25   随机变量的联合概率分布如习题 3.51 所示，则从 52 张一副的扑克牌 12 张人头牌中无放回地抽取 3 张，抽到 J 和 K 的总张数的均值是多少？

4.27   在习题 3.27 中，我们给出了 DVD 播放机中重要电子元器件使用寿命的密度函数。求元器件使用寿命的均值。

4.29   在习题 3.29 中，我们给出了重要粒子大小的分布。

$$f(x) = \begin{cases} 3x^{-4}, & x > 1 \\ 0, & 其他 \end{cases}$$

（a）绘制出该密度函数。

（b）求出粒子大小的均值。

4.2   随机变量的方差和协方差

随机变量 X 的均值或期望值在统计学中格外重要，因为它说明了概率分布的中心之所在。不过，仅靠均值尚不能充分刻画分布的形状。我们还需刻画分布中变差的特征。在图 4.1 中，有两个均值都为 $\mu = 2$ 的离散型概率分布的直方图，可以发现，均值周围的观测之间的变差或离散度并不同。

随机变量 X 的变差有一个最重要的测度，我们可以通过 $g(X) = (X - \mu)^2$ 并应用定理 4.1 得到。这个量即为**随机变量 X 的方差**或 X 的概率分布的方差，记为 $\mathrm{Var}(X)$，或以符号 σ_X^2 表示，在明确所指的随机变量时则以符号 σ^2 简记之。

定义 4.3   概率分布为 $f(x)$、均值为 μ 的随机变量 X，其方差在 X 是离散型的情形下为：

$$\sigma^2 = E[(X - \mu)^2] = \sum_x (x - \mu)^2 f(x)$$

在 X 是连续型的情形下为：

$$\sigma^2 = E[(X - \mu)^2] = \int_{-\infty}^{\infty} (x - \mu)^2 f(x) \mathrm{d}x$$

方差的算数平方根 σ 称为 X 的**标准差**。

定义4.3中，$x-\mu$ 这个量是**观测值对均值的离差**。因为这些离差是先平方后平均，所以对 x 取值离 μ 较近的一组数据而言其 σ^2 相对较小，而 x 取值与 μ 差异较大的一组数据其 σ^2 则相对较大。

例4.8 随机变量 X 表示任一个工作日用于公务的汽车数。A 公司的概率分布（见图4.1(a)）为：

x	1	2	3
$f(x)$	0.3	0.4	0.3

B 公司的概率分布（见图4.1(b)）为：

x	0	1	2	3	4
$f(x)$	0.2	0.1	0.3	0.3	0.1

请验证：B 公司概率分布的方差大于 A 公司概率分布的方差。

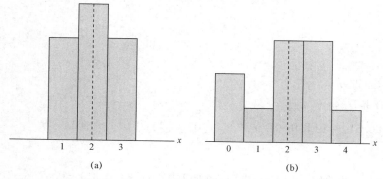

(a) (b)

图4.1 均值相同而离散程度不同的分布

解：对公司 A 我们有

$$\mu_A = E(X) = (1)(0.3) + (2)(0.4) + (3)(0.3) = 2.0$$

则

$$\sigma_A^2 = \sum_{x=1}^{3} (x-2)^2 f(x) = (1-2)^2(0.3) + (2-2)^2(0.4) + (3-2)^2(0.3) = 0.6$$

对公司 B 我们有

$$\mu_B = E(X) = (0)(0.2) + (1)(0.1) + (2)(0.3) + (3)(0.3) + (4)(0.1) = 2.0$$

则

$$\sigma_B^2 = \sum_{x=0}^{4} (x-2)^2 f(x)$$
$$= (0-2)^2(0.2) + (1-2)^2(0.1) + (2-2)^2(0.3) + (3-2)^2(0.3) + (4-2)^2(0.1)$$
$$= 1.6$$

显而易见的是，B 公司用于公务的汽车数其方差大于 A 公司。

下述定理表述了计算 σ^2 的另一个公式，它通常能简化计算过程，因此该公式一般是我们计算 σ^2 的首选公式。

定理 4.2   随机变量 X 的方差为：

$$\sigma^2 = E(X^2) - \mu^2$$

证明： 在离散型的情形中我们有

$$\sigma^2 = \sum_x (x-\mu)^2 f(x) = \sum_x (x^2 - 2x\mu + \mu^2) f(x)$$

$$= \sum_x x^2 f(x) - 2\mu \sum_x x f(x) + \mu^2 \sum_x f(x)$$

根据定义对任意的离散型概率分布都有 $\mu = \sum_x x f(x)$，且 $\sum_x f(x) = 1$。所以

$$\sigma^2 = \sum_x x^2 f(x) - \mu^2 = E(X^2) - \mu^2$$

在连续型的情形中，证明的每个步骤都是一样的，只需将求和换成求积分即可。

例 4.9   从生产线上抽取包含 3 个零件的样本并对其进行检验，随机变量 X 表示的是在此次抽样中该机器的次品数。X 的概率分布如下：

x	0	1	2	3
$f(x)$	0.51	0.38	0.10	0.01

请根据定理 4.2 求 σ^2。

解： 首先，计算可得

$$\mu = (0)(0.51) + (1)(0.38) + (2)(0.10) + (3)(0.01) = 0.61$$

且

$$E(X^2) = (0)(0.51) + (1)(0.38) + (4)(0.10) + (9)(0.01) = 0.87$$

故

$$\sigma^2 = 0.87 - 0.61^2 = 0.4979$$

例 4.10   当地的一家连锁便利商店每周对饮料的需求（以千升计）是一个连续型随机变量，记作 X，其概率密度为：

$$f(x) = \begin{cases} 2(x-1), & 1 < x < 2 \\ 0, & 其他 \end{cases}$$

求 X 的均值和方差。

解： 要计算 $E(X)$ 和 $E(X^2)$，我们有

$$\mu = E(X) = 2\int_1^2 x(x-1)\,\mathrm{d}x = \frac{5}{3}$$

且

$$E(X^2) = 2\int_1^2 x^2(x-1)\,\mathrm{d}x = \frac{17}{6}$$

故

$$\sigma^2 = \frac{17}{6} - \left(\frac{5}{3}\right)^2 = \frac{1}{18}$$

至此可以发现，只有在比较两个或更多具有相同度量单位的分布之时，方差或标准差才有意义。故我们可以比较两家公司的瓶装橙汁之间的容量（以升计）分布的方差，方差值更大的那个公司产品之间更多变或更不一致。但若将身高分布的方差和智力测试得分分布的方差进行比较，则毫无意义。在 4.4 节我们将说明如何使用标准差来刻画所有观测所服从的那个分布。

现在我们将随机变量 X 的方差这个概念推广到与 X 相关的随机变量的情形。对随机变量 $g(X)$，其方差可通过下述定理来计算，并记为 $\sigma^2_{g(X)}$。

定理 4.3 有概率分布为 $f(x)$ 的随机变量 X，则随机变量 $g(X)$ 的方差在 X 是离散型的情形下为：

$$\sigma^2_{g(X)} = E\{[g(X) - \mu_{g(X)}]^2\} = \sum_x [g(X) - \mu_{g(X)}]^2 f(x)$$

在 X 是连续型的情形下为：

$$\sigma^2_{g(X)} = E\{[g(X) - \mu_{g(X)}]^2\} = \int_{-\infty}^{\infty} [g(X) - \mu_{g(X)}]^2 f(x)\,\mathrm{d}x$$

证明：因为 $g(X)$ 本身也是一个均值为如定理 4.1 所定义的 $\mu_{g(X)}$ 的随机变量，因此根据定义 4.3 可得

$$\sigma^2_{g(X)} = E\{[g(X) - \mu_{g(X)}]^2\}$$

故再次对随机变量 $[g(X) - \mu_{g(X)}]^2$ 应用定理 4.1 即可完成证明。

例 4.11 计算随机变量 $g(X) = 2X + 3$ 的方差，其中 X 是概率分布如下所示的随机变量：

x	0	1	2	3
$f(x)$	$\frac{1}{4}$	$\frac{1}{8}$	$\frac{1}{2}$	$\frac{1}{8}$

解：我们先求随机变量 $2X + 3$ 的均值。根据定理 4.1 有

$$\mu_{2X+3} = E(2X + 3) = \sum_{x=0}^{3} (2x + 3)f(x) = 6$$

再应用定理 4.3 可得

$$\sigma^2_{2X+3} = E\{[(2X + 3) - \mu_{2X+3}]^2\} = E[(2X + 3 - 6)^2]$$
$$= E(4X^2 - 12X + 9) = \sum_{x=0}^{3} (4x^2 - 12x + 9)f(x) = 4$$

例 4.12 有密度函数如例 4.5 中所示的随机变量 X，求随机变量 $g(X) = 4X + 3$ 的方差。

解：在例 4.5 中我们求得 $\mu_{4X+3} = 8$。现在应用定理 4.3 可得

$$\sigma^2_{4X+3} = E\{[(4X + 3) - 8]^2\} = E[(4X - 5)^2]$$
$$= \int_{-1}^{2} (4x - 5)^2 \frac{x^2}{3}\,\mathrm{d}x = \frac{1}{3}\int_{-1}^{2} (16x^4 - 40x^3 + 25x^2)\,\mathrm{d}x = \frac{51}{5}$$

若 $g(X, Y) = (X - \mu_X)(Y - \mu_Y)$，其中 $\mu_X = E(X)$ 且 $\mu_Y = E(Y)$，则根据定义 4.2 所得的期望值就称为 X 和 Y 的**协方差**，记作 σ_{XY} 或 $\mathrm{Cov}(X, Y)$。

定义 4.4 有联合概率分布为 $f(x, y)$ 的随机变量 X 和 Y，则 X 和 Y 的协方差在 X 和 Y 是离散型的情形下为：

$$\sigma_{XY} = E[(X - \mu_X)(Y - \mu_Y)] = \sum_x \sum_y (x - \mu_X)(y - \mu_Y)f(x,y)$$

在 X 和 Y 是连续型的情形下为：

$$\sigma_{XY} = E[(X - \mu_X)(Y - \mu_Y)] = \int_{-\infty}^{\infty} \int_{-\infty}^{\infty} (x - \mu_X)(y - \mu_Y)f(x,y)\,\mathrm{d}x\mathrm{d}y$$

两个随机变量之间的协方差是对两者间关联本质的一个测度。若较大的 X 值常常引起较大的 Y 值，或较小的 X 值引起的都是较小的 Y 值，则 $X - \mu_X$ 为正也将常常引起 $Y - \mu_Y$ 为正，$X - \mu_X$ 为负也将常常引起 $Y - \mu_Y$ 为负。故 $(X - \mu_X)(Y - \mu_Y)$ 这个乘积也将为正。另一方面，若较大的 X 值常常引起较小的 Y 值，则 $(X - \mu_X)(Y - \mu_Y)$ 这个乘积将为负。协方差的符号说明，两个相关随机变量之间的关系要么为正，要么为负。若 X 和 Y 是统计上独立的，可以证明其协方差为 0（见推论 4.5）；不过，反之却不一定成立。两个随机变量的协方差可能为 0，但却并不独立。因此请注意，协方差说明的只是两个随机变量之间的线性关系。故若 X 和 Y 之间的协方差为 0，则 X 和 Y 之间有非线性关系，也就是说两者之间并不一定是独立的。

定理 4.4 表述的是另一个计算 σ_{XY} 的公式，该公式一般是我们计算 σ_{XY} 的首选公式。

定理 4.4 均值分别为 μ_X 和 μ_Y 的两个随机变量 X 和 Y 的协方差为：

$$\sigma_{XY} = E(XY) - \mu_X\mu_Y$$

证明： 在离散型的情形中，我们有

$$\begin{aligned}
\sigma_{XY} &= \sum_x \sum_y (x - \mu_X)(y - \mu_Y)f(x,y) \\
&= \sum_x \sum_y xyf(x,y) - \mu_X \sum_x \sum_y yf(x,y) - \mu_Y \sum_x \sum_y xf(x,y) + \mu_X\mu_Y \sum_x \sum_y f(x,y)
\end{aligned}$$

因为对任意离散型的联合分布都有

$$\begin{aligned}
\mu_X &= \sum_x xf(x,y) \\
\mu_Y &= \sum_y yf(x,y) \\
\sum_x \sum_y f(x,y) &= 1
\end{aligned}$$

故

$$\sigma_{XY} = E(XY) - \mu_X\mu_Y - \mu_X\mu_Y + \mu_X\mu_Y = E(XY) - \mu_X\mu_Y$$

对于连续型的情形，证明是相同的，只需将求和换成求积分即可。

例 4.13 例 3.14 中有这样一个情形，蓝色笔芯的数量为 X，红色笔芯的数量为 Y。从某个盒子中选出两支圆珠笔的笔芯，其联合分布如下：

$f(x, y)$		x			$h(y)$
		1	2	3	
y	1	$\dfrac{3}{28}$	$\dfrac{9}{28}$	$\dfrac{3}{28}$	$\dfrac{15}{28}$
	1	$\dfrac{3}{14}$	$\dfrac{3}{14}$	0	$\dfrac{3}{7}$
	2	$\dfrac{1}{28}$	0	0	$\dfrac{1}{28}$
$g(x)$		$\dfrac{5}{14}$	$\dfrac{15}{28}$	$\dfrac{3}{28}$	1

求 X 和 Y 的协方差。

解：由例 4.6 可知 $E(XY) = 3/14$。则

$$\mu_X = \sum_{x=0}^{2} xg(x) = (0)\left(\frac{5}{14}\right) + (1)\left(\frac{15}{28}\right) + (2)\left(\frac{3}{28}\right) = \frac{3}{4}$$

$$\mu_Y = \sum_{y=0}^{2} yh(y) = (0)\left(\frac{15}{28}\right) + (1)\left(\frac{3}{7}\right) + (2)\left(\frac{1}{28}\right) = \frac{1}{2}$$

故

$$\sigma_{XY} = E(XY) - \mu_X \mu_Y = \frac{3}{14} - \left(\frac{3}{4}\right)\left(\frac{1}{2}\right) = -\frac{9}{56}$$

例 4.14 男性赛跑者中参加马拉松比赛的比例为 X，女性赛跑者的比例为 Y，其联合密度函数为

$$f(x,y) = \begin{cases} 8xy, & 0 \le y \le x \le 1 \\ x, & \text{其他} \end{cases}$$

求 X 和 Y 的协方差。

解：我们先计算边际密度函数：

$$g(x) = \begin{cases} 4x^3, & 0 \le x \le 1 \\ 0, & \text{其他} \end{cases}$$

$$h(y) = \begin{cases} 4y(1-y^2), & 0 \le y \le 1 \\ 0, & \text{其他} \end{cases}$$

根据这些边际密度函数可得

$$\mu_X = E(X) = \int_0^1 4x^4 \mathrm{d}x = \frac{4}{5}$$

$$\mu_Y = \int_0^1 4y^2(1-y^2)\mathrm{d}x$$

由上述已知的联合密度函数我们有

$$E(XY) = \int_0^1 \int_y^b 8x^2y^2 \mathrm{d}x\mathrm{d}y = \frac{4}{9}$$

则

$$\sigma_{XY} = E(XY) - \mu_X \mu_Y = \frac{4}{9} - \left(\frac{4}{5}\right)\left(\frac{8}{15}\right) = \frac{4}{225}$$

尽管两个随机变量间的协方差确实提供了关于两者之间关系本质的信息，但 σ_{XY} 的大小并不能说明两者之间关系的强弱，因为 σ_{XY} 仍然受到度量单位的影响。其大小将取决于测度 X 和 Y 两者的单位。协方差还有一种不受度量单位影响的形式，称为**相关系数**，且在统计学中广泛使用。

定义 4.5 协方差为 σ_{XY} 且标准差分别为 σ_X 和 σ_Y 的随机变量 X 和 Y，其相关系数为：

$$\rho_{XY} = \frac{\sigma_{XY}}{\sigma_X \sigma_Y}$$

显然 ρ_{XY} 不受 X 和 Y 的单位影响。相关系数满足 $-1 \le \rho_{XY} \le 1$ 这个不等式。当 $\sigma_{XY} = 0$ 时，ρ_{XY} 取值也为 0；当完全线性相关时，如 $Y \equiv a + bX$，若 $b > 0$，则 $\rho_{XY} = 1$，若 $b < 0$，则 $\rho_{XY} = -1$。第 11 章会对相关系数进行更多讨论，那时涉及的都是线性回归的问题。

例 4.15. 求例 4.13 中 X 和 Y 的相关系数。

解： 因为

$$E(X^2) = (0^2)\left(\frac{5}{14}\right) + (1^2)\left(\frac{15}{28}\right) + (2^2)\left(\frac{3}{28}\right) = \frac{27}{28}$$

$$E(Y^2) = (0^2)\left(\frac{15}{28}\right) + (1^2)\left(\frac{3}{7}\right) + (2^2)\left(\frac{1}{28}\right) = \frac{4}{7}$$

由此可得

$$\sigma_X^2 = \frac{27}{28} - \left(\frac{3}{4}\right)^2 = \frac{45}{112}$$

$$\sigma_Y^2 = \frac{4}{7} - \left(\frac{1}{2}\right)^2 = \frac{9}{28}$$

故 X 和 Y 之间的相关系数为：

$$\rho_{XY} = \frac{\sigma_{XY}}{\sigma_X \sigma_Y} = \frac{-9/56}{\sqrt{(45/112)(9/28)}} = -\frac{1}{\sqrt{5}}$$

例 4.16 求例 4.14 中 X 和 Y 的相关系数。

解： 因为

$$E(X^2) = \int_0^1 4x^5 dx = \frac{2}{3}$$

$$E(Y^2) = \int_0^1 4y^3(1 - y^2) dy = 1 - \frac{2}{3} = \frac{1}{3}$$

据此可得

$$\sigma_X^2 = \frac{2}{3} - \left(\frac{4}{5}\right)^2 = \frac{2}{75}$$

$$\sigma_Y^2 = \frac{1}{3} - \left(\frac{8}{15}\right)^2 = \frac{11}{225}$$

故

$$\rho_{XY} = \frac{4/225}{\sqrt{(2/75)(11/225)}} = \frac{4}{\sqrt{66}}$$

我们注意到，虽然例 4.15 中的协方差在数量上（不考虑符号）相比例 4.16 的更大，但这两例中的相关系数在数量上的关系正好相反。由此也说明了，我们不能通过考察协方差的大小来判断两者间关系的强弱。

习 题

4.33 请根据定义 4.3 求出习题 4.7 中随机变量 X 的方差。

4.35 随机变量 X 为每 100 行软件代码的错误数，其概率分布为：

x	2	3	4	5	6
$f(x)$	0.01	0.25	0.4	0.3	0.04

请根据定理 4.2，计算 X 的方差。

4.39 一个家庭在一年的时间中使用吸尘器的时间总长为随机变量 X（单位：100 小时），其密度函数如习题 4.13 所示。请计算 X 的方差。

4.41 请计算习题 4.17 中的随机变量 $g(X) = (2X+1)^2$ 的标准差。

4.43 飞机在某个机场进行起飞所需要等待的打扫时间（单位：分钟）是随机变量 $Y = 3X - 2$，其中 X 的密度函数为：

$$f(x) = \begin{cases} \dfrac{1}{4}e^{-x/4}, & x > 0 \\ 0, & \text{其他} \end{cases}$$

请计算随机变量 Y 的均值和方差。

4.45　请计算习题 3.49 中随机变量 Y 和 X 的协方差。

4.51　请就习题 3.39 中的随机变量 Y 和 X，计算 Y 和 X 两者之间的相关系数。

4.3　随机变量的线性组合的均值和方差

在此我们将完善一些有用的定理，这些定理将简化后续章节中对随机变量的均值和方差的计算问题，并使得我们能够根据其他已知或易求得的参数来计算期望值。本节所示的所有结论对离散型和连续型随机变量都有效，虽然我们只给出了连续型情形的证明。本节我们从一个定理和两个推论开始谈起，它们在直觉上都是合理的。

定理 4.5　a 和 b 是常数，则

$$E(aX + b) = aE(X) + b$$

证明：根据期望值的定义可得

$$E(aX + b) = \int_{-\infty}^{\infty}(ax + b)f(x)\,\mathrm{d}x = a\int_{-\infty}^{\infty}xf(x)\,\mathrm{d}x + b\int_{-\infty}^{\infty}f(x)\,\mathrm{d}x$$

等号右侧第一个积分就是 $E(X)$，而第二个积分则等于 1。故我们有

$$E(aX + b) = aE(X) + b$$

推论 4.1　若 $a = 0$，则

$$E(b) = b$$

推论 4.2　若 $b = 0$，则

$$E(aX) = aE(X)$$

例 4.17　回到例 4.4，应用定理 4.5 求解离散型随机变量 $f(X) = 2X - 1$ 的情形。

解：根据定理 4.5 我们有

$$E(2X - 1) = 2E(X) - 1$$

由于

$$\mu = E(X) = \sum_{x=4}^{9}xf(x)$$
$$= (4)\left(\frac{1}{12}\right) + (5)\left(\frac{1}{12}\right) + (6)\left(\frac{1}{4}\right) + (7)\left(\frac{1}{4}\right) + (8)\left(\frac{1}{6}\right) + (9)\left(\frac{1}{6}\right) = \frac{41}{6}$$

因而可得和例 4.4 中一样的结论

$$\mu_{2X-1} = (2)\left(\frac{41}{6}\right) - 1 = 12.67$$

例 4.18　回到例 4.5，应用定理 4.5 求解连续型随机变量 $g(X) = 4X + 3$ 的情形。

解：对例 4.5，我们根据定理 4.5 可得

$$E(4X + 3) = 4E(X) + 3$$

由于

$$E(X) = \int_{-1}^{2}x\left(\frac{x^2}{3}\right)\mathrm{d}x = \int_{-1}^{2}\frac{x^3}{3}\mathrm{d}x = \frac{5}{4}$$

因而可得和例 4.5 一样的结论

$$E(4X+3) = (4)\left(\frac{5}{4}\right)+3 = 8$$

定理 4.6   随机变量 X 的两个或多个函数的和或差的期望值等于这些函数的期望值的和或差，即

$$E[g(X) \pm h(X)] = E[g(X)] \pm E[h(X)]$$

证明： 根据定义可得

$$E[g(X) \pm h(X)] = \int_{-\infty}^{\infty}[g(x) \pm h(x)]f(x)\,\mathrm{d}x$$

$$= \int_{-\infty}^{\infty}g(x)f(x)\,\mathrm{d}x \pm \int_{-\infty}^{\infty}h(x)f(x)\,\mathrm{d}x = E[g(X)] \pm E[h(X)]$$

例 4.19   有概率分布如下所示的随机变量 X，求 $Y=(X-1)^2$ 的期望值。

x	0	1	2	3
$f(x)$	$\frac{1}{3}$	$\frac{1}{2}$	0	$\frac{1}{6}$

解： 应用定理 4.6 求解函数 $Y=(X-1)^2$ 的情形，我们有

$$E[(X-1)^2] = E[X^2-2X+1] = E(X^2)-2E(X)+E(1)$$

根据推论 4.1 可知 $E(1)=1$，并且直接计算可得

$$E(X) = (0)\left(\frac{1}{3}\right)+(1)\left(\frac{1}{2}\right)+(2)(0)+(3)\left(\frac{1}{6}\right) = 1$$

$$E(X^2) = (0)\left(\frac{1}{3}\right)+(1)\left(\frac{1}{2}\right)+(4)(0)+(9)\left(\frac{1}{6}\right) = 2$$

故

$$E[(X-1)^2] = 2-(2)(1)+1 = 1$$

例 4.20   一家连锁便利商店每周对某种饮料的需求（以千升计）是连续型随机变量 $g(X) = X^2 + X - 2$，其中 X 的密度函数为：

$$f(x) = \begin{cases} 2(x-1), & 1 < x < 2 \\ 0, & \text{其他} \end{cases}$$

求每周对该饮料的需求的期望值。

解： 根据定理 4.6 我们有

$$E(X^2+X-2) = E(X^2)+E(X)-E(2)$$

由推论 4.1 可知 $E(2)=2$，直接积分可得

$$E(X) = \int_1^2 2x(x-1)\,\mathrm{d}x = \frac{5}{3}$$

$$E(X^2) = \int_1^2 2x^2(x-1)\,\mathrm{d}x = \frac{17}{6}$$

故

$$E(X^2+X-2) = \frac{17}{6}+\frac{5}{3}-2 = \frac{5}{2}$$

所以该连锁便利商店每周对这种饮料的平均需求为 2 500 升。

假定有联合概率分布为 $f(x, y)$ 的两个随机变量 X 和 Y，与这两个随机变量的和、差、积之期望值相关的其他两个定理在后续章节中非常有用。首先，我们将证明与这两个变量的函数之和或差的期望值有关的一个定理。不过，该定理仅仅是定理 4.6 的一个推广。

定理 4.7 随机变量 X 和 Y 的两个或多个函数的和或差的期望值等于这些函数的期望值的和或差，即

$$E[g(X,Y) \pm h(X,Y)] = E[g(X,Y)] \pm E[h(X,Y)]$$

证明：根据定义 4.2 可知

$$
\begin{aligned}
E[g(X,Y) \pm h(X,Y)] &= \int_{-\infty}^{\infty}\int_{-\infty}^{\infty}[g(x,y) \pm h(x,y)]f(x,y)\,\mathrm{d}x\mathrm{d}y \\
&= \int_{-\infty}^{\infty}\int_{-\infty}^{\infty}g(x,y)f(x,y)\,\mathrm{d}x\mathrm{d}y \pm \int_{-\infty}^{\infty}\int_{-\infty}^{\infty}h(x,y)f(x,y)\,\mathrm{d}x\mathrm{d}y \\
&= E[g(X,Y)] \pm E[h(X,Y)]
\end{aligned}
$$

推论 4.3 若 $g(X,Y) = g(X)$ 且 $h(X,Y) = h(Y)$，则

$$E[g(X) \pm h(Y)] = E[g(X)] \pm E[h(Y)]$$

推论 4.4 若 $g(X,Y) = X$ 且 $h(X,Y) = Y$，则

$$E[X \pm Y] = E[X] \pm E[Y]$$

若 X 表示的是机器 A 每天所生产的产品数，Y 表示的是机器 B 每天所生产的同种产品的数量，则 $X + Y$ 就是这两台机器每天一共所生产的产品数。推论 4.4 说明，这两台机器每天的平均产量等于各台机器每天的平均产量之和。

定理 4.8 X 和 Y 是两个独立的随机变量，则

$$E(XY) = E(X)E(Y)$$

证明：根据定义 4.2 可知

$$E(XY) = \int_{-\infty}^{\infty}\int_{-\infty}^{\infty}xyf(x,y)\,\mathrm{d}x\mathrm{d}y$$

因为 X 和 Y 独立，则

$$f(x,y) = g(x)h(y)$$

式中，$g(x)$ 和 $h(y)$ 分别是 X 和 Y 的边际分布。故

$$E(XY) = \int_{-\infty}^{\infty}\int_{-\infty}^{\infty}xyf(x,y)\,\mathrm{d}x\mathrm{d}y = \int_{-\infty}^{\infty}xg(x)\,\mathrm{d}x\int_{-\infty}^{\infty}yh(y)\,\mathrm{d}y = E(X)E(Y)$$

定理 4.8 在离散型随机变量的情形中，可以考虑用掷一枚绿色骰子和一枚红色骰子的例子来进行解释。若随机变量 X 表示绿色骰子的点数，Y 表示红色骰子的点数，则 XY 表示这对骰子的点数之积。长期来看，两个点数的乘积的平均就等于绿色骰子点数的平均与红色骰子点数的平均之积。

推论 4.5 X 和 Y 是两个独立的随机变量，则

$$\rho_{XY} = 0$$

证明：应用定理 4.4 和定理 4.8 即可证得。

例4.21 已知镓与砷的比率不会影响砷化镓晶片的功能，而砷化镓晶片是芯片中的主要成分。若 X 表示镓与砷的比率，Y 表示在 1 小时内恢复到旺盛状态的功能晶片。X 和 Y 是独立的随机变量，其联合密度函数为：

$$f(x,y) = \begin{cases} \dfrac{x(1+3y^2)}{4}, & 0<x<2, 0<y<1 \\ 0, & \text{其他} \end{cases}$$

求证 $E(XY) = E(X)E(Y)$。

解：根据定义可得

$$E(XY) = \int_0^1\int_0^2 \frac{x^2 y(1+3y^2)}{4}\mathrm{d}x\mathrm{d}y = \frac{5}{6}$$

$$E(X) = \frac{4}{3}$$

$$E(Y) = \frac{5}{8}$$

故

$$E(X)E(Y) = \left(\frac{4}{3}\right)\left(\frac{5}{8}\right) = \frac{5}{6} = E(XY)$$

本部分在下面将通过证明一个定理及提出几个推论的方式来作结，该定理和这几个推论对计算方差或标准差非常有用。

定理4.9 有联合概率分布为 $f(x, y)$ 的随机变量 X 和 Y，及常数 a，b，c，则

$$\sigma_{aX+bY+c}^2 = a^2\sigma_X^2 + b^2\sigma_Y^2 + 2ab\sigma_{XY}$$

证明：根据定义可知 $\sigma_{aX+bY+c}^2 = E\{[(aX+bY+c)-\mu_{aX+bY+c}]^2\}$。而先应用推论4.4后应用推论4.2可得

$$\mu_{aX+bY+c} = E(aX+bY+c) = aE(X)+bE(Y)+c = a\mu_X + b\mu_Y + c$$

故

$$\begin{aligned}\sigma_{aX+bY+c}^2 &= E\{[(aX+bY+c)-\mu_{aX+bY+c}]^2\}\\ &= a^2E[(X-\mu_X)^2]+b^2E[(Y-\mu_Y)^2]+2abE[(X-\mu_X)(Y-\mu_Y)]\\ &= a^2\sigma_X^2 + b^2\sigma_Y^2 + 2ab\sigma_{XY}\end{aligned}$$

应用定理4.9可得下述推论。

推论4.6 若 $b=0$，则

$$\sigma_{aX+c}^2 = a^2\sigma_X^2 = a^2\sigma^2$$

推论4.7 若 $a=1$ 且 $b=0$，则

$$\sigma_{X+c}^2 = \sigma_X^2 = \sigma^2$$

推论4.8 若 $b=0$ 且 $c=0$，则

$$\sigma_{aX}^2 = a^2\sigma_X^2 = a^2\sigma^2$$

由推论4.6和推论4.7可知，随机变量加上或减去一个常数后的方差是不变的。加上或减去一个常数仅使 X 的值向左或向右进行了平移，而并未改变其变差。不过，随机变量乘上或除以一个常数后，由推论4.6和推论4.8可知，其方差则要乘以或除以常数的平方。

推论 4.9   随机变量 X 和 Y 独立，则

$$\sigma^2_{aX+bY} = a^2\sigma^2_X + b^2\sigma^2_Y$$

推论 4.9 所表述的结论可以由定理 4.9 在有推论 4.5 支持的情形中推出。

推论 4.10   随机变量 X 和 Y 独立，则

$$\sigma^2_{aX-bY} = a^2\sigma^2_X + b^2\sigma^2_Y$$

将推论 4.9 中的 b 换成 $-b$ 即可得推论 4.10。进一步推广到有 n 个独立随机变量的线性组合的情形，可得推论 4.11。

推论 4.11   随机变量 X_1，X_2，$\cdots$，X_n 独立，则

$$\sigma^2_{a_1X_1+a_2X_2+\cdots+a_nX_n} = a_1^2\sigma^2_{X_1} + a_2^2\sigma^2_{X_2} + \cdots + a_n^2\sigma^2_{X_n}$$

例 4.22 X 和 Y 是方差为 $\sigma^2_X = 2$，$\sigma^2_Y = 4$ 且协方差为 $\sigma_{XY} = -2$ 的随机变量，求随机变量 $Z = 3X - 4Y + 8$ 的方差。

解： 根据推论 4.6 和定理 4.9 可知

$$
\begin{aligned}
\sigma^2_Z &= \sigma^2_{3X-4Y+8} = \sigma^2_{3X-4Y} \\
&= 9\sigma^2_X + 16\sigma^2_Y - 24\sigma_{XY} \\
&= (9)(2) + (16)(4) - (24)(-2) = 130
\end{aligned}
$$

例 4.23 X 和 Y 表示一批化学品中两种不同类型的杂质的含量，假定 X 和 Y 是方差为 $\sigma^2_X = 2$ 和 $\sigma^2_Y = 3$ 的独立随机变量。求随机变量 $Z = 3X - 2Y + 5$ 的方差。

解： 由推论 4.6 和推论 4.10 可知

$$
\begin{aligned}
\sigma^2_Z &= \sigma^2_{3X-2Y+5} = \sigma^2_{3X-2Y} \\
&= 9\sigma^2_X + 4\sigma^2_Y \\
&= (9)(2) + (4)(3) = 30
\end{aligned}
$$

4.3.1   函数是非线性的情形

因为非常重要，所以本小节之前的部分我们一直在探讨随机变量的线性函数的性质。第 7~14 章所讨论和阐述的都是现实世界的实际问题，研究人员都是通过构造**线性模型**来刻画一个数据集，并以此来描述或解释某种科学现象的运动方式（或特点）。所以自然地，我们所遇到的都是随机变量的线性组合的期望和方差。不过，在有些情形中，随机变量的**非线性**函数的性质更为重要。而且确实存在许多非线性的科学现象，且使用非线性函数的统计建模无疑也更为重要。事实上，在第 11 章我们所探讨的模型已经变成了标准的非线性模型。确切地说，即使是随机变量的一个如 $Z = X/Y$ 这样的简单函数在实践中也会极其频繁地发生，但与随机变量的线性组合的期望这种情形不同，非线性的情形中并没有简单的一般法则。如

$$E(Z) = E\left(\frac{X}{Y}\right) \neq E(X)/E(Y)$$

特殊的情形除外。

定理 4.5 到定理 4.9 及这些推论非常有用，因为其中并没有对密度或概率函数的形式的约束，定理 4.9 以后提出独立性要求的推论除外。为了说明起见，考虑例 4.23，$Z = 3X - 2Y + 5$ 的方差就并未对两种杂质的含量 X 和 Y 所服从的分布有任何约束，只要求 X 和 Y 独立。现在，我们可以根据定理 4.1 和定理 4.3 所确定的基本原则来求得任一函数 $g(\cdot)$ 的 $\mu_{g(X)}$ 和 $\sigma^2_{g(X)}$，假定相应的分布

$f(x)$ 是已知的。习题 4.41 及其他例子就包含对这些定理的应用。因此，若函数 $g(x)$ 是非线性的，且密度函数（或离散情形中的概率函数）已知，就可以准确计算出 $\mu_{g(X)}$ 和 $\sigma^2_{g(X)}$。不过，在有关随机变量的分布形式未知时，我们是否有适用于非线性函数且与适用于线性组合的法则类似的法则可用？

一般，假定 X 是随机变量且 $Y = g(x)$，通常的求解方法很难解出 $E(Y)$ 或 $\text{Var}(Y)$，其求解的难易程度取决于函数 $g(\cdot)$ 的复杂程度。不过，我们可以对 $E(Y)$ 和 $\text{Var}(Y)$ 进行近似（或逼近），近似处理具体则取决于对函数 $g(x)$ 的一个线性逼近。比如，若将 $E(X)$ 记为 μ 且记 $\text{Var}(X) = \sigma^2_X$，则 $g(x)$ 在 $X = \mu_X$ 处的泰勒级数逼近为：

$$g(x) = g(\mu_X) + \frac{\partial g(x)}{\partial x}\bigg|_{x=\mu_x}(x - \mu_X) + \frac{\partial^2 g(x)}{\partial x^2}\bigg|_{x=\mu_x}\frac{(x - \mu_X)^2}{2} + \cdots$$

若将线性项后的部分截断并在两端取期望，由此可得 $E[g(x)] \approx g(\mu_X)$，这个结果很直观，且在某些情形中也能（对 $E[g(x)]$）进行合理的近似。不过，若将泰勒级数的二阶项也包含在内的话，则可得对一阶逼近的二阶调整形式如下：

对 $E[g(x)]$ 的近似

$$E[g(x)] \approx g(\mu_X) + \frac{\partial^2 g(x)}{\partial x^2}\bigg|_{x=\mu_x}\frac{\sigma^2_X}{2}$$

例 4.24　随机变量 X 的均值为 μ_X，方差为 σ^2_X，求 $E[e^x]$ 的二阶逼近。

解：因为 $\dfrac{\partial e^x}{\partial x} = e^x$ 且 $\dfrac{\partial^2 e^x}{\partial x^2} = e^x$，则

$$E[e^X] \approx e^{\mu_x}(1 + \sigma^2_X/2)$$

类似地，我们可以通过在 $g(x)$ 的一阶泰勒级数的两端求方差的方式得到 $\text{Var}[g(x)]$ 的一个近似（或逼近）。

对 $\text{Var}[g(x)]$ 的近似

$$\text{Var}[g(x)] \approx \left[\frac{\partial g(x)}{\partial x}\right]^2_{x=\mu_x}\sigma^2_X$$

例 4.25　随机变量 X 如例 4.24 所示，求 $\text{Var}[g(x)]$ 的逼近公式。

解：因为 $\dfrac{\partial e^x}{\partial x} = e^x$，故

$$\text{Var}[g(x)] \approx e^{2\mu_x}\sigma^2_X$$

这些近似可以推广到多个随机变量的非线性函数。

一组独立的随机变量 X_1, X_2, $\cdots$, X_k 的均值分别为 μ_1, μ_2, $\cdots$, μ_k，方差分别为 σ^2_1, σ^2_2, $\cdots$, σ^2_k，一个非线性函数为：

$$Y = h(X_1, X_2, \cdots, X_k)$$

则对 $E(Y)$ 和 $\text{Var}(Y)$ 的近似如下：

$$E(Y) \approx h(\mu_1, \mu_2, \cdots, \mu_k) + \sum_{i=1}^{k} \frac{\sigma_i^2}{2} \left[\frac{\partial^2 h(x_1, x_2, \cdots, x_k)}{\partial x_i^2} \right] \bigg|_{x_i = \mu_i, 1 \leqslant i \leqslant k}$$

$$\text{Var}(Y) \approx \sum_{i=1}^{k} \left[\frac{\partial h(x_1, x_2, \cdots, x_k)}{\partial x_i} \right]^2 \bigg|_{x_i = \mu_i, 1 \leqslant i \leqslant k} \sigma_i^2$$

例 4.26 两个独立的随机变量 X 和 Z 的均值分别为 μ_X 和 μ_Z，方差分别为 σ_X^2 和 σ_Z^2，考虑随机变量 $Y = X/Z$，求 $E(Y)$ 和 $\text{Var}(Y)$ 的近似。

解：对 $E(Y)$，因为

$$\frac{\partial y}{\partial x} = \frac{1}{z}$$

$$\frac{\partial y}{\partial z} = -\frac{x}{z^2}$$

则

$$\frac{\partial^2 y}{\partial x^2} = 0$$

$$\frac{\partial^2 y}{\partial z^2} = \frac{2x}{z^3}$$

所以

$$E(Y) \approx \frac{\mu_X}{\mu_Z} + \frac{\mu_X}{\mu_Z^3} \sigma_Z^2 = \frac{\mu_X}{\mu_Z} \left(1 + \frac{\sigma_Z^2}{\mu_Z^2} \right)$$

对 Y 的方差的近似为：

$$\text{Var}(Y) \approx \frac{1}{\mu_Z^2} \sigma_X^2 + \frac{\mu_X^2}{\mu_Z^4} \sigma_Z^2 = \frac{1}{\mu_Z^2} \left(\sigma_X^2 + \frac{\mu_X^2}{\mu_Z^2} \sigma_Z^2 \right)$$

4.4 切比雪夫定理

在 4.2 节我们曾提到，随机变量的方差告诉了我们（样本）观测关于均值的变差的信息。因此在随机变量的方差或标准差较小时，我们可以期望大部分观测值都聚集在均值附近。故随机变量取值于均值附近一定间隔范围内某个值的概率会大于具有较大标准差的类似随机变量。若我们从面积的角度来考察概率，则可以期望 σ 值较大的连续型分布的变差也会更大，而且这个区域也会更分散，如图 4.2 （a）所示。而标准差较小的分布，其大部分的区域都会更接近 μ，如图 4.2 （b）所示。

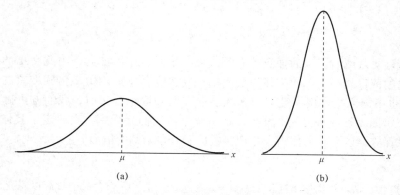

$$(a) \qquad\qquad (b)$$

图 4.2 连续型观测关于均值的变差

同理，我们也可以讨论离散型分布的情形。如图 4.3 （b）所示的概率直方图的区域相比图

4.3（a）中的更分散，这意味着测量结果的分布会更多变。

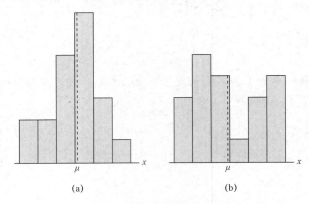

图 4.3   离散型观测关于均值的变差

切比雪夫（P. L. Chebyshev，1821—1894）发现，关于均值对称的任意两个值之间的面积和标准差之间存在联系。因为概率分布曲线下方或概率直方图的面积之和为 1，任意两个数之间的面积就是该随机变量取值于这两个数之间的概率。

下述定理归功于切比雪夫，它对随机变量取值于均值 k 倍标准差范围内的概率给出了保守的估计，其中 k 为任意实数。

定理 4.10   （切比雪夫定理）任意一个随机变量 X 取值于均值 k 倍标准差范围内的概率至少为 $1 - 1/k^2$，即下式成立：

$$P(\mu - k\sigma < X < \mu + k\sigma) \geqslant 1 - \frac{1}{k^2}$$

由该定理可得 $k = 2$ 时，随机变量 X 落入均值 2 倍标准差范围内的概率至少为 $1 - 1/2^2 = 3/4$，即任意分布都有 3/4 或更多观测落入 $\mu \pm 2\sigma$ 的区间范围内。类似地，由该定理还可得，任意分布都至少有 8/9 的观测落入 $\mu \pm 3\sigma$ 的区间范围内。

例 4.27   随机变量 X 的均值为 $\mu = 8$，方差为 $\sigma^2 = 9$，但概率分布未知，求：

（a）$P(-4 < X < 20)$。

（b）$P(|X - 8| \geqslant 6)$。

解：（a）$P(-4 < X < 20) = P[8 - (4)(3) < X < 8 + (4)(3)] \geqslant \dfrac{15}{16}$

（b） $P(|X - 8| \geqslant 6) = 1 - P(|X - 8| \leqslant 6) = 1 - P(-6 < X - 8 < 6)$

$$= 1 - P[8 - (2)(3) < X < 8 + (2)(3)] \leqslant \frac{1}{4}$$

切比雪夫定理对观测所服从的任意分布都成立，不过也正因如此，由此得出的结论说服力较弱。该定理给出的值仅是一个下界。即便我们知道随机变量落入均值 2 倍标准差的范围的概率不小于 3/4，我们也不知道这个概率究竟有多大。仅在已知概率分布时，我们方可确定准确的概率值。故我们称该定理为与分布无关的结果。在后续章节我们会看到，在假定了具体的分布时，其结果才不会那么保守。因此，切比雪夫定理一般用于分布未知的情形。

习　题

4.53   在习题 4.35 中，请计算离散型随机变量 $Z = 3X - 2$ 的均值和方差，其中 X 为每 100 行代码中的错误数。

4.55   假设一个食品杂货店以每盒 1.2 美元的批发价购得 5 盒脱脂奶，并以每盒 1.65 美元的价格进行销售。在保质期过后，没有卖出的牛奶则要下架，此时食品店也将从分销商处获得相当于批发价格 3/4 的钱。如果卖出的盒数是随机变量 X，其所服从的概率分布为：

x	0	1	2	3	4	5
$f(x)$	1/15	2/15	2/15	3/15	4/15	3/15

请计算期望利润。

4.57　随机变量 X 服从下述概率分布：

x	-3	6	9
$f(x)$	1/6	1/2	1/3

请计算 $E(X)$ 及 $E(X^2)$，然后据此估计 $E[(2X+1)^2]$。

4.59　如果随机变量 X 能使得

$$E[(X-1)^2] = 10$$
$$E[(X-2)^2] = 6$$

请计算 μ 和 σ^2。

4.61　请根据定理 4.7 估计 $E(2XY^2 - X^2Y)$，其联合概率分布如表 3.1 所示。

4.65　X 为掷一枚红色骰子所得到的数字，Y 为掷一枚绿色骰子所得到的数字，求：
（a）$E(X+Y)$。
（b）$E(X-Y)$。
（c）$E(XY)$。

4.67　如果 X 和 Y 的联合密度函数为：

$$f(x,y) = \begin{cases} \dfrac{2}{7}(x+2y), & 0 < x < 1, 1 < y < 2 \\ 0, & \text{其他} \end{cases}$$

请计算 $g(X,Y) = \dfrac{X}{Y^2} + X^2Y$ 的期望值。

4.69　考察巩固练习 3.77 中的情形。随机变量 X 和 Y 为 2 分钟内到达 2 个不同十字路口的汽车数。其联合分布为：

$$f(x,y) = \left(\dfrac{1}{4^{x+y}}\right)\left(\dfrac{9}{16}\right),$$
$$x = 0,1,2,\cdots; y = 0,1,2,\cdots$$

（a）请计算 $E(X)$，$E(Y)$，$\text{Var}(X)$ 及 $\text{Var}(Y)$。
（b）再考察这两个随机变量之和 $Z = X + Y$。求 $E(Z)$ 和 $\text{Var}(Z)$。

4.71　人对催泪瓦斯产生反应所需的时间长度 Y 的密度函数为：

$$f(y) = \begin{cases} \dfrac{1}{4}e^{-y/4}, & 0 \leq y < \infty \\ 0, & \text{其他} \end{cases}$$

（a）请计算反应时间的均值。
（b）请计算 $E(Y^2)$ 和 $\text{Var}(Y)$。

4.75　一家电器公司生产 100 瓦特的灯泡，其规格参数都在包装箱上进行了标注，其平均寿命为 900 小时，标准差为 50 小时。则这些灯泡的寿命不超过 700 小时的比例至多为多少？假定分布关于均值对称。

4.77　随机变量 X 的均值 $\mu = 10$，方差 $\sigma^2 = 4$。请根据切比雪夫定理，计算：
（a）$P(|X-10| \geq 3)$。
（b）$P(|X-10| < 3)$。
（c）$P(5 < X < 15)$。
（d）使得下式成立的常数 c 的值：$P(|X-10| \geq c) \leq 0.04$。

巩固练习

4.79　请证明切比雪夫定理。

4.80　随机变量 X 和 Y 的联合概率密度函数如下所示，请计算其协方差。

$$f(x) = \begin{cases} x+y, & 0 < x < 1, 0 < y < 1 \\ 0, & \text{其他} \end{cases}$$

4.81　随机变量的联合概率密度函数如习题 3.47 所示，求在每天结束的时候桶中余下煤油的均值。

4.82　假设某种特殊的电话交谈时长 X（单位：分钟）是一个随机变量，其概率密度函数为：

$$f(x) = \begin{cases} \dfrac{1}{5}e^{-x/5}, & x > 0 \\ 0, & \text{其他} \end{cases}$$

（a）请计算这类电话交谈的平均时长 $E(X)$。
（b）请计算 X 的方差和标准差。
（c）请计算 $E[(X+5)^2]$。

4.83　随机变量的联合密度函数如习题 3.41 所示，求装有巧克力的盒子中奶油口味重量和太妃糖口味重量的协方差。

4.84　回到联合概率密度函数如习题 3.41 所示的随机变量的情形，请计算装有巧克力的盒子中奶油口味重量和太妃糖口味重量之间的协方差。

4.85　假设某种压缩机的寿命为 X，其单位是小时，其密度函数为：

$$f(x) = \begin{cases} \dfrac{1}{900}e^{-x/900}, & x > 0 \\ 0, & 其他 \end{cases}$$

（a）请计算该压缩机的平均寿命。

（b）请计算 $E(X^2)$。

（c）求随机变量 X 的方差和标准差。

4.87 请证明 $\mathrm{Cov}(aX, bY) = ab\mathrm{Cov}(X, Y)$。

4.88 考察巩固练习 4.85 中的密度函数。请证明在 $k = 2$ 和 $k = 3$ 时切比雪夫定理也是成立的。

4.89 考察下述联合密度函数：

$$f(x,y) = \begin{cases} \dfrac{16y}{x^3}, & x > 2, 0 < y < 1 \\ 0, & 其他 \end{cases}$$

请计算相关系数 ρ_{XY}。

4.91 经销商卖出一辆新车获得的利润（单位：5 000 美元）用随机变量 X 来进行表示，其密度函数为：

$$f(x) = \begin{cases} 2(1-x), & 0 \leqslant x \leqslant 1 \\ 0, & 其他 \end{cases}$$

（a）求该经销商利润的方差。

（b）请证明上述密度函数在 $k = 2$ 时，切比雪夫定理成立。

（c）利润超过 500 美元的概率是多少？

4.93 一家公司的市场部和会计部确定如果投放一种新产品到市场中，该产品对公司随后 6 个月的利润贡献如下：

利润贡献（美元）	概率
−5 000	0.2
10 000	0.5
30 000	0.3

则该公司的期望利润是多少？

4.94 美国太空计划的一个辅助系统中，某个唯一且关键的元器件只有 85% 的时间是工作的。为了增强该系统的可靠性，决定在该系统中平行安装 3 个元器件，因此该系统只有在这些元器件都不工作的情况下才会停止运转。假定各元器件的运转是相互独立的，且这 3 个元器件都具有 85% 的成功率。考察随机变量 X：3 个元器件中停止工作的元器件的数目。

（a）请给出随机变量 X 的概率函数。

（b）请计算 $E(X)$（即 3 个元器件中停止工作的元器件的平均数目）。

（c）请计算 $\mathrm{Var}(X)$。

（d）请问整个系统成功运转的概率是多少。

（e）请问该系统停止运转的概率是多少。

（f）如果我们期望该系统成功的概率为 0.99，则 3 个元器件是否足够？如果不够，需要多少个元器件？

4.95 在商业中，为了预测年度将要发生什么，计划和执行研究都是非常重要的。研究显示，利润（损失）范围和相关的概率如下表所示。

利润（美元）	概率
−15 000	0.05
0	0.15
15 000	0.15
25 000	0.30
40 000	0.15
50 000	0.10
100 000	0.05
150 000	0.03

（a）期望利润是多少？

（b）请给出利润的标准差。

4.96 通过采集数据和仔细分析发现，某公司某雇员迟到的时间（单位：秒）是一个随机变量 X，其密度函数为：

$$f(x) = \begin{cases} \dfrac{3}{(4)(50^3)}(50^2 - x^2), & 50 \geqslant x \geqslant -50 \\ 0, & 其他 \end{cases}$$

也就是说，这名雇员可能会稍微迟到几次，但他也可能会早到。

（a）请计算这名雇员迟到的期望时长（单位：秒）。

（b）请计算 $E(X^2)$。

（c）这名雇员迟到时长的标准差是多少？

4.97 一辆运输车从 A 点行驶到 B 点，且在一天之内沿着相同的路线返回。一路上共有 4 个红绿灯。如果 X_1 为运输车从 A 点行驶到 B 点所遇到的红灯数，而 X_2 为返途中所遇到的红灯数。较长一段时期内的数据表明，(X_1, X_2) 的联合概率分布如下表所示。

x_1	x_2				
	0	1	2	3	4
0	0.01	0.01	0.03	0.07	0.01
1	0.03	0.05	0.08	0.03	0.02
2	0.03	0.11	0.15	0.01	0.01
3	0.02	0.07	0.10	0.03	0.01
4	0.01	0.06	0.03	0.01	0.01

（a）请计算 X_1 的边际密度。

（b）请计算 X_2 的边际密度。

（c）请计算已知 $X_2 = 3$ 情况下，X_1 的条件分布。

（d）请计算 $E(X_1)$。

（e）请计算 $E(X_2)$。

（f）请计算 $E(X_1 \mid X_2 = 3)$。

（g）请计算 X_1 的标准差。

4.98 一家便利店内有两个不同的位置供顾客来结账。每个位置都有两台收银机和两个雇员来为顾客结账。如果 X 为位置 1 处在特定时段所使用收银机的台数，而 Y 为在位置 2 处在相同时段所使用收银机的台数。其联合概率分布为：

x	y		
	0	1	2
0	0.12	0.04	0.04
1	0.08	0.19	0.05
2	0.06	0.12	0.30

（a）请计算 X 和 Y 的边际密度及 $Y = 2$ 时 X 的概率分布。

（b）请计算 $E(X)$ 和 $Var(X)$。

（c）请计算 $E(X \mid Y = 2)$ 和 $Var(X \mid Y = 2)$。

4.99 考察一般渡船通过海路运送汽车和小轿车的情形。渡船每运送一次需要花费船主将近 10 美元。小轿车的运费是 3 美元，汽车的运费是 8 美元。如果 X 和 Y 分别是某一次运送过程中小轿车和汽车的数目。X 和 Y 的联合分布为：

x	y		
	0	1	2
0	0.01	0.01	0.03
1	0.03	0.08	0.07
2	0.03	0.06	0.06
3	0.07	0.07	0.13
4	0.12	0.04	0.03
5	0.08	0.06	0.02

请计算每运送一次的期望利润。

4.100 我们在第 11 章中将会讲到，线性和非线性模型的统计方法都是非常重要的。实际上，指数函数常常广泛应用于科学和工程问题中。考察拟合一组数据的模型，这组数据中包括 k_1 和 k_2 的观测值，以及响应变量 Y 的观测值。假定模型的形式为：

$$\hat{Y} = e^{b_0 + b_1 k_1 + b_2 k_2}$$

$\hat{Y}$ 为 Y 的估计值，k_1 和 k_2 为固定值，而 b_0，b_1，b_2 为常数的估计值，因此都是随机变量。假定这些随机变量是独立的，且可采用多变量非线性函数的形式来逼近其方差。请给出 $Var(\hat{Y})$ 的表达式。如果已知 b_0，b_1，b_2 的均值为 β_0，β_1，β_2，且 b_0，b_1，b_2 的方差也是已知的，为 σ_0^2，σ_1^2，σ_2^2。

4.101 考察巩固练习 3.73 中的情形。其中每批的杂质比例为 Y，其密度函数为：

$$f(y) = \begin{cases} 10(1-y)^9, & 0 \le y \le 1 \\ 0, & 其他 \end{cases}$$

（a）请计算杂质的期望比例。

（b）请计算高质材料的期望比例（也就是，计算 $E(1 - Y)$）。

（c）请计算随机变量 $Z = 1 - Y$ 的方差。

4.102 令 X = 班级中每位同学在前一晚睡觉的时长。请根据下述任意的区间 $X < 3$，$3 \le X < 6$，$6 \le X < 9$，$X \ge 9$ 构造一个离散型随机变量。

（a）请估计 X 的概率分布。

（b）请计算 X 的均值和方差的估计值。

4.5 可能的错误观点及危害；与其他章节的联系

本章的内容如同第 3 章一样具有很强的基础性。不过，我们在第 3 章关注的是概率分布的一般特征，而本章我们所定义的则都是刻画研究对象（或问题）一般性质的一些重要的量或参数。分布的均值刻画的是其中心趋势，而方差或标准差刻画的是研究对象（或问题）的变差。此外，协方差刻画的则是两个随机变量在一个研究系统（问题或对象）中协同变化的趋势。这些重要的参数对后续的所有内容都具有基础性作用。

读者应清楚，分布的类型通常会根据研究情形而定。不过，参数值一般需要根据研究数据来进行估计。比如，在巩固练习 4.85 中，压缩机制造商根据经验和压缩机的型号就可能知道其分布的性质（第 6 章会对此进行讨论）。不过，均值 $\mu = 900$ 要根据对这台机器的试验数据进行估计才能得到。虽然这里的参数值 900 是已知的，但在现实中若不采用试验数据的话，我们是不可能知道的。第 8 章会对估计问题进行讨论。

第 5 章　几个离散型概率分布

5.1　引言与动机

无论是采用直方图的图形化方式、列联形式，还是公式法来表述离散型概率分布，都能刻画随机变量的行为特征。通常，在不同的统计试验中所得到的观测会具有相同的一般行为特征。因此，对应于这些试验的那些离散型随机变量本质上就具有相同的概率分布，故可用单一的一个公式来表述这些随机变量。事实上，我们仅需少许几个重要的概率分布就可以表述实践中遇到的多数离散型随机变量。

少许的这几个分布刻画的是现实世界中的几种随机现象。比如，在检测一种新药有效性的研究中，所有患者使用新药后治愈的人数大致就服从二项分布（见 5.2 节）。又如在一个工业企业中，若检测由一批产品中选取的一些产品组成的一个样本，对该样本中的次品数通常就可以建立超几何随机变量的模型。而在统计质量控制问题中，试验人员会在观测数据超出一定界限时发出生产过程的均值出现了移动的信号。发生错误预警所需的样本的个数服从的则是几何分布，而几何分布是负二项分布的一个特例（见 5.4 节）。另一方面，从一个人身上抽取的固定量的血液样本中，白细胞的个数通常也是随机的，且可以泊松分布来进行表述（见 5.5 节）。因此，本章将用各种例子来介绍这些常用的分布。

5.2　二项分布和多项式分布

一种实验通常由一些重复性试验组成，且每次试验中都有两种可能的结果，并记作**成功**或**失败**。最易理解的一个应用就是对一条流水线上下线的产品的检测问题，其中每次试验检测出的可能是一件次品或一件正品。我们可以选择两者之一并将其定义为成功。这个过程就称为**伯努利过程**。而每一次试验则称为伯努利试验。我们注意到，在从一副牌中选出一张牌的例子中，若纸牌是无放回的话则重复性试验的概率会发生变化。也就是说，第一次抽中红桃的概率为 1/4，但第二次抽取的时候则是取值为 13/51 或 12/51 的条件概率，这取决于第一次抽取到的是否为红桃，因此这种情形就不是一组伯努利试验。

5.2.1　伯努利过程

严格地说，伯努利过程必须具备以下性质：

1. 实验由一些重复性试验组成。
2. 每次试验的结果都可归类为成功或失败。
3. 成功的概率在各次试验之间保持为常数并记作 p。
4. 重复性试验是独立的。

考虑这样一组伯努利试验，其中我们随机从生产线上选取了 3 件产品，经检测并归类为次品或正品。出现次品则标记为成功。则成功的次数 X 就是取值于 $0 \sim 3$ 之间的一个整数的随机变量。这 8 种可能的结果及 X 的相应取值为：

结果	*NNN*	*NDN*	*NND*	*DNN*	*NDD*	*DND*	*DDN*	*DDD*
x	0	1	1	1	2	2	2	3

由于这些产品都是独立抽取的，且假定该流水线上生产的次品率为 25%，则我们有

$$P(NDN) = P(N)P(D)P(N) = \left(\frac{3}{4}\right)\left(\frac{1}{4}\right)\left(\frac{3}{4}\right) = \frac{9}{64}$$

类似的计算可求得其他结果的概率。故 X 的概率分布为：

x	0	1	2	3
$f(x)$	$\frac{27}{64}$	$\frac{27}{64}$	$\frac{9}{64}$	$\frac{1}{64}$

5.2.2 二项分布

n 重伯努利试验中成功的次数 X 称为**二项随机变量**。这个离散型随机变量的概率分布称为**二项分布**，其概率值记作 $b(x; n, p)$，因为它取决于试验的次数和每次试验中成功的概率。因此，对 X 的概率分布而言，次品数为：

$$P(X=2) = f(2) = b\left(2; 3, \frac{1}{4}\right) = \frac{9}{64}$$

现在我们将根据上述例证中的情形归纳出关于 $b(x; n, p)$ 的一个表达式。也就是说，我们期望找到一个公式可以给出 n 重二项试验中有 x 次成功的概率。首先，考虑具体的一次试验中出现 x 次成功、$n-x$ 次失败的概率，其中一次具体的试验中所出现的 x 次成功和 $n-x$ 次失败的先后就有一个具体的次序与之对应。由于各次试验是独立的，因此我们可以将对应于不同结果的所有概率相乘。每次试验中成功的概率为 p，而失败的概率为 $q=1-p$。故对应于具体先后次序的一次试验的概率为 $p^x q^{n-x}$。现在我们必须确定试验中具有 x 次成功和 $n-x$ 次失败的样本点的总数。它就等于将 n 个结果划分为一组含 x 个结果而另一组含 $n-x$ 个结果的两组所做的分割数，也就是如 2.3 节所示的 $\binom{n}{x}$。由于这些分割是互斥的，则将所有不同分割的概率加总即得到一般公式，或仅以 $p^x q^{n-x}$ 和 $\binom{n}{x}$ 相乘即可。

二项分布

一个伯努利试验中成功的概率为 p，而失败的概率为 $q=1-p$。则二项随机变量 X，即 n 重独立性试验中成功次数的概率分布为：

$$b(x; n, p) = \binom{n}{x} p^x q^{n-x}, \qquad x = 0, 1, 2, \cdots, n$$

我们注意到当 $n=3$，$p=1/4$ 时，次品数 X 的概率分布可表示为：

$$b\left(x; 3, \frac{1}{4}\right) = \binom{3}{x}\left(\frac{1}{4}\right)^x \left(\frac{3}{4}\right)^{3-x}, \qquad x = 0, 1, 2, 3$$

而不必以前述的列联形式给出。

例 5.1 某种型号的元器件能通过抗震测验的概率为 3/4。求在接下来的抗震测验中 4 个元器件有 2 个能通过测验的概率。

解：假定各次测验独立且 4 次测验中 $p=3/4$，由此可得

$$b\left(2; 4, \frac{3}{4}\right) = \binom{4}{2}\left(\frac{3}{4}\right)^2 \left(\frac{1}{4}\right)^2 = \left(\frac{4!}{2! 2!}\right)\left(\frac{3^2}{4^4}\right) = \frac{27}{128}$$

5.2.3 二项分布名称的由来

事实上 $(q+p)^n$ 的 $n+1$ 项二项展开分别对应于 $b(x;\ n,\ p)$，$x=0,\ 1,\ 2,\ \cdots,\ n$，这就是二项分布名称的由来。也就是说

$$(q+p)^n = \binom{n}{0}q^n + \binom{n}{1}p\,q^{n-1} + \binom{n}{2}p^2q^{n-2} + \cdots + \binom{n}{n}p^n$$
$$= b(0;n,p) + b(1;n,p) + b(2;n,p) + \cdots + b(n;n,p)$$

由于 $q+p=1$，故对任意概率分布必然成立下述条件：

$$\sum_{x=0}^{n} b(x;n,p) = 1$$

通常，我们不可避免地要求解 $P(X<r)$ 或 $P(a\leqslant X\leqslant b)$ 这些问题。附录表 A1 针对 $n=1$，2，$\cdots$，20 及 p 从 0.1 到 0.9 的几个选定值给出了二项和的值，在下面的例子中我们会说明附录表 A1 的用法，其中二项和的形式如下：

$$B(r;n,p) = \sum_{x=0}^{r} b(x;n,p)$$

例 5.2 病人从某种罕见的血液病中康复的概率为 0.4，若已知有 15 人感染上了这种血液病，则
(a) 至少有 10 人存活的概率是多少？
(b) 3 至 8 人存活的概率是多少？
(c) 5 人存活的概率是多少？

解：令 X 为存活的人数。

$$(a)\,P(X\geqslant 10) = 1 - P(X<10) = 1 - \sum_{x=0}^{9} b(x;15,0.4)$$
$$= 1 - 0.9662 = 0.0338$$

$$(b)\,P(3\leqslant X\leqslant 8) = \sum_{x=3}^{8} b(x;15,0.4) = \sum_{x=0}^{8} b(x;15,0.4) - \sum_{x=0}^{2} b(x;15,0.4)$$
$$= 0.9050 - 0.0271 = 0.8779$$

$$(c)\,P(X=5) = b(5;15,0.4) = \sum_{x=0}^{5} b(x;15,0.4) - \sum_{x=0}^{4} b(x;15,0.4)$$
$$= 0.4032 - 0.2173 = 0.1859$$

例 5.3 一家大型连锁零售商从制造商购买了某种型号的电子设备，而制造商声称这种设备的次品率为 3%。
(a) 检察员从一批货物中随机选取 20 件产品。则这 20 件产品中至少有 1 件次品的概率是多少？
(b) 假定该零售商一个月内收到了 10 批货物，而检察员在每批货物中都随机检测了 20 件设备。则从每批货物中选中 20 件设备并检测发现有 3 个批次的设备至少有 1 件次品的概率是多少？

解：(a) 记从一批货物中挑选的 20 件设备中的次品数为 X，则 X 服从 $b(x;20,0.03)$ 这个分布。故

$$P(X\geqslant 1) = 1 - P(X=0) = 1 - b(0;20,0.03)$$
$$= 1 - (0.03)^0(1-0.03)^{20-0} = 0.4562$$

(b) 在这种情形中，每批货物中要么至少包含 1 件次品，要么没有次品。因此根据（a）中的

情形可知，对每批货物进行的检验就可以被视为 $p=0.4562$ 的伯努利试验。假定各批次货物之间独立，并以 Y 表示至少包含 1 件次品的批次数，则 Y 所服从的另一个二项分布为 $b(y;10,$ $0.4562)$。故

$$P(Y=3) = \binom{10}{3}(0.4562)^3(1-0.4562)^7 = 0.1602$$

5.2.4　应用领域

从例 5.1 到例 5.3，我们可以清楚地看到，二项分布可以应用于许多研究领域。工业工程师可能会对生产过程中的次品率产生浓厚的兴趣。而且通常情况下，生产过程中的质量控制方法和抽样方案都是以二项分布为基础的。该分布可应用于任意工业生产过程，只要该生产过程中的结果是二值的，该生产过程中的每件产品之间是独立的，每个试验之间成功的概率恒为常数。二项分布也大量应用于医药和军事领域，在这两个领域，成功或失败的结果至关重要。比如，"治愈"或"未治愈"的结果在医药工作中非常重要，而"命中目标"或"错失目标"的结果通常也是用来判断发射一枚导弹后的结果（成功与否）的依据。

由于任意二项随机变量的概率分布都仅由参数 n，p 和 q 的取值决定，因此假定二项随机变量的均值和方差也由这些参数的取值决定看起来也是合理的。事实上，这确实是正确的，在定理 5.1 的证明中我们推导了可用于计算任意二项随机变量的均值和方差且是 n，p 和 q 的函数的一般公式。

定理 5.1　二项分布 $b(x;n,p)$ 的均值和方差是

$$\mu = np$$
$$\sigma^2 = npq$$

证明：令第 j 次试验的结果为一个伯努利随机变量 I_j，其取 0 和 1 的概率分别为 q 和 p。故在二项试验中成功的次数就可以表示为 n 个独立的示性变量之和。因此

$$X = I_1 + I_2 + \cdots + I_n$$

而任意 I_j 的均值为 $E(I_j) = (0)(q) + (1)(p) = p$。所以，根据推论 4.4 可得二项分布的均值为：

$$\mu = E(X) = E(I_1) + E(I_2) + \cdots + E(I_n) = \underbrace{p + p + \cdots + p}_{n\text{项}} = np$$

任意 I_j 的方差为 $\sigma_{I_j}^2 = E(I_j^2) - p^2 = (0)^2(q) + (1)^2(p) - p^2 = p(1-p) = pq$。将推论 4.11 推广至有 n 个独立伯努利变量的情形，可得二项分布的方差为：

$$\sigma_X^2 = \sigma_{I_1}^2 + \sigma_{I_2}^2 + \cdots + \sigma_{I_n}^2 = \underbrace{pq + pq + \cdots + pq}_{n\text{项}} = npq$$

例 5.4　据推测某个乡村社区 30% 的水井中都含有一种杂质。为了弄清这个推测的真实程度，有必要做一些检验。然而检测该地区所有水井的费用太过昂贵，所以我们随机选取了 10 口水井来进行检测。

（a）假定该推测是正确的，根据二项分布求有 3 口水井含有这种杂质的概率是多少。

（b）检测到有 3 口以上的水井含有这种杂质的概率是多少？

解：（a）根据题意可得

$$b(3;10,0.3) = \sum_{x=0}^{3} b(x;10,0.3) - \sum_{x=0}^{2} b(x;10,0.3) = 0.6496 - 0.3828 = 0.2668$$

(b) 在这种情形中

$$P(X > 3) = 1 - 0.649\,6 = 0.350\,4$$

例 5.5 求例 5.2 中的二项随机变量的均值和方差,并使用切比雪夫定理对 $\mu \pm 2\sigma$ 这个区间进行解释。

解: 由于例 5.2 是 $n = 15$ 且 $p = 0.4$ 的一个二项试验,根据定理 5.1 我们有

$$\mu = (15)(0.6) = 6$$
$$\sigma^2 = (15)(0.4)(0.6) = 3.6$$

对 3.6 开平方即可得 $\sigma = 1.897$。因此,所给的区间即为 $6 \pm (2)(1.897)$,或从 2.206 到 9.794。切比雪夫定理表明,感染这种疾病的 15 名患者中康复的人数至少有 3/4 的概率落入 2.206 ~ 9.794 之间,或者说 2 ~ 10 之间,因为数据是离散型的。

计算二项概率有助于我们在收集到数据之后对总体做出科学的推断。下例给出了一个例证。

例 5.6 考虑例 5.4 中的情形,30% 的水井中都含有某种杂质的观点仅是该地区水务委员会提出的一个猜测。假定我们随机选中了 10 口水井,检测发现有 6 口水井中含有这种杂质。由此是否意味着水务委员会的推测是正确的? 请使用概率语言进行表述。

解: 我们肯定首先会问"若该推测是正确的,那么检测出 6 口甚至更多水井含有这种杂质是可能的吗?"

$$P(X \geqslant 6) = \sum_{x=0}^{10} b(x;10,0.3) - \sum_{x=0}^{5} b(x;10,0.3) = 1 - 0.952\,7 = 0.047\,3$$

因此,若只有 30% 的水井含有这种杂质,那么 6 口甚至更多的水井检测出含有这种杂质是不太可能的 (4.7% 的概率)。这个特征对水务委员会的推测形成了严重的质疑,并且表明水井中的杂质问题远比预计的更为严重。

读者至此应该意识到了,在许多实际应用中会有两个以上的结果。借用遗传领域的一个例子来进行说明,几内亚猪所生子代的颜色可能是红色、黑色或白色。因此,在工程应用中通常使用的"次品"或"正品"这样的二值情形就真的过于简化了。事实上,通常也确实用两个以上的类别来刻画从一条生产线上下线的产品或部件。

5.2.5 多项式试验和多项式分布

若每次试验有两个以上的可能性结果,则二项试验就变成了**多项式试验**。将制造的产品分类为较轻、较重或可接受这种情况,以及将某个十字路口一个星期内每天发生的交通事故记录下来这种情况,都构成了多项式分布。有放回地从一副纸牌中抽取一张纸牌这种情况也是一个多项式试验,比如我们关心纸牌的花色。一般,一个试验会以概率 p_1, p_2, $\cdots$, p_k 出现 k 种可能结果 E_1, E_2, $\cdots$, E_k 中的任意一个,则在 n 重独立性试验中,E_1 发生 x_1 次,E_2 发生 x_2 次,$\cdots$,E_k 发生 x_k 次的概率就可以由**多项式分布**给出,其中

$$x_1 + x_2 + \cdots + x_k = n$$

我们将该联合概率分布记作

$$f(x_1, x_2, \cdots, x_k; p_1, p_2, \cdots, p_k, n)$$

很显然,$p_1 + p_2 + \cdots + p_k = 1$,因为每次试验的结果必然是这 k 种可能结果中的一个。

为了推导出多项式分布的一般公式,我们按照二项分布中的做法来进行操作。因为每次试验是相互独立的,则 E_1 发生 x_1 次,E_2 发生 x_2 次,$\cdots$,E_k 发生 x_k 次的任意一个具体次序的概率就是

$p_1^{x_1} p_2^{x_2} \cdots p_k^{x_k}$。$n$ 次试验中有相同结果的所有次序的总数就等于将 n 个项目划分为第 1 组有 x_1 个项目，第 2 组有 x_2 个项目，$\cdots$，第 k 组有 x_k 个项目的 k 组的分割数。因此，分割数共为：

$$\binom{n}{x_1, x_2, \cdots, x_k} = \frac{n!}{x_1! x_2! \cdots x_k!}$$

由于所有分割都是互斥且等概率发生的，因此将一个具体次序的概率与总的分割数相乘即可得到多项式分布。

多项式分布

    若给定的试验中有 k 种结果 E_1，E_2，$\cdots$，E_k，且概率为 p_1，p_2，$\cdots$，p_k，则表示在 n 重独立性试验中 E_1，E_2，$\cdots$，E_k 所发生次数的随机变量 X_1，X_2，$\cdots$，X_k 的概率分布是

$$f(x_1, x_2, \cdots, x_k; p_1, p_2, \cdots, p_k, n) = \binom{n}{x_1, x_2, \cdots, x_k} p_1^{x_1} p_2^{x_2} \cdots p_k^{x_k}$$

式中，$\sum_{i=1}^{k} x_i = n$，且 $\sum_{i=1}^{k} p_i = 1$。

$(p_1 + p_2 + \cdots + p_k)^n$ 的多项式展开项就对应于 $f(x_1, x_2, \cdots, x_k; p_1, p_2, \cdots, p_k, n)$ 所有可能的取值，这一点就是多项式分布名称的由来。

例 5.7   由于飞机到达和离开机场的复杂性，我们通常要采用计算机模拟的方式来对理想状态进行模型。某机场有 3 条跑道，已知在理想状况下随机到达的商用喷气式飞机占用各条跑道的概率为：

    跑道 1：$p_1 = 2/9$
    跑道 2：$p_2 = 1/6$
    跑道 3：$p_3 = 11/18$

则随机到达的 6 架飞机按如下方式分布的概率是多少？

    跑道 1：2 架飞机
    跑道 2：1 架飞机
    跑道 3：3 架飞机

解： 根据多项式分布我们有

$$f\left(2, 1, 3; \frac{2}{9}, \frac{1}{6}, \frac{11}{18}, 6\right) = \binom{6}{2, 1, 3} \left(\frac{2}{9}\right)^2 \left(\frac{1}{6}\right)^2 \left(\frac{11}{18}\right)^2$$

$$= \frac{6!}{2! 1! 3!} \times \frac{2^2}{9^2} \times \frac{1}{6} \times \frac{11^3}{18^3} = 0.1127$$

习 题

5.1 取值为 x_1，x_2，$\cdots$，x_k 的随机变量 X 称作离散型均匀随机变量，如果其概率质量函数在 x_1，x_2，$\cdots$，x_k 中的每个点都为 $f(x) = 1/k$，而其他点的取值为 0。求 X 的均值和方差。

5.3 从 10 名员工中挑选出 1 名去监督某项工程，每名员工对应一张编号从 1 到 10 的纸条，把这 10 张纸条放在一个盒子里进行随机抽签。以 X 表示所抽到纸条之上的数字，请求出 X 的概率分布的表达式。抽到纸条上的号码小于 4 的概率是多少？

5.5 根据《化学工程进展》（1990 年 9 月刊），在化工厂中大约有 30% 的管道工程由于操作失误而停止工作。

    （a）20 个管道工程中有 10 个管道工程由于操作

失误而停止工作的概率是多少?

（b）20 个管道工程中有不超过 4 个管道工程由于操作失误而停止工作的概率是多少?

（c）假设对某个工厂而言，20 个管道工程中恰好有 5 个管道工程处于由于操作失误而停止工作的状况。则你认为 30% 的数据是否适用于这个工厂? 请对此进行评论。

5.7 一位著名的内科医生宣称 70% 的肝癌都与吸烟有关。如果他的评估是正确的，则求：

（a）某家医院新近收入的 10 名肝癌患者中少于一半的患者是老烟枪的概率是多少?

（b）某家医院新近收入的 20 名肝癌患者中少于一半的患者是老烟枪的概率是多少?

5.9 对某种型号的卡车在崎岖地形条件下的质量进行的测评发现，有 25% 的卡车不能完成这项测评，即存在爆胎的情况。在对接下来的 15 辆卡车进行测评时，请计算下述事件的概率：

（a）3～6 辆卡车爆胎。

（b）少于 4 辆卡车爆胎。

（c）多于 5 辆卡车爆胎。

5.11 一位心脏病患者在经过精细的手术后康复的概率是 0.9。在之后的 7 位患者中恰好有 5 人能通过这种手术得到康复的概率是多少?

5.13 一项全国范围内的研究旨在确定民众对抗抑郁药物的态度，结果显示大约有 70% 的人认为抗抑郁药物不能治疗任何病，它的作用仅仅是掩盖真正的问题。根据这个研究结果，随机地挑选的 5 人中至少有 3 人支持这个观点的概率是多少?

5.15 接种了血清疫苗的老鼠中 60% 是不会受到某种疾病的感染的。如果有 5 只老鼠接种了这种疫苗，则：

（a）没有老鼠感染这种疾病的概率是多少?

（b）少于 2 只老鼠感染这种疾病的概率是多少?

（c）多于 3 只老鼠感染这种疾病的概率是多少?

5.17 如果 X 是习题 5.13 中相信抗抑郁药物不能治

疗任何疾病，而仅仅是掩盖了真正问题这个观点的人数。则在随机选中的 5 个人中，求 X 的均值和方差。

5.19 一个学生开车去学校，他会遇到一个有红绿灯的十字路口。这个路口的绿灯持续 35 秒，黄灯持续 5 秒，红灯持续 60 秒。假设该学生在每个工作日在 8：00～8：30 之间去学校，X_1 为他遇到绿灯的次数，X_2 为他遇到黄灯的次数，X_3 为他遇到红灯的次数。求 X_1，X_2，X_3 的联合分布。

5.21 圆形飞镖靶板面中心的小圆称为牛眼，20 个饼状区域被标上 1 到 20 的数字，每个饼状结构区域又分成 3 个部分，人们把飞镖投掷到这 3 个区域则分别得到该数值所对应的分数、2 倍的分数、3 倍的分数。如果某人击中牛眼的概率是 0.01，击中 2 倍区域的概率是 0.1，击中 3 倍区域的概率是 0.05，打不中靶的概率是 0.02，那么投掷 7 次飞镖而没有击中牛眼、没有击中 3 倍区域、2 次击中 2 倍区域、1 次完全脱靶的概率是多少?

5.23 与会代表可能乘坐飞机、公共汽车、私人小汽车、火车参会的概率分别是 0.4，0.2，0.3，0.1。随机挑选的 9 名与会代表中，有 3 人乘坐飞机、3 人乘坐公共汽车、1 人乘坐私人小汽车、2 人乘坐火车参会的概率是多少?

5.25 如果一大批集成芯片中存在次品的概率是 0.1，而且它服从二项分布，则随机挑选出的 20 个样品中最多有 3 个芯片是次品的概率是多少?

5.27 如果荧光灯的使用寿命最少为 800 小时的概率是 0.9，求 20 个这样的灯泡中：

（a）有 18 个灯泡的使用寿命至少为 800 小时的概率是多少?

（b）至少有 15 个灯泡的使用寿命至少为 800 小时的概率是多少?

（c）至少有 2 个灯泡的使用寿命达不到 800 小时的概率是多少?

5.3 超几何分布

区别 5.2 节的二项分布和超几何分布最简单的方法就是看其抽样方式。超几何分布的应用类型同二项分布非常类似。当我们对落入特定类别的观测数的概率计算问题感兴趣时，在二项分布的情形中，我们要求每次试验之间是独立的。因此，将二项分布应用于具有大量对象（一副纸牌、一批产品）的抽样，则抽样时在每个对象被观察后必须是有放回的。另一方面，超几何分布则并不要求独立性，因此它是基于无放回抽样来进行的。

超几何分布在许多领域都有应用，尤其在抽样验收、电子产品检验、质量保证领域具有大量应用。显然，在这些领域的很多情形中，进行检验是要以对这些受测产品的损坏为代价的，也就是说，产品将被摧毁，因此就不能再放回样本中了。所以，在这种情形下必须进行无放回的抽样。下面以玩纸牌的简单例子来进行阐明。

如果我们要计算从一副含 52 张的普通纸牌中抽取 5 张且观测到有 3 张红色纸牌的概率，5.2 节的二项分布则不再适用，除非抽取的每张纸牌都是有放回的，且在抽取下一张纸牌之前整副牌都重洗过。为了应对无放回抽样这类问题，我们将重述一下该问题。如果随机抽取 5 张纸牌，我们关心从一副牌的 26 张红色纸牌中抽到 3 张，从这副牌的 26 张黑色纸牌中抽到 2 张的概率是多少。抽取 3 张红色纸牌的方式有 $\binom{26}{3}$ 种，而每种方式中抽取 2 张黑色纸牌的方式又有 $\binom{26}{2}$ 种。因此，抽取 5 张纸牌，且抽到 3 张红色纸牌和 2 张黑色纸牌的方式共有 $\binom{26}{3}\binom{26}{2}$ 种。而从 52 张纸牌中抽取 5 张纸牌的方式共有 $\binom{52}{5}$ 种。故而，无放回地抽取 5 张纸牌，并观察到 3 张红色纸牌和 2 张黑色纸牌的概率为：

$$\frac{\binom{26}{3}\binom{26}{2}}{\binom{52}{5}} = \frac{(26!/3!23!)(26!/2!24!)}{52!/5!47!} = 0.325\ 1$$

一般，若从 N 件产品中随机抽取了一个容量为 n 的样本，我们关心从 k 件标记为成功的产品中抽取到 x 件，从 $N-k$ 件标记为失败的产品中抽取到 $n-x$ 件的概率。这就是**超几何试验**，它一般具有如下两个性质：

1. 从 N 件产品中无放回地抽取一个容量为 n 的随机样本。
2. 这 N 件产品中有 k 件归属于成功的一类，$N-k$ 件归属于失败的一类。

超几何试验中成功的次数 X 称为**超几何随机变量**，相应地，超几何变量的概率分布称为**超几何分布**，其概率值记作 $h(x; N, n, k)$，原因在于这些概率值依赖于 N 集合中成功的次数 k，以及从 N 集合中选取的对象个数 n。

5.3.1 抽样验收中的超几何分布

与二项分布类似，超几何分布可用于抽样验收。为了确定整体是不是可接受的，一般要抽取大量的材料或部件。

例5.8 注射器上的一个特殊部件以 10 件为一批进行出售。如果这批产品中的次品数不超过 1 件，则生产商就相信这批产品是可接受的。一个抽样方案采用随机抽样且从这 10 件产品中选取 3 件来进行检验。若这 3 件产品都不是次品，则接受这批产品。请对该抽样方案的效用进行评价。

解：假定这批产品是**不可接受的**（即这 10 件产品中有 2 件是次品）。则该抽样方案中接受这批产品的概率是

$$P(X=0) = \frac{\binom{2}{0}\binom{8}{3}}{\binom{10}{3}} = 0.467$$

故若这批产品是不可接受的，即有 2 件次品，则该抽样方案接受这批产品的概率大致为 47%。因此，该抽样方案是有缺陷的。

现在我们将其进行推广以得到 $h(x; N, n, k)$ 的一般形式。从 N 中选取容量为 n 的样本的个数共为 $\binom{N}{n}$。假定每个样本出现的机会均等。则从 k 件标记为成功的对象中选到 x 件的方式有

$\binom{k}{x}$ 种，且每种方式中再选到 $n-x$ 件标记为失败的对象的方式为 $\binom{N-k}{n-x}$ 种。故在 $\binom{N}{n}$ 个可能的样本中有利样本的总数为 $\binom{k}{x}\binom{N-k}{n-x}$。因而，我们有如下定义。

超几何分布

超几何随机变量 X，即从其中有 k 个标记为成功和 $N-k$ 个标记为失败的 N 个对象中所选取的一个容量为 n 的随机样本里面成功的次数，其概率分布是

$$h(x;N,n,k) = \frac{\binom{k}{x}\binom{N-k}{n-x}}{\binom{N}{n}}, \qquad \max\{0, n-(N-k)\} \leq x \leq \min\{n,k\}$$

---

x 的范围可以由定义中的三个二项系数确定，其中 x 和 $n-x$ 分别是不大于 k 和 $N-k$ 的，且两者都不能小于0。通常，k（标记为成功的个数）和 $N-k$（标记为失败的个数）两者都是大于样本容量 n 的，因此超几何随机变量的范围是 $x=0$，1，$\cdots$，n。

例5.9　每40个部件为一批的产品中若有3个及以上次品则被认为是不可接受的。对一批产品进行抽样的程序是随机选取5个部件，若发现1件次品则拒绝这批部件。若整批部件中有3件次品，则在样本中正好发现1件次品的概率是多少？

解：根据 $n=5$，$N=40$，$k=3$ 和 $x=1$ 的超几何分布，我们可以求得有1件次品的概率为：

$$h(1;40,5,3) = \frac{\binom{3}{1}\binom{37}{4}}{\binom{40}{5}} = 0.301\,1$$

我们再次发现，该抽样方案并不理想，因为它检测出有3件次品的一批问题产品的概率仅为30%左右。

定理5.2　超几何分布 $h(x; N, n, k)$ 的均值和方差是

$$\mu = \frac{nk}{N}$$

$$\sigma^2 = \frac{N-n}{N-1} \cdot n \cdot \frac{k}{N}\left(1 - \frac{k}{N}\right)$$

均值的证明见附录 A24。

例5.10　回到例3.4，该例说明了随机变量与相应的样本空间的概念。该例中，100个对象的一批产品中有12件次品。则有10件产品的一个样本中包含3件次品的概率是多少？

解：根据超几何概率函数，我们有

$$h(3;100,10,12) = \frac{\binom{12}{3}\binom{88}{7}}{\binom{100}{10}} = 0.08$$

例5.11　求例5.9中随机变量的均值和方差，并根据切比雪夫定理对 $\mu \pm 2\sigma$ 这个区间进行解释说明。

解：因为例 5.9 是一个 $N=40$，$n=5$ 和 $k=3$ 的超几何试验，根据定理 5.2 我们有

$$\mu = \frac{(5)(3)}{40} = \frac{3}{8} = 0.375$$

$$\sigma^2 = \left(\frac{40-5}{39}\right)(5)\left(\frac{3}{40}\right)\left(1 - \frac{3}{40}\right) = 0.311\,3$$

对 0.311 3 开平方可得 $\sigma = 0.558$。故所求区间即为 $0.375 \pm (2)(0.558)$，或从 -0.741 到 1.491。根据切比雪夫定理，从这批有 3 件次品的 40 个部件中随机选取 5 个部件所发现的次品数至少有 3/4 的概率落入 $-0.741 \sim 1.491$ 之间。即这 5 个部件中的次品数至少有 3/4 的概率是小于 2 的。

5.3.2 与二项分布的关系

本章我们探讨了几个有着广泛应用的重要的离散型分布。其中大多数分布之间都有着紧密的联系。初学者应当对它们之间的关联有一个清楚的认识。超几何分布和二项分布之间的联系非常有意思。正如你所见，若与 N 相比 n 较小，则每次抽样对 N 个对象的变化就很小。因此，在与 N 相比 n 较小时，我们可以采用二项分布对超几何分布做出近似。事实上，根据经验，当 $n/N \leqslant 0.05$ 时近似效果比较好。

可见，n/N 这个量起到了二项分布中参数 p 的作用。因此，可以将二项分布看做总体较大的超几何分布。于是均值和方差可由下式得到

$$\mu = np = \frac{nk}{N}$$

$$\sigma^2 = npq = n \cdot \frac{k}{N}\left(1 - \frac{k}{N}\right)$$

将上式与定理 5.2 相比较可以发现，其均值是相同的，不过方差相差一个修正因子 $(N-n)/(N-1)$，当与 N 相比 n 较小时，该修正因子是可以忽略的。

例 5.12 汽车轮胎制造商报告说，发往当地一个经销商的一批 5 000 个轮胎中有 1 000 个存在轻微的瑕疵。若有人从该经销商处随机购得这批轮胎中的 10 个，则正好有 3 个瑕疵轮胎的概率是多少？

解：因为 $N=5\,000$ 相对样本容量 $n=10$ 非常大，所以我们可以采用二项分布对所求概率做出近似。某个轮胎存在瑕疵的概率是 0.2，故正好购得 3 个瑕疵轮胎的概率是

$$h(3;5\,000,10,1\,000) \approx b(3;10,0.2) = 0.879\,1 - 0.677\,8 = 0.201\,3$$

另一方面，其精确的概率值为 $h(3;\ 5\,000,\ 10,\ 1\,000) = 0.201\,5$。

可以将超几何分布进行推广，并用于处理这样的问题，其中 N 个对象可以分割为 k 个组 A_1，A_2，$\cdots$，A_k，且第一个组中有 a_1 个元素，第二个组中有 a_2 个元素，$\cdots$，第 k 个组中有 a_k 个元素。则此时我们关心的是，一个随机样本的容量为 n 时，其中有 x_1 个元素是来自 A_1，有 x_2 个元素是来自 A_2，$\cdots$，有 x_k 个元素是来自 A_k 的概率。记这个概率为：

$$f(x_1, x_2, \cdots, x_k; a_1, a_2, \cdots, a_k, N, n)$$

为了求得一般表达式，我们注意到从 N 个对象中选取到容量为 n 的样本的总方式是 $\binom{N}{n}$，且从 A_1 中选取到 x_1 个对象的方式有 $\binom{a_1}{x_1}$ 种，而其每种方式中从 A_2 中选取到 x_2 个对象的方式有 $\binom{a_2}{x_2}$ 种。故

我们从 A_1 中选取到 x_1 个对象，并从 A_2 中选取到 x_2 个对象的方式有 $\binom{a_1}{x_1}\binom{a_2}{x_2}$ 种。以此类推，我们选取到由 A_1 中的 x_1 个对象，A_2 中的 x_2 个对象，$\cdots$，A_k 中的 x_k 个对象构成的所有 n 个对象的方式有 $\binom{a_1}{x_1}\binom{a_2}{x_2}\cdots\binom{a_k}{x_k}$ 种。

所求概率分布定义如下。

多元超几何分布

若 N 个对象可以分割为分别有 a_1，a_2，$\cdots$，a_k 个元素的 k 个组 A_1，A_2，$\cdots$，A_k，则随机变量 X_1，X_2，$\cdots$，X_k，即在容量为 n 的一个随机样本中选取自 A_1，A_2，$\cdots$，A_k 的元素的个数，其概率分布为：

$$f(x_1,x_2,\cdots,x_k;a_1,a_2,\cdots,a_k,N,n)=\frac{\binom{a_1}{x_1}\binom{a_2}{x_2}\cdots\binom{a_k}{x_k}}{\binom{N}{n}}$$

式中，$\sum_{i=1}^{k} x_i = n$，且 $\sum_{i=1}^{k} a_i = N$。

例 5.13 一个有 10 人的小组被用于一项生物学研究。小组中有 3 人是 O 型血，4 人是 A 型血，3 人是 B 型血。则一个包含 5 人的随机样本中出现 1 人是 O 型血、2 人是 A 型血、2 人是 B 型血的概率是多少？

解：根据 $x_1 = 1$，$x_2 = 2$，$x_3 = 2$，$a_1 = 3$，$a_2 = 4$，$a_3 = 3$，$N = 10$，$n = 5$ 的超几何分布的推广形式，我们可以得到所求概率为：

$$f(1,2,2;3,4,3,10,5)=\frac{\binom{3}{1}\binom{4}{2}\binom{3}{2}}{\binom{10}{5}}=\frac{3}{14}$$

习 题

5.29 一位农场主从装有 5 个郁金香球茎和 4 个水仙花球茎的盒子里随机选取了 6 个球茎进行种植。他刚好挑到 2 个水仙花球茎和 4 个郁金香球茎的概率是多少？

5.31 从 4 名医生、2 名护士中随机地挑选出 3 人组成委员会。随机变量 X 是委员会中医生的人数，请写出该随机变量的概率分布式，并计算 $P(2 \leqslant X \leqslant 3)$。

5.33 从一副 52 张的纸牌中随机地挑选出 7 张，请计算下述概率：

（a）恰好有 2 张是方块。

（b）至少有一张是 Q。

5.35 某家公司希望测评一下其对 50 件完全一致的货物的检验程序。该检验程序为：选取 5 件样品，如果不超过 2 件为次品则通过测评。请问这批货物中有 20% 的次品被接受的概率是多少？

5.39 邻近的城市提出了一项反对对一个有 1 200 名居民的社区进行细分的并吞诉讼案。如果有一半的居民反对这项并吞提案，随机挑选出 10 人，至少有 3 人同意该提案的概率是多少？

5.41 密歇根大学在全国范围内对 17 000 名高校毕业生所做的调查显示，大约有 70% 的人反对每天吸食大麻，在这些人中随机地挑选出 18 名高校毕业生并询问他们的意见，则多于 9 名但少于 14 名毕业生反对每天吸食大麻的概率是多少？

5.43 一个留学生俱乐部中有 2 名加拿大人、3 名日本人、5 名意大利人、2 名德国人。从中随机地挑

选出 4 人组成委员会。求下述概率:

（a）在该委员会中每个国家都有代表。

（b）意大利以外的其他国家在该委员会中都有代表。

5.45 在生物和环境研究中，为了估计某个种群在数量方面的特征，通常会给其个体先做上记号，然后再进行释放。在被认为属于濒危（或临近濒危）的种群中，在某个区域抓到了 10 只并做上记号后进行了释放。在一段时间之后，在这个区域再随机地捕获 15 只这类动物。如果在该地区这种动物仅有 25 只，则被捕获的动物中有 5 只是做上

了记号的概率是多少?

5.47 一个政府特别工作组怀疑某些工厂违背政府的污染物排放规定，进行了某种污染物的倾倒。他们怀疑有 20 家工厂存在这样的情况，但只能检查其中的一部分工厂。假设这些工厂中实际上有 3 家在违规进行污染物倾倒。

（a）抽取 5 家进行检查，但没有发现有工厂违规的概率是多少?

（b）在上述工厂中，发现有 2 家违规的概率是多少?

5.4　负二项分布和几何分布

考虑这样一个试验，它与二项试验的特征相同，不过有一点除外，即直到某个**固定次数**的成功发生该试验才终止。可见，此时我们关注的不再是 n 次试验中出现 x 次成功的概率，其中 n 是固定的，而是第 x 次试验时出现第 k 次成功的概率。这一类型的试验我们称之为**负二项试验**。

为说明起见，我们考虑服用某种药物的情形，已知服用这种药物后起作用的占 60%。若这种药物能为病患带来一定程度的缓解，则认为该药物是成功的。我们关心给定的某周内第 7 位服用该药物的病患是第 5 位在病症上得到了缓解的患者的概率是多少。以 S 记作成功，F 记作失败，则出现上述结果的一个可能的次序是 $SFSSSFS$，其发生的概率是

$$(0.6)(0.4)(0.6)(0.6)(0.6)(0.4)(0.6) = (0.6)^5(0.4)^2$$

我们可以重新排列除最后一个结果（必须是第 5 次成功）以外的 F 和 S，并枚举出所有可能的次序。可能次序的总数等于将前 6 次试验划分为 2 组的分割数，其中 2 次失败为一组，4 次成功为另一组。分割为 2 组且互斥的方式有 $\binom{6}{4}=15$ 种。故若 X 表示第 5 次成功出现这一结果，则

$$P(X=7) = \binom{6}{4}(0.6)^5(0.4)^2 = 0.1866$$

5.4.1　负二项随机变量是什么

负二项试验中出现 k 次成功所进行的试验次数 X 即称为**负二项随机变量**，其概率分布则称为**负二项分布**。由于其概率取决于成功的次数和每次试验中成功的概率，因此我们记为 $b^*(x; k, p)$。为了求得 $b^*(x; k, p)$ 的一般表达式，考虑第 x 次试验成功的概率，而第 x 次试验成功之前则会以某个特定的次序出现 $k-1$ 次成功和 $x-k$ 次失败。因为各次试验之间是独立的，故可将对应于每个预期结果出现的所有概率相乘。每次成功的概率为 p，每次失败的概率为 $q=1-p$。所以，以一次成功作结的某个特定次序出现的概率是

$$p^{k-1}q^{x-k}p = p^k q^{x-k}$$

以任意次序出现 $k-1$ 次成功和 $x-k$ 次失败后，以一次成功作结的试验中样本点的总数等于，将 $x-1$ 次试验划分为一组有 $k-1$ 次成功且另一组有 $x-k$ 次失败的两组所做的分割数。这个数就是 $\binom{x-1}{k-1}$ 这一项，而每个互斥的次序是以 $p^k q^{x-k}$ 等概率出现的。故将 $p^k q^{x-k}$ 乘上 $\binom{x-1}{k-1}$ 即可得其一

般表达式。

负二项分布

若独立重复性试验成功的概率是 p，失败的概率是 $q=1-p$，则随机变量 X，即出现第 k 次成功所进行的试验次数，其概率分布为：

$$b^*(x;k,p) = \binom{x-1}{k-1}p^k q^{x-k}, \qquad x=k,k+1,k+2,\cdots$$

例5.14 美国职业篮球联赛(NBA)总决赛中7局4胜者即赢得比赛。假定 A 队和 B 队在决赛中遭遇，且每场比赛中 A 队胜 B 队的概率是 0.55。

（a）6局赛事 A 队即可获胜的概率是多少？

（b）A 队赢得总决赛的概率是多少？

（c）没有改革之前，分区的季后赛5局3胜者即赢得比赛，若 A 队和 B 队在该赛事中遭遇，则 A 队赢得比赛的概率是多少？

解：（a）$b^*(6;4,(0.55)) = \binom{5}{3}(0.55)^4(1-0.55)^{6-4} = 0.1853$

（b）$P(A$ 队赢得决赛$) = b^*(4;4,0.55) + b^*(5;4,0.55) + b^*(6;4,0.55) + b^*(7;4,0.55)$
$$= 0.0915 + 0.1647 + 0.1853 + 0.1668 = 0.6083$$

（c）$P(A$ 队赢得季后赛$) = b^*(3;3,0.55) + b^*(4;3,0.55) + b^*(5;3,0.55)$
$$= 0.1664 + 0.2246 + 0.2021 = 0.5931$$

负二项分布名称的由来在于，$p^k(1-p)^{x-k}$ 展开后的每一项分别对应于值 $b^*(x;k,p)$，$x=k$，$k+1$，$k+2$，$\cdots$。若考虑 $k=1$ 这种特殊情形的负二项分布，我们即有1次成功所进行试验的次数其概率分布。抛硬币直到有一个正面朝上为止的这种情形就是一个例子。我们可能关注抛第4次时出现第1次正面朝上的概率。则负二项分布可简化为下式

$$b^*(x;1,p) = pq^{x-1}, \qquad x=1,2,3,\cdots$$

由于其逐项构成等比级数，因此习惯上我们将这种特殊情形称作**几何分布**，并记为 $g(x;p)$。

几何分布

若独立重复性试验成功的概率是 p，失败的概率是 $q=1-p$，则随机变量 X，即出现第1次成功所进行的试验次数，其概率分布为：

$$g(x;p) = pq^{x-1}, \qquad x=1,2,3,\cdots$$

例5.15 已知某生产过程中平均每100件产品中有1件次品。求检测到第5件产品时发现第1件次品的概率是多少？

解：根据 $x=5$ 且 $p=0.01$ 的几何分布，我们有

$$g(5;0.01) = (0.01)(0.99)^4 = 0.0096$$

例5.16 繁忙时，电话交换器会非常接近其容量，所以很难打通电话。我们可能关心，要拨通一次电话必须拨多少次电话。假定繁忙时拨通电话的概率 $p=0.05$，拨5次电话就能成功拨通一次电话的概率是多少？

解：根据 $x = 5$ 且 $p = 0.05$ 的几何分布，我们有

$$P(X = x) = g(5; 0.05) = (0.05)(0.95)^4 = 0.041$$

通常在涉及几何分布的情形中，均值和方差非常重要。比如，例 5.16 中，拨通一次电话所需拨打电话次数的期望值就很重要。下述定理给出了几何分布的均值和方差。

定理 5.3 服从几何分布的随机变量的均值和方差为：

$$\mu = \frac{1}{p}$$

$$\sigma^2 = \frac{1-p}{p^2}$$

5.4.2 负二项分布和几何分布的应用

留心本节的例子和 5.5 节末关于这些分布的习题的人，会非常清楚负二项分布和几何分布的应用领域。在应用到几何分布的情形中，工程师或管理层在例 5.16 所刻画的情形中就可以据此判断繁忙时段电话交换系统究竟有多么无效率。显然，这种情形中一次成功之前的每次试验都是其所付出的代价。若成功拨通一次电话之前需要多次尝试的概率非常高，那么可能就需要制定方案来重新设计该系统了。

应用负二项分布时在本质上也是类似的。假定每次尝试在一定程度上所付出的代价很高，且每次尝试都是逐一发生的。则需要进行大量的尝试才能取得某一固定次数的成功的概率就会很高，这对科学家或工程师而言是不利的。考虑巩固练习 5.90 和 5.91 中的情形。在巩固练习 5.91 中，石油钻探人员会根据在顺次的石油钻探地点的钻探情况来对成功的程度进行判断。若在一个地点只尝试了 6 次就成功进行了第 2 次钻探，则收益看起来就会明显超过钻探所进行的投资。

5.5 泊松分布和泊松过程

试验的数值结果是随机变量 X，即在给定时间间隔或指定区域内结果出现的次数，该试验称为**泊松试验**。给定时间间隔的长短任意，如一分钟、一天、一周、一月、一年。比如，泊松试验可以产生随机变量 X 的观测，X 可以是办公室每小时接到的电话呼叫次数、学校在冬季由于下雪而关闭的天数、棒球赛季期间由于下雨而推迟的比赛场次数。指定区域可以是线段、面积、体积，也可能是一块材料。在这些情形中，X 可以是每英亩的田鼠数、给定培养基上的细菌数、每页上的错字数。泊松试验源自**泊松过程**，它具有如下性质。

5.5.1 泊松过程的性质

1. 在一个时间间隔或范围内，结果出现的次数与其他任意一个不相交的时间间隔或范围内出现的次数之间相互独立。在这个意义上，我们说泊松过程是无记忆的。

2. 在一个很短的时间间隔或很小的范围内，单独的一个结果所出现的概率与该时间间隔的长短或区域范围的大小成正比，而与该时间间隔或范围以外的结果出现的次数无关。

3. 在这个很短的时间间隔或很小的范围内，出现 1 个以上结果的概率可以忽略。

泊松试验中结果出现的次数 X 称为**泊松随机变量**，其概率分布称为**泊松分布**。结果出现次数的均值可由 $\mu = \lambda t$ 求得，其中 t 为我们所关心的具体时间、距离、面积、体积。因为其概率取决于 λ，结果发生的比率，故将其记作 $p(x; \lambda t)$。对基于泊松过程上述 3 个性质的 $p(x; \lambda t)$ 的表达式的推导超出了本书的范围。

泊松分布

泊松随机变量 X，即在给定时间间隔或指定区域范围（记作 t）内结果出现的次数，其概率分布为：

$$p(x;\lambda t) = \frac{e^{-\lambda t}(\lambda t)^x}{x!}, \qquad x = 0,1,2,\cdots$$

式中，λ 是单位时间、单位长度、单位面积、单位体积内结果出现的平均次数，而 $e = 2.718\ 28\cdots$。

附录表 A2 中有 λt 从 0.1 到 18.0 范围内选定值的泊松概率和：

$$P(r;\lambda t) = \sum_{x=0}^{r} p(x;\lambda t)$$

在下述两个例子中我们会演示如何应用这张表。

例 5.17　在实验室中，穿过计数器的放射性粒子每微秒平均为 4 个。1 微秒内有 6 个粒子进入计数器的概率是多少？

解：根据 $x = 6$ 和 $\lambda t = 4$ 的泊松分布，并查阅附录表 A2，我们有

$$p(6;4) = \frac{e^{-4}(4)^6}{6!} = \sum_{x=0}^{6} p(x;4) - \sum_{x=0}^{5} p(x;4) = 0.889\ 3 - 0.785\ 1 = 0.104\ 2$$

例 5.18　某港口每天到达的油轮平均为 10 艘。该港口的设施条件为每天最多只能容纳 15 艘油轮。则有油轮被拒入该港的概率是多少？

解：设 X 是每天到达的油轮数。则根据附录表 A2 我们有

$$P(X > 15) = 1 - P(X \leqslant 15) = 1 - \sum_{x=0}^{15} p(x;10) = 1 - 0.951\ 3 = 0.048\ 7$$

与二项分布类似，泊松分布也能用于质量控制、质量保证、验收抽样。此外，用于可靠性理论和排队论中的一些重要的连续型分布也依赖于泊松过程。第 6 章会探讨并提出其中的一些分布。关于泊松随机变量我们有下述定理，附录 A25 给出了其证明。

定理 5.4　泊松分布 $p(x;\ \lambda t)$ 的均值和方差都是 λt。

5.5.2　泊松概率函数的性质

与多数离散型和连续型分布类似，泊松分布会随着均值的增大变得越来越对称，甚至成为钟形。图 5.1 对此进行了说明，其中所示为 $\mu = 0.1$，$\mu = 2$，$\mu = 5$ 的概率函数图。我们发现，在 μ 取值为 5 时就非常接近对称了。二项分布也存在类似的情况，后续我们将对此进行介绍。

5.5.3　泊松分布对二项分布的近似

通过泊松过程的三个性质我们应当清楚地看到，泊松分布和二项分布之间是存在联系的。虽然泊松分布通常用于解决如例 5.17 和例 5.18 所示的时空方面的问题，但却能将其看做二项分布的极限形式。在二项分布的情形中，若 n 非常大，而 p 非常小，此时的情形就可以模拟泊松过程在连续时间或空间范围内的结果。二项情形中伯努利试验之间的独立性与泊松过程的第 2 个性质是一致的。让参数 p 接近于 0 这个条件则对应于泊松过程的第 3 个性质。事实上，在 n 非常大，而 p 非常小时，我们可以使用 $\mu = np$ 的泊松分布来近似二项分布。在 p 非常接近于 1 时，我们仍然可以通过将所定义的成功和失败进行对换的方式来根据泊松分布去近似二项概率，即将 p 对换成接近于 0 的数值。

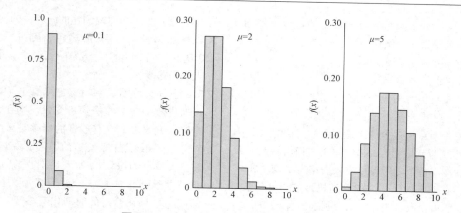

图5.1　对应于不同均值的泊松密度函数

定理5.5　令 X 是概率分布为 $b(x; n, p)$ 的二项随机变量，在 $n\to\infty$，$p\to 0$，$np \xrightarrow{n\to\infty} \mu$，$\mu$ 为常数的情形下

$$b(x; n, p) \xrightarrow{n\to\infty} p(x; \mu)$$

例5.19　某工业场所发生事故的频率很低。已知一天内发生一起事故的概率为 0.005，且每次事故之间相互独立。

（a）400 天内发生一起事故的概率是多少？

（b）至多 3 天会发生一起事故的概率是多少？

解：令 X 为 $n = 400$ 且 $p = 0.005$ 的二项随机变量，故 $np = 2$。使用泊松近似可得

（a）$P(X = 1) = e^{-2}2^1 = 0.271$。

（b）$P(X \leqslant 3) = \sum_{x=0}^{3} e^{-2}2^x / x! = 0.857$。

例5.20　制造玻璃产品的生产过程中，偶尔会出现一些瑕疵或气泡，这些产品在市场上是不被认可的。已知平均每 1 000 件中就会有 1 件玻璃产品存在 1 个及以上的气泡。则 1 个包含 8 000 件产品的随机样本中有气泡的产品件数少于 7 的概率是多少？

解：这是一个本质上为 $n = 8\,000$ 且 $p = 0.001$ 的二项试验。由于 p 非常接近于 0 且 n 较大，我们可以采用泊松近似得到

$$\mu = (8\,000)(0.001) = 8$$

故若以 X 表示有气泡的产品件数，我们有

$$P(X < 7) = \sum_{x=0}^{6} b(x; 8\,000, 0.001) \approx p(x; 8) = 0.313\,4$$

习　题

5.49　住在某个城市里的人养狗的概率是 0.3，在该城市中随机采访到的第 10 个人是第 5 个养狗的人的概率是多少？

5.51　3 个人抛一枚均匀的硬币，抛出奇数的人请大家喝咖啡。而如果所有的结果都相同，则重新进行。求抛的次数少于 4 次的概率。

5.53　库存研究表明，某个仓库中的一种产品每天平均需要 5 次提货，请问在一天中这种商品：

（a）需要提货 5 次以上的概率。

（b）根本不需要提货的概率。

5.55　一名学生通过飞行员私人飞行驾照书面测评的概率为 0.7。请求这名学生：

（a）在第 3 次测评时才通过的概率。

（b）在第 4 次测评之前通过的概率。

5.57 某位文字处理人员在其初稿中的每页上平均要出现 2 处错误。求她在一页上出现：
(a) 4 处或更多处错误的概率。
(b) 0 处错误的概率。

5.59 如果人们相信某个著名女演员犯罪谣言的概率为 0.8。则下述情形中的概率是多少？
(a) 第 6 个听到该谣言的人是第 4 个相信的人。
(b) 第 3 个听到该谣言的人是第 1 个相信的人。

5.61 假设在准备个人所得税收入表格时平均 1 000 个人就会有 1 个人出错。如果随机地选出并检验 10 000 份所得税收入表格，请分别求出有 6，7，8 份表格出现错误的概率。

5.65 一家汽车制造商关心的是某个模型的刹车系统失灵的情况。系统失灵虽然很少发生，但是在高速行驶时会引起很大的灾难。每年遭遇到系统失灵的汽车数是一个泊松随机变量，且 λ=5。
(a) 每年最多有 3 辆车遭遇这样的大灾难的概率是多少？
(b) 每年有 1 辆以上的汽车遭遇到这样的大灾难的概率是多少？

5.67 假设在某个汽车服务站每小时到达的顾客数服从泊松分布，且 λ=7。
(a) 2 小时内到达的顾客数少于 10 人的概率是多少？

(b) 请计算 2 小时内到达的顾客数的均值。

5.69 如果感染了某种病毒，则死亡的概率为 0.001。在有 4 000 人感染的情况下，平均的死亡人数是多少？

5.71 已知某种铜线平均每毫米有 1.5 处瑕疵。假设瑕疵数是一个泊松随机变量，则在一根长为 5 毫米的铜线之上没有瑕疵的概率是多少？长度为 5 毫米的铜线之上瑕疵数的均值是多少？

5.73 大城市的医院管理人员对医院急救室的拥挤问题感到非常头痛。对于某个大城市的某个医院，如果在给定的时间内有多于 10 起急救情况发生，那么现在的医护人员就不能给所有病患都提供处所。假设病患的到达是一个泊松过程，历史数据表明平均每小时就有 5 起紧急事件的发生。
(a) 在给定的时间内医护人员无法给病患提供处所的概率是多少？
(b) 在人员换班的 3 小时内，多于 20 起紧急事件发生的概率是多少？

5.75 计算机技术为我们提供了这样一种环境，即机器人可以利用微处理器来进行运作。在任意 6 小时的轮班中，计算机出错的概率是 0.10。那么在机器人出错失灵之前，它已经连续操作了至多 5 个班次的概率是多少？

巩固练习

5.77 在生产过程中，每天从生产线上随机选取 15 个产品来进行检测，以便确定次品率。根据历史信息，次品率为 0.05。在 15 个样品中发现 2 个或更多个次品，则这个生产过程就要停止。只要次品率增加，该过程就会发出一个信号。
(a) 在某天，该生产过程停止运行的概率是多少？（假设次品率为 5%。）
(b) 假设次品率增加到 0.07，那么在某一天，该生产过程不停止的概率是多少？

5.78 厂家准备在生产线上配备一台自动焊接机。如果这样的机器对于 99% 的焊接点都能进行成功焊接，就考虑购买一台。否则，这样的机器就是无效的。厂家在有 100 个焊接点的模型上对此进行了检验。如果这台机器遗漏的焊接点不超过 3 个，则将其配备到生产线上去。
(a) 一台好的机器被拒绝的概率是多少？
(b) 一台能对 95% 的焊接点进行焊接的低效机器被接受的概率是多少？

5.79 位于当地机场的一个小轿车租赁代理，有 5 辆福特、7 辆雪佛兰、4 辆道奇、3 辆本田和 4 辆丰田。如果随机地从这些车中选择 9 辆，从机场运送代表去市中心，计算 2 辆福特、3 辆雪佛兰、1 辆道奇、1 辆本田和 2 辆丰田的概率是多少？

5.80 维修中心接到的服务电话服从泊松过程，平均每分钟有 2.7 个电话，请计算下述情况下的概率：
(a) 1 分钟之内不超过 4 次呼叫。
(b) 1 分钟之内低于 2 次呼叫。
(c) 5 分钟之内不超过 10 次呼叫。

5.81 一家电子公司声称，生产过程中次品的比例为 5%。从一大批产品中随机地选出 15 个产品进行检查。在某个特殊情况下，买家发现 5 个是次品。
(a) 假定宣称的 5% 的次品率是正确的，那么上述事件发生的概率是多少？
(b) 如果你是买家，你的反应会怎样？

5.82 一台电子交换设备偶尔会失灵，但如果这台设备每小时之内平均出错不超过 0.20 次，则认为这台机器仍然是令人满意的。于是选定在 5 小时之内测试这台机器。如果这段时间内出错不超过 1 次，则认为这台机器是令人满意的。

（a）基于该测试，一台令人满意的设备被认为是令人不满意的概率是多少？假定出错数服从泊松过程。

（b）在这种机器的平均出错数实际为 0.25 时，认为这台机器令人满意的概率是多少？同样，假定出错数服从泊松过程。

5.83 一家公司通常需要购买很多批电子设备。随机地选取 100 个样品，如果有 2 个或更多的次品，那么这批产品就会被拒绝。

（a）一批设备中有 1% 的次品，则这批设备被拒绝的概率是多少？

（b）一批设备中有 5% 的次品，则这批设备被接受的概率是多少？

5.84 一家本地药店的老板已知每小时之内平均有 100 个人会进入他的药店。

（a）在 3 分钟之内没有人进入药店的概率是多少？

（b）在 3 分钟之内有 5 个以上的人进入药店的概率是多少？

5.85 考虑以下情形：

（a）假定你掷了 4 枚骰子。至少有 1 枚骰子的点数为 1 的概率是多少？

（b）假设你掷了 2 枚骰子 24 次。请计算至少有 1 次的点数为 $(1,1)$ 的概率是多少，即 2 枚骰子的点数都是 1。

5.86 假定购买的 500 张彩票中 200 张奖就可以抵消成本了。假定你购买了 5 张彩票。请计算你至少赢回 3 张彩票的本钱的概率是多少？

5.87 计算机的电路板和芯片的瑕疵可以通过统计处理的方式进行检查。对于某种电路板，其二极管不能工作的概率是 0.03。假设一个电路中有 200 个二极管。

（a）二极管中失效的平均个数是多少？

（b）方差是多少？

（c）如果二极管没有次品，这个电路板就可以正常工作。电路板正常工作的概率是多少？

5.88 某种机器的潜在购买者要求这种机器能够在连续 10 次之内都可以成功启动。假定这种机器每次成功启动的概率为 0.990。假定各次成功启动与否的事件是相互独立的。

（a）这台机器仅启动了 10 次就被接受的概率是多少？

（b）在进行了 12 次启动试验之后才接受这台机器的概率是多少？

5.89 计划购买一批电池，随机选取不超过 75 个电池进行检验。如果有 1 个电池不合格，那么这些电池将被拒绝。假设 1 个电池不合格的概率是 0.001。

（a）一批电池被接受的概率是多少？

（b）在第 20 次测验中，一批电池被拒绝的概率是多少？

（c）使用 10 次或更少的测验，就可以拒绝的概率是多少？

5.90 一家石油勘探公司进行风投，在不同的地点来进行石油勘探，各个勘探点成功与否是相互独立的。假定在某个地点勘探成功的概率为 0.25。

（a）勘探商在 10 个地点进行钻探，成功 1 次的概率是多少？

（b）如果勘探商在钻探了 10 次之后还没有出现第 1 次成功，那么企业就要破产。请问企业破产的概率是多少？

5.91 考察巩固练习 5.90 中的情形。如果第 2 次成功出现在第 7 次尝试之前，那么这个勘探就被认为是成功的。勘探成功的概率是多少？

5.92 一对夫妇决定继续生孩子，直到有 2 个男孩为止。假设 P（男性）$= 0.5$，他们的第 2 个男孩是他们的第 4 个孩子的概率是多少？

5.93 研究人员发现，每 100 人中有 1 人携带某种导致某种慢性疾病的遗传基因。在 1 000 个人的样本中，少于 7 个人携带这种基因的概率是多少？请使用泊松逼近。根据这个逼近，1 000 人中携带这种基因的平均人数是多少？

5.94 一条生产线所生产的是电子元器件。假定所生产的产品是次品的概率为 0.01。在检验这个假设的时候，随机抽样了 500 件产品并发现 15 件次品。

（a）请问你对 1% 的次品率这个假设怎么看？请根据你计算得到的概率值来对这个问题进行回答。

（b）在 1% 次品率的假设之下，仅发现 3 件次品的概率是多少？

（c）请根据泊松近似重做（a）和（b）。

5.95 一个生产过程中生产了一批 50 个产品。抽样检验方法为定期抽样并进行检查。通常假设过程中的次品率很低。所有批次中有次品属于稀有事件，这对公司来说非常重要。目前公司的检查计划是定期从一批 50 个产品中随机选取 10 个，如果没有发现次品，就不需要中止这个生产过程。

(a) 假设随机选取了一批产品，50 个产品中有 2 个是次品。那么这批产品中 10 个样本至少有 1 个是次品的概率是多少？

(b) 对于 (a) 中的答案，请评价该抽样方案的质量情况。

(c) 10 个产品中发现的次品平均是多少个？

5.96 考察巩固练习 5.95 中的情形。按照计划，抽样方案的范围应当足够宽泛，从而使得对于 50 件产品（为一批，其中有 2 件次品）进行抽样的话，至少抽到 1 件次品的概率较高，比如为 0.9。在这个限制条件下，请问在这 50 件产品中我们需要抽取多少件产品才行？

5.97 国家安全系统要求我们的导弹防御技术能发现进入的导弹。为了防御成功，需要安装多个雷达网。假如运行三个独立的雷达网，任何一个雷达网发现导弹进入的概率为 0.8。显然，如果没有雷达网发现进入的导弹，那么该系统就是无用的，必须进行改进。

(a) 一个进入的导弹没有被三个雷达网中的任一个发现的概率是多少？

(b) 该导弹被其中的一个雷达网发现的概率是多少？

(c) 该导弹至少被两个雷达网发现的概率是多少？

5.98 整个导弹防御系统尽量完美是非常重要的。

(a) 假定雷达网的质量如同巩固练习 5.97 中一样，请问为了确保一枚导弹不能被发现的概率为 0.000 1，需要多少雷达网？

(b) 如果决定只保留三个雷达网，而又要改进雷达网侦察的可靠性。请问为了达到和 (a) 中一样的效率（即侦察到的概率），则每套雷达网需要怎样的效率？

5.99 回到巩固练习 5.95 (a) 中。请使用二项分布来计算其概率，并对此进行评论。

5.100 某所高校的统计系有 2 个职位空缺。有 5 个人申请了这 2 个职位。其中 2 人擅长线性模型，1 人擅长应用概率。招聘委员会只需随机选择 2 名申请人员即可。

(a) 选出的 2 名申请人员擅长线性模型的概率是多少？

(b) 选出的 2 名申请人员中，一人擅长线性模型，

另一人擅长应用概率的概率是多少？

5.101 儿童三轮车制造商收到了车闸有问题的投诉。根据产品的设计和初步测试，厂商声称投诉这种缺陷的概率为万分之一（即 0.000 1）。在彻底地调查投诉时，从产品中随机取出 200 件，有 5 件车闸有问题。

(a) 请使用概率方法对制造商所声称的"万分之一"进行评论。请使用二项分布来进行计算。

(b) 请使用泊松逼近重复 (a)。

5.102 课堂作业：请将你所在班级分成人数近似相等的两个组。组 1 中的同学每人抛 10 次硬币（n_1），并观察正面朝上的次数。组 2 中的同学每人抛 40 次硬币（n_2），同样观察其正面朝上的次数。对两组中的每位同学都请计算一次你所观察到的正面朝上的比例，这是 p 的一个估计，即观察到正面朝上的概率。所以，根据组 1 中的结果则有 p_1 的一组值，而根据组 2 中的结果就有 p_2 的一组值。p_1 和 p_2 的所有值都是对 0.5 的估计，0.5 是观察到一枚均匀的硬币正面朝上的概率值。

(a) 哪一组的值更接近 0.5，是 p_1 的值还是 p_2 的值？考察定理 5.1 中关于参数 $p = 0.5$ 的估计所进行的证明。得到 p_1 的值所进行的试验次数为 $n = n_1 = 10$，而得到 p_2 的值所进行的试验次数为 $n = n_2 = 40$。仍然使用该定理的证明中的符号，其估计为：

$$p_1 = \frac{x_1}{n_1} = \frac{I_1 + \cdots + I_{n_1}}{n_1}$$

式中，I_1，$\cdots$，I_{n_1} 的取值为 0 或 1，$n_1 = 10$，且有

$$p_2 = \frac{x_2}{n_2} = \frac{I_1 + \cdots + I_{n_2}}{n_2}$$

式中，I_1，$\cdots$，I_{n_2} 的取值为 0 或 1，$n_2 = 40$。

(b) 再次回到定理 5.1 中，请证明：$E(p_1) = E(p_2) = p = 0.5$。

(c) 请证明 $\sigma_{p_1}^2 = \left(\frac{\sigma_{X_1}^2}{n_1} \right)$ 是 $\sigma_{p_2}^2 = \left(\frac{\sigma_{X_2}^2}{n_2} \right)$ 的 4 倍。据此请说明相比组 1 中 p_1 的值，为什么组 2 中 p_2 的值更加一致地接近 $p = 0.5$ 的真值。

从第 8 章开始你会继续深入学习参数估计的问题。那时我们会重点考察参数估计量的均值和方差。

5.6　可能的错误观点及危害；与其他章节的联系

　　本章所探讨的离散型分布在工程学、生物和自然科学中会经常遇到。这一点由本章的习题和例子也可见一斑。工业抽样方案与许多工程评价都是基于二项分布、泊松分布、超几何分布来实施的。虽然几何分布和负二项分布的应用范围较窄一些，但它们在这些领域仍有一些应用。特别是，可以将负二项随机变量看做泊松随机变量和伽马随机变量（伽马分布的介绍放在第 6 章）的混合。

　　尽管这些分布在现实生活中具有重要的应用价值，但倘若科研人员不谨慎小心则可能会被误用。当然，计算本章所探讨的分布的概率时都是基于参数值已知的这个假设进行的。由于难以控制生产过程中的因素，或者生产过程中存在未考虑到的干扰，现实应用中计算得到的参数值会发生扰动。如在巩固练习 5.77 中，我们使用的是"历史资料"。但这个生产过程现在是否还与我们收集数据时的生产过程一样呢？应用泊松分布时则会更多地遇到这种难题。比如，在巩固练习 5.80 中，（a），（b），（c）部分的问题都是基于每分钟收到的呼叫为 $\mu = 2.7$ 这个假设提出的。基于历史记录，$\mu = 2.7$ 就是"平均"收到的呼叫数。在泊松分布的这个及其他多数应用中，有闲时和忙时之分，故有些时候泊松分布的条件看起来是满足的，可在事实上并不成立。所以，这样计算的概率就是不正确的。在二项分布的情形中，在某些应用（p 非常数的情形除外）中独立性假设就是可能无法满足的那个假设。

　　一些误用二项分布的情形非常有名，其中一个发生在 1961 年的棒球赛季期间，米基・曼特尔（Mickey Mantle）和罗格・马里斯（Roger Maris）参加了一场为了打破巴布・鲁斯（Babe Ruth）60 个本垒打记录的友谊赛。某知名杂志基于概率理论预测米基・曼特尔会打破该记录。该预测是基于应用二项分布的概率计算得到的。其中的典型错误是，基于选手职业生涯中本垒打的相对历史频数来估计参数 p（每个选手有一个 p 值）。与米基・曼特尔不同，罗格・马里斯在 1961 年之前并非本垒打球员，所以就他所估出的 p 值非常低。因此，米基・曼特尔打破纪录的概率值就非常高，而罗格・马里斯则非常低。可最终结果是，米基・曼特尔没能打破该纪录，罗格・马里斯却成功了。

第6章 几个连续型概率分布

6.1 连续型均匀分布

统计中最简单的一个连续型分布就是**连续型均匀分布**。其分布特征是，密度函数是平坦的，故闭区间如 $[A, B]$ 内的概率是均匀的。虽然连续型均匀分布不像本章所讨论的其他分布那样有广泛应用，但对初学者而言，以均匀分布为起点来介绍连续型分布还是合适的。

均匀分布

在区间 $[A, B]$ 上的连续型均匀随机变量 X 的密度函数为：

$$f(x; A, B) = \begin{cases} \dfrac{1}{B-A}, & A \leqslant x \leqslant B \\ 0, & \text{其他} \end{cases}$$

其密度函数构成了一个以底为 $B-A$，高为常数 $\dfrac{1}{B-A}$ 的矩形。所以，均匀分布常常也被称为**矩分布**。不过，请注意这个区间并非总是如 $[A, B]$ 这样是闭的，它也可能是 (A, B) 这样的。区间 $[1, 3]$ 上均匀随机变量的密度函数如图 6.1 所示。

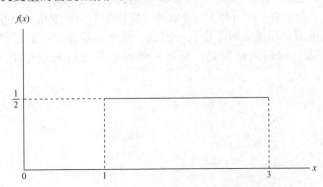

图 6.1 在区间 [1，3] 上的随机变量的密度函数

由于其密度函数的简单性，因此均匀分布的概率非常容易计算。不过，我们发现，应用该分布时所基于的假设是，落入 $[A, B]$ 内一个固定长度区间的概率是常数。

例 6.1 假定某家公司的一个大型会议室可以预定的时间不超过 4 小时。长会议和短会议都是常有的。事实上，我们可以假定会议时间的长短 X 在 $[0, 4]$ 这个区间上服从均匀分布。

（a）求其密度函数的形式。

（b）求任意给定的一次会议时间至少为 3 小时的概率。

解：（a）这种情形下均匀分布随机变量 X 的密度函数为：

$$f(x) = \begin{cases} \dfrac{1}{4}, & 0 \leqslant x \leqslant 4 \\ 0, & \text{其他} \end{cases}$$

（b）$P[X \geqslant 3] = \int_3^4 \frac{1}{4}\mathrm{d}x = \frac{1}{4}$。

定理6.1 均匀分布的均值和方差是

$$\mu = \frac{A + B}{2}$$

$$\sigma^2 = \frac{(B - A)^2}{12}$$

该定理的证明留给读者。参见习题 6.1。

6.2 正态分布

正态分布是统计学领域最重要的连续型概率分布。其曲线图称为**正态曲线**，是如图 6.2 所示的钟形曲线，它近似地刻画了自然界、工业以及研究领域内的许多现象。比如，在诸如气象试验、降雨量研究以及工业零部件测量领域中的物理测量通常就可以用正态分布进行很好的解释。此外，科学测量中的误差也可以用正态分布进行很好的近似。1733 年，亚伯拉罕·棣莫弗（Abraham DeMoivre）导出了正态曲线的数学方程表达。它为演绎统计学的多数理论提供了基础。正态分布通常也称为**高斯分布**，以纪念卡尔·弗雷德里希·高斯（Karl Friedrich Gauss，1777—1855），他在重复测量同一个量的误差研究中也导出了其数学表达。

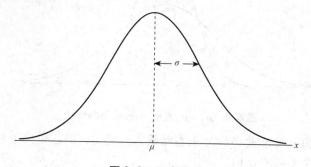

图6.2 正态曲线

具有如图 6.2 所示的钟形分布的连续型随机变量 X 称为**正态随机变量**。正态随机变量的概率分布的数学方程取决于 μ 和 σ 这两个参数，分别为其均值和标准差。故将 X 的密度值记为 $n(x; \mu, \sigma)$。

正态分布

均值为 μ、方差为 σ^2 的正态随机变量 X 的密度是

$$n(x;\mu,\sigma) = \frac{1}{\sqrt{2\pi}\sigma}e^{-(x-\mu^2/2\sigma^2)}, \qquad -\infty < x < \infty$$

式中，$\pi = 3.14159\cdots$，且 $e = 2.71828\cdots$。

μ 和 σ 一旦确定，正态曲线就完全确定了。比如在 $\mu = 50$ 和 $\sigma = 5$ 时，根据正态曲线就可以把对应于不同 x 值的纵坐标值 $n(x; 50, 5)$ 计算出来。图 6.3 中，我们画出了两个具有相同标准差而均值各异的正态分布。这两条曲线在形态上是一致的，只是其横轴的中心位置存在差异。

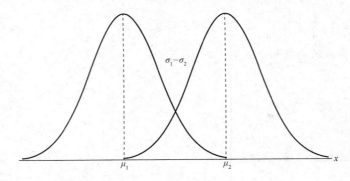

图 6.3 $\mu_1 < \mu_2$ 且 $\sigma_1 = \sigma_2$ 的正态曲线

图 6.4 中，我们画出了两个具有相同的均值而标准差各异的正态分布。我们可以看到，这两条曲线在横向上的中心位置完全一致，只是标准差较大的曲线更矮且分散得更宽。我们注意到，概率曲线下的面积等于 1，因此观测的集合变动越大，相应的曲线就会越矮、越宽。

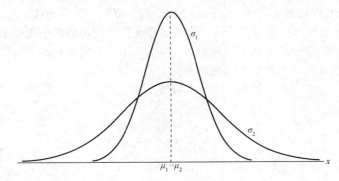

图 6.4 $\mu_1 = \mu_2$ 且 $\sigma_1 < \sigma_2$ 的正态曲线

图 6.5 中是两条均值和标准差各异的正态曲线。易见，它们在横向上的中心位置并不一致，而其形态则反映的是两个不同的 σ 值。

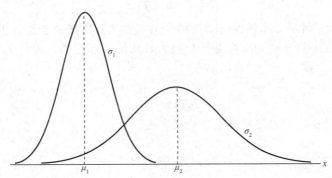

图 6.5 $\mu_1 < \mu_2$ 且 $\sigma_1 < \sigma_2$ 的正态曲线

基于对图 6.2 至图 6.5 的观察和对 $n(x; \mu, \sigma)$ 的一二阶导数的考察，可得正态曲线的下述性质：

1. 众数，即横轴上使曲线达到最大值的点，在 $x = \mu$ 处取得。
2. 该曲线关于过均值 μ 的垂线对称。
3. 该曲线的拐点是 $x = \mu \pm \sigma$；在 $\mu - \sigma < X < \mu + \sigma$ 时曲线是上凸的，其余各处则是下凸的。
4. 沿着远离均值的两个方向上，正态曲线渐近于横轴。

5. 曲线以下、横轴以上的面积之和等于 1。

定理 6.2 $n(x; \mu, \sigma)$ 的均值和方差分别为 μ 和 σ^2。其标准差为 σ。

证明： 为了求得其均值，我们首先计算

$$E(X - \mu) = \int_{-\infty}^{\infty} \frac{x - \mu}{\sqrt{2\pi}\sigma} e^{-((x-\mu)/\sigma)^2/2} dx$$

令 $z = (x - \mu)/\sigma$，则 $dx = \sigma dz$，由此可得

$$E(X - \mu) = \frac{1}{\sqrt{2\pi}} \int_{-\infty}^{\infty} z e^{-z^2/2} dz = 0$$

因为上述被积函数是 z 的奇函数。故根据定理 4.5 我们可得

$$E(X) = \mu$$

正态分布的方差由下式给出

$$E[(X - \mu)^2] = \frac{1}{\sqrt{2\pi}\sigma} \int_{-\infty}^{\infty} (x - \mu)^2 e^{-((x-\mu)/\sigma)^2/2} dx$$

仍然令 $z = (x - \mu)/\sigma$，则 $dx = \sigma dz$，可得

$$E[(X - \mu)^2] = \frac{\sigma^2}{\sqrt{2\pi}} \int_{-\infty}^{\infty} z^2 e^{x^2/2} dz$$

对 $u = z$ 和 $dv = z e^{-z^2/2} dz$ 分步积分，则 $du = dz$ 且 $v = -e^{-z^2/2}$，由此可以发现

$$E[(X - \mu)^2] = \frac{\sigma^2}{\sqrt{2\pi}} \left(-z e^{-z^2/2} \Big|_{-\infty}^{\infty} + \int_{-\infty}^{\infty} e^{-z^2/2} dz \right) = \sigma^2 (0 + 1) = \sigma^2$$

在给定 μ 和 σ 后，许多随机变量的概率分布都可以用正态曲线来进行准确的刻画。在本章我们假定这两个参数都是已知的（可能是根据以往的研究）。后面我们将在 μ 和 σ 未知且可根据已有的试验数据来估出的时候，进行统计推断。

前面我们曾指出，正态分布可以对现实试验中的研究变量进行合理的渐近。进一步读者会发现正态分布还有其他一些应用。正态分布作为**极限分布**也有很多应用。在一定条件下，正态分布能够很好地对二项分布和超几何分布进行连续型近似。6.5 节将介绍正态分布对二项分布近似的情形。第 7 章将介绍**抽样分布**。那时我们将发现，样本均值的极限分布就是正态的。这一点为统计推断奠定了坚实的基础，而统计推断对关心估计和假设检验的数据分析人员而言是非常有价值的。诸如方差分析（第 12～14 章）和质量控制（第 16 章）等重要领域中的理论都是基于应用正态分布的假设而建立的。

在 6.3 节的例子中我们将说明如何使用正态分布表。在随后的 6.4 节我们将介绍正态分布的一些应用。

6.3   正态曲线下的面积

在画出的任一个连续型概率分布或密度函数的曲线图中，曲线下方以 $x = x_1$ 和 $x = x_2$ 这两个纵轴为界所围成的区域面积就等于随机变量 X 取值于 $x = x_1$ 和 $x = x_2$ 之间的概率。故在图 6.6 中的正态曲线中，阴影部分的面积就是

$$P(x_1 < X < x_2) = \int_{x_1}^{x/2} n(x; \mu, \sigma) dx = \frac{1}{\sqrt{2\pi}\sigma} \int_{x_1}^{x/2} e^{-(x-\mu)^2/2\sigma^2} dx$$

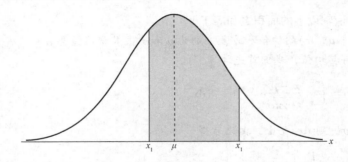

图 6.6 $P(x_1 < X < x_2)$ = 阴影部分的面积

在图 6.3、图 6.4、图 6.5 中我们可以看到正态曲线与所研究分布的均值和标准差之间的因果关系。故曲线下方任意两个纵轴之间的面积也必然与 μ 和 σ 的取值存在因果关系。这一点在图 6.7 中非常清楚，在其中我们得到了在均值和方差各异的两条曲线下对应于 $P(x_1 < X < x_2)$ 的阴影部分。在随机变量 X 刻画的是分布 A 时，$P(x_1 < X < x_2)$ 就是曲线 A 下的阴影面积。在随机变量 X 刻画的是分布 B 时，$P(x_1 < X < x_2)$ 就是整个阴影部分的面积。易见，这两个阴影的面积大小是不一的；故在 X 的两个值给定的情形下，对应于每个分布的概率也是不同的。

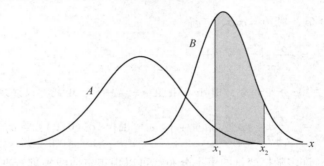

图 6.7   不同正态曲线的概率值 $P(x_1 < X < x_2)$

许多类型的统计软件都可用于对正态曲线下方的面积进行计算。在求解正态密度函数的积分时，需要用到正态曲线面积表以进行快速的查表。不过，对能想到的每个 μ 值和 σ 值都建立一个表格是不可能的。幸运的是，我们可以将任意一个正态随机变量 X 的所有观测转换为均值为 0、方差为 1 的一个正态随机变量 Z 的新观测集合。该变换的实现方式如下所示：

$$Z = \frac{X - \mu}{\sigma}$$

在 X 取值为 x 时，Z 相应的值即可由 $z = (x - \mu)/\sigma$ 得到。故若 X 落入 $x = x_1$ 和 $x = x_2$ 之间，则随机变量 Z 就会相应地落入 $z_1 = (x_1 - \mu)/\sigma$ 和 $z_2 = (x_2 - \mu)/\sigma$ 之间。于是，我们有

$$P(x_1 < X < x_2) = \frac{1}{\sqrt{2\pi}\sigma}\int_{x_1}^{x_2} e^{-(x-\mu)^2/2\sigma^2}\mathrm{d}x = \frac{1}{\sqrt{2\pi}}\int_{z_1}^{z_2} e^{-z^2/2}\mathrm{d}z = \int_{z_1}^{z_2} n(z;0,1)\,\mathrm{d}z$$
$$= P(z_1 < Z < z_2)$$

式中，Z 是均值为 0、方差为 1 的正态随机变量。

定义 6.1   均值为 0、方差为 1 的正态随机变量的分布称为**标准正态分布**。

原始分布和变换后的分布如图 6.8 所示。由于 X 所有落入 $x = x_1$ 和 $x = x_2$ 之间的取值在 z_1 和 z_2 之间都有对应的 z 值，因此图 6.8 中 X 曲线下介于纵轴 $x = x_1$ 和 $x = x_2$ 之间的区域面积就等于 Z 曲线下介于变换后的纵轴 z_1 和 z_2 之间的区域面积。

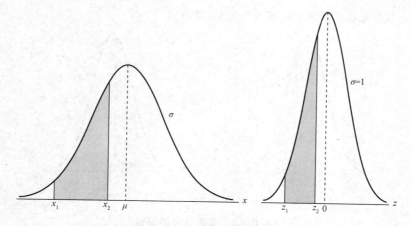

图6.8　原始的正态分布和变换后的正态分布

　　因此，我们现在就可以将所需正态曲线面积表的数量减少到一个，即标准正态分布的面积表。附录表 A3 给出了标准正态曲线下 z 值从 −3.49 到 3.49 范围内对应于 $P(Z < z)$ 的面积。为了说明如何使用该表，我们现在来求解 Z 小于 1.74 的概率。首先，我们在左侧的列中找到 z 值等于 1.7 的位置；再在 1.7 所在的行向上找到 0.04 所在的列，可得到其读数为 0.959 1。故 $P(Z < 1.74) = 0.959\ 1$。而在已知概率值的情形下要求解其所对应的 z 值时，则与此相反。比如，曲线下方所求 z 值左侧的面积为 0.214 8，则 z 值即为 −0.79。

例6.2　　已知分布为标准正态分布，求分布曲线下方

　　（a）$z = 1.84$ 右侧的面积。

　　（b）介于 $z = -1.97$ 和 $z = 0.86$ 之间的面积。

　　解： 参见图 6.9 所给出的区域范围，则

　　（a）图 6.9（a）中 $z = 1.84$ 右侧的面积等于 1 减去附录表 A3 中 $z = 1.84$ 左侧的面积，即 1 − 0.967 1 = 0.032 9。

　　（b）图 6.9（b）中介于 $z = -1.97$ 和 $z = 0.86$ 之间的面积等于 $z = 0.86$ 左侧的面积减去 $z = -1.97$ 左侧的面积。由附录表 A3 我们可得，所求区域的面积为 0.805 1 − 0.024 4 = 0.780 7。

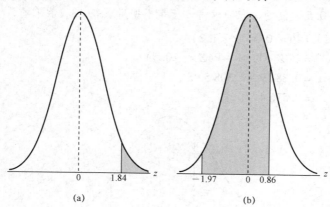

图6.9　例6.2 中的面积

例6.3　　已知分布为正态分布，求 k 值，使得

　　（a）$P(Z > k) = 0.301\ 5$。

　　（b）$P(k < Z < -0.18) = 0.419\ 7$。

解： 标准正态分布和所求面积的区域如图 6.10 所示。

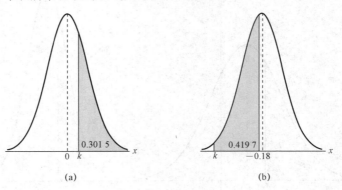

图 6.10　例 6.3 中的面积

（a）在图 6.10（a）中，我们可以看到 k 值右侧的面积为 0.301 5，则该值左侧的面积必为 0.698 5。由附录表 A3 可知 $k = 0.52$。

（b）由附录表 A3 我们可以发现，-0.18 左侧的面积之和等于 0.428 6。而在图 6.10（b）中，我们可以看到介于 k 和 -0.18 之间的面积为 0.419 7，故 k 左侧的面积必然为 $0.428\,6 - 0.419\,7 = 0.008\,9$。于是，由附录表 A3 可知，$k = -2.37$。

例 6.4 已知随机变量 X 服从 $\mu = 50$ 且 $\sigma = 10$ 的正态分布，求 X 取值于 45 和 62 之间的概率。

解： 对应于 $x_1 = 45$ 和 $x_2 = 62$ 的 z 值为：

$$z_1 = \frac{45 - 50}{10} = -0.5$$

$$z_2 = \frac{62 - 50}{10} = 1.2$$

因此，我们有

$$P(45 < X < 62) = P(-0.5 < Z < 1.2)$$

$P(-0.5 < Z < 1.2)$ 的面积如图 6.11 的阴影所示。其面积可以通过从纵轴 $z = 1.2$ 左侧全部区域的面积中减去 $z = -0.5$ 左侧的面积而求得。于是根据附录表 A3，我们有

$$\begin{aligned}
P(45 < X < 62) &= P(-0.5 < Z < 1.2) \\
&= P(Z < 1.2) - P(Z < -0.5) \\
&= 0.884\,9 - 0.308\,5 \\
&= 0.576\,4
\end{aligned}$$

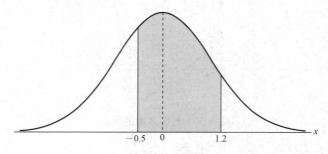

图 6.11　例 6.4 中的面积

例 6.5 已知 X 是 $\mu = 300$ 且 $\sigma = 50$ 的正态随机变量，求 X 的取值大于 362 的概率。

解： 其在标准正态分布下所求阴影部分的面积如图 6.12 所示。要求解 $P(X > 362)$，我们需要计算正态曲线下 $x = 362$ 左侧的面积。我们将 $x = 362$ 变换成对应的 z 值即可，并根据附录表 A3 可得 z 左侧的面积，最后用 1 减去这个面积即得。经过变换可得

$$z = \frac{362 - 300}{50} = 1.24$$

故

$$P(X > 362) = P(Z > 1.24) = 1 - P(Z < 1.24) = 1 - 0.8925 = 0.1075$$

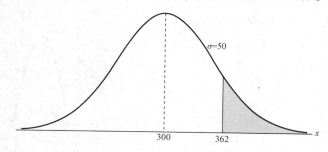

图6.12 例6.5 中的面积

根据切比雪夫定理可知，随机变量在均值的 2 倍标准差范围内取值的概率至少为 3/4。若随机变量服从正态分布，则与 $x_1 = \mu - 2\sigma$ 和 $x_2 = \mu + 2\sigma$ 相对应的 z 值即可轻易地通过如下计算得到

$$z_1 = \frac{(\mu - 2\sigma) - \mu}{\sigma} = -2$$

$$z_2 = \frac{(\mu + 2\sigma) - \mu}{\sigma} = 2$$

故

$$
\begin{aligned}
P(\mu - 2\sigma < X < \mu + 2\sigma) &= P(-2 < Z < 2) \\
&= P(Z < 2) - P(Z < -2) \\
&= 0.9772 - 0.0228 \\
&= 0.9544
\end{aligned}
$$

这是一个比切比雪夫定理更强的结果。

6.3.1 正态曲线的逆向应用

有时，我们需要求已知概率所对应的、落入介于附录表 A3 所列取值之间的 z 值（见例 6.6）。为方便起见，我们总是选取对应于概率表中最接近已知概率的 z 值。

在前述两例中，我们是通过先将 x 值转换为 z 值，然后再计算所求面积的。在例 6.6 中，我们反用了这个计算过程，在已知面积或概率的情况下来求解 z 值，并通过变换下述公式得到 x 值

$$z = \frac{x - \mu}{\sigma}$$

$$x = \sigma z + \mu$$

例6.6 已知有一个 $\mu = 40$ 且 $\sigma = 6$ 的正态分布，求 x 的值，使得：

（a）其左边的面积为 45%。

（b）其右边的面积为 14%。

解：（a）在图 6.13（a）中，所求 x 值其左侧面积为 0.45 的部分为图中的阴影部分。我们先计算其左侧面积为 0.45 的相应 z 值。由附录表 A3 我们可求得 $P(Z<-0.13)=0.45$，则所求 z 值即为 -0.13。故

$$x=(6)(-0.13)+40=39.22$$

（b）在图 6.13（b）中，所求 x 值右侧面积等于 0.14 的部分为图中的阴影部分。此时，我们要计算其右侧面积为 0.14 的相应 z 值，故其左侧的面积为 0.86。同理，根据附录表 A3 我们可求得 $P(Z<1.08)=0.86$，则所求 z 值为 1.08，因此

$$x=(6)(1.08)+40=46.48$$

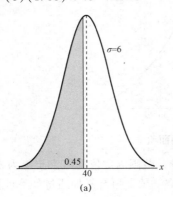 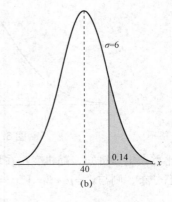

图 6.13　例 6.6 中的面积

6.4　正态分布的应用

我们在下述例子中给出了一些应用正态分布的问题。6.5 节将介绍用正态曲线近似二项概率的问题。

例 6.7　某型号的蓄电池平均寿命是 3.0 年，标准差为 0.5 年。假定电池的寿命服从正态分布，求给定的一块电池寿命低于 2.3 年的概率。

解：首先画出如图 6.14 所示的概率图来反映电池寿命的分布和所求区域的面积。要求解 $P(X<2.3)$，我们需要计算正态曲线下 2.3 左侧的面积。通过求解相应 z 值左侧的面积即可得到结果。故有

$$z=\frac{2.3-3}{0.5}=-1.4$$

再根据附录表 A3，有

$$P(X<2.3)=P(Z<-1.4)=0.0808$$

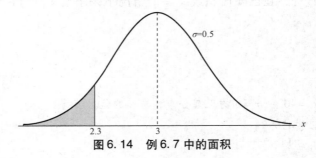

图 6.14　例 6.7 中的面积

例6.8　某电子企业生产照明灯泡，灯泡损坏之前所拥有的寿命服从均值等于 800 小时且标准差为 40 小时的正态分布。求一个照明灯泡在 778 小时和 838 小时之间损坏的概率。

解：照明灯泡的寿命分布如图 6.15 所示。对应于 $x_1 = 778$ 和 $x_2 = 834$ 的 z 值为：

$$z_1 = \frac{778 - 800}{40} = -0.55$$

$$z_2 = \frac{834 - 800}{40} = 0.85$$

故

$$
\begin{aligned}
P(778 < X < 834) &= P(-0.55 < Z < 0.85) \\
&= P(Z < 0.85) - P(Z < -0.55) \\
&= 0.8023 - 0.2912 \\
&= 0.5111
\end{aligned}
$$

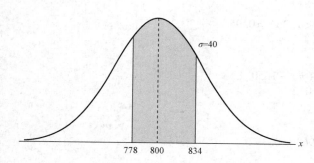

图 6.15　例 6.8 中的面积

例6.9　在工业生产中，轴承的直径是一个非常重要的量。买方设定的直径规格为 3.0 ± 0.01 厘米。也就是说，只有落入规格区间范围之内的部分才会被接受。已知生产中轴承的直径服从一个均值 $\mu = 3.0$ 且标准差 $\sigma = 0.005$ 的正态分布，则所生产的轴承平均会有多少要报废？

解：轴承的直径所服从的分布如图 6.16 所示。买方所定的规格限制为 $x_1 = 2.99$ 和 $x_2 = 3.01$。则相应的 z 值为：

$$z_1 = \frac{2.99 - 3.0}{0.005} = -2.0$$

$$z_2 = \frac{3.01 - 3.0}{0.005} = 2.0$$

故

$$P(2.99 < X < 3.01) = P(-2.0 < X < 2.0)$$

于是根据附录表 A3，我们有 $P(Z < -2.0) = 0.0228$。由于正态分布是对称的，因此

$$P(Z < -2.0) + P(Z > 2.0) = 2(0.0228) = 0.0456$$

所以，我们可以预期所生产的轴承平均有 4.56% 要报废。

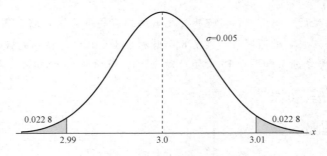

图 6.16　例 6.9 中的面积

例 6.10　一些仪器被用来测定所有部件在某个维度上是否在规格范围 $1.50 \pm d$ 内。已知测量值服从均值为 1.50、标准差为 0.2 的正态分布，求使得规格范围能覆盖到 95% 的测量值的 d 值。

解： 由附录表 A3 我们可知

$$P(-1.96 < Z < 1.96) = 0.95$$

故

$$1.96 = \frac{(1.50 + d) - 1.50}{0.2}$$

由此可得

$$d = (0.2)(1.96) = 0.392$$

图 6.17 对规格参数进行了说明。

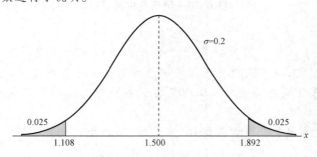

图 6.17　例 6.10 中的规格参数

例 6.11　某型号的机器生产电阻，这些电阻的阻值服从均值为 40 欧姆、标注差为 2 欧姆的分布。假定电阻所服从的分布为正态分布，且能在任意的精度水平进行测量，则阻值超过 43 欧姆的电阻所占百分比是多少？

解： 通过以 100% 乘上其相对频数即可求得百分比数。由于某个区间范围内的相对频数等于取值落入该区间范围内的概率，因此我们必须求出图 6.18 中所示的 $x = 43$ 右侧的面积。通过将 $x = 43$ 转换成相应的 z 值即可求得，根据附录表 A3 可得 z 左侧的面积，然后再从 1 中减去这个面积即是。于是我们有

$$z = \frac{43 - 40}{2} = 1.5$$

由此可得

$$P(X > 43) = P(Z > 1.5) = 1 - P(Z < 1.5) = 1 - 0.933\ 2 = 0.066\ 8$$

故 6.68% 的电阻其阻值会超过 43 欧姆。

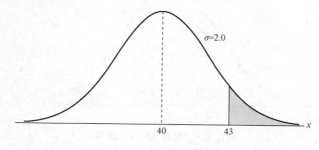

图 6.18　例 6.11 中的面积

例 6.12　如果只能测量到整数的欧姆数，求在例 6.11 中阻值超过 43 欧姆的电阻所占的百分比。

解：这里的问题与例 6.11 中的不同之处在于，阻值大于 42.5 且小于 43.5 的所有电阻我们现在都认为其测量值为 43 欧姆。事实上，我们是在以连续型正态分布的方式来近似一个离散型分布。本例中所求面积等于图 6.19 中 43.5 右侧的阴影部分。于是我们求得

$$z = \frac{43.5 - 40}{2} = 1.75$$

故

$$P(X > 43.5) = P(Z > 1.75) = 1 - P(Z < 1.75) = 1 - 0.959\ 9 = 0.040\ 1$$

因此，在只能测量到整数的欧姆数时，我们发现有 4.01% 的电阻其阻值超过 43 欧姆。本例的这个答案和例 6.11 的答案之间差值 6.68% − 4.01% = 2.67% 表示的是，阻值大于 43 且小于 43.5 欧姆，而现在被记录为 43 欧姆的所有电阻。

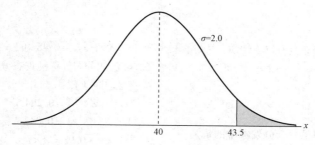

图 6.19　例 6.12 中的面积

例 6.13　某次考试的平均成绩为 74 分，标准差是 7 分。若有 12% 的学生得到了 A，且分数是服从正态分布的，则得到 A 的最低分和得到 B 的最高分分别是多少？

解：本例中，我们已知区域范围内的概率来求解其 z 值，并根据公式 $x = \sigma z + \mu$ 来确定 x。在图 6.20 中，区域范围内的概率为 0.12 的部分我们以阴影表示，其中 0.12 就是得到 A 的学生所占的比例。我们要求得这样的 z 值使其右侧的面积为 0.12，亦即使得其左侧的面积为 0.88。由附录表 A3 我们可知，$P(Z < 1.18)$ 的值最接近 0.88，所以我们所求的 z 值就是 1.18。故

$$x = (7)(1.18) + 74 = 82.26$$

因此，得到 A 的最低分是 83，得到 B 的最高分是 82。

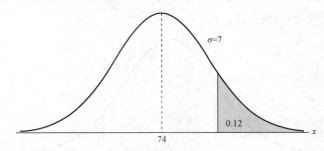

图 6.20   例 6.13 中的面积

例6.14   回到例 6.13，求解其第 6 个十分位数。

解： 我们将第 6 个十分位数记作 D_6，则 D_6 就是如图 6.21 所示、在其左侧的面积为 60% 的 x 值。根据附录表 A3 我们可以求得，$P(Z<0.25)\approx0.6$，则所求的 z 值即为 0.25。所以现在我们有 $x=(7)(0.25)+74=75.75$，因此 $D_6=75.75$，即 60% 的学生分数不超过 75 分。

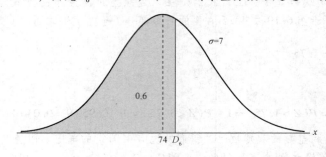

图 6.21   例 6.14 中的面积

习　题

6.1　请证明连续型均匀分布具有以下性质：

(a) $\mu=\dfrac{A+B}{2}$。

(b) $\sigma^2=\dfrac{(B-A)^2}{12}$。

6.3　位于机场大厅中的机器每天分发咖啡的量是一个随机变量 X，它服从 $A=7$ 且 $B=10$ 的连续型均匀分布。求某一天该机器所分发咖啡的量：

(a) 至多为 8.8 升的概率是多少？

(b) 大于 7.4 升且小于 9.5 升的概率是多少？

(c) 至少为 8.5 升的概率是多少？

6.5　请计算标准正态分布曲线下位于：

(a) $z=-1.39$ 左侧的面积。

(b) $z=1.96$ 右侧的面积。

(c) 介于 $z=-2.16$ 和 $z=-0.65$ 之间的面积。

(d) $z=1.43$ 左侧的面积。

(e) $z=-0.89$ 右侧的面积。

(f) 介于 $z=-0.48$ 和 $z=1.74$ 之间的面积。

6.7　已知分布为标准正态分布的情况下，求满足下述条件的 k 值：

(a) $P(Z>k)=0.2946$。

(b) $P(Z<k)=0.0427$。

(c) $P(-0.93<Z<k)=0.7235$。

6.9　已知正态分布随机变量 X 的均值为 18，标准差为 2.5，求：

(a) $P(X<15)$。

(b) 使得 $P(X<k)=0.2236$ 成立的 k 值。

(c) 使得 $P(X>k)=0.1814$ 成立的 k 值。

(d) $P(17<X<21)$。

6.11　某软饮料分装机调整后所放出的饮料平均每杯为 200 毫升。如果放出的饮料量服从标准差为 15 毫升的正态分布。

(a) 超过 224 毫升的杯数所占的比例是多少？

(b) 一杯饮料为 191 毫升到 209 毫升的概率是

多少?

(c) 如果为 1 000 位顾客提供的是 230 毫升的杯子,则有多少杯饮料溢出了杯子?

(d) 饮料量最少的 25% 的顾客其饮料量是低于哪个值的?

6.13 科学家表示,在老鼠的食物受到严重的限制时,需要使用维生素和蛋白质来进行补充,其平均寿命为 40 个月。假设这类老鼠的寿命服从标准差为 6.3 个月的正态分布。请计算老鼠的寿命:

(a) 超过 32 个月的概率。

(b) 少于 28 个月的概率。

(c) 介于 37 个月和 49 个月之间的概率。

6.15 某位律师每天往返于郊区的家和市中心的办公室。单程的平均时间是 24 分钟,标准差是 3.8 分钟。假设其所花费的时间服从正态分布。

(a) 其所花费的时间至少为半小时的概率是多少?

(b) 如果上午 9:00 开始上班,则他在每天上午 8:45 出门的话,迟到的概率是多少?

(c) 如果他在上午 8:35 出门,而上午 8:50 到 9:00 为供应咖啡的时间,则他将要错过所供应咖啡的概率是多少?

(d) 行程时间超过多少的概率是 15%?

(e) 他三次中有两次至少花费半个小时的概率是多少?

6.17 某型号小型发动机的平均寿命是 10 年,标准差是 2 年。所有制造商都会免费更换仍处于质保

期的不合格产品。如果只愿意更换 3% 的不合格产品,则它应该提供多长时间的质保期?假设发动机的寿命服从正态分布。

6.19 某公司支付给员工的工资平均为 15.9 美元/小时,标准差为 1.50 美元/小时。如果工资近似服从正态分布,且在支付的时候按照四舍五入的原则精确到美分。求:

(a) 工资在 13.75 美元/小时到 16.22 美元/小时之间的员工所占的比例是多少?

(b) 工资高于多少的员工其工资是最高的 5%?

6.21 某金属元器件的抗拉强度服从正态分布,其均值为 10 000 千克/平方厘米,标准差是 100 千克/平方厘米。观测值在记录的时候精确到 50 千克/平方厘米。则:

(a) 抗拉强度超过 10 150 千克/平方厘米的比例是多少?

(b) 如果要求所有元器件的规格是抗拉强度位于 9 800 千克/平方厘米到 10 200 千克/平方厘米之间,则报废的比例是多少?

6.23 某大学的 600 名申请者其智商值近似服从正态分布,均值为 115,标准差为 12。如果这所大学录取要求的智商值至少为 95,则按照这个要求,不考虑其他条件的情况下将会有多少考生被拒之门外?请注意,智商值是按照最接近的整数进行记录的。

6.5 二项分布的正态近似

对应于二项试验的概率可以很容易地通过二项分布的公式 $b(x; n, p)$ 或在 n 较小时通过附录表 A1 而得到。此外,二项概率也可以很容易地在许多计算机软件包中获得。不过,掌握二项分布和正态分布之间的关联仍然是很有益的。在 5.5 节,我们阐述了在 n 非常大而 p 非常接近 0 或 1 时,如何用泊松分布来近似二项分布。二项分布和泊松分布都是离散型分布。应用连续型概率分布来近似离散型样本空间的例子见例 6.12,其中我们所用的是正态分布曲线。在离散型分布在形态上呈现对称的钟形时,正态分布通常能对离散型分布进行很好的近似。从理论角度而言,在某些分布的参数趋于某个极限值时,其分布是渐近于正态分布的。正态分布是非常实用的渐近分布,因为我们很容易对其累积分布函数建立列联表。因此,使用正态分布的累积分布函数表,我们在处理实际问题时可以很好地以正态分布来近似二项分布。下述定理有助于我们在 n 非常大时使用正态分布曲线下的面积来近似二项分布。

定理 6.3 若 X 是均值为 $\mu = np$ 且方差为 $\sigma^2 = npq$ 的二项随机变量,则 Z 所服从分布的极限形式在 $n \to \infty$ 时为标准正态分布 $n(z; 0, 1)$。其中 Z 为:

$$Z = \frac{X - np}{\sqrt{npq}}$$

该定理表明,均值为 $\mu = np$ 且方差为 $\sigma^2 = np(1-p)$ 的正态分布不仅能在 n 非常大且 p 并非很接

近0或1时对二项分布进行精确的近似，而且能在 n 非常小且 p 非常接近于 $1/2$ 时对二项分布进行非常好的近似。

为了对二项分布的正态近似进行说明，我们首先画出 $b(x;15,0.4)$ 的直方图，然后再添加与二项随机变量 X 具有相同均值和相同方差的正态曲线。故我们所添加的正态曲线的均值和方差为：

$$\mu = np = (15)(0.4) = 6$$
$$\sigma^2 = npq = (15)(0.4)(0.6) = 3.6$$

$b(x;15,0.4)$ 的直方图及所添加的相应正态曲线如图 6.22 所示，其中正态曲线完全由二项分布的均值和方差决定。

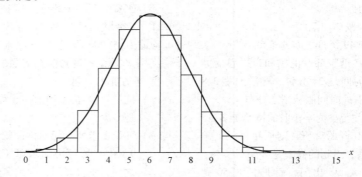

图 6.22 $b(x;15,0.4)$ 的正态近似

二项随机变量 X 取值为给定 x 值的准确概率等于底部以 x 为中心的柱形的面积。例如，X 取值为4的概率就等于底部以 $x=4$ 为中心的矩形的面积。根据附录表 A1，我们可求得该区域的面积为：

$$P(X=4) = b(4;15,0.4) = 0.1268$$

这个值近似等于图 6.23 中正态曲线下介于纵轴 $x_1 = 3.5$ 和 $x_2 = 4.5$ 之间阴影区域的面积。将其转换为 z 值后，我们有

$$z_1 = \frac{3.5-6}{1.897} = -1.32$$

$$z_2 = \frac{4.5-6}{1.897} = -0.79$$

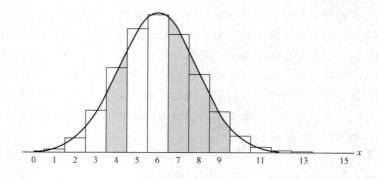

图 6.23 $b(x;15,0.4)$ 和 $\sum_{x=7}^{9} b(x;15,0.4)$ 的正态近似

若 X 是二项随机变量，而 Z 是标准正态随机变量，则

$$P(X = 4) = b(4;15,0.4) \approx P(-1.32 < Z < -0.79) = P(Z - 0.79) - P(Z < -1.32)$$
$$= 0.2148 - 0.0934 = 0.1214$$

这个值非常接近 0.1268 这个精确值。

在计算 n 值很大的二项和时，正态近似最为有用。回到图 6.23 中，我们可能关心 X 在 7~9 之间（包括这两个端点）的概率。其精确概率可由下式给出

$$P(7 \leqslant X \leqslant 9) = \sum_{x=0}^{9} b(x;15,0.4) - \sum_{x=0}^{6} b(x;15,0.4) = 0.9662 - 0.6098 = 0.3564$$

这个值等于底部以 $x = 7,8,9$ 为中心的矩形的面积之和。利用正态近似，我们可求得在图 6.23 中的正态曲线下介于纵轴 $x_1 = 6.5$ 和 $x_2 = 9.5$ 之间的阴影部分的面积。相应的 z 值为：

$$z_1 = \frac{6.5 - 6}{1.897} = 0.26$$

$$z_2 = \frac{9.5 - 6}{1.897} = 1.85$$

现在我们有

$$P(7 \leqslant X \leqslant 9) \approx P(0.26 < Z < 1.85) = P(Z < 1.85) - P(Z < 0.26) = 0.9678 - 0.6026 = 0.3652$$

这样我们就再次证明了，正态近似能给出非常接近精确值 0.3564 的一个值。取决于正态曲线对直方图的拟合程度的精度会随着 n 的增加而提升。在 p 不是很接近 1/2 且直方图不再对称时，其精度的上升会非常明显。图 6.24 和图 6.25 分别是 $b(x;6,0.2)$ 和 $b(x;15,0.2)$ 的直方图。显然，正态曲线在 $n = 15$ 时对直方图的拟合程度要显著好于 $n = 6$ 时的情形。

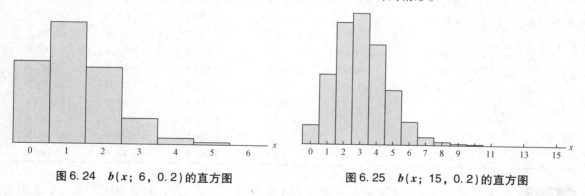

图 6.24　$b(x;6,0.2)$ 的直方图　　　　图 6.25　$b(x;15,0.2)$ 的直方图

在我们对二项分布的正态近似进行说明的过程中，如果要求正态曲线下 x 左侧区域的面积，则使用 $x + 0.5$ 显然会更精确。这是一个对用连续型分布近似离散型分布的修正。修正项 $+0.5$ 称为**连续修正**。根据前面的讨论，我们可以得到下述关于二项分布的正态近似的结论。

二项分布的正态近似

若 X 是参数为 n 和 p 的二项随机变量，则在 n 较大时，X 渐近于均值为 $\mu = np$、方差为 $\sigma^2 = npq = np(1-p)$ 的正态分布，且

$$P(X \leqslant x) = \sum_{k=0}^{x} b(k;n,p) \approx \text{正态曲线下 } x + 0.5 \text{ 左侧的面积} = P\left(Z \leqslant \frac{x + 0.5 - np}{\sqrt{npq}}\right)$$

当 np 和 $n(1-p)$ 不小于 5 时，其近似效果会非常好。

如前所述，在 n 较大时，正态近似的效果非常好。在 p 接近 1/2 时，中等或小样本的情形下就足以取得很好的近似效果。表 6.1 对正态近似的效果进行了说明。其中我们给出了正态近似和二项分布真实的累积概率。可以发现，在 $p = 0.05$ 和 $p = 0.10$ 时，$n = 10$ 的近似效果非常粗糙。在 $n = 10$，$p = 0.5$ 时有所提高。另一方面，固定 p 在 0.05 处，在 $n = 20$ 到 $n = 100$ 的过程中近似效果也有提高。

表 6.1   正态近似和二项分布真实的累积概率

r	$p = 0.05$, $n = 10$		$p = 0.10$, $n = 10$		$p = 0.50$, $n = 10$	
	二项分布	正态近似	二项分布	正态近似	二项分布	正态近似
0	0.5987	0.5000	0.3487	0.2981	0.0010	0.0022
1	0.9139	0.9265	0.7361	0.7019	0.0107	0.0136
2	0.9885	0.9981	0.9298	0.9429	0.0547	0.0571
3	0.9990	1.0000	0.9872	0.9959	0.1719	0.1711
4	1.0000	1.0000	0.9984	0.9999	0.3770	0.3745
5			1.0000	1.0000	0.6230	0.6255
6					0.8281	0.8289
7					0.9453	0.9429
8					0.9893	0.9864
9					0.9990	0.9978
10					1.0000	0.9997

	$p = 0.05$					
r	$n = 20$		$n = 50$		$n = 100$	
	二项分布	正态近似	二项分布	正态近似	二项分布	正态近似
0	0.3585	0.3015	0.0769	0.0968	0.0059	0.0197
1	0.7358	0.6985	0.2794	0.2578	0.0371	0.0537
2	0.9245	0.9382	0.5405	0.5000	0.1183	0.1251
3	0.9841	0.9948	0.7604	0.7422	0.2578	0.2451
4	0.9974	0.9998	0.8964	0.9032	0.4360	0.4090
5	0.9997	1.0000	0.9622	0.9744	0.6160	0.5910
6	1.0000	1.0000	0.9882	0.9953	0.7660	0.7549
7			0.9968	0.9994	0.8720	0.8749
8			0.9992	0.9999	0.9369	0.9463
9			0.9998	1.0000	0.9718	0.9803
10			1.0000	1.0000	0.9885	0.9941

例 6.15   患有某种罕见的血液疾病的患者能康复的概率为 0.4，若已知有 100 人患上了这种疾病，则存活的病人少于 30 人的概率是多少？

解： 令二项随机变量 X 为存活的病患人数。由于 $n = 100$，因此我们使用正态曲线近似的方法就可以得到非常精确的结果

$$\mu = np = (100)(0.4) = 40$$
$$\sigma = \sqrt{npq} = \sqrt{(100)(0.4)(0.6)} = 4.899$$

要得到所求概率，我们需先求得 $x = 29.5$ 左侧的面积。对应于 29.5 的 z 值为：

$$z = \frac{29.5 - 40}{4.899} = -2.14$$

则 100 个病患中少于 30 人存活的概率由图 6.26 中的阴影区域给出。故

$$P(X < 30) \approx P(Z < -2.14) = 0.0162$$

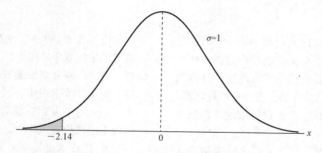

图 6.26 例 6.15 中的面积

例 6.16 在一个小测试中有 200 道题目，每个题目有 4 个可选的答案，不过只有 1 个是正确的。学生在完全不知道这 200 道题目中 80 道题目的答案，纯粹靠猜的情形下，能猜中 25 ~ 30 道题目答案的概率是多少？

解： 这 80 道题目中猜中每道题目答案的概率为 $p = 1/4$。如果 X 表示猜中答案的题目数，则

$$P(25 \leqslant X \leqslant 30) = \sum_{x=25}^{30} b(x; 80, 1/4)$$

使用均值为：

$$\mu = np = (80)\left(\frac{1}{4}\right) = 20$$

和标准差为：

$$\sigma = \sqrt{npq} = \sqrt{(80)(1/4)(3/4)} = 3.873$$

的正态曲线，我们需要求得介于 $x_1 = 24.5$ 和 $x_2 = 30.5$ 之间的面积。与其对应的 z 值是

$$z_1 = \frac{24.5 - 20}{3.873} = 1.16$$

$$z_2 = \frac{30.5 - 20}{3.873} = 2.71$$

则正确猜中 25 ~ 30 道题目答案的概率由图 6.27 中的阴影区域给出。根据附录表 A3 我们可得

$$\begin{aligned}
P(25 \leqslant X \leqslant 30) &= \sum_{x=25}^{30} b(x; 80, 0.25) \approx P(1.16 < Z < 2.71) \\
&= P(Z < 2.71) - P(Z < 1.16) \\
&= 0.9966 - 0.8770 = 0.1196
\end{aligned}$$

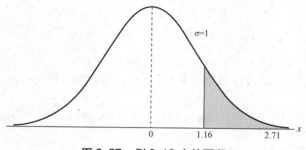

图 6.27 例 6.16 中的面积

习 题

6.25 在生产某电子元器件的过程中有 1% 的次品率。质量控制措施就是在这个过程中选择 100 个元器件，如果没有次品的话，那么该生产过程就可以继续。请使用二项分布的正态近似进行计算：

(a) 依据抽样方案，该生产过程可以继续的概率是多少？

(b) 生产过程中出现了问题，即次品率达到了 5.0%，但生产将继续进行的概率是多少？

6.27 如果病患经过精密的心脏手术之后得以康复的概率是 0.9。而随后有 100 名病患都接受了这个手术，则其存活数：

(a) 在 84~95 人之间的概率是多少？

(b) 少于 86 人的概率是多少？

6.29 如果美国某个城市中有 20% 的居民喜欢白色超过其他任何一种颜色，则该城市中未来 1 000 户安装电话的居民中：

(a) 有 170~185 户居民选择白色的概率是多少？

(b) 至少有 210 户居民但不超过 225 户居民选择白色的概率是多少？

6.31 某所规模较大的州立大学的新入学男生中有 1/6 是留学生，如果学生宿舍是随机分配的，而一栋楼可容纳 180 人，则在某个宿舍中至少有 1/5 是留学生的概率是多少？

6.33 美国高速公路交通安全管理局和国家安全局发布的统计数据表明，在周末的夜晚，平均每 10 个人中就有 1 人存在酒后驾驶的情况。如果下周六晚上随机检查 400 人，则酒后驾车的司机数：

(a) 少于 32 人的概率是多少？

(b) 超过 49 人的概率是多少？

6.35 某家公司生产了一种发动机的零部件，部件规格注明其合格率为 95%。假设以 100 个部件为一批运送给客户。

(a) 这批部件中至少有 2 件是废品的概率是多少？

(b) 这批部件中有超过 10 件废品的概率是多少？

6.37 14 岁男孩的血清中胆固醇的水平近似服从均值为 170、标准差为 30 的正态分布。则：

(a) 随机选出一个 14 岁的男孩，他的血清中胆固醇水平超过 230 的概率是多少？

(b) 某中学 14 岁的男孩有 300 人，则至少有 8 个男孩血清中胆固醇水平超过 230 的概率是多少？

6.6 伽马分布和指数分布

虽然正态分布可用于解决工程和科学上的许多问题，但仍然有许多情形是需要不同类别的密度函数的。两类这样的密度函数是**伽马分布**和**指数分布**，我们在本节对此进行讨论。

事实上，指数分布是伽马分布的一个特例，两者都有大量的应用。指数分布和伽马分布在排队论和可靠性问题两个领域发挥了重要作用。我们通常能很好地以指数分布对来到服务场所的时间间隔、零部件和电路系统出现故障的时间进行建模。而且，伽马分布和指数分布之间的关联也有助于我们应用伽马分布来处理类似的问题。更多详情和说明请见本节后续的部分。

伽马分布的名称来自著名的**伽马函数**，伽马函数在数学的许多领域中都有涉及。在介绍伽马分布之前，我们先来回顾一下伽马函数及其一些重要性质。

定义 6.2 伽马函数定义为：

$$\Gamma(\alpha) = \int_0^\infty x^{\alpha-1} e^{-x} dx, \quad \alpha > 0$$

以下是伽马函数的一些简单性质。

(a) 在 n 为正整数时，$\Gamma(n) = (n-1)(n-2)\cdots(1)\Gamma(1)$。

为了证明起见，我们对 $u = x^{\alpha-1}$ 和 $dv = e^{-x}dx$ 进行分部积分可得

$$\Gamma(\alpha) = -e^{-x}x^{\alpha-1}\Big|_0^\infty + \int_0^\infty e^{-x}(\alpha-1)x^{\alpha-2}dx = (\alpha-1)\int_0^\infty x^{\alpha-2}e^{-x}dx$$

在 $\alpha > 1$ 时，则有下述递归公式：

$$\Gamma(\alpha) = (\alpha-1)\Gamma(\alpha-1)$$

反复应用递归公式即可得结论（a）。根据这个结论，我们可以得到下述两个结论。

（b）在 n 为正整数时，$\Gamma(n) = (n-1)!$。

（c）$\Gamma(1) = 1$。

进一步，我们可得关于 $\Gamma(\alpha)$ 的下述结论，这个结论留待读者去证明（见习题6.39）。

（d）$\Gamma(1/2) = \sqrt{\pi}$。

下面我们对伽马分布进行定义。

伽马分布

连续型随机变量 X 服从参数为 α 和 β 的伽马分布，若其密度函数满足下式

$$f(x;\alpha,\beta) = \begin{cases} \dfrac{1}{\beta^{\alpha}\Gamma(\alpha)}x^{\alpha-1}e^{-x/\beta}, & x > 0 \\ 0, & \text{其他} \end{cases}$$

式中，$\alpha > 0$ 且 $\beta > 0$。

在图6.28中我们给出了几个给定 α 和 β 参数值的伽马分布图。伽马分布在 $\alpha = 1$ 时就是指数分布这个特例。

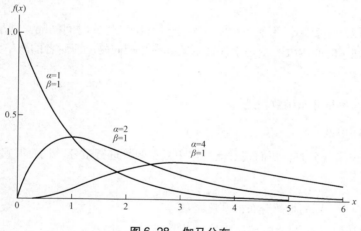

图6.28 伽马分布

指数分布

连续型随机变量 X 服从参数为 β 的指数分布，若其密度函数满足下式

$$f(x;\beta) = \begin{cases} \dfrac{1}{\beta}e^{-x/\beta}, & x > 0 \\ 0, & \text{其他} \end{cases}$$

式中，$\beta > 0$。

下述定理和推论给出了伽马分布和指数分布的均值和方差。

定理6.4 伽马分布的均值和方差为：

$$\mu = \alpha\beta$$
$$\sigma^2 = \alpha\beta^2$$

推论 6.1　指数分布的均值和方差为：

$$\mu = \beta$$
$$\sigma^2 = \beta^2$$

6.6.1　与泊松过程的关系

下面，我们继续探讨指数分布的应用，然后再回到对伽马分布的讨论。指数分布最重要的应用是那些应用到泊松过程（见5.5节）的情形。读者应该记得，泊松过程中所应用的是称为泊松分布的离散型分布。而且，泊松分布用来计算特定的时间或空间范围内一定次数的事件所发生的概率。在许多应用中，时间或空间都是随机变量。比如，工业工程师可能关心对大城市中高峰期很繁忙的一个十字路口的对象所到达的时间间隔 T 进行建模的问题。其中每一次到达就是一个泊松事件。

指数分布（通常称为负指数分布）和泊松过程之间的关系非常简单。在第 5 章我们可以看到，泊松分布是参数为 λ 的单参数分布，我们可以把参数 λ 理解为单位时间内事件所发生的平均次数。现在考虑描述事件第一次发生所需等待时间的随机变量。根据泊松分布，我们可以求得 t 时间范围内事件没有发生的概率为

$$p(0;\lambda t) = \frac{e^{-\lambda t}(\lambda t)^0}{0!} = e^{-\lambda t}$$

现在我们就可以利用上式，并令 X 为到泊松事件首次发生的时间间隔。则事件首次发生的时间大于 x 的概率与在 x 时间内没有泊松事件发生的概率是相同的。而后者的概率为 $e^{-\lambda x}$。故

$$P(X > x) = e^{-\lambda x}$$

这样一来，X 的累积分布函数就是

$$P(0 \leqslant X \leqslant x) = 1 - e^{-\lambda x}$$

为了进一步认识指数分布，我们现对上述累积分布函数进行微分，从而得到其密度函数

$$f(x) = \lambda e^{-\lambda x}$$

而它就是参数 $\lambda = 1/\beta$ 的指数分布的密度函数。

6.6.2　指数分布和伽马分布的应用

在前面的章节中，我们介绍了指数分布在泊松事件的到达时间或时间间隔方面的应用问题。接下来我们对它的一些应用进行说明，并探讨伽马分布在这些应用建模中的作用。我们注意到，指数分布的均值为 β，且它还是泊松分布的参数的倒数。读者应该还记得，我们通常说泊松分布是无记忆的，也就是说在后续时间中事件的发生与否是独立的。这个重要的参数 β 就是事件发生的平均时间间隔。在可靠性理论中，设备出现故障的时间通常就服从泊松过程，β 则称为**每次出现故障的平均时间间隔**。许多设备出现故障的时间都服从泊松过程，因此我们就可以应用指数分布。指数分布的其他应用包括生物医学试验中的存活时间和计算机的响应时间等问题。

在下面的例子中，我们介绍了指数分布在可靠性问题中的一个简单应用。不过，在求解问题的过程中，我们也用到了二项分布。

例 6.17　假定在一个系统中，某种型号的零部件出现故障的时间为 T，以年计。以出现故障的平均时间 $\beta = 5$ 为参数的指数分布就可以对随机变量 T 进行很好的建模。若有 5 个这种型号的零部件安装在了不同的系统中，则第 8 年末至少仍有 2 个零部件正常工作的概率是多少？

解： 某个零部件在第 8 年末仍然正常工作的概率为：

$$P(T > 8) = \frac{1}{5} \int_8^\infty e^{-t/5} dt = e^{-8/5} \approx 0.2$$

令 X 为第 8 年末仍正常工作的零部件数目，则根据二项分布有

$$P(X \geq 2) = \sum_{x=2}^5 b(x;5,0.2) = 1 - \sum_{x=0}^1 b(x;5,0.2) = 1 - 0.7373 = 0.2627$$

在第 3 章的习题和例子中读者就曾遇到了指数分布的问题。其他涉及等待时间和可靠性的问题则包括例 6.24 及本章末的一些习题和巩固练习。

6.6.3 无记忆性及其对指数分布的影响

在可靠性与零部件或机械寿命的问题中，应用指数分布的形式受到指数分布的**无记忆性**影响。比如，在其寿命服从指数分布的某电子元件的情形中，该电子元件可以使用 t 小时的概率 $P(X \geq t)$ 就等价于条件分布

$$P(X \geq t_0 + t \mid X \geq t_0)$$

所以，在电子元件已经使用了 t_0 小时的情况下，再持续使用 t 小时的概率就等价于只使用 t 小时的概率。这就是说，我们对第一次使用 t_0 小时所产生的磨损并不施加"惩罚"。因此，指数分布更适合满足无记忆性的情形。倘若该电子元件出现故障的原因是由于逐渐或缓慢的磨损（如机械磨损）造成的，则指数分布就不再适用，而使用伽马分布或韦布尔分布（见 6.10 节）则更合适。

伽马分布之所以重要，是因为它定义了一个分布族，其他分布都是该分布族的一个特例。不过，伽马分布自身在等待时间和可靠性理论中也有重要应用。指数分布描述的是直到一个泊松事件发生所需要的等待时间（或泊松事件的时间间隔），而泊松事件发生一定次数所需要的等待时间（或空间间隔）则是一个其密度函数可以用伽马分布进行描述的随机变量。事件所发生的次数就是伽马密度函数的参数 α。这样一来，在 $\alpha = 1$ 时我们就容易发现，它就是指数分布这个特例。与我们得到指数分布的密度函数的方式类似，伽马分布的密度函数也可以通过它与泊松过程之间的关系得到。细节的内容留待读者去证明。下面给出了应用伽马分布处理等待时间问题的一个数值型例子。

例 6.18 假定某个电话总机收到的呼叫数服从参数为平均每分钟收到呼叫 5 次的泊松过程。则 1 分钟之内总机收到 2 次呼叫的概率是多少？

解：显然这是一个泊松过程，泊松事件发生 2 次的时间间隔服从参数为 $\beta = 1/5$，$\alpha = 2$ 的伽马分布。X 分钟内总机收到 2 次呼叫，则所求概率为：

$$P(X \leq 1) = \int_0^1 \frac{1}{\beta^2} x e^{-x/\beta} dx = 25 \int_0^1 x e^{-5x} dx = 1 - e^{-5}(1+5) = 0.96$$

虽然提出伽马分布的本意是要处理泊松事件发生 α 次的等待时间（或空间间隔）问题，但在没有明显的泊松结构的问题中，也存在许多能用伽马分布来进行建模的情形，尤其是在工程学和生物医学这两个领域的**存活时间**问题中。

例 6.19 在一个以老鼠为对象进行的生物医学研究中，我们开展了剂量响应试验来判断有毒物质的剂量对它们的存活时间的影响。我们所使用的有毒物质是一种经常被排入大气的喷气燃料。施加一定剂量的有毒物质，该研究中的存活时间（以周计）服从参数为 $\alpha = 5$，$\beta = 10$ 的伽马分布。则老鼠存活时间不超过 60 周的概率是多少？

解：令随机变量 X 为老鼠的存活时间（出生到死亡的时间长度）。则所求概率为：

$$P(X \leqslant 60) = \frac{1}{\beta^5}\int_0^{60} \frac{x^{\alpha-1}e^{-x/\beta}}{\Gamma(5)}\mathrm{d}x$$

根据**不完全伽马函数**即可求解上述积分。不完全伽马函数是伽马分布的累积分布函数，其函数形式可写为：

$$F(x;\alpha) = \int_0^x \frac{y^{\alpha-1}e^{-y}}{\Gamma(\alpha)}\mathrm{d}y$$

令 $y=x/\beta$，则 $x=\beta y$，因此我们有

$$P(X \leqslant 60) = \int_0^6 \frac{y^4 e^{-y}}{\Gamma(5)}\mathrm{d}y$$

附录表 A23 中的不完全伽马函数表将上式记作 $F(6;5)$。这样一来，我们就可以对伽马分布的概率进行快速计算。事实上，对于这个问题而言，老鼠的存活时间不超过 60 周的概率为：

$$P(X\leqslant 60) = F(6;5) = 0.715$$

例 6.20 根据以前的数据可知，顾客投诉某种产品的时间长度（以月计）服从参数为 $\alpha=2$ 和 $\beta=4$ 的伽马分布。组织进行了一些改进来实行严格的质量控制标准。在进行了改进之后，首次投诉发生的时间在 20 个月之后。请问严格的质量控制标准是否有效？

解：令 X 为首次投诉的等待时间，在未进行改进之前，它服从参数为 $\alpha=2$，$\beta=4$ 的伽马分布。因此，这个问题的核心在于事件 $X\geqslant 20$ 发生的概率究竟有多小，假定 α 和 β 各自的取值仍然为 2 和 4。也就是说，在未改进的情况下，发生投诉的等待时间长达 20 个月是不是合理。因此，根据求解例 6.19 的方式，我们有

$$P(X\geqslant 20) = 1 - \frac{1}{\beta^\alpha}\int_0^{20}\frac{x^{\alpha-1}e^{-x/\beta}}{\Gamma(\alpha)}\mathrm{d}x$$

同理，令 $y=x/\beta$，则有

$$P(X\geqslant 20) = 1 - \int_0^5 \frac{ye^{-y}}{\Gamma(2)}\mathrm{d}y = 1 - F(5;2) = 1 - 0.96 = 0.04$$

查附录表 A23 可得，$F(5;2)=0.96$。

这样一来，我们可以得到，发生投诉所观测到的等待时间长达 20 个月的数据不支持改进后的分布是参数为 $\alpha=2$，$\beta=4$ 的伽马分布这种说法。故我们有理由说，质量控制是有效的。

例 6.21 考虑习题 3.31。基于大量的测试发现，某种洗衣机在 Y 年后需要进行一次大修，其中 Y 的密度函数是

$$f(y) = \begin{cases} \frac{1}{4}e^{-y/4}, & y\geqslant 0 \\ 0, & 其他 \end{cases}$$

可见，Y 是一个均值为 $\mu=4$ 的指数型随机变量。若 6 年内都不需要对这台洗衣机进行大修，则购买这台洗衣机就是一笔划算的买卖。求概率 $P(Y>6)$ 是多少？第 1 年就需要进行大修的概率是多少？

解：考虑指数分布的累积分布函数 $F(y)$

$$F(y) = \frac{1}{\beta}\int_0^y e^{-t/\beta}\mathrm{d}t = 1 - e^{-y/\beta}$$

则我们有

$$P(Y>6) = 1 - F(6) = e^{-3/2} = 0.223$$

故第6年后洗衣机需要进行大修的概率是 0.223。显然，6 年内需要进行大修的概率则为 0.777。所以，购买这台洗衣机不划算。而第 1 年就需要对这台洗衣机进行大修的概率为：

$$P(Y<1) = 1 - e^{-1/4} = 1 - 0.779 = 0.221$$

6.7 卡方分布

伽马分布另一个非常重要的特例在 $\alpha = v/2$ 和 $\beta = 2$ 时可得到，其中 v 是正整数。此即**卡方分布**。该分布是单参数的，参数 v 称为**自由度**。

卡方分布

连续型随机变量 X 服从自由度为 v 的卡方分布，若其密度函数满足

$$f(x;v) = \begin{cases} \dfrac{1}{2^{v/2}\Gamma(v/2)}x^{v/2-1}e^{-x/2}, & x > 0 \\ 0, & 其他 \end{cases}$$

式中，v 是正整数。

在统计推断中卡方分布所起的作用非常重要。无论是在方法论层面还是在理论层面，卡方分布都有广泛的应用。本章我们不会详细探讨其应用，包含其重要应用的章节是第 7 章、第 8 章和第 15 章。卡方分布是统计假设检验和统计推断的重要组成部分。

在与抽样分布、方差分析、非参数统计有关的问题中会大量用到卡方分布。

定理 6.5 卡方分布的均值和方差是

$$\mu = v$$
$$\sigma^2 = 2v$$

6.8 贝塔分布

均匀分布的一个推广就是贝塔分布。我们首先定义**贝塔函数**。

定义 6.3 贝塔函数可以定义为：

$$B(\alpha,\beta) = \int_0^1 x^{\alpha-1}(1-x)^{\beta-1}dx = \frac{\Gamma(\alpha)\Gamma(\beta)}{\Gamma(\alpha+\beta)}, \quad \alpha,\beta > 0$$

式中，$\Gamma(\alpha)$ 为伽马函数。

贝塔分布

连续型随机变量 X 服从参数为 $\alpha > 0$，$\beta > 0$ 的**贝塔分布**，若其密度函数满足

$$f(x) = \begin{cases} \dfrac{1}{B(\alpha,\beta)}x^{\alpha-1}(1-x)^{\beta-1}, & 0 < x < 1 \\ 0, & 其他 \end{cases}$$

我们注意到，在(0，1)上的均匀分布就是参数为 $\alpha=1$，$\beta=1$ 的贝塔分布。

定理6.6 参数为 α 和 β 的贝塔分布的均值和方差分别为：

$$\mu=\frac{\alpha}{\alpha+\beta}$$

$$\sigma^2=\frac{\alpha\beta}{(\alpha+\beta)^2(\alpha+\beta+1)}$$

在（0，1）上的均匀分布的均值和方差分别为：

$$\mu=\frac{1}{1+1}=\frac{1}{2}$$

$$\sigma^2=\frac{(1)(1)}{(1+1)^2(1+1+1)}=\frac{1}{12}$$

6.9 对数正态分布

对数正态分布有非常广泛的应用。对数正态分布适用于在取自然对数的变换后服从正态分布的情形。

对数正态分布

连续型随机变量 X 服从**对数正态分布**，若随机变量 $Y=\ln(X)$ 服从均值为 μ、标准差为 σ 的正态分布。得到 X 的密度函数为：

$$f(x;\mu,\sigma)=\begin{cases}\dfrac{1}{\sqrt{2\pi}\sigma x}e^{[\ln(x-\mu)]^2/2\sigma^2}, & x\geq0\\ 0, & x<0\end{cases}$$

对数正态分布的密度函数如图6.29所示。

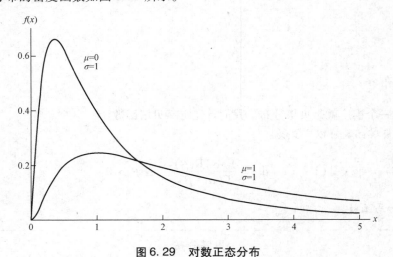

图6.29 对数正态分布

定理6.7 对数正态分布的均值和方差是

$$\mu=e^{\mu+\sigma^2/2}$$

$$\sigma^2=e^{2\mu+\sigma^2}(e^{\sigma^2}-1)$$

考虑到对数正态分布与正态分布之间的关系，其累积分布函数非常简单。下例介绍了应用其分布函数的情形。

例 6.22 化工厂所产生污染物的浓度根据历史信息可知，近似服从对数正态分布。在考虑符合政府监管要求的问题时这一点非常重要。假定某种污染物的浓度（单位：ppm）服从参数为 $\mu = 3.2$，$\sigma = 1$ 的对数正态分布。则浓度超过 8 的概率是多少？

解：令随机变量 X 为污染物浓度。则有

$$P(X > 8) = 1 - P(X \leq 8)$$

由于 $\ln(X)$ 服从均值为 $\mu = 3.2$ 和标准差为 $\sigma = 1$ 的正态分布，因此

$$P(X \leq 8) = \Phi\left[\frac{\ln(8) - 3.2}{1}\right]$$
$$= \Phi(-1.12)$$
$$= 0.131\,4$$

在此我们以 Φ 表示标准正态分布的累积分布函数。污染物浓度超过 8 的概率为 0.131 4。

例 6.23 某型号机车的电控元件的寿命（单位：千英里）近似服从 $\mu = 5.149$，$\sigma = 0.737$ 的对数正态分布。求该电控元件寿命的第 5 百分位数。

解：根据附录表 A3，我们可知 $P(Z < -1.645) = 0.05$。以 X 表示该电控元件的寿命。由于 $\ln(X)$ 服从均值为 $\mu = 5.149$、标准差为 $\sigma = 0.737$ 的正态分布，则 X 的第 5 百分位数可由下式计算

$$\ln(x) = 5.149 + (0.737)(-1.645)$$
$$= 3.937$$

故 $x = 51.265$。也就是说，只有 5% 的电控元件寿命低于 51 265 英里。

6.10 韦布尔分布

现代科技使得工程师能够设计出许多复杂的系统，其运行和安全则依赖于组成该系统的不同元器件的可靠性。比如，保险丝可能被烧断，钢柱可能变形，热传感设备可能出现故障。同种零部件在相同的环境条件下也可能会在不同且无法预测的时间出现故障。我们已经看到伽马分布和指数分布在处理这类问题中所起的作用。近年来，另一类用于处理此类问题的分布是**韦布尔分布**，由韦布尔（Waloddi Weibull）在 1939 年提出。

韦布尔分布

连续型随机变量 X 服从参数为 α 和 β 的韦布尔分布，若其密度函数满足

$$f(x;\alpha,\beta) = \begin{cases} \alpha\beta x^{\beta-1} e^{-\alpha x^{\beta}}, & x > 0 \\ 0, & \text{其他} \end{cases}$$

式中，$\alpha > 0$ 且 $\beta > 0$。

图 6.30 给出了对应 $\alpha = 1$、不同 β 值的几个韦布尔分布的密度函数图。可以看到，不同 β 值对应的韦布尔分布的曲线在形态上变化非常大。若令 $\beta = 1$，韦布尔分布就退化为指数分布。在 $\beta > 1$ 时，韦布尔分布的曲线则呈现钟形曲线的形态，且类似正态曲线，不过仍存在一定的偏度。

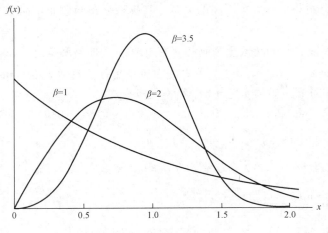

图6.30   韦布尔分布 ($\alpha = 1$)

下面的定理给出了韦布尔分布的均值和方差。

定理6.8   韦布尔分布的均值和方差是

$$\mu = \alpha^{-1/\beta}\Gamma\left(1 + \frac{1}{\beta}\right)$$

$$\sigma^2 = \alpha^{-2/\beta}\left\{\Gamma\left(1 + \frac{2}{\beta}\right) - \left[\Gamma\left(1 + \frac{1}{\beta}\right)\right]^2\right\}$$

与伽马分布和指数分布类似，韦布尔分布也可以用于处理诸如某个元器件出现故障的时间间隔或寿命长短等（即从指定时间到出现故障的时间间隔）可靠性和寿命检测问题。以连续型随机变量 T 表示从指定时间到出现故障的这段时间，其概率密度函数记作 $f(t)$，其中 $f(t)$ 是韦布尔分布。韦布尔分布更具灵活性，因为它并不要求指数分布所具有的无记忆性。韦布尔分布的累积分布函数可以写成解析形式，从而有利于对概率进行计算。

韦布尔分布的累积分布函数

韦布尔分布的累积分布函数为：

$$F(x) = 1 - e^{-\alpha x^\beta}, \quad x \geqslant 0$$

式中，$\alpha > 0$ 且 $\beta > 0$。

例6.24   五金商店内某件产品的寿命 X（单位：小时）服从参数为 $\alpha = 0.01$，$\beta = 2$ 的韦布尔分布。则在使用 8 小时后出现故障的概率是多少？

解：$P(X < 8) = F(8) = 1 - e^{-(0.01)8^2} = 1 - 0.527 = 0.473$。

6.10.1   韦布尔分布的失效率

在应用韦布尔分布时，确定**失效率**（有时称为风险率）通常会非常有用，从而可以了解该零部件的磨损或腐蚀情况。我们首先把零部件或产品的可靠性定义为，在一定试验条件下至少在指定时间范围内正常工作的概率。因此，若将 $R(t)$ 定义为在时间 t 内给定零部件的可靠性，则有

$$R(t) = P(T > t) = \int_t^\infty f(t)\,\mathrm{d}t = 1 - F(t)$$

式中，$F(t)$ 是 T 的累积分布函数。假定某个零部件已经使用了时间 t，则它在 $T = t$ 到 $T = t + \Delta t$ 之间出现故障的条件概率为：

$$\frac{F(t + \Delta t) - F(t)}{R(t)}$$

以 Δt 除以这个比值，并在 $\Delta t \to 0$ 时取极限，则得失效率，记作 $Z(t)$。这样一来就有

$$Z(t) = \lim_{\Delta t \to 0} \frac{F(t + \Delta t) - F(t)}{\Delta t} \cdot \frac{1}{R(t)} = \frac{F'(t)}{R(t)} = \frac{f(t)}{R(t)} = \frac{f(t)}{1 - F(t)}$$

它表示出现故障的时间分布所对应的失效率。

由于 $Z(t) = f(t)/[1 - F(t)]$，则失效率可由下式给出。

韦布尔分布的失效率

韦布尔分布在时间 t 的失效率为：

$$Z(t) = \alpha\beta t^{\beta - 1}, \quad t > 0$$

6.10.2　对失效率的理解

我们可以贴切地将 $Z(t)$ 命名为失效率，因为它量化了该零部件在已经正常工作时间 t 后再正常工作时间 Δt 的条件概率随着时间的变化率。随着时间减少（或增加）的比率非常重要。我们在下面给出了一些重要的结论。

（a）若 $\beta = 1$，则失效率就等于常数 α。如前所述，这就是指数分布这个特例，因此它是无记忆的。

（b）若 $\beta > 1$，则 $Z(t)$ 是时间 t 的增函数，也就是说，随着时间的推移其磨损会加重。

（c）若 $\beta < 1$，则 $Z(t)$ 是时间 t 的减函数，该零部件随着时间的推移其性能反而会得到增强或强化。

比如，在例 6.24 中，五金商店中产品的 $\beta = 2$，因此它会随时间的推移加重磨损。事实上，其失效率函数为 $Z(t) = 0.02t$。另一方面，假定参数 $\beta = 3/4$ 且 $\alpha = 2$，此时 $Z(t) = 1.5/t^{1/4}$，这样一来，该零部件的性能则会随着时间的推移而增强。

习　题

6.39　令 $y = \sqrt{2x}$，请根据伽马函数证明 $\Gamma(1/2) = \sqrt{\pi}$。

6.41　如果随机变量 X 服从 $\alpha = 2$ 且 $\beta = 1$ 的伽马分布，则求 $P(1.8 < X < 2.4)$。

6.45　某咖啡机为顾客服务的时间长度服从指数分布，其均值为 4 分钟。则某人在未来的 6 天至少有 4 天被服务的时长少于 3 分钟的概率是多少？

6.47　假设某助听器电池的寿命（单位：年）服从 $\alpha = 1/2$ 且 $\beta = 2$ 的韦布尔分布。

（a）预计该电池可以使用多长时间？

（b）两年后该电池仍可继续使用的概率是多少？

6.49　假设随机变量 X 服从 $\alpha = 1$ 且 $\beta = 3$ 的贝塔分布。

（a）请计算 X 的均值和中位数。

（b）请计算 X 的方差。

（c）请计算 $X > 1/3$ 的概率。

6.51　某种汽车的密封装置的寿命服从韦布尔分布，其失效率为 $Z(t) = 1/\sqrt{t}$。请计算该密封装置 4 年之后仍然完好的概率是多少？

6.53　在生物医学实验中，可以确定接受伽马射线照射的某种动物的存活时间（单位：周），且其存活时间服从 $\alpha = 5$ 且 $\beta = 10$ 的伽马分布。则：

（a）随机选出一种动物来进行该试验，则其平均存活时间是多长？

（b）存活时间的标准差是多少？

（c）某动物的存活时间超过 30 周的概率是多少？

6.55　计算机的响应时间是涉及伽马分布和指数分布的一个重要实际问题。如果对某个计算机系统的研究表明，其响应时间服从均值为 3 秒的指数分布。则：

（a）响应时间超过 5 秒的概率是多少？

（b）响应时间超过 10 秒的概率是多少？

🔖 **巩固练习**

6.61 马萨诸塞大学的一批社会学家公布的一项研究表明，马萨诸塞州居民中大约有 49% 的白领，则在该州随机选择 1 000 户居民，白领在 482 ~ 510 人之间的概率是多少？

6.62 指数分布通常用于研究泊松过程中各次成功之间的等待时间问题。如果每小时收到的电话服务要求数服从泊松分布，参数 $\lambda = 6$；两次收到呼叫之间的等待时间（以小时为单位）则服从参数为 $\beta = 1/6$ 的指数分布。请问两次收到呼叫之间的等待时间超过 15 分钟的概率是多少？

6.63 在 α 为正整数的时候，伽马分布也称为 Erlang 分布。令伽马分布的参数 $\alpha = n$，则 Erlang 分布为：

$$f(x) = \begin{cases} \dfrac{x^{n-1}e^{-x/\beta}}{\beta^n(n-1)!}, & x > 0 \\ 0, & \text{其他} \end{cases}$$

可以证明如果相邻的两个事件是独立的，且每个事件都服从参数为 β 的指数分布，则发生 n 个事件所需总等待时间 X 服从 Erlang 分布。回到巩固练习 6.62 中，未来的 3 个电话将在 30 分钟内收到的概率是多少？

6.64 某种大型机械的制造商需要向两个商家购买铆钉。非常重要的一点是，要求每颗铆钉的折断力超过 10 000 psi。两个商家（A 和 B）声称其铆钉的折断力分别为 14 000 psi 和 13 000 psi。标准差分别为 2 000 psi 和 1 000 psi。请问平均来说，哪个商家提供的次品会更少一些？

6.65 近期的一项普查显示，美国几乎 65% 的家庭都只有一个或两个成员。假设这个比例现在仍然是这样，则在美国随机选择 1 000 个家庭，其中有 529 ~ 625 个家庭的成员只有一个或两个的概率是多少？

6.66 据称某种型号设备的失效率为 0.01 每小时。失效率为常数，且适用于指数分布。则：

（a）这种型号的设备失效的平均时间是多少？

（b）200 个小时之后才出现失效的概率是多少？

6.67 在化工厂里，某类批量生产产品的产量超过 80% 是很重要的。如果在一段时间内该公司的产量处于 80% 以下，那么公司将会损失很多钱。化工厂对偶然性的一些批次的次品并不是非常关心，但是如果每天都有几批是次品，则要关停工厂来进行一些调整。已知产量服从标准差为 4% 的正态分布。求：

（a）如果平均产出为 85%，则超过产品预警线（即产量低于 80%）的概率是多少？

（b）如果平均产出为 79%，则产出水平超过 80% 的概率是多少？

6.68 考虑电子元器件每 5 小时的失效率问题。考察 2 个电子元器件出现失效所历时长非常重要。

（a）假设这种情况适用伽马分布，则 2 个电子元器件出现失效的平均时长是多少？

（b）12 小时之后才有 2 个电子元器件失效的概率是多少？

6.69 钢筋在某负荷下的伸长量服从均值为 0.05 英寸、标准差为 0.01 英寸的正态分布。请计算钢筋在这一负荷值下的伸长量：

（a）超过 0.1 英寸的概率。

（b）少于 0.04 英寸的概率。

（c）在 0.025 ~ 0.065 英寸之间的概率。

6.70 已知一枚遥控卫星距离目标位置的误差服从均值为 0 且标准差为 4 英尺的正态分布。如果这枚卫星发射之后距离目标位置 10 英尺之内，卫星的制造商就将这枚卫星定义为发射成功的。这枚卫星发射失败的概率是多少？

6.71 一名技术员计划通过测试来确定实验室开发的某型号树脂黏结所需的时间。已知黏结时间的均值和标准差分别为 3 小时和 0.5 小时。如果黏结时间少于 1 小时，或多于 4 小时，就是不良产品。请评价树脂的效用。该型树脂在性能方面被认为是不合格产品的概率是多少？假设黏结时间服从正态分布。

6.72 考察巩固练习 6.66 中的情形。未到 200 个小时就出现 2 次失效的概率是多少？

6.73 对于巩固练习 6.72 中的情形，出现 2 次失效所需等待时间的均值和方差是多少？

6.74 某个社区每小时的平均用水量（以千加仑/小时为单位）服从参数为 $\mu = 5$，$\sigma = 2$ 的对数正态分布。出于计划的目的，摸清各时段的用水量峰值是非常重要的。在 1 小时之内使用了 50 000 加仑水的概率是多少？

6.75 对于巩固练习 6.74 中的情形，每小时平均用水量的均值是多少？

6.77 贝塔分布在可靠性问题中具有广泛的应用，我们考察巩固练习 3.73 中的情形。化学生产中每批产品中的杂质能反映出非常重要的问题。已知这批产品中杂质的比例 Y 的密度函数为：

$$f(y) = \begin{cases} 10(1-y)^9, & 0 \leqslant y \leqslant 0 \\ 0, & \text{其他} \end{cases}$$

（a）请证明上式是一个密度函数。

（b）这批产品不被接受（即 $Y \geqslant 0.6$）的概率是多少？

（c）本例中贝塔分布的参数 α 和 β 是多少？

（d）贝塔分布的均值是 $\dfrac{\alpha}{\alpha+\beta}$。则这批产品中杂质比例的均值是多少？

（e）贝塔分布随机变量的方差是

$$\sigma^2 = \frac{\alpha\beta}{(\alpha+\beta)^2(\alpha+\beta+1)}$$

则随机变量 Y 的方差是多少？

6.78 考察巩固练习 3.74 中的情形。其中电子辅助系统收到两次呼叫之间的等待时间 Z（以分钟为单位）的密度函数为：

$$f(z) = \begin{cases} \dfrac{1}{10}e^{-z/10}, & 0 < z < \infty \\ 0, & \text{其他} \end{cases}$$

（a）收到两次呼叫之间的平均等待时间是多少？

（b）收到两次呼叫之间的等待时间的方差是多少？

（c）收到两次呼叫之间的等待时间超过均值的概率是多少？

6.79 考察巩固练习 6.78 中的情形。在指数分布的假设成立的情况下，每小时的电话呼叫数的均值和方差分别是多少？

6.80 在人因工程试验项目中，飞行员对视觉刺激的反应时间服从正态分布，均值和标准差分别为 1/2 秒和 2/5 秒。

（a）飞行员的反应时间超过 0.3 秒的概率是多少？

（b）反应时间是多少时，超过了 95% 的反应时间？

6.81 某个重要部件发生两次故障之间的时间长度决定了是否应当安装辅助部件。某工程师认为拟合发动机在两次故障之间时长的最佳模型为均值为 15 天的指数分布。

（a）如果该发动机刚刚出现故障，则在未来的 21 天内再次出现故障的概率是多少？

（b）该发动机工作 30 天仍未出现故障的概率是多少？

6.82 机械操作中钻头的寿命（单位：小时）服从参数为 $\alpha = 2$，$\beta = 50$ 的韦布尔分布。请计算钻头在使用未满 10 小时就失效的概率。

6.83 请推导韦布尔分布的累积分布函数。（提示：根据累积分布函数的定义，请采用变换 $z = y^\beta$）

6.84 请说明巩固练习 6.82 中的情形本质上是不服从指数分布的。

6.85 请根据卡方分布和伽马分布之间的关系，证明卡方分布的均值和方差分别为 v 和 $2v$。

6.86 计算机用户阅读电子邮件的时间（单位：秒）服从参数为 $\mu = 1.8$，$\sigma^2 = 4.0$ 的对数正态分布。则：

（a）用户阅读电子邮件的时长超过 20 秒的概率是多少？超过 1 分钟的概率又是多少？

（b）用户阅读电子邮件的时间等于对数正态分布均值的概率是多少？

6.87 课堂作业：请同学们分组观测 2 周内从每天相同的时间开始，1 小时之内进入某家咖啡店或快餐店的顾客有多少。这 1 小时的时间应该选在该咖啡店或快餐店的高峰时段。数据记录的方式请采用每半小时进入店内的顾客数。因此，每天所采集到的数据就对应于两个数据点。假定随机变量 X 为每半小时进入店内的顾客数，且服从泊松分布。请根据这 28 个数据点计算出 X 的样本均值和方差。

（a）你有何证据表明泊松分布的假设是正确的，或者是错误的？

（b）如果 X 就是泊松随机变量，则 T 的分布是怎样的？其中 T 为半小时内来到 2 位顾客的间隔时间，请给出 T 所服从分布中参数的数值估计。

（c）请给出来到 2 位顾客的间隔时间小于 15 分钟的概率的一个估计值。

（d）来到 2 位顾客的间隔时间长于 10 分钟的概率（估计值）是多少？

（e）从开始进行观测的时间算起，20 分钟内没有一位顾客到达的概率（估计值）是多少？

6.11 可能的错误观点及危害；与其他章节的联系

应用本章内容所存在的误用情形与第 5 章非常类似。对统计学最大的一个误用就是，对非正态的情形进行统计推断时假设其基础分布为正态分布。读者在第 9～14 章会学到假设检验的问题，其中就要假设分布的正态性。不过，此外，我们也会在第 7 章和第 9 章介绍拟合优度检验与图形检验法，这些方法有助于我们核实数据以判断正态性假设是不是合理的。

对除正态分布以外的其他分布进行假设时，也有类似的警告。本章我们介绍了计算一件产品出现故障的概率或在一定时段内观测到一次投诉的概率这样一些例子。其中我们对分布类型、分布的参数值都要做出一些假设。需要注意的是，例子中的参数值（例如，指数分布的 β 值）都是已经给出的。然而，在现实生活所遇到的问题中，必须根据现实生活的经验或数据来对参数值进行估计。请注意，在第 1 章、第 5 章、第 6 章中我们曾着重强调预测中的估计问题。还请注意，在第 5 章所提及的参数估计问题，从第 8 章开始我们会进行大量的讨论。

第7章 基本的抽样分布和描述性数据分析

7.1 随机抽样

统计试验的结果可以数值形式记录，亦可以描述形式表示。在掷一对骰子后，若关心的结果是其总点数，则我们就以数值形式进行记录。而若对一所学校的学生验血后，我们想知道他们的血型，描述形式则会更有用。一个人的血液可以有几种分类方式：AB，A，B，O，每种血型还可以添加一个加号或一个减号，具体所添加的符号取决于是否含有 Rh 抗原。

本章我们着重探讨从分布或总体中进行抽样的问题，并对诸如样本均值和样本方差等重要的量进行研究，这些量对后续章节非常重要。此外，我们还试图向读者介绍样本均值和样本方差在后续章节要进行探讨的统计推断中所起的作用。现代高速计算机的应用有助于科研人员或工程师提高他们对包含图形技术在内的、正规的统计推断的使用效果。在大多数时候，对希望把统计分析当作决策依据的从业人员或管理人员而言，正规的推断会显得非常枯燥，甚至还可能很抽象。

7.1.1 总体和样本

我们在本章首先探讨总体和样本的概念。在第 1 章我们曾对这两者都做了探讨。不过，在此我们还要对这两个概念做进一步的介绍，尤其是要在随机变量这个概念的背景下对其进行探讨。我们所关心的观测的全部，无论观测的个数是有限的还是无限的，就构成了所谓的一个**总体**。在之前有段时间，总体这个词是指对人所进行的统计研究中获取到的观测。现在，统计学家用这个术语来指代与我们感兴趣的任何事物相关的观测，无论是一群人、一群动物，还是某些复杂的生物或工程系统中所有可能的结果。

定义 7.1 我们所关心的全部观测就是一个总体。

总体中观测的个数定义为总体的大小。如果一所学校有 600 名学生，根据血型对他们进行了分类，我们就可以说，总体的大小是 600。一副纸牌的牌面数字、一个城市中居民的身高、某湖泊中鱼的身长都是大小有限的总体的例子。也就是说，每种情形中，观测的总数是一个有限的数字。从过去到未来每天测量大气压所获取到的观测，或在不同地点对湖泊深度的所有测量都是大小无限的总体的例子。一些有限总体非常大，此时我们在理论上认为其大小是无限的。在全国进行大规模生产的某种型号的蓄电池总体的寿命就是这种情形。

总体中的每个观测都是概率分布为 $f(x)$ 的随机变量 X 的一个值。如果我们要检测从流水线上下来的产品是否为次品，则总体中的每个观测都是取值为 0 或 1 的伯努利随机变量 X，其概率分布为：

$$b(x;1,p) = p^x q^{1-x}, \quad x = 0,1$$

式中，0 指的是非次品，1 则表示次品。当然，我们假定每件产品是次品的概率 p 在各次试验之间保持为常数。在血型测试试验中，随机变量 X 表示的是血型，且假定其取值为 1~8 中的一个。每个学生的血型都会对应于该离散型随机变量的一个值。蓄电池的使用寿命则是连续型随机变量的一个取值，该随机变量可能是服从正态分布的。此后在提及二项总体、正态总体、总体 $f(x)$ 的时候，我们是指其观测值对应于随机变量取值的总体所服从的是二项分布、正态分布、概率分布 $f(x)$。因此，随机变量或概率分布的均值和方差指的就是相应总体的均值和方差。

在统计推断领域，当观察构成总体的全体观测是不可能的或不切实际时，统计学家关心的则是得出关于总体的结论这个问题。比如，在试图确定某品牌照明灯泡的平均寿命长短的试验中，如果还想有的卖，那么我们就不可能测试该品牌的每个灯泡。高昂的代价同样可能是我们对整个总体进行研究的一个制约因素。所以，我们必须依赖于观测总体的子集来帮助我们对相同的总体进行推断。这使得我们必须考虑抽样的概念。

定义 7.2 总体的一个子集称为**样本**。

如果要保证由样本对总体进行的推断是正确的，我们就必须获取到能代表总体的样本。通常我们倾向于选取总体中最易于获取的成员来形成样本。这样的程序可能会导致对总体的错误推断。任何使得我们在进行推断时一致高估或一致低估总体某些特征的抽样程序都是**有偏的**。为了消除抽样程序中的所有偏倚，选取一个使得各观测之间独立且是以随机方式获取的**随机样本**才是合适的。

在从总体 $f(x)$ 中选取一个容量为 n 的随机样本的抽样中，定义随机变量 X_i，$i=1,2,\cdots,n$ 为我们观测到的第 i 个观测或样本值。如果测量值 x_1，x_2，$\cdots$，x_n 是在本质上相同的条件下，在 n 个独立的时间重复进行试验获取到的，则随机变量 X_1，X_2，$\cdots$，X_n 就构成了总体 $f(x)$ 的一个取值为 x_1，x_2，$\cdots$，x_n 的随机样本。由于样本中的元素是在相同的条件下选取出来的，因此这 n 个随机变量 X_1，X_2，$\cdots$，X_n 独立且具有相同的概率分布 $f(x)$ 这个假设就是合理的。亦即 X_1，X_2，$\cdots$，X_n 的概率分布分别为 $f(x_1)$，$f(x_2)$，$\cdots$，$f(x_n)$，且其联合概率分布满足 $f(x_1,x_2,\cdots,x_n)=f(x_1)f(x_2)\cdots f(x_n)$。下面对随机样本的概念进行正式的定义。

定义 7.3 若 X_1，X_2，$\cdots$，X_n 为 n 个独立的随机变量，且服从相同的概率分布 $f(x)$，则定义 X_1，X_2，$\cdots$，X_n 为来自总体 $f(x)$ 的一个容量为 n 的随机样本，且其联合概率分布可表示为：

$$f(x_1,x_2,\cdots,x_n)=f(x_1)f(x_2)\cdots f(x_n)$$

如果从一直保持相同规格参数的生产过程中随机选取 $n=8$ 块蓄电池，并记录下每块电池的寿命，第 1 个测量值 x_1 是 X_1 的一个取值，第 2 个测量值 x_2 是 X_2 的一个取值，以此类推，则 x_1，x_2，$\cdots$，x_8 就是随机样本 X_1，X_2，$\cdots$，X_n 的取值。假定电池总体的寿命是正态的，则任意 X_i，$i=1,2,\cdots,8$ 的可能取值就与原始总体中的值完全相等，故 X_i 与 X 服从相同的正态分布。

7.2 一些重要的统计量

我们选取随机样本的主要目的在于抽取有关未知总体参数的信息。比如，假定我们期望对美国喜好某品牌咖啡的人数所占的比例做出判断。显然，要询问每一个喝咖啡的美国人，从而计算代表总体比例的参数值 p，是不可能的。取而代之的是，我们选取一个大的随机样本，而在样本中询问到喜好某品牌的咖啡的人数所占的比例 $\hat{p}$ 则可以计算出来。现在，$\hat{p}$ 值就可以用来对真实比例 p 进行推断。

$\hat{p}$ 是随机样本中观测值的函数；由于从同一个总体中可能会得到许多随机样本，因此我们可以预期，在不同的样本中 $\hat{p}$ 也是不同的。也就是说，$\hat{p}$ 也是记作 P 的随机变量的一个取值。这类随机变量就称为**统计量**。

定义 7.4 构成一个随机样本的随机变量的任意一个函数，就称为统计量。

7.2.1 样本的位置测度：样本均值、中位数、众数

在第 4 章，我们介绍了测度概率分布的中心位置和变差的两个参数 μ 和 σ^2。它们是取值恒定的总体参数，因此不会受随机样本的观测值影响。不过，我们还要定义一些重要的统计量，来刻画随机样本的相应测度。测度一个按大小排序的数据集的中心最常用到的统计量是**均值**、**中位数**以及**众数**。尽管我们在第 1 章对前两个统计量进行了定义，在此还是要再次对其进行定义。假设 X_1，X_2，$\cdots$，X_n 为 n 个随机变量。

（a）样本均值。

$$\bar{X} = \frac{1}{n} \sum_{i=1}^{n} X_i$$

请注意，如果X_1的值是x_1，X_2的值是x_2，以此类推，则$\bar{X}$的值即为$\bar{x} = \frac{1}{n} \sum_{i=1}^{n} x_i$。因此**样本均值**这个术语既指统计量$\bar{X}$，也表示其实现值$\bar{x}$。

（b）样本中位数。

$$\tilde{x} = \begin{cases} x_{(n+1)/2}, & n \text{ 为奇数} \\ \frac{1}{2}(x_{n/2} + x_{n/2+1}), & n \text{ 为偶数} \end{cases}$$

样本中位数也是一个位置测度，它给出的是该样本的中间值。关于样本均值和样本中位数的例子见 1.3 节。样本众数的定义如下。

（c）样本中出现次数最多的那个观测的值就是样本众数。

例7.1　假设组成数据集的观测如下：

　　　　0.32　0.53　0.28　0.37　0.47　0.43　0.36　0.42　0.38　0.43

则其样本众数为 0.43，因为 0.43 相对其他任意一个观测而言所出现的次数都要更多。

正如我们在第 1 章所说，样本中的位置或中心趋势的测度自身并不能完整地阐述样本的性质。因此，我们还必须考虑样本中变异的测度。

7.2.2　样本中变异的测度：样本方差、标准差、极差

样本中的变差说明了观测相对于均值的分散程度。更多的讨论请读者参见第 1 章。两组观测的集合有相同的均值或中位数，但两者的测量值相对于均值的变差却存在较大的差别，这样的两组观测的集合是可能存在的。

对于两个由公司A和B生产的瓶装橙汁的样本，我们考虑下列观测（单位：升）：

样本 A	0.97	1.00	0.94	1.03	1.06
样本 B	1.06	1.01	0.88	0.91	1.14

这两个样本的均值相同，都是 1.00 升。易见，公司A的瓶装橙汁相对于公司B而言在容量上更一致。因此，我们可以说相较于公司B而言，公司A的样本观测相对于其均值的**变差**或**离散程度**更小。故在购买橙汁时，如果我们购买公司A的产品的话，那么就会对所选瓶子的容量接近广告宣传的平均容量这件事情更有信心。

在第 1 章，我们介绍了样本变差的几个测度，包括**样本方差**、**样本标准差**以及**样本极差**。在本章，我们主要讨论样本方差。同样，令X_1，X_2，$\cdots$，X_n为n个随机变量。

（a）样本方差。

$$S^2 = \frac{1}{n-1} \sum_{i=1}^{n} (X_i - \bar{X})^2 \tag{7.2.1}$$

我们把样本中S^2的实现值记作s^2。请注意，在本质上我们将S^2定义为所有观测相对于其均值的离差平方和的平均。我们之所以以$n-1$作为除数而不是看起来更合理的选择n，其原因在第 8 章会变得非常明了。

例7.2　对在圣迭戈随机选取的 4 个食品杂货店的咖啡价格进行比较后发现，相对上月，1 磅袋装咖啡的价格上涨了 12，15，17，20 美分。求该随机样本中咖啡价格变化的方差。

解：我们先计算样本均值，可得

$$\bar{x} = \frac{12 + 15 + 17 + 20}{4} = 16(\text{美分})$$

因此

$$s^2 = \frac{1}{3} \sum_{i=1}^{4} (x_i - 16)^2 = \frac{(12-16)^2 + (15-16)^2 + (17-16)^2 + (20-16)^2}{3}$$

$$= \frac{(-4)^2 + (-1)^2 + (1)^2 + (4)^2}{3} = \frac{34}{3}$$

样本方差的表达式完美地说明了 S^2 就是变差的一个测度，不过样本方差的另一个表达式还有一些优点，因此读者应该清楚这一点。下面的定理给出了样本方差的另一个表达式。

定理 7.1 若 S^2 是容量为 n 的随机样本的方差，则我们可以将它写为：

$$S^2 = \frac{1}{n(n-1)} \left[n \sum_{i=1}^{n} X_i^2 - \left(\sum_{i=1}^{n} X_i \right)^2 \right]$$

证明：根据定义，我们有

$$S^2 = \frac{1}{n-1} \sum_{i=1}^{n} (X_i - \bar{X})^2 = \frac{1}{n-1} \sum_{i=1}^{n} (X_i^2 - 2\bar{X}X_i + \bar{X}^2) = \frac{1}{n-1} \left[\sum_{i=1}^{n} X_i^2 - 2\bar{X} \sum_{i=1}^{n} X_i + n\bar{X}^2 \right]$$

与第 1 章一样，我们把样本标准差和样本极差定义如下。

（b）样本标准差。

$$S = \sqrt{S^2}$$

式中，S^2 为样本方差。

令 $X_{\max}$ 为 X_i 中的最大值，$X_{\min}$ 为 X_i 中的最小值。

（c）样本极差。

$$R = X_{\max} - X_{\min}$$

例 7.3 组成一个随机样本的 6 个渔民 1996 年 6 月 19 日在马斯科卡湖上所捕获的鳟鱼数为 3，4，5，6，6，7，求这组数据的方差。

解：我们可以求得 $\sum_{i=1}^{6} x_i^2 = 171$，$\sum_{i=1}^{6} x_i = 31$，且 $n = 6$。因此

$$s^2 = \frac{1}{(6)(5)} \left[(6)(171) - (31)^2 \right] = \frac{13}{6}$$

所以，样本标准差

$$s = \sqrt{13/6} = 1.47$$

样本极差为：

$$7 - 3 = 4$$

习 题

7.1 请给出下述样本所来自的总体：

（a）里奇蒙德市的 200 户居民接到了电话，并被 询问了在学校董事会的选举中，他们所支持候选人的姓名。

（b）抛一枚硬币 100 次，其中 34 次背面朝上。

（c）抽检了职业网球巡回赛中的 200 双新式网球鞋后发现，每双鞋的平均使用时间为 4 个月。

（d）在 5 种不同的场合下，一位律师从她位于郊区的住所开车前往市中心的办公室所花的时间分别为 21，26，24，22，21 分钟。

7.3 由 9 人组成的一个随机样本对某种兴奋剂的反应时间（单位：秒）为 2.5，3.6，3.1，4.3，2.9，2.3，2.6，4.1，3.4。请计算：

（a）均值。

（b）中位数。

7.5 由 15 名学生组成的一个随机样本在正误判断的能力测试中填答出错的个数为 2，1，3，0，1，3，6，0，3，3，5，2，1，4，2。求：

（a）均值。

（b）中位数。

（c）众数。

7.7 从一家本地制造工厂的工人中选取一个随机样本，得到他们向联合基金会所捐赠的金额（单位：美元）分别为 100，40，75，15，20，100，75，50，30，10，55，75，25，50，90，80，15，25，45，100。请计算：

（a）均值。

（b）众数。

7.11 考察习题 7.5 中的数据，请根据下述公式计算其方差：

（a）公式 7.2.1。

（b）定理 7.1。

7.13 从一个毕业班中随机选出 20 名高年级学生，其学分绩如下：

3.2　1.9　2.7　2.4　2.8　2.9　3.8

3.0　2.5　3.3　1.8　2.5　3.7　2.8

2.0　3.2　2.3　2.1　2.5　1.9

请计算出标准差。

7.3 抽样分布

统计推断范畴内主要涉及归纳和预测。比如，我们可能基于在街头上采访的几个人的意见而就此声称，底特律市合格的选民中有 60% 的人会在即将进行的选举中支持某个候选人。在这种情形中，我们处理的是一个非常大的有限总体中关于选民意向的一个随机样本。第二个例子是，从南卡罗来纳州查尔斯顿市 30 间在建住房中选取 3 间，基于其合同方对建设成本的估计，我们就可能会说在该市修建一间房屋的平均成本介于 330 000 美元和 335 000 美元之间。此时我们抽样的总体也是有限的，不过非常小。最后，考虑平均每次能分装 240 毫升的软饮料分装机的例子。一名公司职员计算了其平均 40 次的分装量为 $\bar{x}=236$ 毫升，基于 236 毫升这个值，他认为这台机器每次分装的软饮料体积仍然为 $\mu=240$ 毫升。分装 40 次的软饮料量其实就是，由该软饮料分装机所有可能的软饮料分装量组成的无限总体的一个样本。

7.3.1 由样本信息推断总体

在上面的每个例子中，我们都基于从总体中选取到的样本计算了一个统计量，并根据这个统计量，对总体参数的取值进行了或真或假的一些推断。即使在样本均值为 236 毫升的情况下，这名公司职员仍然认为该软饮料分装机平均每次所分装的软饮料量是 240 毫升，因为根据抽样理论他知道，即便在 $\mu=240$ 毫升时，样本的实现值为 236 毫升也是极有可能发生的事情。事实上，若进行类似的检验，比如每隔 1 小时进行一次，那么他能预期，统计量的实现值 $\bar{x}$ 会在 $\mu=240$ 毫升的左右波动。仅在 $\bar{x}$ 的取值显著不等于 240 毫升时，这名公司职员才会采取行动来调整这台分装机。

因为统计量是只决定于观测样本的一个随机变量，所以统计量必然也是服从于一个概率分布的。

定义 7.5 统计量的概率分布称为**抽样分布**。

统计量的抽样分布取决于总体、样本容量以及抽选样本的方法。在本章的余下部分，我们将探讨经常用到的统计量几个重要的抽样分布。在贯穿后续章节的大部分内容中，我们都会考虑应用这些抽样分布来处理统计推断范畴的问题。$\bar{X}$ 的概率分布称为**均值的抽样分布**。

7.3.2 $\bar{X}$ 的抽样分布

我们应当将 $\bar{X}$ 和 S^2 的抽样分布作为推断参数 μ 和 σ^2 的途径。在样本容量为 n 时，$\bar{X}$ 的抽样分布就是，不断重复进行某个试验（样本容量都为 n）所产生的许多 $\bar{X}$ 的实现值的分布。故抽样分布所刻画的就是样本均值围绕总体均值 μ 的变动。在软饮料分装机的例子中，对 $\bar{X}$ 的抽样分布的知识将有助于研究人员认识观测值 $\bar{x}$ 和真实值 μ 之间的"典型"差异。同理，这一点也适用于 S^2 的抽样分布。在重复进行试验的基础上，其抽样分布给出的也是观测值 s^2 围绕 σ^2 的变动信息。

7.4 均值的抽样分布和中心极限定理

我们首先要考虑的重要的抽样分布是均值 $\bar{X}$ 的抽样分布。假定我们从均值为 μ、方差为 σ^2 的正态总体中选取了一个有 n 个观测的随机样本，则该随机样本中的每个观测 X_i，$i=1$，2，$\cdots$，n 与抽样的总体具有相同的正态分布，并有

$$\bar{X} = \frac{1}{n}(X_1 + X_2 + \cdots + X_n)$$

服从均值和方差为：

$$\mu_{\bar{X}} = \frac{1}{n}(\underbrace{\mu + \mu + \cdots + \mu}_{n\text{项}}) = \mu$$

$$\sigma_{\bar{X}}^2 = \frac{1}{n^2}(\underbrace{\sigma^2 + \sigma^2 + \cdots + \sigma^2}_{n\text{项}}) = \frac{\sigma^2}{n}$$

的正态分布。

若我们从一个未知分布的总体中抽样，无论有限总体抑或无限总体，在样本容量较大时，$\bar{X}$ 的抽样分布仍然会近似于均值为 μ、方差为 σ^2/n 的正态分布。这个"漂亮"的结果是在下面称为中心极限定理的直接结论。

7.4.1 中心极限定理

定理 7.2 （中心极限定理）若 $\bar{X}$ 是从均值为 μ 且具有有限方差 σ^2 的总体中抽取到的一个容量为 n 的随机样本的均值，则

$$Z = \frac{\bar{X} - \mu}{\sigma/\sqrt{n}}$$

的分布在 $n \to \infty$ 时的极限形式是标准正态分布 $n(z; 0, 1)$。

如果总体分布的偏倚并不是很严重，那么在 $n \geqslant 30$ 时，$\bar{X}$ 的正态近似一般就非常好了。而在 $n < 30$ 时，只有在总体分布与正态分布差别不大的情况下，正态近似的效果才会好。不过如前所述，若总体服从的就是正态分布，则无论样本容量有多小，$\bar{X}$ 的抽样分布都精确地服从正态分布。

使用中心极限定理的指导线就是样本容量 $n=30$。不过，正如该定理所述，$\bar{X}$ 所服从分布的正态性前提会随着 n 的增大而越来越正确。事实上，图 7.1 阐释了中心极限定理是如何起作用的。图 7.1 表明，在一个观测（$n=1$）时这个观测的分布明显是非对称的，随着 n 的增大，$\bar{X}$ 所服从的分布越来越接近于正态分布。该图还表明，$\bar{X}$ 的均值在任何大小的样本容量时都是 μ，而 $\bar{X}$ 的方差则随着 n 的增大而变小。

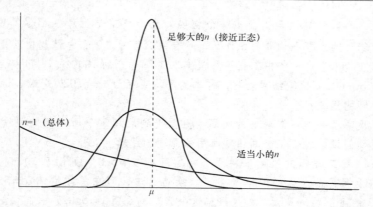

图 7.1   中心极限定理的图示（在 $n=1$，n 大小适中，n 足够大时 $\bar{X}$ 的分布）

例 7.4   一家电器公司生产照明灯泡，灯泡的寿命长度近似服从均值为 800 小时、标准差为 40 小时的正态分布。求在一个有 16 只灯泡的随机样本中其平均寿命低于 775 小时的概率。

解： 显然，$\bar{X}$ 的抽样分布近似服从 $\mu_{\bar{X}} = 800$ 且 $\sigma_{\bar{X}} = 40/\sqrt{16} = 10$ 的正态分布。则所求概率就等于图 7.2 中阴影部分的面积。

与 $\bar{x}$ 对应的 z 为：

$$z = \frac{775 - 800}{10} = -2.5$$

故

$$P(\bar{X} < 775) = P(Z < -2.5) = 0.006\,2$$

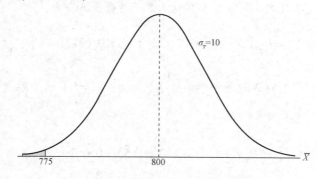

图 7.2   例 7.4 中的面积

7.4.2   对总体均值的推断

中心极限定理一个非常重要的应用是，确定总体均值 μ 的合理值。诸如假设检验、参数估计、质量控制以及其他许多方面都要用到中心极限定理。

在下面的案例研究中，我们给出了一个使用 $\bar{X}$ 的抽样分布来进行推断的例证。在这个简单的例证中，μ 和 σ 都是已知的。中心极限定理和抽样分布通常会被用来检验分布的某个重要方面，如分布的参数。在中心极限定理中，我们所关心的是均值 μ。关于 μ 的推断可以有多种形式。通常，从研究人员的角度而言，他会希望（$\bar{x}$ 形式的）数据是支持（或违背）关于 μ 值的预定猜想的。应用我们所知道的抽样分布就可以回答这类问题。下述案例研究中的假设检验是中心极限定理的一个应用，我们在后续章节会着重对此进行讲述。

案例研究 7.1 （汽车零件）汽车工业中一个重要的生产环节是生产柱形零件。非常重要的是，该生产环节所生产零件的直径平均要为 5.0 毫米。有关工程师推测，总体均值就是 5.0 毫米。于是设计了一个试验，在这个生产环节中工程师随机选取了所生产的 100 个零件，并逐个测量其直径。已知总体的标准差 $\sigma = 0.1$。试验结果表明，样本的平均直径为 $\bar{x} = 5.027$ 毫米。请问样本信息是支持还是违背该工程师的推测？

解： 这个例子反映了一类经常遇到的问题，且要用到后续章节所介绍的假设检验来处理。在此我们不会正式用到假设检验，但会阐述其所用的原理和逻辑。

数据支持抑或违背工程师的推测取决于，在实际的 $\mu = 5.0$（见图 7.3）时，在试验中得到 $(\bar{x} = 5.027)$ 的类似数据真正发生的概率是多少。换句话说，即在总体均值 $\mu = 5.0$ 且 $n = 100$ 时，我们得到 $\bar{x} \geq 5.027$ 的可能性有多大？如果根据这个概率值说明 $\bar{x} = 5.027$ 并非不合理的，则我们就不能拒绝这个推断。若这个概率值非常低，那我们就可以说，数据不支持 $\mu = 5.0$ 的推测。我们所求概率由 $P(\mid \bar{X} - 5 \mid \geq 0.027)$ 给出。

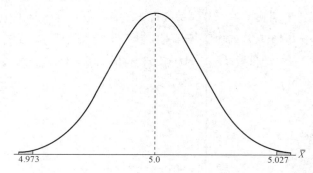

图 7.3 案例研究 7.1 中的面积

也就是说，若均值是 5 毫米，则 $\bar{X}$ 偏离 0.027 毫米的机会有多大。

$$P(\mid \bar{X} - 5 \mid \geq 0.027) = P(\bar{X} - 5 \geq 0.027) + P(\bar{X} - 5 \leq 0.027) = 2P\left(\frac{\bar{X} - 5}{0.1/\sqrt{100}} \geq 2.7\right)$$

根据中心极限定理，我们对 $\bar{X}$ 进行简单的标准化。如果 $\mu = 5.0$ 这个推测正确，则 $\frac{\bar{X} - 5}{0.1/\sqrt{100}}$ 应该服从 $N(0, 1)$。因此，我们有

$$2P\left(\frac{\bar{X} - 5}{0.1/\sqrt{100}} \geq 2.7\right) = 2P(Z \geq 2.7) = 2(0.003\ 5) = 0.007$$

所以，在 1 000 次试验中遇到 $\bar{x}$ 值偏离均值 0.027 毫米的机会仅为 7 次。这样一来，$\bar{x} = 5.027$ 的试验结果显然不足以支持 $\mu = 5.0$ 这个推测。相反，试验结果强烈地违背了这个推测。

例 7.5 乘坐摆渡车往返于某个城市一所高校的两个校区之间平均要花费 28 分钟，标准差为 5 分钟。在一周内，摆渡车运输乘客的次数为 40 次。则平均摆渡时间超过 30 分钟的概率是多少？假定平均摆渡时间能测量到分钟。

解： 在这个例子中，$\mu = 28$ 且 $\sigma = 3$。我们需要计算 $n = 40$ 时，$P(\bar{X} > 30)$ 这个概率。由于时间是在连续尺度上精确测量到分钟，则 $\bar{x}$ 大于 30 这个事件就等价于 $\bar{x} \geq 30.5$ 这个事件。因此，我们有

$$P(\bar{X} > 30) = P\left(\frac{\bar{X} - 28}{5/\sqrt{40}} \geq \frac{30.5 - 28}{5/\sqrt{40}}\right) = P(Z \geq 3.16) = 0.000\ 8$$

故摆渡一次的平均时间仅有很小的机会超过 30 分钟。图例说明如图 7.4 所示。

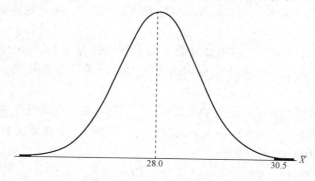

图 7.4　例 7.5 中的面积

7.4.3　两个均值之差的抽样分布

案例研究 7.1 中的情形涉及的是，对单个均值 μ 进行统计推断的内容。工程师关心的是能否支持关于单个总体均值的推测。而抽样分布更重要的一个应用涉及的是两个总体的问题。科研人员或工程师可能关心的是 1 和 2 两种生产方法的比较性试验问题。其所比较的主要是总体均值之间的差异 $\mu_1 - \mu_2$。

假定有两个总体，第一个总体的均值为 μ_1，方差为 σ_1^2；第二个总体的均值为 μ_2，方差为 σ_2^2。若统计量 $\bar{X}_1$ 表示的是从第 1 个总体中选取的一个容量为 n_1 的随机样本的均值，统计量 $\bar{X}_2$ 表示是从第 2 个总体中选取的一个容量为 n_2 的随机样本的均值，且它与从第 1 个总体中选取的样本独立。则对于容量为 n_1 和 n_2 的重复性样本之间的差异 $\bar{X}_1 - \bar{X}_2$ 所具有的抽样分布，我们能说什么呢？根据定理 7.2 可知，随机变量 $\bar{X}_1$ 和 $\bar{X}_2$ 都近似服从均值分别为 μ_1 和 μ_2 且方差分别为 σ_1^2/n_1 和 σ_2^2/n_2 的正态分布。随着 n_1 和 n_2 的增加，近似效果会更好。通过从这两个总体中选取独立样本的方式，我们保证了随机变量 $\bar{X}_1$ 和 $\bar{X}_2$ 之间的独立性，在 $a_1 = 1$ 且 $a_2 = -1$ 时，$\bar{X}_1 - \bar{X}_2$ 近似服从均值为：

$$\mu_{\bar{X}_1 - \bar{X}_2} = \mu_{\bar{X}_1} - \mu_{\bar{X}_2} = \mu_1 - \mu_2$$

方差为：

$$\sigma_{\bar{X}_1 - \bar{X}_2}^2 = \sigma_{\bar{X}_1}^2 + \sigma_{\bar{X}_2}^2 = \frac{\sigma_1^2}{n_1} + \frac{\sigma_2^2}{n_2}$$

的正态分布。

我们可以很容易地把中心极限定理推广到两样本、两总体的情形。

定理 7.3　若分别从均值为 μ_1 和 μ_2、方差为 σ_1^2 和 σ_2^2 的两个离散型或连续型总体中随机抽出容量为 n_1 和 n_2 的独立样本，均值之差 $\bar{X}_1 - \bar{X}_2$ 的抽样分布则近似服从均值和方差为：

$$\mu_{\bar{X}_1 - \bar{X}_2} = \mu_1 - \mu_2$$

$$\sigma_{\bar{X}_1 - \bar{X}_2}^2 = \frac{\sigma_1^2}{n_1} + \frac{\sigma_2^2}{n_2}$$

的正态分布。故

$$Z = \frac{(\bar{X}_1 - \bar{X}_2) - (\mu_1 - \mu_2)}{\sqrt{(\sigma_1^2/n_1) + (\sigma_2^2/n_2)}}$$

是一个近似标准正态变量。

如果 n_1 和 n_2 两者都大于或等于 30，则在基础分布不太偏离正态的情况下，$\bar{X}_1 - \bar{X}_2$ 的分布的正态近似效果就会非常好。不过，即使在n_1和n_2都小于 30 的情况下，正态近似的效果也会很好，总体分布明确是非正态的情形除外。当然，若两个分布都是正态的，则无论容量n_1和n_2多大，$\bar{X}_1 - \bar{X}_2$都服从正态分布。

两样本间均值之差的抽样分布的用处非常类似于案例研究 7.1 中单个均值的情形。下面的案例研究 7.2 重点关注的是，应用两样本均值之间的差来验证两总体均值相同（或不同）的推测。

案例研究7.2　（涂料烘干时间）我们做了比较两种不同类型涂料的两个独立试验。用 A 类涂料漆了 18 个样品，并记录下每个样品的烘干时间（单位：小时）。用 B 类涂料做了相同的试验。已知总体的标准差都为 1.0 小时。

假设这两类涂料的平均烘干时间相等，求概率 $P(\bar{X}_A - \bar{X}_B > 1.0)$，其中 $\bar{X}_A$ 和 $\bar{X}_B$ 是容量为 $n_A = n_B = 18$ 的样本的平均烘干时间。

解：根据$\bar{X}_A - \bar{X}_B$的抽样分布可知，其分布近似服从均值为：

$$\mu_{\bar{X}_A - \bar{X}_B} = \mu_A - \mu_B = 0$$

且方差为：

$$\sigma^2_{\bar{X}_A - \bar{X}_B} = \frac{\sigma^2_A}{n_A} + \frac{\sigma^2_B}{n_B} = \frac{1}{18} + \frac{1}{18} = \frac{1}{9}$$

的正态分布。

则所求概率即为如图 7.5 所示阴影区域的面积。对应于 $\bar{X}_A - \bar{X}_B = 1.0$，我们有

$$z = \frac{1 - (\mu_A - \mu_B)}{\sqrt{1/9}} = \frac{1 - 0}{\sqrt{1/9}} = 3.0$$

故

$$P(Z > 3.0) = 1 - P(Z < 3.0) = 1 - 0.998\,7 = 0.001\,3$$

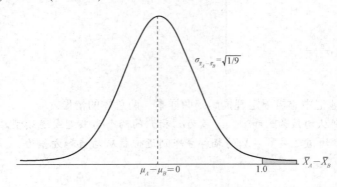

图 7.5　案例研究 7.2 中的面积

7.4.4　在案例研究 7.2 中的收获

在案例研究 7.2 的计算中，其基础建立在$\mu_A = \mu_B$之上。不过，假设我们进行试验的目的是对两总体的平均烘干时间μ_A和μ_B是否相等做出推断。若这两个均值之间的差别为 1 小时（或更大），则这个证据显然能让我们得出两类涂料的总体平均烘干时间不等的结论。另一方面，假设两个样本均值之差很小（15 分钟）。若$\mu_A = \mu_B$，则

$$P[(\bar{X}_A - \bar{X}_B) > 0.25 \text{ 小时}] = P\left(\frac{\bar{X}_A - \bar{X}_B - 0}{\sqrt{\frac{1}{9}}} > \frac{3}{4}\right) = P\left(Z > \frac{3}{4}\right) = 1 - P(Z < 0.75)$$

$$= 1 - 0.7734 = 0.2266$$

因为这个概率并不小，所以我们可以说，15 分钟的样本均值之差是可能发生的（即使在 $\mu_A = \mu_B$ 时，这种情况也是可能经常发生的）。故在平均烘干时间上的这种差别必然不是 $\mu_A \neq \mu_B$ 的一个明显信号。

如上所述，有关这种以及其他类型的统计推断（如假设检验）的更详细形式我们会在后续章节中介绍。在后续三节中，此处所讨论的中心极限定理和抽样分布也起了非常重要的作用。

例 7.6 厂商 A 生产的电视机显像管的平均寿命为 6.5 年，标准差为 0.9 年；而厂商 B 的产品寿命平均为 6.0 年，标准差为 0.8 年。则一个厂商 A 所生产的 36 支显像管组成的随机样本的平均寿命，至少比一个厂商 B 所生产的 49 支显像管组成的随机样本的平均寿命长 1 年的概率是多少？

解： 我们已知如下信息：

总体 1	总体 2
$\mu_1 = 6.5$	$\mu_2 = 6.0$
$\sigma_1 = 0.9$	$\sigma_2 = 0.8$
$n_1 = 36$	$n_2 = 49$

则根据定理 7.3 可知，$\bar{X}_1 - \bar{X}_2$ 的抽样分布是近似正态的，且其均值和标准差为：

$$\mu_{\bar{X}_1 - \bar{X}_2} = 6.5 - 6.0 = 0.5$$

$$\sigma_{\bar{X}_1 - \bar{X}_2} = \sqrt{\frac{0.81}{36} + \frac{0.64}{49}} = 0.189$$

则厂商 A 所生产的 36 支显像管的平均寿命，至少比厂商 B 所生产的 49 支显像管的平均寿命长 1 年的概率，等于图 7.6 中阴影区域的面积。对应于 $\bar{x}_1 - \bar{x}_2 = 1.0$，我们可得

$$P(\bar{X}_1 - \bar{X}_2 \geq 1.0) = P(Z > 2.65) = 1 - P(Z < 2.65) = 1 - 0.9960 = 0.0040$$

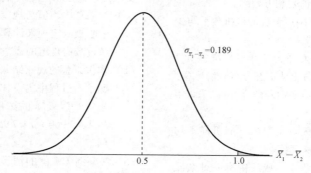

图 7.6　例 7.6 中的面积

7.4.5　有关均值的抽样分布——二项分布正态近似的更多讨论

我们在 6.5 节详细介绍了二项分布的正态近似，并给出了二项随机变量所服从分布可以用正态分布近似时参数 n 和 p 应满足的条件。一些例子和习题都反映出正态近似这个概念的重要性。中心极限定理更是提供了如何近似以及为什么这样近似会有效果的线索。我们当然知道，二项随机变量是在每次试验结果为二分类的 n 次独立性试验中成功的次数 X。我们也在第 1 章阐明了，在这

类试验中我们所求的比例是集合中所有 0 和 1 的平均值。事实上，比例 X/n 为平均值，X 是集合中所有 0 和 1 之和，而在 n 足够大时 X 和 X/n 两者都是近似正态的。当然，正如我们在第 6 章中所学到的，我们知道 n 和 p 所满足的条件是否成立，即 $np \geqslant 5$ 或 $nq \geqslant 5$，会影响近似的效果。

习 题

7.17 如果从均值为 50 且标准差为 5 的正态总体中选取一个容量为 16 的样本，那么样本均值 $\bar{X}$ 在区间 $\mu_{\bar{x}} - 1.9\sigma_{\bar{x}}$ 到 $\mu_{\bar{x}} - 0.4\sigma_{\bar{x}}$ 之间的概率是多少？假定样本均值可以精确到任意精度。

7.19 某型号线的抗拉强度为 78.3 千克，标准差为 5.6 千克。则在样本容量从 64 增加到 196 以及从 784 降低到 49 时，样本均值的标准差将怎样变化？

7.21 一种软饮料分装机通过调节设定，每次分装饮料的平均容量为 240 毫升，标准差为 15 毫升。周期性地选取出 40 瓶软饮料并计算出平均容量以对这台机器进行检查。如果 40 瓶软饮料的均值在 $\mu_{\bar{x}} \pm 2\sigma_{\bar{x}}$ 的区间范围内，则认为这台机器的运转是正常的，否则就要进行调整。在 7.3 节中，公司职员计算得到这 40 瓶软饮料的均值为 $\bar{x} = 236$ 毫升，由此得出结论，这台机器不需要进行调整。请问这是不是一个合理的决策？

7.23 随机变量 X 为樱桃酥中的樱桃含量，其概率分布为：

x	4	5	6	7
$P(X=x)$	0.2	0.4	0.3	0.1

（a）请计算 X 的均值 μ 和方差 σ^2。

（b）请计算由 36 块樱桃酥组成的（多个）随机样本的均值 $\bar{X}$ 的均值 $\mu_{\bar{X}}$ 和方差 $\sigma_{\bar{X}}^2$。

（c）请计算 36 块樱桃酥中所包含的樱桃数平均少于 5.5 颗的概率。

7.25 某种面包机的平均寿命为 7 年，标准差为 1 年。假设这些机器的寿命服从正态分布，请计算：

（a）随机选出的 9 台机器平均寿命为 $6.4 \sim 7.2$ 年的概率。

（b）x 值，其中容量为 9 的（多个）随机样本均值有 15% 在 x 值的右侧。

7.27 在一个化学反应过程中，成品中有一种杂质的数量是很难进行控制的，因为它是一个随机变量。我们猜测每克成品中就含有 0.20 克杂质，这是总体均值。而已知其标准差为 0.10 克。关于 $\mu = 0.2$ 这种假设，我们开展了一项试验来进行判断。该过程在实验室中进行了 50 次，样品平均值 $\bar{X}$ 为每克中含有 0.23 克杂质。请运用中心极限定理对每克成品中含有 0.20 克杂质这种认识进行评论。

7.29 某种狗的身高分布的均值是 72 厘米，标准差为 10 厘米；另一种狮子狗的身高分布的均值为 28 厘米，标准差是 5 厘米。（假设样本均值可以无限精确。）随机抽取 64 只第一种狗所得到的样本均值超过了随机抽取 100 只狮子狗所得到的样本均值，请计算两者的差值至多为 44.2 厘米的概率。

7.31 考察案例研究 7.2 中的情形。假定在试验中每种涂料都抽取了 18 个样品，且两者的平均干燥时间之差 $\bar{x}_A - \bar{x}_B$ 为 1.0 小时。

（a）两个总体干燥时间的均值是否真的相等？请使用案例研究 7.2 中的结果进行计算。

（b）如果某人在 $\mu_A = \mu_B$ 的条件下进行了 10 000 次试验，那么将有多少次试验中 $\bar{x}_A - \bar{x}_B$ 的差值可以达到（或者大于）1.0 小时？

7.33 化学物质苯对人体有剧毒。不过，它常常被用于药物、皮革和遮盖物的染色工序中。政府规定，生产过程中使用到苯物质时，排出污水中苯的含量不能超过 7 950ppm。在一次生产中，随机收集了 25 次水样本，其样本平均为 7 960ppm。根据历史数据，其标准差为 100ppm。

（a）如果总体均值与规定的极限值相等，请使用中心极限定理来计算本次试验中的样本均值超过政府规定的概率是多少？

（b）本次试验的观察结果 $\bar{x} = 7 960$，是否可以证明生产过程中的总体均值已经超过了政府的规定？假设苯的浓度为正态分布，请计算 $P(\bar{X} \geqslant 7 960 \mid \mu = 7 950)$，然后对本问题进行回答。

7.35 考察例 7.4 中的情形。那些结果是否已经开始让你怀疑 $\mu = 800$ 这个假设？在 $\mu = 800$ 时，请计算事件为 $\bar{X} \leqslant 775$ 的概率。在 $\mu = 760$ 时，概率又是多少？

7.5 S^2 的抽样分布

在上一节中，我们知道了 $\bar{X}$ 的抽样分布。中心极限定理使得我们可以利用

$$\frac{\bar{X} - \mu}{\sigma/\sqrt{n}}$$

在样本容量增大时趋于 $N(0, 1)$ 这个事实。重要统计量的抽样分布有助于我们获得有关参数的信息。通常，参数与所讨论的统计量是相对的。比如，如果工程师关心某型号电阻的总体平均电阻，则一旦收集到样本信息，我们就可以利用 $\bar{X}$ 的抽样分布来回答这个问题。另一方面，若我们所研究的是电阻的变异性，显然就可以利用 S^2 的抽样分布来了解与其相对应参数（即总体方差 σ^2）的信息。

若从均值为 μ 且方差为 σ^2 的正态总体中抽到一个容量为 n 的随机样本，并计算得到了样本方差，则它就是统计量 S^2 的一个实现值。我们继续考察统计量 $(n-1)S^2/\sigma^2$ 的分布。

通过加减样本均值 $\bar{X}$，易见

$$\begin{aligned}
\sum_{i=1}^{n}(X_i - \mu)^2 &= \sum_{i=1}^{n}\left[(X_i - \bar{X}) + (\bar{X} - \mu)\right]^2 \\
&= \sum_{i=1}^{n}(X_i - \bar{X})^2 + \sum_{i=1}^{n}(\bar{X} - \mu)^2 + 2(\bar{X} - \mu)\sum_{i=1}^{n}(X_i - \bar{X}) \\
&= \sum_{i=1}^{n}(X_i - \bar{X})^2 + n(\bar{X} - \mu)^2
\end{aligned}$$

在等式的两端除以 σ^2，并以 $(n-1)S^2$ 替换 $\sum_{i=1}^{n}(X_i - \bar{X})^2$，可得

$$\frac{1}{\sigma^2}\sum_{i=1}^{n}(X_i - \mu)^2 = \frac{(n-1)S^2}{\sigma^2} + \frac{(\bar{X} - \mu)^2}{\sigma^2/n}$$

我们知道

$$\sum_{i=1}^{n}\frac{(X_i - \mu)^2}{\sigma^2}$$

是自由度为 n 的卡方随机变量。我们将自由度为 n 的卡方随机变量分割成了两部分。请注意，我们在 6.7 节证明了卡方分布是伽马分布的一个特例。等式右端的第二项是自由度为 1 的卡方随机变量 Z^2，而 $(n-1)S^2/\sigma^2$ 则是自由度为 $n-1$ 的卡方随机变量。根据这个结论可形成下述定理。

定理 7.4 若 S^2 是从方差为 σ^2 的正态总体中抽取的一个容量为 n 的随机样本的方差，则统计量

$$\chi^2 = \frac{(n-1)S^2}{\sigma^2} = \sum_{i=1}^{n}\frac{(X_i - \bar{X})^2}{\sigma^2}$$

服从自由度为 $v = n-1$ 的卡方分布。

根据下式，我们可以对每个样本都计算出随机变量 χ^2 的实现值。一个随机样本的 χ^2 值大于某个指定数值的概率就等于曲线下端 χ^2 值右侧的面积。通常我们以 χ^2_α 表示其右侧面积为 α 的那个 χ^2 值，如图 7.7 中的阴影区域所示。

$$\chi^2 = \frac{(n-1)S^2}{\sigma^2}$$

附录表 A5 给出了不同的 α 值和 v 值所对应的 χ^2_α 值。面积 α 为该表的列标题；自由度 v 则由该表最左侧的那一列给出；表内的各项是相应的 χ^2 值。因此，若自由度为 7 的 χ^2 值其右侧的面积为 0.05，则其值为 $\chi^2_{0.05} = 14.067$。由于卡方分布不具有对称性，因此要求自由度为 $v=7$ 的卡方值 $\chi^2_{0.95} = 2.167$，我们仍需要查表。

落入卡方分布 $\chi^2_{0.95}$ 和 $\chi^2_{0.05}$ 之间的精确值为 95%。χ^2 值不太可能落入 $\chi^2_{0.05}$ 右侧，除非我们假设 σ^2

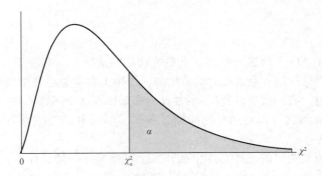

图 7.7　卡方分布

很小。同样，χ^2 值落入 $\chi^2_{0.95}$ 左侧也是不太可能的，除非 σ^2 值非常大。也就是说，在 σ^2 值正确的情况下，我们是有可能得到落入 $\chi^2_{0.95}$ 左侧或 $\chi^2_{0.05}$ 右侧的一个 χ^2 值，但若这种情况（在一次试验中）真的发生了，则更可能是对 σ^2 值做出了错误的假设。

例 7.7　车用蓄电池的厂商保证其电池可以持续使用的平均年限为 3 年，标准差为 1 年。若该厂商生产的电池中有 5 件产品的寿命为 1.9，2.4，3.0，3.5，4.2 年，则该厂商仍然确信其产品寿命的标准差为 1 年吗？假定产品寿命服从正态分布。

　　解： 首先根据定理 7.1，我们可求得样本方差为：

$$s^2 = \frac{(5)(48.26) - (15)^2}{(5)(4)} = 0.815$$

则

$$\chi^2 = \frac{(4)(0.815)}{1} = 3.26$$

是自由度为 4 的卡方分布的一个实现值。由于自由度为 4 的卡方分布 95% 的 χ^2 值都介于 0.484 和 11.143 之间，因此在 $\sigma^2 = 1$ 时所得到的 χ^2 值是说得通的，该厂商没有理由怀疑其产品寿命的标准差不是 1 年。

7.5.1　自由度是样本信息量的一个测度

　　我们知道

$$\sum_{i=1}^{n} \frac{(X_i - \mu)^2}{\sigma^2}$$

服从自由度为 n 的 χ^2 分布。根据定理 7.4 我们还发现，随机变量

$$\frac{(n-1)S^2}{\sigma^2} = \sum_{i=1}^{n} \frac{(X_i - \bar{X})^2}{\sigma^2}$$

服从自由度为 $n-1$ 的 χ^2 分布。读者可能也还记得，我们在第 1 章曾对自由度这个术语在相同的情境中进行过探讨。

　　如前所述，我们不会对定理 7.4 进行证明。不过，读者通过定理 7.4 应该可以看到，我们在 μ 未知时考察

$$\sum_{i=1}^{n} \frac{(X_i - \bar{X})^2}{\sigma^2}$$

的分布的情况下，其自由度少了 1，或者说，在估计 μ（即以 $\bar{x}$ 来替换 μ）时损失了 1 个自由度。

换句话说，来自正态分布的随机样本的自由度或独立的信息条数是 n。若我们使用数据（样本中的观测值）来计算均值，则用以估计 σ^2 的信息中的自由度减少了 1。

7.6 t 分布

在 7.4 节，我们讨论了应用中心极限定理的问题。中心极限定理的应用主要是围绕一个总体的均值或两总体均值之差的推断问题。中心极限定理和正态分布为我们带来了很多益处。不过，我们假设总体标准差是已知的。这个假设在工程师非常熟悉系统或生产过程的情形中是非常合理的。然而，在许多试验场合，对 σ 的认识并不会比对总体均值 μ 的了解更多。事实上，我们通常必须使用与计算样本均值 $\bar{x}$ 相同的样本信息来估计 σ。因此，用以推断 μ 的一个正常统计量就是

$$T = \frac{\bar{X} - \mu}{S/\sqrt{n}}$$

S 是对 σ 的样本近似，如果样本容量很小，则 S^2 在不同样本中的值变动就会非常显著（见习题7.43），且 T 的分布显著地偏离标准正态分布。

如果样本容量足够大，比如 $n \geqslant 30$，T 的分布与标准正态分布的差别就不显著。不过，在 $n < 30$ 时，使用 T 的精确分布更有益。在推导 T 的抽样分布的过程中，假设我们是从正态总体中选取的随机样本。因此，可以将其写为：

$$T = \frac{(\bar{X} - \mu)/(\sigma/\sqrt{n})}{\sqrt{S^2/\sigma^2}} = \frac{Z}{\sqrt{V/(n-1)}}$$

式中

$$Z = \frac{\bar{X} - \mu}{\sigma/\sqrt{n}}$$

服从标准正态分布，且

$$V = \frac{(n-1)S^2}{\sigma^2}$$

服从自由度 $v = n-1$ 的卡方分布。从正态总体中抽样，可以证明 $\bar{X}$ 和 S^2 是独立的，因此 Z 和 V 也是独立的。下面的定理对作为（标准正态的）Z 和 χ^2 的一个函数的 T 进行了定义。为了完整起见，我们给出了 t 分布的密度函数。

定理 7.5 假设 Z 是标准正态随机变量，V 是自由度为 v 的卡方随机变量。若 Z 和 V 独立，则随机变量 T 的分布所具有的密度函数是

$$h(t) = \frac{\Gamma[(v+1)/2]}{\Gamma(v/2)\sqrt{\pi v}}\left(1 + \frac{t^2}{v}\right)^{-(v+1)/2}, \quad -\infty < t < \infty$$

式中

$$T = \frac{Z}{\sqrt{V/v}}$$

这就是著名的 **t 分布**，自由度为 v。

根据前述内容和上述定理我们可得下述推论。

推论 7.1 假设 $X_1, X_2, \cdots, X_n$ 都是均值为 μ 且标准差为 σ 的正态、独立随机变量。若

$$\bar{X} = \frac{1}{n}\sum_{i=1}^{n} X_i$$

$$S^2 = \frac{1}{n-1} \sum_{i=1}^{n} (X_i - \bar{X})^2$$

则随机变量 $T = \dfrac{\bar{X} - \mu}{S/\sqrt{n}}$ 服从自由度为 v 的为 t 分布。

T 的概率分布是 1908 年由戈塞特（W. S. Gosset）在其发表的一篇文章中首先提出的。当时，戈塞特受雇于一家爱尔兰酿酒厂，该酒厂禁止其员工公开发表研究成果。为了绕开这个限制，他以"学生氏"（Student）的名字秘密地发表了该成果。因此，T 的分布通常称为学生氏 t 分布，或简单地称为 t 分布。在推导该分布的表达式时，戈塞特假设样本是从正态总体中选取的。尽管看起来这是一个很强的假定，但我们可以证明，接近钟形分布的非正态总体也有非常近似 t 分布的 T 值。

7.6.1 t 分布的形态如何

T 的分布形态非常类似于 Z 的分布，因为它们两者都关于零均值对称。这两个分布都是钟形的，不过 t 分布的变异更大一些，因为 T 值依赖于 $\bar{X}$ 和 S^2 这两个量的变动，而 Z 值仅依赖于各样本之间 $\bar{X}$ 的变动。T 的分布和 Z 的分布的区别在于，T 的方差依赖于样本容量 n，且一般是大于 1 的。仅在样本容量 $n \to \infty$ 时，这两个分布才会趋同。在图 7.8 中，我们可以看到标准正态分布（$v = \infty$）和自由度为 2 和 5 的 t 分布之间的关系。附录表 A4 中给出了 t 分布的百分位点。

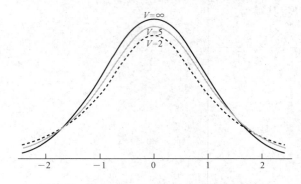

图 7.8 自由度为 $v = 2$，5，∞ 的 t 分布曲线

我们通常用 t_α 表示其右侧面积等于 α 时所对应的 t 值。因此，自由度为 10 的 t 值其右侧的面积为 0.025 时等于 2.228。由于 t 分布关于零均值对称，因此我们有 $t_{1-\alpha} = -t_\alpha$；右侧的面积为 $1 - \alpha$、左侧的面积为 α 所对应的 t 值等于分布右尾部面积为 α 的 t 值取负（见图 7.9）。因此，$t_{0.99} = -t_{0.01}$，$t_{0.95} = -t_{0.05}$，依此类推。

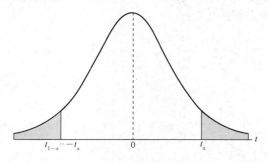

图 7.9 t 分布（关于 0 的）的对称性

例 7.8 自由度为 $v = 14$、左侧面积为 0.025 的 t 值，其右侧的面积则为 0.975，故 t 值为：

$$t_{0.975} = -t_{0.025} = -2.145$$

例 7.9 求 $P(-t_{0.025} < T < t_{0.05})$。

解：由于 $t_{0.05}$ 右侧的面积为 0.05，而 $-t_{0.025}$ 左侧的面积为 0.025，因此我们可求得介于 $-t_{0.025}$ 和 $t_{0.05}$ 之间的总面积为：

$$1 - 0.05 - 0.025 = 0.925$$

故我们有

$$P(-t_{0.025} < T < t_{0.05}) = 0.925$$

例 7.10 我们从正态分布中选取了一个容量为 15 的随机样本，求使得 $P(k < T < -1.761) = 0.045$ 成立的 k 值，并求 $\dfrac{\bar{X} - \mu}{s/\sqrt{n}}$。

解：根据附录表 A4 我们发现，在 $v = 14$ 时 1.761 对应于 $t_{0.05}$。因此，$-t_{0.05} = -1.761$。由于在原始的概率表达式中可以发现，k 是在 $-t_{0.05} = -1.761$ 左侧的，因此假设 $k = -t_\alpha$。则根据图 7.10，我们有

$$0.045 = 0.05 - \alpha$$
$$\alpha = 0.005$$

故根据 $v = 14$ 由附录表 A4 可得

$$k = -t_{0.005} = -2.977$$
$$P(-2.977 < T < -1.761) = 0.045$$

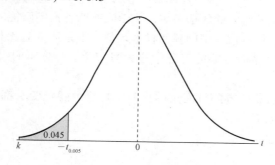

图 7.10 例 7.10 中的 t 值

自由度为 $v = n - 1$ 的 t 分布有 95% 的值都介于 $-t_{0.025}$ 和 $t_{0.025}$ 之间。当然，其他 t 值诸如 $-t_{0.02}$ 和 $t_{0.03}$ 之间也占到了分布的 95%，不过附录表 A4 中并没有给出这些值。在分布两侧的尾部选择 t 值，使得分布的右尾和左尾的面积完全相等时，我们就得到了（包含分布 95% 值的）最短的区间。落入 $-t_{0.025}$ 左侧或 $t_{0.025}$ 右侧的一个 t 值会令我们确信，要么发生了一个稀有事件，要么我们对 μ 做出的假设有错。不过，一旦发生了这种情况，我们都会认为对 μ 做出的假设是有错的。事实上，一个 t 值落入 $-t_{0.01}$ 左侧或 $t_{0.01}$ 右侧提供了有力的证据来说明，我们对 μ 值做出的假设是不太可能发生的。检验对参数 μ 的取值所做出的假设的一般步骤我们会在第 9 章进行介绍。

例 7.11 一位化学工程师声称，某个批处理过程制造的产品所具有的总体均值是每毫升原材料 500 克。为了检验这种说法，他每月抽取了 25 批产品。经过计算发现，其 t 值落入了 $-t_{0.05}$ 和 $t_{0.05}$ 之间，因此事实是符合他的断言的。若样本的均值为 $\bar{x} = 518$，样本标准差为 $s = 40$，由此他能得到什么结论？假定产品产量近似服从正态分布。

解：根据附录表 A4 我们求得，自由度为 24 时 $t_{0.05} = 1.711$。因此，若包含 25 批产品的一个样本的 t 值落入 -1.711 和 1.711 之间，就会令他满意。如果 $\mu = 500$，则

$$t = \frac{518 - 500}{40/\sqrt{25}} = 2.25$$

完全在 1.711 的右侧。这样一来，$v = 24$ 时 t 值等于或大于 2.25 的概率近似等于 0.02。而如果 $\mu > 500$，则根据样本计算所得到的 t 值就更具有合理性。故该工程师可能会得出这样的结论：该生产过程中所制造的产品比他想象的还要好。

7.6.2　t 分布的用处

在涉及对总体均值进行推断的问题中（见例 7.11），或在涉及对照样本（即要判断两个样本的均值是否有显著差别）的问题中，t 分布有大量的应用。第 8 ~ 11 章还会对应用 t 分布的问题进行介绍。读者应当注意，对统计量

$$T = \frac{\bar{X} - \mu}{S/\sqrt{n}}$$

应用 t 分布要求 X_1，X_2，$\cdots$，X_n 都是正态的。对 t 分布的应用和样本容量的考虑都不涉及中心极限定理。在 $n \geq 30$ 时，只是因为在这种情形下 S 是对 σ 一个充分好的估计量，我们才会使用标准正态分布而非 t 分布。后续章节中我们会看到，t 分布有大量的应用。

7.7　F 分布

我们推导 t 分布的动机，部分在于其在对比性抽样问题（即对两样本均值进行比较）中的应用。比如，在后续章节我们会更正式地介绍一些例子，如化学工程师就两类催化剂所做的数据采集，生物学家就两种培养基质所做的数据采集，化学家就两种抑制腐蚀的涂层材料所做的数据采集。尽管我们关心的是通过样本信息来阐释两样本均值，但是通常对比其变差也同等重要，即便不是更重要。F 分布在对比样本方差的问题中有大量应用。F 分布的应用一般涉及两个或多个样本。

F 统计量定义为两个独立卡方随机变量的比率，且每个随机变量都要除以其自由度。因此，我们可以将 F 统计量表示如下：

$$F = \frac{U/v_1}{V/v_2}$$

式中，U 和 V 分别是服从自由度为 v_1 和 v_2 的卡方分布的独立随机变量。现在，我们将 F 统计量的抽样分布表述如下。

定理 7.6　假设 U 和 V 分别是服从自由度为 v_1 和 v_2 的卡方分布的两个独立随机变量，则随机变量 $F = \dfrac{U/v_1}{V/v_2}$ 所服从分布的密度函数为：

$$h(f) = \begin{cases} \dfrac{\Gamma[(v_1 + v_2)/2](v_1/v_2)^{v_1/2}}{\Gamma(v_1/2)\Gamma(v_2/2)} \cdot \dfrac{f^{(v_1/2)-1}}{(1 + v_1 f/v_2)^{(v_1+v_2)/2}}, & f > 0 \\ 0, & f \leq 0 \end{cases}$$

这就是著名的 **F 分布**，自由度为 v_1 和 v_2。

在后续章节中我们会在很多地方应用到 F 随机变量。不过，其密度函数我们不会用到，在此给出仅出于完整性的考虑。F 分布的曲线不仅依赖于 v_1 和 v_2 两个参数，而且依赖于 F 统计量中 v_1 和 v_2 的次序。一旦这两个参数是已知的，我们就可以确定 F 分布的曲线。图 7.11 展示的就是典型的 F 分布。

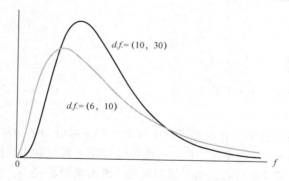

图7.11 典型的 F 分布

令 f_α 表示其值右侧面积为 α 所对应的 f 值。如图 7.12 中阴影区域所示。附录表 A6 仅给出了 $\alpha = 0.05$ 和 $\alpha = 0.01$ 时自由度 v_1 和 v_2 的各种组合所对应的 f_α 值。因此，自由度为 6 和 10、其右侧面积为 0.05 所对应的 f 值 $f_{0.05} = 3.22$。根据下述定理，我们也可以利用附录表 A6 来求得 $f_{0.95}$ 和 $f_{0.99}$ 的值。这个定理的证明留给读者。

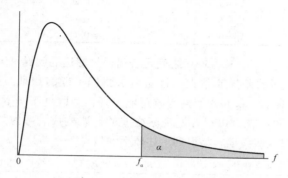

图7.12 对 F 分布的 f_α 的图示

定理7.7 将自由度为 v_1 和 v_2 的 f_α 记做 $f_\alpha(v_1, v_2)$，我们有

$$f_{1-\alpha}(v_1, v_2) = \frac{1}{f_\alpha(v_1, v_2)}$$

因此，自由度为 6 和 10、其右侧面积为 0.95 所对应的 f 值为：

$$f_{0.95}(6, 10) = \frac{1}{f_{0.05}(6, 10)} = \frac{1}{4.06} = 0.246$$

7.7.1 两样本方差的 F 分布

假设我们从方差分别为 σ_1^2 和 σ_2^2 的两个正态总体中抽取到容量为 n_1 和 n_2 的随机样本。根据定理 7.4，我们可知

$$\chi_1^2 = \frac{(n_1 - 1)S_1^2}{\sigma_1^2}$$

$$\chi_2^2 = \frac{(n_2 - 1)S_2^2}{\sigma_2^2}$$

是服从自由度为 $v_1 = n_1 - 1$ 和 $v_2 = n_2 - 1$ 的卡方分布的随机变量。而且，由于是随机选取的样本，因此我们处理的是独立随机变量。故在 $\chi_1^2 = U$ 且 $\chi_2^2 = V$ 时根据定理 7.6，我们可得下述结论。

定理7.8 若 S_1^2 和 S_2^2 是从方差分别为 σ_1^2 和 σ_2^2 的正态总体中抽取到的容量为 n_1 和 n_2 的独立随机样

本的方差，则

$$F = \frac{S_1^2/\sigma_1^2}{S_2^2/\sigma_2^2} = \frac{\sigma_2^2 S_1^2}{\sigma_1^2 S_2^2}$$

服从自由度为 $v_1 = n_1 - 1$ 和 $v_2 = n_2 - 1$ 的 F 分布。

7.7.2 F 分布的应用

我们在本节开始的时候已经部分回答了这个问题。F 分布可用于两样本的情形下对总体方差进行推断。其中要用到定理7.8。不过，F 分布也可以应用于其他许多类型涉及样本方差的问题。事实上，F 分布也称为**方差比率分布**。为了说明起见，考虑案例研究7.2中的情形，其中我们就 A 和 B 两种涂料的平均烘干时间进行了对比。正态分布在其中应用得非常好（假定 σ_A 和 σ_B 都是已知的）。而假设我们要对比 A，B，C 三种涂料，希望对总体均值是否相等做出判断。假定试验中重要的概括性信息如下所示：

涂料	样本均值	样本方差	样本容量
A	$\bar{X}_A = 4.5$	$s_A^2 = 0.20$	10
B	$\bar{X}_B = 5.5$	$s_B^2 = 0.14$	10
C	$\bar{X}_C = 6.5$	$s_C^2 = 0.11$	10

我们是围绕着样本均值（$\bar{x}_A$，$\bar{x}_B$，$\bar{x}_C$）之间是否离得足够远的问题展开的。"足够远"的含义非常重要。若样本均值之间的差异非常大，且超出了我们可能的预期，则数据不支持结论 $\mu_A = \mu_B = \mu_C$ 这一点看起来是合理的。这些均值是否有可能出现，则取决于样本内的变差，以 s_A^2，s_B^2，s_C^2 来衡量。通过一些简单的图形就可以很好地观察变差的重要构成。考虑如图7.13中所示样本 A，B，C 的原始数据图。通过这些数据容易得到上述概括性信息。

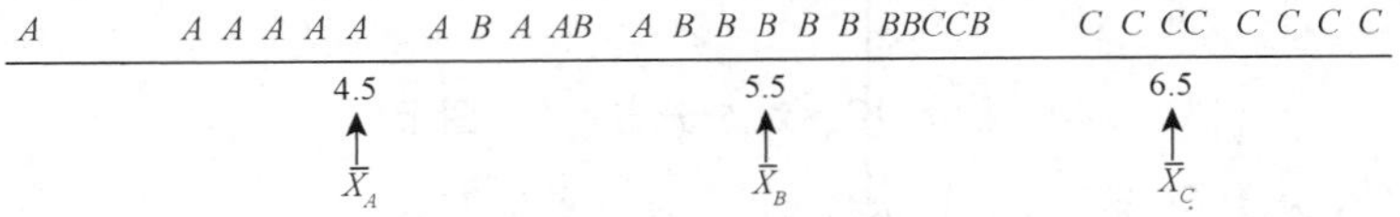

图7.13 来自3个不同样本的数据

很显然，这些数据是来自具有不同总体均值的分布，尽管样本之间存在一些重叠之处。对这些数据进行分析的一个方法试图判断，在总体具有相同均值的情形下，这些样本均值之间和这些样本内部是否会同时出现变差。我们注意到，这个分析的关键是围绕下述两个来源的变差而展开的。

（1）样本内的变差（不同样本内的观测间）。

（2）样本间的变差（样本均值之间）。

显然，如果第（1）类变差显著大于第（2）类变差，则样本数据中重叠的部分会非常大，这说明这些数据可能都是来自同一个分布。例见图7.14中所示的数据集。另一方面，来自同均值分布中的数据，其样本均值之间的变差显著大于样本内变差的可能性并不大。

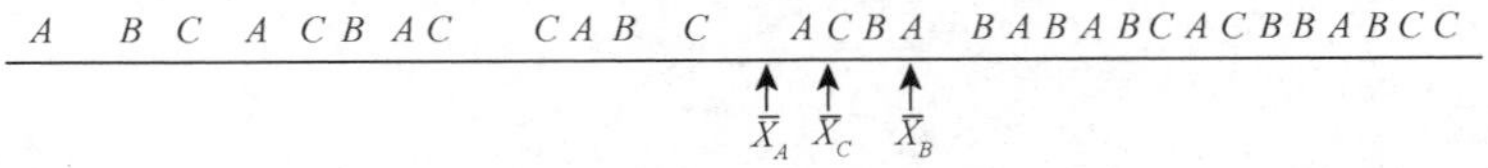

图7.14 从相同总体中获取到的数据

根据前述第（1）类变差和第（2）类变差的来源可以得到样本方差的重要比率，这些比率通常和 F 分布联系在一起使用。这里所涉及的一般步骤称为**方差分析**。前面谈及的涂料的例子中，我们要解决的是对 3 个总体均值的推断问题，可我们用到的却是两类来源的变差，这一点非常有趣。在此我们不对其进行详细探讨，第 12 ~ 14 章我们将大量用到方差分析，当然，F 分布起了重要的作用。

7.8 分位图和概率图

在第 1 章，我们曾向读者介绍了经验分布。我们的用意是要用启发性的图形来提取有关数据集特征的信息。比如，茎叶图能让分析人员对数据集的对称性和其他性质有所了解。本章，我们要处理的样本都是收集到的试验数据，并根据这些试验数据对总体进行推断。通常，我们是从有关分布中获取到了数据，而样本的图形则为我们提供了该分布的有关信息。在第 1 章，我们阐述了两样本的点图所具有的一般性质，此时点图所反映的是两样本的中心趋势和变差之间的相互对比关系。

在后续章节中，我们通常假设分布是正态的。这个假设的正确性我们可以从茎叶图和频数直方图等的图像信息中看出。此外，在本节我们还将介绍**正态概率图**和**分位图**。这些图形可用于具有不同复杂性的研究中，我们的主要目标是就数据来自正态分布这个假设进行诊断性检测。

我们可以把统计分析看做对存在系统性变差的有关系统进行推断的过程。例如，一个工程师想知道某个化学过程是否经常受到**过程性变差**的影响。对生产过程中的次品数进行的一项研究通常会由于制造产品的方法上存在的差异而变得更困难。在前面的讨论中，我们知道了描述样本中心位置和变差的一些有关样本和统计量。

对刻画数据集的性质尤其有用的一类图形是分位图。在箱线图（见 1.6 节）中，若研究人员的目标是发现差别，那么我们就可以根据分位图中的基本思想来对比样本数据。后续章节在探讨与比较样本有关的统计推断时会对分位图的这类应用做进一步的说明。到时我们会通过一些案例研究来向读者说明，如何就相同的数据集同时进行推断和图形诊断。

7.8.1 分位图

使用分位图的目的在于刻画样本形式的累积分布函数，第 3 章曾对累积分布函数进行探讨。

定义 7.6 样本的**分位数** $q(f)$ 是使得小于或等于 $q(f)$ 的数据观测的比例为 f 的那个数值。

显然，分位数是对总体特征的一个估计，或者说是对理论分布的一个估计。样本中位数就是 $q(0.5)$。第 75 百分位数（上四分位数）是 $q(0.75)$，而下四分位数是 $q(0.25)$。

分位图简单地将数据值放在纵轴，且以该分位数所大于的数据值在所有观测中所占的经验比例为横轴的图形中进行展示。理论上，该比例的计算公式如下：

$$f_i = \frac{i - \dfrac{3}{8}}{n + \dfrac{1}{4}}$$

式中，i 为观测按从小到大进行排序后每个观测的次序。换句话说，若我们将排序后的观测表示为：

$$y_{(1)} \leqslant y_{(2)} \leqslant y_{(3)} \leqslant \cdots \leqslant y_{(n-1)} \leqslant y_{(n)}$$

则分位图所刻画的就是 $y_{(i)}$ 相对于 f_i 的图形。图 7.15 中所给出的是前面讨论过的漆罐拉盖厚度数据的分位图。

与箱线图不同，分位图事实上把所有观测都画了出来。所有分位数，包括中位数、上四分位数及下四分位数，大致上都是可以看到的。例如，我们可以看到 35 是中位数，而上四分位数则在 36 左右。如果在某些值附近的数值相对较多的话，我们会以斜率接近 0 的线段表示，同时我们以斜率较大的线段来表示某些范围内较稀疏的数据。在图 7.15 中我们可以看到，取值于 28 ~ 30 之间

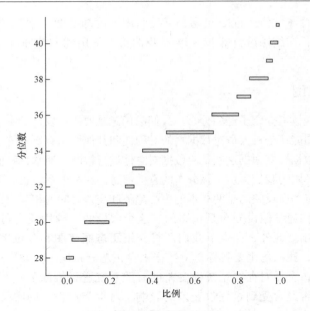

图 7.15　漆罐数据的分位图

的数据较稀疏，而取值于 36 ~ 38 之间的数据则相对密度更高。在第 8 ~ 9 章，我们会在探讨对比不同样本的有效方法时进一步介绍分位图。

　　对读者来说，颇为明显的是，检测数据集是否来自正态分布对研究人员来说是一个重要问题。正如在本节开始时所提到的，我们通常会假设数据集中的所有观测或部分观测都是独立同分布的正态随机变量的实现值。而诊断图通常也能再次对关于数据的**拟合优度检验**提供非常好的支撑（或展示）。第 9 章会对拟合优度检验进行介绍。阅读科研论文或报告的人可能会发现，相比规范的分析来说，诊断信息会更清晰，而不会枯燥，可能也没那么令人生厌。在后续章节（第 8 ~ 12 章）中，作为对统计推断的扩展，我们会再次把重点放在对偏离正态的检验方法上。分位图在判别分布类型时非常有用。在建立模型和试验设计等情形中分位图也非常有用，通常我们会用于检测重要的**模型条件**或起作用的**影响因素**。在其他情形中，分位图会被用来判断科研人员或工程师在建立模型时所做的基础假设是否合理。很多分位图的例子我们会在第 10 ~ 12 章讨论。在接下来的这个小节，我们会对称为**正态分位数—分位数图**（正态 Q-Q 图）的诊断图形进行探讨和说明。

7.8.2　正态分位数—分位数图

　　正态分位数—分位数图具有正态分位数是已知的这个优势。其方法涉及刚刚讨论过的、与正态分布的相应分位数所相对的经验分位数。$N(\mu, \sigma)$ 随机变量分位数的表达式非常复杂。不过，下式是对其一个很好的近似：

$$q_{\mu,\sigma}(f) = \mu + \sigma\{4.91[f^{0.14} - (1-f)^{0.14}]\}$$

括号内的表达式（σ 的倍数）是对 $N(0, 1)$ 随机变量所对应的分位数的一个近似，即

$$q_{0,1}(f) = 4.91[f^{0.14} - (1-f)^{0.14}]$$

　　定义 7.7　　正态分位数—分位数图是 $y_{(i)}$（排序后的观测）相对于 $q_{0,1}(f_i)$ 的图形，其中 $f_i = \dfrac{i-3/8}{n+1/4}$。

　　（该图中）近似直线的关系则说明，数据是来自正态分布的。纵轴上的截距是对总体均值 μ 的一个估计，而该直线的斜率则是对标准差 σ 的一个估计。图 7.16 所示是漆罐拉盖厚度数据的正态

分位数—分位数图。

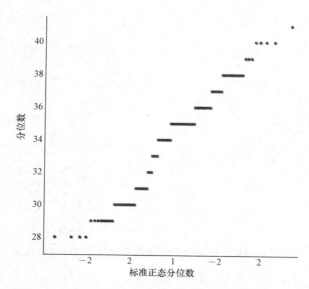

图 7.16　漆罐拉盖厚度数据的正态分位数—分位数图

7.8.3　正态概率图

我们注意到，从正态分位数—分位数图可以清楚地看出数据偏离正态的程度如何。数据中所表现出来的对称性会导致斜率的变化。

概率图的思想可以清楚地在其图形，而非此处所讨论的正态分位数—分位数图中体现出来。例如，要特别注意所谓的 **正态概率图**。正态概率图在纵轴上反映的是 f，其横轴为排序后的数据观测值，确实为正态的时候图形应该是一条直线。此外，在数据是来自 $N(\mu, \sigma)$ 的前提假设下，另一种图形要用到正态分布排序后的观测所对应的期望值，并在图形中把排序后的观测放在纵轴、观测的期望放在横轴上。同样，图形是否为直线还是我们评判的标准。我们会进一步说明，本节所提出的图形分析法的基本思想有助于我们理解对不同样本的数据进行识别的正规方法。

例 7.12　考虑第 9 章习题 9.41 中的数据。弗吉尼亚理工大学动物学系在一个溪流生态体系中对营养保持力和大型无脊椎动物群落对污水的压力进行了研究，研究人员从两个不同的采集站采集到了密度数据（每平方米的微生物数量）。关于对比样本来判断两者是否有相同的 $N(\mu, \sigma)$ 分布的分析方法，请参见第 9 章。其数据如表 7.1 所示。

表 7.1　例 7.12 的数据

每平方米的微生物数量			
站点 1		站点 2	
5 030	4 980	2 800	2 810
13 700	11 910	4 670	1 330
10 730	8 130	6 890	3 320
11 400	26 850	7 720	1 230
860	17 660	7 030	2 130
2 200	22 800	7 330	2 190
4 250	1 130		
15 040	1 690		

下面，我们构建一个正态分位数—分位数图，并得出两样本是来自相同的 $n(x; \mu, \sigma)$ 分布这个假设是否合理的结论。

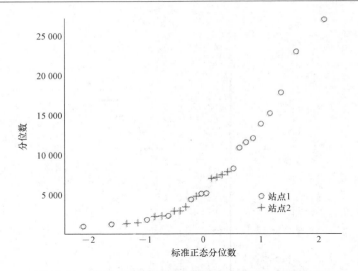

图 7.17　例 7.12 中密度数据的正态分位数—分位数图

解： 图 7.17 显示了密度值的正态分位数—分位数图。图形显示，这些数据点不在同一条直线上。事实上，从站点 1 采集来的数据有一些处于分布的下尾，还有一些处于分布的上尾。数据的"聚集"特征说明，两样本来自相同的 $N(\mu, \sigma)$ 分布的可能性不大。

我们将重点放在了提出正态分布的概率图并进行说明，事实上我们也可以就任何分布来进行类似的处理。我们仅仅需要计算可用于分析所关心的理论分布的某些量即可。

🍥 习　题

7.37 对于卡方分布，请计算：

（a）$\chi^2_{0.025}$，其中 $v=15$。

（b）$\chi^2_{0.01}$，其中 $v=7$。

（c）$\chi^2_{0.05}$，其中 $v=24$。

7.39 对于卡方分布，请计算使得下式成立的 χ^2_α：

（a）$P(X^2>\chi^2_\alpha)=0.99$，其中 $v=4$。

（b）$P(X^2>\chi^2_\alpha)=0.0.025$，其中 $v=19$。

（c）$P(37.652<X^2<\chi^2_\alpha)=0.045$，其中 $v=25$。

7.41 假定样本方差为连续测度。从一个方差 $\sigma^2=6$ 的正态总体中随机抽取了 25 个样本，请计算样本方差 s^2：

（a）大于 9.1 的概率。

（b）大于 3.462 且小于 10.745 的概率。

7.43 请证明正态总体中容量为 n 的随机样本的方差 S^2 随着 n 的增大而减小。（提示：请首先计算出 $(n-1)S^2/\sigma^2$。）

7.45 请计算：

（a）在 $v=7$ 时 $P(T<2.365)$。

（b）在 $v=24$ 时 $P(T>1.318)$。

（c）在 $v=12$ 时 $P(-1.356<T<2.179)$。

（d）在 $v=17$ 时 $P(T>-2.567)$。

7.47 已知来自一个正态分布的容量为 24 的一个随机样本，请计算使得下式成立的 k 值：

（a）$P(-2.069<T<k)=0.965$。

（b）$P(k<T<2.807)=0.095$。

（c）$P(-k<T<k)=0.90$。

7.49 一个未知方差的正态总体的均值是 20。如果要从该总体中随机抽取出一个容量为 9 的样本，其均值为 24 且标准差为 4.1，是不是有可能？如果不可能，请给出你的结论。

7.51 对于 F 分布，请计算：

（a）$v_1=7$ 且 $v_2=15$ 时，$f_{0.05}$。

（b）$v_1=15$ 且 $v_2=7$ 时，$f_{0.05}$。

（c）$v_1=24$ 且 $v_2=19$ 时，$f_{0.01}$。

（d）$v_1=19$ 且 $v_2=24$ 时，$f_{0.95}$。

（e）$v_1=28$ 且 $v_2=12$ 时，$f_{0.99}$。

7.53 对两座煤矿所产出的煤的发热量进行测量（单位：100 万卡路里/吨）的结果如下：

煤矿 1：8 260，8 130，8 350，8 070，8 340

煤矿 2：7 950，7 890，7 900，8 140，7 920，7 840

我们是否可以得到这样的结论：两座煤矿的总体方差是相等的？

7.55 请构建下述数据的正态分位数—分位数图。这组数据为铆钉头的直径（单位：1/100 英寸）：

6.72　6.77　6.82　6.70　6.78　6.70　6.62

6.75	6.66	6.66	6.64	6.76	6.73	6.80
6.72	6.76	6.76	6.68	6.66	6.62	6.72
6.76	6.70	6.78	6.76	6.67	6.70	6.72

| 6.74 | 6.81 | 6.79 | 6.78 | 6.66 | 6.76 | 6.76 |
| 6.72 | | | | | | |

巩固练习

7.57　如果 X_1，X_2，$\cdots$，X_n 是独立的随机变量，且同分布于参数为 θ 的指数分布，请证明随机变量 $Y = X_1 + X_2 + \cdots + X_n$ 的密度函数为参数 $\alpha = n$ 且 $\beta = \theta$ 的伽马分布。

7.59　如果 S_1^2 和 S_2^2 为容量 $n_1 = 8$ 且 $n_2 = 12$ 的独立随机样本的方差，而这两个样本都来自同方差的正态分布。请计算 $P(S_1^2 / S_2^2 < 4.89)$。

7.60　由 5 位银行行长组成的一个随机样本中，年薪分别为 395 000，521 000，483 000，479 000，510 000 美元。请计算其方差。

7.61　如果每年袭击美国东部地区的飓风数服从 $\mu = 6$ 的泊松分布，请计算该地区：

（a）2 年之内受到的飓风袭击次数为 15 次的概率是多少？

（b）2 年之内至多遭受 9 次飓风袭击的概率是多少？

7.63　考察习题 1.19 中的数据。请构建其箱线图并进行评论。请计算出样本均值和样本标准差。

7.64　如果 S_1^2 和 S_2^2 分别是来自方差为 $\sigma_1^2 = 10$ 和 $\sigma_2^2 = 15$ 的正态总体的容量为 $n_1 = 25$ 和 $n_2 = 31$ 的独立随机样本的方差。请计算 $P(S_1^2 / S_2^2 > 1.26)$。

7.65　考察例 1.5 中的情形。请对其中所有的异常点进行评论。

7.67　某种用在机器引擎上的铆钉的断裂强度 X 的均值为 5.000 psi，标准差为 400 psi。随机抽取 36 个铆钉。请计算 $\bar{X}$（样本断裂强度的均值）的分布。

（a）样本均值落入 4 800～5 200 psi 之间的概率是多少？

（b）如果 $P(4\,900 < \bar{X} < 5\,100) = 0.99$，则样本 n 应该多大？

7.69　考虑用两种不同的固体燃料推进物，A 型推进物和 B 型推进物，来进行太空项目计划。推进物的燃烧速度是非常关键的因素。从 A 型推进物和 B 型推进物中分别随机抽取包含 20 个样品的随机样本，其中 A 型推进物的样本均值为 20.5 厘米/秒，而 B 型推进物的样本均值为 24.50 厘米/秒。一般认为推进物中燃烧速度的变差是一致的，且标准差为 5 厘米/秒。假定每种推进物的燃烧速度都近似正态，因此可以使用中心极限定理。对

于 A 型推进物和 B 型推进物的燃烧速度是未知的，我们希望该试验有助于我们对此有所了解。则：

（a）如果 $\mu_A = \mu_B$，则 $P(\bar{X}_B - \bar{X}_A \geqslant 4.0)$ 为多少？

（b）请根据（a）中的结论来说明 $\mu_A = \mu_B$ 是否成立。

7.70　化学反应中所使用的催化剂严重影响了反应后化学物质中一种活性成分的浓度。人们认为在使用催化剂 A 时，总体的平均浓度可以超过 65%，标准差为 $\sigma = 5\%$。由 30 次独立试验组成的样本得到的平均浓度为 $\bar{x}_A = 64.5\%$。

（a）平均浓度为 64.5% 的样本信息是否说明 μ_A 不是 65%，而是小于 65% 的？请使用概率语言来作答。

（b）假设使用另一种催化剂 B 来进行相似的试验。标准差依然是 5%，而 $\bar{x}_B$ 则变成了 70%。请讨论催化剂 B 的样本信息是否能提供更有力的证据来证明 μ_B 要优于 μ_A？请通过计算 $P(\bar{X}_B - \bar{X}_A \geqslant 5.5 \mid \mu_B = \mu_A)$ 来作答。

（c）在 $\mu_B = \mu_A = 65\%$ 的条件下，请给出下述各个量（包括各自的均值和方差）的近似分布。请根据中心极限定理来作答。

（ⅰ）$\bar{X}_B$。

（ⅱ）$\bar{X}_A - \bar{X}_B$。

（ⅲ）$\dfrac{\bar{X}_A - \bar{X}_B}{\sigma \sqrt{2/30}}$。

7.71　请根据巩固练习 7.70 中的信息，计算 $P(\bar{X}_B \geqslant 70)$（假定 $\mu_B = 65\%$）。

7.72　已知均值为 20 且方差为 9 的正态随机变量 X，且从该分布中抽取了一个容量为 n 的随机样本，请问样本容量 n 必须是多少，才能使得 $P(19.9 \leqslant \bar{X} \leqslant 20.1) = 0.95$。

7.73　在第 8 章中，我们将详细介绍参数估计的概念。假设 X 是个随机变量，其均值为 μ，方差为 $\sigma^2 = 1.0$，同时我们抽取容量为 n 的一个随机样本，$\bar{X}$ 是 μ 的估计量。在计算样本均值时，我们希望估计值与真实均值的差在 0.05 单位以内的概率是 0.99，即计算出的 x 值无论何时都要"十分接近"总体均值。在 $P(|\bar{X} - \mu| > 0.05) = 0.99$ 时，样本容量应是多少？

7.74　假设有一种液体灌装机，其规格参数为 9 ±

1.5 盎司。在这个范围以外的则为次品。制造商希望符合规格参数要求的产品能够达到 99%。如果 $\mu = 9$，$\sigma = 1$，求该生产过程中所制造次品所占的比例。如果可以通过改进来降低其变差，请问要将 σ 降低到什么程度才能满足 0.99 的概率的规格参数要求？假定产品重量服从正态分布。

7.75　考察巩固练习 7.74 中的情形。假定制造商进行了很大的努力来改进质量以降低系统的变差，之后从新的装配线上随机抽样 40 次，样本方差为 $s^2 = 0.188$。我们是否有足够的证据来证明 σ^2 降低到了 1.0 以下？请考察 $P(S^2 \leq 0.188 \mid \sigma^2 = 1.0)$ 这个概率，并给出你的结论。

7.76　课堂作业：请将你所在班级按每组 4 人进行分组。每个组中的 4 位同学都要去学校的健身房或当地的运动场馆。每位同学应当询问进入场馆人员的身高，并以英寸为单位进行记录。然后，每组都要将身高数据按照性别进行分组，并一起回答下述问题。

（a）请构建身高数据的正态分位数—分位数图。基于你所绘制出来的图形，请判断身高数据是否服从正态分布。

（b）请以你所估计的样本方差作为每种性别的真实方差。如果真实的情况是，男性总体的平均身高要比女性高出 3 英寸。则请问在你采集到的样本中男性的平均身高比女性高出 4 英寸的概率是多少？

（c）请问哪些因素会使你所得到的上述结果出错？

7.9　可能的错误观点及危害；与其他章节的联系

中心极限定理是统计学领域中最有效的工具之一，尽管本章的篇幅相对较短，但却包含我们在本书的后续章节中要用到的有关工具的大量基础知识。

抽样分布的概念是统计学领域中最重要的基本概念之一，读者在本章之前就应当对此有清楚的认识。在后续章节中，我们会大量用到抽样分布。假设我们要根据统计量 $\bar{X}$ 来对总体均值 μ 进行推断，使用容量为 n 的单样本的观测值（实现值）$\bar{x}$ 即可。进行推断时不仅需要考虑单个值，而且要考虑其理论结果，或能通过容量为 n 的样本观测到的所有 $\bar{x}$ 值的分布。这样一来，抽样分布的内涵就浮出水面来了。而且，抽样分布是中心极限定理的基础。t 分布、χ^2 分布、F 分布在抽样分布中同样会用到。例如，如图 7.8 所示的 t 分布表示的就是所构造的 $\dfrac{\bar{x} - \mu}{s/\sqrt{n}}$ 这个结构，其中 $\bar{x}$ 和 s 都是来自 $n(x; \mu, \sigma)$ 分布的容量为 n 的样本。就 χ^2 分布和 F 分布而言，我们可以进行类似的处理，不过读者不要忘记，我们所构造的服从所有这些分布的统计量的样本信息都是正态的。因此，我们可以说，有 t 分布、χ^2 分布、F 分布的地方就有正态分布的一个样本。

我们会以更独立的方式来介绍上述三种分布，而不对它们进行任何介绍或说明。我们会在贯穿后续章节的内容中使用这些分布来解决实际问题。

不过，我们应当在脑海记住 3 件事情，以免混淆，对于这些重要的抽样分布：

（1）我们不能使用中心极限定理，除非 σ 是已知的。σ 未知时，应当以样本标准差 s 来替换，这样我们才能使用中心极限定理。

（2）T 统计量并非中心极限定理的结果，x_1，x_2，$\cdots$，x_n 都必须来自 $n(x; \mu, \sigma)$ 分布，这样 $\dfrac{\bar{x} - \mu}{s/\sqrt{n}}$ 就是 t 分布；s 仅仅是对 σ 的一个估计。

（3）自由度的概念在此还较陌生，但这个概念还是比较直观的，因为 S 和 t 的分布性质都依赖于样本 x_1，x_2，$\cdots$，x_n 中的信息量这一点是合理的。

第8章　单样本和两样本的估计问题

8.1　引言

在前面的章节中，我们一直强调样本均值和样本方差的抽样性质。同时，也强调通过不同的方式来展示数据。我们介绍这些内容的目的是建立有助于我们通过试验数据来推断总体参数的基础。例如，中心极限定理为我们提供了样本均值 $\bar{X}$ 的分布的信息。其分布与总体均值 μ 之间是存在关系的。因此，从观测到的样本均值来对 μ 进行的所有推断都必须建立在对其抽样分布的了解基础之上。对于 S^2 和 σ^2 的情况同样适用。显然，我们对正态分布所做的任何推断都与 S^2 的抽样分布有关联。

本章首先将正式地概述我们进行统计推断的目的，随后将探讨**总体参数的估计**问题。我们将把所提出的具体估计问题限定在单样本和两样本的问题中。

8.2　统计推断

在第 1 章中，我们探讨了统计推断的一般原理。**统计推断**由推断总体的那些方法或一般性方法组成。现在的趋势是会对**经典方法**和**贝叶斯方法**做一个区分，前者在估计总体参数时严格基于从总体中所获取到的随机样本的信息来进行推断；而后者则根据对未知参数的概率分布的先验主观认识、协同样本所提供的信息来进行推断。在本章的大部分内容中，我们都会使用经典方法通过计算随机样本的统计量并应用抽样分布理论来估计诸如均值、比例、方差一类的总体未知参数，其中的大部分内容我们在第 7 章已经讲到。

统计推断可以分为两大领域：**估计问题**和**假设检验**。我们会分别探讨这两个领域，本章主要是估计理论和应用的问题，第 9 章则是假设检验的问题。为了清晰地对这两个领域做出区分，我们考虑下面的几个例子。一名公职候选人可能希望通过选取一个包含 100 名合格选民的随机样本所获取到的意见来估计支持他的选民所占的真实比例。样本中支持该名候选人的选民所占的比例可以当作对总体中的选民所占真实比例的一个估计。对某个比例的抽样分布的了解使得我们能够确定这样一个估计的精度。这就是估计领域的一个问题。

现在考虑这样的情形，其中我们关心的是 A 品牌的地板蜡是否比 B 品牌的地板蜡更防磨损的问题。我们可能会假设 A 品牌比 B 品牌更好，经过严格意义上的检验之后，再接受或拒绝该假设。在这个例子中，我们并未试图去估计某个参数，而是尝试着去就预设的假定做出正确的判断。我们要再次依赖抽样理论并使用数据来为我们的决策判断提供准确性的一个测度。

8.3　经典估计方法

某些总体参数 θ 的**点估计**是统计量 $\hat{\Theta}$ 的一个单值 $\hat{\theta}$。例如，通过容量为 n 的样本计算可得统计量 $\bar{X}$ 的实现值 $\bar{x}$，$\bar{x}$ 就是总体参数 μ 的一个点估计。类似地，$\hat{p} = x/n$ 也是二项试验中真实比例 p 的一个点估计。

估计量在估计总体参数时并非没有误差。因此，我们并不期望 $\bar{X}$ 能准确地估计出 μ，但我们当然希望它离得不太远。对某个特殊的样本而言，我们是有可能通过以样本中位数 $\tilde{X}$ 作为估计量而得到更接近 μ 的估计的。比如，考虑从均值为 4 的总体中得到的一个由 2，5，11 组成的样本，不过我们假设总体均值是未知的。如果我们以样本均值来进行估计，则 $\bar{x} = 6$；如果我们使用样本中位数来进行估计，则 $\tilde{x} = 5$。这个例子中，应用估计量 $\tilde{X}$ 相比估计量 $\bar{X}$ 能得到一个更接近真实参数的估计。另一方面，如果我们的随机样本是由 2，6，7 组成的话，则 $\bar{x}=5$，而 $\tilde{x}=6$，可见此时 $\bar{X}$ 才是更好的估计量。在不知道 μ 的真实值的情况下，我们必须事先决定是采用 $\bar{X}$ 还是 $\tilde{X}$ 来作为我们的估计量。

8.3.1　无偏估计量

决策函数会影响到我们对某个估计量而不是另一个估计量的选择，一个"好"的决策函数具备哪些优良性质？如果 $\hat{\Theta}$ 是一个估计量，它的值 $\hat{\theta}$ 是某个未知总体参数 θ 的一个点估计。当然，我们希望 $\hat{\Theta}$ 的抽样分布的均值就等于所估计的参数。具备这个性质的估计量就是**无偏**的。

定义 8.1　统计量 $\hat{\Theta}$ 是参数 θ 的一个无偏估计量，如果下式成立

$$\mu_{\hat{\Theta}} = E(\hat{\Theta}) = \theta$$

例 8.1　证明 S^2 是参数 σ^2 的一个无偏估计量。

解：在 7.5 节中，我们证明了

$$\sum_{i=1}^{n}(X_i - \bar{X})^2 = \sum_{i=1}^{n}(X_i - \mu)^2 - n(\bar{X} - \mu)^2$$

而

$$E(S^2) = E\Big[\frac{1}{n-1}\sum_{i=1}^{n}(X_i - \bar{X})^2\Big] = \frac{1}{n-1}\Big[\sum_{i=1}^{n}E(X_i - \mu)^2 - nE(\bar{X} - \mu)^2\Big]$$

$$= \frac{1}{n-1}\Big(\sum_{i=1}^{n}\sigma_{X_i}^2 - n\sigma_{\bar{X}}^2\Big)$$

由于 $\sigma_{X_i}^2 = \sigma^2$，$i = 1，2，\cdots，n$，且 $\sigma_{\bar{X}}^2 = \dfrac{\sigma^2}{n}$，因此，我们有

$$E(S^2) = \frac{1}{n-1}\Big(n\sigma^2 - n\frac{\sigma^2}{n}\Big) = \sigma^2$$

S^2 是 σ^2 的一个无偏估计量，而另一方面，S 通常却是 σ 的一个有偏估计量，不过在大样本中其偏倚会变得不显著。这个例子说明了在我们估计方差的时候，为何要除以 $n-1$，而不是 n。

8.3.2　点估计的方差

如果 $\hat{\Theta}_1$ 和 $\hat{\Theta}_2$ 是同一个总体参数 θ 的无偏估计量，则我们会选择抽样分布的方差较小的那个估计量。因此，若 $\sigma_{\hat{\Theta}_1}^2 < \sigma_{\hat{\Theta}_2}^2$，则 $\hat{\Theta}_1$ 相对 $\hat{\Theta}_2$ 是 θ 的一个**更有效**估计量。

定义 8.2　若我们考虑某个参数 θ 的所有无偏估计量，最小方差的那个估计量称为 θ 的最有效估计量。

图 8.1 列出了估计参数 θ 三个不同的估计量 $\hat{\Theta}_1$，$\hat{\Theta}_2$，$\hat{\Theta}_3$ 的抽样分布。易见，只有 $\hat{\Theta}_1$ 和 $\hat{\Theta}_2$ 是无偏的，这是因为其分布都是以 θ 为中心的。相对 $\hat{\Theta}_2$ 而言，$\hat{\Theta}_1$ 的方差更小，因此这个估计量更有效。这样一来，若要在参数 θ 的三个估计量之间选择一个，就应该选 $\hat{\Theta}_1$。

在正态总体中，可以证明 $\bar{X}$ 和 $\tilde{X}$ 都是总体均值 μ 的无偏估计量，不过 $\bar{X}$ 的方差却比 $\tilde{X}$ 的小。因此，虽然 $\bar{x}$ 和 $\tilde{x}$ 从平均意义上而言都等于总体均值 μ，而在具体的样本中，$\bar{x}$ 则可能更接近于 μ，所以 $\bar{X}$ 相比 $\tilde{X}$ 更有效。

8.3.3　区间估计

即使是最有效的无偏估计量，也可能无法准确地估计总体参数。在大样本的情形下，估计精度的确会上升，不过我们仍然没有理由期望，在具体的一个样本中的点估计能够精确地等于所要估计的总体参数。在许多情形中，我们更愿意确定包含这个参数值的一个区间。这样的区间我们

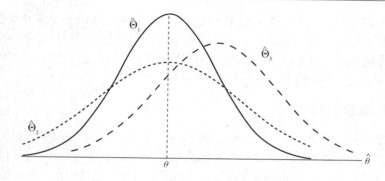

图8.1 θ 的不同估计量的抽样分布

称之为**区间估计**。

　　总体参数 θ 的区间估计是 $\hat{\theta}_L < \theta < \hat{\theta}_U$ 这种形式的一个区间，其中 $\hat{\theta}_L$ 和 $\hat{\theta}_U$ 依赖于具体样本中统计量 $\hat{\Theta}$ 的实现值及 $\hat{\Theta}$ 的抽样分布。例如，在参加美国学术能力评估测试（SAT）入学口语考试的新生中抽取一个随机样本，其平均分数的区间可能是 530 ~ 550 之间，新生的 SAT 入学口语成绩的真实平均分可能就包含在这个区间内。两个端点的分数值，530 分和 550 分，则依赖于样本均值的实现值 $\bar{x}$ 和 $\bar{X}$ 的抽样分布。随着样本容量的增加，我们知道 $\sigma_{\bar{X}}^2 = \sigma^2/n$ 会降低，这样一来，我们的估计就会更加接近于参数 μ，而且也会得到更小的区间。所以，区间估计的区间大小说明了点估计的精度。选取一个样本并计算样本次品率，工程师也能获得对总体次品率的一定了解。不过，区间估计则能提供更多的信息。

8.3.4　对区间估计的说明

　　一般，根据不同的样本我们会得到不同的 $\hat{\Theta}$ 值，因此不同样本中 $\hat{\theta}_L$ 和 $\hat{\theta}_U$ 也是不同的，区间估计两个端点的值也是对应于随机变量 $\hat{\Theta}_L$ 和 $\hat{\Theta}_U$ 的实现值。根据 $\hat{\Theta}$ 的抽样分布，我们可以确定 $\hat{\Theta}_L$ 和 $\hat{\Theta}_U$，使得 $P(\hat{\Theta}_L < \theta < \hat{\Theta}_U)$ 等于任意一个我们所关心的概率值。比如，若我们要求 $\hat{\Theta}_L$ 和 $\hat{\Theta}_U$，使得

$$P(\hat{\Theta}_L < \theta < \hat{\Theta}_U) = 1 - \alpha$$

其中 $0 < \alpha < 1$，则我们根据所选取的一个随机样本，所计算得到的区间包含 θ 的概率为 $1 - \alpha$。根据样本所求得的区间 $\hat{\theta}_L < \theta < \hat{\theta}_U$ 称为 $100(1 - \alpha)\%$ **置信区间**，$1 - \alpha$ 称为**置信系数**或**置信度**，两个端点 $\hat{\theta}_L$ 和 $\hat{\theta}_U$ 称为**置信下限**和**置信上限**。所以，在 $\alpha = 0.05$ 时，我们得到的就是 95% 置信区间；而在 $\alpha = 0.01$ 时，则是 99% 置信区间。置信区间越大，包含这个未知参数的置信水平就越高。不过，我们在 95% 的置信水平上说，某种电视机晶体管的平均寿命为 6 ~ 7 年，却好于我们在 99% 的置信水平上说，其平均寿命为 3 ~ 10 年。在理想中，我们总是希望得到置信度高而长度短的区间。有时，由于样本中容量的限制，我们不得不通过降低一些置信度的方式才能获得一个较小的区间。

　　在后续各节中，我们会继续探讨点估计和区间估计的概念，在每一节我们都会向读者介绍一种与众不同的特殊情况。读者应当注意，点估计和区间估计事实上是获取有关参数信息的不同方法，它们之间的联系在于，置信区间估计量是基于点估计量的。比如，在下一节我们会看到，$\bar{X}$ 是 μ 的一个更合理的点估计量。因此，μ 重要的置信区间估计量依赖于我们对 $\bar{X}$ 的抽样分布的认识。

　　在下一节，我们将以关于置信区间一个最简单的例子作为开始。这种情形非常简单，却与现实相去甚远。我们关心的是在 σ 未知的情况下对总体均值 μ 的估计问题。显然，若 μ 未知的话，

我们是不太可能知道 σ 的取值的。能提供充足信息使得我们可以做出 σ 已知这个假设的任何历史资料，都能为我们提供关于 μ 的类似信息。尽管存在这样的问题，我们还是要以这个简单的例子来开始介绍下一节的内容，因为这些与置信区间估计有关的概念和估计方法，同我们接下来在 8.4 节及以后所要介绍的更真实的情形中的情况是一致的。

8.4 单样本：均值估计

$\bar{X}$ 的抽样分布的中心位置是 μ，而且在大多数实际问题中，$\bar{X}$ 的方差相比 μ 的其他任一估计量都小。因此，样本均值 $\bar{x}$ 就被选为总体均值 μ 的点估计。我们知道 $\sigma_{\bar{X}}^2 = \sigma^2/n$，可以发现，在大样本的情况下根据 $\bar{X}$ 的抽样分布所得到的实现值 $\bar{x}$ 的方差会很小。这样一来，在 n 很大的时候，$\bar{x}$ 对 μ 进行非常精确的估计的可能性就很大。

我们现在来考虑 μ 的区间估计。若从正态总体中选取到一个样本，或在即便不是正态总体的情况下，样本容量 n 足够大，此时根据 $\bar{X}$ 的抽样分布就可以得到 μ 的置信区间。

根据中心极限定理，我们可以预期 $\bar{X}$ 的抽样分布是近似于均值为 $\mu_{\bar{X}} = \mu$、标准差为 $\sigma_{\bar{X}} = \sigma/\sqrt{n}$ 的正态分布的。将 z 值记作 $z_{\alpha/2}$，其右侧、正态曲线下方的面积为 $\alpha/2$。通过图 8.2 我们可以看到

$$P(-z_{\alpha/2} < Z < z_{\alpha/2}) = 1 - \alpha$$

式中

$$Z = \frac{\bar{X} - \mu}{\sigma/\sqrt{n}}$$

这样一来

$$P\left(-z_{\alpha/2} < \frac{\bar{X} - \mu}{\sigma/\sqrt{n}} < z_{\alpha/2}\right) = 1 - \alpha$$

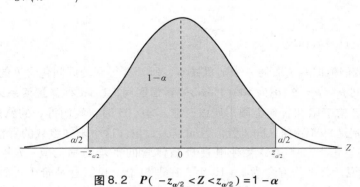

图 8.2　$P(-z_{\alpha/2} < Z < z_{\alpha/2}) = 1 - \alpha$

对不等式的每一项都乘上 $\sigma/\sqrt{n}$，再减去 $\bar{X}$，最后乘以 -1（改变不等式的方向），则有

$$P\left(\bar{X} - z_{\alpha/2}\frac{\sigma}{\sqrt{n}} < \mu < \bar{X} + z_{\alpha/2}\frac{\sigma}{\sqrt{n}}\right) = 1 - \alpha$$

从方差 σ^2 已知的总体中选取一个容量为 n 的随机样本，其均值 $\bar{x}$ 的 $100(1-\alpha)\%$ 置信区间如下所示。有必要强调一下，即我们在上面的问题中应用到了中心极限定理。因此，请注意在下面的实际问题中应用的条件，这一点很重要。

σ^2 已知时 μ 的置信区间

若 $\bar{x}$ 是从方差 σ^2 已知的总体中选取的容量为 n 的一个随机样本的均值，则 μ 的 $100(1-\alpha)\%$ 置信区间为：

$$\bar{x} - z_{\alpha/2}\frac{\sigma}{\sqrt{n}} < \mu < \bar{x} + z_{\alpha/2}\frac{\sigma}{\sqrt{n}}$$

式中，$z_{\alpha/2}$ 表示的是 z 值，其右侧的面积为 $\alpha/2$。

对于从非正态总体中选取的小样本，我们无法预期一个准确的置信度水平。不过，在样本容量 $n \geqslant 30$、分布的形态无较大偏倚的情况下，抽样理论可以保证我们得到好的结果。

显然，随机变量 $\hat{\Theta}_L$ 和 $\hat{\Theta}_U$（定义见 8.3 节）的实现值就是置信限：

$$\hat{\theta}_L = \bar{x} - z_{\alpha/2}\frac{\sigma}{\sqrt{n}}$$

$$\hat{\theta}_U = \bar{x} + z_{\alpha/2}\frac{\sigma}{\sqrt{n}}$$

不同的样本对应于不同的 $\bar{x}$ 值，相应地也会得到对参数 μ 的不同区间估计，如图 8.3 所示。每个区间中心的圆点表示的是在相应的随机样本中点估计 $\bar{x}$ 所处的位置。我们注意到，所有这些区间的长度是相同的，因为其大小在一旦确定了 $\bar{x}$ 之后就只与我们所选取的 $z_{\alpha/2}$ 有关。我们所选的 $z_{\alpha/2}$ 值越大，则每个区间就越大，我们也更加确信根据具体的一个样本所求得的区间包含未知参数 μ。一般，选取一个 $z_{\alpha/2}$，就会有 $100(1-\alpha)\%$ 的区间是包含 μ 的。

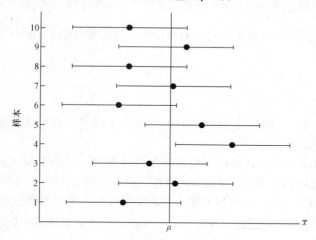

图 8.3　不同样本对 μ 的区间估计

例 8.2　在一条河流上 36 个不同的地点测量，发现平均锌浓度为 2.6 克/毫升。求这条河流中锌浓度均值的 95% 和 99% 置信区间。假设总体标准差为 0.3 克/毫升。

解：μ 的点估计是 $\bar{x} = 2.6$。由于 z 值右侧的面积为 0.025，因此其左侧的面积是 0.975，且它等于 $z_{0.025} = 1.96$（由附录表 A3 可知）。这样一来，95% 置信区间为：

$$2.6 - (1.96)\left(\frac{0.3}{\sqrt{36}}\right) < \mu < 2.6 + (1.96)\left(\frac{0.3}{\sqrt{36}}\right)$$

即 $2.50 < \mu < 2.70$。而要求 99% 置信区间，我们发现 z 值右侧的面积为 0.005，而其左侧的面积为

0.995，因此同样根据附录表 A3 可知，$z_{0.005} = 2.575$，99% 置信区间为：

$$2.6 - (2.575)\left(\frac{0.3}{\sqrt{36}}\right) < \mu < 2.6 + (2.575)\left(\frac{0.3}{\sqrt{36}}\right)$$

即 $2.47 < \mu < 2.73$。由此我们可以看到，估计 μ 时所求的区间越大，对置信度的要求也会更高。

$100(1-\alpha)\%$ 置信区间为我们提供了点估计精度的一个估计。若 μ 真的是区间的中间值，则 $\bar{x}$ 在估计 μ 时是没有误差的。不过，在大多数时候，$\bar{x}$ 不会精确地等于 μ，点估计一般都存在误差。误差的大小等于 $\bar{x}$ 和 μ 之差的绝对值，因此我们确信相信两者的差值有 $100(1-\alpha)\%$ 的可能不会超过 $z_{\alpha/2}\dfrac{\sigma}{\sqrt{n}}$。通过在图 8.4 中我们所绘制出的假想的置信区间图，不难发现这一点。

图 8.4　$\bar{x}$ 估计 μ 的误差

定理 8.1　如果 $\bar{x}$ 是 μ 的一个估计，则我们相信估计误差有 $100(1-\alpha)\%$ 的可能不会超过 $z_{\alpha/2}\dfrac{\sigma}{\sqrt{n}}$。

在例 8.2 中，我们确信样本均值 $\bar{x} = 2.6$ 与真实均值 μ 之差有 95% 的可能是小于 $(1.96)(0.3)/\sqrt{36}$ 的，有 99% 的可能是小于 $(2.575)(0.3)/\sqrt{36}$ 的。

通常，我们希望知道需要多大的样本才能确保估计 μ 的误差不会超过某个数 e。根据定理 8.1 可知，我们必须选择使得 $z_{\alpha/2}\dfrac{\sigma}{\sqrt{n}} = e$ 的 n。通过求解这个等式，我们可得关于 n 的下述公式。

定理 8.2　若 $\bar{x}$ 是 μ 的一个估计，则我们相信估计误差有 $100(1-\alpha)\%$ 的可能不会超过某个数 e，只要样本容量为：

$$n = \left(\frac{z_{\alpha/2}\sigma}{e}\right)^2$$

在求解样本容量 n 时，我们一般将所得到的结果向上取整。根据这个原则，我们才能保证置信度不会低于 $100(1-\alpha)\%$。

严格来说，定理 8.2 中的公式仅在我们抽样的总体方差已知的时候才是适用的。而在未知总体方差的时候，我们可以初步抽取容量为 $n \geqslant 30$ 的一个样本来估计 σ。然后在定理 8.2 中，再以 s 作为 σ 的一个近似，这样一来，就可以确定大约需要抽取多少观测才能达到所需的精度。

例 8.3　如果我们有 95% 的把握说，在例 8.2 中对 μ 的估计误差不超过 0.05。则需要一个多大的样本？

解：总体标准差 $\sigma = 0.3$，则根据定理 8.2 我们有

$$n = \left[\frac{(1.96)(0.3)}{0.05}\right]^2 = 138.3$$

所以，在随机样本的容量为 139 时，我们就有 95% 的把握说，$\bar{x}$ 对 μ 的估计误差不会超过 0.05。

8.4.1　单边的置信限

至此我们所讨论的置信区间及所对应的置信限都是双边（即置信上限和下限都给出）的情形。不过，在许多实际应用中我们只需求得一个单边的置信限即可。例如，若所关心的是抗拉强度，

则工程师仅从下限就能获取到更好的信息。这个界限向我们传递了最坏的情境是怎样的。另一方面，若相对较大一侧的 μ 值对我们来说是不划算的，或者不是我们所希望看到的情形，那么我们只关注置信上限即可。对一条河流中的平均汞含量进行推断的情形就是这样一个例子。在这种情形中置信上限就非常有益于增进我们的知识。

单边置信限的推导与双边置信限的方式一样。不过，此时只在单边的概率表达式中应用中心极限定理：

$$P\left(\frac{\bar{X}-\mu}{\sigma/\sqrt{n}} < z_\alpha\right) = 1-\alpha$$

和之前的求解方式一样，只需乘上这个概率表达式即可得到

$$P(\mu > \bar{X} - z_\alpha\sigma/\sqrt{n}) = 1-\alpha$$

对 $P(\frac{\bar{X}-\mu}{\sigma/\sqrt{n}} > -z_\alpha) = 1-\alpha$ 进行类似的计算，则可以求得

$$P(\mu < \bar{X} + z_\alpha\sigma/\sqrt{n}) = 1-\alpha$$

这样一来，即可得到如下所示的单边置信上限和置信下限。

σ^2 已知时 μ 的单边置信限

若 $\bar{X}$ 是从方差为 σ^2 的总体中抽取的容量为 n 的一个随机样本的均值，则 μ 单边的 $100(1-\alpha)\%$ 置信限为：

单边的置信上限：$\bar{x} + z_\alpha\sigma/\sqrt{n}$

单边的置信下限：$\bar{x} - z_\alpha\sigma/\sqrt{n}$

例8.4　在一个心理测试试验中，随机选取了 25 个试验对象，并测试他们对某种刺激的反应时间（单位：秒）。以往的经验表明，人们接收到这种刺激的反应时间所具有的方差为 4，且反应时间的分布是近似正态的。这些试验对象的平均反应时间为 6.2 秒。求平均反应时间 95% 的置信上限。

解： 95% 的置信上限为：

$$\bar{x} + \frac{z_\alpha\sigma}{\sqrt{n}} = 6.2 + (1.645)\sqrt{\frac{4}{25}} = 6.2 + 0.658 = 6.858$$

因此，我们有 95% 的把握说，平均反应时间是不超过 6.858 秒的。

8.4.2　σ 未知的情形

通常，在方差未知时，我们也必须估计总体的均值。读者应该记得我们在第 7 章所学的，若我们从正态总体中抽取了一个随机样本，则随机变量

$$T = \frac{\bar{X}-\mu}{S/\sqrt{n}}$$

服从自由度为 n 的学生氏 t 分布，其中 S 为样本标准差。在 σ 未知这种情形下，我们可以用 T 来构建关于 μ 的置信区间。其方法与 σ 已知的情形一致，只不过用 S 代替了 σ，而且标准正态分布也换成了 t 分布。参见图 8.5，我们可以断言：

$$P(-t_{\alpha/2} < T < t_{\alpha/2}) = 1-\alpha$$

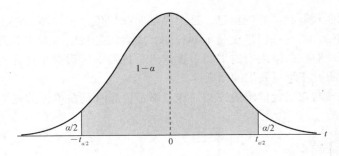

图 8.5　$P(-t_{\alpha/2} < T < t_{\alpha/2}) = 1 - \alpha$

式中，$t_{\alpha/2}$ 对应于自由度为 $n-1$ 的 t 值，且 $t_{\alpha/2}$ 右侧的面积为 $\alpha/2$。由于对称性，$-t_{\alpha/2}$ 左侧的面积也为 $\alpha/2$。代入 T，我们有

$$P\left(-t_{\alpha/2} < \frac{\bar{X} - \mu}{S/\sqrt{n}} < t_{\alpha/2}\right) = 1 - \alpha$$

不等式中的每项都乘上 $S/\sqrt{n}$，然后再减去 $\bar{X}$，最后都乘以 -1，我们有

$$P\left(\bar{X} - t_{\alpha/2}\frac{S}{\sqrt{n}} < \mu < \bar{X} + t_{\alpha/2}\frac{S}{\sqrt{n}}\right) = 1 - \alpha$$

这样一来，对于容量为 n 的一个具体的随机样本，可以求得均值 $\bar{x}$ 和标准差 s，于是我们可以得到关于 μ 的 $100(1-\alpha)\%$ 置信区间如下。

σ^2 未知时 μ 的置信区间

若 $\bar{x}$ 和 s 是从方差 σ^2 未知的正态总体中抽取的容量为 n 的一个随机样本的均值和标准差，则 μ 的 $100(1-\alpha)\%$ 置信区间为：

$$\bar{x} - t_{\alpha/2}\frac{s}{\sqrt{n}} < \mu < \bar{x} + t_{\alpha/2}\frac{s}{\sqrt{n}}$$

式中，$t_{\alpha/2}$ 是自由度为 $v = n-1$ 的 t 值，且 $t_{\alpha/2}$ 右侧的面积为 $\alpha/2$。

我们讨论了在 σ 已知的情形中和在 σ 未知的情形中计算置信区间估计的方法上存在的差别。需要强调的是，在 σ 已知的情形中我们利用的是中心极限定理，而在 σ 未知的情形中我们利用的则是随机变量 T 的抽样分布。不过，应用 t 分布的前提假设是样本是从正态分布中抽取的。只要分布是近似钟形的，在 σ^2 未知的时候我们就可以应用 t 分布来计算置信区间，且可以预期到很好的估计结果。

正如读者所预期的一样，在 σ 未知时，μ 的单边置信限可以通过下式得到：

$$\bar{x} + t_{\alpha}\frac{s}{\sqrt{n}}$$

$$\bar{x} - t_{\alpha}\frac{s}{\sqrt{n}}$$

它们分别是 $100(1-\alpha)\%$ 的置信上限和置信下限。其中 t_{α} 为 t 值，且 t_{α} 右侧的面积为 α。

例 8.5　7 个类似的容器内盛放的硫酸量分别为 9.8，10.2，10.4，9.8，10.0，10.2，9.6 升。求所有容器平均容量值的 95% 置信区间，假设其近似于正态分布。

解：根据题意可得，样本均值和标准差为：

$$\bar{x} = 10.0$$

$$s = 0.283$$

根据附录表 A4，我们可以求得自由度 $v = 6$ 时 $t_{0.025} = 2.447$。因此，μ 的 95% 置信区间为：

$$10.0 - (2.447)\frac{0.283}{\sqrt{7}} < \mu < 10.0 + (2.447)\frac{0.283}{\sqrt{7}}$$

这样一来，$9.74 < \mu < 10.26$。

8.4.3 大样本的置信区间

统计学家通常建议我们在无法假设分布的正态性、σ 未知、$n \geq 30$ 时，用 s 代替 σ，并采用置信区间

$$\bar{x} \pm z_{\alpha/2}\frac{s}{\sqrt{n}}$$

这个置信区间通常称作大样本的置信区间。理由仅在于样本足够大（一般指 30 及以上）和总体分布的偏倚不大这个假设，此时 s 会非常接近于真实的 σ，而且我们可以应用中心极限定理。应当强调一点，这仅仅是一个近似，近似的效果会随着样本容量的增大而逐渐变好。

例 8.6 我们收集了得克萨斯州 500 名高三学生所组成的一个随机样本在美国 SAT 中的数学成绩，样本均值和标准差分别为 501 分和 112 分。求得克萨斯州高三学生 SAT 平均成绩的 99% 置信区间。

解： 由于样本量非常大，因此采用正态近似是合理的。根据附录表 A3 我们可知，$z_{0.005} = 2.575$。这样一来，μ 的 99% 区间即为：

$$501 \pm (2.575)\left(\frac{112}{\sqrt{500}}\right) = 501 \pm 12.9$$

因此，$488.1 < \mu < 513.9$。

8.5 点估计的标准误

我们对点估计和置信区间估计两者的目的做了明确的区分。前者从试验数据集合中为我们提取了单一的一个数字，而后者则基于给定试验数据为我们给出了覆盖参数的一个合理区间，即 $100(1 - \alpha)\%$ 的区间是能够涵盖这个参数的。

这两种估计方法相互之间是存在联系的。其共同的线索在于点估计的抽样分布。例如，考虑 σ 已知时 μ 的估计量 $\bar{X}$。前面我们曾提到，测度一个无偏估计量好坏的根据是其方差的大小。而 $\bar{X}$ 的方差为：

$$\sigma_{\bar{X}}^2 = \frac{\sigma^2}{n}$$

因此，$\bar{X}$ 的标准差，或 $\bar{X}$ 的**标准误**就是 $\sigma/\sqrt{n}$。简言之，估计量的标准误就是其标准差。对 $\bar{X}$ 而言，其置信限为：

$$\bar{x} \pm z_{\alpha/2}\frac{\sigma}{\sqrt{n}}$$

可以记作

$$\bar{x} \pm z_{\alpha/2} \text{s. e. } (\bar{x})$$

式中，s. e. 表示标准误。重要的一点是，μ 的置信区间的大小是通过估计量的标准误而依赖于点

估计的好坏的。在 σ 未知且我们是从正态分布中抽取的样本时，就可以用 s 替代 σ，而且要采用估计的标准误 $s/\sqrt{n}$。这样一来，μ 的置信限如下所示。

σ^2 未知时 μ 的置信限

$$\bar{x} \pm t_{\alpha/2}\frac{s}{\sqrt{n}} = \bar{x} \pm t_{\alpha/2}\text{s. e. }(\bar{x})$$

同样，从区间大小的角度来说，在采用估计的标准误这种情形中置信区间并不比点估计的效果好。在一些计算机软件包中通常把估计的标准误简称为标准误。

在介绍更复杂的置信区间之前，我们引入一个普遍认可的观点：置信区间的宽度越小，相应的点估计效果就更好，尽管通常并没有我们在此说的这般简单。可以证明，置信区间将点估计的准确度考虑进来仅仅是对点估计做了一点改进。

8.6　预测区间

8.4 节和 8.5 节中均值的点估计和区间估计为我们提供了有关正态分布未知参数 μ 的信息，或者大样本情形中为我们提供了非正态分布的未知参数 μ 的一个估计。有时，除了总体均值，研究人员可能还希望对**未来的观测值**进行预测。例如，在质量控制中，研究人员可能需要根据观测数据来预测一个新的观测。对于一个制造金属部件的生产过程，我们可以基于其所制造的部件是否满足抗拉强度的规格来对其进行评估。在某些情形下，消费者可能只想买**单个零件**。这种情况下，平均抗拉强度的置信区间则无法囊括（或无法为我们提供）所需的信息。消费者需要知道关于**单个观测**的不确定性的信息。这类需求可以通过构造**预测区间**得到很好的满足。

要获取我们一直在讨论的这种情形的预测区间非常简单。假设我们从均值 μ 未知、方差 σ^2 已知的正态总体中选取了一个随机样本。则对新观测而言，一个自然的点估计量就是 $\bar{X}$。根据 7.4 节我们知道，$\bar{X}$ 的方差为 σ^2/n。然而，要预测一个新的观测，我们不仅要计算所估计均值的方差，而且要计算**未来观测的方差**。根据这个假设，我们可以知道，新观测中随机误差的方差为 σ^2。以正态随机变量 $x_0 - \bar{x}$ 来开始推导预测区间会非常好，其中 x_0 是这个新的观测，而 $\bar{x}$ 则是由样本计算得到的。由于 x_0 和 $\bar{x}$ 是独立的，于是我们可知

$$z = \frac{x_0 - \bar{x}}{\sqrt{\sigma^2 + \sigma^2/n}} = \frac{x_0 - \bar{x}}{\sigma\sqrt{1 + 1/n}}$$

为 $n(z;\ 0,\ 1)$。这样一来，将 x_0 作为概率分布的中心，我们有上述 z 统计量的概率表达式为：

$$P(-z_{\alpha/2} < Z < z_{\alpha/2}) = 1 - \alpha$$

则下述事件所发生的概率即为 $1 - \alpha$：

$$\bar{x} - z_{\alpha/2}\sigma\sqrt{1 + 1/n} < x_0 < \bar{x} + z_{\alpha/2}\sigma\sqrt{1 + 1/n}$$

所以，计算预测区间的方法可以归纳如下。

σ^2 已知时未来观测预测区间

对于均值 μ 未知、方差 σ^2 已知的正态分布的观测值而言，未来观测 x_0 的 $100(1 - \alpha)\%$ 预测区间为：

$$\bar{x} - z_{\alpha/2}\sigma\sqrt{1 + 1/n} < x_0 < \bar{x} + z_{\alpha/2}\sigma\sqrt{1 + 1/n}$$

式中，$z_{\alpha/2}$ 是 z 值，且 $z_{\alpha/2}$ 右侧的面积为 $\alpha/2$。

例 8.7 由于利率下降，First Citizens 银行收到许多住房抵押贷款申请。最近一批由 50 笔住房抵押贷款组成的样本平均贷款量是 257 300 美元。假设总体标准差为 25 000 美元。则对下一位申请住房抵押贷款的顾客而言，求其贷款额的 95% 预测区间。

解： 下一位顾客所贷款额的点估计 $\bar{x} = 257\,300$，根据题意可知 z 值为 $z_{0.025} = 1.96$。所以，未来一笔贷款额的 95% 预测区间为：

$$257\,300 - (1.96)(25\,000)\sqrt{1 + 1/50} < x_0 < 257\,300 + (1.96)(25\,000)\sqrt{1 + 1/50}$$

即预测区间为 (207 812.43，306 787.57)。

预测区间很好地估计出了未来观测的位置，不过与估计样本均值的方法之间存在很大差别。我们应当注意到，预测值的方差是所估计均值的方差与那个单一观测的方差之和。不过，同前面一样，我们首先讨论的是方差已知的情形。而在方差未知的情形中对未来观测的预测区间进行讨论也同样重要。在这种情形中我们所用的是学生氏 t 分布，其中仅仅是将正态分布替换成 t 分布。

σ^2 未知时未来观测的预测区间

对于均值 μ 未知、方差 σ^2 未知的正态分布的观测值而言，未来观测 x_0 的 $100(1-\alpha)\%$ 预测区间为：

$$\bar{x} - t_{\alpha/2}s\sqrt{1 + 1/n} < x_0 < \bar{x} + t_{\alpha/2}s\sqrt{1 + 1/n}$$

式中，$t_{\alpha/2}$ 是自由度为 $v = n-1$ 的 t 值，且 $t_{\alpha/2}$ 右侧的面积为 $\alpha/2$。

我们也可以构造单侧的预测区间。对于未来较大的观测这种情形而言，我们只需考察其预测上限即可。而在涉及未来较小的观测的情形中，则为预测下限。预测上限和下限的表达式分别为：

$$\bar{x} + t_{\alpha/2}s\sqrt{1 + 1/n}$$
$$\bar{x} - t_{\alpha/2}s\sqrt{1 + 1/n}$$

例 8.8 一名肉食检验员随机抽取了含 95% 瘦牛肉的 30 袋产品。样本结果表明其均值为 96.2%，样本标准差为 0.8%。求新的一袋瘦牛肉含量的 99% 预测区间。假设满足正态性。

解： 在自由度 $v = 29$ 时，$t_{0.005} = 2.756$。所以新观测 x_0 的 99% 预测区间为：

$$96.2 - (2.756)(0.8)\sqrt{1 + 1/30} < x_0 < 96.2 + (2.756)(0.8)\sqrt{1 + 1/30}$$

即 (93.96%，98.44%)。

8.6.1 把预测限用于异常值诊断

在本书中我们一直很少关心**异常值**，或反常的观测。大多数科研人员都对存在的异常观测、所谓的错误或"糟糕的数据"非常敏感。我们会在第 11 章对异常值诊断的问题进行大量讨论。不过，在此我们也有必要对其进行介绍，因为异常值诊断和预测区间之间有着重要的联系。

要达成观察到异常观测的目标很容易，因为总体均值和我们所研究的容量为 n 的样本均值之间是不同的。预测区间的上下限表明，未来的单一观测包含在该区间内的概率为 $1 - \alpha$，如果未来的这个观测确实是来自我们抽取样本的那个总体。所以，异常值诊断的原则是：若新观测落入我们以不包含问题观测的样本所计算得到的预测区间以外，则该观测是异常值。因此，对例 8.8 中的预测区间而言，若抽取新一袋牛肉经检测发现其瘦牛肉含量在区间 (93.96%，98.44%) 以外，则这个观测即可被视作一个异常值。

8.7   容忍限

在8.6节，读者可能不关心单一的一个观测会落在哪里，而更加关心总体的大多数观测会落在哪里。如果生产过程的规格参数非常重要，管理人员关心的就会是生产流程的长期表现，而非下一个观测。那么，我们就必须从概率意义上确定能涵盖总体的所有观测的界限（即这个维度上的观测值）。

得到所求界限的一个方法是，确定一定比例的观测值的置信区间。这种方法完全是受到之前内容的启发，即可将其视作从均值 μ 和方差 σ^2 已知的正态分布中进行随机抽样这种情形。显然，涵盖总体中间95%观测的界限是

$$\mu \pm 1.96\sigma$$

我们将它称为容忍区间，而且其对观测值的覆盖率就是95%。不过，实践中，μ 和 σ 通常是未知的，因此，我们必须使用

$$\bar{x} \pm 1.96s$$

当然，这个区间是一个随机变量，不过这个区间所涵盖到总体中某个比例的**覆盖率**并不准确。所以，我们必须把 $100(1-\gamma)\%$ 置信区间用作容忍区间，其原因在于我们不能期望 $\bar{x} \pm ks$ 一直都能覆盖到指定的比例。于是，我们有下述定理。

容忍限

对于均值 μ 和方差 σ 都未知的正态分布的观测值，其**容忍限**为 $\bar{x} \pm ks$，其中 k 使得我们在 $100(1-\gamma)\%$ 置信水平上确信容忍限所包含观测的比例至少为 $1-\alpha$。

附录表 A7 给出了 $1-\alpha = 0.90$，0.95，0.99，$\gamma = 0.05$，0.01，n 在 2~300 之间的选定值所对应的 k 值。

例8.9   考虑例8.8。在给定信息的情况下，求双边为95%容忍限的容忍区间，它涵盖瘦牛肉含量为95%的总体分布的90%。假设数据来自近似正态的分布。

解：回顾例8.8可知，$n = 30$，样本均值为96.2%，样本标准差为0.8%。根据附录表 A7 可知，$k = 2.14$。于是根据

$$\bar{x} \pm ks = 96.2 \pm (2.14)(0.8)$$

可知，下限和上限是94.5%和97.9%。

因此，我们在95%置信水平上确信上述范围覆盖到瘦牛肉含量为95%的总体分布中间90%的观测。

8.7.1   置信区间、预测区间、容忍区间之间的区别

再次强调一下我们在前面章节所探讨和阐述的这三类区间之间的区别，这一点很重要。这三类区间的计算都很简单，但却可能很令人费解。在现实应用中，这些区间是不能互换的，因为它们之间的含义是截然不同的。

在置信区间的情形中，我们所关心的只是**总体均值**。比如，习题 8.13 是生产大头针的工序。其规格参数是在洛氏强度的基础上进行设定的，低于这个规格参数的话，买家不会接受任何一根大头针。这里的总体参数是次要的。重要的则是，工程师必须清楚大多数（大头针的）洛氏强度值是多少。这样一来，就必须采用容忍限。当然，如果任何一个工序所生产的产品其容忍限比工序规格参数都严格，对于工序管理人员来说就是个好消息。

　　容忍限确实和置信区间之间有一点儿联系。$100(1-\alpha)\%$ 容忍区间，比如 0.95，可以看做相应正态分布中间 95% 的置信区间。单边的容忍限同样也是有联系的。在洛氏强度的问题中，更适当的则是其下限 $\bar{x}-ks$，它使得我们在 99% 置信水平上确信至少有 99%（大头针）的洛氏强度值会超过计算得到的下限值。

　　预测区间适用于需要确定单个值的范围的情形。这个时候均值不是我们所关心的，总体的大多数观测所处的位置也不是。单个新观测的位置才是我们的焦点。

案例研究8.1　　（机器质量）一台机器生产的是圆柱形金属部件。我们抽取了一个样本，测得其直径为 1.01、0.97、1.03、1.04、0.99、0.98、0.99、1.01、1.03 厘米。根据这组数据计算这三类区间，并对它们之间的差别进行解释。对于所有的计算，我们都假定其分布是近似正态的。给定这组数据的样本均值和标准差为 $\bar{x}=1.005\ 6$ 和 $s=0.024\ 6$。

　　（a）求关于直径均值的 99% 置信区间。

　　（b）求从这台机器所生产的部件中选出单一一个部件其直径的 99% 预测区间。

　　（c）求包含这台机器所生产 95% 金属部件的 99% 容忍限。

　　解：（a）关于直径均值的 99% 置信区间为：

$$\bar{x}\pm t_{0.005}s/\sqrt{n}=1.005\ 6\pm(3.355)(0.0246/3)=1.005\ 6\pm0.027\ 5$$

故 99% 的置信限为 0.979 1 和 1.033 1。

　　（b）未来的一个观测 99% 的预测区间为：

$$\bar{x}\pm t_{0.005}s\sqrt{1+1/n}=1.005\ 6\pm(3.355)(0.024\ 6)\sqrt{1+1/9}$$

则其上下限分别为 0.918 6 和 1.092 6。

　　（c）根据附录表 A7 可知，在 $n=9$，$1-\gamma=0.99$，$1-\alpha=0.95$ 时，在双边容忍限的情况下 $k=4.550$。这样一来，99% 容忍限则为：

$$\bar{x}\pm ks=1.005\ 6\pm(4.550)(0.024\ 6)$$

则其上下限为 0.893 7 和 1.117 5。于是，我们在 99% 置信水平上确信从 0.893 7 到 1.117 5 的容忍区间包含部件直径总体分布中间 95% 的观测。

　　根据案例研究可知，这三类区间所给出的界限存在显著的不同，即便这三者都是 99% 的上下限。对于均值置信区间的情形而言，99% 的区间涵盖了总体的平均直径。这样一来，我们就可以说，我们在 99% 置信水平上确信平均直径是介于 0.978 1 厘米和 1.033 1 厘米之间的。也就是说，我们关注的焦点是均值，而非总体中单一一个部件的直径，或所有部件的一般性质。而对预测区间的情形而言，上下限 0.918 6 和 1.092 6 则是基于从机器生产的产品中抽出的单个"新"金属部件的分布来计算的，同样 99% 预测区间涵盖了新测量部件的直径值。一方面，如前一节所示，容忍限使工程师清楚地认识到大部分（比如中间 95%）的观测位于何处。从 0.893 7 到 1.117 5，99% 容忍限在数值上与另两类区别很大。如果这几类区间的范围大到令工程师担忧的地步，则说明生产质量存在问题。另一方面，若这几类区间的范围都是适当的结果，工程师则可以认为大多数（这里是 95%）产品的直径都处在合理范围。此外，对于下述情况我们要使用置信区间，即 99% 的这些区间涵盖了总体中间的 95%。

🐌 习　题

8.1　加利福尼亚大学洛杉矶分校的一位研究员声称，老鼠断奶后食物中的卡路里含量减少大约 40% 时，它们的寿命将会延长 25%。其营养餐中加入了更为丰富的维生素和蛋白质。假设已知 $\sigma=5.8$，如果我们要有 99% 的把握保证样本的平均寿命与所有老鼠都接受营养餐的总体均值之差不超过 2 个月，则应当在试验中选择多少只老鼠？

8.3 许多心脏病患者都需要起搏器来控制心跳，现在需要在起搏器的顶部安装一个塑料连接器。一个有 75 个塑料连接器的随机样本均值为 3.1 英寸，假设标准差为 0.001 5 英寸，且近似服从正态分布，求某家连接器生产公司所有产品均值的 95% 置信区间。

8.5 在由弗吉尼亚州的 100 名汽车车主构成的一个随机样本中，汽车每年平均行驶的里程数为 23 500 千米，标准差为 3 900 千米。假设观测值的分布是近似正态的。

(a) 请构建弗吉尼亚州汽车每年所行驶平均里程的一个 99% 置信区间。

(b) 如果估计弗吉尼亚州的汽车每年行驶的里程数平均为 23 500 千米，则我们有 99% 的把握确信误差是多少？

8.7 在习题 8.3 中，如果我们需要有 95% 的把握确信样本均值控制在真正均值的 0.000 5 英寸之内，那么样本容量需要多大？

8.9 美国健康研究所的鲍恩（W. H. Bowen）博士和英国伦敦大学营养和饮食学教授尤得本（J. Yudben）的研究结果表明：经常使用甜类谷物可导致龋齿、心脏病等疾病。由 20 份类似于 Alpha-Bits 的食物构成的一个随机样本中，平均含糖量为 11.3 克，标准差为 2.45 克。假设含糖量为正态分布，请构建 Alpha-Bits 食物中含糖量均值的 95% 置信区间。

8.11 有一台机器生产圆形金属片，从中抽取了一个样本，其直径为 1.01，0.97，1.03，1.04，0.99，0.98，0.99，1.01，1.03 厘米。假定其近似服从正态分布，求这台机器所生产金属片平均直径的 99% 置信区间。

8.13 一项研究中有由 12 枚大头针构成的一个随机样本，经过洛氏强度测试结果发现，强度均值为 48.5，标准差为 1.5。假设观测值服从正态分布，请构建洛氏强度均值的一个 90% 置信区间。

8.15 回到习题 8.5 中，请构建弗吉尼亚州的汽车每年行驶里程数的 99% 预测区间。

8.17 考察习题 8.9 中的情形。请计算 Alpha-Bits 食物中含糖量的 95% 预测区间。

8.19 由 25 片缓释阿司匹林构成的一个随机样本

中，平均每片的阿司匹林含量为 325.05 毫克，标准差为 0.5 毫克。假设阿司匹林含量服从正态分布，请计算该品牌中阿司匹林含量为 90% 的 95% 容忍限。

8.21 弗吉尼亚理工大学动物学系开展了一项研究，从詹姆斯河的某个水电站提取了 15 份水样，以检测河流中的亚磷酸含量。这种化学物质的浓度以毫克/升为单位。假设各个站点亚磷酸的平均含量没有这种化学物质浓度的上极值重要。人们关注的是化学物质的浓度在这个区域的浓度是否太高。15 份水样的均值为 3.84 毫克/升，标准差为 3.07 毫克/升。假设观察值服从正态分布。请计算预测区间（95% 上预测限）和容忍限（95% 上容忍限，超过总体中 95% 的值），并对此进行解释，也就是说，这两个数据告诉了我们该站点亚磷酸含量分布上限的什么信息？

8.27 考察案例研究 8.1 中的情形，此时我们有一个较大样本的金属片。其直径为 1.01，0.97，1.03，1.04，0.99，0.98，1.01，1.03，0.99，1.00，1.00，0.99，0.98，1.01，1.02，0.99 厘米。再次进行正态性假设。请回答下述问题并就此与案例研究中的情形进行对此。讨论两者之间的差别何在，为什么会这样。

(a) 请计算平均直径的 99% 置信区间。

(b) 请计算我们观测到的下一个直径的 99% 预测区间。

(c) 请计算直径分布的 95% 中心覆盖率的 99% 容忍限。

8.29 我们定义 $S'^2 = \sum_{i=1}^{n} (X_i - \bar{X})^2 / n$。请证明 S'^2 是 σ^2 的有偏估计量。

8.31 如果 X 为二项随机变量，请证明：

(a) $\hat{P} = X/n$ 是 p 的一个无偏估计量。

(b) $P' = \dfrac{X + \sqrt{n}/2}{n + \sqrt{n}}$ 是 p 的一个右偏估计量。

8.33 请计算 σ^2 的两个估计量 S'^2 和 S^2（见习题 8.29），并判断哪个估计量更有效。假设这两个估计量是根据 $n(x; \mu, \sigma)$ 中的独立随机变量 X_1，X_2，…，X_n 计算得到的。如果只考察估计量的方差，哪个估计量更有效？（提示：请根据定理 7.4 和 6.7 节中 χ_v^2 的方差为 $2v$ 的结果进行作答。）

8.8 两样本：两个均值之差的估计

若有均值分别为 μ_1 和 μ_2、方差分别为 σ_1^2 和 σ_2^2 的两个总体，μ_1 和 μ_2 之差的点估计量由统计量 $\bar{X}_1 -$

$\bar{X}_2$ 给出。因此，为了得到 $\mu_1 - \mu_2$ 的点估计，我们选取两个对立的随机样本，每个总体各一个，容量为 n_1 和 n_2，并计算样本均值之差 $\bar{x}_1 - \bar{x}_2$。显然，我们必须考虑 $\bar{X}_1 - \bar{X}_2$ 的抽样分布。

根据定理 7.3 可知，$\bar{X}_1 - \bar{X}_2$ 的抽样分布服从均值为 $\mu_{\bar{X}_1 - \bar{X}_2}$ 且标准差为 $\sigma_{\bar{X}_1 - \bar{X}_2} = \sqrt{\sigma_1^2/n_1 + \sigma_2^2/n_2}$ 的近似正态分布。因此，我们可以说，标准正态随机变量

$$Z = \frac{(\bar{X}_1 - \bar{X}_2) - (\mu_1 - \mu_2)}{\sqrt{\sigma_1^2/n_1 + \sigma_2^2/n_2}}$$

落入 $-z_{\alpha/2}$ 和 $z_{\alpha/2}$ 之间的概率为 $1 - \alpha$。再次回到图 8.2，我们可以写作

$$P(-z_{\alpha/2} < Z < z_{\alpha/2}) = 1 - \alpha$$

把 Z 代入，则其等价形式为：

$$P\left(-z_{\alpha/2} < \frac{(\bar{X}_1 - \bar{X}_2) - (\mu_1 - \mu_2)}{\sqrt{\sigma_1^2/n_1 + \sigma_2^2/n_2}} < z_{\alpha/2}\right) = 1 - \alpha$$

据此，则可得 $\mu_1 - \mu_2$ 的 $100(1 - \alpha)\%$ 置信区间。

σ_1^2 和 σ_2^2 已知时 $\mu_1 - \mu_2$ 的置信区间

若 $\bar{x}_1$ 和 $\bar{x}_2$ 是方差分别为 σ_1^2 和 σ_2^2 的两个总体的容量为 n_1 和 n_2 的两个独立随机样本的均值，则 $\mu_1 - \mu_2$ 的 $100(1 - \alpha)\%$ 置信区间为：

$$(\bar{x}_1 - \bar{x}_2) - z_{\alpha/2}\sqrt{\frac{\sigma_1^2}{n_1} + \frac{\sigma_2^2}{n_2}} < \mu_1 - \mu_2 < (\bar{x}_1 - \bar{x}_2) + z_{\alpha/2}\sqrt{\frac{\sigma_1^2}{n_1} + \frac{\sigma_2^2}{n_2}}$$

式中，$z_{\alpha/2}$ 是右侧面积为 $\alpha/2$ 的 z 值。

如果样本是从正态总体中选取的，那么上述定理中的置信度就是精确的。对于非正态总体而言，对容量合适的样本，中心极限定理表明也有很好的近似。

8.8.1 试验条件和试验单元

对两个均值之差的置信区间估计中，我们必须考虑数据采集过程中的试验条件。假设我们有从均值分别为 μ_1 和 μ_2 的分布中选取的两个独立随机样本。重要的一点是，试验条件一定要尽可能接近这些假设所描述的理想场景。通常，试验人员应当相应地对试验策略进行安排。就几乎所有此类研究而言，存在一个所谓的试验单元，它是试验的一部分，会产生试验误差，而且是总体方差 σ^2 产生的原因。例如，在药物研究中，试验单元就是病人或对象。在农业试验中，则可能是一块土地。化学试验中，又可能是一定量的原材料。试验单元之间的差异对结果的影响很小，这一点对于试验（的成功）很重要。如果我们把区分两个总体的试验条件在试验单元之间进行随机分配，那么试验人员在一定程度上可以保证试验单元不会对试验结果造成偏倚。在后续章节中介绍假设检验的时候，我们会再次详细介绍随机化的问题。

例 8.10 一项研究比较了 A 和 B 这两种类型的发动机。我们测量了燃烧汽油所行驶的里程数（单位：英里/加仑）。以 A 型发动机做了 50 次试验，以 B 型发动机做了 75 次试验。汽油用量及其他条件不变。A 型发动机平均燃油里程为 36 英里/加仑，B 型发动机平均燃油里程为 42 英里/加仑。求 $\mu_B - \mu_A$ 的 96% 置信区间，其中 μ_A 和 μ_B 分别是 A 型发动机和 B 型发动机总体的平均燃油里程数。假设 A 型发动机和 B 型发动机的总体标准差分别为 6 英里/加仑和 8 英里/加仑。

解： $\mu_B - \mu_A$ 的点估计是 $\bar{x}_B - \bar{x}_A = 42 - 36 = 6$。由于 $\alpha = 0.04$，则根据附录表 A3 可知，$z_{0.02} = $

2.05。这样一来，将其代入上述定理即可得，96% 置信区间为：

$$6 - 2.05\sqrt{\frac{64}{75} + \frac{36}{50}} < \mu_B - \mu_A < 6 + 2.05\sqrt{\frac{64}{75} + \frac{36}{50}}$$

即 $3.43 < \mu_B - \mu_A < 8.57$。

这种方法适用于在方差 σ_1^2 和 σ_2^2 都已知的情形下对两个均值之差进行估计。若方差未知但所涉及的两个分布是近似正态的，则要使用 t 分布，同单个样本的情形类似。如果不能假设其正态性，大样本（如大于 30）时我们可以利用 s_1 和 s_2 来分别替换 σ_1 和 σ_2，其根据在于 $s_1 \approx \sigma_1$ 且 $s_2 \approx \sigma_2$。当然，置信区间是一个近似结果。

8.8.2 方差未知但相等

考虑 σ_1^2 和 σ_2^2 未知的情形。若 $\sigma_1^2 = \sigma_2^2 = \sigma^2$，则可得下述形式的标准正态随机变量

$$Z = \frac{(\bar{X}_1 - \bar{X}_2) - (\mu_1 - \mu_2)}{\sqrt{\sigma^2[(1/n_1) + (1/n_2)]}}$$

根据定理 7.4 可知，$\dfrac{(n_1 - 1)S_1^2}{\sigma^2}$ 与 $\dfrac{(n_2 - 1)S_2^2}{\sigma^2}$ 这两个随机变量分别服从自由度为 $n_1 - 1$ 和 $n_2 - 1$ 的卡方分布。而且，它们是独立的卡方随机变量，因为随机样本是独立选取的。这样一来，两者之和

$$V = \frac{(n_1 - 1)S_1^2}{\sigma^2} + \frac{(n_2 - 1)S_2^2}{\sigma^2} = \frac{(n_1 - 1)S_1^2 + (n_2 - 1)S_2^2}{\sigma^2}$$

服从自由度为 $v = n_1 + n_2 - 2$ 的卡方分布。

可以证明 Z 和 V 是独立的，根据定理 7.5 可知，统计量

$$T = \frac{(\bar{X}_1 - \bar{X}_2) - (\mu_1 - \mu_2)}{\sqrt{\sigma^2[(1/n_1) + (1/n_2)]}} \bigg/ \sqrt{\frac{(n_1 - 1)S_1^2 + (n_2 - 1)S_2^2}{\sigma^2(n_1 + n_2 + 2)}}$$

服从自由度为 $v = n_1 + n_2 - 2$ 的 t 分布。

我们可以通过合并样本方差的方式来对未知的共同方差 σ^2 进行点估计。将合并估计量记作 S_p^2，则有

合并的方差估计

$$S_p^2 = \frac{(n_1 - 1)S_1^2 + (n_2 - 1)S_2^2}{n_1 + n_2 - 2}$$

将 S_p^2 代入 T 统计量，可得较简单的形式：

$$T = \frac{(\bar{X}_1 - \bar{X}_2) - (\mu_1 - \mu_2)}{S_p\sqrt{(1/n_1) + (1/n_2)}}$$

根据 T 统计量，有

$$P(-t_{\alpha/2} < T < t_{\alpha/2}) = 1 - \alpha$$

式中，$t_{\alpha/2}$ 为右侧面积为 $\alpha/2$、自由度为 $n_1 + n_2 - 2$ 的 t 值。将 T 代入不等式，可以写作

$$P\left[-t_{\alpha/2} < \frac{(\bar{X}_1 - \bar{X}_2) - (\mu_1 - \mu_2)}{S_p\sqrt{(1/n_1) + (1/n_2)}} < t_{\alpha/2}\right] = 1 - \alpha$$

通过一般的数学运算可得样本均值之差 $\bar{x}_1 - \bar{x}_2$ 和合并方差，接下来可得 $\mu_1 - \mu_2$ 的 $100(1-\alpha)\%$ 置信区间。

s_p^2 的值可以看做两个样本方差 s_1^2 和 s_2^2 的加权平均值，权重为各自的自由度。

$\sigma_1^2 = \sigma_2^2$ 未知时 $\mu_1 - \mu_2$ 的置信区间

若 $\bar{x}_1$ 和 $\bar{x}_2$ 是从方差未知但相等的两个近似正态总体中选取的容量为 n_1 和 n_2 的两个独立随机样本的均值，则 $\mu_1 - \mu_2$ 的 $100(1-\alpha)\%$ 置信区间为：

$$(\bar{x}_1 - \bar{x}_2) - t_{\alpha/2}s_p\sqrt{\frac{1}{n_1} + \frac{1}{n_2}} < \mu_1 - \mu_2 < (\bar{x}_1 - \bar{x}_2) + t_{\alpha/2}s_p\sqrt{\frac{1}{n_1} + \frac{1}{n_2}}$$

式中，s_p 为总体标准差的合并估计值，$t_{\alpha/2}$ 为右侧面积为 $\alpha/2$、自由度为 $v = n_1 + n_2 - 2$ 的 t 值。

例 8.11　一篇发表于《环境污染杂志》的名为《大型无脊椎动物的聚集结构是酸矿污染的指示器》的文章，记录了在阿拉巴马州开展的一项调研，以判断生理化学参数与大型无脊椎动物的不同种群结构之间的关联。调研的一方面是要对以物种多样性指标来解释处在酸矿的排水区域内会导致水栖生物退化的有效性进行评估。理论上，大型无脊椎物种多样性指标较高，则意味着未承受压力的水系统，而较低的物种多样性指标则说明此处水系统的形势严峻。

这项研究选取了两个独立的抽样地点，一个位于酸矿排水点的下游，另一个则在上游。在下游的抽样点收集了 12 个月的月度样本，物种多样性指标的均值为 $\bar{x}_1 = 3.11$，标准差为 $s_1 = 0.771$；上游的抽样点收集的是 10 个月的月度样本数据，指标均值为 $\bar{x}_2 = 2.04$，标准差为 $s_2 = 0.448$。假设两个抽样点的总体服从方差相等的近似正态分布，求两个地点总体均值之差的 90% 置信区间。

解：令 μ_1 和 μ_2 分别表示两个总体的均值，即下游和上游两个抽样点的物种多样性指标。我们所求的是 $\mu_1 - \mu_2$ 的 90% 置信区间。$\mu_1 - \mu_2$ 的点估计值为：

$$\bar{x}_1 - \bar{x}_2 = 3.11 - 2.04 = 1.07$$

而共同方差 σ^2 的合并估计值 s_p^2 为：

$$s_p^2 = \frac{(n_1 - 1)s_1^2 + (n_2 - 1)s_2^2}{n_1 + n_2 - 2} = \frac{(11)(0.771^2) + (9)(0.448^2)}{12 + 10 - 2} = 0.417$$

开平方后可得 $s_p = 0.646$。由于 $\alpha = 0.1$，根据附录表 A4 可得自由度为 $v = n_1 + n_2 - 2 = 20$ 的 $t_{0.05} = 1.725$。因此，$\mu_1 - \mu_2$ 的 90% 置信区间为：

$$1.07 - (1.725)(0.646)\sqrt{\frac{1}{12} + \frac{1}{10}} < \mu_1 - \mu_2 < 1.07 + (1.725)(0.646)\sqrt{\frac{1}{12} + \frac{1}{10}}$$

即 $0.593 < \mu_1 - \mu_2 < 1.547$。

8.8.3　对置信区间的理解

对于单个参数的情形而言，根据置信区间可以很容易给出参数的误差限。包含在该区间内的值则可以被视作给定试验数据中的合理值。在两个均值之差的情形中，则要将其延伸到比较两个均值这个层面来理解。比如，若以较高的置信水平确信 $\mu_1 - \mu_2$ 为正，那么就可以断定 $\mu_1 > \mu_2$，出错的风险很小。又如，在例 8.11 中，我们在 90% 置信水平上确信 0.593～1.547 这个区间包含两个抽样点物种多样性指标的总体均值之差。置信区间两个端点都为正说明在平均意义上，排水点下游抽样点的指标大于上游抽样点的指标。

8.8.4 样本容量相等

当 $\sigma_1 = \sigma_2 = \sigma$ 且未知时，要构建 $\mu_1 - \mu_2$ 的置信区间则需要假定总体都是正态的。方差相等假设或正态性假设如果存在些许偏差并不会极大地改变置信区间的置信度。（第9章介绍了基于样本方差所给出的信息来检验两个未知总体方差是否相等的方法。）若总体方差之间存在显著差异，但当总体正态且 $n_1 = n_2$ 时，我们仍然可以据此得到合理的结果。所以，在进行试验设计的时候，我们一定要尽力保证样本容量是相等的。

8.8.5 方差不等且未知

我们现在考虑这样的问题：当总体方差不等且未知时，如何对 $\mu_1 - \mu_2$ 进行区间估计？这种情形中我们最常用到的统计量为：

$$T' = \frac{(\bar{X}_1 - \bar{X}_2) - (\mu_1 - \mu_2)}{\sqrt{(S_1^2/n_1) + (S_2^2/n_2)}}$$

它近似服从自由度为 v 的 t 分布，其中

$$v = \frac{(S_1^2/n_1 + S_2^2/n_2)^2}{[(S_1^2/n_1)^2/(n_1-1)] + [(S_2^2/n_2)^2/(n_2-1)]}$$

由于 v 一般并不是整数，因此通常向下取整。这样估计自由度的方法称作萨特思韦特近似（Satterthwaite, 1946）。

根据 T' 统计量，我们有

$$P(-t_{\alpha/2} < T' < t_{\alpha/2}) \approx 1 - \alpha$$

式中，$t_{\alpha/2}$ 为右侧面积为 $\alpha/2$、自由度为 v 的 t 分布的取值。将 T' 代入上述不等式，并按照前述相同的步骤，我们可得最终结果如下。

$\sigma_1^2 \neq \sigma_2^2$ 且均未知时 $\mu_1 - \mu_2$ 的置信区间

若 $\bar{x}_1$ 和 s_1^2，$\bar{x}_2$ 和 s_2^2 分别是从方差未知且不等的两个近似正态总体中选取的容量为 n_1 和 n_2 的两个独立随机样本的均值和方差，则 $\mu_1 - \mu_2$ 的近似 $100(1-\alpha)\%$ 置信区间为：

$$(\bar{x}_1 - \bar{x}_2) - t_{\alpha/2}\sqrt{\frac{s_1^2}{n_1} + \frac{s_2^2}{n_2}} < \mu_1 - \mu_2 < (\bar{x}_1 - \bar{x}_2) + t_{\alpha/2}\sqrt{\frac{s_1^2}{n_1} + \frac{s_2^2}{n_2}}$$

式中，$t_{\alpha/2}$ 为右侧面积为 $\alpha/2$ 的 t 分布的值，t 分布的自由度为：

$$v = \frac{(s_1^2/n_1 + s_2^2/n_2)^2}{[(s_1^2/n_1)^2/(n_1-1)] + [(s_2^2/n_2)^2/(n_2-1)]}$$

我们注意到，v 的表达式中包含随机变量，所以 v 事实上是自由度的一个估计。在应用中，其估计值通常不是整数，因此研究人员必须向下取整以达到设定的置信度。

在举例说明上述置信区间之前，需要指出的是，$\mu_1 - \mu_2$ 所有的置信区间都具有与单个均值的一般表达式相同的形式，即它们都可以写作

点估计 $\pm t_{\alpha/2} \widehat{\text{s. e.}}$（点估计）

或

点估计 $\pm z_{\alpha/2}$ s. e. (点估计)

例如，在 $\sigma_1 = \sigma_2 = \sigma$ 的情形中，关于 $\bar{x}_1 - \bar{x}_2$ 的估计标准误为 $s_p\sqrt{1/n_1 + 1/n_2}$。而 $\sigma_1^2 \neq \sigma_2^2$ 的情形中

$$\widehat{\text{s. e.}}(\bar{x}_1 - \bar{x}_2) = \sqrt{\frac{s_1^2}{n_1} + \frac{s_2^2}{n_2}}$$

例8.12　为了估计詹姆斯河岸两个不同站点的亚磷酸含量的差异，弗吉尼亚理工大学动物学系开展了一项研究。计量亚磷酸含量的单位采用毫克/升。在第 1 个站点采集到 15 个样品，第 2 个站点采集到 12 个。第 1 个站点 15 个样品的亚磷酸含量平均为 3.84 毫克/升，标准差为 3.07 毫克/升；第 2 个站点 12 个样品的含量平均为 1.49 毫克/升，标准差为 0.80 毫克/升。求两个站点亚磷酸含量真实均值之差的 95% 置信区间，假设观测来自方差不等的正态总体。

解：在第 1 个站点，我们有 $\bar{x}_1 = 3.84$，$s_1 = 3.07$，$n_1 = 15$；在第 2 个站点，$\bar{x}_2 = 1.49$，$s_2 = 0.80$，$n_2 = 12$。我们要求的是 $\mu_1 - \mu_2$ 的 95% 置信区间。

由于假设总体方差是不相等的，因此只能基于自由度为 v 的 t 分布来计算近似的 95% 置信区间，其中

$$v = \frac{(3.07^2/15 + 0.80^2/12)^2}{[(3.07^2/15)^2/14] + [(0.80^2/12)^2/11]} = 16.3 \approx 16$$

因此 $\mu_1 - \mu_2$ 的点估计为：

$$\bar{x}_1 - \bar{x}_2 = 3.84 - 1.49 = 2.35$$

由于 $\alpha = 0.05$，根据附录表 A4 可得自由度为 $v = 16$ 的 $t_{0.025} = 2.120$。因此，$\mu_1 - \mu_2$ 的 95% 置信区间为：

$$2.35 - 2.120\sqrt{\frac{3.07^2}{15} + \frac{0.80^2}{12}} < \mu_1 - \mu_2 < 2.35 + 2.120\sqrt{\frac{3.07^2}{15} + \frac{0.80^2}{12}}$$

即 $0.60 < \mu_1 - \mu_2 < 4.10$。这样一来，我们在 95% 置信水平上确信 $0.60 \sim 4.10$ 这个区间包含这两个站点亚磷酸含量的真实均值之差。

如果两个总体方差都是未知的，做出方差相等或不等的假定需要谨慎。在 9.10 节，我们会介绍一种方法来辅助判断方差是相等还是不等的情形。

8.9　配对观测

这里我们考虑两个样本不独立且两个总体的方差也不相等时两个均值之差的估计方法。接下来我们要讨论的这种情形是一种非常特殊的试验，即配对观测。与之前的情形不同，我们并没有将两个总体的条件在试验单元之间进行随机分配，而是每一个相同的试验单元都要接受两个总体的条件，因此，每个试验单元都有一对观测，每个总体各一个。比如，如果我们以 15 个人为样本来检验一种新的减肥食品，试吃减肥食品之前和之后的体重构成了两个样本。这两个总体是"试吃前"和"试吃后"，而试验单元则是每一个人。显然，一对观测之间具有共同之处。为了判断这种减肥食品是否有效，我们考虑配对观测中的差值 d_1，d_2，$\cdots$，d_n。这些差值是随机样本 D_1，D_2，$\cdots$，D_n 的实现值，其中 D_1，D_2，$\cdots$，D_n 是差值构成的一个总体，我们假定它们服从均值为 $\mu_D = \mu_1 - \mu_2$ 且方差为 σ_D^2 的正态分布。我们以差值所构成样本的方差 s_d^2 来估计 σ_D^2。μ_D 的点估计量由 $\bar{D}$ 给出。

8.9.1 何时采用配对样本

试验中，在很多领域都可以应用配对观测的方法。在第 9 章介绍与假设检验相关的内容时以及在第 12 章和第 14 章介绍试验设计的问题时，读者会遇到这个概念。选择相对同质的试验单元（组内单元）并对之施加两个总体的条件会减少试验误差所引起的变异（即本例中的 σ_D^2）造成的影响。读者可以将第 i 对差值形象的表达为：

$$D_i = X_{1i} - X_{2i}$$

由于两个观测都是来自同一个样本的试验单元，因此它们是不独立的，事实上

$$\mathrm{Var}(D_i) = \mathrm{Var}(X_{1i} - X_{2i}) = \sigma_1^2 + \sigma_2^2 - 2\mathrm{Cov}(X_{1i}, X_{2i})$$

在直观感觉上，我们可以期望，σ_D^2 会因为针对给定一个试验单元两个观测之间的"误差"在本质上的相似性而降低，并且影响到上述表达式。我们当然还可以期望，试验单元在同质的情况下其协方差为正。所以，与未配对的置信区间相比，在试验单元内部存在同质性而各试验单元之间的差异较大时，配对样本的置信区间在效果上将获得最大的提升。因此，我们应当谨记，置信区间的性能依赖于标准误 $\overline{D}$，即 $\sigma_D/\sqrt{n}$，其中 n 为配对观测的个数。正如我们在前面所说的，我们采用配对观测的目的在于降低 σ_D 的值。

8.9.2 在降低方差和损失自由度之间取得平衡

通过比较配对观测的置信区间和未配对观测的置信区间可以明显地看到，我们需要有一定的取舍。虽然配对观测的确会降低方差，从而降低点估计的标准误，但将问题变为单个样本后也损失了自由度。因此，与标准误联系在一起的 $t_{\alpha/2}$ 也要相应地进行调整。这样一来，配对观测则可能会适得其反。这是我们可能会遇到的情形，即通过配对却并未有效地（通过 σ_D^2）降低方差。

另一方面，配对观测还涉及选取 n 个配对对象的问题，每一对都要具有相似的特征，如智商、年龄或品牌，然后随机选择每对中的一个来作为 X_1 的一个实现值，这一对中的另一个则是 X_2 的一个实现值。这种情形下，X_1 和 X_2 可能表示的是，具有相同智商的两个对象所取得的成绩，其中一人被随机分配到采用传统教学方法的班级，而另一人被分配到根据计划项目教学的班级。

μ_D 的 $100(1-\alpha)\%$ 置信区间可以通过下式建立：

$$P(-t_{\alpha/2} < T < t_{\alpha/2}) = 1 - \alpha$$

式中，$T = \dfrac{\overline{D} - \mu_D}{S_D/\sqrt{n}}$，与之前一样，$t_{\alpha/2}$ 是自由度为 $n-1$ 的 t 分布的一个值。

接下来就是惯常的步骤：根据定义将 T 代入上述不等式，通过数学运算得到 $\mu_1 - \mu_2 = \mu_D$ 的 $100(1-\alpha)\%$ 置信区间。

配对观测中 $\mu_D = \mu_1 - \mu_2$ 的置信区间

如果 n 个随机配对观测的差值服从正态分布，$\overline{d}$ 和 s_d 分别是其均值和标准差，则 $\mu_D = \mu_1 - \mu_2$ 的 $100(1-\alpha)\%$ 置信区间为：

$$\overline{d} - t_{\alpha/2}\frac{s_d}{\sqrt{n}} < \mu_D < \overline{d} + t_{\alpha/2}\frac{s_d}{\sqrt{n}}$$

式中，$t_{\alpha/2}$ 为右侧面积为 $\alpha/2$、自由度为 $v = n-1$ 的 t 值。

例 8.13 发表于《臭氧层》杂志的一项研究，揭示了 20 名马萨诸塞州越战退伍老兵体内的二恶英 TCDD 含量，可能是他们曾接触到橙剂（落叶剂）之故。血浆和脂肪组织内的 TCDD 含量如表

8.1 所示。

求 $\mu_1 - \mu_2$ 的 95% 置信区间，其中 μ_1 和 μ_2 分别表示血浆和脂肪组织中 TCDD 真实的平均含量，假设差值的分布是近似正态的。

表 8.1　例 8.13 的数据

老兵	血浆中的 TCDD 水平	脂肪组织中的 TCDD 水平	d_i	老兵	血浆中的 TCDD 水平	脂肪组织中的 TCDD 水平	d_i
1	2.5	4.9	−2.4	11	6.9	7.0	−0.1
2	3.1	5.9	−2.8	12	3.3	2.9	0.4
3	2.1	4.4	−2.3	13	4.6	4.6	0.0
4	3.5	6.9	−3.4	14	1.6	1.4	0.2
5	3.1	7.0	−3.9	15	7.2	7.7	−0.5
6	1.8	4.2	−2.4	16	1.8	1.1	0.7
7	6.0	10.0	−4.0	17	20.0	11.0	9.0
8	3.0	5.5	−2.5	18	2.0	2.5	−0.5
9	36.0	41.0	−5.0	19	2.5	2.3	0.2
10	4.7	4.4	0.3	20	4.1	2.5	1.6

资料来源：Schecter, A. et al. "Partitioning of 2, 3, 7, 8-chlorinated dib enzo-p-dioxins and dibenzofurans between adipose tissue and plasma lipid of 20 Massachusetts Vietnam veterans," *Chemosphere*, Vol. 20, Nos. 7–9, 1990, pp. 954–955 (Tables I and II).

解： 我们要求的是 $\mu_1 - \mu_2$ 的 95% 置信区间。由于观测是配对的，因此 $\mu_1 - \mu_2 = \mu_D$。μ_D 的点估计为 $\bar{d} = -0.87$。样本差值的标准差 s_d 为：

$$s_d = \sqrt{\frac{1}{n-1} \sum_{i=1}^{n} (d_i - \bar{d})^2} = \sqrt{\frac{168.4220}{19}} = 2.9773$$

由于 $\alpha = 0.05$，根据附录表 A4 我们可知，在自由度为 $v = n - 1 = 19$ 时 $t_{0.025} = 2.093$。所以，95% 置信区间为：

$$-0.8700 - (2.093)\left(\frac{2.9773}{\sqrt{20}}\right) < \mu_D < -0.8700 + (2.093)\left(\frac{2.9773}{\sqrt{20}}\right)$$

即 $-2.2634 < \mu_D < 0.5234$，由此我们可以得出结论，血浆和脂肪组织中的 TCDD 平均含量并没有显著的差别。

习　题

8.35　从标准差为 $\sigma_1 = 5$ 的正态总体中抽取一个容量为 $n_1 = 25$ 的随机样本，其均值为 $\bar{x}_1 = 80$。从标准差为 $\sigma_2 = 3$ 的不同正态总体中抽取一个容量为 $n_2 = 36$ 的随机样本，其均值为 $\bar{x}_2 = 75$。求 $\mu_1 - \mu_2$ 的 94% 置信区间。

8.37　开展了一项研究以确定某种处理方式是否会对祛蚀操作移除的金属量产生影响。由 100 片金属组成的随机样本浸泡在浴盆中 24 小时而没有进行任何处理，被移除的金属量平均为 12.2 毫米，样本标准差为 1.1 毫米。第二个样本中的 200 片金属经过处理后在浴盆中浸泡 24 小时，被移除的金属量平均为 9.1 毫米，样本标准差为 0.9 毫米。

请计算两个总体均值之差的 98% 置信区间。后一种处理方式是否会降低金属的平均移除量？

8.39　学生的物理课有两种选择：其一，3 学期课时，无试验；其二，4 学期课时，有试验。每个部分的期末书面考试都是相同的，如果有试验 12 个学生的平均考试成绩分为 84 分，标准差为 4 分；而无试验 18 个学生的平均考试成绩为 77 分，标准差为 6 分。假设两个总体是近似正态的，且方差相等，求两种课程学习计划的学生平均成绩之差的 99% 置信区间。

8.41　下面的数据为膀胱严重感染病人随机接受两种药物疗法之一的康复时间（单位：天）。

药物疗法 1	药物疗法 2
$n_1 = 14$	$n_2 = 16$
$\bar{x}_1 = 17$	$\bar{x}_2 = 19$
$s_1^2 = 1.5$	$s_2^2 = 1.8$

假设两个正态总体的方差相等，求两种药物疗法所需康复时间 $\mu_1 - \mu_2$ 的 99% 置信区间。

8.43 一家出租车公司正决定为其出租车车队购买品牌 A 或品牌 B 的轮胎，为了考察两种品牌的差别，每个品牌用了 12 个轮胎来进行试验，结果如下：

$$品牌 A：\bar{x}_1 = 36\,300$$
$$s_1 = 5\,000$$
$$品牌 B：\bar{x}_2 = 38\,100$$
$$s_2 = 6\,100$$

请计算 $\mu_A - \mu_B$ 的 95% 置信区间，假设两个总体近似服从正态分布，但是方差不等。

8.45 政府给 9 所大学的农业系下拨补助金以测试两个小麦品种的生产能力，每所大学在相同面积的土地上种植一个品种，产量以每块土地产出多少千克来计算，所得产量如下表所示：

品种	大学								
	1	2	3	4	5	6	7	8	9
1	38	23	35	41	44	29	37	31	38
2	45	25	31	38	50	33	36	40	43

假设两个品种的产量之差近似服从正态分布，求两个品种均值之差的 95% 置信区间，并解释为什么这个问题必须使用配对样本。

8.47 《财富》杂志（1997 年 3 月刊）研究了 10 家公司在 1996 年之前的 10 年和 1996 年的总盈利情况，如下表所示。求投资者当前盈利均值平均变化的 95% 置信区间。

公司	投资者总收益	
	1986~1995 年	1996 年
可口可乐	29.8%	43.3%
Mirage Resorts	27.9%	25.4%
默克	22.1%	24.0%
微软	44.5%	88.3%
强生	22.2%	18.1%
英特尔	43.8%	131.2%
辉瑞	21.7%	34.0%
宝洁	21.9%	32.1%
伯克希尔-哈撒韦	28.3%	6.2%
标准普尔 500	11.8%	20.3%

8.49 我们考虑两个不同品牌的漆。两种漆样品的样本烘干时间以小时为单位。每种漆中都抽取了 15 个样品，烘干时间如下表所示：

漆 A					漆 B				
3.5	2.7	3.9	4.2	3.6	4.7	3.9	4.5	5.5	4.0
2.7	3.3	5.2	4.2	2.9	5.3	4.3	6.0	5.2	3.7
4.4	5.2	4.0	4.1	3.4	5.5	6.2	5.1	5.4	4.8

假设烘干时间服从正态分布，且 $\sigma_A = \sigma_B$，求 $\mu_A - \mu_B$ 的 95% 置信区间，其中 μ_A 和 μ_B 为烘干时间的均值。

8.10 单样本：比例的估计

二项试验中，比例 p 的点估计量为统计量 $\hat{P} = X/n$，其中 X 表示的是 n 次试验中成功的次数。因此，我们以样本比例 $\hat{p} = x/n$ 作为参数 p 的点估计。

如果未知比例 p 并不太接近于 0 或 1，那么我们就可以通过考虑 $\hat{P}$ 的抽样分布来建立 p 的置信区间。将每次试验中的失败记作 0，成功记作 1。成功的次数 x 可以理解为仅由 0 和 1 组成的 n 个值之和，而 $\hat{p}$ 恰为这 n 个值的样本平均。故根据中心极限定理，在 n 足够大时，$\hat{P}$ 近似服从正态分布，其均值为：

$$\mu_{\hat{P}} = E(\hat{P}) = E\left(\frac{X}{n}\right) = \frac{np}{n} = p$$

方差为：

$$\sigma^2_{\hat{P}} = \sigma^2_{X/n} = \frac{\sigma_X^2}{n^2} = \frac{npq}{n^2} = \frac{pq}{n}$$

这样一来，我们就有

$$P(-z_{\alpha/2} < Z < z_{\alpha/2}) = 1 - \alpha$$

式中

$$Z = \frac{\hat{P} - p}{\sqrt{pq/n}}$$

而 $z_{\alpha/2}$ 为标准正态曲线下右侧面积为 $\alpha/2$ 的分布值。将 Z 代入，有

$$P\left(-z_{\alpha/2} < \frac{\hat{P} - p}{\sqrt{pq/n}} < z_{\alpha/2} \right) = 1 - \alpha$$

在 n 较大时，以点估计 $\hat{p} = x/n$ 替换根号下的 p 并不会产生很大的误差。于是，我们有

$$P\left(\hat{P} - z_{\alpha/2}\sqrt{\frac{\hat{p}\hat{q}}{n}} < p < \hat{P} + z_{\alpha/2}\sqrt{\frac{\hat{p}\hat{q}}{n}} \right) \approx 1 - \alpha$$

另一方面，通过求解上述二次不等式可得下式中的 p

$$-z_{\alpha/2} < \frac{\hat{P} - p}{\sqrt{pq/n}} < z_{\alpha/2}$$

我们可得到 p 另一种形式的置信区间，其上下限为：

$$\frac{\hat{p} + \frac{z_{\alpha/2}^2}{2n}}{1 + \frac{z_{\alpha/2}^2}{n}} \pm \frac{z_{\alpha/2}}{1 + \frac{z_{\alpha/2}^2}{n}}\sqrt{\frac{\hat{p}\hat{q}}{n} + \frac{z_{\alpha/2}^2}{4n^2}}$$

对于容量为 n 的一个随机样本而言，我们可以计算出其样本比例 $\hat{p} = x/n$，且可得 p 的下述近似 $100(1 - \alpha)\%$ 置信区间。

---

p 的大样本置信区间

如果 $\hat{p}$ 是容量为 n 的随机样本中成功次数所占的比例，且 $\hat{q} = 1 - \hat{p}$，则二项参数 p 的近似 $100(1 - \alpha)\%$ 置信区间为：

$$\hat{p} - z_{\alpha/2}\sqrt{\frac{\hat{p}\hat{q}}{n}} < p < \hat{p} + z_{\alpha/2}\sqrt{\frac{\hat{p}\hat{q}}{n}} \qquad \text{（方法一）}$$

或

$$\frac{\hat{p} + \frac{z_{\alpha/2}^2}{2n}}{1 + \frac{z_{\alpha/2}^2}{n}} - \frac{z_{\alpha/2}}{1 + \frac{z_{\alpha/2}^2}{n}}\sqrt{\frac{\hat{p}\hat{q}}{n} + \frac{z_{\alpha/2}^2}{4n^2}} < p < \frac{\hat{p} + \frac{z_{\alpha/2}^2}{2n}}{1 + \frac{z_{\alpha/2}^2}{n}} + \frac{z_{\alpha/2}}{1 + \frac{z_{\alpha/2}^2}{n}}\sqrt{\frac{\hat{p}\hat{q}}{n} + \frac{z_{\alpha/2}^2}{4n^2}} \qquad \text{（方法二）}$$

式中，$z_{\alpha/2}$ 为右侧面积为 $\alpha/2$ 的 z 值。

如果 n 较小，且确定未知比例 p 接近于 0 或 1 时，如此构建置信区间的方法就不可靠了，上述置信区间也就无法采用。为了保险起见，我们需要同时保证 $n\hat{p}$ 和 $n\hat{q}$ 都不小于 5。如果我们要用二项分布来近似超几何分布，即当 n 相对于 N 而言非常小时，求解二项参数 p 的方法也是可以使用的，详见例 8.14。

我们注意到，尽管根据方法二得到的结果更精确，但计算起来更复杂，而且在精度上所获得的收益也会在样本容量足够大的时候而减弱。所以，实践中最常用的还是方法一。

例8.14　在由加拿大汉密尔顿市 $n=500$ 个拥有电视机的家庭组成的一个随机样本中，订购了 HBO 电视台的家庭为 $x=340$。求这个城市中订购 HBO 电视台的真实比例的 95% 置信区间。

解： p 的点估计 $\hat{p}=340/500=0.68$。根据附录表 A3 我们可知，$z_{0.025}=1.96$。这样一来，根据方法一则可得 p 的 95% 置信区间为：

$$0.68-1.96\sqrt{\frac{(0.68)(0.32)}{500}}<p<0.68+1.96\sqrt{\frac{(0.68)(0.32)}{500}}$$

即 $0.6391<p<0.7209$。

根据方法二，我们有

$$\frac{0.68+\dfrac{1.96^2}{(2)(500)}}{1+\dfrac{1.96^2}{500}}\pm\frac{1.96}{1+\dfrac{1.96^2}{500}}\sqrt{\frac{(0.68)(0.32)}{500}+\frac{1.96^2}{(4)(500^2)}}=0.6786\pm0.0408$$

即 $0.6378<p<0.7194$。显然，在 n 较大时（本例中为 500），两个方法的结果非常类似。

如果 p 是一个 $100(1-\alpha)\%$ 置信区间的中心值，那么用 $\hat{p}$ 来估计 p 是没有误差的。不过，大多数时候，$\hat{p}$ 并不会精确地等于 p，而且点估计也是有误差的。误差的大小是 $\hat{p}$ 离 p 的距离，而且我们在 $100(1-\alpha)\%$ 置信水平上确信这个距离不会超过 $z_{\alpha/2}\sqrt{\hat{p}\hat{q}/n}$。把典型的置信区间画出来，如图 8.6 所示，我们可以清晰地看到这一点。这里我们使用方法一来估计这个误差。

图 8.6　用 $\hat{p}$ 估计 p 的误差

定理 8.3　如果 $\hat{p}$ 是 p 的一个估计，则我们在 $100(1-\alpha)\%$ 置信水平上确信这个距离不会超过 $z_{\alpha/2}\sqrt{\hat{p}\hat{q}/n}$。

在例 8.14 中，我们在 95% 置信水平上确信样本比例 $\hat{p}=0.68$ 与真实比例 p 的误差不会超过 0.04。

8.10.1　样本容量的选择

我们现在需要确定究竟要多大的样本才能确保估计 p 时误差小于给定的量 e。根据定理 8.4 可知，我们必须选择这样的 n，它使得 $z_{\alpha/2}\sqrt{\hat{p}\hat{q}/n}=e$。

定理 8.4　如果 $\hat{p}$ 是 p 的一个估计，当样本容量近似满足下式时，则我们在 $100(1-\alpha)\%$ 置信水平上确信这个距离不会超过给定的量 e。即

$$n=\frac{z_{\alpha/2}^2\,\hat{p}\hat{q}}{e^2}$$

定理 8.4 存在一定程度的误导，因为我们必须用 $\hat{p}$ 来确定样本容量 n，但事实上 $\hat{p}$ 又是我们通过样本来计算得到的。如果关于 p 的一个粗略估计可以在不选取样本的情况下就能得到，那么这个值就可以用来确定 n。由于缺乏关于 p 的一个估计，我们可以抽取一个容量为 $n\geq30$ 的初始样本来估计 p。再根据定理 8.4 来近似地确定究竟需要多少观测才能达到所需要的估计精度。注意：如果 n 存在小数部分，那么我们就向上取整。

例8.15　在例 8.14 中，究竟需要多大的样本，我们才能在 95% 置信水平上确信 p 会在真实值

0.02 的范围内？

解：我们将这 500 个家庭看做一个初始样本，初始样本的估计为 $\hat{p} = 0.68$。则根据定理 8.4 我们有

$$n = \frac{(1.96)^2(0.68)(0.32)}{(0.02)^2} = 2\,089.8 \approx 2\,090$$

因此，如果我们基于容量为 2\,090 的随机样本来估计 p，则可以在 95% 置信水平上确信样本比例会在真实比例 0.02 的范围内。

有时，要获取 p 的一个估计并用来确定能达到指定置信度的样本容量是不可行的。如果这种情况真的发生了，则 n 的上限可以通过 $\hat{p}\hat{q} = \hat{p}(1-\hat{p})$ 来确定。因为 $\hat{p}$ 一定是介于 0 和 1 之间的，所以 $\hat{p}\hat{q}$ 至多为 1/4。这一点可以通过完全平方得到验证。

$$\hat{p}(1-\hat{p}) = -(\hat{p}^2 - \hat{p}) = \frac{1}{4} - \left(\hat{p}^2 - \hat{p} + \frac{1}{4}\right) = \frac{1}{4} - \left(\hat{p} - \frac{1}{2}\right)^2$$

总是小于 1/4 的，$\hat{p} = 1/2$ 时除外，此时 $\hat{p}\hat{q} = 1/4$。所以，如果我们将 $\hat{p} = 1/2$ 代入定理 8.4 中 n 的表达式，而实际上 p 确实不等于 1/2 时，n 则将比达到给定置信度水平所需的样本容量大。这样一来，我们的置信度也会上升。

定理 8.5 如果 $\hat{p}$ 是 p 的一个估计，当样本容量满足下式时，则我们在至少 $100(1-\alpha)$% 置信水平上确信误差不会超过给定的量 e。即

$$n = \frac{z_{\alpha/2}^2}{4e^2}$$

例 8.16 在例 8.14 中，究竟需要多大的样本，我们才能在至少 95% 置信水平上确信对 p 的估计处在真实值 0.02 的范围内？

解：与例 8.15 不同，现在假定我们并没有获取到初始样本来对 p 进行估计。因此，我们在至少 95% 置信水平上确信样本比例与真实比例的差异不会超过 0.02，如果选择的样本容量为：

$$n = \frac{(1.96)^2}{(4)(0.02)^2} = 2\,401$$

通过与例 8.15 和例 8.16 中的结果进行对比我们可以看到，要达到所需的精度水平，初始样本或经验所提供的关于 p 的信息使得我们可以选择更小的样本。

8.11 两样本：两个比例之差的估计

考虑这样一个问题，即我们希望对两个二项参数 p_1 和 p_2 之间的差值做出估计。比如，p_1 是患有肺癌的吸烟者所占的比例，而 p_2 是患有肺癌的非吸烟者所占的比例，接下来我们的问题就是估计这两个比例之间的差值是多少。首先，我们从均值分别为 n_1p_1 和 n_2p_2、方差分别为 $n_1p_1q_1$ 和 $n_2p_2q_2$ 的两个二项总体中选取容量为 n_1 和 n_2 的独立随机样本。再计算每个样本中患有肺癌的人数 x_1 和 x_2，并据此得到相应的比例 $\hat{p}_1 = x_1/n_1$ 和 $\hat{p}_2 = x_2/n_2$。这两个比例之差 $p_1 - p_2$ 的一个点估计量可以由统计量 $\hat{P}_1 - \hat{P}_2$ 给出。这样一来，样本比例之差 $\hat{p}_1 - \hat{p}_2$ 就可以作为 $p_1 - p_2$ 的点估计。

通过考察 $\hat{P}_1 - \hat{P}_2$ 的抽样分布，我们可以据此确定 $p_1 - p_2$ 的置信区间。由 8.10 节可知，$\hat{P}_1$ 和 $\hat{P}_2$ 分别近似于均值为 p_1 和 p_2、方差为 p_1q_1/n_1 和 p_2q_2/n_2 的正态分布。由于我们从两个总体中选取的是独立样本，这就保证了随机变量 $\hat{P}_1$ 和 $\hat{P}_2$ 的独立性，我们可以得出结论：$\hat{P}_1 - \hat{P}_2$ 近似服从均值为：

$$\mu_{\hat{P}_1-\hat{P}_2} = p_1 - p_2$$

方差为：

$$\sigma^2_{\hat{P}_1-\hat{P}_2} = \frac{p_1 q_1}{n_1} + \frac{p_2 q_2}{n_2}$$

的正态分布。这样一来，我们有

$$P(-z_{\alpha/2} < Z < z_{\alpha/2}) = 1 - \alpha$$

式中

$$Z = \frac{(\hat{P}_1 - \hat{P}_2) - (p_1 - p_2)}{\sqrt{p_1 q_1 / n_1 + p_2 q_2 / n_2}}$$

且$z_{\alpha/2}$为标准正态曲线下右侧面积为$\alpha/2$的分布值。将Z代入上式，我们有

$$P\left[-z_{\alpha/2} < \frac{(\hat{P}_1 - \hat{P}_2) - (p_1 - p_2)}{\sqrt{p_1 q_1 / n_1 + p_2 q_2 / n_2}} < z_{\alpha/2}\right] = 1 - \alpha$$

经过一般数学运算之后，如果$n_1 \hat{p}_1$，$n_1 \hat{q}_1$，$n_2 \hat{p}_2$，$n_2 \hat{q}_2$都不小于5，则将根号下的p_1，p_2，q_1，q_2替换成$\hat{p}_1 = x_1/n_1$，$\hat{p}_2 = x_2/n_2$，$\hat{q}_1 = 1 - \hat{p}_1$，$\hat{q}_2 = 1 - \hat{p}_2$，由此我们可得$p_1 - p_2$的近似$100(1 - \alpha)\%$置信区间。

$p_1 - p_2$的大样本置信区间

如果$\hat{p}_1$和$\hat{p}_2$分别是容量为n_1和n_2的随机样本中成功的次数所占的比例，$\hat{q}_1 = 1 - \hat{p}_1$且$\hat{q}_2 = 1 - \hat{p}_2$，则两个二项参数之差$p_1 - p_2$的近似$100(1 - \alpha)\%$置信区间为：

$$(\hat{p}_1 - \hat{p}_2) - z_{\alpha/2}\sqrt{\frac{\hat{p}_1 \hat{q}_1}{n_1} + \frac{\hat{p}_2 \hat{q}_2}{n_2}} < p_1 - p_2 < (\hat{p}_1 - \hat{p}_2) + z_{\alpha/2}\sqrt{\frac{\hat{p}_1 \hat{q}_1}{n_1} + \frac{\hat{p}_2 \hat{q}_2}{n_2}}$$

式中，$z_{\alpha/2}$为右侧面积为$\alpha/2$的z值。

例 8.17　我们考虑对制造零部件的工艺进行一些改进。在现存工艺和新工艺条件下同时抽取了样本，并以此来判断新工艺是否有所改进。如果在现存工艺条件下的1 500件产品中发现75件次品，而在新工艺条件下的2 000件产品中发现80件次品，求现存工艺和新工艺条件下次品率之间真实差值的90%置信区间。

解： 令p_1和p_2分别为现存工艺和新工艺条件下真实的次品率。因此，$\hat{p}_1 = 75/1\ 500 = 0.05$，且$\hat{p}_2 = 80/2\ 000 = 0.04$，则$p_1 - p_2$的点估计为：

$$\hat{p}_1 - \hat{p}_2 = 0.05 - 0.04 = 0.01$$

根据附录表A3可知，$z_{0.05} = 1.645$。因此，代入公式即可得

$$1.645\sqrt{\frac{(0.05)(0.95)}{1\ 500} + \frac{(0.04)(0.96)}{2\ 000}} = 0.011\ 7$$

则90%的置信区间为$-0.001\ 7 < p_1 - p_2 < 0.021\ 7$。由于这个置信区间包含0值，因此我们没有理由相信，新工艺条件相比现存方法显著降低了次品率。

至此可以发现，我们所给出的所有置信区间都具有相同的形式：

点估计 $\pm K$ s. e.（点估计）

式中，K 是常数（要么是 t 分布的百分位点，要么是正态分布的百分位点）。由于 t 分布和 Z 分布具有对称性，因此当我们需要估计的参数是均值、均值之差、比例、比例之差时，它们都适用这种形式。不过，这种形式不能推广至方差和方差之比的情形，8.12 节和 8.13 节会对此进行介绍。

习　题

本部分习题是关于单个比例的估计问题，请仅使用方法一来计算置信区间，特别说明的除外。

8.51　在某个城市 1 000 个家庭组成的一个随机样本中，发现有 228 个家庭是通过燃油方式来取暖的。求该城市中通过燃油方式来取暖的家庭所占比例的 99% 置信区间。

8.53　考虑以下情形：

（a）抽取了某个小镇 200 个投票人组成的随机样本，发现其中支持并吞诉讼案的有 114 人。求支持该并吞诉讼案的投票总体比例的 96% 置信区间。

（b）如果估计支持该并吞诉讼案的投票人比例为 0.57，那么以 96% 置信度确信的误差会有多大？

8.55　我们正考虑为部署小型短程火箭而起用一个全新的火箭发射系统。现存系统发射火箭的成功率为 $p = 0.8$。新火箭发射系统进行了 40 次发射试验，由此构成一个样本，其中 34 次是成功发射的。

（a）请构建 p 的 95% 置信区间。

（b）你是否可以得出结论：新火箭发射系统更好？

8.57　考虑以下情形：

（a）根据《Roanoke 时代世界新闻》的一篇报道，接受电话采访的 1 600 名成年人中有将近 2/3 的人认为宇宙飞船计划对国家来说是一项合算的投资。求持有这种观点的美国成年人所占比例的 95% 置信区间。

（b）如果我们根据估计认为，宇宙飞船计划确实

是一项合算投资的美国成年人所占比例为 2/3，则我们有 95% 的把握确信可能的误差大小是多少？

8.59　如果我们希望以 96% 的置信度来确信样本比例与投票人员总体真实比例的差值在 0.02 以内，那么习题 8.53 中的样本容量需要多大？

8.63　在所开展的一项研究中，要估计某个城镇中市民使用氟化水的人所占的比例。如果希望至少以 95% 的把握确信我们的估计量与真实比例之间的差值在 1% 以内，则需要多大的样本容量？

8.65　某位遗传学家关心人群中男女患有某种稀有的血液紊乱疾病的比例。在一个有 1 000 名男性的随机样本中，250 名男性罹患这种疾病，而在一个有 1 000 名女性的随机样本中，275 名女性罹患这种疾病。请计算男女之间罹患血液紊乱疾病的比例之差的 95% 置信区间。

8.67　在一项临床试验中，要确定某种疫苗是否会对某种疾病的发病率产生影响。包含 1 000 只老鼠的一个样本中，老鼠被关在一个受控的环境中整整一年，其中 500 只老鼠被注射这种疫苗。没有注射疫苗的老鼠中发病的有 120 只，注射疫苗的老鼠中发病的有 98 只。如果 p_1 为未注射疫苗老鼠的发病率，而 p_2 为注射过疫苗老鼠的发病率，请计算 $p_1 - p_2$ 的 90% 置信区间。

8.69　对 1 000 名学生进行的调查显示，274 名学生最喜欢的是职业棒球队 A。而在 1991 年，在 760 名学生中所做的相同调查显示，240 名学生最喜欢的也是职业棒球队 A。请计算两次调查中喜欢职业棒球队 A 的学生比例之差的 95% 置信区间。

8.12　单样本：方差估计

如果我们从方差为 σ^2 的正态分布中抽选到容量为 n 的一个样本，得到其样本方差为 s^2，它就是统计量 S^2 的一个实现值。我们所计算出来的这个样本方差 s^2 可作为 σ^2 的一个点估计。这样一来，统计量 S^2 就称为 σ^2 的一个估计量。

通过统计量

$$X^2 = \frac{(n-1)S^2}{\sigma^2}$$

我们可以构建σ^2的区间估计。根据定理7.4可知，只要我们的样本是从正态总体中抽取的，那么统计量X^2就服从自由度为$n-1$的卡方分布。于是，我们有

$$P(\chi^2_{1-\alpha/2} < X^2 < \chi^2_{\alpha/2}) = 1 - \alpha$$

式中，$\chi^2_{1-\alpha/2}$和$\chi^2_{\alpha/2}$是自由度为$n-1$的卡方值，在其右侧的面积分别为$1-\alpha/2$和$\alpha/2$（见图8.7）。将X^2代入上式则有

$$P\left[\chi^2_{1-\alpha/2} < \frac{(n-1)S^2}{\sigma^2} < \chi^2_{\alpha/2}\right] = 1 - \alpha$$

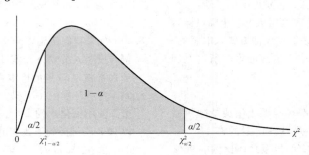

图8.7 $P(\chi^2_{1-\alpha/2} < X^2 < \chi^2_{\alpha/2}) = 1 - \alpha$

用$(n-1)S^2$除以不等式的每一项，然后取倒数（这样就改变了不等式的方向），则我们可得

$$P\left[\frac{(n-1)S^2}{\chi^2_{\alpha/2}} < \sigma^2 < \frac{(n-1)S^2}{\chi^2_{1-\alpha/2}}\right] = 1 - \alpha$$

对于从正态分布中所抽取到的容量为n的一个随机样本而言，可得到其样本方差s^2，由此即可得到σ^2的$100(1-\alpha)\%$置信区间。

σ^2的置信区间

若s^2为从正态总体中抽取到的容量为n的一个随机样本的方差，则σ^2的$100(1-\alpha)\%$置信区间为：

$$\frac{(n-1)S^2}{\chi^2_{\alpha/2}} < \sigma^2 < \frac{(n-1)S^2}{\chi^2_{1-\alpha/2}}$$

式中，$\chi^2_{1-\alpha/2}$和$\chi^2_{\alpha/2}$是自由度为$n-1$的卡方值，在其右侧的面积分别为$1-\alpha/2$和$\alpha/2$。

对σ^2的置信区间的两个端点开平方，则可得σ的近似$100(1-\alpha)\%$置信区间。

例8.18 以下是一家公司所分发的10包草籽的重量（单位：10克）：46.4，46.1，45.8，47.0，46.1，45.9，45.8，46.9，45.2，46.0。求该公司所分发所有草籽重量方差的95%置信区间，假设它是一个正态总体。

解： 首先我们可以求得

$$s^2 = \frac{n\sum_{i=1}^{n} x_i^2 - \left(\sum_{i=1}^{n} x_i\right)^2}{n(n-1)} = \frac{(12)(21\,273.12) - (461.2)^2}{(10)(9)} = 0.286$$

由于我们所求的是95%置信区间，因此选取$\alpha = 0.05$。然后，根据附录表A5中自由度$v=9$可得，$\chi^2_{0.025} = 19.023$且$\chi^2_{0.975} = 2.700$。这样一来，我们可得σ^2的$100(1-\alpha)\%$置信区间为：

$$\frac{(9)(0.286)}{19.023} < \sigma^2 < \frac{(9)(0.286)}{2.700}$$

即 $0.135 < \sigma^2 < 0.953$。

8.13 两样本：两个方差之比的估计

样本方差之比 s_1^2/s_2^2 可以作为两个总体方差之比 σ_1^2/σ_2^2 的一个点估计。因此，统计量 S_1^2/S_2^2 也称为 σ_1^2/σ_2^2 的点估计量。

如果 σ_1^2 和 σ_2^2 是正态总体的方差，则我们可以根据统计量

$$F = \frac{\sigma_2^2 S_1^2}{\sigma_1^2 S_2^2}$$

来构建 σ_1^2/σ_2^2 的区间估计。根据定理 7.8 我们可得，随机变量 F 服从自由度为 $v_1 = n_1 - 1$ 和 $v_2 = n_2 - 1$ 的 F 分布。这样一来，我们有：

$$P[f_{1-\alpha/2}(v_1, v_2) < F < f_{\alpha/2}(v_1, v_2)] = 1 - \alpha$$

式中，$f_{1-\alpha/2}(v_1, v_2)$ 和 $f_{\alpha/2}(v_1, v_2)$ 是自由度为 v_1 和 v_2 的 F 分布值，其右侧的面积分别为 $1 - \alpha/2$ 和 $\alpha/2$（见图 8.8）。

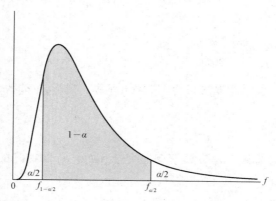

图 8.8 $P[f_{1-\alpha/2}(v_1, v_2) < F < f_{\alpha/2}(v_1, v_2)] = 1 - \alpha$

将 F 的表达式代入上式，则有

$$P\left[f_{1-\alpha/2}(v_1, v_2) < \frac{\sigma_2^2 S_1^2}{\sigma_1^2 S_2^2} < f_{\alpha/2}(v_1, v_2)\right] = 1 - \alpha$$

用 S_2^2/S_1^2 乘以不等式中的每一项，并取倒数，则有

$$P\left[\frac{S_1^2}{S_2^2} \cdot \frac{1}{f_{\alpha/2}(v_1, v_2)} < \frac{\sigma_1^2}{\sigma_2^2} < \frac{S_1^2}{S_2^2} \cdot \frac{1}{f_{1-\alpha/2}(v_1, v_2)}\right] = 1 - \alpha$$

根据定理 7.7 的结果，我们可以将 $f_{1-\alpha/2}(v_1, v_2)$ 替换成 $1/f_{\alpha/2}(v_2, v_1)$。这样一来，我们有

$$P\left[\frac{S_1^2}{S_2^2} \cdot \frac{1}{f_{\alpha/2}(v_1, v_2)} < \frac{\sigma_1^2}{\sigma_2^2} < \frac{S_1^2}{S_2^2} f_{\alpha/2}(v_2, v_1)\right] = 1 - \alpha$$

因此，对于从两个正态总体中抽取到的容量为 n_1 和 n_2 的两个独立随机样本而言，可得样本方差之比 s_1^2/s_2^2，并由此可得 σ_1^2/σ_2^2 的 $100(1-\alpha)\%$ 置信区间。

$$\sigma_1^2/\sigma_2^2 \text{的置信区间}$$

若s_1^2和s_2^2是从正态总体中抽取到的容量为n_1和n_2的独立样本的方差，则σ_1^2/σ_2^2的$100(1-\alpha)\%$置信区间为：

$$\frac{s_1^2}{s_2^2} \cdot \frac{1}{f_{\alpha/2}(v_1, v_2)} < \frac{\sigma_1^2}{\sigma_2^2} < \frac{s_1^2}{s_2^2} f_{\alpha/2}(v_2, v_1)$$

式中，$f_{\alpha/2}(v_1, v_2)$ 是自由度为$v_1 = n_1 - 1$和$v_2 = n_2 - 1$的f值，其右侧的面积为$\alpha/2$；$f_{\alpha/2}(v_2, v_1)$是自由度为$v_2 = n_2 - 1$和$v_1 = n_1 - 1$的类似f值。

同 8.12 节一样，对σ_1^2/σ_2^2置信区间的两个端点开平方，可得σ_1/σ_2的近似$100(1-\alpha)\%$置信区间。

例 8.19　在例 8.12 中，我们假设正态总体的方差不等，构建了詹姆斯河岸两个站点所测量到的亚磷酸平均含量之差的一个置信区间。建立σ_1^2/σ_2^2和σ_1/σ_2的 98% 置信区间，并验证该假设，其中σ_1^2和σ_2^2分别为第 1 个站点和第 2 个站点的亚磷酸总体的方差。

解：根据例 8.12 我们有，$n_1 = 15$，$n_2 = 12$，$s_1 = 3.07$，$s_2 = 0.80$。对于 98% 置信区间，我们选取$\alpha = 0.02$。根据附录表 A6，我们通过插值法可得$f_{0.01}(14, 11) \approx 4.30$，且$f_{0.01}(11, 14) \approx 3.87$。这样一来，我们有$\sigma_1^2/\sigma_2^2$的 98% 置信区间为：

$$\left(\frac{3.07^2}{0.80^2}\right)\left(\frac{1}{4.30}\right) < \frac{\sigma_1^2}{\sigma_2^2} < \left(\frac{3.07^2}{0.80^2}\right)(3.87)$$

即$3.425 < \sigma_1^2/\sigma_2^2 < 56.991$。对该置信区间的上下限开平方，则得$\sigma_1/\sigma_2$的 98% 置信区间为：

$$1.851 < \frac{\sigma_1}{\sigma_2} < 7.549$$

根据这个置信区间我们看到，σ_1/σ_2是不可能等于 1 的，所以我们在例 8.12 中所做出的$\sigma_1 \neq \sigma_2$或$\sigma_1^2 \neq \sigma_2^2$的假设是正确的。

习　题

8.71　一家汽车电池制造商声称，其所生产的电池平均寿命是 3 年，方差是 1 年。如果这些电池中的 5 个寿命为 1.9、2.4、3.0、3.5、4.2 年。请构建σ^2的 95% 置信区间，并确定该制造商所声称的

$\sigma^2 = 1$ 的说法是否正确。假设电池寿命的总体近似服从正态分布。

8.73　请构建习题 8.9 中σ^2的 95% 置信区间。

巩固练习

8.90　据《洛诺克时报》报道，麦当劳的汉堡包销售量占据 42.1% 的市场份额。抽取所售出的 75 个汉堡包组成一个随机样本，其中有 28 个汉堡包是来自麦当劳的。请根据 8.10 节的知识判断样本信息是否支持该说法。

8.91　据称一种新的营养餐可以让人的体重在 2 周内平均减少 4.5 千克。下表记录了 7 位节食的女性在 2 周之前和 2 周以后的体重（单位：千克）。

女性	节食前体重	节食后体重
1	58.5	60.0
2	60.3	54.9
3	61.7	58.1
4	69.0	62.1
5	64.0	58.5
6	62.6	59.9
7	56.7	54.4

请计算出平均体重之差的 95% 置信区间，并以此来检验厂家所宣传的真假。假设体重差近似服从

正态分布。

8.92　弗吉尼亚理工大学开展了一项研究，以判断在晚冬和早春的关键月份增加牧草数量的一种方法是否可行。钙是动植物的一种必需元素。植物吸收和贮存的钙的数量与土壤中钙的含量密切相关。假设火能改变土壤中的钙含量，于是就会影响到鹿可获得的牧草的数量。选定森林中的一大片土地并纵火烧之。放火之前从12片相同面积的土壤中提取了土壤样本，并分析了其中的钙含量。烧尽之后又对相同地点土壤中的钙含量进行了分析。下表给出了所得到的分析结果（以每片土地中所含钙的千克数计）。

地点	钙含量	
	烧尽之后	放火之前
1	50	9
2	50	18
3	82	45
4	64	18
5	82	18
6	73	9
7	77	32
8	54	9
9	23	18
10	45	9
11	36	9
12	54	9

请构建放火之前和烧尽之后土壤中平均钙含量之差的95%置信区间。假设钙含量之差的分布是近似正态的。

8.93　一家健康温泉场宣称，一项新的健身计划可以使得人的腰围在5天内平均减少2厘米。下表记录了6位参与该健身项目的男士在5天之前和5天之后的腰围情况（单位：厘米）。

男性	健身前腰围	健身后腰围
1	90.4	91.7
2	95.5	93.9
3	98.7	97.4
4	115.9	112.8
5	104.0	101.3
6	85.6	84.0

请计算腰围平均减少值的95%置信区间，并以此来确定健康温泉场所宣传语的真假。假设该健身项目在之前和之后的腰围之差近似服从正态分布。

8.94　弗吉尼亚理工大学国家工程系对恢复城市地区雨水中所携带粪便大肠菌变化的分析技术（M5 hr）与最可能数字技术（MPN）进行了比较。总共收集了12个样本，并用这两项技术进行分析。下表记录了每100毫升中粪便大肠菌的数量。

样本	MPN 数量	M5 hr 数量
1	2 300	2 010
2	1 200	930
3	450	400
4	210	436
5	270	4 100
6	450	2 090
7	154	219
8	179	169
9	192	194
10	230	174
11	340	274
12	194	183

请构建 M5 hr 和 MPN 技术分析粪便大肠菌均值之差的99%置信区间。假设数量之差近似服从正态分布。

8.95　在一项试验中，要确定表面磨光是否会对钢受力的持久度产生影响。有一种理论认为，磨光会提高平均受力的持久度（向后弯曲）。从实际的观点来看，磨光不会对受力的持久度的标准差产生任何影响，这可以从许多试验中受力的持久度为 4 000 psi 得知。对未经过磨光处理和经过磨光处理的含碳量均为 0.4% 的钢样本，进行试验后得到的数据如下表所示。

受力持久度	
磨光，含碳量 0.4%	未磨光，含碳量 0.4%
85 500	82 600
91 900	82 400
89 400	81 700
84 000	79 500
89 900	79 400
78 700	69 800
87 500	79 900
83 100	83 400

请计算这两种方法总体均值之差的95%置信区间，假设两个总体是近似服从正态分布的。

8.96　一位人类学家关心两个印第安部落中后头骨上的头发有两个螺旋的人所占的比例。假设独立样本分别取自两个部落，发现 A 部落 100 个印第安人中具备这种特征的人数为 24，而 B 部落 120 个印第安人中具备这种特征的人数为 36。请计算这两个部落中后头骨上所长头发有两个螺旋的人在总体中所占比例之差的95%置信区间。

8.97　一家制造商在两个工厂生产电熨斗。两家工

厂有相同的零部件供应商。B 厂从当地的供应商处
购得自动调温器以节省资金，其从当地供应商处购
得一组产品后，想要测试一下这些新的自动调温器
与旧的是否一样准确。在瓦丝熨斗上对自动调温器
进行测试，温度设为 550 ℉，用温差电偶测出的实
际温度可以精确到 0.1 ℉。数据如下表所示。

新供应商					
530.3	559.3	549.4	544.0	551.7	566.3
549.9	556.9	536.7	558.8	538.8	543.3
559.1	555.0	538.6	551.1	565.4	554.9
550.0	554.9	554.7	536.1	569.1	
旧供应商					
559.7	534.7	554.8	545.0	544.4	538.0
550.7	563.1	551.1	553.8	538.8	564.6
554.5	553.0	538.4	548.3	552.9	535.1
555.0	544.8	558.4	548.7	560.3	

请计算 σ_1^2/σ_1^2 和 σ_1/σ_2 的 95% 置信区间。σ_1^2 和 σ_1^2 分
别是新旧自动调温器读数的总体方差。

8.98 据称 A 类电线的电阻比 B 类电线大。对电线
进行试验得到如下结果（单位：欧姆）。

电线 A	电线 B
0.140	0.135
0.138	0.140
0.143	0.136
0.142	0.142
0.144	0.138
0.137	0.140

假定方差是相等的，请问你可以得到什么结论？
请验证你的结论。

8.99 进行估计的另一种形式是矩估计。该方法将
总体均值和方差等同于相应的样本均值 $\bar{x}$ 和样本
方差 s^2，并解出参数，其结果即为**矩估计量**。如
果是单参数，则只需要用到均值。请证明泊松分
布中极大似然估计与矩估计量是相同的。

8.100 请给出正态分布中 μ 和 σ^2 的矩估计量。

8.101 请给出对数正态分布中 μ 和 σ^2 的矩估计量。

8.102 请给出伽马分布中 α 和 β 的矩估计量。

8.103 在一项试验中，希望对某国北部和中西部两
个地区工厂经理的薪酬进行比较。在每个地区抽
选出 300 名工厂经理形成一个独立的随机样本。
这些经理会被问到年薪。其结果（单位：美元）
如下表所示。

北部	中西部
$\bar{x}_1 = 102\,300$	$\bar{x}_2 = 98\,500$
$s_1 = 5\,700$	$s_2 = 3\,800$

(a) 请构建平均薪水之差 $\mu_1 - \mu_2$ 的 99% 置信
区间。

(b) 对于 (a) 中两个地区的年薪分布，你的假
设是什么？假设正态是必需的吗？请给出你
的解释。

(c) 对于两个方差的假设是什么？两个方差相等
的假设是合理的吗？请给出你的解释。

8.104 考察巩固练习 8.103 中的情形。假定我们尚
未进行数据采集，根据之前的统计量知道 $\sigma_1 =
\sigma_2 = 4\,000$。如果我们要构建 $\mu_1 - \mu_2$ 的 95% 置信区
间，要求该区间的宽度仅为 1 000 美元，请问巩固
练习 8.103 中的样本容量是否充足？

8.105 某个工会正在对大量员工的故意旷工采取防
范措施。工会决定通过监视其员工的随机样本来
制止这样的事情发生。工会领导宣称，在典型的
月份，95% 的员工每个月旷工的时间少于 10 小
时。工会决定采用监测包含 300 名工会成员的
一个随机样本来检验这种说法，并由此记录下了
300 名工会成员的旷工时长。得到的结果是 $\bar{x} =
6.5$，$s = 2.5$。请使用单边容忍限在 99% 置信水平
上对这种说法进行检验。请根据容忍限的计算结
果来对此进行解释。

8.106 选取了由 30 家经营无线电产品的公司组成
的一个随机样本，以估计采用新软件提高生产力
的公司所占比例。结果 30 家公司中有 8 家采用了
这种软件。请计算采用这种新软件的公司的真实
比例 p 的 95% 置信区间。

8.107 回到巩固练习 8.106 中。由于围绕 p 的置信
区间宽度过大，因此我们所关心的是，该点估计
量 $\hat{p} = 8/30$ 的精度。使用 $\hat{p}$ 来作为 p 的点估计，
则我们需要抽取多大样本的公司，才能使得我们
在 95% 置信度上所得到置信区间的宽度仅
为 0.05？

8.108 一家厂商所生产的产品会被标记为正品或次
品。为了估计产品中次品所占比例，厂商从产品
中选出 100 件产品的一个随机样本，发现其中有
10 件产品是次品。推行质量改进计划之后，又进
行了一次试验。抽取了 100 件产品的一个新样本，
这次发现其中只有 6 件次品。

(a) 请给出 $p_1 - p_2$ 的 95% 置信区间，其中 p_1 为进
行质量改进之前的次品率，p_2 为进行质量改
进之后的次品率。

(b) 在 (a) 的置信区间中，你是否发现有数据
表明 $p_1 > p_2$。请说明。

8.109 一种机器在流水线操作中被用来装填产品。

我们所关心的焦点是盒子中产品盎司数的变差。产品重量的标准差为 0.3 盎司。进行改进之后，选择一个有 20 个盒子的随机样本，我们发现样本方差为 0.045 盎司。求产品重量方差的 95% 置信区间。就变差而言，请根据置信区间的范围说明是否真的改进了生产过程的质量？假设产品重量的分布是正态的。

8.110 某个消费群体要比较两种不同类型的汽车引擎（发动机）的运行成本。该群体能够找到 15 位使用 A 型发动机的车主和 15 位使用 B 型发动机的车主。所有 30 位车主几乎同时买车，且 12 个月都保持了良好的记录。此外，所有车主都驾驶了相同的里程数。成本统计量为 $\bar{y}_A = 87.00$ 美元/千英里，$\bar{y}_B = 75.00$ 美元/千英里，$s_A = 5.99$ 美元，$s_B = 4.85$ 美元。请计算 $\mu_A - \mu_B$（即平均运行成本之差）的 95% 置信区间。假定分布是正态的且方差相等。

8.111 考察统计量 S_p^2 即 σ^2 的合并方差估计。在 8.8 节中我们讨论了这个估计量。在人们假设 $\sigma_1^2 = \sigma_1^2 = \sigma^2$ 时，通常就要用到合并方差估计。求证这个估计量是 σ^2 的无偏估计（即证明 $E(S_p^2) = \sigma^2$）。你可以使用本章中的任何定理和例子。

8.113 某家供应商生产了一种橡胶垫，出售给汽车公司。在实际应用中，材料必须具备坚硬的特点。偶尔发现的次品都会被拒绝。供应商声称其次品率为 0.05。其中一位购买该产品的顾客提出了质疑。他做了一项试验，并对 400 个橡胶垫进行了测试，发现其中有 17 件是次品。
(a) 请计算次品率的 95% 双边置信区间。
(b) 请计算次品率的 95% 单边置信区间。
(c) 请解释 (a) 和 (b) 中的两个置信区间，并对供应商的说法进行评论。

8.14 可能的错误观点及危害；与其他章节的联系

对初学者来说，一个总体的大样本的置信区间这个概念常常会令人感到困惑。其根据在于，即便 σ 是未知的，而且不能确定所进行抽样的分布是否为正态的情形下，我们也可以通过

$$\bar{x} \pm z_{\alpha/2}\frac{s}{\sqrt{n}}$$

来计算 μ 的置信区间。实践中，在样本量很小的时候我们常常会用到这个公式。而大样本的置信区间的根据则在于中心极限定理，这种情况下正态性假设并非必需的。这种情形中，中心极限定理要求 σ 是已知的，而 s 仅仅是 σ 的一个估计。因此，n 必须至少等于 30，且其基础分布必须是接近对称的，不过这种情形中的置信区间仍然是（对真实值的）一个近似。

在本章中我们可以看到，实际应用中这些情形的适用性非常依赖于具体的情境。一个非常重要的例子就是，在 σ 未知的时候应用 t 分布来计算 μ 的置信区间。严格说来，应用 t 分布需要满足我们所抽样的分布是正态的条件。不过，人所共知的是，应用 t 分布的任何情形对正态性假设都不敏感（也就是说它是**稳健的**）。也就是说，在统计学领域中的某个基本假设不成立的情况下，"结果却很好"，这种幸运的事情是常有的。不过，我们所抽取样本的总体也不能偏离正态太严重。因此，我们通常会使用曾在第 7 章所介绍的正态概率图和将在第 9 章进行讨论的拟合优度检验来判断分布接近于正态的程度。正态稳健性的思想会在第 9 章再次出现。

根据我们的经验来看，实践中误用统计学最严重的一种情况是由于对本章所介绍的这些统计区间理解上的差异存在混淆造成的。所以，本章我们对三种类型区间之间的差别进行讨论的那个小节非常重要。实践中，极有可能发生置信区间被大量滥用的情况。也就是说，在我们事实上不关注均值的情形中却采用了置信区间；而不是在下一个观测值会落在何处这样的问题中，或者不在分布大量集中在哪个范围这种经常遇到的、更重要的问题中采用置信区间。这些都是通过计算均值的置信区间所无法回答的关键问题。对置信区间的理解通常存在误解。这使得我们常常试图得出这样的结论，即参数落入该区间的概率为 0.95。这一点在**贝叶斯后验区间**情形中确实是正确的，然而在频率角度却并非适当的理解。

置信区间仅仅说明，如果我们不断地进行试验，并一次一次地记录下观测到的数据，那么

95% 置信区间是覆盖到真实参数的。实用统计学的初学者都应当清晰地知道这些统计区间之间的差别。

　　另一个可能对统计学造成严重误用的是，围绕着单个方差的置信区间所采用的 χ^2 问题。同样，我们所抽取到样本的分布假设具有正态性。与应用 t 分布不同，在实践中我们所采用的 χ^2 检验对正态性假设不稳健（也就是说，对基础分布非正态的情形，$(n-1)S^2/\sigma^2$ 的抽样分布会严重偏离 χ^2）。因此，在这种情形中严格使用拟合优度检验（见第 9 章）和/或正态概率图极其重要。我们会在后续章节对这个一般性问题进行更多探讨。

第9章 单样本和两样本假设检验

9.1 统计假设：基本概念

科学家或工程师通常遇到的问题并非都是我们在第8章所介绍的总体参数的估计问题，还有基于数据进行决策的问题，从而得到某个科研问题的结论。比如，医学研究人员可以基于人类饮用咖啡是否会增加患癌风险的试验证据来进行决策；工程师也可以基于两种度量工具样本数据之间的精度是否存在差异来进行决策；社会学家可能愿意通过收集合适的数据来判断血型和眼睛的颜色是否为相互独立的变量。在每个例子中，科研人员或工程师都需要对所研究问题做出一定的假设或猜测。而且，每个例子中我们都必须用到试验数据，并基于数据进行决策。而在每个例子中，猜测可以通过统计假设的方式提出来。而如何给出接受或拒绝统计假设的决策过程则构成了统计推断的一个重要领域。首先，我们需要精确地定义我们所说的**统计假设**的含义。

定义 9.1 统计假设是我们对一个或多个总体所做出的推断或猜测。

除非我们检验整个总体，否则统计假设的真伪并非绝对确定的。（检验整个总体）这一点在大多数情形中都是不太可能的。因此，取而代之的是，我们从所感兴趣的总体中抽取一个随机样本并使用样本中所包含的数据来给出支持或不支持该假设的证据。如果样本所提供的证据与我们所做出的假设不一致，那么我们就拒绝该假设。

9.1.1 概率在假设检验中的作用

应当向读者澄清一点，即决策过程一定要注意错误决策的概率。比如，如果工程师所提出的假设是，某个生产过程的次品率 p 为 0.10。那么我们在试验中就要观察该过程中所生产产品的一个随机样本。假定我们检验了 100 件产品，并发现了 12 件次品。因此，我们有理由得出结论：证据不足以拒绝二项参数 $p=0.10$ 这个条件，由此我们不能拒绝该假设。而且，我们也不能拒绝 $p=0.12$ 这个假设，甚至 $p=0.15$ 这个假设。因此，读者一定要习惯于这样来理解：拒绝一个假设意味着由样本提供的证据拒绝了它。换句话说，拒绝意味着：在该假设实际上为真的情况下，要出现我们所观测到的样本信息的概率很小。比如，对我们所提出的次品率的假设，100 件产品组成的样本中有 20 件次品，那么这显然就是拒绝该假设的证据。为什么？如果 $p=0.10$ 确实为真，那么我们检查出 20 件或更多次品的概率则近似为 0.002。这样一来，此时我们会错误决策的概率非常小，而拒绝假设 $p=0.10$ 看起来也是安全的。换句话说，拒绝一个假设并没有拒绝所有的假设，仅仅是拒绝了这一个假设而已。另一方面，非常重要的一点是，我们要强调一下：接受或不能拒绝并不能排除所有其他的可能性。所以，只有在拒绝了这个假设后，数据分析人员所得出的结论才是肯定的。

一个假设的表述通常要受到错误决策概率结构的影响。如果科研人员强烈支持某个观点，那么他就会以拒绝一个假设的形式来支持这个观点。如果医学研究人员希望提供充分的证据来证明饮用咖啡会增加患癌风险这个观点，那么所进行检验的假设则应该是这种形式的：饮用咖啡不会增加患癌风险。可以看到，我们是通过拒绝一个假设的方式来支持我们的观点的。类似地，要支持一种测量仪器比另一种更精确这个论断，工程师要检验的假设则是：两种测量仪器的精度无差异。

上述内容表明，如果数据分析人员是基于假设检验来形成试验证据的话，那么对假设的表述就非常重要。

9.1.2　零假设和备择假设

我们基于**零假设**来进行假设检验，零假设可以是任何我们想要检验的假设，我们将其记作 H_0。拒绝零假设 H_0 则意味着接受**备择假设**，我们将其记作 H_1。正确地理解零假设 H_0 和备择假设 H_1 在假设检验中所起的不同作用对于我们初步了解假设检验非常重要。备择假设 H_1 通常表示的是我们所要解答的问题或我们所要检验的理论，因此，对备择假设 H_1 的确定也非常重要。H_0 与 H_1 相对，它通常是 H_1 的补集。随着对假设检验理解的深入，我们可以发现，分析人员可以得到一个下述二者取一的结论：

> 拒绝 H_0：数据提供了支持 H_1 的充分证据
> 不能拒绝 H_0：数据未提供充分的证据

应当注意，我们在上述结论中并未说接受 H_0 这样的话。H_0 中表述的内容通常表示的是与 H_1 中表述的新思想、推测等相对的"现状"，因此，不能拒绝 H_0 才是恰当的结论。在二项分布的例子中，其实际的问题可能在于根据历史数据所得到的 0.10 的次品率可能已不再正确。事实上，我们猜测 p 可能已经超过 0.10，所以有如下表述：

> $H_0 : p = 0.10$
> $H_1 : p > 0.10$

而现在的情况是，100 件产品中有 12 件次品并不能拒绝 $p = 0.10$，因此我们的结论是不能拒绝 H_0。不过，如果数据的情况是这样的：100 件产品中有 20 件次品，那么我们的结论则是拒绝 H_0，支持 H_1：$p > 0.10$ 的假设。

尽管假设检验在科研工作和工程上有大量应用，但是对于初学者而言，以陪审团的陈述词来进行说明将是最好的例子。此处的零假设和备择假设为：

> H_0：被告无罪
> H_1：被告有罪

由于怀疑被告有罪，因此控告了他。H_0 与 H_1 是相对立的，除非有充分的证据支持 H_1，否则的话我们是不会拒绝 H_0 的。不过，我们可以看到，在这个例子中不能拒绝 H_0 并不意味着被告是无罪的，它仅仅意味着我们没有充分的证据来证明被告有罪。所以，陪审团并不是接受 H_0，而是不能拒绝 H_0 而已。

9.2　统计假设的检验

为了说明对总体的统计假设进行检验时所用到的概念，我们来看这样一个例子。已知某种抗感冒疫苗在 2 年之后只有 25% 仍有免疫效果。现在我们想要判断某种新型或更昂贵的类似药物是否在经过更长的一段之间之后会有更好的免疫效果，假设我们随机选取了 20 人并为其接种疫苗。（在这种问题的实际研究中，接种新疫苗的人数可能有好几千，而在这里我们仅以 20 人为例来介绍进行统计检验的基本步骤。）如果超过 8 个人在接种新疫苗 2 年之后仍没有感染病毒，那么就可以认为这种新药优于目前仍在使用的那种疫苗。人数要超过 8 人的要求看似很随意，却似乎又是合理的，其原因在于相对于 5 人来说，8 人没有感染病毒已经说明新疫苗起到了一定的作用，其中 5 人是指 20 人接种目前仍在使用的那种疫苗 2 年后仍没有感染病毒的人数。我们所要检验的零假设是，接种新疫苗和目前仍在使用的疫苗 2 年后的抗感染效果是一样的。而备择假设则是，新疫苗实际上更好。这个问题等价于检验二项参数在一次试验中成功的概率 $p = 1/4$，以及与此相对应的 $p > 1/4$。因此，通常我们可以将其记作

$$H_0 : p = 0.25$$
$$H_1 : p > 0.25$$

9.2.1 检验统计量

检验统计量 X 是我们进行决策的基础，它表示接种新药的检验人群中 2 年后仍然具有免疫能力的人数。X 可能的取值从 0 到 20，可以分成两类：人数少于或等于 8 和人数大于 8。所有取值大于 8 的情形就构成了问题的**临界域**。进入临界域最末的那个数我们称之为**临界值**。在上例中，临界值为 8。因此，如果 $x > 8$，则拒绝 H_0，支持备择假设 H_1；而如果 $x \leqslant 8$，我们则不能拒绝 H_0。这个决策准则如图 9.1 所示。

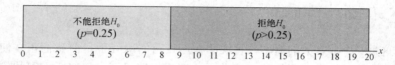

图 9.1   检验 $p = 0.25 \leftrightarrow p > 0.25$ 的决策准则

9.2.2 犯第一类错误的概率

刚刚介绍的决策方法可能会导致我们犯两类错误。比如，新疫苗可能并不比现在正在使用的疫苗好（H_0 为真），然而我们随机选择的这一群特殊的个体，可能确实会有超过 8 个人在 2 年后仍没有感染病毒。这样一来，我们则可能犯下拒绝 H_0 而支持 H_1 的错误，而实际上 H_0 为真。这类错误我们称之为**第一类错误**。

定义 9.2   在零假设为真的时候拒绝零假设，我们称之为第一类错误。

如果这群人中只有 8 人或更少的人在 2 年后仍没有感染病毒，因此我们不能得出新疫苗更好的结论，而实际上新疫苗的确是更好的（H_1 为真）。这种情况下，我们就犯下了第二种类型的错误。因此，在这种情形下，我们不能拒绝 H_0，而 H_0 事实上为假。我们称这种情况为**第二类错误**。

定义 9.3   在零假设不真时却没有拒绝零假设，我们称之为第二类错误。

在检验任何一个统计假设时，我们的决策正确与否存在 4 种情况，表 9.1 对这 4 种情况进行了概括。

表 9.1   检验一个统计假设时可能出现的结果

	H_0 为真	H_0 为假
不能拒绝 H_0	正确决策	第二类错误
拒绝 H_0	第一类错误	正确决策

犯第一类错误的概率也称作**显著性水平**，以希腊字母 α 表示。在上述例子中，如果有超过 8 个人在接种新疫苗 2 年后仍没有感染病毒，而新疫苗和目前正在使用的疫苗的效果是相同的，这种情况下我们就犯了第一类错误。因此，如果 X 表示 2 年后仍然具有免疫力的人数，则我们有

$$\alpha = P(\text{第一类错误}) = P\left(\text{在 } p = \frac{1}{4} \text{ 时 } X > 8\right) = \sum_{x=9}^{20} b\left(x; 20, \frac{1}{4}\right)$$

$$= 1 - \sum_{x=0}^{8} b\left(x; 20, \frac{1}{4}\right) = 1 - 0.959\,1 = 0.040\,9$$

因此，我们是在 $\alpha = 0.040\,9$ 的显著性水平检验零假设 $p = 1/4$。有时，显著性水平也称为**检验的大小**。检验大小为 0.040 9 的临界域非常小，因此，我们犯第一类错误的可能性也不大。所以，如果新疫苗和目前正在使用的疫苗效果相同的情况下，有超过 8 个人在接种新疫苗 2 年后仍没有感

染病毒，这种情况是极为不正常的。

9.2.3 犯第二类错误的概率

除非我们指定一个具体的备择假设，否则很难计算出犯第二类错误的概率，我们将其记作β。如果我们要检验的零假设为$p=1/4$，而与其相对应的备择假设为$p=1/2$，此时我们才能计算出在H_0不真时又没有拒绝H_0的概率。在$p=1/2$时，我们可以很容易计算出有8人或更少的人在2年后仍没有感染病毒的概率。这种情况下我们有

$$\beta = P(\text{第二类错误}) = P\left(\text{在}\ p=\frac{1}{2}\ \text{时}\ X \leqslant 8\right)$$
$$= \sum_{x=0}^{8} b\left(x;20,\frac{1}{2}\right) = 0.2517$$

可以发现，这是一个非常大的概率，它说明在新疫苗的确好于目前我们正在使用的疫苗的情况下，采用该检验方法是极有可能拒绝新疫苗的。理想的情况下，我们所采用的假设检验方法对于犯第一类错误和第二类错误的概率都很小。

在更加昂贵的新疫苗并不显著好于我们目前正在使用的疫苗的情况下，试验人员更愿意犯第二类错误。不过，事实上，当p的真值至少为0.7时，我们才愿意去控制犯第二类错误的概率。如果$p=0.7$，则根据假设检验方法我们有

$$\beta = P(\text{第二类错误}) = P(\text{在}\ p=0.7\ \text{时}\ X \leqslant 8)$$
$$= \sum_{x=0}^{8} b(x;20,0.7) = 0.0051$$

可见，犯下第二类错误的概率如此之小，也就是说，如果接种新疫苗在2年后仍有70%的人没有感染，那么我们是极不可能拒绝新疫苗的。随着备择假设的取值趋近于1，β值也会降低为0。

9.2.4 α，β 及样本容量所起的作用

即便计算得到犯第二类错误的概率$\beta=0.2517$，在备择假设$p=1/2$为真的时候，我们也是不希望犯第二类错误的。而且，我们总是可以通过增加临界域大小的方法来降低β。比如，将临界值变为7后观察α值和β值会有什么变化，我们发现所有大于7的取值都落入了临界域，而小于或等于7的取值则落入了非拒绝域。现在考虑检验零假设$p=1/4$的情况，与之相对应的备择假设为$p=1/2$，我们会发现

$$\alpha = \sum_{x=8}^{20} b\left(x;20,\frac{1}{4}\right) = 1 - \sum_{x=0}^{7} b\left(x;20,\frac{1}{4}\right) = 1 - 0.8982 = 0.1018$$
$$\beta = \sum_{x=0}^{7} b\left(x;20,\frac{1}{4}\right) = 0.1316$$

可以发现，由于采取了新的决策方法，我们降低了犯第二类错误的概率，不过这是以增加犯第一类错误的概率来实现的。在样本容量固定的情形下，犯一类错误概率的降低通常会导致犯另一类错误概率的增加。幸运的是，犯这两类错误的概率都可以通过增加样本容量的方式得以降低。现在考虑相同的问题，其中随机样本是由100个人组成的。如果这群人中有超过36个人在2年后仍没有感染病毒，那么我们就拒绝$p=1/4$的零假设，转而接受$p>1/4$的备择假设。现在的临界值为36。所有大于36的取值就构成了临界域，而所有小于或等于36的取值则落入了接受域。

要确定犯第一类错误的概率，我们下面要使用

$$\mu = np = (100)\left(\frac{1}{4}\right) = 25$$

$$\sigma = \sqrt{npq} = \sqrt{(100)(1/4)(3/4)} = 4.33$$

的正态曲线近似。如图 9.2 所示，我们要计算的是正态曲线下方 $x = 36.5$ 右侧的面积。其相应的 z 值为：

$$z = \frac{36.5 - 25}{4.33} = 2.66$$

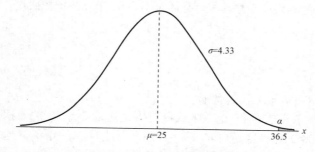

图 9.2 犯第一类错误的概率

根据附录表 A3，我们有

$$\alpha = P(第一类错误) = P\left(在\ p = \frac{1}{4}\ 时\ X > 36\right) \approx P(Z > 2.66)$$
$$= 1 - P(Z < 2.66) = 1 - 0.9961 = 0.0039$$

如果 H_0 不真，而 H_1 为 $p = 1/2$ 时，我们也可以利用

$$\mu = np = (100)(1/2) = 50$$
$$\sigma = \sqrt{npq} = \sqrt{(100)(1/2)(1/2)} = 5$$

的正态曲线近似来确定犯第二类错误的概率。在 H_0 为真时，取值落入非拒绝域的概率如图 9.3 所示，为 $x = 36.5$ 右侧的面积。其相应的 z 值为：

$$z = \frac{36.5 - 50}{5} = -2.7$$

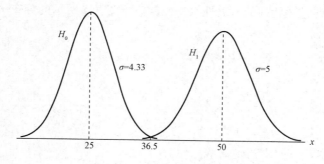

图 9.3 犯第二类错误的概率

这样一来，我们就有

$$\beta = P(第二类错误) = P\left(在\ p = \frac{1}{2}\ 时\ X \leqslant 36\right) \approx P(Z < -2.7) = 0.0035$$

显然，如果试验中的人数为 100，犯第一类错误和第二类错误的概率都很小。

通过上述例证我们着重强调了科研人员在假设检验问题中可以采取的策略。在确定了零假设和备择假设之后，很重要的一点是要考察检验方法的灵敏度。也就是说，在真实值是偏离 H_0 的情况下，固定了 α 之后，我们应当确定错误接受 H_0 的概率的一个合理值（即 β 值）。对于样本容量的确定，通常需要将它与 α 和 β 进行一个合理的平衡。上述接种疫苗的问题就是一个例证。

9.2.5 以连续型随机变量为例

我们在此就离散型总体所讨论的概念同样适用于连续型随机变量的情形。考虑某所大学男学生的平均体重为 68 千克的零假设，与其相对是体重不为 68 千克的备择假设。也就是说，我们要检验的假设是

$$H_0 : \mu = 68$$
$$H_1 : \mu \neq 68$$

其中备择假设包含 $\mu < 68$ 和 $\mu > 68$ 两种情形。

如果样本均值接近于假设值 68 千克，那么我们认为这是支持 H_0 的证据。相反，如果样本均值显著小于或大于 68 千克，那么这是与 H_0 不一致的，因此我们支持 H_1。这个例子中样本均值就是我们的检验统计量。检验统计量的临界域可以是随意选取的两个区间：$\bar{x} < 67$ 和 $\bar{x} > 69$。这样一来，其非拒绝域则为 $67 \leq \bar{x} \leq 69$。本例的决策准则如图 9.4 所示。

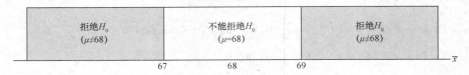

拒绝 H_0 ($\mu \neq 68$)　不能拒绝 H_0 ($\mu = 68$)　拒绝 H_0 ($\mu \neq 68$)

67　68　69　$\bar{x}$

图 9.4　临界域（两端的区域）

就零假设为 $\mu = 68$、与之相对应的备择假设为 $\mu \neq 68$ 的假设检验问题而言，现在我们根据图 9.4 所示的决策准则来计算犯第一类错误和第二类错误的概率。

假设由学生体重组成的总体标准差为 $\sigma = 3.6$，在大样本情形下，如果没有可以获取到的 σ 的其他估计，我们可以用 s 来代替 σ。基于容量为 $n = 36$ 的随机样本，我们的决策统计量 $\bar{X}$ 是 μ 最有效的估计量。根据中心极限定理我们可知，$\bar{X}$ 的抽样分布近似服从标准差为 $\sigma_{\bar{x}} = \sigma/\sqrt{n} = 3.6/6 = 0.6$ 的正态分布。

犯第一类错误的概率或该检验的显著性水平，就等于图 9.5 所示的分布两端尾部的阴影区域面积之和。于是，我们有

$$\alpha = P(在 \mu = 68 \ 时, \bar{X} < 67) + P(在 \mu = 68 \ 时 \ \bar{X} > 69)$$

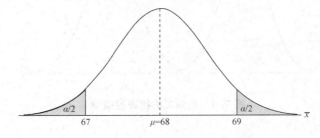

$\alpha/2$　$\alpha/2$

67　$\mu = 68$　69　$\bar{x}$

图 9.5　检验 $\mu = 68 \leftrightarrow \mu \neq 68$ 的临界域

在 H_0 为真时，与 $\bar{x}_1 = 67$ 和 $\bar{x}_2 = 69$ 相对应的 z 值为：

$$z_1 = \frac{67 - 68}{0.6} = -1.67$$

$$z_2 = \frac{69 - 68}{0.6} = 1.67$$

于是，我们有

$$\alpha = P(Z < -1.67) + P(Z > 1.67) = 2P(Z < -1.67) = 0.095\,0$$

这样一来我们可知，在零假设为真时，容量为36的所有样本中有9.5%的样本结果会导致我们拒绝 $\mu = 68$。为了降低 α，我们可以选择增大样本容量或扩大非拒绝域。假设我们将样本容量增加到 $n = 64$，则 $\sigma_{\bar{X}} = 3.6/8 = 0.45$。于是，我们有

$$z_1 = \frac{67 - 68}{0.45} = -2.22$$

$$z_2 = \frac{69 - 68}{0.45} = 2.22$$

这样一来，我们可得

$$\alpha = P(Z < -2.22) + P(Z > 2.22) = 2P(Z < -2.22) = 0.026\,4$$

降低 α 本身并不足以确保它是一个好的检验方法。我们还必须就不同的备择假设计算相应的 β 值。如果真实的均值处在 $\mu \geqslant 70$ 或 $\mu \leqslant 66$ 范围内，那么拒绝 H_0 则显得更重要，因此，我们应当计算出犯第二类错误的概率，并检验备择假设 $\mu = 70$ 或 $\mu = 66$ 的情形。由于对称性，我们只需考虑在备择假设 $\mu = 70$ 为真时不能拒绝零假设 $\mu = 68$ 的概率。当样本均值 $\bar{x}$ 落入 $67 \sim 69$ 之间而 H_1 为真时，则犯了第二类错误。于是，如图9.6所示，我们可得

$$\beta = P(\text{在 } \mu = 70 \text{ 时 } 67 \leqslant \bar{X} \leqslant 69)$$

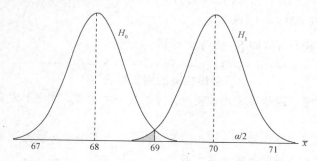

图9.6　检验 $\mu = 68 \leftrightarrow \mu = 70$ 犯第二类错误的概率

在 H_1 为真时，与 $\bar{x}_1 = 67$ 和 $\bar{x}_2 = 69$ 相对应的 z 值为：

$$z_1 = \frac{67 - 70}{0.45} = -6.67$$

$$z_2 = \frac{69 - 70}{0.45} = -2.22$$

于是，我们可得

$$\beta = P(-6.67 < Z < -2.22) = P(Z < -2.22) - P(Z < -6.67)$$
$$= 0.013\,2 - 0.000\,0 = 0.013\,2$$

而在 μ 的真值为备择假设 $\mu = 66$ 时，β 值同样也等于 $0.013\,2$。对所有处在 $\mu < 66$ 或 $\mu > 70$ 范围的可能取值而言，在 $\mu = 64$ 时 β 值则更小，这样一来，在零假设 H_0 不真时，则不能拒绝 H_0 的可能性非常小。当 μ 的真值接近但不等于假设值时，犯第二类错误的概率会迅速增加。当然，这通常

也是我们并不介意犯下第二类错误的情形。比如，在备择假设 $\mu = 68.5$ 为真时，我们并不介意真值 $\mu = 68$ 这个结论，虽然得出这样的结论使得我们实际上犯了第二类错误。实际上，在 $n = 64$ 时，犯这类错误的概率很高。如图 9.7 所示，我们有

$$\beta = P(\text{在 } \mu = 68.5 \text{ 时 } 67 \leqslant \bar{X} \leqslant 69)$$

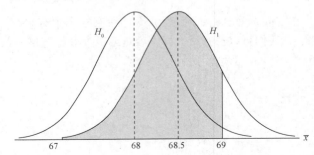

图 9.7　检验 $\mu = 68 \leftrightarrow \mu = 68.5$ 犯第二类错误的概率

在 $\mu = 68.5$ 时，与 $\bar{x}_1 = 67$ 和 $\bar{x}_2 = 69$ 相对应的 z 值为：

$$z_1 = \frac{67 - 68.5}{0.45} = -3.33$$

$$z_2 = \frac{69 - 68.5}{0.45} = 1.11$$

于是，我们有

$$\beta = P(-3.33 < Z < 1.11) = P(Z < 1.11) - P(Z < -3.33)$$
$$= 0.8665 - 0.0004 = 0.8661$$

根据上述的例证，我们可得如下一些重要性质。

假设检验的重要性质

1. 第一类错误和第二类错误是相关联的，降低犯一类错误的概率通常会导致犯另一类错误的概率增加。

2. 我们总可以通过调整临界值来缩小临界域，从而降低犯第一类错误的概率。

3. 增大样本容量 n 会同时降低 α 值和 β 值。

4. 如果零假设不真，且参数的真值接近于假设值时，β 达到最大值。真实值和假设值之间的距离越远，β 值越小。

检验的**势**是与犯错误的概率相关联的一个非常重要的概念。

定义 9.4　检验的势为备择假设为真时，拒绝 H_0 的概率。

检验的势可以通过 $1 - \beta$ 来计算。通常，我们可以通过比较检验的势来对比不同类型的检验（的优劣）。仍然考虑前面的例子，我们所要检验的假设是 H_0: $\mu = 68$ 和 H_1: $\mu \neq 68$。和前面一样，假设我们关心的是该检验的灵敏度。该检验的决策准则为：如果 $67 \leqslant \bar{x} \leqslant 69$，则不能拒绝 H_0。所以，我们接下来考察在 $\mu = 68.5$ 时该检验拒绝 H_0 的功效。我们已经知道，犯第二类错误的概率为 $\beta = 0.8661$。因此，该检验的势为 $1 - 0.8661 = 0.1339$。在某种意义上，势是说明该检验能否灵敏地发现均值 68 和均值 68.5 之间存在差别的一个最简明的测度。在上述例子中，如果 μ 真为 68.5，正如我们所见，该检验拒绝 H_0 的概率仅为 13.39%。因此，如果对研究人员来说，能够发现均值 68.0（H_0 中的假设值）和均值 68.5 之间的差别真的很重要，那么这个检验并非一个好的检验。根

据上述内容我们可以清楚地看到，要得到一个理想的势（比如，大于 0.8），必须增大 α 值或者增加样本容量。

本章前面的内容中，我们一直在着重探讨假设检验的基础性和概念性问题。本章的后续内容中，我们将对假设检验问题进行分类，对我们所关心的不同参数的假设检验问题进行探讨。下面，我们将从单边检验和双边检验问题之间的区别开始介绍。

9.2.6 单边检验和双边检验

任意一个统计假设，如果其备择假设是**单边的**，即形如

$$H_0 : \theta = \theta_0$$
$$H_1 : \theta > \theta_0$$

或

$$H_0 : \theta = \theta_0$$
$$H_1 : \theta < \theta_0$$

这类假设检验称为**单边检验**。在本节前面的内容，我们曾提到假设的**检验统计量**。一般，备择假设 $\theta > \theta_0$ 的临界域位于检验统计量所服从分布的右尾，而备择假设 $\theta < \theta_0$ 的临界域则位于分布的左尾。（在某种意义上，不等式符号的指向即为临界域所处的位置。）在接种疫苗的试验中，单边检验可用于对二项分布的参数假设 $p = 1/4$ 进行检验，相应的单边备择假设为 $p > 1/4$。单尾的临界域通常是很明显的；读者可以设想一下检验统计量的表现，就会发现支持备择假设的证据所发出的明显信号。

而任意一个统计假设，如果其备择假设为**双边的**，即形如

$$H_0 : \theta = \theta_0$$
$$H_1 : \theta \neq \theta_0$$

这类假设检验则称为**双边检验**，因为其临界域被分割成了两个部分：检验统计量所服从分布两端的尾部，这两个部分的概率通常是相等的。备择假设 $\theta \neq \theta_0$ 说明 θ 要么满足 $\theta < \theta_0$，要么满足 $\theta > \theta_0$。在学生体重这个连续型总体的例子中，双边检验可以用来检验零假设 $\mu = 68$ 及相应的双边备择假设 $\mu \neq 68$。

9.2.7 如何选取零假设和备择假设

零假设 H_0 的表达式通常是一个等式。因为这样做，我们可以很清楚地知道犯第一类错误的概率被控制在什么程度。然而，有一些不能拒绝 H_0 的情形却意味着，参数 θ 可能是其备择假设补集中的任意一个值。比如，在接种疫苗的例子中，其备择假设为 $H_1 : p > 1/4$，很显然，我们不能拒绝 H_0 并不能排除 p 小于 1/4 这种情形。我们非常清楚，在单边检验的情形中，对备择假设的表达最为重要。

究竟是进行单边检验还是双边检验，取决于我们在拒绝 H_0 时所想要得出的结论。因为只有在 H_1 确定之后，我们才知道临界域的范围。比如，我们要检验一种新药，而所建立的假设是新药并不比目前市场上类似药物的效果更好，其备择假设为新药更好。显然，选择这样的备择假设说明该检验只是一个临界域在右侧的单边检验。然而，如果我们想要比较一种新的教学方法和传统的课堂教学法，其备择假设则是新方法优于或次于传统教学方法。可以看到，这是个双边检验，其临界域落入统计量所服从分布两尾的、两个相等的区域。

例 9.1　某品牌谷物食品的制造商声称，其产品的饱和脂肪酸含量平均不超过 1.5 克。请你给出检验其说法的零假设和备择假设，并确定临界域。

解: 如果 μ 大于 1.5 克，我们就要拒绝制造商的说法，但倘若 μ 小于或等于 1.5 克，则不能拒绝这种说法。这样一来，可以看到我们要检验的是

$$H_0 : \mu = 1.5$$
$$H_1 : \mu > 1.5$$

不能拒绝 H_0 并不排除小于 1.5 克这种情形。由于我们做的是单边检验，因此备择假设中的大于符号表明临界域完全落在检验统计量 $\bar{X}$ 的分布右尾。

例 9.2 一名房地产经纪人声称，目前在建 60% 的私人住宅都有 3 个卧室。为了检验他的这种说法，我们抽取了一个大样本并对抽中的新宅进行了调查；最后得到了有 3 个卧室的新宅所占比例，并以此作为检验统计量。请给出我们要检验的零假设和备择假设，并确定临界域。

解: 如果检验统计量显著高于或低于 $p = 0.6$，那么我们就拒绝这名经纪人的说法。这样一来我们可以看到，所要检验的假设为：

$$H_0 : p = 0.6$$
$$H_1 : p \neq 0.6$$

根据备择假设我们可以看到，这是一个双边检验，其临界域落入检验统计量 $\hat{P}$ 所服从分布两尾的、两个相等的区域。

9.3 利用 P 值在假设检验中进行决策

在假设检验中，如果检验统计量是离散型的，对其临界域的选取则具有任意性，但临界域的大小是确定的。如果 α 值太大，我们可以通过调整临界值来降低 α 值，而且还需要增加样本容量来抵消检验的势随着调整而减小的影响。

通过持续多年的统计分析实践，人们习惯于选取 0.05 或 0.01 作为 α 值，并据此来确定临界域。因此，拒绝或不能拒绝 H_0 则取决于我们所选取的临界域。比如，如果我们的检验是双尾的，而 α 值选取的是 0.05，检验统计量为标准正态分布，则根据数据可得 z 值，其临界域为：

$$z > 1.96$$

或

$$z < -1.96$$

其中 1.96 为附录表 A3 中 $z_{0.025}$ 的值。如果 z 值在临界域内，则说明检验统计量的值是显著的，据此我们可以将其转换成用户所需的形式。比如，对于

$$H_0 : \mu = 10$$
$$H_1 : \mu \neq 10$$

形式的假设检验，我们就可以说，均值显著不等于 10。

9.3.1 预选显著性水平

预选显著性水平 α 的根据在于，我们应当控制住犯第一类错误这个最大的风险。不过，这种方法并不适用于检验统计量的值距临界域很近的情形。比如，假设我们要检验的是 $H_0 : \mu = 10 \leftrightarrow H_1 : \mu \neq 10$，而观测到 $z = 1.87$；严格说来，在 $\alpha = 0.05$ 的显著性水平上，这个值并不显著。不过，在这种情况下我们因拒绝 H_0 犯第一类错误的风险几乎不大。在双边检验的情形中，事实上我们还能量化这个风险为：

$$P = 2P(\text{在 } \mu = 10 \text{ 时 } Z > 1.87) = 2(0.0307) = 0.0614$$

即在 $\mu = 10$ 时，我们所得到的 z 值（在大小上）等于或大于 1. 87 的概率为 0. 061 4。根据这个证据我们可以拒绝 H_0，虽然这个证据并没有如同显著性水平 $\alpha = 0.05$ 时那样强，但对使用者来说这也是很重要的信息。事实上，我们一直使用 $\alpha = 0.05$ 或 $\alpha = 0.01$ 的原因仅在于，这是长久以来流传下来的标准。P 值法在应用统计学中已经大量为我们所用。该方法为我们提供了单纯的拒绝或不能拒绝之外（概率意义上）的选择。在 z 值恰好落入临界域时，计算得到的 P 值也为我们提供了重要的信息。比如，如果 z 值为 2. 73，这时我们会发现

$$P = 2(0.003\ 2) = 0.006\ 4$$

所以，z 值在一个小于 0. 05 很多的水平上是显著的。对我们来说，知道这一点很重要：在 H_0 的条件下，值 $z = 2.73$ 是非常罕见的事件。也就是说，在 10 000 次试验中出现 $z = 2.73$ 这个值的情况仅为 64 次。

9.3.2 P 值的几何解释

从几何意义上解释 P 值的最简单方法是考虑两个不同的样本。比如考虑两种材料，它们被用作某种金属的防腐涂层。我们收集了样品的数据，一组是用材料 1 进行涂层防腐处理的，另一组是用材料 2 处理的。样本容量为 $n_1 = n_2 = 10$，腐蚀情况以金属表面受影响的百分比表示。零假设为样本来自同一个均值为 $\mu = 10$ 的分布。假定总体的方差为 1. 0。则我们要检验的假设为：

$$H_0 : \mu_1 = \mu_2 = 10$$

图 9.8 所示为数据的点图。我们将数据标在了零假设所述的分布上。假定符号"×"表示的是材料 1 的数据，符号"○"表示的是材料 2 的数据。一目了然，数据是与零假设相悖的。我们如何将这个信息归结为一个数值呢？P 值可以简单地看做两个样本来自同一个分布时，得到这些数据的概率。显然，其概率值非常小，为 0. 000 000 01！这样一来我们可知，P 值很小就说明是与 H_0 相悖的，其结论则为总体均值显著不同。

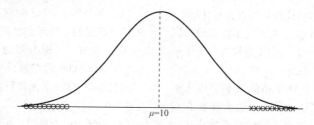

$\mu = 10$

图 9.8　数据可能是来自两个均值不同的总体

应用 P 值法来辅助我们决策是很自然的，而且几乎所有提供假设检验的计算机软件包都会输出 P 值及相应统计量的取值。下面是对 P 值的一个定义。

定义 9.5　检验统计量被观测到是显著的，此时所处的最低显著性水平就是 P 值。

9.3.3　应用 P 值与经典的假设检验有何不同

此时我们有必要概括一下与检验 H_0：$\theta = \theta_0$ 相关的程序。不过，初学假设检验的人，应当明白经典的固定 α 的方法和 P 值法之间在方法和思想上的区别。前者仅以拒绝 H_0 或不能拒绝 H_0 作结；后者则不固定 α，而是基于 P 值的大小与工程师或科研人员的主观判断来得出结论。尽管现代的计算机软件都会输出 P 值，但读者在理解这两种方法的基础上从整体上把握这个概念的内涵才是最重要的。因此，下面我们给出了经典方法和 P 值法简明扼要的方法步骤。

在固定犯第一类错误概率的基础上进行假设检验的方法

1. 确定零假设和备择假设。
2. 选取一个固定的显著性水平 α。
3. 选择一个适合的检验统计量，并基于 α 确定其临界域。
4. 如果检验统计量的实现值落入临界域，则拒绝 H_0；反之则不能拒绝。
5. 得出科研或工程性结论。

显著性检验法（P 值法）

1. 确定零假设和备择假设。
2. 选取一个适合的检验统计量。
3. 基于检验统计量的实现值计算 P 值。
4. 基于 P 值及对科研问题的知识进行判断。

在本章的后续各节及后续各章，许多例子和习题都要用到 P 值法来形成科学的结论。

习 题

9.1 假设某位过敏症专科医生想要检验这一结论：至少有 30% 的公众对某种奶酪过敏。请解释该医师可能犯的第一类错误和第二类错误。

9.3 一家大型制造业企业被控在雇佣时存在歧视的情况。
（a）如果陪审团认为该企业是有罪的就犯了第一类错误，请问他们所检验的假设是什么？
（b）如果陪审团认为该企业是有罪的就犯了第二类错误，请问他们所检验的假设又是什么？

9.7 如果随机选取 200 个成年人，且不能拒绝的区域被定义为 $100 \leqslant x \leqslant 130$，其中 x 是样本中大学毕业生的人数。请使用正态近似作答。

9.9 某家干洗店声称，某种新型除斑剂可以去除 70% 的污渍。为了验证这个说法，随机选取了 12 个污点并使用除斑剂。如果去除的污点数小于等于 11，则不能拒绝 $p = 0.7$ 的零假设，否则我们就认为 $p > 0.7$。
（a）假设 $p = 0.7$，请计算 α 值。

（b）请计算备择假设为 $p = 0.9$ 的 β 值。

9.15 一家牛排屋的某种软饮料分装机每次倒出的饮料量近似服从均值为 200 毫升，标准差为 15 毫升的正态分布。该机器需要定期进行检查，随机取出 9 杯饮料，求得其平均容量。如果 $\bar{x}$ 落在 $191 < \bar{x} < 209$ 的区间范围内，则认为该机器是正常工作的，否则就认为 $\mu \neq 200$。
（a）请计算 $\mu = 200$ 时犯第一类错误的概率。
（b）请计算 $\mu = 215$ 时犯第二类错误的概率。

9.17 研制的一种新型水泥的平均抗压强度为 5 000 千克/平方米，标准差为 120 千克/平方米。为了检验 $\mu = 5\,000$ 的零假设与 $\mu < 5\,000$ 的备择假设，随机选取 50 块水泥进行测试。定义临界域为 $\bar{x} < 4\,970$。
（a）求在 H_0 为真时，犯第一类错误的概率。
（b）请分别计算备择假设为 $\mu = 4\,970$ 和 $\mu = 4\,960$ 时的 β 值。

9.4 单样本：与单个均值相关的检验

在本节，我们将考虑对单个总体均值的假设进行检验的问题。在前面各节我们列举了许多有关均值检验的例证，所以读者应当已经可以理解我们在下面所列举的一些细节。

9.4.1 单个均值的检验问题（方差已知）

我们首先要说明一下统计试验所基于的假设。适用于下述情形的模型主要是围绕随机样本为 X_1，X_2，$\cdots$，X_n 的一个试验，其中 X_1，X_2，$\cdots$，X_n 是来自均值为 μ 且方差 $\sigma^2 > 0$ 的分布的一个随机样本。首先考虑如下的假设问题：

$$H_0 : \mu = \mu_0$$
$$H_1 : \mu \neq \mu_0$$

适合的检验统计量应当是建立在随机变量 $\bar{X}$ 的基础之上的。在第 7 章，我们曾介绍了中心极限定理。中心极限定理告诉我们，在本质上无论 X 所服从的分布类型如何，在具有充分大的样本容量时，随机变量 $\bar{X}$ 都近似地服从均值为 μ 且方差为 σ^2/n 的正态分布。也就是说，$\mu_{\bar{X}} = \mu$ 且 $\sigma_{\bar{X}}^2 = \sigma^2/n$。我们基于样本均值 $\bar{x}$ 则可确定临界域。至此，对读者来说应当很明显，这是一个临界域是双尾的检验问题。

9.4.2 $\bar{X}$ 的标准化

标准化 $\bar{X}$ 对我们来说会更实用，一般会涉及**标准正态**的随机变量 Z，其形式为：

$$Z = \frac{\bar{X} - \mu}{\sigma/\sqrt{n}}$$

我们知道，在 H_0 下，即如果 $\mu = \mu_0$ 成立，$\sqrt{n}(\bar{X} - \mu_0)/\sigma$ 服从 $n(x; 0, 1)$ 分布，因此根据表达式

$$P\left(-z_{\alpha/2} < \frac{\bar{X} - \mu}{\sigma/\sqrt{n}} < z_{\alpha/2} \right) = 1 - \alpha$$

就可以确定其适当的非拒绝域。读者应当谨记，我们确定临界域通常是为了控制犯第一类错误的概率 α。显然，双尾信号才是支持 H_1 的证据。因此，在已知计算值 $\bar{x}$ 时，如果检验统计量 z 落入下述临界域内，则检验拒绝 H_0。

单个均值的检验方法（方差已知）

$$z = \frac{\bar{X} - \mu}{\sigma/\sqrt{n}} > z_{\alpha/2}$$

或

$$z = \frac{\bar{X} - \mu}{\sigma/\sqrt{n}} < -z_{\alpha/2}$$

如果 $-z_{\alpha/2} < z < z_{\alpha/2}$，则不能拒绝 H_0。不过，拒绝 H_0 则意味着接受备择假设 $\mu \neq \mu_0$。根据我们对临界域做出的这个定义，显然，在 $\mu = \mu_0$ 成立时，我们拒绝 H_0（落入临界域）的概率为 α。

用 z 所定义的临界域很容易理解，但事实上我们也可以根据计算得到的平均值 $\bar{x}$ 来确定同样的临界域。如下所示即为相同的决策方法：

拒绝 H_0，若 $\bar{x} < a$ 或 $\bar{x} > b$

式中

$$a = \mu_0 - z_{\alpha/2} \frac{\sigma}{\sqrt{n}}$$

$$b = \mu_0 + z_{\alpha/2} \frac{\sigma}{\sqrt{n}}$$

这样一来，在 α 的显著性水平上，随机变量 z 和 $\bar{x}$ 的临界值则都可以用图 9.9 来进行刻画。

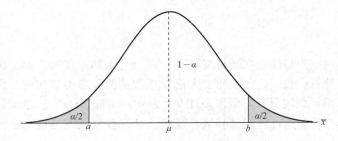

图9.9　备择假设 $\mu \neq \mu_0$ 的临界域

关于均值的单边假设进行检验的问题所涉及的是和双边检验情形中相同的统计量。当然，它们之间的差别在于，其临界域仅位于标准正态分布一侧的尾部。比如，假设我们要检验的问题是

$$H_0 : \mu = \mu_0$$
$$H_1 : \mu > \mu_0$$

因此，支持 H_1 的信号来自较大的 z 值，即在实现值 $z > z_\alpha$ 时则拒绝 H_0。显然，如果 $H_1 : \mu < \mu_0$，其临界域完全在下侧的尾部，而 $z < z_\alpha$ 时则拒绝 H_0。尽管在单边检验中，其零假设可以写成 $H_0 : \mu \leqslant \mu_0$ 或 $H_0 : \mu \geqslant \mu_0$，但我们通常只写作 $H_0 : \mu = \mu_0$。

下述两例是 σ 已知时对均值进行检验的问题。

例9.3　根据美国上一年的死亡记录数据抽取了有 100 个死亡案例的一个随机样本，结果显示其平均寿命为 71.8 岁。假设总体的标准差为 8.9 岁，则是否能说明现在的平均寿命大于 70 岁？请在 0.05 的显著性水平上作答。

解：根据题意，我们有：

1. $H_0 : \mu = 70$。

2. $H_1 : \mu > 70$。

3. $\alpha = 0.05$。

4. 临界域：$z > 1.645$，其中 $z = \dfrac{\bar{x} - \mu_0}{\sigma/\sqrt{n}}$。

5. 由于 $\bar{x} = 71.8$，$\sigma = 8.9$，因此

$$z = \frac{71.8 - 70}{8.9/\sqrt{100}} = 2.02$$

6. 决策：拒绝 H_0，并认为现在的平均寿命超过了 70 岁。

对应于 $z = 2.02$ 的 P 值为图 9.10 中所示阴影区域的面积。

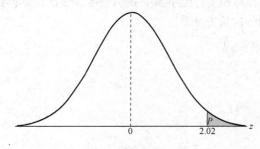

图9.10　例 9.3 中的 P 值

根据附录表 A3，我们有

$$P = P(Z > 2.02) = 0.0217$$

这样一来，我们可以看到，结果比 0.05 的显著性水平更支持 H_1。

例9.4 某体育器材厂商开发了一种新型的合成钓线，企业声称该钓线的平均负重达 8 千克，标准差为 0.5 千克。如果我们对有 50 条钓线的一个随机样本进行测试，发现平均负重为 7.8 千克，我们要检验的零假设为 $\mu = 8$，备择假设为 $\mu \neq 8$。假设显著性水平为 0.01。

解： 根据题意，我们有：

1. H_0：$\mu = 8$。

2. H_1：$\mu \neq 8$。

3. $\alpha = 0.01$。

4. 临界域：$z < -2.575$ 且 $z > 2.575$，其中 $z = \dfrac{\bar{x} - \mu_0}{\sigma / \sqrt{n}}$。

5. 由于 $\bar{x} = 7.8$，$n = 50$，因此

$$z = \frac{7.8 - 8}{0.5 / \sqrt{50}} = -2.83$$

6. 决策：拒绝 H_0，并认为平均负重不等于 8 千克，实际为小于 8 千克。

由于本例中的检验是双尾的，因此所求 P 值为图 9.11 中所示 $z = -2.83$ 左侧阴影区域面积的两倍。这样一来，根据附录表 A3，我们有

$$P = P(|Z| > 2.83) = 2P(Z < -2.83) = 0.0046$$

根据该结果，我们可以在比 0.01 更小的显著性水平上拒绝 $\mu = 8$ 这个零假设。

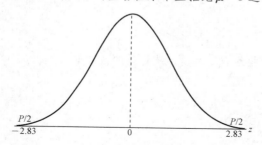

图9.11　例9.4 中的 P 值

9.4.3　与置信区间估计之间的关系

至此读者应该已经注意到，我们在本章所介绍的用以进行统计推断的假设检验法与我们在第 8 章所介绍的置信区间法之间存在非常紧密的联系。在置信区间估计中我们要计算所讨论参数所落入区域的合理边界。对于 σ^2 已知、单个总体均值 μ 的情形，假设检验和置信区间估计的结构都是基于随机变量

$$Z = \frac{\bar{X} - \mu}{\sigma / \sqrt{n}}$$

进行推断。而且我们发现，对 H_0：$\mu = \mu_0 \leftrightarrow H_1$：$\mu > \mu_0$ 在显著性水平为 α 的检验问题，等价于计算关于 μ 的一个 $100(1 - \alpha)\%$ 置信区间。如果 μ_0 位于置信区间外，则拒绝 H_0；倘若 μ_0 位于置信区间内，则不能拒绝零假设。两者之间的等价关系是非常直观且易于解释的。回顾前面的内容，我们知道对于观测值 $\bar{x}$ 而言，在 α 的显著性水平上不能拒绝 H_0 则意味着

$$-z_{\alpha/2} \leqslant \frac{\bar{x} - \mu_0}{\sigma/\sqrt{n}} \leqslant z_{\alpha/2}$$

等价于

$$\bar{x} - z_{\alpha/2}\frac{\sigma}{\sqrt{n}} \leqslant \mu_0 \leqslant \bar{x} + z_{\alpha/2}\frac{\sigma}{\sqrt{n}}$$

置信区间估计与假设检验之间的等价关系可以推广至两个均值之差、方差、方差之比等情形。所以,统计学专业的学生不会将置信区间估计和假设检验看做两个独立的统计推断形式。比如,考察一下例 8.2 我们知道,均值 95% 的置信区间为 (2.50,2.70)。这样一来,我们根据相同的样本信息可以知道,关于 μ 的双边检验如果包含 2.50 ~ 2.70 之间的任意一个假设值,则不会拒绝零假设。在假设检验的其他方面,它与置信区间估计的等价性仍然是适用的。

9.4.4　单个样本的检验问题(方差未知)

有人肯定已经开始疑惑,在 σ^2 未知时,关于总体均值 μ 的检验是否如同置信区间估计一样要用到学生氏 t 分布。严格说来,置信区间和假设检验两者应用学生氏 t 分布是有如下前提假设的:随机变量 X_1,X_2,$\cdots$,X_n 表示的是来自 μ 和 σ^2 皆未知的正态总体中的一个随机样本,随机变量 $\sqrt{n}(\bar{X} - \mu)/S$ 服从自由度为 $n-1$ 的学生氏 t 分布。该检验的结构与 σ 已知时的情形一样,只是统计量中 σ 的值被替换成了其估计值 S,且标准正态分布被替换成了 t 分布。

单个均值的 t 检验统计量(方差未知)

对于双边假设检验:

$$H_0 : \mu = \mu_0$$
$$H_1 : \mu \neq \mu_0$$

在 α 的显著性水平上我们拒绝 H_0,如果 t 统计量的估计值

$$t = \frac{\bar{x} - \mu_0}{s/\sqrt{n}}$$

大于 $t_{\alpha/2, n-1}$ 或者小于 $-t_{\alpha/2, n-1}$。

读者根据第 7 ~ 8 章的内容可以回顾一下,t 分布是关于零值对称的。因此,双尾的临界域是与 σ 已知时的情形类似的。对于在显著性水平为 α 的双边假设检验,则要用双尾的临界域。对于 $H_1 : \mu > \mu_0$,则在 $t > t_{\alpha, n-1}$ 时拒绝零假设。而对于 $H_1 : \mu < \mu_0$,其临界域为 $t < t_{\alpha, n-1}$。

例 9.5　爱迪生电气学会公布了各类家用电器每年所消耗电力的千瓦时数。据称,吸尘器每年平均耗电 46 千瓦时。如果一项研究中包含 12 个家庭的一个随机样本,研究显示吸尘器每年平均耗电为 42 千瓦时,标准差为 11.9 千瓦时,这是否意味着在 0.05 的显著性水平上,吸尘器每年的平均耗电量低于 46 千瓦时?假定总体服从正态分布。

解: 根据题意,我们有:

1. $H_0 : \mu = 46$。

2. $H_1 : \mu < 46$。

3. $\alpha = 0.05$。

4. 临界域:$t < -1.796$,其中 $t = \frac{\bar{x} - \mu_0}{s/\sqrt{n}}$,且其自由度为 11。

5. 由于 $\bar{x} = 42$，$s = 11.9$，$n = 12$，因此

$$t = \frac{42 - 46}{11.9/\sqrt{12}} = -1.16$$

$$P = P(T < -1.16) \approx 0.135$$

6. 决策：不能拒绝 H_0，并认为家用吸尘器每年所消耗平均千瓦时数并不显著小于 46。

9.4.5 对单样本 t 检验的说明

读者极有可能已经注意到，在将 σ 替换成 s 后，单个均值的双尾 t 检验和计算 μ 的一个置信区间之间的等价关系仍然是成立的。比如，考虑例 8.5 中的情形。本质上，我们可以将计算置信区间的过程看做求解 μ_0 的所有取值——容器所盛放硫酸的假设平均容积——的过程，其中我们在 $\alpha = 0.05$ 的显著性水平上不能拒绝零假设 $H_0: \mu = \mu_0$。同样，我们可以看到，它和下述内容也是一致的：基于样本信息，总体均值在 9.74 升至 10.26 升之间并非不合理。

在这里我们还得强调一下正态性假设的问题。我们说过，在 σ 已知时，中心极限定理使得我们可以使用基于标准正态随机变量 Z 的检验统计量或置信区间。当然，严格地说，除非 σ 已知，否则我们不能使用中心极限定理，更不能使用标准正态分布。在第 7 章我们提出了 t 分布。我们在第 7 章曾说，X_1，X_2，$\cdots$，X_n 的正态性为我们的隐含假定。因此，严格来说，不能在假设检验或置信区间中采用学生氏 t 分布的百分位点，除非我们知道样本是从正态总体中抽取的。实践中，σ 是已知的可能性非常小。不过，根据以往的试验我们也是有可能得到一个较好的估计的。许多统计学教材中都会暗示，在一个钟形总体的样本容量 $n \geqslant 30$ 时，我们可以放心地将统计量

$$z = \frac{\bar{x} - \mu_0}{\sigma/\sqrt{n}}$$

中的 σ 替换成 s，并仍然使用 Z 分布表来确定适当的临界域。这一点说明，我们事实上使用了中心极限定理，因此这么做是完全依赖于 $s \approx \sigma$ 这个事实的。显然，这么处理之后结果应当是一个近似。这样一来，我们所计算得到的（Z 分布的）P 值本应是 0.15，而此时则可能是 0.12，也可能是 0.17，而且所求得的也可能只是 93% 置信区间，不是正常情况下的 95%。那么 $n \leqslant 30$ 时情况又会如何？这个时候，我们不能指望 s 有多靠近 σ，为了充分考察该估计的失真程度，我们应当将置信区间放宽一些，或者将临界值取大一些。t 分布的百分位点可以使我们达成此目的，不过仅在样本是来自正态分布的时候才是正确的。当然，正态概率图也可以用来确定一个数据集偏离正态的程度。

对于小样本的情况，我们通常很难发现它与正态分布之间的偏倚有多大。（本章的下一节我们将介绍拟合优度检验。）对于具有钟形分布的随机变量 X_1，X_2，$\cdots$，X_n 而言，我们使用 t 分布来进行假设检验或置信区间估计的话，则很有可能得到非常好的结果。如果还存在疑虑的话，我们还可以诉诸非参数方法，第 15 章将会对非参数方法进行介绍。

9.4.6 单个样本 t 检验计算机结果输出

读者可能会关心，如何读懂以计算机方式输出的对单个样本的 t 检验结果。假定工程师关心的是对 pH 测量仪的偏倚进行检验的问题。他收集了某种中性物质的 pH 值数据。该数据中观测构成的样本如下：

    7.07   7.00   7.10   6.97   7.00   7.03   7.01   7.01   6.98   7.08

工程师关心的是

$$H_0: \mu = 7.0$$

$$H_1 : \mu \neq 7.0$$

在这个例证中，我们可以使用 MINITAB 软件包来对上述数据集进行分析。主要的输出结果如图 9.12 所示。显然，均值 $\bar{y}$ 为 7.025 0，StDev 为样本标准差 $s = 0.044$，SE Mean 为对均值所估计的标准误，其计算方式为 $s/\sqrt{n} = 0.013\,9$。则 t 值为比率

$$(7.025\,0 - 7)/0.013\,9 = 1.80$$

```
pH-meter
  7.07   7.00   7.10   6.97   7.00   7.03   7.01   7.01   6.98   7.08
MTB > Onet 'pH-meter'; SUBC>   Test 7.

One-Sample T: pH-meter Test of mu = 7 vs not = 7
Variable  N    Mean     StDev    SE Mean       95% CI              T     P
pH-meter  10  7.025 00  0.044 03  0.013 92 (6.993 50,7.056 50)  1.80  0.106
```

图 9.12   MINITAB 输出的对 pH 测量仪的单样本 t 检验结果

P 值为 0.106，这说明检验结果并不是确凿的。即（在显著性水平 α 为 0.05 或 0.10 的基础上）我们没有充分的证据来拒绝 H_0，但我们也并不能真正确定该 pH 测量仪是无偏的。我们注意到样本容量为 10 是非常小的。（或许在另一个试验中）适当地增加样本容量即可解决这个问题。在 9.6 节我们会讨论适当样本容量的问题。

9.5   两样本：两个均值的检验问题

读者现在应该都理解了假设检验和置信区间估计之间的关系，而且在很大程度上只能依赖于我们在第 8 章讨论过的置信区间估计。有关两个均值的这些检验是科研工作者或工程师所用的非常重要的分析工具的一个集合。试验条件非常类似 8.8 节中所述的情形。容量为 n_1 和 n_2 的两个独立随机样本分别来自均值为 μ_1 和 μ_2、方差为 σ_1^2 和 σ_2^2 的两个总体。我们已知随机变量

$$Z = \frac{(\bar{X}_1 - \bar{X}_2) - (\mu_1 - \mu_2)}{\sqrt{\sigma_1^2/n_1 + \sigma_2^2/n_2}}$$

服从标准正态分布。在此我们假定 n_1 和 n_2 都足够大，我们可以应用中心极限定理。当然，若这两个总体都是正态的，则上述统计量即便在 n_1 和 n_2 都很小的情形中也是服从标准正态分布的。显然，如果我们假定 $\sigma_1 = \sigma_2 = \sigma$，则上述统计量还可以简化为：

$$Z = \frac{(\bar{X}_1 - \bar{X}_2) - (\mu_1 - \mu_2)}{\sigma\sqrt{1/n_1 + 1/n_2}}$$

上面的两个统计量是有关两个均值的检验问题的基础。根据假设检验和置信区间估计之间的等价性，以及有关单个均值的检验所涉及的技术细节，我们可以简单地转换到有关两个均值的检验问题。

有关两个均值的双边假设通常可以写成下述形式：

$$H_0 : \mu_1 - \mu_2 = d_0$$

显然，其备择假设可以是双边的，也可以是单边的。同样，我们所用的还是 H_0 下的检验统计量所服从的分布。实现值 $\bar{x}_1$ 和 $\bar{x}_2$ 都是计算得到的，在 σ_1 和 σ_2 已知的情形下，检验统计量则为：

$$z = \frac{(\bar{x}_1 - \bar{x}_2) - d_0}{\sqrt{\sigma_1^2/n_1 + \sigma_2^2/n_2}}$$

且在其备择假设为双边的情形下，其临界域也是双边的。也就是说，如果 $z > z_{\alpha/2}$ 或 $z < -z_{\alpha/2}$，则拒绝 H_0 并支持 $H_1: \mu_1 - \mu_2 \neq d_0$。而在单边备择假设的情形下，则为单尾的临界域。和之前一样，读者应当考察一下检验统计量，而在备择假设为 $H_1: \mu_1 - \mu_2 > d_0$ 时，较大的 z 值则是支持 H_1 的信号。这样一来，则要用到上尾的临界域。

9.5.1　方差相等且未知的情形

在有关两个均值的检验问题中，更为常见的情形是未知方差。如果相关科研工作者假定两个分布都是正态的，且 $\sigma_1 = \sigma_2 = \sigma$，则可以采用**合并 t 检验**（通常称为两样本 t 检验）。在下面的检验程序中我们给出了其检验统计量。

两样本的合并 t 检验

对于双边假设

$$H_0: \mu_1 = \mu_2$$

$$H_1: \mu_1 \neq \mu_2$$

如果 t 统计量的实现值

$$t = \frac{(\bar{x}_1 - \bar{x}_2) - d_0}{s_p\sqrt{1/n_1 + 1/n_2}}$$

大于 $t_{\alpha/2, n_1+n_2-2}$ 或小于 $-t_{\alpha/2, n_1+n_2-2}$，则在 α 的显著性水平上拒绝 H_0。其中

$$s_p^2 = \frac{s_1^2(n_1-1) + s_2^2(n_2-1)}{n_1 + n_2 - 2}$$

回顾我们在第 8 章对 t 分布自由度的讨论可以知道，自由度是由估计 σ^2 时两个样本的合并信息决定的。单边备择假设意味着临界域也是单边的，正如我们预期的一样。比如，对于 $H_1: \mu_1 - \mu_2 > d_0$，如果 $t > t_{\alpha, n_1+n_2-2}$，则拒绝 $H_0: \mu_1 - \mu_2 = d_0$。

例 9.6　我们开展了一项试验以对两种不同叠层材料的磨损程度进行比较。对材料 1，我们将 12 件材料通过机器检测并测量其磨损程度。对材料 2，我们对 10 件做了类似检测。每种情形中的磨损程度都可以观测得到。通过材料 1 的样本可得其平均磨损为 85 单位，标准差为 4 单位，而材料 2 的平均值为 81 单位，标准差为 5 单位。我们是否可以在 0.05 的显著性水平上得出材料 1 的磨损超过材料 2 的磨损程度 2 单位的结论？假定两个总体都是近似正态的，且方差相等。

解： 假设 μ_1 和 μ_2 分别为材料 1 和材料 2 这两个总体的平均磨损程度，则根据题意，我们有：

1. $H_0: \mu_1 - \mu_2 = 2$。

2. $H_1: \mu_1 - \mu_2 > 2$。

3. $\alpha = 0.05$。

4. 临界域：$t > 1.725$，其中 $t = \dfrac{(\bar{x}_1 - \bar{x}_2) - d_0}{s_p\sqrt{1/n_1 + 1/n_2}}$，且其自由度为 $v = 20$。

5. 计算过程：由于 $\bar{x}_1 = 85$，$s_1 = 4$，$n_1 = 12$，$\bar{x}_2 = 81$，$s_2 = 5$，$n_2 = 10$，则我们有

$$s_p = \sqrt{\frac{(11)(16) + (9)(25)}{12 + 10 - 2}} = 4.478$$

$$t = \frac{(85 - 81) - 2}{4.478\sqrt{1/12 + 1/10}} = 1.04$$

$$P = P(T > 1.04) \approx 0.16$$

6. 决策：不能拒绝 H_0。我们不能得出材料 1 的磨损程度超过材料 2 的磨损程度 2 单位的结论。

9.5.2 方差未知且不相等的情形

在有些情形中，分析人员不能假定 $\sigma_1 = \sigma_2$。回顾一下我们在 8.8 节所讨论的内容可以知道，如果总体是正态的，则统计量

$$T' = \frac{(\bar{X}_1 - \bar{X}_2) - d_0}{\sqrt{s_1^2/n_1 + s_2^2/n_2}}$$

近似服从自由度近似为：

$$v = \frac{(s_1^2/n_1 + s_2^2/n_2)^2}{(s_1^2/n_1)^2/(n_1 - 1) + (s_2^2/n_2)^2/(n_2 - 1)}$$

的 t 分布。这样一来，如果

$$-t_{\alpha/2,v} < t' < t_{\alpha/2,v}$$

则不能拒绝 H_0，其中 v 的形式如上所示。同样，和合并 t 检验中的情形一样，单边备择假设则意味着其临界域也是单边的。

9.5.3 配对观测

通过对均值之差的两样本 t 检验或置信区间进行研究我们发现，很有必要进行试验设计。回顾一下我们在第 8 章中讨论过的试验单元，那时我们曾指出，两个总体（通常称为两个处理）的条件应当随机地在试验单元之间进行分配。之所以要这样做，是因为要以此来避免因试验单元的系统性差异引起的偏差。也就是说，以假设检验的术语来表述的话，均值任何显著的差异都应当是由两个总体的不同条件引起的，而非我们在研究中所采用的试验单元（的差异）引起的，这一点很重要。比如，对 20 株树苗进行试验，10 株被施加含氮的处理，另 10 株则被施加无氮的处理。而对试验单元的含氮和无氮处理应当是在 10 株树苗之间随机分配的，这样才能保证树苗之间的系统性差异不会干扰到对均值的有效比较，这一点很重要。

在例 9.6 中，时间维度也是我们最有可能选为试验单元的一个因素。我们应当对这 22 件材料以随机的次序进行检测，因为我们必须预防在时间上越相近而磨损程度趋同的这个可能。**试验单元的系统性（非随机性）差异**并不是我们所预期的。然而，采用随机分配则可以让我们有效地预防这个问题。

在第 12 ~ 14 章的大部分内容中我们将继续探讨试验计划、随机化、样本容量的选取等问题。每个对真实数据的分析感兴趣的科研工作者或工程师都应当好好学习这部分内容。在第 12 章我们会将合并 t 检验扩展到包含两个以上均值的情形。

如果数据是我们在第 8 章所讨论到的配对观测的形式，也可以对两个均值进行检验。在配对结构中，两个总体（处理）的条件是在同质性单元之间随机进行分配的。在配对观测这种情形下，对 $\mu_1 - \mu_2$ 的置信区间的计算是基于随机变量

$$T = \frac{\bar{D} - \mu_D}{S_d/\sqrt{n}}$$

而进行的，其中 $\bar{D}$ 和 S_d 为随机变量，表示试验单元中每对观测的差异之样本均值和标准差。与合并 t 检验中的情形一样，我们假设来自每个总体的观测都是正态的。这样的两样本问题在本质上就通过计算退化成了单个样本的问题。这样一来，零假设也退化成了

$$H_0 : \mu_D = d_0$$

而检验统计量的计算形式则为：

$$t = \frac{\bar{d} - d_0}{s_d / \sqrt{n}}$$

使用自由度为 $n-1$ 的 t 分布则可构建其临界域。

9.5.4 配对 t 检验中的交互问题

我们不仅要在下面的案例研究中说明如何使用配对 t 检验，而且还将讨论在配对 t 结构中处理和试验单元之间存在交互作用时带来的难题。回顾一下我们在 1.7 节探讨统计研究的一般类型时对因素之间的交互作用所做的介绍。在第 12 ~ 14 章，交互作用的概念将是我们讨论的一个重要问题。

在有些类型的统计假设中，所存在的交互作用会引起一些难题。配对 t 检验就是这样的一类例子。在 8.9 节，我们使用了配对结构来计算两个均值之差的置信区间，而配对样本的优势在试验单元具有同质性的时候非常明显。与我们在 8.9 节所讨论的内容一样，配对样本会使得 σ_D 退化，且差值的标准差 $D_i = X_{1i} - X_{2i}$。如果处理与试验单元之间存在交互作用，那么经过配对的样本所能带来的好处则会显著减弱。这样一来，在例 8.13 中我们可以看到，无交互作用的假设则意味着退伍老兵之间的 TCDD 平均水平（血浆对肌肉组织）是一样的。快速看一下数据，我们并没有发现明显违背无交互作用假设的情形。

为了说明交互作用是如何影响 $\text{Var}(D)$ 并由此影响配对 t 检验效果的，重新来看一下第 i 个差值 $D_i = X_{1i} - X_{2i} = (\mu_1 - \mu_2) + (\epsilon_1 - \epsilon_2)$ 是很有益的，其中 X_{1i} 和 X_{2i} 为第 i 次个试验单元的一对观测。如果配对单元具有同质性，则在 X_{1i} 和 X_{2i} 中的误差应当是类似的，且不独立。我们注意到，在第 8 章我们讨论过，误差之间的协方差为正，$\text{Var}(D)$ 则会缩小。这样一来，根据各处理之间差值的大小（越小），以及试验单元对 X_{1i} 和 X_{2i} 所贡献误差之间的相关性强弱（越强），我们则有可能发现非常显著的差异。

9.5.5 交互作用出现的条件

考虑试验单元之间不具有同质性这种情形。也就是说，相反，第 i 个试验单元的随机变量 X_{1i} 和 X_{2i} 是不同的。假设 ϵ_{1i} 和 ϵ_{2i} 为随机变量，分别表示第 i 个试验单元中 X_{1i} 和 X_{2i} 的误差。这样一来，我们可以写为：

$$X_{1i} = \mu_1 + \epsilon_{1i}$$
$$X_{2i} = \mu_2 + \epsilon_{2i}$$

可以看到，期望为 0 的误差会使得 X_{1i} 和 X_{2i} 的响应值往相反的方向变化，并使得 $\text{Cov}(\epsilon_{1i}, \epsilon_{2i})$ 为负值，由此 $\text{Cov}(X_{1i}, X_{2i})$ 也为负。事实上，这个模型在 $\sigma_1^2 = \text{Var}(\epsilon_{1i}) \neq \sigma_2^2 = \text{Var}(\epsilon_{2i})$ 时会更为复杂。这 n 个试验单元之间的方差和协方差参数是变化的。因此，与具有同质性的情形不同，由于试验单元之间 $\epsilon_1 - \epsilon_2$ 中差异的异质性，D_i 在各试验单元之间会存在很大的差异。这样的话，处理和试验单元之间就产生了交互作用。此外，对一个具体的试验单元而言（见定理 4.9），则

$$\sigma_D^2 = \text{Var}(D) = \text{Var}(\epsilon_1) + \text{Var}(\epsilon_2) - 2\text{Cov}(\epsilon_1, \epsilon_2)$$

会因为负的协方差项而被放大，这样一来，在我们这里所讨论的情形中，在同质性单元之间进行配对所带来的好处荡然无存。而且，由于对 $\text{Var}(D)$ 的放大在不同实例中所存在的差异，对某些例子而言，则会增加方差抵消 μ_1 和 μ_2 之间存在所有差别的危险。当然，t 统计量中的 $\bar{d}$ 值较大也可能意味着处理的差异能够克服放大的方差估计 s_d^2 所带来的影响。

案例研究9.1 （血样数据）在弗吉尼亚理工大学林业和野生动物系开展的一项研究中，威森（J. W. Wesson）检测了琥珀酰胆碱对血液中雄性激素水平的影响。通过飞镖和捕捉枪向自由放养的野生鹿注射琥珀酰胆碱后，立即抽取一些血样。在抽取了第一批血样30分钟后，再对每只鹿抽取第二批血样，然后释放捕获的鹿。表9.2给出了15只鹿在刚捕捉到及30分钟后的雄性激素水平，以纳克/毫升计。

假定总体的激素水平在注射时和注射30分钟后都服从正态分布，请问在0.05的显著性水平上，鹿被注射药物30分钟后雄性激素的浓度是否发生改变？

表9.2 案例研究9.1的数据

鹿	雄性激素水平（纳克/毫升）		d_i
	刚注射时	注射30分钟后	
1	2.76	7.02	4.26
2	5.18	3.10	-2.08
3	2.68	5.44	2.76
4	3.05	3.99	0.94
5	4.10	5.21	1.11
6	7.05	10.26	3.21
7	6.60	13.91	7.31
8	4.79	18.53	13.74
9	7.39	7.91	0.52
10	7.30	4.85	-2.45
11	11.78	11.10	-0.68
12	3.90	3.74	-0.16
13	26.00	94.03	68.03
14	67.48	94.03	26.55
15	17.04	41.70	24.66

解： 假设 μ_1 和 μ_2 分别为刚注射时及30分钟后雄性激素的平均浓度。我们的处理步骤如下：

1. H_0：$\mu_1 = \mu_2$ 或 $\mu_D = \mu_1 - \mu_2 = 0$。

2. H_1：$\mu_1 \neq \mu_2$ 或 $\mu_D = \mu_1 - \mu_2 \neq 0$。

3. $\alpha = 0.05$。

4. 临界域：$t < -2.145$ 或 $t > 2.145$，其中 $t = \dfrac{\bar{d} - d_0}{s_d / \sqrt{n}}$，且其自由度为 $v = 14$。

5. 计算结果：d_i 的样本均值和标准差分别为 $\bar{d} = 9.848$，$s_d = 18.474$，这样一来，则有

$$t = \frac{9.848 - 0}{18.474 / \sqrt{15}} = 2.06$$

6. 根据附录表 A4 可知，虽然 t 统计量在0.05的显著性水平上并不显著，但是

$$P = P(|T| > 2.06) \approx 0.06$$

因此，有一定的证据说明平均雄性激素水平是存在差异的。

如果无交互作用这个假设成立的话，则意味着两个处理对鹿体内的雄性激素水平的影响是大致相同的，这两个处理为刚刚注射琥珀酰胆碱时和注射30分钟后。我们可以通过有交互作用的两个因素来理解。比如，两个处理间的差异对每个试验单元（即案例中的鹿）而言都应当是大致相

同的。对于某些鹿/处理组而言，无交互作用的这个假设看起来确实是成立的，但我们没有充分的证据来说明试验单元具有同质性。不过，交互性看起来好像是由两个处理之间的显著差异决定的，这样一来，交互作用对 $\mathrm{Var}(\overline{D})$ 的放大也是由其决定的。这一点，我们可以通过 15 只鹿中有 11 只的 d_i 值为正，而与此相对为负的 d_i 值（第 2，10，11，12 只鹿）则非常少这样一个事实来深入说明。因此，我们会发现，注射 30 分钟后的雄性激素平均水平显著高于刚刚注射时的水平，所以事实上可能比 $p = 0.06$ 所给出的结论还要强。

9.5.6 配对 t 检验的计算机结果输出

图 9.13 所示是 SAS 软件以案例研究中 9.1 中的数据所输出的配对 t 检验的结果。我们可以发现，SAS 输出的是单个样本的 t 检验，事实上，这正是配对 t 检验，因为该检验问题要确定的是 $\overline{d}$ 是否显著为 0。

```
                   Analysis Variable : Diff

    N          Mean         Std Error      t Value      Pr > |t|
  ----------------------------------------------------------------
   15       9.848 000 0    4.769 869 9      2.06         0.058 0
  ----------------------------------------------------------------
```

图 9.13 SAS 软件以案例研究 9.1 的数据输出的配对 t 检验的结果

9.5.7 对该检验方法的总结

至此我们已经完整地介绍了对总体均值的检验问题，在表 9.3 中，我们对单个均值情形和两个均值情形的假设检验问题进行了总结。在分布为正态、方差未知且不相等时，要注意使用近似的方法。相应的统计量我们在第 8 章已经做过介绍。

表 9.3 有关均值的假设检验问题

H_0	检验统计量的值	H_1	临界域
$\mu = \mu_0$	$z = \dfrac{\bar{x} - \mu_0}{\sigma/\sqrt{n}}$；$\sigma$ 已知	$\mu < \mu_0$ $\mu > \mu_0$ $\mu \neq \mu_0$	$z < -z_\alpha$ $z > z_\alpha$ $z < -z_{\alpha/2}$ 或 $z > z_{\alpha/2}$
$\mu = \mu_0$	$t = \dfrac{\bar{x} - \mu_0}{s/\sqrt{n}}$；$v = n-1$，$\sigma$ 未知	$\mu < \mu_0$ $\mu > \mu_0$ $\mu \neq \mu_0$	$t < -t_\alpha$ $t > t_\alpha$ $t < -t_{\alpha/2}$ 或 $t > t_{\alpha/2}$
$\mu_1 - \mu_2 = d_0$	$z = \dfrac{(\bar{x}_1 - \bar{x}_2) - d_0}{\sqrt{\sigma_1^2/n_1 + \sigma_2^2/n_2}}$；$\sigma_1$ 和 σ_2 已知	$\mu_1 - \mu_2 < d_0$ $\mu_1 - \mu_2 > d_0$ $\mu_1 - \mu_2 \neq d_0$	$z < -z_\alpha$ $z > z_\alpha$ $z < -z_{\alpha/2}$ 或 $z > z_{\alpha/2}$
$\mu_1 - \mu_2 = d_0$	$t = \dfrac{(\bar{x}_1 - \bar{x}_2) - d_0}{s_p\sqrt{1/n_1 + 1/n_2}}$；$v = n_1 + n_2 - 2$，$\sigma_1 = \sigma_2$ 且未知，$s_p^2 = \dfrac{(n_1-1)s_1^2 + (n_2-1)s_2^2}{n_1 + n_2 - 2}$	$\mu_1 - \mu_2 < d_0$ $\mu_1 - \mu_2 > d_0$ $\mu_1 - \mu_2 \neq d_0$	$t < -t_\alpha$ $t > t_\alpha$ $t < -t_{\alpha/2}$ 或 $t > t_{\alpha/2}$
$\mu_1 - \mu_2 = d_0$	$t' = \dfrac{(\bar{x}_1 - \bar{x}_2) - d_0}{\sqrt{s_1^2/n_1 + s_2^2/n_2}}$；$v = \dfrac{(s_1^2/n_1 + s_2^2/n_2)^2}{\dfrac{(s_1^2/n_1)^2}{n_1 - 1} + \dfrac{(s_2^2/n_2)^2}{n_2 - 1}}$，$\sigma_1 \neq \sigma_2$ 且未知	$\mu_1 - \mu_2 < d_0$ $\mu_1 - \mu_2 > d_0$ $\mu_1 - \mu_2 \neq d_0$	$t' < -t_\alpha$ $t' > t_\alpha$ $t < -t_{\alpha/2}$ 或 $t > t_{\alpha/2}$
$\mu_D = d_0$ 配对观测	$t = \dfrac{\bar{d} - d_0}{s_d/\sqrt{n}}$；$v = n-1$	$\mu_D < d_0$ $\mu_D > d_0$ $\mu_D \neq d_0$	$t < -t_\alpha$ $t > t_\alpha$ $t < -t_{\alpha/2}$ 或 $t > t_{\alpha/2}$

9.6 均值检验问题中样本容量的选取

在 9.2 节，我们介绍了分析人员如何通过正确利用样本容量、显著性水平 α 以及检验的势之间的关系来控制检验以达到其所要求的某个质量标准。在大多数实际问题中，我们应当确定试验计划，并且如果可能的话，还要在收集数据之前的阶段选取适当的样本容量。在固定 α 且固定了具体备择假设时，通常我们会以达到一个好的检验的势为目标来确定样本容量。在对单个均值进行检验的情形中，这个备择假设可以采用 $\mu - \mu_0$ 这种形式；在对两个均值进行检验的情形中，可以是 $\mu_1 - \mu_2$ 这种形式。我们会就每种具体的情形给出例证。

在显著性水平为 α 且方差 σ^2 已知时，假定我们要检验的假设为：

$$H_0 : \mu = \mu_0$$
$$H_1 : \mu > \mu_0$$

假如备择假设为 $\mu = \mu_0 + \delta$ 时，如图 9.14 所示，该检验的势为：

$$1 - \beta = P(\text{在} \mu = \mu_0 + \delta \text{ 时 } \bar{X} > a)$$

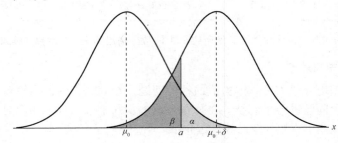

图 9.14 $\mu = \mu_0 \leftrightarrow \mu = \mu_0 + \delta$ 的检验问题

这样一来，则有

$$\beta = P(\text{在} \mu = \mu_0 + \delta \text{ 时 } \bar{X} < a)$$
$$= P\left[\text{在} \mu = \mu_0 + \delta \text{ 时} \frac{\bar{X} - (\mu_0 + \delta)}{\sigma / \sqrt{n}} < \frac{a - (\mu_0 + \delta)}{\sigma / \sqrt{n}} \right]$$

在备择假设 $\mu = \mu_0 + \delta$ 下，统计量

$$\frac{\bar{X} - (\mu_0 + \delta)}{\sigma / \sqrt{n}}$$

为标准正态随机变量 Z。因此，我们有

$$\beta = P\left[Z < \frac{a - \mu_0}{\sigma / \sqrt{n}} - \frac{\delta}{\sigma / \sqrt{n}} \right] = P\left[Z < z_\alpha - \frac{\delta}{\sigma / \sqrt{n}} \right]$$

由此我们可以得

$$-z_\beta = z_\alpha - \frac{\delta \sqrt{n}}{\sigma}$$

这样一来，即可得所选取的样本容量为：

$$n = \frac{(z_\alpha + z_\beta)^2 \sigma^2}{\delta^2}$$

在备择假设为 $\mu < \mu_0$ 时，这个结论也成立。

在双边检验的情形中，对于某个具体的备择假设而言，如果下述条件满足，我们也有 $1 - \beta$ 的检验势：

$$n \approx \frac{(z_\alpha + z_\beta)^2 \sigma^2}{\delta^2}$$

例 9.7   假设我们要检验的假设为：

$$H_0 : \mu = 68$$
$$H_1 : \mu > 68$$

也就是某所高校男学生的体重问题，假设显著性水平为 $\alpha = 0.05$，且已知 $\sigma = 5$。当真实的均值为 69 千克时，如果我们要求检验的势为 95%，求所需要的样本容量为多少？

解： 由于 $\alpha = \beta = 0.05$，则 $z_\beta = z_\alpha = 1.645$。在备择假设中 $\mu = 69$，因此我们取 $\delta = 1$，这样一来，就有

$$n = \frac{(1.645 + 1.645)^2 (25)}{1} = 270.6$$

所以，如果在 μ 实际为 69 千克时，要保证我们有 95% 的概率会拒绝零假设，则需要的观测个数为 271。

9.6.1 两样本的情形

要比较两个样本的均值时，对于给定的检验的势，我们也可以采用类似的方法来确定样本容量 $n = n_1 = n_2$。比如，在 σ_1 和 σ_2 已知时，假定我们要检验的假设为：

$$H_0 : \mu_1 - \mu_2 = d_0$$
$$H_1 : \mu_1 - \mu_2 \neq d_0$$

对于具体的一个备择假设而言，比如 $\mu_1 - \mu_2 = d_0 + \delta$，则如图 9.15 所示，该检验的势为：

$$1 - \beta = P(\text{在 } \mu_1 - \mu_2 = d_0 + \delta \text{ 时 } |\bar{X}_1 - \bar{X}_2| > a)$$

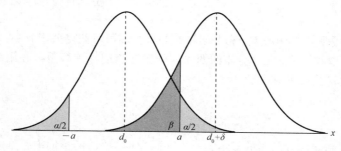

图 9.15 $\mu_1 - \mu_2 = d_0 \leftrightarrow \mu_1 - \mu_2 = d_0 + \delta$ 的检验问题

这样一来，我们有

$$\beta = P(\text{在 } \mu_1 - \mu_2 = d_0 + \delta \text{ 时 } -a < \bar{X}_1 - \bar{X}_2 < a)$$

$$= P\left[\text{在 } \mu_1 - \mu_2 = d_0 + \delta \text{ 时 } \frac{-a - (d_0 + \delta)}{\sqrt{(\sigma_1^2 + \sigma_2^2)/n}} < \frac{(\bar{X}_1 - \bar{X}_2) - (d_0 + \delta)}{\sqrt{(\sigma_1^2 + \sigma_2^2)/n}} < \frac{a - (d_0 + \delta)}{\sqrt{(\sigma_1^2 + \sigma_2^2)/n}} \right]$$

在备择假设 $\mu_1 - \mu_2 = d_0 + \delta$ 下，统计量

$$\frac{(\bar{X}_1 - \bar{X}_2) - (d_0 + \delta)}{\sqrt{(\sigma_1^2 + \sigma_2^2)/n}}$$

为标准正态随机变量 Z。因此，我们可以写作

$$-z_{\alpha/2} = \frac{-a - (d_0 + \delta)}{\sqrt{(\sigma_1^2 + \sigma_2^2)/n}}$$

$$z_{\alpha/2} = \frac{a - (d_0 + \delta)}{\sqrt{(\sigma_1^2 + \sigma_2^2)/n}}$$

于是，我们有

$$\beta = P\left[-z_{\alpha/2} - \frac{\delta}{\sqrt{(\sigma_1^2 + \sigma_2^2)/n}} < Z < z_{\alpha/2} - \frac{\delta}{\sqrt{(\sigma_1^2 + \sigma_2^2)/n}} \right]$$

据此，我们可得

$$-z_\beta \approx z_{\alpha/2} - \frac{\delta}{\sqrt{(\sigma_1^2 + \sigma_2^2)/n}}$$

这样一来，我们有

$$n \approx \frac{(z_{\alpha/2} + z_\beta)^2(\sigma_1^2 + \sigma_2^2)}{\delta^2}$$

于是，在 $n = n_1 = n_2$ 时，对单边检验问题而言，所需样本容量的表达式则为：

$$n = \frac{(z_\alpha + z_\beta)^2(\sigma_1^2 + \sigma_2^2)}{\delta^2}$$

在总体方差（或两样本情形的方差）未知时，对样本容量的选取并不是这么容易。如果真实值为 $\mu = \mu_0 + \delta$，在检验 $\mu = \mu_0$ 的假设问题中，和我们预期的一样，统计量

$$\frac{\bar{X} - (\mu_0 + \delta)}{S/\sqrt{n}}$$

并不服从 t 分布，而是服从**非中心 t 分布**。不过，如果我们可以获得关于 σ 的一个估计，或者 δ 是 σ 的一个倍数，则可以根据非中心 t 分布的图表来确定适当的样本容量。在附录表 A8 中，我们给出了单边检验和双边检验两者对应于

$$\Delta = \frac{|\delta|}{\sigma}$$

的不同值的情形中控制 α 和 β 所需的样本容量。在两样本 t 检验的情形中，方差相等且未知时，我们可以根据附录表 A9 求得，对应于

$$\Delta = \frac{|\delta|}{\sigma} = \frac{|\mu_1 - \mu_2 - d_0|}{\sigma}$$

的不同值的情形中控制 α 和 β 所需的样本容量 $n = n_1 = n_2$。

例9.8 为了比较两种催化剂对化学反应速率的影响，我们在 $\alpha = 0.05$ 时做了一个两样本的 t 检验。假定两种催化剂反应速率的方差是相等的。于是，我们所需检验的假设问题为：

$$H_0 : \mu_1 = \mu_2$$

$$H_1 : \mu_1 \neq \mu_2$$

如果要保证有 0.9 的概率检测出两种催化剂之间存在 0.8σ 的差别，所需的样本究竟要多大？

解： 根据附录表 A9 可知，对于 $\alpha = 0.05$ 的双边检验，$\beta = 0.1$ 且

$$\Delta = \frac{|0.8\sigma|}{\sigma} = 0.8$$

时，所需的样本容量为 $n = 34$。

需要强调的是，在实际问题中，科研工作者或工程师很难确定，从哪里能获取有关 Δ 值的信息。读者需要注意的是，Δ 值量化了均值之间的差异，对于科研工作者来说能够将均值之间的差异进行量化是非常重要的，也就是说，从科学的角度来看这种差异是显著的，而不是从统计的角度来看是显著的。在例 9.8 中可以看到通过选取 σ 的一个百分比的方式来对此进行抉择。显然，如果是基于 σ 一个非常小的百分比所确定的 $|\delta|$ 来计算样本容量，那么由此得到的样本容量相比研究所能获取的而言会非常大。

9.7 均值比较的图形方法

在第 1 章，我们用了很多笔墨来介绍如何以诸如茎叶图和箱线图等图形方法来呈现数据。在 7.8 节，我们还以分位数图和正态分位数—分位数图等图像形式来归纳试验数据集的特征。许多计算机软件都可以绘制数据的图形。加上后续我们所要介绍的其他数据分析方法（比如，回归分析和方差分析），图形方法会使我们的分析更加丰富。

不过，图形辅助分析并不能取代检验方法本身。也就是说，统计量能够为我们提供支持 H_0 和 H_1 的适当证据。然而，图形方法能为我们提供一个很好的佐证，而且它通常还能告诉我们如何进行分析才是有益的。同样，通过图形我们还可以看到为何检验是显著的。因此，有时通过汇总的图形工具我们即可判断某个重要的假设是否成立。

为了比较均值，并列的箱线图就是一个有用的工具。读者应该还记得，该图形中包含数据集的 25% 百分位数、75% 百分位数、中位数。此外，箱线图的须（或线）所呈现的则是该数据集的极端值。图 9.16 所示为两组孕妇的箱线图。我们可以看到，有两点是非常显然的。从数据集变差的角度进行考虑，可以发现两组数据样本均值之间的差异是可以忽略的；不过，这两组数据的变差并不一致。当然，分析人员应当谨记的是，这个案例中的两个样本容量是存在很大差异的。

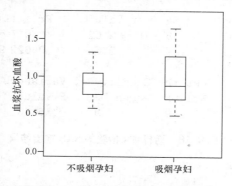

图 9.16   吸烟和不吸烟孕妇血浆抗坏血酸数据的两个箱线图

图 9.17 所示为多重箱线图，每个箱线图都包含 10 株树苗的数据，也就是说，一半施加含氮处理，而另一半则施加不含氮处理。我们可以看到，不含氮组的波动较小。此外，两个图形的"箱"之间不重叠的事实说明，两组之间的平均茎重存在显著差别。也就是说，含氮处理的确增加了树苗的茎重，而且增加了茎重的变差。

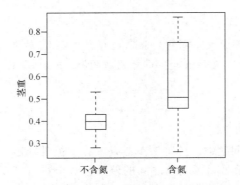

图 9.17　含氮处理和不含氮处理数据的两个箱线图

对于箱线图而言，并没有一个确定的法则可以用来说明均值之间是存在差异的。不过，一个粗略的指导原则是，如果某个样本的 25% 百分位数线超过了另一样本的中位数线，就是两个均值之间存在差异的有力证据。

在本章后续的各节内容中，我们会在一些现实生活的案例中更加着重地对图形方法进行介绍。

9.7.1　两样本 t 检验的计算机结果输出

我们收集了含氮和不含氮树苗的数据。我们要检验的假设为：

$$H_0 : \mu_{NIT} = \mu_{NON}$$

$$H_1 : \mu_{NIT} > \mu_{NON}$$

其中的总体均值为平均茎重。图 9.18 为使用 SAS 软件输出的结果。我们可以看到，不仅给出了两个样本的样本标准差和标准误，而且还给出了方差相等和方差不等这两个假设下的 t 统计量。图 9.17 的箱线图显然是违背方差相等这个假设的。P 值为 0.022 9 说明均值是不等的。我们在图 9.18 中还同时给出了诊断信息。而且我们发现这个例子中的 t 和 t' 是相等的，因为 $n_1 = n_2$。

```
                    TTEST Procedure
        Variable Weight
             Mineral      N     Mean   Std Dev Std Err
        No nitrogen      10    0.399 0  0.072 8  0.023 0
          Nitrogen       10    0.565 0  0.186 7  0.059 1

        Variances       DF     t Value      Pr > |t|
            Equal        18      2.62         0.017 4
          Unequal       11.7     2.62         0.022 9

               Test the Equality of Variances
        Variable    Num DF    Den DF    F Value    Pr > F
          Weight       9          9      6.58       0.009 8
```

图 9.18　两样本 t 检验的 SAS 输出结果

习　题

9.19　加利福尼亚大学洛杉矶分校医学院的理查德·温德鲁奇（Richard H. Weindruch）在研究报告中指出，老鼠的平均寿命为 32 个月，如果食物中 40% 的热量以维生素和蛋白质来进行代替，则它可以活到 40 个月。如果在这种食物条件下 64 只老鼠的平均寿命为 38 个月，标准差为 5.8 个月，则我们是否有理由相信 $\mu < 40$？请根据 P 值作答。

9.21　某电气公司生产的灯泡寿命近似服从正态分

布，其均值为 800 小时，标准差为 40 小时。如果随机选取的 30 只灯泡平均寿命为 788 小时，请检验 $\mu = 800$ 的零假设及 $\mu \neq 800$ 的备择假设，并根据 P 值作答。

9.23 请检验某种润滑油每桶的平均容量是否为 10 升。随机选取的 10 桶润滑油容量为 10.2，9.7，10.1，10.3，10.1，9.8，9.9，10.4，10.3，9.8 升。请在 0.01 的显著性水平上作答，假设润滑油的容量服从正态分布。

9.25 据称，汽车平均每年行驶的里程数为 20 000 千米。为了检验这个说法，随机选取 100 个汽车拥有者，要求他们记录下汽车行驶的里程数。如果随机样本的结果是，平均里程数为 23 500 千米，标准差为 3 900 千米，则你是否赞同该声明？请根据 P 值作答。

9.27 科罗拉多大学的一项研究表明，跑步可以增加女性热量代谢的速率（RMR）。跑步的 30 岁女性平均 RMR 比起久坐的 30 岁女性快 34.0%，且据称两者的标准差分别为 10.5% 和 10.2%。则跑步的女性是否比久坐的女性有显著的增加？假定总体近似服从正态分布，且其方差相等。请根据 P 值作答。

9.29 以往的经验表明，高中生完成标准化考试的时间是正态随机变量，而平均时间是 35 分钟。随机选取 20 名高中生，完成该测试的平均时间为 33.1 分钟，标准差为 4.3 分钟。请在 0.05 的显著性水平上，检验 $\mu = 35$ 的零假设与 $\mu < 35$ 的备择假设。

9.31 某制造商宣称，A 线的平均抗拉强度至少超过 B 线 12 千克。为了检验这个说法，每种线都选取 50 根并在类似的条件下进行测试。A 线的平均抗拉强度为 86.7 千克，标准差为 6.28 千克，而 B 线的平均抗拉强度为 77.8 千克，标准差为 5.61 千克。请在 0.05 的显著性水平上验证该制造商的这种说法。

9.33 在一项研究中，要确定增加酶的浓度是否会对反应的速度产生显著影响。使用浓度为 1.5 摩尔/升的酶，进行 15 次试验的平均反应速率是每 30 分钟 7.5 微摩尔，标准差为 1.5 微摩尔；使用浓度为 2.0 摩尔/升的酶进行 12 次试验的平均反应速率是每 30 分钟 8.8 微摩尔，标准差为 1.2 微摩尔。假设两个总体都近似服从正态分布，且方差相等，请在 0.01 的显著性水平上作答。

9.35 为了验证一种新型血清是否能控制白血病，选取了 9 只处于这种疾病末期的老鼠来进行试验。其中 5 只接受治疗，4 只未接受治疗。下表列出了试

验开始后的生存时间（单位：年）：

治疗组	2.1	5.3	1.4	4.6	0.9
未治疗组	1.9	0.5	2.8	3.1	

请在 0.05 的显著性水平上确定该血清是否有效？假设两个总体服从方差相等的正态分布。

9.39 下面的数据是两家动画制作公司所制作电影的放映时长：

公司	放映时长（分钟）						
1	102	86	98	109	92		
2	81	165	97	134	92	87	114

请检验第 2 家公司制作的影片平均放映时长超过第 1 家公司 10 分钟的假设，与放映时长小于 10 分钟的单边备择假设。请在 0.1 的显著性水平上作答，假设两个总体近似服从正态分布，但方差不相等。

9.41 在弗吉尼亚理工大学动物学系开展的一项研究中，要确定位于罗阿诺克河流域的支流 Cedar Run 的两个不同地区的物种密度是否存在显著差异。污水处理厂的污水和辉门公司（Federal Mogul Corporation）排出的水在源头处进入该支流。下面的数据是采集到的两个地区的物种密度，以每平方米的物种数进行记录。

每平方米的物种数			
地区 1		地区 2	
5 030	4 980	2 800	2 810
13 700	11 910	4 670	1 330
10 730	8 130	6 890	3 320
11 400	26 850	7 720	1 230
860	17 660	7 030	2 130
2 200	22 800	7 330	2 190
4 250	1 130		
15 040	1 690		

则我们是否可以在 0.05 的显著性水平上，得到这两个地区物种的平均密度相等的结论？假设观测值是来自方差不同的正态总体。

9.43 据公开报道称，在疲劳的情况下人的行为机制会扭曲。对 15 名男大学生进行试验，他们被要求将手臂从一个微型开关到一个障碍物连续左右水平地运动，击倒障碍物后，随机抵达 6 点钟方向的位置。试验记录了击倒障碍物到抵达 6 点钟方向位置的时间差（以 500 微秒为单位）。每名参与人员在不疲劳和疲劳的情况下分别连续进行 5 次试验。

下表记录了每名参与人员在两种情况下 5 次试验所用时间差的总和。

参与人员	绝对时间差	
	疲劳前	疲劳后
1	158	91
2	92	59
3	65	215
4	98	226
5	33	223
6	89	91
7	148	92
8	58	177
9	142	134
10	117	116
11	74	153
12	66	219
13	109	143
14	57	164
15	85	100

疲劳情况下测试所用时间总和增加支持了该公开报道。假设总体服从正态分布，请检验这种说法。

9.45 某出租车公司经理想知道，使用辐状轮胎来替代带状轮胎是否会提高燃油的经济性。先驾驶 12 辆装备了辐状轮胎的汽车完成预先设定的测试。在不变更驾驶人员的情况下，为这些汽车装备上带状轮胎，再进行同样的测试。下表记录了其耗油情况。

汽车	耗油量（千米/升）	
	辐状轮胎	带状轮胎
1	4.2	4.1
2	4.7	4.9
3	6.6	6.2
4	7.0	6.9
5	6.7	6.8
6	4.5	4.4
7	5.7	5.7

续前表

汽车	耗油量（千米/升）	
	辐状轮胎	带状轮胎
8	6.0	5.8
9	7.4	6.9
10	4.9	4.7
11	6.1	6.0
12	5.2	4.9

我们是否可以得出装备辐状轮胎比装备通常的带状轮胎更经济的结论？假设总体服从正态分布。请根据 P 值作答。

9.53 在由弗吉尼亚理工大学兽医学系开展的一项研究中，要确定手术切口的伤口撕裂强度是否受切割温度的影响。对 8 只狗进行试验。切口手术在动物的腹部，下表给出了对每只狗身上进行冷切割和热切割的长度数据。

狗	切割方式	强度
1	热	5 120
1	冷	8 200
2	热	10 000
2	冷	8 600
3	热	10 000
3	冷	9 200
4	热	10 000
4	冷	6 200
5	热	10 000
5	冷	10 000
6	热	7 900
6	冷	5 200
7	热	510
7	冷	885
8	热	1 020
8	冷	460

（a）请给出适当的假设以检验热切割和冷切割对伤口长度是否存在显著的影响。

（b）请根据配对 t 检验检验该假设。请根据 P 值作答。

9.8 单样本：单个比例的检验

许多领域都需要对涉及比例的假设问题进行检验。政治家都非常关心下一届选举中支持他的选民所占的比例。所有的制造企业都关心一批成品中的次品率。赌徒也要掌握他们认为有利于自己的信息所占的比例。

我们将考虑对二项试验中成功所占的比例等于某个数值的假设进行检验的问题。也就是说，我们要检验的零假设 H_0 为 $p = p_0$，其中 p 为二项分布的参数。备择假设可以是单边，也可以是双边：

$$p < p_0$$
$$p > p_0$$
$$p \neq p_0$$

我们的决策准则所基于的适当的随机变量为二项随机变量 X，尽管我们也可以使用统计量 $\hat{p} = X/n$。X 的值如果远离均值 $\mu = np_0$，则将拒绝零假设 H_0。因为 X 是一个离散型的二项随机变量，所以我们不可能确定其大小恰好等于预设值 α 的拒绝域。由于这个原因，我们在处理小样本问题时，基于 P 值来进行决策是更可取的。为了检验如下假设问题：

$$H_0 : p = p_0$$
$$H_1 : p < p_0$$

我们根据二项分布来计算其 P 值：

$$P = P(\text{在 } p = p_0 \text{ 时 } X \leqslant x)$$

式中，x 为容量为 n 的样本中成功的次数。如果 P 值小于或等于 α，则在 α 的显著性水平上拒绝 H_0，并接受 H_1。类似地，如果在 α 的显著性水平上要检验的假设问题为：

$$H_0 : p = p_0$$
$$H_1 : p > p_0$$

计算可得

$$P = P(\text{在 } p = p_0 \text{ 时 } X \geqslant x)$$

如果该 P 值小于或等于 α，则拒绝 H_0，并接受 H_1。最后，如果在 α 的显著性水平上要检验的假设问题为：

$$H_0 : p = p_0$$
$$H_1 : p \neq p_0$$

计算可得

$$P = 2P(\text{在 } p = p_0 \text{ 时 } X \leqslant x)，\text{如果 } x < np_0$$

或

$$P = 2P(\text{在 } p = p_0 \text{ 时 } X \geqslant x)，\text{如果 } x > np_0$$

并在所计算得到的这个 P 值小于或等于 α 时，拒绝 H_0，接受 H_1。

以附录表 A1 中的二项概率来检验一个比例的零假设对各种不同备择假设的情形，我们给出了如下的步骤：

对比例的检验（小样本情形）

1. H_0： $p = p_0$。
2. 备择假设为 H_1： $p < p_0$，$p > p_0$，$p \neq p_0$ 三者之一。
3. 确定显著性水平 α。
4. 检验统计量：$p = p_0$ 的二项随机变量 X。
5. 计算结果：求成功的次数 x 和相应的 P 值。
6. 决策：基于 P 值得出适当的结论。

例 9.9 一家建筑商声称在弗吉尼亚州里士满市建成的所有房屋中有 70% 已经安装了热泵。如果对该市的新房所做的一个随机调查发现，15 家房屋中有 8 家安装了热泵，请问你是否同意建筑商的上述说法？显著性水平为 0.10。

解： 根据题意，我们有：

1. H_0：$p = 0.7$。

2. H_1：$p \neq 0.7$。

3. $\alpha = 0.10$。

4. 检验统计量：$p = 0.7$ 且 $n = 15$ 的二项随机变量 X。

5. 计算结果：$x = 8$ 且 $np_0 = (15)(7) = 10.5$。因此，根据附录表 A1 我们可得相应的 P 值为：

$$P = 2P(\text{在 } p = 0.7 \text{ 时 } X \leqslant 8) = 2\sum_{x=0}^{8} b(x;15,0.7) = 0.2622 > 0.10$$

6. 决策：不能拒绝 H_0。因此结论是，没有充分的理由怀疑该建筑商的说法。

我们在 5.2 节看到，在 n 很小时，二项概率可以通过二项概率公式或者附录表 A1 得到。而在 n 很大时，则需要使用近似方法。如果假设值 p_0 非常接近 0 或 1，则可以使用参数为 $\mu = np_0$ 的泊松分布。不过，在 n 特别大时，我们通常更喜欢使用参数为 $\mu = np_0$ 且 $\sigma^2 = np_0q_0$ 的正态近似，而且只要 p_0 不是非常接近 0 或 1，结果就是非常精确的。如果我们使用正态近似，则**检验 $p = p_0$ 的 z 值**为：

$$z = \frac{x - np_0}{\sqrt{np_0q_0}} = \frac{\hat{p} - p_0}{\sqrt{p_0q_0/n}}$$

它是标准正态随机变量 Z 的一个值。因此，对于显著性水平为 α 的双边检验，其临界域则为 $z < -z_{\alpha/2}$ 或 $z > z_{\alpha/2}$。对于单边备择假设 $p < p_0$ 而言，其临界域则为 $z < -z_{\alpha}$，而单边备择假设 $p > p_0$ 的临界域是 $z > z_{\alpha}$。

例 9.10 某种通用的神经紧张舒缓药物只有 60% 是有效的。随机选取 100 名患有神经紧张的病人进行新药试验，结果显示有 70 名病人的病情得到缓解，我们是否能说新药的效果要比通用药物更好？请在 0.05 的显著性水平上作答。

解： 根据题意，我们有：

1. H_0：$p = 0.6$。

2. H_1：$p > 0.6$。

3. $\alpha = 0.05$。

4. 临界域：$z > 1.645$。

5. 计算结果：$x = 70$，$n = 100$，$\hat{p} = 70/100 = 0.7$ 且

$$z = \frac{0.7 - 0.6}{\sqrt{(0.6)(0.4)/100}} = 2.04$$
$$P = P(Z > 2.04) < 0.0207$$

6. 决策：拒绝 H_0。因此结论是，新药的效果更好。

9.9 两样本：两个比例的检验问题

通常我们还会遇到需要检验两个比例是否相等的假设检验问题。比如，我们可能想证明某个州的儿科医师在医生中的比例是否与另一个州相等。而对于吸烟的人来说，只有在他确信吸烟者罹患肺癌的比例高于不吸烟者时才可能会决定放弃吸烟。

一般，我们想要检验的零假设为两个比例或二项参数是否相等的问题。也就是说，我们要检

验零假设 $p_1 = p_2$，及与其相对应的备择假设 $p_1 < p_2$，$p_1 > p_2$ 或 $p_1 \neq p_2$。显然，这个问题等价于对 $p_1 - p_2 = 0$ 的零假设，及与其相对应的备择假设 $p_1 - p_2 < 0$，$p_1 - p_2 > 0$ 或 $p_1 - p_2 \neq 0$ 进行检验的问题。我们进行决策所基于的统计量则为 $\hat{P}_1 - \hat{P}_2$。从两个二项总体中抽取了容量为 n_1 和 n_2 的独立样本，而 $\hat{P}_1$ 和 $\hat{P}_2$ 则为相对于这两个总体所计算的成功的比例。

在构建 p_1 和 p_2 的置信区间时，我们注意到，在 n_1 和 n_2 都充分大时，点估计量 $\hat{P}_1$ 和 $\hat{P}_2$ 都近似地服从均值为：

$$\mu_{\hat{P}_1 - \hat{P}_2} = p_1 - p_2$$

方差为：

$$\sigma^2_{\hat{P}_1 - \hat{P}_2} = \frac{p_1 q_1}{n_1} + \frac{p_2 q_2}{n_2}$$

的正态分布。这样一来，我们则可以根据标准正态随机变量

$$Z = \frac{(\hat{P}_1 - \hat{P}_2) - (p_1 - p_2)}{\sqrt{p_1 q_1 / n_1 + p_2 q_2 / n_2}}$$

来确定临界域。

如果 H_0 为真，则我们可将 $p_1 = p_2 = p$ 和 $q_1 = q_2 = q$（其中 p 和 q 为两个总体共同的取值）代入上述 Z 的表达式，从而得到

$$Z = \frac{\hat{P}_1 - \hat{P}_2}{\sqrt{pq(1/n_1 + 1/n_2)}}$$

不过，为了计算出 Z 值，我们又必须估计出现在根号下的参数 p 和 q。通过合并两个样本的数据，则可得**比例 p 的合并估计**为：

$$\hat{p} = \frac{x_1 + x_2}{n_1 + n_2}$$

式中，x_1 和 x_2 为两个样本中各自成功的次数。把 $\hat{p}$ 代入 p，且把 $\hat{q} = 1 - \hat{p}$ 代入 q，则检验 $p_1 = p_2$ 的 z 值由下式确定：

$$z = \frac{\hat{p}_1 - \hat{p}_2}{\sqrt{\hat{p}\hat{q}(1/n_1 + 1/n_2)}}$$

相应备择假设的临界域则可以使用标准正态曲线的临界点像之前一样进行确定。这样一来，对于显著性水平为 α 的备择假设 $p_1 \neq p_2$ 而言，其临界域则为 $z < -z_{\alpha/2}$ 或 $z > z_{\alpha/2}$。而对于备择假设为 $p_1 < p_2$ 的检验而言，其临界域则为 $z < -z_\alpha$；备择假设为 $p_1 > p_2$ 的检验为 $z > z_\alpha$。

例 9.11　某个镇子及周边乡村的居民将要投票决定是否应该兴建化工厂。该厂的建设用地位于该镇的边沿，也正是因为这个原因，多数乡村的居民都认为该提议将会获得通过，镇上支持该提议的居民在整个选民中占了很大的比例。为了判断该镇上支持该提议的居民所占的比例是否与乡村支持该提议的比例存在显著差异，又进行了一项民意调查。如果民意调查显示，200 名镇上居民中有 120 名是支持该提议的，而 500 名乡村居民中有 240 名是支持的，据此我们是否可以认为镇上支持该提议的居民占比高于乡村的占比？请在 $\alpha = 0.05$ 的显著性水平上作答。

解： 假设镇上和乡村支持该提议的居民占比分别为 p_1 和 p_2。根据题意，我们有：
1. H_0：$p_1 = p_2$。
2. H_1：$p_1 > p_2$。

3. $\alpha = 0.05$。

4. 临界域：$z > 1.645$。

5. 计算结果：

$$\hat{p}_1 = \frac{x_1}{n_1} = \frac{120}{200} = 0.60$$

$$\hat{p}_2 = \frac{x_2}{n_2} = \frac{240}{500} = 0.48$$

$$\hat{p} = \frac{x_1 + x_2}{n_1 + n_2} = \frac{120 + 240}{200 + 500} = 0.51$$

这样一来，我们有

$$z = \frac{0.60 - 0.48}{\sqrt{(0.51)(0.49)/(1/200 + 1/500)}} = 2.9$$

$$P = P(Z > 2.9) = 0.0019$$

6. 决策：拒绝 H_0，并同意镇上支持该提议的居民所占比例高于乡村支持该提议的居民所占比例。

习　题

9.55 　某家面食生产企业的营销专家认为，爱吃面食的人中有 40% 的人更喜欢吃宽面条。如果 20 个爱吃面食的人中有 8 个人选择了宽面条而不是其他面食，是否能得到与该专家一致的结论？请在 0.05 的显著性水平上作答。

9.57 　一款新型雷达设备用于导弹防御系统。用真实的飞机进行击落和非击落的模拟对该系统进行检测。如果进行 300 次试验，击落了 250 次，则在 0.04 的显著性水平上，接受还是拒绝假设：新型雷达设备击落目标的概率不超过现有设备 0.8 的击落概率。

9.59 　某燃油公司宣称，某城市中 1/5 的居民在使用燃料油进行供热。如果在该城市随机选取 1 000 户居民，其中 136 户使用燃油进行供热，则是否有理由认为使用燃料油供热的居民所占比例小于 1/5？请根据 P 值作答。

9.61 　在冬季的流感时期，某著名制药公司对 2 000 名婴儿进行了调查，确定该公司的新药是否在两天之内生效。如果 120 名患有流感的婴儿服用新药后，有 29 名在两天之后痊愈；280 名患有流感但未服用新药的婴儿，有 56 名在两天之后痊愈。则是否有证据支持该公司的新药是有效药的说法？

9.63 　一项研究要估计城市和郊区支持建立核电站的居民所占的比例。如果 100 户城市居民中有 63 户支持，而 125 户郊区居民中有 59 户支持，则是否有充分的理由表明，城区和郊区支持建立该核电站的居民比例存在显著不同？请根据 P 值作答。

9.65 　城区的某社区想要证明城区的乳腺癌发病率要高于附近的农村（已发现城区土壤中的 PCB 值要高于农村）。如果 200 个城区成年女性中有 20 个患有乳腺癌，150 个农村成年女性中有 10 个患有乳腺癌，请在 0.05 的显著性水平上回答，是否能说明乳腺癌在城区更为普遍？

9.10　方差的单样本和两样本检验问题

　　在这一节，我们将考虑有关总体方差或标准差的假设检验问题。我们使用方差的单样本和两样本检验的动机很简单。工程师和科研人员在研究中通常会遇到的问题是，需要举证相关产品或工艺是符合消费者所设定的规格的。如果生产过程中的方差足够小，则这样的规格通常就是满足要求的。我们关注的焦点还包括方法或工艺之间的比较性试验，此时我们就必须对试验内在的可重复性或变异性进行完整的对比。此外，为了判断方差相等的假设是否被违背了，在对两个均值做 t 检验之前通常还会做一个检验来比较两者的方差。

　　我们首先考虑这样一个问题，要检验的零假设 H_0 为总体方差 σ^2 等于指定的某个值 σ_0^2，而与其相对应的备择假设一般为 $\sigma^2 < \sigma_0^2$，$\sigma^2 > \sigma_0^2$，$\sigma^2 \neq \sigma_0^2$ 三者之一。我们进行决策所基于的适当统计量则为定理 7.4 中所述的卡方统计量，我们曾在第 8 章使用卡方统计量来构建 σ^2 的置信区间。因此，如果假定所抽样的总体服从正态分布，则检验 $\sigma^2 = \sigma_0^2$ 的卡方值为：

$$\chi^2 = \frac{(n-1)s^2}{\sigma_0^2}$$

式中，n 为样本容量，s^2 为样本方差，而 σ_0^2 为零假设中给出的 σ^2 的取值。如果零假设 H_0 为真，则 χ^2 为自由度为 $v = n - 1$ 的卡方分布的一个值。这样一来，对于显著性水平为 α 的双边检验而言，其临界域则为 $\chi^2 < \chi_{1-\alpha/2}^2$ 或 $\chi^2 > \chi_{\alpha/2}^2$。对于单边的备择假设 $\sigma^2 < \sigma_0^2$ 而言，其临界域则为 $\chi^2 < \chi_{1-\alpha}^2$，而单边备择假设 $\sigma^2 > \sigma_0^2$ 的临界域为 $\chi^2 < \chi_\alpha^2$。

9.10.1 基于正态性假设的 χ^2 检验的稳健性

读者可能已经发现，各类检验都要依赖于正态性假设，至少在理论上是这样的。一般，应用统计学中的许多方法都是以正态分布作为理论支撑的。当然，这些方法对正态性假设的依赖程度也各不相同。如果某种方法对正态性假设不敏感，则称为**稳健方法**（也就是说，对正态性是稳健的）。单个方差的 χ^2 检验对正态性并不稳健（也就是说，实践中所采用的某个方法是否成功完全依赖于正态性）。所以，对于抽样总体不是正态的情形，我们所计算出来的 P 值会与真实的 P 值之间存在显著差异。事实上，统计上非常显著的 P 值可能并非真正支持 H_1：$\sigma = \sigma_0$；相反，这个显著的 P 值是违背正态性假设的结果。分析人员应当谨慎使用这种特殊情形下的 χ^2 检验。

例9.12 某家汽车电池的制造商声称，其所生产蓄电池的寿命近似服从标准差为 0.9 年的正态分布。如果我们选取了包含 10 块蓄电池的一个随机样本，发现其标准差为 1.2 年，据此是否可以认为 $\sigma > 0.9$ 年？请在 0.05 的显著性水平上作答。

解： 根据题意，我们有：

1. H_0：$\sigma^2 = 0.81$。
2. H_1：$\sigma^2 > 0.81$。
3. $\alpha = 0.05$。
4. 临界域：根据图 9.19 我们可以看到，如果 $\chi^2 > 16.919$，则拒绝零假设，其中 $\chi^2 = \frac{(n-1)s^2}{\sigma_0^2}$，且其自由度为 $v = 9$。

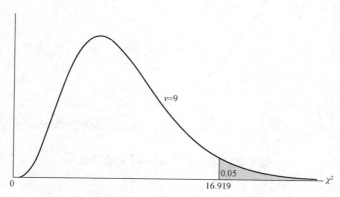

图 9.19　备择假设 $\sigma > 0.9$ 的临界域

5. 计算结果：$s^2 = 1.44$，$n = 10$，且

$$\chi^2 = \frac{(9)(1.44)}{0.81} = 16.0$$

$P \approx 0.07$

6. 决策：χ^2 统计量在0.05的显著性水平上并不显著。不过，基于0.07的 P 值，这就是 $\sigma > 0.9$ 的证据。

现在考虑检验两个总体的方差 σ_1^2 和 σ_2^2 是否相等的问题。也就是说，我们要检验的零假设 H_0 为 $\sigma_1^2 = \sigma_2^2$，而与其相对应的备择假设一般则为 $\sigma_1^2 < \sigma_2^2$，$\sigma_1^2 > \sigma_2^2$，$\sigma_1^2 \neq \sigma_2^2$ 三者之一。

对于从两个总体中分别抽取的容量为 n_1 和 n_2 的独立随机样本，**检验 $\boldsymbol{\sigma_1^2 = \sigma_2^2}$ 的 $\boldsymbol{f}$ 值**则为比率

$$f = \frac{s_1^2}{s_2^2}$$

式中，s_1^2 和 s_2^2 为两个样本的方差。如果这两个总体都近似地服从正态分布，且零假设为真，则根据定理7.8可知，比率 $f = s_1^2/s_2^2$ 是自由度为 $v_1 = n_1 - 1$ 和 $v_2 = n_2 - 1$ 的 F 分布值。这样一来，对应于单边备择假设 $\sigma_1^2 < \sigma_2^2$ 和 $\sigma_1^2 > \sigma_2^2$ 的大小为 α 的临界域分别为 $f < f_{1-\alpha}(v_1, v_2)$ 和 $f > f_{1-\alpha}(v_1, v_2)$。而对应于双边备择假设 $\sigma_1^2 \neq \sigma_2^2$ 的临界域为 $f < f_{1-\alpha/2}(v_1, v_2)$ 或 $f > f_{\alpha/2}(v_1, v_2)$。

例9.13 在例9.6中，在检验两种材料磨损差异的问题时，我们假定这两个未知总体方差是相等的。请判断我们是否有根据做出这样的假设？请在0.10的显著性水平上作答。

解：假设 σ_1^2 和 σ_2^2 分别为材料1和材料2的磨损程度的总体方差。根据题意，我们有：

1. H_0：$\sigma_1^2 = \sigma_2^2$。
2. H_1：$\sigma_1^2 \neq \sigma_2^2$。
3. $\alpha = 0.10$。
4. 临界域：根据图9.20我们可以看到，$f_{0.05}(11, 9) = 3.11$，且根据定理7.7可知

$$f_{0.95}(11,9) = \frac{1}{f_{0.05}(9,11)} = 0.34$$

这样一来，如果 $f < 0.34$ 或者 $f > 3.11$，则拒绝零假设 H_0，其中 $f = s_1^2/s_2^2$，且其自由度为 $v_1 = 11$ 和 $v_2 = 9$。

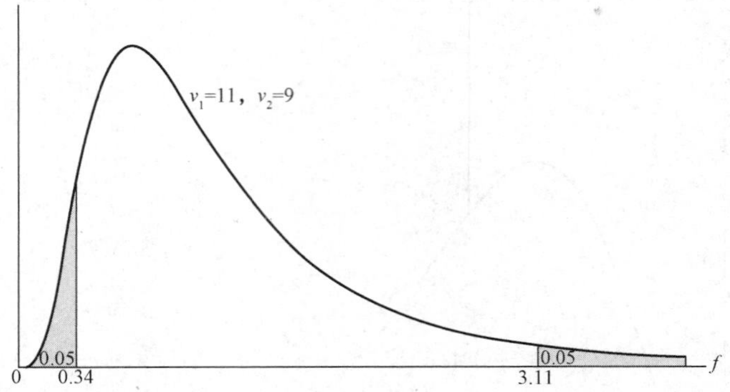

图9.20 备择假设 $\sigma_1^2 \neq \sigma_2^2$ 的临界域

5. 计算结果：$s_1^2 = 16$，$s_2^2 = 25$，因此

$$f = 16/25 = 0.64$$

6. 决策：不能拒绝 H_0。因此结论是，没有充分的证据说明两个总体的方差之间存在差异。

9.10.2 SAS中基于方差检验的 *F* 检验

由图9.18我们可以看到对两组树苗数据的均值进行比较的两样本 t 检验的结果。图9.17中的

箱线图说明，两者之间的方差是存在异质性的，因此 t' 检验及其相应的 P 值则是相关的。而且我们还发现，针对零假设 $H_0: \sigma_1 = \sigma_2$ 的 F 统计量的 P 值为 0.009 8，这就是相对于无氮条件下的含氮处理确实增大了变差的证据。

习 题

9.67 假设某润滑剂每桶的容积服从方差为 0.03 升的正态分布。请检验习题 9.23 中的零假设 $\sigma^2 = 0.03$ 与备择假设 $\sigma^2 \neq 0.03$。请根据 P 值作答。

9.69 弗吉尼亚州必须对花生作物上的霉所产生的黄曲毒素进行监控。64 批花生样本显示其黄曲毒素含量平均为 24.17 ppm，方差为 4.25 ppm，请检验 $\sigma^2 = 4.2$ 的零假设与 $\sigma^2 \neq 4.2$ 的备择假设。请根据 P 值作答。

9.71 某软饮料分装机放出的饮料容量的方差超过 1.15 分升，则认为该机器出现了故障。如果随机抽取该机器放出的 25 杯饮料，其方差为 2.03 分升。则在 0.05 的显著性水平上，是否有证据表明该机器已经出现故障？假设饮料的容量近似服从正态分布。

9.73 在一项研究中，要比较男女工人组装一件产品的时间长度。过去的经验表明，男女工人所用时长近似服从正态分布，但是女性所用时间长度的方差比男性更小。下面给出了随机选取的 11 个男性和 14 个女性的时长数据。

男性	女性
$n_1 = 11$	$n_2 = 14$
$s_1 = 6.1$	$s_2 = 5.3$

请检验 $\sigma_1^2 = \sigma_2^2$ 的零假设与 $\sigma_1^2 > \sigma_2^2$ 的备择假设。请根据 P 值作答。

9.75 回到习题 9.39 中，在 0.05 的显著性水平上，请检验 $\sigma_1^2 = \sigma_2^2$ 的零假设与 $\sigma_1^2 \neq \sigma_2^2$ 的备择假设，其中 σ_1^2 和 σ_2^2 分别是两个地区每平方米物种数的方差。

9.77 在一项试验中，要比较两条不同生产线上的酱油中的酒精含量。生产线一天需要检测 8 次。数据如下：

生产线 1: 0.48 0.39 0.42 0.52 0.40 0.48 0.52 0.52

生产线 2: 0.38 0.37 0.39 0.41 0.38 0.39 0.40 0.39

假定两个总体都是正态的，则根据其中的酒精含量，是否有理由怀疑两条生产线是不一致的？即检验 $\sigma_1 = \sigma_2$ 的零假设与 $\sigma_1 \neq \sigma_2$ 的备择假设。请根据 P 值作答。

9.11 拟合优度检验

贯穿本章我们都在考虑有关诸如 μ，σ^2 和 p 等单个总体参数的统计假设检验问题。现在我们考虑判断一个总体是否具有某个指定的理论分布的检验问题。该检验是以我们对观测样本所发生的频数和理论分布的期望频数之间进行拟合的好坏作为依据的。

为了说明起见，我们举一个掷骰子的例子。假设这枚骰子是均匀的，也就是说等价于检验试验结果所服从的分布为离散型均匀分布

$$f(x) = \frac{1}{6}, \ x = 1, 2, \cdots, 6$$

的假设检验问题。

假设我们掷了 120 次，并记录下了每一次的结果。理论上，如果这枚骰子是均匀的，那么我们可以期望每个面出现的次数为 20 次。试验结果如表 9.4 所示。

表 9.4 掷 120 次骰子的观测频数和期望频数

面	1	2	3	4	5	6
观测频数	20	22	17	18	19	24
期望频数	20	20	20	20	20	20

通过将观测频数与相应的期望频数进行比较，我们需要判断这两者之间的差异是由于抽样的

波动产生的，还是这枚骰子本身是不均匀的，因而试验结果的分布也不是均匀分布。通常的做法是，将试验每种可能的结果看做一个单元。在该例中，我们有 6 个单元。对于一个涉及 k 个单元的试验，我们的决策准则所基于的统计量在下面给出了其定义。

观测频数和期望频数之间的**拟合优度检验**所基于的这个量为：

$$\chi^2 = \sum_{i=1}^{k} \frac{(o_i - e_i)^2}{e_i}$$

式中，χ^2 是随机变量的一个值，该随机变量的抽样分布是非常近似于自由度为 $v = k-1$ 的卡方分布。o_i 和 e_i 分别表示第 i 个单元的观测频数和期望频数。

这里我们所使用的卡方分布的自由度等于 $k-1$，因为其中只有 $k-1$ 个单元的频数是不受约束的。也就是说，一旦 $k-1$ 个单元的频数确定以后，第 k 个单元的频数也就确定了。

如果观测频数与相应的期望频数之间非常接近，则 χ^2 值会很小，这说明拟合效果非常好。但如果观测频数与期望频数之间存在显著的差异，那么 χ^2 值就会很大，而且拟合效果也较差。拟合效果较好的话我们接受 H_0，而拟合效果较差的话我们则拒绝 H_0。这样一来，我们可以看到，其临界域落入了卡方分布的右尾。在 α 的显著性水平上，我们可以根据附录表 A5 求得临界值 χ_α^2，然后确定临界域 $\chi^2 > \chi_\alpha^2$。我们在此给出的这个决策准则只有在每个期望频数至少等于 5 的时候才能使用。由于这个限制条件，我们可能需要合并相邻的单元，从而导致自由度的降低。

根据表 9.4 我们可以求得 χ^2 值为：

$$\chi^2 = \frac{(20-20)^2}{20} + \frac{(22-20)^2}{20} + \frac{(17-20)^2}{20} + \frac{(18-20)^2}{20} + \frac{(19-20)^2}{20} + \frac{(24-20)^2}{20} = 1.7$$

根据附录表 A5 我们可以求得自由度为 $v = 5$ 的 $\chi_\alpha^2 = 11.070$。由于 1.7 是小于临界值的，因此我们不能拒绝 H_0。结论是，没有充分的证据说明这枚骰子是不均匀的。

第二个例子，让我们考虑检验在表 1.7 中所给出的电池寿命的频数分布是否近似地服从均值为 $\mu = 3.5$ 且标准差为 $\sigma = 0.7$ 的正态分布的假设检验问题。这 7 个组（或单元）的期望频数如表 9.5 所示，可以通过计算它落入正态曲线下方不同区间组的面积而求得。

表 9.5   正态性假设下蓄电池寿命的观测频数和期望频数

组边界	o_i	e_i
1.45 ~ 1.95	2 ⎫	0.5 ⎫
1.95 ~ 2.45	1 ⎬ 7	2.1 ⎬ 8.5
2.45 ~ 2.95	4 ⎭	5.9 ⎭
2.95 ~ 3.45	15	10.3
3.45 ~ 3.95	10	10.7
3.95 ~ 4.45	5 ⎫ 8	7.0 ⎫ 10.5
4.45 ~ 4.95	3 ⎭	3.5 ⎭

比如，第 4 组的组边界所对应的 z 值为：

$$z_1 = \frac{2.95 - 3.5}{0.7} = -0.79$$

$$z_2 = \frac{3.45 - 3.5}{0.7} = -0.07$$

根据附录表 A3 我们可得介于 $z_1 = -0.79$ 和 $z_2 = -0.07$ 之间的面积：

面积 $= P(-0.79 < Z < -0.07) = P(Z < -0.07) - P(Z < -0.79)$
$= 0.4721 - 0.2148 = 0.2573$

这样一来，则可得第 4 组的期望频数为：

$$e_1 = (0.2573)(40) = 10.3$$

习惯上，我们会将这个频数四舍五入为一位小数。

第 1 组区间的期望频数可以根据正态曲线下介于其组边界 1.95 左侧的总面积而求得。最后一组区间则可以根据介于其组边界 4.45 右侧的总面积而求得。而所有其他组的期望频数可以根据这里所介绍的第 4 组的方法来确定。我们注意到，在表 9.5 中，我们已经合并了期望频数小于 5 的相邻组（这是拟合优度检验的一个指导原则）。因此，区间总数也由 7 降低为 4，自由度则减少为 $v = 3$。这样一来，即可得 χ^2 值为：

$$\chi^2 = \frac{(7 - 8.5)^2}{8.5} + \frac{(15 - 10.3)^2}{10.3} + \frac{(10 - 10.7)^2}{10.7} + \frac{(8 - 10.5)^2}{10.5} = 3.05$$

由于计算得到的 χ^2 值小于自由度为 3 的 $\chi^2_{0.05}$ 值，因此我们没有理由拒绝零假设。结论是，均值为 $\mu = 3.5$ 且标准差为 $\sigma = 0.7$ 的正态分布能够很好地拟合蓄电池的寿命所服从的分布。

卡方拟合优度检验是一个非常重要的方法，尤其是因为在实践中有非常多的统计方法在理论上都依赖于对数据所来自具体分布类型做出的假设。正如大家所看到的一样，我们通常所做的都是正态性假设。在后续章节中，我们会继续做出正态性假设以便为某些检验和置信区间奠定理论基础。

现有文献中的一些检验比检验正态性的卡方检验更强大。**Geary** 检验即是这样的一个例子。该检验所基于的是一个非常简单的统计量，这个统计量为总体标准差 σ 的两个估计量的比率。假定 X_1, X_2, $\cdots$, X_n 是从正态分布 $N(\mu, \sigma)$ 中抽取的一个随机样本。考虑比率

$$U = \frac{\sqrt{\pi/2} \sum_{i=1}^{n} |X_i - \bar{X}|/n}{\sqrt{\sum_{i=1}^{n} (X_i - \bar{X})^2/n}}$$

读者会发现，无论其分布是否为正态的，上式中的分母都是 σ 一个合理的估计量。而分子在分布为正态的时候也是 σ 的优良估计，但在其分布偏离正态时则会高估或低估 σ。因此，如果 U 值和 1.0 之间存在显著的差别，就是应当拒绝正态性假设的信号。

对于大样本的情形，一个合理的检验则是基于渐近正态的 U 的。该检验统计量即为标准化的 U，如下所示：

$$Z = \frac{U - 1}{0.2661/\sqrt{n}}$$

当然，该检验方法有双边的临界域。根据数据我们可以计算得到一个 z 值，如果

$$-z_{\alpha/2} < Z < z_{\alpha/2}$$

则不能拒绝正态性假设。涉及 Geary 检验的一篇文章参见 Geary (1947)。

9.12 独立性检验（分类数据）

在 9.11 节，我们所讨论的卡方检验方法同样可以用于对两个分类变量的独立性假设进行检验。假定我们要判断伊利诺伊州的居民对新税收改革的投票意向是否与他们的收入水平相独立。我们从伊利诺伊州合格的选民中抽取到包含 1 000 人的一个随机样本，并根据其收入高低分为低收入组、中等收入组、高收入组，再根据其是否支持税收改革进行分组。如表 9.6 所示，我们给出了相应的期望频数，该表即众所周知的**列联表**。

表 9.6 2 × 3 的列联表

税收改革	收入水平			合计
	低	中等	高	
支持	182	213	203	598
反对	154	138	110	402
合计	336	351	313	1 000

r 行 c 列的列联表称为 $r \times c$ 的列联表。表 9.6 中的行合计与列合计都称为**边际频数**。我们接受或拒绝零假设 H_0 的决策，即选民对税收改革的倾向与他的收入水平是否独立，是基于我们对表 9.6 中 6 个单元各自的观测频数与假设 H_0 为真时各单元的期望频数之间的拟合程度而做出的。为了求得这些期望频数，我们定义下述事件：

L：抽中的选民处在低收入水平

M：抽中的选民处在中等收入水平

H：抽中的选民处在高收入水平

F：抽中的选民支持税收改革

A：抽中的选民反对税收改革

根据边际频数我们可以求得下述概率估计值：

$$P(L) = \frac{336}{1\,000}$$

$$P(M) = \frac{351}{1\,000}$$

$$P(H) = \frac{336}{1\,000}$$

$$P(F) = \frac{598}{1\,000}$$

$$P(A) = \frac{402}{1\,000}$$

此时，若 H_0 为真，即两个变量是独立的，则我们有

$$P(L \cap F) = P(L)P(F) = \left(\frac{336}{1\,000}\right)\left(\frac{598}{1\,000}\right)$$

$$P(L \cap A) = P(L)P(A) = \left(\frac{336}{1\,000}\right)\left(\frac{402}{1\,000}\right)$$

$$P(M \cap F) = P(M)P(F) = \left(\frac{351}{1\,000}\right)\left(\frac{598}{1\,000}\right)$$

$$P(M \cap A) = P(M)P(A) = \left(\frac{351}{1\,000}\right)\left(\frac{402}{1\,000}\right)$$

$$P(H \cap F) = P(H)P(F) = \left(\frac{313}{1\,000}\right)\left(\frac{598}{1\,000}\right)$$

$$P(H \cap A) = P(H)P(A) = \left(\frac{313}{1\,000}\right)\left(\frac{402}{1\,000}\right)$$

我们用观测的总数乘上每个单元的概率即可得期望频数。如前所述,我们将期望频数四舍五入并在小数点后保留一位数。这样一来,在 H_0 为真时,样本中低收入选民支持税收改革的期望人数则可由下式估计出来

$$\left(\frac{336}{1\,000}\right)\left(\frac{598}{1\,000}\right)(1\,000) = \frac{(336)(598)}{1\,000} = 200.9$$

也就是说,计算各单元期望频数的一般原则可由下式表示:

$$期望频数 = \frac{列合计 \times 行合计}{总和}$$

在表 9.7 中,我们不但记录了各单元实际的观测频数,还记录了相应的期望频数。我们发现,每一行或每一列的期望频数之总和都等于相应的边际合计。在这个例子中,我们只需要计算表 9.7 中最上面一行的两个期望频数,然后再通过相减的方法即可得其他单元的期望频数。这里卡方检验的自由度等于,在边际合计与总和已知的情况下,频数不受约束的单元的个数,即频数值可以自由填入的单元的个数;本例中的自由度因此为 2。自由度的一个简单表达式为:

$$v = (r-1)(c-1)$$

表 9.7　观测频数和期望频数

税收改革	收入水平			合计
	低	中等	高	
支持	182 (200.9)	213 (209.9)	203 (187.2)	598
反对	154 (135.1)	138 (141.1)	110 (125.8)	402
合计	336	351	313	1 000

因此,在我们的例子中,其自由度即为 $v = (2-1)(3-1) = 2$。为了检验零假设,即独立性,我们使用下述决策准则。

独立性检验

计算

$$\chi^2 = \sum_i \frac{(o_i - e_i)^2}{e_i}$$

其中的求和符号要加遍 $r \times c$ 的列联表的所有 rc 个单元。

如果 $\chi^2 > \chi_\alpha^2$,且 χ_α^2 的自由度为 $v = (r-1)(c-1)$,则在 α 的显著性水平上拒绝独立性的零假设;否则,不能拒绝零假设。

对于我们的例子,也使用这个准则,则我们有

$$\chi^2 = \frac{(182-200.9)^2}{200.9} + \frac{(213-200.9)^2}{200.9} + \frac{(203-200.9)^2}{200.9} + \frac{(154-200.9)^2}{200.9}$$

$$+ \frac{(138-200.9)^2}{200.9} + \frac{(110-200.9)^2}{200.9} = 7.85$$

$P \approx 0.02$

根据附录表 A5，我们有自由度为 $v = (2-1)(3-1) = 2$ 时，$\chi_{0.05}^2 = 5.991$。因此，我们拒绝零假设，则结论是，选民对税收改革的倾向与他的收入水平之间是不独立的。

我们注意到，统计决策所基于的统计量只是近似的卡方分布。而计算得到的 χ^2 值也要依赖于各单元的频数，因此它是离散型的。只要自由度大于 1，连续的 χ^2 分布应该可以很好地近似 χ^2 这个离散型抽样分布。在 2×2 的列联表中，其自由度仅为 1。此时可以应用 **Yates 连续修正**。这样一来，修正公式即变为：

$$\chi^2(\text{修正后}) = \sum_i \frac{(|o_i - e_i| - 0.5)^2}{e_i}$$

如果单元的期望频数较大，则修正后与未修正的结果几乎是一样的。而如果期望频数介于 5 ~ 10 之间，则可以采用 Yates 修正。但对于期望频数小于 5 的情况，则要使用到 Fisher-Irwin 精确检验才行。有关 Fisher-Irwin 精确检验的讨论参见 Hodges and Lehmann（2005）。

9.13 齐性检验

在 9.12 节中，我们在讨论独立性检验的时候，抽取了包含 1 000 个选民的一个随机样本，而且列联表的行合计与列合计都是随机确定的。应用我们在第 9.12 节介绍的方法时，另一种情形或问题是，行合计或列合计是预先确定的。比如，假设我们决定先行从北卡罗来纳州抽取 200 名民主党人士、150 名共和党人士、150 名无党派人士，并记录下他们对待议的堕胎法案的态度是支持、反对还是不确定。表 9.8 给出了观测到的响应数。

表 9.8 观测频数

堕胎法案	政党关系			合计
	民主党	共和党	无党派	
支持	82	70	62	214
反对	93	62	67	222
不确定	25	18	21	64
合计	200	150	150	500

现在我们要检验的不是独立性，而是要对每行的总体比例相等的假设进行检验。也就是说，我们要检验民主党人士、共和党人士以及无党派人士中支持堕胎法案的比例是相等的假设；这样各党派人士中反对该法案的人数比例也是相等的。即我们主要关心的是这三类选民对于待议的堕胎法案的倾向是不是一致的。这样的检验则被称为齐性检验。

假定它们之间具有齐性，我们同样可以通过将相应的行合计与列合计相乘之后，再除以总数求得各单元的期望频数。分析时可以采用和之前一样的卡方统计量。在下面的例子中，我们对表 9.8 中的数据进行说明。

例 9.14 参见表 9.8 中的数据，我们要对各政党对待议的堕胎法案具有相同倾向的假设进行检验。请在 0.05 的显著性水平上进行作答。

解：根据题意，我们有：

1. H_0：民主党、共和党、无党派人士在每一种倾向之间都是一致的。
2. H_1：至少对一种倾向，民主党、共和党、无党派人士的比例是不一致的。
3. $\alpha = 0.05$。
4. 临界域：$\chi^2 > 9.488$，且其自由度为 $v = 4$。

5. 计算：根据我们在 9.12 节所介绍的计算各单元期望频数的表达式，可以知道只需计算 4 个单元的频数。所有其他单元的频数都可以通过做减法而求得。表 9.9 给出了每个单元的观测频数和期望频数。

表9.9 观测频数和期望频数

堕胎法案	政党关系			合计
	民主党	共和党	无党派	
支持	82 (85.6)	70 (64.2)	62 (64.2)	214
反对	93 (88.8)	62 (66.6)	67 (66.6)	222
不确定	25 (25.6)	18 (19.2)	21 (19.2)	64
合计	200	150	150	500

因此，我们有

$$\chi^2 = \frac{(82-85.6)^2}{85.6} + \frac{(70-64.2)^2}{64.2} + \frac{(62-64.2)^2}{64.2} + \frac{(93-88.8)^2}{88.8} + \frac{(62-66.6)^2}{66.6}$$

$$+ \frac{(67-66.6)^2}{66.6} + \frac{(25-25.6)^2}{25.6} + \frac{(18-19.6)^2}{19.6} + \frac{(21-19.2)^2}{19.2} = 1.53$$

6. 决策：不能拒绝 H_0，因为没有充分的证据说明民主党、共和党、无党派人士对每种倾向的人数所占比例存在差异。

9.13.1 多个比例的检验问题

要对 k 个二项参数具有相同值的假设问题进行检验，同样可以采用我们用于齐性检验的卡方统计量。所以，这里是将 9.9 节中两个比例之间是否存在差异的假设检验问题推广到包含 k 个比例的情形。这样一来，我们所关心的零假设即为：

$$H_0 : p_1 = p_2 = \cdots = p_k$$

而与其相对应的备择假设 H_1 即为，总体比例不全相等。为了检验这个假设，我们首先从 k 个总体中观测到容量为 n_1，n_2，$\cdots$，n_k 的独立随机样本，并将数据放入如表 9.10 所示的 $2 \times k$ 的列联表。

表9.10 k 个独立二项样本

样本	1	2	$\cdots$	k
成功次数	x_1	x_2	$\cdots$	x_k
失败次数	$n_1 - x_1$	$n_2 - x_2$	$\cdots$	$n_k - x_k$

齐性检验和独立性检验的检验方法是相同的，其不同之处在于随机样本的容量是事先确定的，还是随机出现的。因此，我们可以采用前述方法来计算出各单元的期望频数，然后将其同观测频数一起代入自由度为：

$$v = (2-1)(k-1) = k-1$$

的 χ^2 统计量

$$\chi^2 = \sum_i \frac{(o_i - e_i)^2}{e_i}$$

选取适当的形如 $\chi^2 > \chi_\alpha^2$ 的上尾的临界域，即可就零假设 H_0 进行决策。

例9.15 一家商店开展了一项研究，收集了一组数据以判断白班、晚班、夜班工人所生产产品中的次品率是否相等。表9.11列出了这组数据。请在0.025的显著性水平上判断这三班中的次品率是否一致。

表9.11 例9.15的数据

班次	白班	晚班	夜班
次品数	45	55	70
正品数	905	890	870

解： 假设 p_1，p_2，p_3 分别为白班、晚班、夜班真实的次品率。因此，根据题意，我们有：

1. H_0：$p_1 = p_2 = p_3$。
2. H_1：p_1，p_2，p_3 不全相等。
3. $\alpha = 0.025$。
4. 临界域：$\chi^2 > 7.378$，且其自由度为 $v = 2$。
5. 计算：对应于观测频数 $o_1 = 45$ 和 $o_2 = 55$，我们有

$$e_1 = \frac{(950)(170)}{2835} = 57.0$$

$$e_2 = \frac{(945)(170)}{2835} = 56.7$$

所有其他单元的期望频数都可以通过减法求得，如表9.12所示。

表9.12 观测频数和期望频数

班次	白班	晚班	夜班	合计
次品数	45（57.0）	55（56.7）	70（56.3）	170
正品数	905（893.0）	890（888.3）	870（883.7）	2 665
合计	950	945	940	2 835

因此我们有

$$\chi^2 = \frac{(45-57.0)^2}{57.0} + \frac{(55-56.7)^2}{56.7} + \frac{(70-56.3)^2}{56.3} + \frac{(905-893.0)^2}{893.0}$$

$$+ \frac{(890-888.3)^2}{888.3} + \frac{(870-883.7)^2}{883.7} = 6.29$$

$$P \approx 0.04$$

6. 决策：在 $\alpha = 0.025$ 的显著性水平上我们不能拒绝 H_0。不过，根据我们所求得的上述 P 值，如果认为这三班的次品率是一样的话肯定是有很大风险的。

通常，一个完整的研究包含在假设检验问题中对统计方法的应用，而科研人员或工程师可以同时使用检验统计量计算 P 值的方法和统计图形的方法。统计图形以图的形式对数值型诊断做出了补充，而图形通常能直观地告诉我们为什么 P 值会是这个样子的，也会告诉我们目标假设是多么合理（或不合理）。

9.14 两样本的案例研究

在这一节中，我们考虑一个案例，在这个案例中会有详尽的图形分析和正规分析，以及计算机结果输出和结论。弗吉尼亚理工大学统计咨询中心的研究人员所做的一个数据分析的案例中，

就 A 与 B 这两种不同材质合金的断裂强度进行了一个对比。合金 B 相比而言更加昂贵，如果能够证明这种合金确实要比合金 A 的强度高，那么肯定就会采用 B 这种材质的合金。不过，我们也要考虑这两种材质的合金在性能上的一致性是怎样的。

试验人员选取了由每种材质的合金制造的小圆柱，从而得到了相应的随机样本，对每个小圆柱的两端施加一个固定的力，并以其偏移 0.001 英寸所受到的力来测量每种材质的强度。对两种材质的合金，试验人员各取了 20 个样品来进行试验。试验数据如表 9.13 所示。

表 9.13　两样本案例研究的数据

合金 A			合金 B		
88	82	87	75	81	80
79	85	90	77	78	81
84	88	83	86	78	77
89	80	81	84	82	78
81	85		80	80	
83	87		78	76	
82	80		83	85	
79	78		76	79	

对于工程师来说，比较这两种材质的合金是非常重要的。而他们所关心的是合金的平均强度和重现能力。这样一来，研究人员所关心的就是对是否严重违背正态性假设进行判断，因为 t 检验和 F 检验都需要正态性假设。图 9.21 和图 9.22 为两种合金样本的正态分位数—分位数图。

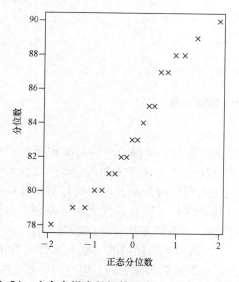

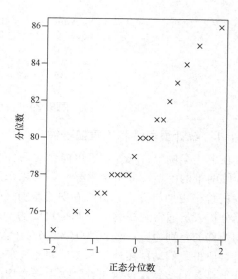

图 9.21　A 合金样本数据的正态分位数—分位数图　　图 9.22　B 合金样本数据的正态分位数—分位数图

我们可以看到，并没有出现严重违背正态性假设的情形。此外，如图 9.23 所示，我们还在同一个图上给出了两者的箱线图。通过箱线图可以看到，两种合金样本在受力后偏移的变差上并没有显著的差别。不过，合金 B 在受力后的平均偏移显著要小，至少从图形上看合金 B 的强度更好。样本均值和标准差为 $\bar{y}_A = 83.55$，$s_A = 3.663$，$\bar{y}_B = 79.70$，$s_B = 3.097$。

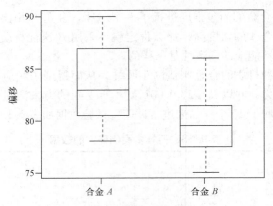

图9.23 两种合金的箱线图

SAS 输出的 PROC TTEST 的结果如图 9.24 所示。通过 F 检验说明两个样本的方差并没有显著的差别（$P = 0.470\,9$），而根据检验假设

$$H_0 : \mu_A = \mu_B$$
$$H_1 : \mu_A > \mu_B$$

的两样本的 t 统计量（$t = 3.59$，$P = 0.000\,9$）则拒绝 H_0，支持 H_1，从而进一步验证了图形诊断的信息。鉴于 F 检验的结果，在此我们所使用的是合并了两样本方差的 t 检验。通过上述分析，采用合金 B 是更优的选择。

```
                  The TTEST Procedure
        Alloy      N    Mean   Std Dev  Std Err
        Alloy A   20   83.55   3.663 1   0.819 1
        Alloy B   20   79.7    3.096 7   0.692 4

        Variances      DF     t Value   Pr > |t|
        Equal          38       3.59     0.000 9
        Unequal        37       3.59     0.001 0
              Equality of Variances
        Num DF    Den DF    F Value    Pr > F
          19        19       1.40      0.470 9
```

图9.24 合金样本数据的 SAS 结果

9.14.1 统计显著性和工程显著性

在上述案例中，统计学家可能会对两种合金的比较结果觉得非常满意，但对工程师而言却仍然面临两难的困境。分析结果显示，如果采用合金 B 则在统计上会显著得到改进。然而，由于合金 B 的价格更加昂贵，分析所发现的差别真的值得我们就此而使用合金 B 吗？这是被统计学家和数据分析人员通常忽视的一个非常重要的问题，即统计显著性与工程显著性之间的差别。上例中平均偏移的差别为 $\bar{y}_A - \bar{y}_B = 0.003\,85$ 英寸。经过全面的分析，工程师必须确定从长期来看，这个差别是否值得我们动用额外的开支。如此一来，这就是一个经济和工程领域的问题。读者应当知道，统计上显著的差异仅仅意味着数据中样本均值之间的差异并不是偶然发生的。但它却并不意味着，在这个问题中样本均值之间的差异非常显著或尤其显著。比如，在 9.4 节中，计算机输出的结果给出了 pH 测量仪实际上是存在偏差的证据。然而，这并不意味着我们所检测材料的 pH 均值即为 7.0。不过，该样本中各观测之间的变差非常小。因此，工程师可能会认为，由于与 7.0 的偏差非常小，因此这个 pH 测量仪还是非常合适的。

习 题

9.79 一台机器按照 5∶2∶2∶1 的比例将花生、榛子、 腰果、核桃混合在一起。在 500 颗这种坚果混合物中发现有 269 颗花生、112 颗榛子、74 颗腰果、45 颗核桃。请在 0.05 的显著性水平上，检验是否以 5:2:2:1 的比例进行了混合。

9.81 将一枚骰子掷出 180 次后所得的结果如下所示。

x	1	2	3	4	5	6
f	28	36	36	30	27	23

请问这枚骰子是不是均匀的？请在 0.01 的显著性水平上进行检验。

9.83 掷出一枚硬币直到正面出现，并记录下抛掷的总次数。重复该试验 256 次，我们得到如下结果。

x	1	2	3	4	5	6	7	8
f	136	60	34	12	9	1	3	1

请在 0.05 的显著性水平上，检验所观测到的 X 的分布是否服从 $g(x; 1/2)$，$x = 1, 2, 3, \cdots$ 的几何分布。

9.85 在习题 1.19 中，请检验观测到的组频数与 $\mu = 1.8$，$\sigma = 0.4$ 的正态分布的期望频数之间的拟合优度。请在 0.01 的显著性水平上作答。

9.87 将 90 个成年人的随机样本按照性别和一周看电视的小时数进行分类：

	性别	
	男性	女性
25 小时以上	15	29
25 小时以下	27	19

请在 0.01 的显著性水平上检验看电视的时间与性别是否独立的假设。

9.89 某犯罪学家开展了一项研究来调查某些犯罪的发生是否会随着一个大城市的不同区域而发生变化。具体关注的犯罪包括袭击、行窃、盗窃、杀人。下表给出了去年该城市 4 个地区所犯案件数。

地区	性别			
	袭击	行窃	盗窃	杀人
1	162	118	451	18
2	310	196	996	25
3	258	193	458	10
4	280	175	390	19

请在 0.01 的显著性水平上回答，我们是否能够得出这样的结论：这些类型犯罪的发生与该城市中不同的区域之间存在关联？

9.91 以下是 1 000 个家庭对生活水平的独立看法。相对上一年来看，调查结果与 Across the Board（1981）上发表的结果一致。

时期	生活水平			
	较好	相同	不好	合计
1980 年 1 月	72	144	84	300
3 月	63	135	102	300
9 月	47	100	53	200
1981 年 1 月	40	105	55	200

请检验每种生活水平类别下的家庭比例在 4 个时期都相同的假设。请根据 P 值作答。

9.93 为了解公立学校对祷告所持态度，在弗吉尼亚州的 4 个县城进行了一项调查。下面的表格中给出了克雷格县 200 位家长、圣伊莱斯县 150 位家长、富兰克林县 100 位家长、蒙哥马利县 100 位家长的态度。

态度	县			
	克雷格	圣伊莱斯	富兰克林	蒙哥马利
支持	65	66	40	34
反对	42	30	33	42
中立	93	54	27	24

请检验 4 个县的公立学校对祷告的态度是否一致。请根据 P 值作答。

9.95 在弗吉尼亚州的两个城市开展了一项调查，判断公众对即将举行的大选中州长候选人的态度。在每个城市随机抽取 500 名选民，得到如下数据。

态度	城市	
	里士满	诺福克
支持 A	204	225
支持 B	211	198
不确定	85	77

请在 0.05 的显著性水平上，检验支持 A、支持 B、不确定的三类人所占比例相同的零假设。

巩固练习

9.97 请根据下述内容给出零假设与备择假设，并确定相应的临界域：

（a）2 月乔治湖的平均降雪量是 21.8 厘米。

（b）不超过 20% 的本地大学教职工对年度捐赠基

金有捐献。

(c) 在圣路易斯郊区的孩子从家到学校的平均路程为 6.2 千米。

(d) 明年的新车中至少有 70% 是紧凑型或者半紧凑型的。

(e) 在即将到来的大选中青睐现任的选民比例达到 0.58。

(f) 在长角牛排屋，肋眼牛排的平均重量至少达340 克。

9.98　某遗传学家要研究具有某种血液失调疾病的男性和女性在人口中所占比例。在 100 名男性样本中，发现有 31 人患有这种疾病，而 100 名女性样本中只有 24 人患有这种疾病。那么我们是否能在 0.01 的显著性水平上得出结论，罹患这种血液失调疾病的男性比例显著大于女性比例？

9.99　在一项研究中，相对于粉红香槟，要确定在婚礼上意大利人是否比美国人更喜欢喝白香槟。在随机抽取的 300 个意大利人中，72 个人更喜欢白香槟；而在抽取的 400 个美国人中，70 个人更喜欢白香槟。我们能否得出在婚礼上喜欢喝白香槟的意大利人的比例高于美国人的结论？请在0.05 的显著性水平上作答。

9.101　在一项研究中，计算机中的一组对象被要求来完成某种任务，并由弗吉尼亚理工大学统计咨询中心对该研究进行了分析。在该研究中所测量的响应变量是完成任务的时间。试验的目的在于检验由弗吉尼亚理工大学计算机科学系所开发的一组应用工具。该试验中有 10 个试验对象。通过随机分配任务的方式，5 个试验对象被要求采用标准化方法，通过 Fortran 语言来完成该任务；而其他 5 个试验对象则被要求使用这一组应用工具来完成该任务。以下是完成该任务所花费时间的数据。假定总体分布是方差相等的正态分布，需要支持或否定的推测是这组应用工具能够加速任务的完成。

组 1 （标准方法）	组 2 （应用工具）
161	132
169	162
174	134
158	138
163	133

9.102　请根据下面的内容给出零假设和备择假设，

并确定相应的临界域：

(a) 下年的小麦至多有 20% 会出口到俄罗斯。

(b) 美国的家庭妇女每天平均饮用 3 杯咖啡。

(c) 弗吉尼亚州今年的毕业生中主修社会科学的人数所占比例至少为 0.15。

(d) 美国肺病协会所接受的平均捐款额不超过 10美元。

(e) 住在齐蒙德郊区的居民与他们工作地点的平均距离为 15 千米。

9.103　如果一个罐子中装有 500 颗坚果，坚果是随机从其他三个装有混合坚果的容器中取出来的，三个罐子分别有 345，313，359 颗花生，我们能否在 0.01 的显著性水平上得出混合坚果的三个容器中所含有坚果的比例是相同的结论？

9.104　一项研究旨在调查马里兰州、弗吉尼亚州、佐治亚州和阿拉巴马州同意在小学教授圣经的家长所占比例是否存在差别。在被调查的每个州都随机选取了 100 位家长。数据记录如下。

偏好	州			
	马里兰	弗吉尼亚	佐治亚	阿拉巴马
是	65	71	78	82
否	35	29	22	18

我们是否能得出 4 个州同意在学校教授圣经的家长比例相同的结论？请在 0.01 的显著性水平上作答。

9.105　弗吉尼亚—马里兰地区兽医学院的马匹研究中心开展了一项研究。该研究旨在判断在小马身上的某种手术是否会对其身上的某种血细胞产生影响。6 匹小马在手术前后的血液样本被保存了起来，并用于分析术后白细胞的个数，当然，术前白细胞的个数也进行了测定。请使用两样本的 t检验判断手术前后白细胞的数目是否存在显著的变化。

马匹	术前*	术后*
1	10.80	10.60
2	12.90	16.60
3	9.59	17.20
4	8.81	14.00
5	12.00	10.60
6	6.07	8.60

* 所有值 $\times 10^{-3}$。

9.106　弗吉尼亚理工大学健康和体育教育系进行了一项研究，要判断为期 8 周的培训是否真能降低参与者的胆固醇水平。试验组包括 15 个人，他们每两周参加一次如何降低胆固醇水平的讲座；另外随机抽取 18 个年龄相似的人作为对照组。在为期 8 周的项目结束时所有试验人员的胆固醇水平如下所示。

试验组：129　131　154　172　115　126　175
　　　　191　122　238　159　156　176　175
　　　　126

控制组：151　132　196　195　188　198　187
　　　　168　115　165　137　208　133　217
　　　　191　193　140　146

请问我们是否能在 5% 的显著性水平上说，该项目可以降低胆固醇水平？请对均值进行适当的检验。

9.107　弗吉尼亚理工大学机械工程系开展的一项研究中，对两个企业所提供的钢棒进行了比较，由弗吉尼亚理工大学统计咨询中心对该项研究进行分析。取出每个企业所生产的 10 根钢棒作为样本，来研究其弹性。得到如下数据。

企业 A：9.3　8.8　6.8　8.7　8.5　6.7　8.0　6.5　9.2　7.0

企业 B：11.0　9.8　9.9　10.2　10.1　9.7　11.0　11.1　10.2　9.6

我们是否能得出下述结论：两个企业所生产钢棒的弹性平均起来并没有实质的差别？请根据 P 值作答。请问是否应该使用合并方差？

9.108　水资源中心进行了一项研究，对两个不同的废水处理工厂进行了比较，由弗吉尼亚理工大学统计咨询中心对此进行了分析。工厂 A 处于家庭年收入中位数低于 22 000 美元的地区，而工厂 B 则坐落在家庭年收入中位数高于 60 000 美元的地区。随机选取 10 天，每个工厂废水处理量（单位：千加仑/天）的数据如下所示。

工厂 A：21　19　20　23　22　28　32　19
　　　　13　18

工厂 B：20　39　24　33　30　28　30　22
　　　　33　24

请问我们是否能在 5% 的显著性水平上说，高收入地区处理的废水量平均要高于低收入地区？假定分布是正态的。

9.109　以下数据是在美国和日本开发的某种软件项目中 100 000 行代码中的错误数。是否有充足的理由表明，两国的软件项目存在显著不同？请检验均值。请问是否应该使用合并方差？

美国：48　39　42　52　40　48　52　52　54
　　　48　52　55　43　46　48　52

日本：50　48　42　40　43　48　50　46　38
　　　38　36　40　40　48　48　45

9.110　研究表明，在恶性乳房组织中多氯联苯的浓度要比正常乳房组织中高得多。如果对 50 名患有乳腺癌的女性的检测显示，多氯联苯的浓度平均为 22.8×10^{-4} 克，标准差为 4.8×10^{-4} 克，那么多氯联苯的平均浓度小于 24×10^{-4} 克吗？

9.111　**检验 $p_1 - p_2 = d_0$ 的 z 值**：请检验 $p_1 - p_2 = d_0$ 的零假设 H_0，其中 $d_0 \neq 0$，我们进行决策依赖于：

$$z = \frac{\hat{p}_1 - \hat{p}_2 - d_0}{\sqrt{\hat{p}_1 \hat{q}_1 / n_1 + \hat{p}_2 \hat{q}_2 / n_2}}$$

式中，z 是近似服从标准正态分布（只要 n_1 和 n_2 足够大）的随机变量的取值。回到例 9.11 中，请检验城市中支持建设该化工厂的选民所占比例不会超过乡村的选民所占比例 3% 的假设。请根据 P 值作答。

9.15　可能的错误观点及危害；与其他章节的联系

当分析人员不能拒绝零假设 H_0 时，最容易误用与最终结论相联系的统计量。在本书中，我们一直试图分清零假设是什么、备择假设是什么，并且强调备择假设在很大程度上都是相对更重要的。我们在此举例进行说明。一个工程师在比较两种仪器时使用了两样本 t 检验，其中零假设 H_0 为"这两个仪器是一样的"，备择假设 H_1 为"这两个仪器不一样"，如果不能拒绝 H_0，并不能得出两个仪器是一样的结论。事实上，我们永远都不能说"接受 H_0"这样的话。不能拒绝 H_0 仅仅意味着没有充分的证据。根据假设所具有的性质我们可以知道，（除接受 H_0 以外）还有许多其他的可能性我们是无法排除的。

在第 8 章中，我们曾以统计量

$$z = \frac{\bar{x} - \mu}{s/\sqrt{n}}$$

考察了大样本置信区间估计的问题。而在假设检验中，在 $n < 30$ 时以 s 来替代 σ 是非常冒险的。如果 $n \geqslant 30$，且分布不是正态的，但接近于正态，则可以用中心极限定理，我们的根据在于 $n \geqslant 30$ 时，$s \approx \sigma$。当然，使用所有的 t 检验都要在正态性假设的条件下才行。不过，只要样本不是太小，我们都是可以使用正态概率图、拟合优度检验或其他图形方法的。

　　本书的大部分章节都包含旨在建立我们所讨论的章节与后续其他内容之间联系的相关讨论。估计和假设检验在很大程度上几乎是被统称为"统计方法"的所有方法的主题。预先阅读过第 10~15 章的学生很容易就能注意到这一点。而且，很显然的是，这些章节都在很大程度上依赖于我们的统计建模。在科研和工程领域，要对很多不同类型的实际问题进行建模。即将变得明朗的是，统计模型的框架通常是用处不大的，除非我们可以获取可用于估计所构建模型中参数的数据。在第 10~11 章我们介绍回归模型时，这一点会变得非常清楚。因此，与第 8 章有关的一些概念和理论我们还会进行推广。我们在本章所讨论的内容，即假设检验的框架、P 值、检验的势、对样本容量的选取，将一起发挥非常重要的作用。原始的模型表达式通常还必须经过校订，之后分析人员才有足够的信心将该模型用于加深我们对生产过程的理解或者预测，第 10 章、第 11 章、第 14 章会大量使用假设检验来进行统计诊断，从而对模型的质量进行评估。

第 10 章　简单线性回归和相关性

10.1　线性回归简介

　　实践中，我们通常需要处理包含多个变量的问题，而且我们知道这些变量之间存在某种内在的联系。比如，我们已知工业领域的一个化学过程中，其所排出蒸汽中的焦油含量与进气的温度相关。我们可能关心如何来建立起一种预测方法，即根据试验信息来估计不同水平的进气温度所对应的焦油含量。当然，在许多例子中，其进气温度极有可能都是一样的，比如130℃，可是排出蒸汽中的焦油含量并不相同。对于研究几辆具有相同发动机容积的汽车的情形而言，这种情况就可能会发生，即每辆汽车的行驶里程是不一样的。同样，一个国家相同地区具有相同居住面积的房屋也不会以同一价格进行出售。这三种情形中的焦油含量、每加仑汽油的行驶里程数（英里/加仑）以及房价（千美元）都是**因变量**，或响应变量。而进气温度、发动机容积（立方英尺）以及可居住面积（平方英尺）都分别是**自变量**，或回归变量。响应变量 Y 和回归变量 x 之间关系的一个合理形式即为下述的线形关系：

$$Y = \beta_0 + \beta_1 x$$

式中，β_0 为**截距**，β_1 为**斜率**。两者之间的关系如图 10.1 所示。

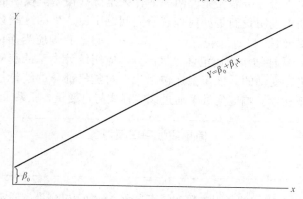

图 10.1　线性关系；β_0 代表截距；β_1 代表斜率

　　如果这个关系是确切的，那么这两个变量之间存在确定性关系，而没有任何的随机成分或概率成分。不过，在上面的例子中，以及在无数其他的研究问题中，这两者之间的关系往往不是确定的（也就是说，给定 x 时并非总有相同的 Y 值与之对应）。这样一来，由于上述这种关系不能看做确切的关系，本质上这些重要的问题都是与概率有关的。回归分析的概念就是用来寻找 Y 和 x 之间的最佳关系的，并量化这种关系的强度，且在给定回归变量 x 时来预测响应变量 Y 的值。

　　在很多实际应用中，通常不止一个回归变量（也就是说，存在多个有助于解释 Y 的自变量）。比如，在以房屋价格作为响应变量的例子中，我们可以认为房屋的年限对房价的解释也有贡献，在这种情况下，多元回归的形式即为：

$$Y = \beta_0 + \beta_1 x_1 + \beta_2 x_2$$

式中，Y 为房价，x_1 为面积，x_2 为年限。在下一章我们会考察具有多个回归变量的问题。这种分析方法称为多元回归，而单个回归变量的分析则称为简单回归。我们要举的第二个多元回归的例子是，一名化学工程师关心在把一种特殊的金属材料储存到仓库时，这些材料样本中氢的丢失量。在这个例子中，可能有两个自变量，储存时间 x_1（小时）和储存温度 x_2（℃）。响应变量则为氢的丢失量 Y，以 ppm 计。

在本章，我们将研究简单线性回归的问题，考虑只有单个回归变量的情形，其中 y 和 x 之间的关系是线性的。对于具有一个以上回归变量的情形，请读者参见第 11 章。我们以集合 $\{(x_i, y_i); i = 1, 2, \cdots, n\}$ 表示容量为 n 的一个随机样本。如果抽取其他一些具有完全一样 x 值的样本，那么我们可以预期 y 值是会发生变化的。这样一来，有序对 (x_i, y_i) 中的 y_i 则代表某个随机变量 Y_i 的实现值。

10.2 简单线性回归模型

前面，我们将回归分析这个术语用来特指变量之间的关系是不确定（即不确切）的这种情形。换句话说，建立起变量之间关系的方程式必然存在一个**随机部分**。这个随机部分包含的是那些无法测量到的或者科研人员和工程师实际上还没有认识到的因素。事实上，在大多数回归分析的应用实例中，如 $Y = \beta_0 + \beta_1 x$ 这样的线性方程都是对许多简化的未知且复杂关系的一种近似。比如，在响应变量 $Y =$ 焦油含量、自变量 $x =$ 进气温度这个例子中，在 x 被限定于某个取值范围时，$Y = \beta_0 + \beta_1 x$ 则是一个合理的近似。通常，对具有很复杂且未知结构的模型在本质上都简化为线性的（也就是说，**参数 β_0 和 β_1** 是线性的，或在涉及房价、面积及年限的那个模型中，**参数 β_0，β_1 和 β_2** 是线性的）。这样的线性结构非常简单，且在本质上都是经验化的，因此称为经验模型。

对 Y 和 x 之间的关系进行分析需要先说明一下什么是统计模型。模型通常被统计学家用作一种理想形式，它能在本质上说明我们是如何理解研究问题中所产生的这些数据的。模型中必须包含涉及 n 对 (x, y) 的数据集 $\{(x_i, y_i); i = 1, 2, \cdots, n\}$。我们应当谨记，$y_i$ 通过线性结构依赖于 x_i 的取值，而且这个线性结构中还包含随机部分。应用统计模型的基础在于随机变量 Y 是如何随着 x 和随机部分而进行变动的。该模型还包括我们对随机部分的统计性质所做的假设。简单线性回归的统计模型如下所示。响应变量 Y 通过该方程式与自变量 x 联系了起来。

简单线性回归模型

$$Y = \beta_0 + \beta_1 x + \epsilon$$

上式中，β_0 和 β_1 分别为未知的截距参数和斜率参数，ϵ 为随机变量，假定它服从均值为 $E(\epsilon) = 0$ 且方差为 $\mathrm{Var}(\epsilon) = \sigma^2$ 的分布。σ^2 通常称为误差方差或残差方差。

根据上述模型，有几点是非常显然的事情。由于 ϵ 是随机的，因此 Y 也是一个随机变量。回归变量 x 的值不是随机的，事实上是测量出来的，且存在可以忽略的误差。ϵ 通常称为**随机误差**或**随机干扰**，它的方差为常数。这个假设通常称为**方差齐性假设**。随机误差 ϵ 的出现使得模型不再是一个简单的确定性方程。而 $E(\epsilon) = 0$ 这个事实说明，对于某个具体的 x 而言，y 的分布是在**真值**、**总体**或**回归线** $y = \beta_0 + \beta_1 x$ 附近的。如果模型选择恰当（也就是说，没有其他重要变量，且在数据的取值范围内线性近似是合理的），则处于真实的回归线附近正的误差和负的误差都是合理的。我们必须牢记，β_0 和 β_1 事实上是未知的，且必须根据数据来进行估计。此外，上述这个模型本质上还是概念性的。因此，在实践中，我们永远都不能观测到 ϵ 的实际值，所以永远也无法画出真实的回归线（但我们假设真实的回归线是存在的）。我们只能画出估计的回归线。如图 10.2 所示，假定的数据 (x, y) 散落在真实的回归线附近，这个例子中我们只获取到 $n = 5$ 个观测。我们要强调的是，在图 10.2 中所看到的并不是科研人员或工程师所用的那条直线。相反，这个图仅仅描述了该假设的含义是什么。下面我们将对所采纳的回归直线进行介绍。

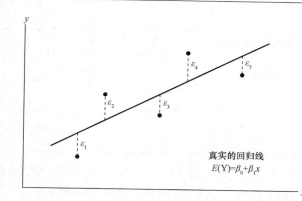

图 10.2　假设数据（x，y）分散在 $n=5$ 的真实回归直线附近

10.2.1　拟合回归线

回归分析很重要的一个方面就是可以非常简单地估计参数 β_0 和 β_1（即估计所谓的回归系数）。在下一节我们会对估计方法进行讨论。假定以 b_0 和 b_1 表示 β_0 和 β_1 的估计，则估出的直线或回归线为：

$$\hat{y} = b_0 + b_1 x$$

式中，$\hat{y}$ 为预测值或拟合值。显然，拟合直线为真实回归线的一个估计。我们希望在可以获取到大量数据的情况下，拟合直线是接近于真实回归线的。在下面的例子中，我们将举例说明适用于现实生活中污染问题的拟合直线。

水污染控制领域所面临的最具挑战性的问题中，有一个是由皮革制造业造成的。由于制革厂的废弃物是化合物，因此其特征就是，生化需氧量、挥发性固体量、其他的污染测度值都很高。我们考察如表 10.1 所示的试验数据，它们是弗吉尼亚理工大学所开展的一项研究中，从已经过化学处理的废弃物中选出的 33 个样品。表中的 x 是固体总量减少的百分比，y 是化学需氧量减少的百分比。

表 10.1　观测到固体和化学需氧量减少的值

固体减少量 x（%）	需氧量减少量 y（%）	固体减少量 x（%）	需氧量减少量 y（%）
3	5	36	34
7	11	37	36
11	21	38	38
15	16	39	37
18	16	39	36
27	28	39	45
29	27	40	39
30	25	41	41
30	35	42	40
31	30	42	44
31	40	43	37
32	32	44	44

续前表

固体减少量 x（%）	需氧量减少量 y（%）	固体减少量 x（%）	需氧量减少量 y（%）
33	34	45	46
33	32	46	46
34	34	47	49
36	37	50	51
36	38		

我们将表10.1中的数据绘制成了如图10.3所示的散点图。通过对散点图的考察，我们发现这些点都在一条直线附近，这说明这两个变量之间的线性假设是合理的。

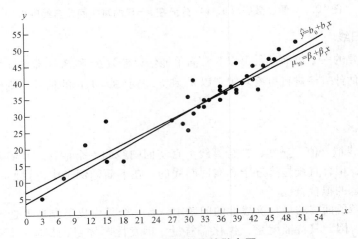

图10.3　带回归线的散点图

在图10.3的散点图中我们绘制出了拟合回归线和假定的真实回归线。我们在10.3节讨论估计方法时将重新回到这个例子。

10.2.2　从另一个视角来看待模型假设

重新回到前面所讲述的简单线性回归模型，并从图形角度来讨论它是如何与所谓的真实回归之间建立的联系，都是对我们大有裨益的。下面我们在图10.2的基础上进行扩展，不仅说明 ϵ_i 在图形上所处的位置，还说明有关 ϵ_i 的正态性假定是什么含义。

假定有一个 $n=6$ 的简单线性回归，x 值均匀地分布，且每个 x 值都对应于唯一一个 y 值。我们来考察图10.4。该图向读者清晰地展示了所涉及的模型和假设。图中的直线是真实的回归线。而分散在该回归线附近的点则是真实的 (y, x) 值。每个点都在各自的正态分布范围内，而每个正态分布的中心（即 y 的均值）都位于直线上。这正是我们预期的结果，因为 $E(Y) = \beta_0 + \beta_1 x$。这样一来，真实的回归线是贯穿响应变量均值的，而真实的观测则分散在其分布的均值附近。我们也注意到，所有的分布都具有相同的方差，即我们所指的 σ^2。当然，每个 y 和落在直线上的点之间的偏差则是相应的 ϵ 值。这一点是显然的，因为

$$y_i - E(Y_i) = y_i - (\beta_0 + \beta_1 x_i) = \epsilon_i$$

这样一来，在给定 x 时，Y 及相应的 ϵ 两者的方差都为 σ^2。

同时请注意，我们在此将真实回归线写成 $\mu_{Y|x} = \beta_0 + \beta_1 x$，以重申该回归线是穿过随机变量 Y 的均值的。

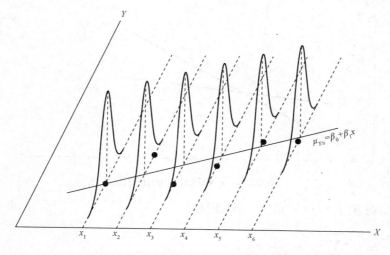

图 10.4　在真实回归线附近的各个观测

10.3　最小二乘和拟合模型

在这一节，我们将讨论根据数据来拟合一条估计回归线的方法。这等价于确定 β_0 的估计值 b_0 和 β_1 的估计值 b_1。当然，这有利于我们通过拟合直线 $\hat{y} = b_0 + b_1 x$ 来计算预测值，也有利于我们进行其他类型的分析并得到诊断信息，使得我们可以确定这种关系的强度和拟合模型的适用性。在讨论最小二乘估计法之前，我们要先介绍一下**残差**的概念，这一点非常重要。残差本质上是拟合模型 $\hat{y} = b_0 + b_1 x$ 的过程中所产生的误差。

残差：拟合误差

给定回归数据集 $\{(x_i, y_i); i = 1, 2, \cdots, n\}$ 及回归模型 $\hat{y}_i = b_0 + b_1 x_i$，则第 i 个残差 e_i 为

$$e_i = y_i - \hat{y}_i, \qquad i = 1, 2, \cdots, n$$

显然，如果 n 个残差都很大，那么这个模型的拟合效果就不好。小的残差是模型拟合得好的一个标志。有时非常有用的另一组有趣的关系如下：

$$y_i = b_0 + b_1 x_i + e_i$$

应用上述方程式则可以分清残差 e_i 和理论上的模型误差 ϵ_i 之间的差别。读者必须谨记，ϵ_i 是观测不到的，而 e_i 不仅是观测到的，而且在整个分析中发挥了重要的作用。

图 10.5 给出了对这个数据集的拟合直线，即 $\hat{y} = b_0 + b_1 x$，以及表示 $\mu_{Y|x} = \beta_0 + \beta_1 x$ 的那条直线。当然，β_0 和 β_1 都是未知参数。拟合直线是对根据统计模型所得到的直线的一个估计。需要谨记的是，直线 $\mu_{Y|x} = \beta_0 + \beta_1 x$ 是未知的。

10.3.1　最小二乘法

我们要求 β_0 和 β_1 的估计值 b_0 和 b_1 以使得残差平方和最小。残差平方和通常称为关于回归直线的误差平方和，记作 SSE。采用这样的极小化方法来估计参数的做法即称为**最小二乘法**。这样一来，我们应当求得 b_0 和 b_1 以使

$$SSE = \sum_{i=1}^{n} e_i^2 = \sum_{i=1}^{n} (y_i - \hat{y}_i)^2 = \sum_{i=1}^{n} (y_i - b_0 - b_1 x_i)^2$$

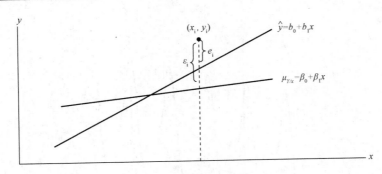

图 10.5 ϵ_i 和残差 e_i 的比较图

达到极小值。对 SSE 关于 b_0 和 b_1 求导，则我们有

$$\frac{\partial(SSE)}{\partial b_0} = -2\sum_{i=1}^{n}(y_i - b_0 - b_1 x_i)$$

$$\frac{\partial(SSE)}{\partial b_1} = -2\sum_{i=1}^{n}(y_i - b_0 - b_1 x_i)x_i$$

令这两个偏导数为 0，并重新整理各项，可得下述方程式（称为**正则方程组**）：

$$nb_0 + b_1\sum_{i=1}^{n}x_i = \sum_{i=1}^{n}y_i$$

$$b_0\sum_{i=1}^{n}x_i + b_1\sum_{i=1}^{n}x_i^2 = \sum_{i=1}^{n}x_i y_i$$

从正则方程组中我们可以同时解出 b_0 和 b_1。

估计回归系数

给定样本 $\{(x_i, y_i); i = 1, 2, \cdots, n\}$，回归系数 β_0 和 β_1 的最小二乘估计 b_0 和 b_1 可由下式计算得到：

$$b_1 = \left[n\sum_{i=1}^{n}x_i y_i - \left(\sum_{i=1}^{n}x_i\right)\left(\sum_{i=1}^{n}y_i\right)\right] \Big/ \left[n\sum_{i=1}^{n}x_i^2 - \left(\sum_{i=1}^{n}x_i\right)^2\right]$$

$$= \sum_{i=1}^{n}(x_i - \bar{x})(y_i - \bar{y}) \Big/ \sum_{i=1}^{n}(x_i - \bar{x})^2$$

$$b_0 = \left[\sum_{i=1}^{n}y_i - b_1\sum_{i=1}^{n}x_i\right]\Big/ n = \bar{y} - b_1\bar{x}$$

在下面的例子中我们将利用表 10.1 中的数据来计算 b_0 和 b_1 的值。

例 10.1   估计表 10.1 中污染数据的回归直线。

解： 由于根据题意我们有

$$\sum_{i=1}^{33}x_i = 1\,104$$

$$\sum_{i=1}^{33}y_i = 1\,124$$

$$\sum_{i=1}^{33}x_i y_i = 41\,355$$

$$\sum_{i=1}^{n} x_i^2 = 41\ 086$$

因此

$$b_0 = \frac{(33)(41\ 355) - (1\ 104)(1\ 124)}{(33)(41\ 086) - (1\ 104)^2} = 0.903\ 643$$

$$b_1 = \frac{1\ 124 - (0.903\ 643)(1\ 104)}{33} = 3.829\ 633$$

这样一来，我们有估计的回归直线

$$\hat{y} = 3.829\ 6 + 0.903\ 6x$$

使用例 10.1 中的回归直线，当固体总量减少 30% 时，我们可以预测得到化学需氧量会减少 31%。化学需氧量减少 31% 这个事实可以解释为，这是对总体均值 $\mu_{Y|x}$ 的一个估计，或者可以看做当固体总量减少 30% 时对新观测值的一个估计。不过，这个估计值要受到误差的影响。即使我们可以控制试验并使得固体总量减少 30%，我们测量到化学需氧量所减少的值也不可能正好等于 31%。事实上，记录在表 10.1 中的原始数据说明，固体物总量减少 30% 的时候，需氧量减少的值为 25% 和 35%。

10.3.2　最小二乘的优势

需要注意的是，我们使用最小二乘准则旨在给出这样一条拟合直线：使得该直线和图形中的点之间非常接近。有许多方法可用以测度两者之间的接近度。比如，我们可以通过极小化 $\sum_{i=1}^{n} |y_i - \hat{y}_i|$ 或 $\sum_{i=1}^{n} |y_i - \hat{y}_i|^{1.5}$ 来确定 b_0 和 b_1 的值。这些都是可行且合理的方法。需要注意的是，在某种意义上，这些方法和最小二乘法都能使得残差达到极小值。读者应当还记得，残差是 ϵ 值的经验值。图 10.6 给出了一组残差。我们可以看到，拟合直线上的点就是数据点的预测值，所以残差就是从数据点到拟合直线上的垂直离差。这样一来，最小二乘法所估计出来的这条直线能够极小化从数据点到拟合直线在垂直方向上的离差平方和。

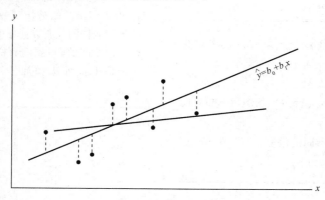

图 10.6　作为垂直离差的残差

习　题

10.1　在由弗吉尼亚理工大学开展的一项研究中，要确定某种静态臂力测度是否对具有动态推举特征的个体具有影响。对 25 个人进行了力量测试，然后对其进行举重测试，在该测试中要求举重人员将重物推举过头。以下是所获得的观测值。

个体	臂力 x	动态推举 y
1	17.3	71.7
2	19.3	48.3
3	19.5	88.3
4	19.7	75.0
5	22.9	91.7
6	23.1	100.0
7	26.4	73.3
8	26.8	65.0
9	27.6	75.0
10	28.1	88.3
11	28.2	68.3
12	28.7	96.7
13	29.0	76.7
14	29.6	78.3
15	29.9	60.0
16	29.9	71.7
17	30.3	85.0
18	31.3	85.0
19	36.0	88.3
20	39.5	100.0
21	40.4	100.0
22	44.3	100.0
23	44.6	91.7
24	50.4	100.0
25	55.9	71.7

（a）请估计线性回归线 $\mu_{Y|x} = \beta_0 + \beta_1 x$ 的参数 β_0 和 β_1。

（b）请计算 $\mu_{Y|30}$ 的点估计。

（c）请绘制出残差与 x（臂力）的图形，并对此进行评论。

10.3 某化学合成物在不同的水温 x 下，在 100 克水中的溶解量 y 的数据如下。

x（℃）	y（克）		
0	8	6	8
15	12	10	14
30	25	21	24
45	31	33	28
60	44	39	42
75	48	51	44

（a）请建立回归线的方程式。

（b）请在散点图中表示出这条直线。

（c）请估计出在 50℃ 时，溶解于 100 克水中化学物质的量是多少。

10.5 在一项研究中，对食糖在不同温度下的变化过程进行了研究，并将其数据编码记录如下。

温度 x	糖转化量 y
1.0	8.1
1.1	7.8
1.2	8.5
1.3	9.8
1.4	9.5
1.5	8.9
1.6	8.6
1.7	10.2
1.8	9.3
1.9	9.2
2.0	10.5

（a）请估计出线性回归线。

（b）请估计温度编码为 1.75 时平均转化的食糖量。

（c）请绘制出残差与温度的图形，并对此进行评论。

10.7 下表是在丹尼尔（Daniel）和伍德（Wood）在 1971 年出版的著作《数据拟合方程》中称作先导图数据的经典数据集中的一部分。响应变量 y 是用滴定法所得到的有机酸的含量，而回归变量 x 是由提炼法和加压法所得到的有机酸的含量。

y	x	y	x
76	123	70	109
62	55	37	48
66	100	82	138
58	75	88	164
88	159	43	28

（a）请在图形中把这组数据表示出来。简单线性回归是不是适当的模型？

（b）请拟合这组数据的简单线性回归，并估计出其斜率和截距。

（c）请在（a）的图形中绘制出回归线。

10.9 零售商开展了一项研究以确定每周的广告支出与销售收入之间的关系。

广告费（美元）	销售收入（美元）
40	385
20	400
25	395
20	365
30	475
50	440
40	490
20	420
50	560
40	525
25	480
50	510

(a) 请绘制出这组数据的散点图。

(b) 请确定回归直线的方程式以根据广告费预测每周的销售收入。

(c) 请估计出广告费为 35 美元时每周的销售收入。

(d) 请绘制出残差与广告费之间的图形，并对此进行评论。

10.11 发动机的动力 y 是一个关于排气温度 x（单位：℉）的函数。假定其他重要的变量固定不变，考察以下数据。

y	x	y	x
4 300	1 760	4 010	1 665
4 650	1 652	3 810	1 550
3 200	1 485	4 500	1 700
3 150	1 390	3 008	1 270
4 950	1 820		

(a) 请绘制出这组数据的图形。

(b) 请拟合出这组数据的简单线性回归，并绘制出这组数据的回归线。

10.13 在对降雨量和空气污染降低程度的研究中，得到了如下数据。

每日降雨量 x（0.01 厘米）	微粒减少量 y（微克/立方米）
4.3	126
4.5	121
5.9	116
5.6	118
6.1	114
5.2	118
3.8	132
2.1	141
7.5	108

(a) 求回归线的方程式以预测由每天的降雨导致的微粒的减少量。

(b) 如果每天降雨量为 $x=4.8$，请估计微粒的减少量。

10.4 最小二乘估计的性质

除了假设模型

$$Y_i = \beta_0 + \beta_1 x_i + \epsilon_i$$

中的误差项是均值为 0 且具有常数方差 σ^2 的随机变量，我们还需要进一步假设试验中 ϵ_1，ϵ_2，$\cdots$，ϵ_n 是相互独立的。这个假设为我们求解 β_0 和 β_1 的估计量的均值和方差奠定了基础。

记住这一点很重要，即基于有 n 个观测的给定样本，b_0 和 b_1 的值仅仅是真实参数 β_0 和 β_1 的一个估计。如果我们不断地重复该试验，且每一次都使用相同且固定的 x 来进行试验，则 β_0 和 β_1 在各次试验中的估计结果极有可能是不同的。这些不同的估计值可以看做随机变量 B_0 和 B_1 所取到的值，而 b_0 和 b_1 则是其具体的实现值。

由于 x 的值是一直保持固定的，因此 B_0 和 B_1 的值依赖于 y 值的变化，或更准确地说，依赖于随机变量 Y_1，Y_2，$\cdots$，Y_n 的值。前述的分布假设意味着 Y_i，$i=1,2,\cdots,n$ 各自的分布也是独立的，其均值为 $\mu_{Y|x_i} = \beta_0 + \beta_1 x_i$，且具有相同的方差 σ^2。也就是说

$$\sigma^2_{Y|x_i} = \sigma^2, \quad i=1,2,\cdots,n$$

10.4.1 估计量的均值和方差

在接下来的内容中，我们将证明估计量 B_1 是 β_1 的无偏估计量，并给出 B_0 和 B_1 两者的方差的表达式。通过下面的一系列推导可以得到对斜率和截距的假设检验和置信区间估计。

由于估计量

$$B_1 = \sum_{i=1}^{n} (x_i - \bar{x})(Y_i - \bar{Y}) / \sum_{i=1}^{n} (x_i - \bar{x})^2 = \sum_{i=1}^{n} (x_i - \bar{x}) Y_i / \sum_{i=1}^{n} (x_i - \bar{x})^2$$

具有 $\sum_{i=1}^{n} c_i Y_i$ 这种形式，其中

$$c_i = (x_i - \bar{x}) / \sum_{i=1}^{n} (x_i - \bar{x})^2, \qquad i = 1, 2, \cdots, n$$

因此我们可得，B_1 服从 $n(\mu_{B_1}, \sigma_{B_1})$ 分布，且均值和方差为：

$$\mu_{B_1} = \sum_{i=1}^{n} (x_i - \bar{x})(\beta_0 + \beta_1 x_i) / \sum_{i=1}^{n} (x_i - \bar{x})^2 = \beta_1$$

$$\sigma_{B_1}^2 = \sum_{i=1}^{n} (x_i - \bar{x})^2 \sigma_{Y_i}^2 / \left[\sum_{i=1}^{n} (x_i - \bar{x})^2 \right]^2 = \sigma^2 / \sum_{i=1}^{n} (x_i - \bar{x})^2$$

我们还可以证明（见巩固练习 10.60）随机变量 B_0 也服从正态分布，且其均值和方差为：

$$\mu_{B_0} = \beta_0$$

$$\sigma_{B_0}^2 = \left[\sum_{i=1}^{n} x_i^2 / n \sum_{i=1}^{n} (x_i - \bar{x})^2 \right] \sigma^2$$

根据前述结论，易见 β_0 和 β_1 两者的最小二乘估计量都是无偏估计量。

10.4.2 变差总和的分割与 σ^2 的估计

为了对 β_0 和 β_1 进行推断，我们有必要根据 B_0 和 B_1 的上述两个方差表达式来估计出 σ^2。参数 σ^2，即模型的误差方差反映了围绕回归线的随机扰动或试验误差扰动。为了在接下来的内容中讨论方便，我们使用下述符号：

$$S_{xx} = \sum_{i=1}^{n} (x_i - \bar{x})^2$$

$$S_{yy} = \sum_{i=1}^{n} (y_i - \bar{y})^2$$

$$S_{xy} = \sum_{i=1}^{n} (x_i - \bar{x})(y_i - \bar{y})$$

这样一来，我们就可以将误差平方和写成如下形式：

$$SSE = \sum_{i=1}^{n} (y_i - b_0 - b_1 x_i)^2 = \sum_{i=1}^{n} \left[(y_i - \bar{y}) - b_1 (x_i - \bar{x}) \right]^2$$

$$= \sum_{i=1}^{n} (y_i - \bar{y})^2 - 2b_1 \sum_{i=1}^{n} (x_i - \bar{x})(y_i - \bar{y}) + b_1^2 \sum_{i=1}^{n} (x_i - \bar{x})^2$$

$$= S_{yy} - 2b_1 S_{xy} + b_1^2 S_{xx} = S_{yy} - b_1 S_{xy}$$

上式最后一步的根据在于 $b_1 = S_{xy} / S_{xx}$。

定理 10.1 σ^2 的一个无偏估计是

$$\sigma^2 = \frac{SSE}{n-2} = \sum_{i=1}^{n} \frac{(y_i - \hat{y}_i)^2}{n-2} = \frac{S_{yy} - b_1 S_{xy}}{n-2}$$

定理 10.1 的证明留作习题（见巩固练习 10.59）。

10.4.3 σ^2 的估计量作为均方误差

为了获得对 σ^2 估计量的一些直观认识，我们有必要考察一下定理 10.1 的结论。参数 σ^2 测度了 Y 值与其均值 $\mu_{Y|x}$ 之间的方差或离差平方（即 Y 和 $\beta_0 + \beta_1 x$ 之间的离差平方）。当然，$\beta_0 + \beta_1 x$ 是通过 $\hat{y} = b_0 + b_1 x$ 来估计的。这样一来，我们就不难理解为什么方差 σ^2 可以通过代表性观测 y_i 与其均值估计 $\hat{y}_i$ 之间的离差平方被完美地刻画出来，其中 $\hat{y}_i$ 是拟合直线上相应的点。故 $(y_i - \hat{y}_i)^2$ 的值就是相应的方差，就像在非回归情形中我们进行抽样的时候以 $(y_i - \bar{y})^2$ 的值来测度方差一样。换句话说，在后一种简单情形中，我们以 $\bar{y}$ 来估计均值，而在回归分析中我们则使用 $\hat{y}_i$ 来估计 y_i 的均值。还有一点就是，除数 $n-2$ 又具有什么含义？在以后的章节中，我们会看到 $n-2$ 是 σ^2 的估计量 s^2 的自由度。在独立和标准正态分布的情形中，我们只在分母中从 n 中减掉了 1 个自由度，其合理的解释是，待估参数只有一个，即以 $\bar{y}$ 估计的均值 μ，但在回归分析中，待估参数有两个，即以 b_0 和 b_1 来估计 β_0 和 β_1。这样一来，估计形式为：

$$s^2 = \sum_{i=1}^{n} (y_i - \hat{y}_i)^2 / (n-2)$$

的重要参数 σ^2 称为**均方误差**，以刻画残差平方的一种均值形式（除数为 $n-2$）。

10.5 回归系数的推断

除了出于预测目的而对 x 和 Y 之间的线性关系所进行的估计，试验人员可能还关心对斜率和截距进行推断的问题。为了对 β_0 和 β_1 进行假设检验并构建其置信区间，我们必须进一步假设每个 ϵ_i，$i = 1, 2, \cdots, n$ 都服从正态分布。该假设暗含着 $Y_1, Y_2, \cdots, Y_n$ 也是服从正态分布的，且其概率函数为 $n(y_i; \beta_0 + \beta_1 x_i, \sigma)$。

根据 10.4 节我们可以知道，B_1 服从正态分布。这表明在正态性假设下，根据非常类似于定理 7.4 中的结论我们可知，$(n-2)S^2 / \sigma^2$ 是与随机变量 B_1 相互独立的卡方随机变量，且其自由度为 $n-2$。然后，定理 7.5 则确保了统计量

$$T = \frac{(B_1 - \beta_1)/(\sigma/\sqrt{S_{xx}})}{S/\sigma} = \frac{B_1 - \beta_1}{S/\sqrt{S_{xx}}}$$

服从自由度为 $n-2$ 的 t 分布。据此我们可以使用统计量 T 来构造系数 β_1 的 $100(1-\alpha)\%$ 置信区间。

β_1 的置信区间

回归直线 $\mu_{Y|x} = \beta_0 + \beta_1 x$ 中的参数 β_1 的 $100(1-\alpha)\%$ 置信区间为：

$$b_1 - t_{\alpha/2} \frac{s}{\sqrt{S_{xx}}} < \beta_1 < b_1 + t_{\alpha/2} \frac{s}{\sqrt{S_{xx}}}$$

式中，$t_{\alpha/2}$ 是自由度为 $n-2$ 的 t 分布值。

例 10.2 基于表 10.1 中的污染数据，求解回归直线 $\mu_{Y|x} = \beta_0 + \beta_1 x$ 中的参数 β_1 的 95% 置信区间。

解：根据例10.1中的结果，我们可知 $S_{xx} = 4\,152.18$，且 $S_{xy} = 3\,752.09$。此外，我们还可求得 $S_{yy} = 3\,713.88$。因为 $b_1 = 0.903\,643$，这样一来，我们则有

$$s^2 = \frac{S_{yy} - b_1 S_{xy}}{n-2} = \frac{3\,713.88 - (0.903\,643)(3\,752.09)}{31} = 10.429\,9$$

开平方之后则可得 $s = 3.229\,5$。根据附录表 A4 我们可得，自由度为 31 时 $t_{0.025} \approx 2.045$。所以 β_1 的 95% 置信区间

$$0.903\,643 - \frac{(2.045)(3.229\,5)}{\sqrt{4\,152.18}} < \beta_1 < 0.903\,643 + \frac{(2.045)(3.229\,5)}{\sqrt{4\,152.18}}$$

简化后即为：

$$0.801\,2 < \beta_1 < 1.006\,1$$

10.5.1 对斜率的假设检验问题

为了检验零假设 $H_0: \beta_1 = \beta_{10}$ 以及与此相对应的一个适当的备择假设，我们要再次使用自由度为 $n-2$ 的 t 分布来确定临界域，然后基于统计量

$$t = \frac{b_1 - \beta_{10}}{s/\sqrt{S_{xx}}}$$

进行决策。我们用下面的例子来说明该方法。

例 10.3　利用例10.1中的估计值 $b_1 = 0.903\,643$，检验 $\beta_1 = 1.0$ 的零假设以及与其相对应的备择假设 $\beta_1 < 1.0$。

解：根据题意可知，假设为 $H_0: \beta_1 = 1.0 \leftrightarrow H_1: \beta_1 < 1.0$。则

$$t = \frac{0.903\,643 - 1.0}{3.229\,5/\sqrt{4\,152.18}} = -1.92$$

其自由度为 $n-2 = 31$ 且 $P \approx 0.03$。

决策：t 值在 0.03 的水平上是显著的，这是支持 $\beta_1 < 1.0$ 的有力证据。

关于斜率的一个重要的 t 检验为下述假设检验问题：

$$H_0: \beta_1 = 0 \leftrightarrow H_1: \beta_1 \neq 0$$

如果不能拒绝零假设，则结论是，$E(y)$ 和 x 之间没有显著的线性关系。例10.1中数据的图形表明线性关系是存在的。不过，在有些情形中 σ^2 非常大，因此数据中存在非常大的"噪声"，图形虽然有用，但不能为研究人员提供明确的信息。而拒绝上述 H_0 则表明，存在显著的线性关系。

图10.7 所示为 MINITAB 输出的对例10.1数据就

$$H_0: \beta_1 = 0 \leftrightarrow H_1: \beta_1 \neq 0$$

进行 t 检验的结果。观察回归系数（Coef）、标准误（SE Coef）、t 值（T）及 P 值（P）。我们拒绝了零假设。显然，平均化学需氧量减少量和固体减少量之间存在显著的线性关系。其中 t 统计量是由下式计算得到的：

$$t = \frac{系数}{标准误} = \frac{b_1}{s/\sqrt{S_{xx}}}$$

```
Regression Analysis: COD versus Per_Red
The regression equation is COD = 3.83 + 0.904 Per_Red
Predictor          Coef      SE Coef        T        P
Constant          3.830       1.768      2.17    0.038
Per_ Red        0.903 64    0.050 12     18.03   0.000

S = 3.229 54   R-Sq = 91.3%   R-Sq (adj) = 91.0%
Analysis of Variance
Source            DF        SS          MS         F        P
Regression         1      3 390.6     3 390.6    325.08   0.000
Residual Error    31       323.3        10.4
Total             32      3 713.9
```

图 10.7　MINITAB 输出的对例 10.1 的数据进行 t 检验的结果

不能拒绝零假设 $H_0: \beta_1 = 0$ 则说明 Y 和 x 之间不存在线性关系。图 10.8 给出了这样的结果所包含的情形是怎样的。即，可能意味着改变 x 对 Y 的影响很小，如图 10.8（a）所示；不过，也可能意味着两者之间真实的关系是非线性的，如图 10.8（b）所示。

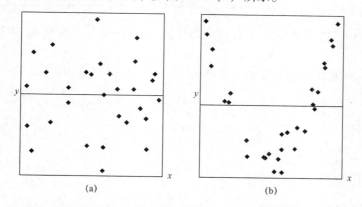

图 10.8　不能拒绝假设 $H_0: \beta_1 = 0$ 的情形

如果拒绝了 $H_0: \beta_1 = 0$，这意味着模型中 x 的线性项解释了 Y 中很大一部分变差。图 10.9 说明了这样的结果中可能存在的情况。如图 10.9（a）所示，拒绝 H_0 表明两者之间的关系确实是线性的；而如图 10.9（b）所示，模型确实存在线性项，不过，要是再包含一个多项式项（可能是二次的），效果会更好（即线性项还不够）。

10.5.2　对截距项的统计推断

我们也可以确定系数 β_0 的置信区间并进行假设检验，因为 B_0 也服从正态分布。不难证明

$$T = \frac{B_0 - \beta_0}{S\sqrt{\sum_{i=1}^{n} x_i^2 / (nS_{xx})}}$$

服从自由度为 $n-2$ 的 t 分布，据此我们可以确定 β_0 的 $100(1-\alpha)\%$ 置信区间。

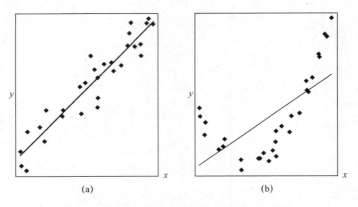

$$(a) \qquad\qquad (b)$$

图 10.9　零假设 H_0：$\beta_1=0$ 被拒绝的情形

β_0 的置信区间

回归直线 $\mu_{Y\mid x}=\beta_0+\beta_1 x$ 中参数 β_0 的 $100(1-\alpha)\%$ 置信区间为：

$$b_0-t_{\alpha/2}\,\frac{s}{\sqrt{nS_{xx}}}\sqrt{\sum_{i=1}^{n}x_i^2}<\beta_0<b_0+t_{\alpha/2}\,\frac{s}{\sqrt{nS_{xx}}}\sqrt{\sum_{i=1}^{n}x_i^2}$$

式中，$t_{\alpha/2}$ 是自由度为 $n-2$ 的 t 分布值。

例 10.4　基于表 10.1 中的数据，求解回归直线 $\mu_{Y\mid x}=\beta_0+\beta_1 x$ 中参数 β_0 的 $100(1-\alpha)\%$ 置信区间。

解： 在例 10.1 和例 10.2 中，我们已经得到

$$S_{xx}=4\,152.18$$
$$s=3.229\,5$$

根据例 10.1，我们有

$$\sum_{i=1}^{n}x_i^2=41\,086$$
$$b_0=3.829\,633$$

根据附录表 A4 我们可知，自由度为 31 的 $t_{0.025}\approx2.045$。这样一来，β_0 的 95% 置信区间为：

$$3.829\,633-\frac{(2.045)(3.229\,5)\sqrt{41\,086}}{\sqrt{(33)(4\,152.18)}}<\beta_0<3.829\,633+\frac{(2.045)(3.229\,5)\sqrt{41\,086}}{\sqrt{(33)(4\,152.18)}}$$

简化后即为 $0.213\,2<\beta_0<7.446\,1$。

为了检验 $\beta_0=\beta_{00}$ 的零假设 H_0，以及与之相对应的一个适当的备择假设，我们可以采用自由度为 $n-2$ 的 t 分布来确定临界域，然后基于统计量

$$t=\frac{b_0-\beta_{00}}{s\sqrt{\sum_{i=1}^{n}x_i^2/(nS_{xx})}}$$

的值进行决策。

例 10.5　根据例 10.1 中的估计值 $b_0=3.829\,633$，在 0.05 的显著性水平上检验 $\beta_0=0$ 的假设，及

与之相对应的备择假设 $\beta_0 \neq 0$。

解: 根据题意已知, 所检验的假设为 $H_0: \beta_0 = 0 \leftrightarrow H_1: \beta_0 \neq 0$, 因此

$$t = \frac{3.829\,633 - 0}{3.229\,5\;\sqrt{41\,086/[(33)(4\,152.18)]}} = 2.17$$

且其自由度为 31。这样一来, 我们有 P 值 ≈ 0.038, 因此结论是 $\beta_0 \neq 0$。我们注意到, 在图 10.7 所示 MINITAB 输出的结果中, 这是 Coef/StDev。而 SE Coef 为估计截距项的标准误。

10.5.3　拟合效果的一个测度: 决定系数

我们注意到, 在图 10.7 中, 有一个被表示为 R-Sq 的项, 其值为 91.3%。R^2 称为**决定系数**。这个量所测度的是能够被拟合模型解释的变差所占的比例。在 10.8 节, 我们将介绍在回归中进行假设检验的方差分析法。方差分析法用到了误差平方和 $SSE = \sum_{i=1}^{n}(y_i - \hat{y}_i)^2$ 和**修正总平方和** $SST = \sum_{i=1}^{n}(y_i - \bar{y}_i)^2$。后者是在理想情况下, 可以由模型解释的响应变量的变差。SSE 值为误差引起的变差, 或者**未被解释的变差**。显然, 如果 $SSE = 0$, 则所有的变差都可以被模型解释。因此, 表示被模型解释的变差这个量即为 $SST - SSE$。R^2 即为:

$$R^2 = 1 - \frac{SSE}{SST}$$

请注意, 如果完全拟合的话, 则所有的残差都为 0, 这样一来, $R^2 = 1.0$。但如果 SSE 仅略微小于 SST, 则 $R^2 \approx 0$。从图 10.7 所示的输出结果可见, 由决定系数说明, 这个拟合数据的模型能解释响应变量即化学需氧量减少量 91.3% 的变差。

如图 10.10 所示,(a)为一个拟合较好的例证, 而(b)则为一个拟合较差($R^2 \approx 0$)的例证。

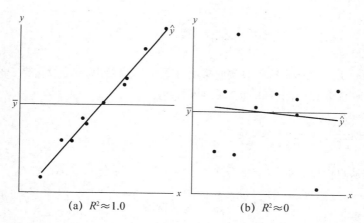

(a) $R^2 \approx 1.0$　　　　　(b) $R^2 \approx 0$

图 10.10　一个拟合较好的模型和一个拟合较差的模型

10.5.4　R^2 在应用中存在的陷阱

分析人员常常要引用 R^2 的值, 可能是出于其简单的原因。不过, 在解释的时候却存在一些陷阱。R^2 的可靠性是回归数据集大小和应用类型的函数。显然, $0 \leqslant R^2 \leqslant 1$, 且在对数据拟合得非常好时达到其上界(即所有残差都为 0)。那么可接受的 R^2 值究竟应该是多大? 这是一个非常难以回答的问题。对于化学家来说, 他要对一台高精度的机器进行线性校准, 自然希望能得到一个较高的 R^2 值(有可能是超过 0.99 的); 而对于行为学家来说, 他所处理的数据由于受到人类行为差异

的影响，能够得到一个 0.70 左右的 R^2 值就称得上万幸了。就某种给定的情形而言，R^2 值足够大则模型拟合就会足够好。显然，在某些科研问题中，相比其他类型的研究问题而言其所建立的模型所具有的精度会更高。

就同一个数据集而言，使用 R^2 准则来对比相互矛盾的模型是非常危险的。因为我们向模型中增加一些项（比如，一个回归项）就会使得 SSE 降低，这样一来 R^2 就会上升（或者说，至少不会使它减少）。这意味着 R^2 可以通过欠考虑的**过度拟合**（即包含太多的模型项）操作而人为地得到提升。这样一来，增加一项不可避免地就要增加 R^2 值，但却并不表明增加的这一项是模型所必需的。事实上，简单的模型对预测响应变量的值可能会更好。我们在第 11 章讨论不止一个回归变量的模型时，会对拟合过度问题及其对模型预测能力的影响进行探讨。基于这个观点，我们不能采用只考虑 R^2 的模型选择方法。

10.6 预测

我们构建线性回归模型存在几个方面的原因。其中之一就是在已知自变量的一个或多个值时来预测响应变量的值。在这一节，我们将主要讨论预测中所存在的误差问题。

方程式 $\hat{y} = b_0 + b_1 x$ 可以用于预测或估计**响应变量的均值** $\mu_{Y|x_0}$ 在 $x = x_0$ 处的值，其中 x_0 不必是一个事先确定的值，或者说该方程式可以用于变量 Y_0 在 $x = x_0$ 处的单个值 y_0。我们可以预期，预测单个值这种情形中的预测误差会高于预测均值时的预测误差。因此，这会影响到预测值的置信区间宽度。

假定试验人员想要构建 $\mu_{Y|x_0}$ 的一个置信区间。我们可以使用点估计量 $\hat{Y}_0 = B_0 + B_1 x_0$ 来估计 $\mu_{Y|x_0} = \beta_0 + \beta_1 x_0$。可以证明 $\hat{Y}_0$ 的抽样分布是正态的，且其均值为：

$$\mu_{\hat{Y}_0|x_0} = E(\hat{Y}_0) = E(B_0 + B_1 x_0) = \beta_0 + \beta_1 x_0 = \mu_{Y|x_0}$$

其方差为：

$$\sigma^2_{\hat{Y}_0} = \sigma^2_{B_0 + B_1 x_0} = \sigma^2_{\bar{Y} + B_1(x_0 - \bar{x})} = \sigma^2 \left[\frac{1}{n} + \frac{(x_0 - \bar{x})^2}{S_{xx}} \right]$$

后者可以由 $\text{Cov}(\bar{Y}, B_1) = 0$ 这个事实而推出（见巩固练习 10.61）。这样一来，响应变量的均值 $\mu_{Y|x_0}$ 的 $100(1 - \alpha)\%$ 置信区间现在可以通过统计量

$$T = \frac{\hat{Y}_0 - \mu_{Y|x_0}}{S\sqrt{1/n + (x_0 - \bar{x})^2/S_{xx}}}$$

构建，该统计量服从自由度为 $n - 2$ 的 t 分布。

$\mu_{Y|x_0}$ 置信区间

响应变量的均值 $\mu_{Y|x_0}$ 的 $100(1 - \alpha)\%$ 置信区间为：

$$\hat{y}_0 - t_{\alpha/2} s \sqrt{\frac{1}{n} + \frac{(x_0 - \bar{x})^2}{S_{xx}}} < \mu_{Y|x_0} < \hat{y}_0 + t_{\alpha/2} s \sqrt{\frac{1}{n} + \frac{(x_0 - \bar{x})^2}{S_{xx}}}$$

式中，$t_{\alpha/2}$ 是自由度为 $n - 2$ 的 t 分布值。

例 10.6 根据表 10.1 中的数据，构建响应变量的均值 $\mu_{Y|x_0}$ 的 95% 置信区间。

解： 根据该回归方程，我们可以知道在固体减少量为 $x_0 = 20\%$ 时

$$\hat{y}_0 = 3.829633 + (0.903643)(20) = 21.9025$$

此外，$\bar{x} = 33.4545$，$S_{xx} = 4152.18$，$s = 3.2295$，且自由度为 31 的 $t_{0.025} \approx 2.045$。因此 $\mu_{Y|20}$ 的 95% 置信区间为：

$$21.9025 - (2.045)(3.2295)\sqrt{\frac{1}{33} + \frac{(20 - 33.4545)^2}{4152.18}} < \mu_{Y|20}$$

$$< 21.9025 + (2.045)(3.2295)\sqrt{\frac{1}{33} + \frac{(20 - 33.4545)^2}{4152.18}}$$

或简化写为 $20.1071 < \mu_{Y|20} < 23.6979$。

对于不同的 x_0，我们可以重复上述计算步骤，得到每个 $\mu_{Y|x_0}$ 的相应置信限。图 10.11 绘出了数据点、估计的回归直线以及均值 $Y|x$ 的上下置信限。

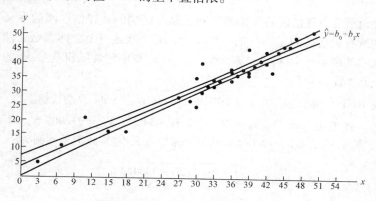

图 10.11　均值 $Y|x$ 的置信限

在例 10.6 中，我们有 95% 的把握确信，在固体量减少 20% 时，总体均值即化学需氧量将减少 20.1071% ~ 23.6979%。

10.6.1　预测区间

另一类通常会被误认为是 $\mu_{Y|x}$ 的置信区间，或与 $\mu_{Y|x}$ 的置信区间相混淆的区间，是未来的一个观测的预测区间。实际上，在许多情形中，相比均值的置信区间而言，科研人员或工程师更在意的是预测区间。在 10.1 节所讲解的关于焦油含量与进气温度的例子中，我们所关心的肯定不仅是对特定温度条件下的平均焦油含量进行估计的问题，还关心在给定温度条件下，就未来所观测到的焦油含量进行预测所产生的误差构建区间的问题。

为了得到变量 Y_0 的任意单值 y_0 的**预测区间**，我们有必要估计出纵坐标方向上的 $\hat{y}_0$ 及与其相对应的真值 y_0 之差的方差，其中 $\hat{y}_0$ 是在估计出的回归直线上位于 $x = x_0$ 点的坐标值。我们可以将 $\hat{y}_0 - y_0$ 看做随机变量 $\hat{Y}_0 - Y_0$ 的取值，而 $\hat{Y}_0 - Y_0$ 的抽样分布为正态的，且其均值为：

$$\mu_{\hat{Y}_0 - Y_0} = E(\hat{Y}_0 - Y_0) = E[B_0 + B_1 x_0 - (\beta_0 + \beta_1 x_0 + \epsilon_0)] = 0$$

方差为：

$$\sigma^2_{\hat{Y}_0 - Y_0} = \sigma^2_{B_0 + B_1 x_0 - \epsilon_0} = \sigma^2_{\bar{Y} + B_1(x_0 - \bar{x}) - \epsilon_0} = \sigma^2\left[1 + \frac{1}{n} + \frac{(x_0 - \bar{x})^2}{S_{xx}}\right]$$

这样一来，单个预测值 y_0 的 $100(1 - \alpha)\%$ 预测区间可以根据服从自由度为 $n - 2$ 的 t 分布的统计量

$$T = \frac{\hat{Y}_0 - Y_0}{S\sqrt{1 + 1/n + (x_0 - \bar{x})^2 / S_{xx}}}$$

而确定。

---

y_0 的预测区间

单个预测值 y_0 的 $100(1-\alpha)\%$ 预测区间为：

$$\hat{y}_0 - t_{\alpha/2} s \sqrt{1 + \frac{1}{n} + \frac{(x_0 - \bar{x})^2}{S_{xx}}} < y_0 < \hat{y}_0 + t_{\alpha/2} s \sqrt{1 + \frac{1}{n} + \frac{(x_0 - \bar{x})^2}{S_{xx}}}$$

式中，$t_{\alpha/2}$ 是自由度为 $n-2$ 的 t 分布值。

显然，正如之前所说，置信区间和预测区间是存在区别的。置信区间的含义与本书中所介绍的关于总体参数的所有置信区间是一样的。事实上，$\mu_{Y|x_0}$ 就是一个总体参数。然而，我们所计算得到的预测区间表示的则是一个区间，该区间有 $1-\alpha$ 的概率包含随机变量 Y_0 的一个未来观测值 y_0，而不是包含一个参数。

例 10.7 根据表 10.1 中的数据，在 $x_0 = 20\%$ 时，构建 y_0 的 95% 预测区间。

解： 根据题意，我们有 $n = 33$，$x_0 = 20$，$\bar{x} = 33.4545$，$\hat{y}_0 = 21.9025$，$S_{xx} = 4152.18$，$s = 3.2295$，且其自由度为 31 的 $t_{0.025} \approx 2.045$。这样一来，y_0 的 95% 预测区间则为：

$$21.9025 - (2.045)(3.2295)\sqrt{1 + \frac{1}{33} + \frac{(20 - 33.4545)^2}{4152.18}} < y_0$$

$$< 21.9025 + (2.045)(3.2295)\sqrt{1 + \frac{1}{33} + \frac{(20 - 33.4545)^2}{4152.18}}$$

简化后即为 $15.0585 < y_0 < 28.7464$。

如图 10.12 所示，我们给出了化学需氧量减少值的数据的另一个图形，其中包含响应变量均值的置信区间和响应变量单个值的预测区间。从图中我们可以看到，就响应变量的均值而言，其围绕回归直线的置信区间的宽度相比更窄。

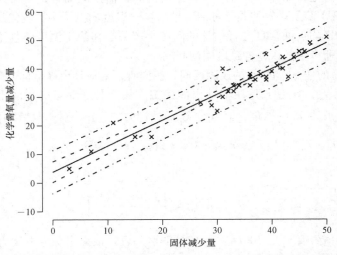

图 10.12 化学需氧量数据的置信区间和预测区间：内部的带为响应变量均值的置信限，外部的带为响应变量未来观测值的预测限

习 题

10.15 回到习题 10.1 中。

(a) 请估计 s^2。

(b) 请在 0.05 的显著性水平上检验 $\beta_1 = 0$ 的零假设与 $\beta_1 \neq 0$ 的备择假设,并对由此得到的决策进行说明。

10.17 回到习题 10.5 中。

(a) 请估计 s^2。

(b) 请构建 β_0 的 95% 置信区间。

(c) 请构建 β_1 的 95% 置信区间。

10.19 请回到习题 10.3 中。

(a) 请估计 s^2。

(b) 请构建 β_0 的 99% 置信区间。

(c) 请构建 β_1 的 99% 置信区间。

10.21 请检验习题 10.9 中 $\beta_1 = 6$ 的零假设与 $\beta_1 < 6$ 的备择假设。请在 0.025 的显著性水平上作答。

10.25 请根据习题 10.17 (a) 中所得的 s^2 来构建对应于习题 10.5 中 $x = 1.6$ 的糖转化量的 95% 置信区间。

10.27 考察某品牌汽车的行驶里程数(英里/加仑)对汽车重量(磅)的回归。以下数据由《消费者报告》杂志(1997 年 4 月刊)提供,图 10.13 所示为回归过程的部分 SAS 结果。

(a) 请估计出某重量为 4 000 磅的汽车所行驶的里程数。

(b) 本田系列的工程师说,在平均意义上,思域(或重量为 2 440 磅的其他型号)的里程超过 30 英里/加仑。基于回归分析的结果,你认为这种说法可信吗?为什么?

(c) 雷克萨斯 ES 300 的设计工程师认为,尽管可能会出现意外变动,但这款车(或重量为 3 390 磅的其他型号)要达到的理想目标是 18 英里/加仑。请问这一目标是否具有现实价值?请进行说明。

			Root MSE		1.487 94	R-Square	0.950 9	
			Dependent Mean		21.500 00	Adj R-Sq	0.944 7	

Parameter Estimates

Variable	DF	Parameter Estimate	Standard Error	t Value	Pr > |t|			
Intercept	1	44.780 18	1.929 19	23.21	<0.000 1			
WT	1	-0.006 86	0.000 551 33	-12.44	<0.000 1			

MODEL	WT	MPG	Predict	LMean	UMean	Lpred	Upred	Residual
GMC	4 520	15	13.772 0	11.975 2	15.568 8	9.898 8	17.645 1	1.228 04
Geo	2 065	29	30.613 8	28.606 3	32.621 3	26.638 5	34.589 1	-1.613 81
Honda	2 440	31	28.041 2	26.414 3	29.668 1	24.243 9	31.838 6	2.958 77
Hyundai	2 290	28	29.070 3	27.296 7	30.843 8	25.207 8	32.932 7	-1.070 26
Infiniti	3 195	23	22.861 8	21.747 8	23.975 8	19.254 3	26.469 3	0.138 25
Isuzu	3 480	21	20.906 6	19.816 0	21.997 2	17.306 2	24.506 9	0.093 41
Jeep	4 090	15	16.721 9	15.321 3	18.122 4	13.015 8	20.427 9	-1.721 85
Land	4 535	13	13.669 1	11.857 0	15.481 1	9.788 8	17.549 3	-0.669 05
Lexus	3 390	22	21.524 0	20.439 0	22.609 1	17.925 3	25.122 7	0.475 99
Lincoln	3 930	18	17.819 5	16.537 9	19.101 1	14.156 8	21.482 2	0.180 51

图 10.13 习题 10.27 的 SAS 分析结果

10.29 请根据下述数据集:

y	x
7	2
50	15
100	30
40	10
70	20

(a) 绘制出图形。

(b) 拟合出过原点的回归线。

(c) 在数据图中绘制出回归线。

(d) 给出 σ^2 估计量的一般表达式(请以 y_i 和 b_1 来表示)。

(e) 给出 $\mathrm{Var}(\hat{y}_i)$,$i = 1, 2, \cdots, n$ 的表达式。

(f) 请在图形中的回归线附近绘制出平均响应变量值的 95% 置信限。

10.7 对回归模型的选取

至此我们所探讨的单自变量的回归模型都依赖于我们所选取的模型是正确的这个假设,即假

定 $\mu_{Y|x}$ 与 x 关于参数是线性相关的。不过，如果没有在模型中考虑的几个自变量都对响应变量有影响，且它们也是变化的，则不能预期对响应变量所做的预测都是非常好的。此外，如果 $\mu_{Y|x}$ 与 x 之间关系在所考虑变量的取值范围内是非线性的，那么此时的预测也肯定是不恰当的。

通常，我们都会使用简单线性回归模型，即使已知其真实的模型不是线性的，或真正的相关结构未知。这种方法的效果通常很好，尤其是在 x 的取值范围较窄时。这样一来，我们所使用的模型则变成了一个近似函数，而且可以期望该模型能够充分反映我们所关心区域内的真实情况。不过，读者应该会注意到，不适当的模型对结果所产生的负面影响则到此为止。例如，如果真实模型是不止 x 变量一个自变量的线性模型，不过试验人员不知道这一点，比如

$$\mu_{Y|x_1,x_2} = \beta_0 + \beta_1 x_1 + \beta_2 x_2$$

则普通最小二乘估计为 $b_1 = S_{xy}/S_{xx}$。计算结果只考虑了试验中的 x_1，因此一般这个结果是 β_1 的有偏估计，其偏倚为另一个系数 β_2 的函数（见巩固练习 10.65）。同样，由于没有考虑到另一个自变量，σ^2 的估计 s^2 也是有偏的。

10.8 方差分析

我们通常会使用**方差分析**法来处理估计回归直线的效果问题，该方法将因变量的总变差分解为几个有意义的部分，而这几个部分都是可以观测到的，因此我们就可以用系统的方法来处理。我们在第 12 章介绍方差分析时会讲到，该方法是存在多方面应用的有效工具。

假定有 n 个试验数据点，通常记作 (x_i, y_i) 这种形式，且假定我们已经估出了回归直线。在 10.4 节估计 σ^2 时，我们得到了如下等式：

$$S_{yy} = b_1 S_{xy} + SSE$$

而另一个可选且信息更丰富的表达式为：

$$\sum_{i=1}^{n} (y_i - \bar{y})^2 = \sum_{i=1}^{n} (\hat{y}_i - \bar{y})^2 + \sum_{i=1}^{n} (y_i - \hat{y}_i)^2$$

这样一来，我们就将 y 的总修正平方和分割成了两个部分，这两个部分对试验人员而言都能反映特殊的含义。在此我们将其以符号形式表示如下：

$$SST = SSR + SSE$$

其中等式右端的第一项 SSR 称为**回归平方和**，即为假定的直线；第二项则是我们所熟悉的误差平方和，它所反映的是回归直线的变差。

假定我们所关心的假设检验问题是

$$H_0: \beta_1 = 0 \leftrightarrow H_1: \beta_1 \neq 0$$

其中零假设本质上表示的是模型 $\mu_{Y|x} = \beta_0$。也就是说，因偶然性或随机波动使 Y 产生的变动是与 x 的值相互独立的。这种情形如图 10.10（b）所示。在零假设的条件下，可以证明 SSR/σ^2 和 SSE/σ^2 是相互独立的，且其自由度分别为 1 和 $n-2$，SST/σ^2 也是卡方随机变量，其自由度为 $n-1$。为了检验上述假设，我们计算

$$f = \frac{SSR/1}{SSE/(n-2)} = \frac{SSR}{s^2}$$

如果 $f > f_\alpha(1, n-2)$，则在 α 的显著性水平上拒绝零假设 H_0。

上述计算过程通常可以归结为**方差分析表**，如表 10.2 所示。习惯上我们将各类平方和除以其相应的自由度得到相应的**均方**。

表 10.2 检验 $\boldsymbol{\beta}_1 = 0$ 的方差分析

方差来源	平方和	自由度	均方	f 值
回归	SSR	1	SSR	$\dfrac{SSR}{s^2}$
误差	SSR	$n-2$	$s^2 = \dfrac{SSE}{n-2}$	
合计	SST	$n-1$		

如果拒绝零假设，也就是说，如果 F 统计量的实现值大于临界值 $f_\alpha(1, n-2)$，则我们的结论是，响应变量的很大一部分变差都可以由假设模型，即直线函数来解释。如果 F 统计量没有落入拒绝域，则说明数据中没有反映出支持该假设模型的足够证据。

在 10.5 节中，我们给出了使用统计量

$$T = \frac{B_1 - \beta_{10}}{S/\sqrt{S_{xx}}}$$

来检验假设

$$H_0 : \beta_1 = \beta_{10} \leftrightarrow H_1 : \beta_1 \neq \beta_{10}$$

的方法，其中 T 服从自由度为 $n-2$ 的 t 分布。如果在 α 的显著性水平上 $|t| > t_{\alpha/2}$，则拒绝该假设。一个需要注意的有趣地方是，在检验

$$H_0 : \beta_1 = 0 \leftrightarrow H_1 : \beta_1 \neq 0$$

这种特殊情形时，T 统计量的值则变成

$$t = \frac{b_1}{s/\sqrt{S_{xx}}}$$

而且我们所考察的假设此时和我们在表 10.2 中所检验的假设问题是一致的。也就是说，零假设说明响应变量的变化主要是由偶然性因素引起的。方差分析所采用的是 F 分布，而不是 t 分布。对于双边的备择假设而言，这两种方法是等价的。这一点我们可以从下式证得：

$$t^2 = \frac{b_1^2 S_{xx}}{s^2} = \frac{b_1 S_{xy}}{s^2} = \frac{SSR}{s^2}$$

可见，它与方差分析中所使用的 f 值是一致的。也就是说，自由度为 v 的 t 分布与自由度为 1 和 v 的 F 分布之间存在下述基本关系：

$$t^2 = f(1, v)$$

当然，对于 t 分布我们是可以就单边备择假设进行检验的，而 F 分布则要受限为双边备择假设。

10.8.1 简单线性回归的计算机输出结果

我们再次考察表 10.1 中的化学需氧量数据。如图 10.14 和图 10.15 所示，我们给出了更完整的计算机输出结果。我们所使用的软件仍然是 MINITAB。t 值的比率所在的列是我们对参数是否为零值的零假设所进行的假设检验。术语 "Fit" 表示的是 $\hat{y}$ 的值，通常称为**拟合值**。术语 "SE Fit" 用来计算响应变量均值的置信区间。而 R^2 这一项是由 $(SSR/SST) \times 100$ 计算得到的，它表示的是

y 的变差中能被回归直线解释的比例。在图中我们还可以看到关于响应变量均值的置信区间以及对新观测的预测区间。

```
The regression equation is COD = 3.83 + 0.904 Per_Red
Predictor      Coef   SE Coef      T       P
 Constant     3.830    1.768     2.17   0.038
   Per_Red  0.903 64  0.050 12  18.03   0.000
S = 3.229 54   R-Sq = 91.3%   R-Sq(adj) = 91.0%
                  Analysis of Variance
Source            DF       SS       MS        F       P
Regression         1   3 390.6   3 390.6   325.08   0.000
Residual Error    31    323.3     10.4
Total             32   3 713.9
```

Obs	Per_Red	COD	Fit	SE Fit	Residual	St Resid
1	3.0	5.000	6.541	1.627	-1.541	-0.55
2	36.0	34.000	36.361	0.576	-2.361	-0.74
3	7.0	11.000	10.155	1.440	0.845	0.29
4	37.0	36.000	37.264	0.590	-1.264	-0.40
5	11.0	21.000	13.770	1.258	7.230	2.43
6	38.0	38.000	38.168	0.607	-0.168	-0.05
7	15.0	16.000	17.384	1.082	-1.384	-0.45
8	39.0	37.000	39.072	0.627	-2.072	-0.65
9	18.0	16.000	20.095	0.957	-4.095	-1.33
10	39.0	36.000	39.072	0.627	-3.072	-0.97
11	27.0	28.000	28.228	0.649	-0.228	-0.07
12	39.0	45.000	39.072	0.627	5.928	1.87
13	29.0	27.000	30.035	0.605	-3.035	-0.96
14	40.0	39.000	39.975	0.651	-0.975	-0.31
15	30.0	25.000	30.939	0.588	-5.939	-1.87
16	41.0	41.000	40.879	0.678	0.121	0.04
17	30.0	35.000	30.939	0.588	4.061	1.28
18	42.0	40.000	41.783	0.707	-1.783	-0.57
19	31.0	30.000	31.843	0.575	-1.843	-0.58
20	42.0	44.000	41.783	0.707	2.217	0.70
21	31.0	40.000	31.843	0.575	8.157	2.57
22	43.0	37.000	42.686	0.738	-5.686	-1.81
23	32.0	32.000	32.746	0.567	-0.746	-0.23
24	44.0	44.000	43.590	0.772	0.410	0.13
25	33.0	34.000	33.650	0.563	0.350	0.11
26	45.0	46.000	44.494	0.807	1.506	0.48
27	33.0	32.000	33.650	0.563	-1.650	-0.52
28	46.0	46.000	45.397	0.843	0.603	0.19
29	34.0	34.000	34.554	0.563	-0.554	-0.17
30	47.0	49.000	46.301	0.881	2.699	0.87
31	36.0	37.000	36.361	0.576	0.639	0.20
32	50.0	51.000	49.012	1.002	1.988	0.65
33	36.0	38.000	36.361	0.576	1.639	0.52

图 10.14　MINITAB 输出的化学需氧量数据的简单线性回归；第一部分

10.9　回归问题中线性性的检验：具有重复观测的数据

在某些类型的试验中，对于每个 x 值，研究人员都有可能得到响应变量的重复观测。虽然要估计出 β_0 和 β_1 并不一定需要有重复数据，但是重复观测却使得试验人员可以获取到有关模型适当性的定量信息。事实上，如果观测到了重复数据，试验人员就可以通过显著性检验来判断模型是否恰当。

假设我们选取了包含 n 个观测的一个随机样本，其中 x 有 k 个不同的值，比如 x_1，x_2，$\cdots$，x_k，且样本中对应于 x_1 的随机变量 Y_1 的观测有 n_1 个，对应于 x_2 的随机变量 Y_2 的观测有 n_2 个，$\cdots$，对应于 x_k 的随机变量 Y_k 的观测有 n_k 个。我们必然有 $n = \sum_{i=1}^{k} n_i$。

Obs	Fit	SE Fit	95% CI	95% PI
1	6.541	1.627	(3.223, 9.858)	(-0.834, 13.916)
2	36.361	0.576	(35.185, 37.537)	(29.670, 43.052)
3	10.155	1.440	(7.218, 13.092)	(2.943, 17.367)
4	37.264	0.590	(36.062, 38.467)	(30.569, 43.960)
5	13.770	1.258	(11.204, 16.335)	(6.701, 20.838)
6	38.168	0.607	(36.931, 39.405)	(31.466, 44.870)
7	17.384	1.082	(15.177, 19.592)	(10.438, 24.331)
8	39.072	0.627	(37.793, 40.351)	(32.362, 45.781)
9	20.095	0.957	(18.143, 22.047)	(13.225, 26.965)
10	39.072	0.627	(37.793, 40.351)	(32.362, 45.781)
11	28.228	0.649	(26.905, 29.551)	(21.510, 34.946)
12	39.072	0.627	(37.793, 40.351)	(32.362, 45.781)
13	30.035	0.605	(28.802, 31.269)	(23.334, 36.737)
14	39.975	0.651	(38.648, 41.303)	(33.256, 46.694)
15	30.939	0.588	(29.739, 32.139)	(24.244, 37.634)
16	40.879	0.678	(39.497, 42.261)	(34.149, 47.609)
17	30.939	0.588	(29.739, 32.139)	(24.244, 37.634)
18	41.783	0.707	(40.341, 43.224)	(35.040, 48.525)
19	31.843	0.575	(30.669, 33.016)	(25.152, 38.533)
20	41.783	0.707	(40.341, 43.224)	(35.040, 48.525)
21	31.843	0.575	(30.669, 33.016)	(25.152, 38.533)
22	42.686	0.738	(41.181, 44.192)	(35.930, 49.443)
23	32.746	0.567	(31.590, 33.902)	(26.059, 39.434)
24	43.590	0.772	(42.016, 45.164)	(36.818, 50.362)
25	33.650	0.563	(32.502, 34.797)	(26.964, 40.336)
26	44.494	0.807	(42.848, 46.139)	(37.704, 51.283)
27	33.650	0.563	(32.502, 34.797)	(26.964, 40.336)
28	45.397	0.843	(43.677, 47.117)	(38.590, 52.205)
29	34.554	0.563	(33.406, 35.701)	(27.868, 41.239)
30	46.301	0.881	(44.503, 48.099)	(39.473, 53.128)
31	36.361	0.576	(35.185, 37.537)	(29.670, 43.052)
32	49.012	1.002	(46.969, 51.055)	(42.115, 55.908)
33	36.361	0.576	(35.185, 37.537)	(29.670, 43.052)

图 10. 15 MINITAB 输出的化学需氧量数据的简单线性回归；第二部分

我们定义：

y_{ij} = 随机变量 Y_k 的第 j 个值

$y_{i.} = T_{i.} = \sum_{j=1}^{n_i} y_{ij}$

$\bar{y}_{i.} = \dfrac{T_{i.}}{n_i}$

这样一来，如果获取了 $n_4 = 3$ 时对应于 $x = x_4$ 的 Y 值，则我们可以将它们表示为 y_{41}，y_{42}，y_{43}，故

$T_{i.} = y_{41} + y_{42} + y_{43}$

10. 9. 1 拟合不足的概念

误差平方和由两个部分组成：一部分是在所给定 x 的取值范围内 Y 的变差，另一部分则是**拟合不足**所贡献的。第一部分反映的仅仅是随机变差因素，或**纯粹的试验误差**；而第二部分则是对由高阶项引起的系统变差的测度。也就是说，在我们的例子中，这些都是线性部分或一阶 x 项以外的项所贡献的。需要注意的是，在选取线性模型的时候，我们本质上假定第二部分是不存在的，因此误差平方和完全是由随机误差引起的。如果这个假设成立的话，则 $s^2 = SSE/(n-2)$ 即为 σ^2 的一个无偏估计。不过，如果该模型没有较好地拟合数据的话，误差平方和则会被放大，并由此使得对 σ^2 的估计也是有偏的。在存在重复观测的情形中，无论模型是否能拟合数据，我们总可以求

得关于 σ^2 的一个无偏估计，只需简单地对 k 个不同的 x 计算

$$s_i^2 = \frac{\sum_{j=1}^{n_i}(y_{ij} - \bar{y}_{i.})^2}{n_i - 1}, \quad i = 1,2,\cdots,k$$

然后再将这些方差合并，则有

$$s^2 = \frac{\sum_{i=1}^{k}(n_i - 1)s_i^2}{n-k} = \frac{\sum_{i=1}^{k}\sum_{j=1}^{n_i}(y_{ij} - \bar{y}_{i.})^2}{n-k}$$

s^2 的分子为**纯试验误差的测度**。将误差平方和划分为代表纯误差和拟合不足所贡献的两个部分的方法如下。

计算拟合不足的平方和的方法

1. 计算纯误差平方和：

$$\sum_{i=1}^{k}\sum_{j=1}^{n_i}(y_{ij} - \bar{y}_{i.})^2$$

该平方和的自由度为 $n-k$，而由此所得的均方则是 σ^2 的一个无偏估计 s^2。

2. 从误差平方和 SSE 中减去纯误差平方和，即可得拟合不足所贡献的平方和。拟合不足的自由度通过简单的减法 $(n-2) - (n-k) = k-2$ 即可得到。

对回归问题中具有重复观测的响应变量进行检验的计算结果可以归结为表 10.3。

表 10.3　回归问题中线性性检验的方差分析

方差来源	平方和	自由度	均方	f 值
回归	SSR	1	SSR	$\dfrac{SSR}{s^2}$
误差	SSE	$n-2$		
拟合不足	$SSE - SSE(\text{pure})$	$k-2$	$\dfrac{SSE - SSE(\text{pure})}{k-2}$	$\dfrac{SSE - SSE(\text{pure})}{s^2(k-2)}$
纯误差	$SSE(\text{pure})$	$n-k$	$s^2 = \dfrac{SSE(\text{pure})}{n-k}$	
合计	SST	$n-1$		

如图 10.16 和图 10.17 所示，我们给出了正确模型和错误模型情形中的样本点。在图 10.16 中，$\mu_{Y|x}$ 是落在直线上的，如果假设模型是线性的，则不存在拟合不足的情况，因此在回归直线附近的样本变差是由重复观测的变差引起的纯误差。而在图 10.17 中，$\mu_{Y|x}$ 显然没有落在一条直线上，除了所存在的纯误差，因模型的选取错误而引起的拟合不足则解释了回归直线附近的大部分变差。

10.9.2　检测拟合不足情况的重要性

在应用回归分析的实例中，拟合不足的概念极其重要。事实上，随着我们所研究的问题或内在的机制越来越复杂，构建或设计一个能解释拟合不足情况的试验也越来越关键。当然，没有人能肯定他所假定的模型结构总是正确的，甚至总是适当的，这里的模型结构为线性回归模型。通过下面的例子我们说明了，应该如何将误差平方和分成纯误差和拟合不足所贡献的两个部分。在 α 的显著性水平上，我们可以通过对比拟合不足的均方除以 s^2 后的值与 $f_\alpha(k-2, n-k)$ 两者的大小来检验模型适当与否。

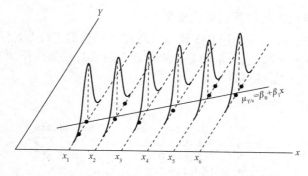

图 10.16　不存在拟合不足情况的正确的线性模型

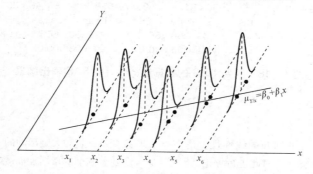

图 10.17　存在拟合不足情况的错误的线性模型

例 10.8　我们记录了不同的温度条件下某个化学反应所产生的化合物的量，如表 10.4 所示。估计线性模型 $\mu_{Y|x} = \beta_0 + \beta_1 x$，并检验是否存在拟合不足的情况。

表 10.4　例 10.8 的数据

y（%）	x（℃）	y（%）	x（℃）
77.4	150	88.9	250
76.7	150	89.2	250
78.2	150	89.7	250
84.1	200	94.8	300
84.5	200	94.7	300
83.7	200	95.8	300

解：计算结果如表 10.5 所示。

表 10.5　产量—温度数据的方差分析

方差来源	平方和	自由度	均方	f 值	P 值
回归	509.250 7	1	509.250 7	1 531.58	< 0.000 1
误差	3.866 0	10			
拟合不足	1.206 0	2	0.603 0	1.81	0.224 1
纯误差	2.660 0	8	0.332 5		
合计	513.116 7	11			

结论：分解总变差的结果表明，线性模型能解释较大部分的变差，而因拟合不足引起的变差并不显著。这样一来，根据试验数据，并没有在该模型中考察高于一阶项的必要，所以我们不能拒绝零假设。

10.9.3 检验拟合不足情况的计算机输出结果

如图 10.18 所示，我们给出了利用 SAS 软件对例 10.8 的数据进行方差分析的计算机输出结果。请注意，"LOF" 的自由度为 2，它表示的是 2 阶项和 3 阶项对模型所作的贡献，而 P 值为 0.22，这说明线性模型（即 1 阶）是适当的。

```
Dependent Variable: yield
                                    Sum of
Source                  DF         Squares      Mean Square    F Value    Pr > F
Model                    3    510.456 666 7    170.152 222 2    511.74   <0.000 1
Error                    8      2.660 000 0      0.332 500 0
Corrected Total         11    513.116 666 7
            R-Square       Coeff Var     Root MSE      yield Mean
            0.994 816      0.666 751     0.576 628      86.483 33
Source                  DF      Type I SS      Mean Square    F Value    Pr > F
temperature              1    509.250 666 7    509.250 666 7  1 531.58   <0.000 1
LOF                      2      1.206 000 0      0.603 000 0       1.81    0.224 1
```

图 10.18 对例 10.8 的数据进行分析的 SAS 输出结果

习 题

10.31 请检验习题 10.3 中的回归的线性性。请在 0.05 的显著性水平上作答，并对此进行评论。

10.35 下述数据是关于化学过程中反应温度 x 对转化百分比 y 的影响的一项调查的结果（见 Myers，Montgomery and Anderson-Cook，2009）。请拟合出简单线性回归模型，并使用拟合不足检验来判断该模型是否适当。请就此进行说明。

观测	温度 x（℃）	转化率 y（%）
1	200	43
2	250	78
3	200	69
4	250	73
5	189.65	48
6	260.35	78
7	225	65
8	225	74
9	225	76
10	225	79
11	225	83
12	225	81

10.37 复合剂被用来制作农药。不过，重要的是要研究农药对被喷洒物种的影响。在由弗吉尼亚理工大学渔业和野生动物学系开展的一项名为"农药对野生物种的一些影响"的实验室条件下的研究中，把不同剂量的某种复合剂农药分给 5 组老鼠，每组 5 只。这 25 只雌鼠的年龄相同，健康状况也相似。一组老鼠没有接受化学药品。基本响

应变量 y 是对大脑活动的一个测度。假设大脑活动会随着制剂的量增加而减少。数据如下表所示。

动物	剂量 x（毫克/千克，体重）	活动量 y（摩尔/升/分钟）
1	0.0	10.9
2	0.0	10.6
3	0.0	10.8
4	0.0	9.8
5	0.0	9.0
6	2.3	11.0
7	2.3	11.3
8	2.3	9.9
9	2.3	9.2
10	2.3	10.1
11	4.6	10.6
12	4.6	10.4
13	4.6	8.8
14	4.6	11.1
15	4.6	8.4
16	9.2	9.7
17	9.2	7.8
18	9.2	9.0
19	9.2	8.2
20	9.2	2.3
21	18.4	2.9
22	18.4	2.2
23	18.4	3.4
24	18.4	5.4
25	18.4	8.2

（a）请使用模型 $Y_i = \beta_0 + \beta_1 x_i + \epsilon_i$, $i = 1$, 2, $\cdots$, 25，估计 β_0 和 β_1 的最小二乘估计量。

（b）请在方差分析表中将拟合不足和纯误差分开，然后在 0.05 的显著性水平上，判断拟合不足是否不显著。请对此进行解释。

10.39 我们期望建立固态氮中所含杂质的比例与温度之间的回归模型，数据如下表所示。

温度（℃）	杂质比例
−260.5	0.425
−255.7	0.224
−264.6	0.453
−265.0	0.475
−270.0	0.705
−272.0	0.860
−272.5	0.935
−272.6	0.961
−272.8	0.979
−272.9	0.990

（a）请拟合线性回归模型。

（b）请问固态氮中的杂质比例是否会在温度接近 −273℃ 时也增加？

（c）请计算出 R^2。

（d）基于上述信息，请问该线性模型是不是适当的？为了更好地回答这个问题，还需要其他哪种信息？

10.41 评估空气中氮沉淀物是国家空气沉淀物计划（NADP），一个由多机构组成的合作机构所承担的重要任务。NADP 正在研究空气沉淀物及其对农作物、森林表层水、其他资源的影响。氮氧化物可能对空气中的臭氧和我们所呼吸空气中纯氮的数量产生影响。数据如下表所示。

年份	氮氧化物
1978	0.73
1979	2.55
1980	2.90
1981	3.83
1982	2.53
1983	2.77
1984	3.93
1985	2.03
1986	4.39
1987	3.04
1988	3.41
1989	5.07
1990	3.95
1991	3.14
1992	3.44
1993	3.63
1994	4.50
1995	3.95
1996	5.24
1997	3.30
1998	4.36
1999	3.33

（a）请在图形中绘制出数据。

（b）请拟合出线性回归模型并求其决定系数 R^2。

（c）根据氮氧化物逐年的数据，你能看到什么趋势？

10.10 数据的图形和变换

在本章，我们讨论了建立只有一个因变量或回归变量的回归模型的问题。此外，在建模的过程中，我们还假设 x 和 y 都是以线性方式进入模型的。通常，建立 x 或 y（或两者都）是以非线性方式进入模型的一个备择模型是更可取的做法。出于科研问题中内在的理论考虑，我们可能需要对数据进行**变换**，而且通过将数据简单地绘制到图上也可能会提示我们存在将模型中的变量重新表述的必要。在简单线性回归的情形中，要诊断是否需要对数据进行变换其实非常简单，二维图即可向我们真实地说明每个变量该如何进入模型中。

我们不能将 x 或 y 进行过变换的模型视为非线性回归模型。在参数是线性的情形中，我们通常提到的回归模型就是线性的。也就是说，如果数据的复杂性或其他信息提示我们应该使用 y^* 对 x^* 进行回归，其中 y^* 和 x^* 为原始变量 y 和 x 的变换，则模型形式为：

$$y_i^* = \beta_0 + \beta_1 x_i^* + \epsilon_i$$

的即为线性模型，因为参数 β_0 和 β_1 是线性的。如果以 y_i^* 和 x_i^* 代替 y_i 和 x_i，我们在 10.2 到 10.9 节所讲述的理论是仍然适用的。一个简单且有用的例子即为双对数模型

$$\log y_i = \beta_0 + \beta_1 \log x_i + \epsilon_i$$

尽管这个模型对 y 和 x 而言不是线性的，但它关于参数却是线性的，因此我们仍然可以将其看做线性模型。另一方面，真正的非线性模型如下所示：

$$y_i = \beta_0 + \beta_1 x^{\beta_2} + \epsilon_i$$

式中，需要估计的参数为 β_2（以及 β_0 和 β_1）。该模型关于参数 β_2 是非线性的。

能增强模型的拟合效果及其预测效果的变换有许多种。Mayers（1990）对变换的问题进行了全面的讨论。我们在此选取一些变换来进行讨论，并展现其图形效果，这些图形通常被用作诊断工具。现在来考察表 10.6。我们在表中给出了一些表征 x 和 y 之间关系的函数，经过变换之后 x 和 y 之间则可以进行线性回归。此外，出于完整性的考虑，我们给出了相应的简单线性回归所用到的因变量和自变量。图 10.19 中给出了表 10.6 中所列函数的图形形式。这些图有助于指导分析人员根据 y 对 x 的图形来选择变换的形式。

表 10.6　有用的一些线性变换

y 关于 x 的函数形式	变换形式	简单线性回归的形式
指数函数：$y = \beta_0 e^{\beta_1 x}$	$y^* = \ln y$	y^* 对 x 的回归
幂函数：$y = \beta_0 x^{\beta_1}$	$y^* = \log y$；$x^* = \log x$	y^* 对 x^* 的回归
倒数函数：$y = \beta_0 + \beta_1 \left(\dfrac{1}{x} \right)$	$x^* = \dfrac{1}{x}$	y 对 x^* 的回归
双曲函数：$y = \dfrac{x}{\beta_0 + \beta_1 x}$	$y^* = \dfrac{1}{y}$；$x^* = \dfrac{1}{x}$	y^* 对 x^* 的回归

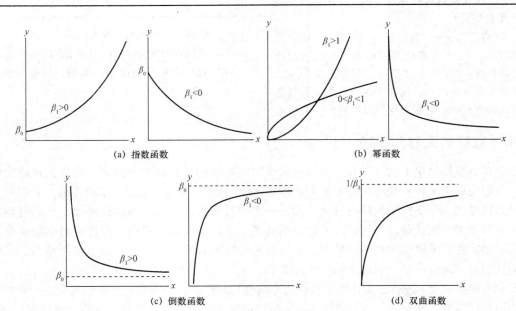

图 10.19　表 10.6 中所列函数的图形

10.10.1 变换后模型的含义

上面我们所讲到的某种变换可以很明显地改进模型时，上述内容就能为分析人员提供辅助。不过，在我们举例之前，还有两点应该注意。首先，如果我们对数据进行了变换，则应当以正规形式来表述该模型。而分析人员通常是没有考虑到这一点的。他仅仅对数据进行了变换，却没有考虑过模型在数据变换之前和之后的形式。指数模型就是一个很好的例证。其模型形式为：

$$y_i = \beta_0 e^{\beta_1 x_i} \cdot \epsilon_i$$

这是一个乘法误差模型，在对原始变量进行变换后的模型则为一个加法误差模型。显然，对上式取对数后则可得

$$\ln y_i = \ln \beta_0 + \beta_1 x_i + \ln \epsilon_i$$

因此，我们的基础假设是对 $\ln \epsilon_i$ 提出的。我们举这个例子仅仅是为了提醒读者，不能将数据变换仅视为一个代数运算。通常，变换后的模型会拥有适当的加法误差结构，而原始变量模型的误差结构则为不同的类型。

第二点是对改进效果度量的问题，这一点非常重要。当然，一个很明显的比较测度是 R^2 和残差的均方 s^2。（对比相互矛盾的模型之间效果的其他测度见第 11 章。）如果响应变量 y 没有进行变换，那么 s^2 和 R^2 就可以用来测度变换后的效果。对于变换前后的模型而言，残差的单位是一致的，但对 y 进行变换之后，对变换后模型的评价标准仍应当基于变换前响应变量的残差来进行比较才是适当的。我们在下面的例子中对此进行了说明。

例 10.9 我们记录了不同体积 V 的某种气体的压强 P，数据如表 10.7 所示。

表 10.7 例 10.9 的数据

V（立方厘米）	50	60	70	90	100
P（千克/平方厘米）	64.7	51.3	40.5	25.9	7.8

理想气体定律的函数形式为 $PV^\gamma = C$，其中 γ 和 C 为常数。估计常数 γ 和 C 的值。

解： 对下述模型两端同时取自然对数

$$P_i V^\gamma = C \cdot \epsilon_i, \quad i = 1, 2, 3, 4, 5$$

这样一来，则可得下述线性模型

$$\ln P_i = \ln C - \gamma \ln V_i + \epsilon_i^*, \quad i = 1, 2, 3, 4, 5$$

式中，$\epsilon_i^* = \ln \epsilon_i$。以下即为简单线性回归的结果：

$$\widehat{\ln C} = 14.758\ 9$$
$$\hat{C} = 2\ 568\ 862.88$$
$$\hat{\gamma} = 2.653\ 472\ 21$$

下述结果即为根据回归分析所得到的信息。

P_i	V_i	$\ln P_i$	$\ln V_i$	$\widehat{\ln P_i}$	$\hat{P}_i$	$e_i = P_i - \hat{P}_i$
64.7	50	4.169 76	3.912 02	4.378 53	79.7	−15.0
51.3	60	3.937 69	4.094 34	3.894 74	49.1	2.2
40.5	70	3.701 30	4.248 50	3.485 71	32.6	7.9
25.9	90	3.254 24	4.499 81	2.818 85	16.8	9.1
7.8	100	2.054 12	4.605 17	2.539 21	12.7	−4.9

　　将数据和回归方程都在同一张图中绘制出来是很有益处的。图 10.20 为未变换压强和体积之前的数据点，而图中的曲线为回归方程。

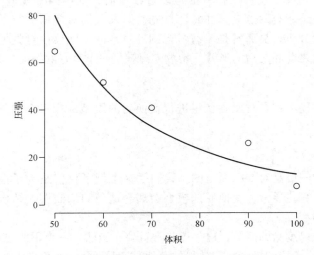

图 10.20　压强和体积数据及其拟合回归模型

10.10.2　残差诊断图：对违背假设的情形进行图形检测

　　如果模型中只有一个自变量，那么绘制原始数据的图形非常有助于我们得到一个拟合得非常好的模型。我们在前面已经举例说明过这一点。不过，图形诊断带给我们的好处却并不止可以找到一个适当的模型。与我们在第 9 章中对显著性检验进行讨论的许多内容一样，图形方法使得我们可以说明并检测出违背假设的情况。读者回想一下应该看到，我们在本章对模型误差 ϵ_i 做了许多假设。事实上，我们假设 ϵ_i 是独立的 $N(0, \sigma)$ 随机变量。不过，ϵ_i 是观测不到的。但是，残差 $e_i = y_i - \hat{y}_i$ 是回归拟合直线的误差，可以用来估计 ϵ_i。因此，这些残差的一般形式通常会是问题的难点。理想情况下的残差图形如图 10.21 所示。也就是说，这些残差应当确实是在零值附近做随机波动。

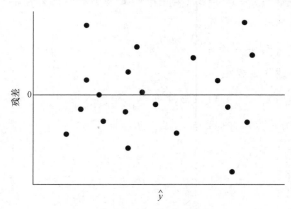

图 10.21　理想情形的残差图

10.10.3　异方差

　　在回归分析中所做的方差齐性假设是一个非常重要的假设。通常，我们可以通过残差图的表现来检测是否存在违背方差齐性假设的情形。研究数据中误差的方差随着回归变量的增加而增加，这是一个普遍的现象。误差的方差越大则其残差也越大，因此，图 10.22 中的残差图是方差不齐的一个信号。我们在第 11 章讨论多元线性回归时，会对残差图和不同的残差类型进行讨论。

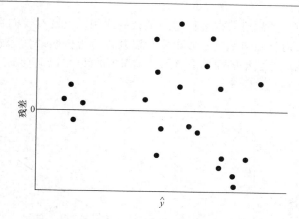

图 10.22　误差的方差存在异方差的残差图

10.10.4　正态概率图

　　数据分析人员无论是在对假设进行检验还是在对置信区间进行估计时，都会假设模型的误差是服从正态分布的。同样，ϵ_i 所对应的数值，即残差通常是我们检测所有严重违背假设情形的载体。我们在第 7 章介绍了正态分位数—分位数图，并简单讨论了正态概率图。我们在下一节所举的例证中会对这些用于诊断残差的图形进行说明。

10.11　简单线性回归的案例研究

　　在生产木制品的过程中，估计出木制品的密度与其硬度之间的关系是非常重要的。下面我们考虑一种新型的碎料板，这种产品相对那些为我们所广泛接受的产品而言更容易成形。所以，我们有必要知道在何种密度值水平上，该产品的硬度和现存的优质产品是一样的。在特伦斯·康纳斯（Terrance E. Conners）开展的一项名为"木制泡沫材料的力学性质调查"的研究中，共生产了 30 块碎料板，其密度范围大致为 8 ~ 261 磅/立方英尺，而硬度的测量单位为磅/平方英寸。数据如表 10.8 所示。

表 10.8　30 块碎料板的密度和硬度

密度 x	硬度 y	密度 x	硬度 y
9.50	14 814.00	8.40	17 502.00
9.80	14 007.00	11.00	19 443.00
8.30	7 573.00	9.90	14 191.00
8.60	9 714.00	6.40	8 076.00
7.00	5 304.00	8.20	10 728.00
17.40	43 243.00	15.00	25 319.00
15.20	28 028.00	16.40	41 792.00
16.70	49 499.00	15.40	25 312.00
15.00	26 222.00	14.50	22 148.00
14.80	26 751.00	13.60	18 036.00
25.60	96 305.00	23.40	104 170.00
24.40	72 594.00	23.30	49 512.00
19.50	32 207.00	21.20	48 218.00
22.80	70 453.00	21.70	47 661.00
19.80	38 138.00	21.30	53 045.00

数据分析人员必须重点关注对数据进行适当拟合的问题，以及对我们在本章所讨论的这些推断方法进行应用的问题。对回归斜率进行假设检验以及进行置信区间估计或预测区间估计都是合适的。我们首先给出一组原始数据的简单散点图及其简单的线性回归直线，如图10.23所示。

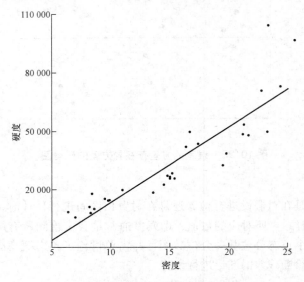

图10.23　木制产品数据的散点图

拟合数据的简单线性回归的模型形式为：

$$\hat{y} = -25\,433.739 + 3\,884.976x \qquad (R^2 = 0.7\,975)$$

由此则可得其残差。图10.24为不同观测值的密度与残差的图形。我们很难说，图中所示的是理想的或健康的残差。这些残差并没有随机地分散在零值附近。事实上，一簇一簇的正值点和负值点告诉我们，应该对数据可能存在的曲线趋势进行考察。

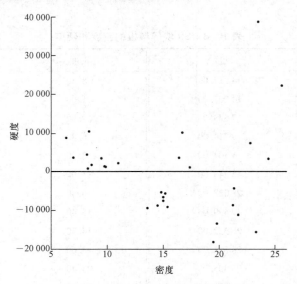

图10.24　木制产品数据的残差图

为了获取关于正态误差假设的一些信息，我们还绘制了残差的正态概率图。我们在7.8节对这种图形进行过讨论，其纵轴表示的是经验的正态分布函数，如果以残差为横坐标，则经验正态分布函数在图形上就是一条直线。图 10.25 即为残差的正态概率图。通过正态概率图可以看到，它并不是我们所期望看到的直线形式。这显然是模型错误的另一个表征这告诉我们，对模型的选取可能太过简单了。

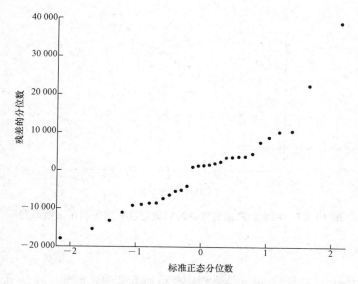

图 10.25　拟合木制品密度数据后残差的正态概率图

可见，残差图和散点图两者都说明稍微复杂一些的模型可能会更合适。一种可能的方法是进行自然对数变换。换句话说，我们可以选择 $\ln y$ 对 x 来进行回归。由此可得回归模型为

$$\widehat{\ln y} = 8.257 + 0.125x \qquad (R^2 = 0.9016)$$

为了深刻认识模型在变换后是否更合适，我们考虑如图 10.26 和图 10.27 所示的情形，这两个图所反映的是硬度对密度（即 y_i 的逆对数（$\widehat{\ln y}$））的残差图。图 10.26 看起来似乎非常类似于在零值附近的随机模式，图 10.27 也近乎是一条直线。而且，R^2 值较大。这说明变换后的模型的确更为合适。

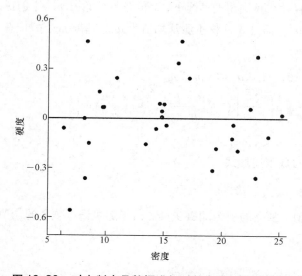

图 10.26　对木制产品数据进行对数变换后的残差图

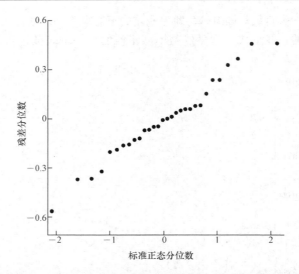

图 10.27   对木制产品数据进行对数变换后残差的正态概率图

10.12   相关性

至此我们都假设独立的回归变量 x 是物理变量或研究变量，而非一个随机变量。事实上，本书中 x 通常称为**数学变量**，而在抽样过程中测量数学变量的误差是可以忽略的。在回归技术的许多应用领域，假设 X 和 Y 都是随机变量则更为真实，而且观测值 $\{(x_i, y_i); i = 1, 2, \cdots, n\}$ 是从联合密度函数为 $f(x, y)$ 的总体中抽样得到的。下面我们来考虑测度 X 和 Y 这两个变量之间关系的问题。比如，如果 X 和 Y 分别表示的是人体内一种特殊骨骼的长度和周长，我们可能设计一个人类学研究来确定大的 X 值是否和大的 Y 值之间存在关联，反之亦然。

另一方面，如果 X 表示的是一辆汽车的使用年限，而 Y 表示的是该车零售的账面价格，我们可以预期大的 X 值应当对应于小的 Y 值，而小的 X 值则对应于大的 Y 值。在**相关分析**中，我们试图以单一的数值来测度这两个变量之间这种关系的强弱，这个数值称为**相关系数**。

理论上，我们通常假设在 X 固定的情况下，Y 的条件分布 $f(y \mid x)$ 是正态的，其均值为 $\mu_{Y \mid x} = \beta_0 + \beta_1 x$，方差为 $\sigma_{Y \mid x}^2 = \sigma^2$，而且 X 同样也服从均值为 μ、方差为 σ_x^2 的正态分布。X 和 Y 的联合密度则为：

$$f(x, y) = n(y \mid x; \beta_0 + \beta_1 x, \sigma) n(x; \mu_X, \sigma_X)$$
$$= \frac{1}{2\pi\sigma_X\sigma} \exp\left\{ -\frac{1}{2} \left[\left(\frac{y - \beta_0 - \beta_1 x}{\sigma} \right)^2 + \left(\frac{x - \mu_X}{\sigma_X} \right)^2 \right] \right\}$$

式中，$-\infty < x < \infty$，且 $-\infty < y < \infty$。

我们把随机变量 Y 写成下述形式

$$Y = \beta_0 + \beta_1 X + \epsilon$$

式中，X 是与随机误差项 ϵ 独立的一个随机变量。由于随机误差项 ϵ 的均值为 0，因此我们有下面的式子：

$$\mu_Y = \beta_0 + \beta_1 \mu_X$$
$$\sigma_Y^2 = \sigma^2 + \beta_1^2 \sigma_X^2$$

将其代入 $f(x, y)$ 的表达式中，可得**二元正态分布**：

$$f(x,y) = \frac{1}{2\pi\sigma_X\sigma_Y\sqrt{1-\rho^2}}$$

$$\times \exp\left\{-\frac{1}{2(1-\rho^2)}\left[\left(\frac{x-\mu_X}{\sigma_X}\right)^2 - 2\rho\left(\frac{x-\mu_X}{\sigma_X}\right)\left(\frac{y-\mu_Y}{\sigma_Y}\right) + \left(\frac{y-\mu_Y}{\sigma_Y}\right)^2\right]\right\}$$

式中，$-\infty < x < \infty$，且 $-\infty < y < \infty$，且

$$\rho^2 = 1 - \frac{\sigma^2}{\sigma_Y^2} = \beta_1^2\frac{\sigma_X^2}{\sigma_Y^2}$$

常数 ρ 称为**总体相关系数**，它在许多二元数据的分析问题中发挥了重要的作用。对读者来说，理解相关系数的物理意义非常重要，而且区分相关和回归也非常重要。术语回归在这里仍然有意义。事实上，由 $\mu_{Y|x} = \beta_0 + \beta_1 x$ 给出的直线仍然像前面一样称为回归直线，而对 β_0 和 β_1 的估计也与我们在第 10.3 节所给出的一致。在 $\beta_1 = 0$ 时 ρ 值为 0，这是本质上不存在线性回归关系的原因；也就是说，回归直线是水平的，而且 X 的任何信息对预测 Y 都是没有用处的。由于 $\sigma_Y^2 \geq \sigma^2$，因此我们必然有 $\rho^2 \leqslant 1$，因此 $-1 < \rho < 1$。只有在 $\sigma^2 = 0$ 时，才有 $\rho = \pm 1$，这种情况下，两个变量之间是完全线性相关的。这样一来，ρ 值等于 $+1$ 则意味着完全线性相关的斜率为正，为 -1 则为负。因此，我们可以说，ρ 的样本估计值越接近 1 则意味着相关性越强，或 X 和 Y 之间的**线性关系**越强；而其值越接近于 0，则说明相关性较弱或不存在相关关系。

为了得到 ρ 的一个样本估计值，回顾一下 10.4 节，我们可以知道误差平方和为：

$$SSE = S_{yy} - b_1 S_{xy}$$

等式两端同时除以 S_{yy} 并以 $b_1 S_{xx}$ 替换 S_{xy}，则可得

$$b_1^2 \frac{S_{xx}}{S_{yy}} = 1 - \frac{SSE}{S_{yy}}$$

在 $b_1 = 0$ 时，$b_1^2 S_{xx}/S_{yy}$ 的值也为 0，如果样本点之间没有相关关系就会发生这种情况。由于 $S_{yy} > SSE$，$b_1^2 S_{xx}/S_{yy}$ 必然在 0 和 1 之间。因此 $b_1\sqrt{S_{xx}/S_{yy}}$ 的值则在 -1 到 $+1$ 之间，负值对应于斜率为负的回归直线，正值则为斜率为正的回归直线。在 $SSE = 0$ 时，则其值为 -1 或 $+1$，不过这种情形中所有的样本点都要落在同一条直线上。这样一来，在 $b_1\sqrt{S_{xx}/S_{yy}} = \pm 1$ 时，样本数据中则存在完全线性相关关系。我们把 $b_1\sqrt{S_{xx}/S_{yy}}$ 记作 r，显然，它可以用来作为对总体相关系数 ρ 的一个估计。习惯上，我们将估计 r 称为 **Pearson 乘积矩相关系数**，或简称为**样本相关系数**。

相关系数

两个变量 X 和 Y 之间线性相关关系的测度 ρ 可以通过样本相关系数 r 来估计，其中

$$r = b_1\sqrt{\frac{S_{xx}}{S_{yy}}} = \frac{S_{xy}}{\sqrt{S_{xx}S_{yy}}}$$

对于取值为 -1 和 $+1$ 之间的 r，我们在解释时必须非常小心。比如，r 值为 0.3 和 0.6 只表明我们有两个正相关关系，其中一个要比另一个强一些。我们不能错误地认为，$r = 0.6$ 意味着其线性相关关系是 $r = 0.3$ 的 2 倍。另一方面，如果我们写成

$$r^2 = \frac{S_{xy}^2}{S_{xx}S_{yy}} = \frac{SSR}{S_{yy}}$$

则 r^2 通常称为**样本决定系数**，它是在 Y 关于 x 的回归中能对 S_{yy} 的变差做出解释的比例，即 SSR。

也就是说，r^2 表示变量 Y 的总变差中能被随机变量 X 的值通过线性关系说明或解释的比例。所以，在我们的样本中，相关性为 0.6 的样本中，X 通过线性关系可以解释 Y 中 0.36 或 36% 的总变差。

例 10.10　对木制品领域的科研人员来说，研究树木结构与其物理性质之间的关系是非常重要的。在由弗吉尼亚理工大学林学和林产品系开展的一项研究（*Quantitative Anatomical Characteristics of Plantation Grown Loblolly Pine（Pinus Taeda L.）and Cottonwood（Populus deltoides Bart. Ex Marsh.）and Their Relationships to Mechanical Properties*）中，研究人员随机抽取了 29 棵火炬松木样本来进行调查研究。表 10.9 中即为相应的比重和破裂模数的数据。计算并解释样本相关系数。

表 10.9　例 10.10 中 29 棵火炬松木的数据

比重 x（克/立方厘米）	破裂模数 y（千帕）	比重 x（克/立方厘米）	破裂模数 y（千帕）
0.414	29 186	0.581	85 156
0.383	29 266	0.557	69 571
0.399	26 215	0.550	84 160
0.402	30 162	0.531	73 466
0.442	38 867	0.550	78 610
0.422	37 831	0.556	67 657
0.466	44 576	0.523	74 017
0.500	46 097	0.602	87 291
0.514	59 698	0.569	86 836
0.530	67 705	0.544	82 540
0.569	66 088	0.557	81 699
0.558	78 486	0.530	82 096
0.577	89 869	0.547	75 657
0.572	77 369	0.585	80 490
0.548	67 095		

解： 根据上表中的数据，我们可以知道

$S_{xx} = 0.112\ 73$

$S_{yy} = 11\ 807\ 324\ 805$

$S_{xy} = 34\ 422.275\ 72$

这样一来，则有

$$r = \frac{34\ 422.275\ 72}{\sqrt{(0.112\ 73)(11\ 807\ 324\ 805)}} = 0.943\ 5$$

0.943 5 的相关系数说明 X 和 Y 之间的线性相关关系非常好。由于 $r^2 = 0.890\ 2$，因此我们可以说，Y 中大约有 89% 的变差都可以由 X 通过线性关系来解释。

对特殊的假设问题 $\rho = 0$ 以及与之相对应的一个适当的备择假设进行检验的问题，等价于对简单线性回归模型中 $\beta_2 = 0$ 进行检验的问题，因此我们在 10.8 节所用的方法，即自由度为 $n-2$ 的 t 分布或自由度为 1 和 $n-2$ 的 F 分布都是适用的。不过，如果想要避免使用方差分析法，并只计算样本相关系数的话，我们可以证明（见巩固练习 10.66）t 分布值

$$t = \frac{b_1}{s/\sqrt{S_{xx}}}$$

也可以写成

$$t = \frac{r\sqrt{n-2}}{\sqrt{1-r^2}}$$

与之前一样，其中 T 统计量服从自由度为 $n-2$ 的 t 分布。

例10.11 对于例 10.10 的数据，请检验变量之间无线性相关关系这个假设。

解：根据题意，我们有：

1. H_0：$\rho = 0$。
2. H_1：$\rho \neq 0$。
3. $\alpha = 0.05$。
4. 临界域：$t < -2.052$ 或 $t > 2.052$。
5. 计算：

$$t = 0.943\ 5\sqrt{27}/\sqrt{1-0.943\ 5^2} = 14.79$$
$$P < 0.000\ 1$$

6. 决策：拒绝没有线性相关关系的假设。

我们很容易根据样本信息得到对更一般的假设 $\rho = \rho_0$ 以及与之相对应的一个适当的备择假设进行检验的方法。如果 X 和 Y 服从二元正态分布，则

$$\frac{1}{2}\ln\left(\frac{1+r}{1-r}\right)$$

是近似服从均值为 $\frac{1}{2}\ln\left(\frac{1+\rho}{1-\rho}\right)$ 且方差为 $1/(n-3)$ 的正态分布的随机变量的值。这样一来，检验方法则要计算

$$z = \frac{\sqrt{n-3}}{2}\left[\ln\left(\frac{1+r}{1-r}\right) - \ln\left(\frac{1+\rho_0}{1-\rho_0}\right)\right] = \frac{\sqrt{n-3}}{2}\ln\left[\frac{(1+r)(1-\rho_0)}{(1-r)(1+\rho_0)}\right]$$

将它与标准正态分布的临界点进行比较即可。

例10.12 对于例 10.10 的数据，请检验零假设为 $\rho = 0.9$ 以及与之相对应的备择假设为 $\rho > 0.9$ 的问题。请在 0.05 的显著性水平上作答。

解：根据题意，我们有：

1. H_0：$\rho = 0.9$。
2. H_1：$\rho > 0.9$。
3. $\alpha = 0.05$。
4. 临界域：$z > 1.645$。
5. 计算：

$$z = \frac{\sqrt{26}}{2}\ln\left[\frac{(1+0.943\ 5)(0.1)}{(1-0.943\ 5)(0.9)}\right] = 1.51$$
$$P = 0.065\ 5$$

6. 决策：有证据表明相关系数是不大于 0.9 的。

需要指出的是，在相关性问题研究中，就像在线性回归问题中一样，所得到结论的好坏实际上取决于所假设模型的好坏。在所用的相关性研究方法中，我们假设变量 X 和 Y 是具有二元正态密度的，

且对于每个 x，Y 的均值都是与 x 之间存在线性相关关系的。为了考察线性假设的合理性，绘制出试验数据的简单图形通常非常有用。如图 10.28（a）所示，样本相关系数的值接近于 0 是因为数据是完全随机的，所以这意味着，只有一点儿相关关系或者不存在因果关系。请记住，两个变量之间的相关系数是对它们之间的线性关系的一个测度，因此 $r = 0$ 则意味着不存在线性关系，但并不意味着没有关系，这一点很重要。这样一来，如果 X 和 Y 之间存在很强的二次关系，如图 10.28（b）所示，这时我们也会得到一个零相关的结论，但却意味着两者之间的关系是非线性的。

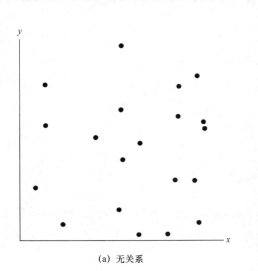

(a) 无关系   (b) 有关系

图 10.28   表示零相关的散点图

习　题

10.43　请计算随机选取出的 6 名学生其考试成绩的相关系数，并对其进行解释。

数学成绩	70	92	80	74	65	83
英语成绩	74	84	63	87	78	90

10.45　回到习题 10.13 中，假定 x 和 y 服从二元正态分布。

（a）请计算 r。

（b）请在 0.025 的显著性水平上，检验 $\rho = -0.5$ 的零假设与 $\rho < -0.5$ 的备择假设。

（c）请判断日常降雨量的变化所引起的微粒数的变化是多少？

10.47　在对刚出生婴儿的体重与胸围之间关系的一项研究中，获得了以下数据：

体重（千克）	胸围（厘米）
2.75	29.5
2.15	26.3
4.41	32.2
5.52	36.5
3.21	27.2
4.32	27.7
2.31	28.3
4.30	30.3
3.71	28.7

（a）请计算 r。

（b）请在 0.01 的显著性水平上，检验 $\rho = 0$ 的零假设与 $\rho > 0$ 的备择假设。

（c）婴儿胸围的大小在多大程度上（即比例）能解释其体重的不同？

巩固练习

10.49　弗吉尼亚理工大学统计咨询中心为兽医学系分析了普通土拨鼠的数据。其所关注的变量是体重（克）和心脏重量（克），请列出线性回归等式以判断心脏重量和整个身体的重量是否存在显著的线性关系。请以心脏重量为自变量，体重为因变量，并以下述数据拟合出一个简单线性回归模型。另外，请检验 $H_0 : \beta = 0$ 这个零假设与 $H_1 : \beta \neq 0$ 这个备择假设。你能得出什么结论？

体重（克）	心脏重量（克）
4 050	11.2
2 465	12.4
3 120	10.5
5 700	13.2
2 595	9.8
3 640	11.0
2 050	10.8
4 235	10.4
2 935	12.2
4 975	11.2
3 690	10.8
2 800	14.2
2 775	12.2
2 170	10.0
2 370	12.3
2 055	12.5
2 025	11.8
2 645	16.0
2 675	13.8

10.50 在不同长度的烘干时间之下，从某种特定物质中去除的固体数量如下表所示。

x（小时）	y（克）	
4.4	13.1	14.2
4.5	9.0	11.5
4.8	10.4	11.5
5.5	13.8	14.8
5.7	12.7	15.1
5.9	9.9	12.7
6.3	13.8	16.5
6.9	16.4	15.7
7.5	17.6	16.9
7.8	18.3	17.2

（a）请估计线性回归线。

（b）请在 0.05 的显著性水平上，检验线性模型是否合适。

10.51 回到习题 10.9 中，请确定：

（a）如果在广告上花费 45 美元，每周平均销售收入的 95% 置信区间。

（b）如果在广告上花费 45 美元，每周销售收入的 95% 预测区间。

10.52 弗吉尼亚理工大学设计了一项试验，在测量

电解氢压的基础上研究氢变的性质。其中的溶液为 0.1 N NaOH，物质为某种不锈钢，负极电流密度在 4 个水平上受到控制和发生变化，有效氢压为响应变量。数据如下表所示。

处理	电流密度 x（毫安/平方厘米）	有效氢压 y（标准大气压）
1	0.5	86.1
2	0.5	92.1
3	0.5	64.7
4	0.5	74.7
5	1.5	223.6
6	1.5	202.1
7	1.5	132.9
8	2.5	413.5
9	2.5	231.5
10	2.5	466.7
11	2.5	365.3
12	3.5	493.7
13	3.5	382.3
14	3.5	447.2
15	3.5	563.8

（a）请给出 y 对 x 的简单线性回归。

（b）请计算纯误差平方和并检验是否存在拟合不足的情况。

（c）（b）部分中的信息是否表明，有必要在 x 中建立高于一阶的回归模型？请对此进行解释。

10.53 下述数据是某大学 12 名新生组成的随机样本的化学成绩，以及他们在高中时的智力测试分数。

学生	智力测试分数 x	化学成绩 y
1	65	85
2	50	74
3	55	76
4	65	90
5	55	85
6	70	87
7	65	94
8	70	98
9	55	81
10	70	91
11	50	76
12	55	74

（a）请计算出样本相关系数，并对此进行解释。

（b）请对随机变量做出适当的假设。

（c）请检验 $\rho = 0.5$ 的零假设与 $\rho > 0.5$ 的备择假设。请根据 P 值作答。

10.54 1997 年 3 月刊发的《华盛顿时报》商业版列出了 21 种不同的二手电脑和打印机及其出售价格，还列出了平均悬浮出价。图 10.29 是使用 SAS 软件进行回归分析所得到的部分结果。

（a）请说明均值的置信区间和预测区间的区别。

（b）请说明为什么每次观察的预测标准误是不同的。

（c）哪次观测的预测标准误是最低的？为什么？

R-Square	Coeff Var	Root MSE	Price Mean
0.967 472	7.923 338	70.838 41	894.047 6

Parameter	Estimate	Standard Error	t Value	Pr > |t|
Intercept	59.937 491 37	38.341 957 54	1.56	0.134 5
Buyer	1.047 313 16	0.044 056 35	23.77	<0.000 1

product	Buyer	Price	Predict Value	Std Err Predict	Lower 95% Mean	Upper 95% Mean	Lower 95% Predict	Upper 95% Predict
IBM PS/1 486/66 420MB	325	375	400.31	25.890 6	346.12	454.50	242.46	558.17
IBM ThinkPad 500	450	625	531.23	21.723 2	485.76	576.70	376.15	686.31
IBM Think-Dad 755CX	1 700	1850	1840.37	42.704 1	1 750.99	1 929.75	1 667.25	2 013.49
AST Pentium 90 540MB	800	875	897.79	15.459 0	865.43	930.14	746.03	1 049.54
Dell Pentium 75 1GB	650	700	740.69	16.750 3	705.63	775.75	588.34	893.05
Gateway 486/75 320MB	700	750	793.06	16.031 4	759.50	826.61	641.04	945.07
Clone 586/133 1GB	500	600	583.59	20.236 3	541.24	625.95	429.40	737.79
Compaq Contura 4/25 120MB	450	600	531.23	21.723 2	485.76	576.70	376.15	686.31
Compaq Deskpro P90 1.2GB	800	850	897.79	15.459 0	865.43	930.14	746.03	1 049.54
Micron P75 810MB	800	675	897.79	15.459 0	865.43	930.14	746.03	1 049.54
Micron P100 1.2GB	900	975	1002.52	16.117 6	968.78	1 036.25	850.46	1 154.58
Mac Quadra 840AV 500MB	450	575	531.23	21.723 2	485.76	576.70	376.15	686.31
Mac Performer 6116 700MB	700	775	793.06	16.031 4	759.50	826.61	641.04	945.07
PowerBook 540c 320MB	1 400	1500	1526.18	30.757 9	1 461.80	1 590.55	1 364.54	1 687.82
PowerBook 5300 500MB	1 350	1575	1473.81	28.874 7	1 413.37	1 534.25	1 313.70	1 633.92
Power Mac 7500/100 1GB	1 150	1325	1264.35	21.945 4	1 218.42	1 310.28	1 109.13	1 419.57
NEC Versa 486 340MB	800	900	897.79	15.459 0	865.43	930.14	746.03	1 049.54
Toshiba 1960CS 320MB	700	825	793.06	16.031 4	759.50	826.61	641.04	945.07
Toshiba 4800VCT 500MB	1 000	1150	1107.25	17.871 5	1 069.85	1 144.66	954.34	1 260.16
HP Laser jet III	350	475	426.50	25.015 7	374.14	478.86	269.26	583.74
Apple Laser Writer Pro 63	750	800	845.42	15.593 0	812.79	878.06	693.61	997.24

图 10.29 SAS 软件对巩固练习 10.54 中的数据进行分析的部分结果

10.55 考察图 10.30 中所示《消费者报告》中的车辆数据。其重量以吨为单位，里程以英里/加仑为单位，并列出了传动比率。拟合一个将重量 x 与里程 y 相关联的回归模型。图 10.30 中是 SAS 输出的部分回归分析的结果。图 10.31 是每辆车的残差和重量之间的图形。

（a）根据分析结果和残差图，是否可以通过变换得到一个改进的模型？请对此进行解释。

（b）请以重量的对数替代重量来拟合模型。对结果进行解释。

（c）请以每行驶 100 英里的加仑数替代每行驶 1 英里的加仑数来拟合模型。请问这三个模型哪个更可取？给出你的解释。

10.56 在不同的温度下，观察到的化学反应的产物如下表所示。

x（℃）	y（%）	x（℃）	y（%）
150	75.4	150	77.7
150	81.2	200	84.4

续前表

x（℃）	y（%）	x（℃）	y（%）
200	85.5	200	85.7
250	89.0	250	89.4
250	90.5	300	94.8
300	96.7	300	95.3

（a）请在图形中表示出数据。

（b）请问图中的关系看起来是线性的吗？

（c）请拟合一个简单线性回归，并检验是否存在拟合不足的情况。

（d）请基于（c）中的结果，给出你的结论。

10.57 身体健康检测是运动员训练的一个重要方面。心脏血管健康量值的一般测度是费力的训练中所吸氧气的最大容积。对 24 名中年男子进行调查，以研究其跑完 2 英里所需时间的变化。在试验参与人员在跑步机上运动时，采用标准的实验室方法对吸氧量进行了测量。这项研究在《体育医学杂志》（1969 年第 9 期）中以"青年和中年男子最大吸氧量预测"为题进行了刊登。数据如下表所示。

Obs	Model	WT	MPG	DR_RATIO
1	Buick Estate Wagon	4.360	16.9	2.73
2	Ford Country Squire Wagon	4.054	15.5	2.26
3	Chevy Ma libu Wagon	3.605	19.2	2.56
4	Chrysler LeBaron Wagon	3.940	18.5	2.45
5	Chevette	2.155	30.0	3.70
6	Toyota Corona	2.560	27.5	3.05
7	Datsun 510	2.300	27.2	3.54
8	Dodge Omni	2.230	30.9	3.37
9	Audi 5000	2.830	20.3	3.90
10	Volvo 240 CL	3.140	17.0	3.50
11	Saab 99 GLE	2.795	21.6	3.77
12	Peugeot 694 SL	3.410	16.2	3.58
13	Buick Century Special	3.380	20.6	2.73
14	Mercury Zephyr	3.070	20.8	3.08
15	Dodge Aspen	3.620	18.6	2.71
16	AMC Concord D/L	3.410	18.1	2.73
17	Chevy Caprice Classic	3.840	17.0	2.41
18	Ford LTP	3.725	17.6	2.26
19	Mercury Grand Marquis	3.955	16.5	2.26
20	Dodge St Regis	3.830	18.2	2.45
21	Ford Mustang 4	2.585	26.5	3.08
22	Ford Mustang Ghia	2.910	21.9	3.08
23	Macda GLC	1.975	34.1	3.73
24	Dodge Colt	1.915	35.1	2.97
25	AMC Spirit	2.670	27.4	3.08
26	VW Scirocco	1.990	31.5	3.78
27	Honda Accord LX	2.135	29.5	3.05
28	Buick Skylark	2.570	28.4	2.53
29	Chevy Citation	2.595	28.8	2.69
30	Olds Omega	2.700	26.8	2.84
31	Pontiac Phoenix	2.556	33.5	2.69
32	Plymouth Horizon	2.200	34.2	3.37
33	Datsun 210	2.020	31.8	3.70
34	Fiat Strada	2.130	37.3	3.10
35	VW Dasher	2.190	30.5	3.70
36	Datsun 810	2.815	22.0	3.70
37	BMW 320i	2.600	21.5	3.64
38	VW Rabbit	1.925	31.9	3.78

R-Square	Coeff Var	Root MSE	MPG Mean
0.817 244	11.460 10	2.837 580	24.760 53

Parameter	Estimate	Standard Error	t Value	Pr > |t|
Intercept	48.679 280 80	1.940 539 95	25.09	<0.000 1
WT	-8.362 431 41	0.659 083 98	-12.69	<0.000 1

图 10.30　SAS 输出的对巩固练习 10.55 的部分分析结果

人	最大吸氧量 y	时间 x（秒）	人	最大吸氧量 y	时间 x（秒）
1	42.33	918	13	46.18	858
2	53.10	805	14	43.21	860
3	42.08	892	15	51.81	760
4	50.06	962	16	53.28	747
5	42.45	968	17	53.29	743
6	42.46	907	18	47.18	803
7	47.82	770	19	56.91	683
8	49.92	743	20	47.80	844
9	36.23	1 045	21	48.65	755
10	49.66	810	22	53.67	700
11	41.49	927	23	60.62	748
12	46.17	813	24	56.73	775

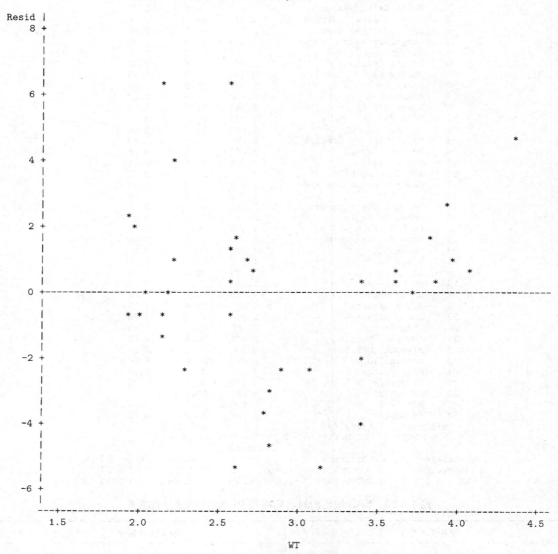

图 10.31 SAS 输出的巩固练习 10.55 中的残差图

(a) 请估计出简单线性回归模型中的参数。

(b) 跑 2 英里所花费的时间对所消耗的最大氧量有影响吗？请根据 $H_0: \beta_1 = 0 \leftrightarrow H_1: \beta_1 \neq 0$ 作答。

(c) 请对 x 作出残差图，并对线性回归模型的适当性进行评估。

10.58 科学家提出如下所示的一个假设模型：

$$Y_i = \beta_0 + \beta_1 x_i + \epsilon_i, \quad i = 1, 2, \cdots, n$$

式中，β_0 已知，且不一定为 0。

(a) 请问 β_1 适当的最小二乘估计量是多少？请验证你的结论。

(b) 请问斜率估计量的方差是多少？

10.59 对于简单线性回归模型，请证明 $E(s^2) = \sigma^2$。

10.60 假定 ϵ_i 独立且服从均值为 0、方差为 σ^2 的正态分布，请证明 $\mu_{Y|x} = \beta_0 + \beta_1 x$ 中 β_0 的最小二乘估计量 B_0 服从均值为 β_0、方差为：

$$\sigma_{B_0}^2 = \frac{\sum_{i=1}^{n} x_i^2}{n \sum_{i=1}^{n} (x_i - \bar{x})^2} \sigma^2$$

的正态分布。

10.61 对于简单线性回归模型 $Y_i = \beta_0 + \beta_1 x_i + \epsilon_i$，$i = 1, 2, \cdots, n$，请证明 $\bar{Y}$ 和

$$B_1 = \frac{\sum\limits_{i=1}^{n} (x_i - \bar{x}) Y_i}{\sum\limits_{i=1}^{n} (x_i - \bar{x})^2}$$

之间的相关系数为 0，其中 ϵ_i 独立且服从均值为 0、方差为 σ^2 的正态分布。

10.62 请证明最小二乘拟合的简单线性回归模型

$$Y_i = \beta_0 + \beta_1 x_i + \epsilon_i, \quad i = 1, 2, \cdots, n$$

中，$\sum\limits_{i=1}^{n} (y_i - \hat{y}_i) = \sum\limits_{i=1}^{n} e_i = 0$。

10.63 考察巩固练习 10.62 中的情形，假定 $n = 2$（即只有两个数据点）。请证明其最小二乘回归线将使得 $(y_1 - \hat{y}_1) = (y_2 - \hat{y}_2) = 0$。证明这种情形中 $R^2 = 0$。

10.64 在巩固练习 10.62 中，请证明简单线性回归模型中 $\sum\limits_{i=1}^{n} (y_i - \hat{y}_i) = 0$。请问对于截距为 0 的模型该式是否仍然成立？请证明。

10.65 假定试验人员提出了形如 $Y_i = \beta_0 + \beta_1 x_{1i} + \epsilon_i$，$i = 1, 2, \cdots, n$ 的假设模型。而实际上，另一个变量，比如 x_2，也与响应变量存在线性相关关系。则真实的模型形式为

$$Y_i = \beta_0 + \beta_1 x_{1i} + \beta_2 x_{2i} + \epsilon_i, \quad i = 1, 2, \cdots, n$$

请计算估计量

$$B_1 = \frac{\sum\limits_{i=1}^{n} (x_{1i} - \bar{x}_1) Y_i}{\sum\limits_{i=1}^{n} (x_{1i} - \bar{x}_1)^2}$$

的期望值。

10.66 请给出将方程 $r = \dfrac{b_1}{s / \sqrt{S_{xx}}}$ 转化为等价形式

$$t = \frac{r \sqrt{n-2}}{\sqrt{1-r^2}}$$ 所必需的步骤。

10.67 下图是根据一个假定的数据集而绘制的图形，其中直线是拟合的简单线性回归线。请绘制出其残差图。

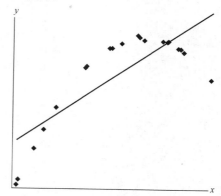

10.68 项目作业：本项目作业可以团队的形式完成，亦可以个人的形式完成。请每个组或个人找到一个数据集，最好是但不限于你们所研究领域的数据。这个数据集应当满足回归变量为 x 而响应变量为 y 的回归框架。请慎重确定哪个变量是 x，哪个变量是 y。如果你拿到的是其他领域的数据，请务必查阅期刊或杂志来确定。

（a）请绘制出 y 对 x 的图形。请根据图形说明两者之间的关系。

（b）请根据数据拟合一个适当的回归模型。请使用简单线性回归或拟合一个多项式模型。请就拟合效果的测度进行说明。

（c）请绘制出残差图，检验是否存在违背假设的情况。请通过图形绘制出平均响应变量值的置信区间，横坐标为 x，并进行说明。

10.13 可能的错误观点及危害；与其他章节的联系

在考虑使用简单线性回归的任何时候，我们均建议绘制出数据的图形，这是十分必要的。残差的普通残差图和正态概率图通常是具有启发意义的。此外，我们会在第 11 章介绍并说明另一种类型的残差，它是标准化了的。我们使用所有这些图形的目的都在于检测是否存在违背假设的情况。

我们用来对回归系数进行检验的 t 统计量，在正态假设下具有稳健性。方差齐性假设非常重要，使用残差图的目的在于检测是否存在违背假设的情况。

我们在本章所讲述的内容在第 11 章和第 14 章有大量的应用。所有与最小二乘法相关的信息在第 11 章我们对回归模型进行探讨时仍然是适用的。其差别仅在于，我们在第 11 章所处理的都是包含不止一个变量 x 的研究问题，也就是说，回归变量在一个以上。不过，本章我们所学的回归诊

断、不同类型的残差图、模型质量的测度以及其他内容在第 11 章是仍然适用的，而且我们会继续对这些问题进行探讨。学生们会发现第 11 章的内容更加复杂，因为多元回归问题中通常涉及问题的背景，这将关系到不同的回归变量该以何种形式进入模型，甚至是哪些变量应当保留在模型中。在第 14 章中会大量用到回归建模，我们在第 11 章末进行总结的时候会就之间的联系提前进行说明。

第11章 多元线性回归和一些非线性回归模型

11.1 引言

在大多数应用回归分析的研究问题中，回归模型所需要的自变量通常不止一个。由于大多数研究问题的复杂性，我们需要使用**多元回归模型**来预测重要的响应变量。如果模型的系数是线性的，则称为**多元线性回归模型**。在具有 k 个独立变量 x_1，x_2，$\cdots$，x_k 的情形中，均值 $Y \mid x_1$，x_2，$\cdots$，x_k 可以由多元线性回归模型

$$\mu_{Y|x_1,x_2,\cdots,x_k} = \beta_0 + \beta_1 x_1 + \beta_2 x_2 + \cdots + \beta_k x_k$$

给出，而且根据样本回归方程

$$\hat{y} = b_0 + b_1 x_1 + b_2 x_2 + \cdots + b_k x_k$$

还可以得到响应变量的估计值，其中每个回归系数 β_i 都可以用 b_i 来进行估计，而 b_i 是根据样本数据采用最小二乘法得到的。与只有单个自变量的情形一样，在自变量的取值范围内，我们通常可以采用多元线性回归模型来表示更为复杂的相关结构。

如果线性模型中还包含自变量的幂级和乘积形式的项，我们也可以使用类似的最小二乘法来估计其系数。比如，在 $k = 1$ 时，试验人员可能会认为均值 $\mu_{Y|x}$ 并没有落在一条直线上，但通过**多项式回归模型**

$$\mu_{Y|x} = \beta_0 + \beta_1 x + \beta_2 x^2 + \cdots + \beta_r x^r$$

却可以更好地表征这些数据点，而且响应变量的估计值可以通过多项式回归方程

$$\hat{y} = b_0 + b_1 x + b_2 x^2 + \cdots + b_r x^r$$

得到。

如果把多项式回归模型也称为线性模型的话，可能会引起混淆。不过，统计学家通常所说的线性模型是指模型中的参数为线性的情况，而不管自变量是以何种形式进入的模型。非线性模型的一个例子是**指数关系**：

$$\mu_{Y|x} = \alpha \beta^x$$

该模型的响应变量可以通过下述回归方程进行估计：

$$\hat{y} = ab^x$$

在自然科学和工程学领域，有许多现象在本质上都是非线性的，因此在我们知道真实的相关结构时，应当尽量去拟合真实的模型。有许多对非线性模型进行最小二乘估计的文献。我们在本章讨论的非线性模型所涉及的都是非理想条件下的情形，这种情形下分析人员确定响应变量是不服从正态分布的，这使得模型的误差所服从的分布也不是正态的，而是二项分布或泊松分布。这些情况在现实中是大量存在的。

想要了解更多非线性回归相关问题的学生请查阅 Myers（1990）。

11.2 系数的估计

在这一节，我们将用多元线性回归模型

$$\mu_{Y|x_1,x_2,\cdots,x_k} = \beta_0 + \beta_1 x_1 + \beta_2 x_2 + \cdots + \beta_k x_k$$

来拟合数据点

$$\{(x_{1i}, x_{2i}, \cdots, x_{ki}, y_i); i = 1, 2, \cdots, n \text{ 且 } n > k\}$$

并由此得到参数 β_0, β_1, β_2, $\cdots$, β_k 的最小二乘估计。其中 y_i 是对应于 k 个自变量 x_1, x_2, $\cdots$, x_k 的取值 x_{1i}, x_{2i}, $\cdots$, x_{ki} 的观测值。我们假定每个观测 (x_{1i}, x_{2i}, $\cdots$, x_{ki}, y_i) 都满足下述方程。

多元线性回归模型

$$y_i = \beta_0 + \beta_1 x_{1i} + \beta_2 x_{2i} + \cdots + \beta_k x_{ki} + \epsilon_i$$

或

$$y_i = \hat{y}_i + e_i = b_0 + b_1 x_{1i} + b_2 x_{2i} + \cdots + b_k x_{ki} + e_i$$

式中，ϵ_i 和 e_i 是分别对应于响应变量 y_i 及其拟合值 $\hat{y}_i$ 的随机误差和残差。

与简单线性回归的情形一样，我们假设 ϵ_i 是独立同分布的，且其均值为 0，方差 σ^2。

在使用最小二乘的思想来估计出 b_0, b_1, b_2, $\cdots$, b_k 时，我们需要极小化

$$SSE = \sum_{i=1}^{n} e_i^2 = \sum_{i=1}^{n} (y_i - b_0 - b_1 x_{1i} - b_2 x_{2i} - \cdots - b_k x_{ki})^2$$

对 SSE 依次关于 b_0, b_1, b_2, $\cdots$, b_k 求导，并令其为 0，则可得 $k+1$ 个**多元线性回归正则方程组**。

多元线性回归正则估计方程组

$$n b_0 + b_1 \sum_{i=1}^{n} x_{1i} + b_2 \sum_{i=1}^{n} x_{2i} + \cdots + b_k \sum_{i=1}^{n} x_{ki} = \sum_{i=1}^{n} y_i$$

$$b_0 \sum_{i=1}^{n} x_{1i} + b_1 \sum_{i=1}^{n} x_{1i}^2 + b_2 \sum_{i=1}^{n} x_{1i} x_{2i} + \cdots + b_k \sum_{i=1}^{n} x_{1i} x_{ki} = \sum_{i=1}^{n} x_{1i} y_i$$

$$\vdots \qquad \vdots \qquad \vdots \qquad \qquad \vdots \qquad \vdots$$

$$b_0 \sum_{i=1}^{n} x_{ki} + b_1 \sum_{i=1}^{n} x_{ki} x_{1i} + b_2 \sum_{i=1}^{n} x_{ki} x_{2i} + \cdots + b_k \sum_{i=1}^{n} x_{ki}^2 = \sum_{i=1}^{n} x_{ki} y_i$$

使用求解线性方程的适当方法即可求得该方程组中的 b_0, b_1, b_2, $\cdots$, b_k。大多数统计软件都可以获得上述方程组的数值解。

例 11.1　通过对使用轻型柴油机动力的小型敞篷载货卡车进行的一项研究，我们想知道大气湿度（%）、空气温度（℉）、大气压对一氧化二氮排放量（ppm）的影响。在不同时间和不同试验条件下测量到的排放量数据如表 11.1 所示。其模型为：

$$\mu_{Y|x_1,x_2,x_3} = \beta_0 + \beta_1 x_1 + \beta_2 x_2 + \beta_3 x_3$$

或其等价形式

$$y_i = \beta_0 + \beta_1 x_{1i} + \beta_2 x_{2i} + \beta_3 x_{3i} + \epsilon_i, \qquad i = 1, 2, \cdots, 20$$

请使用该多元线性回归模型来拟合所给数据，并估计在湿度为 50%，温度为 76 ℉，大气压为

29.30ppm 时的一氧化二氮排放量。

表 11.1　例 11.1 的数据

一氧化二氮 y	湿度 x_1	温度 x_2	压力 x_3	一氧化二氮 y	湿度 x_1	温度 x_2	压力 x_3
0.90	72.4	76.3	29.18	1.07	23.2	76.8	29.38
0.91	41.6	70.3	29.35	0.94	47.4	86.6	29.35
0.96	34.3	77.1	29.24	1.10	31.5	76.9	29.63
0.89	35.1	68.0	29.27	1.10	10.6	86.3	29.56
1.00	10.7	79.0	29.78	1.10	11.2	86.0	29.48
1.10	12.9	67.4	29.39	0.91	73.3	76.3	29.40
1.15	8.3	66.8	29.69	0.87	75.4	77.9	29.28
1.03	20.1	76.9	29.48	0.78	96.6	78.7	29.29
0.77	72.2	77.7	29.09	0.82	107.4	86.8	29.03
1.07	24.0	67.7	29.60	0.95	54.9	70.9	29.37

资料来源：Charles T. Hare，"Light-Duty Diesel Emission Correction Factors for Ambient Conditions," EPA-600/2-77-116. U. S. Environmental Protection Agency.

解：通过求解估计方程组可得唯一的估计值为：

$$b_0 = -3.507\,778$$
$$b_1 = -0.002\,625$$
$$b_2 = 0.000\,799$$
$$b_3 = 0.154\,155$$

这样一来，可得回归方程为：

$$\hat{y} = -3.507\,778 - 0.002\,625x_1 + 0.000\,799x_2 + 0.154\,155x_3$$

则在湿度为 50%，温度为 76 ℉，大气压为 29.30ppm 时一氧化二氮排量为：

$$\hat{y} = -3.507\,778 - 0.002\,625(50.0) + 0.000\,799(76.0) + 0.154\,155(29.30)$$
$$= 0.938\,4(\text{ppm})$$

11.2.1　多项式回归

如果我们希望用多项式方程

$$\mu_{Y|x} = \beta_0 + \beta_1 x + \beta_2 x^2 + \cdots + \beta_r x^r$$

来拟合 $\{(x_i, y_i); i = 1, 2, \cdots, n\}$ 这 n 对观测。每个观测中 y_i 满足

$$y_i = \beta_0 + \beta_1 x_i + \beta_2 x_i^2 + \cdots + \beta_r x_i^r + \epsilon_i$$

或者

$$y_i = \hat{y}_i + e_i = b_0 + b_1 x_i + b_2 x_i^2 + \cdots + b_r x_i^r + e_i$$

式中，r 是该多项式的阶数，ϵ_i 和 e_i 分别还是对应于响应变量 y_i 及其拟合值 $\hat{y}_i$ 的随机误差和残差。这里样本观测的对数 n 必须至少等于待估参数的个数 $r+1$。

需要注意的是，我们可以将多项式模型看做一般多元线性回归的一种特殊形式，其中 $x_1 = x$，$x_2 = x^2$，$\cdots$，$x_r = x^r$。则其正则方程组和前面的形式就是一样的。因此，我们就可以解出 b_0，b_1，

b_2, $\cdots$, b_r。

例11.2 已知有如下数据：

x	0	1	2	3	4	5	6	7	8	9
y	9.1	7.3	3.2	4.6	4.8	2.9	5.7	7.1	8.8	10.2

请拟合形如 $\mu_{Y|x} = \beta_0 + \beta_1 x + \beta_2 x^2$ 的回归曲线，并估计 $\mu_{Y|2}$。

解： 根据上表，我们可以求得

$$10b_0 + 45b_1 + 285b_2 = 63.7$$
$$45b_0 + 285b_1 + 2025b_2 = 307.3$$
$$285b_0 + 2\,025b_1 + 15\,333b_2 = 2\,153.3$$

求解该正则方程组，可得

$$b_0 = 8.698$$
$$b_1 = -2.341$$
$$b_2 = 0.288$$

这样一来，我们有

$$\hat{y} = 8.698 - 2.341x + 0.288x^2$$

因此，在 $x = 2$ 时，我们可得 $\mu_{Y|2}$ 的估计为：

$$\hat{y} = 8.698 - (2.341)(2) + (0.288)(2^2) = 5.168$$

例11.3 表11.2 中的数据是在生产某种饮料的过程中不同温度条件和杀菌时间下所产生的杂质。请估计多项式模型

$$y_i = \beta_0 + \beta_1 x_{1i} + \beta_2 x_{2i} + \beta_{11} x_{1i}^2 + \beta_{22} x_{2i}^2 + \beta_{12} x_{1i} x_{2i} + \epsilon_i$$

中的回归系数，其中 $i = 1, 2, \cdots, 18$。

表11.2 例11.3 的数据

杀菌时间x_2（分钟）	温度x_1（℃）		
	75	100	125
15	14.05	10.55	7.55
	14.93	9.48	6.59
20	16.56	13.63	9.23
	15.85	11.75	8.78
25	22.41	18.55	15.93
	21.66	17.98	16.44

解： 根据正则方程组，我们有

$$b_0 = 56.441\,1$$
$$b_1 = -0.361\,90$$
$$b_2 = -2.752\,99$$
$$b_{11} = 0.000\,81$$
$$b_{22} = 0.081\,73$$
$$b_{12} = 0.003\,14$$

这样一来，我们估计的回归方程为：

$$\hat{y} = 56.4411 - 0.36190x_1 - 2.75299x_2 + 0.00081x_1^2 + 0.08173x_2^2 + 0.00314x_1x_2$$

与多项式回归函数相关的多数原理和方法都属于**响应面分析法**，响应面分析法是在许多领域科研人员和工程师都应用得非常成功的一系列方法。x_i^2 项称为**纯二次项**，x_ix_j（$i \neq j$）称为**交叉项**。对于选取适当的试验设计，尤其是对于模型中有许多变量的情形，以及对于选取 x_1，x_2，$\cdots$，x_k 的最优值的这类问题通常就可以采用这些方法。更多详情，请读者参考 Myers，Montgomery，and Anderson-Cook（2009）。

11.3 矩阵形式的线性回归模型

在拟合一个多元线性回归模型时，尤其是当变量的个数超过 2 个时，利用矩阵知识可以极大地简化数学操作。假设有 k 个自变量 x_1，x_2，$\cdots$，x_k 及 n 个观测值 y_1，y_2，$\cdots$，y_n，每个观测值都可以表示成如下的方程式：

$$y_i = \beta_0 + \beta_1 x_{1i} + \beta_2 x_{2i} + \cdots + \beta_k x_{ki} + \epsilon_i$$

该模型本质上是 n 个表征了研究问题中响应变量值是如何生成的问题。使用矩阵符号，则可以将该方程表示成下述矩阵形式。

一般线性模型

$$y = X\beta + \epsilon$$

式中

$$y = \begin{bmatrix} y_1 \\ y_2 \\ \vdots \\ y_n \end{bmatrix}, \quad X = \begin{bmatrix} 1 & x_{11} & x_{21} & \cdots & x_{k1} \\ 1 & x_{12} & x_{22} & \cdots & x_{k2} \\ \vdots & \vdots & \vdots & \ddots & \vdots \\ 1 & x_{1n} & x_{2n} & \cdots & x_{kn} \end{bmatrix}, \quad \beta = \begin{bmatrix} \beta_0 \\ \beta_1 \\ \vdots \\ \beta_k \end{bmatrix}, \quad \epsilon = \begin{bmatrix} \epsilon_1 \\ \epsilon_2 \\ \vdots \\ \epsilon_n \end{bmatrix}$$

使用和 11.2 节一样的最小二乘法来估计 β 的问题则变成了求解使得

$$SSE = (y - Xb)'(y - Xb)$$

达到极小值的 b。极小化该方程的问题可以转换成求解

$$\frac{\partial}{\partial b}(SSE) = 0$$

中 b 的问题。我们在此不再给出求解上述方程式的详细过程。求解 b 的结果是

$$(X'X)b = X'y$$

根据矩阵 X 的性质可知，除了第一个元素，第 i 行表示的是与响应变量 y_i 相对应的 x 的值。将其写成

$$A = X'X = \begin{bmatrix} n & \sum_{i=1}^{n} x_{1i} & \sum_{i=1}^{n} x_{2i} & \cdots & \sum_{i=1}^{n} x_{ki} \\ \sum_{i=1}^{n} x_{1i} & \sum_{i=1}^{n} x_{1i}^2 & \sum_{i=1}^{n} x_{1i}x_{2i} & \cdots & \sum_{i=1}^{n} x_{1i}x_{ki} \\ \vdots & \vdots & \vdots & & \vdots \\ \sum_{i=1}^{n} x_{ki} & \sum_{i=1}^{n} x_{ki}x_{1i} & \sum_{i=1}^{n} x_{ki}x_{2i} & \cdots & \sum_{i=1}^{n} x_{ki}^2 \end{bmatrix}$$

且.

$$g = X'y = \begin{bmatrix} g_0 = \sum_{i=1}^{n} y_i \\ g_1 = \sum_{i=1}^{n} x_{1i}y_i \\ \vdots \\ g_k = \sum_{i=1}^{n} x_{ki}y_i \end{bmatrix}$$

则正则方程组可以写成下述的矩阵形式

$$Ab = g$$

如果矩阵 A 是非奇异的，则可以将回归系数的解写成下式

$$b = A^{-1}g = (X'X)^{-1}X'y$$

这样一来，通过求解 $k+1$ 个未知参数相同的方程，我们可以求得预测方程或回归方程。此时，我们要求的是 $(k+1) \times (k+1)$ 维矩阵 $X'X$ 的逆。求逆矩阵的方法在许多关于初等行列式和矩阵的书中都有介绍。当然，我们也可以使用处理多元回归问题的计算机软件包，这些软件包不仅可以输出对回归系数的估计，而且可以给出与回归方程的推断相关的其他信息。

例 11.4 将三种化合物以不同配比加入到储藏的动物精子中，分别查看精子的成活率，数据如表 11.3 所示。请使用多元线性回归模型拟合表中的数据。

表 11.3 例 11.4 的数据

存活率 y（%）	重量 x_1（%）	重量 x_2（%）	重量 x_3（%）
25.5	1.74	5.30	10.80
31.2	6.32	5.42	9.40
25.9	6.22	8.41	7.20
38.4	10.52	4.63	8.50
18.4	1.19	11.60	9.40
26.7	1.22	5.85	9.90
26.4	4.10	6.62	8.00
25.9	6.32	8.72	9.10
32.0	4.08	4.42	8.70
25.2	4.15	7.60	9.20
39.7	10.15	4.83	9.40
35.7	1.72	3.12	7.60
26.5	1.70	5.30	8.20

解： 使用最小二乘估计方程 $(X'X)b = X'y$ 可得

$$\begin{bmatrix} 13.0 & 59.43 & 81.82 & 115.40 \\ 59.43 & 394.7255 & 360.6621 & 522.0780 \\ 81.82 & 360.6621 & 576.7264 & 728.3100 \\ 115.40 & 522.0780 & 728.3100 & 1035.9600 \end{bmatrix} \begin{bmatrix} b_0 \\ b_1 \\ b_2 \\ b_3 \end{bmatrix} = \begin{bmatrix} 377.5 \\ 1877.567 \\ 2246.661 \\ 3337.780 \end{bmatrix}$$

根据计算机输出结果，我们可得逆矩阵的元素：

$$(X'X)^{-1} = \begin{bmatrix} 8.064\,8 & -0.082\,6 & -0.094\,2 & -0.790\,5 \\ -0.082\,6 & 0.008\,5 & 0.001\,7 & 0.003\,7 \\ -0.094\,2 & 0.001\,7 & 0.016\,6 & -0.002\,1 \\ -0.790\,5 & 0.003\,7 & -0.002\,1 & 0.088\,6 \end{bmatrix}$$

这样一来，根据 $b = A^{-1}g = (X'X)^{-1}X'y$ 可知，估计的回归系数为：

$b_0 = 39.157\,4$

$b_1 = 1.016\,1$

$b_2 = -1.861\,6$

$b_3 = -0.343\,3$

故估计的回归方程为：

$$\hat{y} = 39.157\,4 + 1.016\,1x_1 - 1.861\,6x_2 - 0.343\,3x_3$$

习 题

11.1 通过一系列的试验来确定在不同的炉宽 x_1 和不同的燃料温度 x_2 下所需要的烹饪时间 y。数据如下表所示。

y	x_1	x_2
6.40	1.32	1.15
15.05	2.69	3.40
18.75	3.56	4.10
30.25	4.41	8.75
44.85	5.35	14.82
48.94	6.20	15.15
51.55	7.12	15.32
61.50	8.87	18.18
100.44	9.80	35.19
111.42	10.65	40.40

请估计多元线性回归模型 $\mu_{Y \mid x_1, x_2} = \beta_0 + \beta_1 x_1 + \beta_2 x_2$。

11.3 在巩固练习 10.53 中，我们还获得了这 12 名学生在化学课上缺课的课时数。完整的数据如下表所示。

学生	化学成绩 y	智力测试分数 x_1	缺课数 x_2
1	85	65	1
2	74	50	7
3	76	55	5
4	90	65	2
5	85	55	6
6	87	70	3
7	94	65	2
8	98	70	5

续前表

学生	化学成绩 y	智力测试分数 x_1	缺课数 x_2
9	81	55	4
10	91	70	3
11	76	50	1
12	74	55	4

(a) 请拟合这种形式的多元线性回归方程 $\hat{y} = b_0 + b_1 x_1 + b_2 x_2$。

(b) 如果某学生的智力测试分数为 60，所缺课时数为 4，请估计其化学成绩。

11.5 化工厂每月所消耗的电量被认为与周围的环境温度 x_1（℉）、每月的天数 x_2、产品的平均纯度 x_3（%）、产品产量 x_4（吨）有关。下表记录的是该工厂过去一年的历史数据。

y	x_1	x_2	x_3	x_4
240	25	24	91	100
236	31	21	90	95
290	45	24	88	110
274	60	25	87	88
301	65	25	91	94
316	72	26	94	99
300	80	25	87	97
296	84	25	86	96
267	75	24	88	110
276	60	25	91	105
288	50	25	90	100
261	38	23	89	98

(a) 请根据上表中的数据拟合一个多元线性回归

模型。

(b) 假定某月 $x_1 = 75$，$x_2 = 24$，$x_3 = 90$，$x_4 = 98$，请预测这个月所消耗的电量是多少。

11.7 一项试验是确定是否可以通过个人动脉中的含氧量（毫米汞柱）来估计出大脑中的血流速度。有15位患者参与了这个试验，数据如下表所示。

血流速度 y	含氧量 x
84.33	603.40
87.80	582.50
82.20	556.20
78.21	594.60
78.44	558.90
80.01	575.20
83.53	580.10
79.46	451.20
75.22	404.00
76.58	484.00
77.90	452.40
78.80	448.40
80.67	334.80
86.60	320.30
78.20	350.30

请估计二次回归方程 $\mu_{Y|x} = \beta_0 + \beta_1 x + \beta_2 x^2$。

11.9 考虑以下情形：

(a) 请对例10.8的数据拟合形如 $\mu_{Y|x} = \beta_0 + \beta_1 x_1 + \beta_2 x^2$ 的多元回归方程。

(b) 请估计温度为225℃时化学反应的产量。

11.11 一项研究要确定鲨鱼和鲔鱼所吃掉鱿鱼的数量。回归变量为鱿鱼的嘴的特征。该研究中的回归变量、响应变量、数据如下。

$x_1 = $ 嘴的长度（英寸）

$x_2 = $ 翼长（英寸）

$x_3 = $ 嘴到切口的长度（英寸）

$x_4 = $ 切口到翼的长度（英寸）

$x_5 = $ 宽度（英寸）

$y = $ 重量（磅）

x_1	x_2	x_3	x_4	x_5	y
1.31	1.07	0.44	0.75	0.35	1.95
1.55	1.49	0.53	0.90	0.47	2.90
0.99	0.84	0.34	0.57	0.32	0.72
0.99	0.83	0.34	0.54	0.27	0.81
1.01	0.90	0.36	0.64	0.30	1.09
1.09	0.93	0.42	0.61	0.31	1.22
1.08	0.90	0.40	0.51	0.31	1.02
1.27	1.08	0.44	0.77	0.34	1.93
0.99	0.85	0.36	0.56	0.29	0.64

续前表

x_1	x_2	x_3	x_4	x_5	y
1.34	1.13	0.45	0.77	0.37	2.08
1.30	1.10	0.45	0.76	0.38	1.98
1.33	1.10	0.48	0.77	0.38	1.90
1.86	1.47	0.60	1.01	0.65	8.56
1.58	1.34	0.52	0.95	0.50	4.49
1.97	1.59	0.67	1.20	0.59	8.49
1.80	1.56	0.66	1.02	0.59	6.17
1.75	1.58	0.63	1.09	0.59	7.54
1.72	1.43	0.64	1.02	0.63	6.36
1.68	1.57	0.72	0.96	0.68	7.63
1.75	1.59	0.68	1.08	0.62	7.78
2.19	1.86	0.75	1.24	0.72	10.15
1.73	1.67	0.64	1.14	0.55	6.88

请估计出形如 $\mu_{Y|x_1,x_2,x_3,x_4,x_5} = \beta_0 + \beta_1 x_1 + \beta_2 x_2 + \beta_3 x_3 + \beta_4 x_4 + \beta_5 x_5$ 的多元线性回归方程。

11.13 有一项关于轴承磨损度 y 与其滑油黏度 x_1 和负荷 x_2 之间关系的研究，其数据如下表所示（Myers, Montgomery, and Anderson-Cook, 2009）。

y	x_1	x_2	y	x_1	x_2
193	1.6	851	230	15.5	816
172	22.0	1 058	91	43.0	1 201
113	33.0	1 357	125	40.0	1 115

(a) 请估计多元线性回归方程 $\mu_{Y|x_1,x_2} = \beta_0 + \beta_1 x_1 + \beta_2 x_2$ 的未知参数。

(b) 请在滑油黏度为20、负荷为1 200时，预测其磨损度。

11.15 某工业企业的人事部门根据12名员工的数据来研究员工的工作作业等级与4项测试成绩之间的关系。数据如下表所示。

y	x_1	x_2	x_3	x_4
11.2	56.5	71.0	38.5	43.0
14.5	59.5	72.5	38.2	44.8
17.2	69.2	76.0	42.5	49.0
17.8	74.5	79.5	43.4	56.3
19.3	81.2	84.0	47.5	60.2
24.5	88.0	86.2	47.4	62.0
21.2	78.2	80.5	44.5	58.1
16.9	69.0	72.0	41.8	48.1
14.8	58.1	68.0	42.1	46.0
20.0	80.5	85.0	48.1	60.3
13.2	58.3	71.0	37.5	47.1
22.5	84.0	87.2	51.0	65.2

请估计模型 $\hat{y} = b_0 + b_1 x_1 + b_2 x_2 + b_3 x_3 + b_4 x_4$ 中的回归系数。

11.4 最小二乘估计量的性质

在关于随机变量ϵ_1，ϵ_2，$\cdots$，ϵ_k的一定假设下，即与简单线性回归情形中所做假设一致，我们很容易得到估计量b_0，b_1，$\cdots$，b_k的均值和方差。如果这些误差是相互独立的，均值为零且方差为σ^2，则可以证明b_0，b_1，$\cdots$，b_k分别是回归系数β_0，β_1，$\cdots$，β_k的无偏估计量。此外，通过对矩阵A进行求逆运算，还可以得到b的方差。需要注意的是，矩阵$A = X'X$中非对角元所表示的是X的列向量上各元素的乘积之和，对角元则是X的列向量上各元素的平方和。逆矩阵A^{-1}乘上σ^2则是所估计的回归系数之**方差—协方差矩阵**。也就是说，矩阵$A^{-1}\sigma^2$中位于主对角线上的元素是方差，除此以外的则为其协方差。比如，在$k = 2$的多元线性回归问题中，我们有

$$(X'X)^{-1} = \begin{bmatrix} c_{00} & c_{01} & c_{02} \\ c_{10} & c_{11} & c_{12} \\ c_{20} & c_{21} & c_{22} \end{bmatrix}$$

其主对角线下方的元素是根据矩阵的对称性得到的。从而我们有

$$\sigma^2_{b_i} = c_{ii}\sigma^2, \quad i = 0,1,2$$
$$\sigma_{b_i b_j} = \mathrm{Cov}(b_i, b_j) = c_{ij}\sigma^2, \quad i \neq j$$

当然，方差的估计可以通过用试验数据所得到的适当的估计替换σ^2得到，对这些估计量的标准误的估计也是如此。σ^2的无偏估计量可以由误差平方和，根据定理11.1中的公式计算求得。在该定理中，我们对误差项的ϵ_i做出了本节开篇所提到的假设。

定理11.1 对于线性回归方程

$$y = X\beta + \epsilon$$

σ^2的无偏估计可以由下面的均方误差或均方残差给出，即

$$s^2 = \frac{SSE}{n - k - 1}$$

式中，$SSE = \sum_{i=1}^{n} e_i^2 = \sum_{i=1}^{n} (y_i - \hat{y}_i)^2$。

我们可以看到，定理11.1实际上是定理10.1从简单线性回归情形得出的一般形式。对该定理的证明留给读者。与简单线性回归情形一样，估计量s^2测度的是预测误差或残差的变化。基于每个残差$e_i = y_i - \hat{y}_i$，$i = 1，2，\cdots，n$，我们会在11.9节和11.10节对拟合回归方程的其他重要推断进行讨论。

误差平方和与回归平方和具有与简单线性回归中同样的形式和作用。实际上，平方和等式

$$\sum_{i=1}^{n} (y_i - \bar{y})^2 = \sum_{i=1}^{n} (\hat{y}_i - \bar{y})^2 + \sum_{i=1}^{n} (y_i - \hat{y}_i)^2$$

仍然是成立的。我们沿用先前的符号，则有

$$SST = SSR + SSE$$

式中，$SST = \sum_{i=1}^{n} (y_i - \bar{y})^2 = $总平方和，$SSR = \sum_{i=1}^{n} (\hat{y}_i - \bar{y})^2 = $回归平方和。

SSR的自由度为k，而SST的自由度仍为$n - 1$。这样一来，相减之后则可知SSE的自由度为$n - k - 1$。因此，σ^2的估计仍然是误差平方和除以其自由度。大部分多元线性回归的计算机软件版都会输出这三个平方和。需要注意的是，我们在11.2节所提到的$n > k$的条件保证了SSE的自由度

不为负。

11.4.1 多元回归中的方差分析

将总平方和分解为回归平方和与误差平方和两个部分在分析中发挥了重要作用。我们通过方差分析可以对回归方程的质量进行评判。下述这个有用的检验能够判断模型是否解释了大部分的变差

$$H_0 : \beta_1 = \beta_2 = \beta_3 = \cdots = \beta_k = 0$$

方差分析结果如下表所示，其中包含一个 F 检验。

来源	平方和	自由度	均方	
回归	SSR	k	$MSR = \dfrac{SSR}{k}$	$f = \dfrac{MSR}{MSE}$
误差	SSE	$n - (k+1)$	$MSE = \dfrac{SSE}{n-(k+1)}$	
合计	SST	$n - 1$		

该检验是一个**上尾检验**。拒绝 H_0 则意味着回归方程不等于常数。也就是说，至少有一个回归变量在起作用。有关应用方差分析的更多探讨请见后续各节。

均方误差（或均方残差）的进一步应用常常在于假设检验和置信区间估计，我们将在 11.5 节对此进行探讨。此外，在科研人员要从几个相互矛盾的模型中选取一个最优模型的情形中，均方误差发挥了重要的作用。而且许多建模准则中都涉及统计量 s^2。我们在 11.10 节会就对比相互矛盾的模型之准则进行介绍。

11.5 多元线性回归中的推断

我们对每个回归系数的估计量所服从分布的知识有助于试验人员构建该系数的置信区间，并对该系数进行假设检验。回顾一下 11.4 节可知，b_j（$j = 0, 1, 2, \cdots, k$）服从均值为 β_j 且方差为 $c_{jj}\sigma^2$ 的正态分布。这样一来，我们可以使用自由度为 $n - k - 1$ 的统计量

$$t = \frac{b_j - \beta_{j0}}{s\sqrt{c_{jj}}}$$

来对 β_j 进行假设检验，并构建其置信区间。比如，如果我们要检验

$$H_0 : \beta_j = \beta_{j0}$$
$$H_1 : \beta_j \neq \beta_{j0}$$

计算上述 t 统计量，如果 $-t_{\alpha/2} < t < t_{\alpha/2}$，则不能拒绝 H_0，其中 $t_{\alpha/2}$ 的自由度为 $n - k - 1$。

例 11.5　对于例 11.4 中的模型，请在 0.05 的显著性水平上检验零假设 $\beta_2 = -2.5$ 以及与之相对应的备择假设 $\beta_2 > -2.5$。

解： 根据题意我们有

$$H_0 : \beta_2 = -2.5$$
$$H_1 : \beta_2 > -2.5$$

计算：

$$t = \frac{b_2 - \beta_{20}}{s\sqrt{c_{22}}} = \frac{-1.8616 + 2.5}{2.073\sqrt{0.0166}} = 2.390$$

决策：拒绝H_0。因此结论是$\beta_2 > -2.5$。

11.5.1 变量筛选的单个 t 检验

多元回归中 t 检验最常用来检验各个系数（即$H_0: \beta_j = 0 \leftrightarrow H_1: \beta_j \neq 0$）的重要性。这些检验通常会用于**变量筛选**，也就是分析人员试图获得最有效模型（即对回归变量的选取）的情形。在此值得强调的是，如果检验发现某个系数是不显著的（即假设$H_0: \beta_j = 0$ 被拒绝了），则结论是，在模型中其他回归变量存在的情况下，该变量不显著（即该变量对 y 中变差的解释比例不显著）。在后续的讨论中我们还会强调这一点。

11.5.2 对响应变量均值的推断与预测

关于与值x_{10}, x_{20}, $\cdots$, x_{k0} 相对应的响应变量的预测值y_0, 对预测质量最有用的推断中有一个是构建响应变量的均值$\mu_{Y|x_{10},x_{20},\cdots,x_{k0}}$的置信区间。我们关心的是在条件

$$x_0' = [1, x_{10}, x_{20}, \cdots, x_{k0}]$$

下构建响应变量的均值的置信区间的问题。在该条件中，我们将关于 x 的条件扩展到 1 的情形是为了简化矩阵的符号。ϵ_i的正态性使得b_j也是正态的，b_j的均值和方差与 11.4 节中的一样。b_i和b_j的协方差也是如此，其中$i \neq j$。这样一来，我们有

$$\hat{y} = b_0 + \sum_{j=1}^{k} b_j x_{j0}$$

也是服从正态分布的，事实上，它还是**响应变量均值**的无偏估计量，而我们正是要对响应变量的均值构建一个置信区间。$\hat{y}_0$矩阵形式的方差则可以简单地看做关于σ^2、$(X'X)^{-1}$、条件向量 x_0' 的一个函数：

$$\sigma^2_{\hat{y}_0} = \sigma^2 x_0'(X'X)^{-1}x_0$$

在特定情形中我们将上述表达式展开，比如 $k = 2$ 时，则易见展开后的表达式恰好可以解释b_j的方差及b_j与b_i的协方差，其中$i \neq j$。在我们将σ^2替换成定理 11.1 中的s^2后，$\mu_{Y|x_{10},x_{20},\cdots,x_{k0}}$的$100(1-\alpha)\%$置信区间可由服从自由度为$n-k-1$的 t 分布的统计量

$$T = \frac{\hat{y}_0 - \mu_{Y|x_{10},x_{20},\cdots,x_{k0}}}{s\sqrt{x_0'(X'X)^{-1}x_0}}$$

来确定。

$\mu_{Y|x_{10},x_{20},\cdots,x_{k0}}$的置信区间

响应变量均值$\mu_{Y|x_{10},x_{20},\cdots,x_{k0}}$的$100(1-\alpha)\%$置信区间为：

$$\hat{y}_0 - t_{\alpha/2}s\sqrt{x_0'(X'X)^{-1}x_0} < \mu_{Y|x_{10},x_{20},\cdots,x_{k0}} < \hat{y}_0 + t_{\alpha/2}s\sqrt{x_0'(X'X)^{-1}x_0}$$

式中，$t_{\alpha/2}$是自由度为$n-k-1$的 t 分布值。

$s\sqrt{x_0'(X'X)^{-1}x_0}$常常称为**预测的标准误**，而且多数回归软件包都会输出这个参数。

例 11.6 请根据例 11.4 的数据，在$x_1 = 3\%$，$x_2 = 8\%$，$x_3 = 9\%$时，构建响应变量均值的 95% 置信区间。

解： 根据例 11.4 中的回归方程，我们可知在$x_1 = 3\%$，$x_2 = 8\%$，$x_3 = 9\%$时，估计的存活率为：

$$\hat{y} = 39.1574 + (1.0161)(3) - (1.8616)(8) - (0.3433)(9) = 24.2232$$

接下来，我们可求得

$$\boldsymbol{x}_0'(\boldsymbol{X'X})^{-1}\boldsymbol{x}_0 = [1,3,8,9]\begin{bmatrix} 8.0648 & -0.0826 & -0.0942 & -0.7905 \\ -0.0826 & 0.0085 & 0.0017 & 0.0037 \\ -0.0942 & 0.0017 & 0.0166 & -0.0021 \\ -0.7905 & 0.0037 & -0.0021 & 0.0886 \end{bmatrix}\begin{bmatrix} 1 \\ 3 \\ 8 \\ 9 \end{bmatrix} = 0.1267$$

根据均方误差 $s^2 = 4.298$ 或 $s = 2.073$，及附录表 A4，我们可知自由度为 9 时 $t_{0.025} = 2.262$。这样一来，在 $x_1 = 3\%$，$x_2 = 8\%$，$x_3 = 9\%$ 时，平均存活率的 95% 置信区间为：

$$24.2232 - (2.262)(2.073)\sqrt{0.1267} < \mu_{Y|3,8,9} < 24.2232 + (2.262)(2.073)\sqrt{0.1267}$$

或简记为 $22.5541 < \mu_{Y|3,8,9} < 25.8923$。

与简单线性回归情形一样，我们必须明确地将响应变量均值的置信区间与响应变量观测值的预测区间区分开。后者给出的是响应变量的一个新观测以事先确定的概率所落入的范围。

响应变量单个观测值 y_0 的预测区间仍然可以根据 $\hat{y}_0 - y_0$ 来确定。可以证明其抽样分布是正态的，且其均值为：

$$\mu_{\hat{y}_0 - y_0} = 0$$

方差为：

$$\sigma^2_{\hat{y}_0 - y_0} = \sigma^2[1 + \boldsymbol{x}_0'(\boldsymbol{X'X})^{-1}\boldsymbol{x}_0]$$

这样一来，响应变量的单个观测值 y_0 的 $100(1-\alpha)\%$ 预测区间则可以根据服从自由度为 $n-k-1$ 的 t 分布的统计量

$$T = \frac{\hat{y}_0 - y_0}{s\sqrt{1 + \boldsymbol{x}_0'(\boldsymbol{X'X})^{-1}\boldsymbol{x}_0}}$$

来确定。

---

y_0 的预测区间

响应变量单个观测值 y_0 的 $100(1-\alpha)\%$ 预测区间为：

$$\hat{y}_0 - t_{\alpha/2}s\sqrt{1 + \boldsymbol{x}_0'(\boldsymbol{X'X})^{-1}\boldsymbol{x}_0} < y_0 < \hat{y}_0 + t_{\alpha/2}s\sqrt{1 + \boldsymbol{x}_0'(\boldsymbol{X'X})^{-1}\boldsymbol{x}_0}$$

式中，$t_{\alpha/2}$ 是自由度为 $n-k-1$ 的 t 分布值。

例 11.7 请根据例 11.4 的数据，在 $x_1 = 3\%$，$x_2 = 8\%$，$x_3 = 9\%$ 时，构建存活率的 95% 预测区间。

解：根据例 11.6 中的结果，我们可知在 $x_1 = 3\%$，$x_2 = 8\%$，$x_3 = 9\%$ 时，响应变量 y_0 的 95% 预测区间为：

$$24.2232 - (2.262)(2.073)\sqrt{1.1267} < y_0 < 24.2232 + (2.262)(2.073)\sqrt{1.1267}$$

化简即可得 $19.2459 < y_0 < 29.2005$。正如我们所料，预测区间的宽度要大于例 11.6 中的置信区间。

11.5.3 对例 11.4 的数据的分析结果

图 11.1 是对例 11.4 的数据拟合多元线性回归模型的计算机输出结果。其中，我们所使用的是 SAS 软件。

Source	DF	Sum of Squares	Mean Square	F Value	Pr > F
Model	3	399.454 37	133.151 46	30.98	<0.000 1
Error	9	38.676 40	4.297 38		
Corrected Total	12	438.130 77			

Root MSE	2.073 01	R-Square	0.911 7
Dependent Mean	29.038 46	Adj R-Sq	0.882 3
Coeff Var	7.138 85		

Variable	DF	Parameter Estimate	Standard Error	t Value	Pr > |t|
Intercept	1	39.157 35	5.887 06	6.65	<0.000 1
x1	1	1.016 10	0.190 90	5.32	0.000 5
x2	1	-1.861 65	0.267 33	-6.96	<0.000 1
x3	1	-0.343 26	0.617 05	-0.56	0.591 6

Obs	Dependent Variable	Predicted Value	Std Error Mean Predict	95% CL Mean		95% CL Predict		Residual
1	25.500 0	27.351 4	1.415 2	24.150 0	30.552 8	21.673 4	33.029 4	-1.851 4
2	31.200 0	32.262 3	0.784 6	30.487 5	34.037 1	27.248 2	37.276 4	-1.062 3
3	25.900 0	27.349 5	1.358 8	24.275 7	30.423 4	21.742 5	32.956 6	-1.449 5
4	38.400 0	38.309 6	1.281 8	35.409 9	41.209 3	32.796 0	43.823 2	0.090 4
5	18.400 0	15.544 7	1.578 9	11.973 0	19.116 5	9.649 9	21.439 5	2.855 3
6	26.700 0	26.108 1	1.035 8	23.764 9	28.451 2	20.865 8	31.350 3	0.591 9
7	26.400 0	28.253 2	0.809 4	26.422 2	30.084 1	23.218 9	33.287 4	-1.853 2
8	25.900 0	26.221 9	0.973 2	24.020 4	28.423 3	21.041 4	31.402 3	-0.321 9
9	32.000 0	32.088 2	0.782 8	30.317 5	33.858 9	27.075 5	37.100 8	-0.088 2
10	25.200 0	26.067 6	0.691 9	24.502 4	27.632 9	21.123 8	31.011 4	-0.867 6
11	39.700 0	37.252 4	1.307 0	34.295 7	40.209 0	31.708 6	42.796 1	2.447 6
12	35.700 0	32.487 9	1.464 8	29.174 3	35.801 5	26.745 9	38.230 0	3.212 1
13	26.500 0	28.203 2	0.984 1	25.977 1	30.429 4	23.012 2	33.394 3	-1.703 2

图 11.1　SAS 对例 11.4 的数据的分析结果

我们可以看到输出结果中包括模型的参数估计、标准误及 t 统计量。其中的标准误是通过对 $(X'X)^{-1}s^2$ 的对角元开方得到的。在该例子中，基于 t 检验及其相应为 0.591 6 的 P 值，变量 x_3 在存在 x_1 和 x_2 的情形下是不显著的。方差分析中的 f 检验表明，模型能够解释响应变量大部分的变差。我们考虑第 10 个观测。根据观测值 25.200 0 和预测值 26.067 6，我们有 95% 的把握确信响应变量均值介于 24.502 4 ~ 27.632 9 之间，且一个新观测落入 21.123 8 ~ 31.011 4 之间的概率为 0.95。R^2 值为 0.911 7，这说明该模型能解释响应变量 91.17% 的变差。更多有关 R^2 的讨论请见 11.6 节。

11.5.4　对多元回归中方差分析的补充讨论

在 11.4 节中，我们简要讨论了将总平方和 $\sum_{i=1}^{n}(y_i-\bar{y})^2$ 分解成回归模型和误差平方和（见图 11.1）这两部分的问题。方差分析所要检验的假设是

$$H_0 : \beta_1 = \beta_2 = \beta_3 = \cdots = \beta_k = 0$$

对于科研人员和工程师来说，拒绝零假设具有重大的意义。（对于那些喜欢使用矩阵来处理问题的人来说，探讨方差分析中的平方和是非常有用的。）

首先，回顾一下 11.3 节，最小二乘估计向量 b 为：

$$b = (X'X)^{-1}X'y$$

将未修正平方和

$$y'y = \sum_{i=1}^{n} y_i^2$$

分解为两部分的方式为：

$$y'y = b'X'y + (y'y - b'X'y)$$
$$= y'X(X'X)^{-1}X'y + [y'y - y'X(X'X)^{-1}X'y]$$

上式右侧括号中的第二项是误差平方和 $\sum_{i=1}^{n}(y_i - \hat{y}_i)^2$。由此读者可以看到，误差平方和的另一个表达式为：

$$SSE = y'[I_n - X(X'X)^{-1}X']y$$

$y'X(X'X)^{-1}X'y$ 这一项称为回归平方和。不过，它并不是用来检验 b_1，b_2，$\cdots$，b_k 每一项重要性的表达式 $\sum_{i=1}^{n}(\hat{y}_i - \bar{y})^2$，而是

$$y'X(X'X)^{-1}X'y = \sum_{i=1}^{n} \hat{y}_i^2$$

可以看到，它是未关于均值进行修正的回归平方和。因此，只能用来检验回归方程是否显著为 0 的假设问题

$$H_0: \beta_0 = \beta_1 = \beta_2 = \cdots = \beta_k = 0$$

一般，上述这个假设检验问题不如

$$H_0: \beta_1 = \beta_2 = \cdots = \beta_k = 0$$

这个假设检验问题重要，因为后者是指响应变量均值为一个常数，而不仅为 0。

11.5.5 自由度

这样一来，对平方和的分解及其相应的自由度如下表所示。

来源	平方和	自由度
回归	$\sum_{i=1}^{n} \hat{y}_i^2 = y'X(X'X)^{-1}X'y$	$k+1$
误差	$\sum_{i=1}^{n}(y_i - \hat{y}_i)^2 = y'[I_n - X(X'X)^{-1}X']y$	$n-(k+1)$
合计	$\sum_{i=1}^{n} y_i^2 = y'y$	n

11.5.6 我们所关心的假设

当然，我们进行方差分析的假设必须将前面表达式中的截距项产生的影响消除。严格来说，如果零假设为 $H_0: \beta_1 = \beta_2 = \cdots = \beta_k = 0$，则估计的回归线仅为 $\hat{y}_i = \bar{y}$。因此，我们实际上所寻找的是回归方程不是常数的证据。所以，总平方和与回归平方和都必须关于均值进行修正。这样一来，我们有

$$\sum_{i=1}^{n}(y_i - \bar{y})^2 = \sum_{i=1}^{n}(\hat{y}_i - \bar{y})^2 + \sum_{i=1}^{n}(y_i - \hat{y}_i)^2$$

我们可以以矩阵形式简记为：

$$y'[I_n - \mathbf{1}(\mathbf{1}'\mathbf{1})^{-1}\mathbf{1}']y = y'[X(X'X)^{-1}X' - \mathbf{1}(\mathbf{1}'\mathbf{1})^{-1}\mathbf{1}']y + y'[I_n - X(X'X)^{-1}X']y$$

上述表达式中，$\mathbf{1}$ 是 n 个元素都为 1 的一个向量。因此，上式即为从 $y'y$ 与 $y'X(X'X)^{-1}X'y$（即均值修正的总平方和与回归平方和）中减去了

$$y'\mathbf{1}(\mathbf{1}'\mathbf{1})^{-1}\mathbf{1}'y = \frac{1}{n}\left(\sum_{i=1}^{n} y_i\right)^2$$

最后，我们可以将合理分解平方和的方式及其自由度列入下表。

来源	平方和	自由度
回归	$\sum\limits_{i=1}^{n}(\hat{y_i} - \bar{y})^2 = y'[X(X'X)^{-1}X' - \mathbf{1}(\mathbf{1}'\mathbf{1})^{-1}\mathbf{1}]y$	k
误差	$\sum\limits_{i=1}^{n}(y_i - \hat{y_i})^2 = y'[I_n - X(X'X)^{-1}X']y$	$n-(k+1)$
合计	$\sum\limits_{i=1}^{n}(y_i - \bar{y})^2 = y'[I_n - \mathbf{1}(\mathbf{1}'\mathbf{1})^{-1}\mathbf{1}']y$	$n-1$

该表正是图 11.1 中由计算机软件包输出的方差分析结果。$y'\mathbf{1}(\mathbf{1}'\mathbf{1})^{-1}\mathbf{1}'y$ 这个表达式通常称为**均值的回归平方和**，且其自由度为 1。

习　题

11.19　请估计习题 11.5 中数据的 σ^2。

11.21　回到习题 11.5 中，请估计：

　(a) $\sigma^2_{b_2}$。

　(b) $\mathrm{Cov}(b_2, b_4)$。

11.27　使用习题 11.5 中的数据，及习题 11.19 中对 σ^2 的估计，在 $x_1 = 75$，$x_2 = 24$，$x_3 = 90$，$x_4 = 98$ 时，请计算响应变量均值及响应变量观测值的 95% 置信区间和预测区间。

11.6　通过假设检验来选取拟合模型

在许多回归问题中，单个系数对试验人员来说具有重大的意义。比如，在经济问题中，β_1，β_2，…可能具有某种特殊的意义，因此关于这些参数的置信区间和假设检验问题就是经济学家所关心的。而在化工行业的问题中，预设的模型则假设，反应速率线性依赖于反应温度和某种催化剂的浓度。甚至我们还知道这有可能不是真实的模型，但却是一个适当的近似，因此这时我们所关心的不再是单个的参数，而是在所考察变量的取值范围内，整个函数预测响应变量真实值的能力。在这种情形下，我们会更关注 $\sigma^2_{\hat{y}}$、响应变量均值的置信区间等，而不再强调对单个参数的推断问题。

除了获取一个可行的预测方程，在试验人员还必须找到最优的回归模型，且其中所包含的变量都只能是有效预测变量这种情况下，应用回归分析的试验人员同样关心对变量的选取问题。现在许多计算机软件包都可以直接用来寻找在一定准则下的所谓最优回归方程。我们将在 11.8 节对此做进一步探讨。

用来说明拟合回归模型适应性的一个准则就是**决定系数**，或 R^2。

决定系数或 R^2

$$R^2 = \frac{SSR}{SST} = \frac{\sum\limits_{i=1}^{n}(\hat{y_i} - \bar{y})^2}{\sum\limits_{i=1}^{n}(y_i - \bar{y})^2} = 1 - \frac{SSE}{SST}$$

请注意，该表达式与我们在第10章所述的R^2是一致的。此时的表述更明确，因为我们现在所关心的是**被解释的变差** SSR。R^2这个量仅说明了拟合模型可以解释响应变量Y的总变差中所占的比例。通常试验人员会以$R^2 \times 100\%$的形式来报告这个数值，并解释为假设模型所能解释的变差的比例。R^2的平方根称为Y和x_1，x_2，$\cdots$，x_k的**多重相关系数**。例11.4中的R^2值表明了三个自变量x_1，x_2，x_3所能解释的变差的比例。

$$R^2 = \frac{SSR}{SST} = \frac{399.45}{438.13} = 0.911\ 7$$

这表明由线性回归模型解释的变差占总变差的比例为91.17%。

我们可以根据回归平方和来判断模型是否对真实情形进行了合理的解释。我们可以仅通过计算下述比率

$$f = \frac{SSR/k}{SSE/(n-k-1)} = \frac{SSR/k}{s^2}$$

检验零假设H_0：回归不显著。如果在α的显著性水平上$f > f_\alpha (k, n-k-1)$，则拒绝H_0。对于例11.4的数据，我们有

$$f = \frac{399.45/3}{4.298} = 30.98$$

根据图11.1的分析结果，我们知道P值是小于0.000 1的。因此进行误判的可能性较小。虽然这个结果意味着回归模型是显著的，但并不排除以下可能：

1. 用x表示的线性回归模型并不是解释数据的唯一模型，事实上，对x做变换后的其他模型所对应的F统计量的值还会更大。

2. 除了x_1，x_2，x_3，再增加其他一些变量，或者去掉原有变量中的某一个或某几个，模型都有可能会变得更加有效。在例11.3中，若将x_3去掉，P值为0.591 6。

读者应该还记得，我们在10.5节中曾提到以R^2作为对比相互矛盾的模型的一个准则所存在的缺陷。这些缺陷在多元线性回归中同样存在。实际上，在多元回归问题的应用中，这种风险更大，因为拟合过度的现象更容易发生。我们应当谨记，在模型中存在过多变量的情况下，只要我们舍得牺牲误差的自由度，$R^2 \approx 1.0$ 总是可以达到的。因此，$R^2 = 1$ 说明该模型拟合得非常好，但并不意味着该模型的预测效果也非常好。

11.6.1 调整决定系数（R_{adj}^2）

在第10章中，我们所给出的SAS和MINITAB输出的分析结果中，都有称为调整R^2（adjusted R^2）或调整决定系数（adjusted coefficient of determination）的统计量。R_{adj}^2是对R^2进行**自由度调整**后的结果。决定系数不会随着加入模型中变量的增加而降低。也就是说，R^2不会随着误差的自由度$n-k-1$的降低而减少，后者的降低是由于模型中自变量个数k的增加所致。R_{adj}^2是将SSE和SST除以各自的自由度所求得的，如下所示。

R_{adj}^2

$$R_{adj}^2 = 1 - \frac{SSE/(n-k-1)}{SST/(n-1)}$$

我们将借助例11.4来说明R_{adj}^2的应用。

11.6.2 移除x_3会如何影响R^2和R_{adj}^2

对x_3的t检验（或相应的F检验）说明只包含x_1和x_2的简化模型可能会更好。也就是说，包含

所有回归变量的全模型可能是存在拟合过度的模型。这时，我们要考察一下全模型（x_1，x_2，x_3）和简化模型（x_1，x_2）两者的 R^2 和 R^2_{adj} 值。根据图 11.1 我们已经知道，$R^2_{full} = 0.9117$。而简化模型的 SSE 为 40.01，因此 $R^2_{reduced} = 1 - \dfrac{40.01}{438.13} = 0.9087$。由此可见，有 x_3 的模型解释变差的比例更高。不过，正如我们所说，模型拟合过度的情况下也会出现这种情况。当然，这时我们可以通过 R^2_{adj} 所提供的统计量来对拟合过度的模型施加"惩罚"，因此我们可以预期结果是简化模型。事实上，对于全模型而言

$$R^2_{adj} = 1 - \frac{38.6764/9}{438.1308/12} = 1 - \frac{4.2974}{36.5109} = 0.8823$$

而对于（移除了 x_3 的）简化模型而言

$$R^2_{adj} = 1 - \frac{40.01/10}{438.1308/12} = 1 - \frac{4.001}{36.5109} = 0.8904$$

这样一来，R^2_{adj} 的结果说明简化模型确实更好，且验证了 t 检验和 F 检验的结果，这说明相对于包含所有三个回归变量的模型而言简化模型更优。

11.6.3 对单个系数的检验

在回归问题中添加任意单个变量都会增加回归平方和，并因此降低残差平方和。所以，我们必须判断回归平方和的增加是否足以保证我们在该模型中使用该变量。正如我们所预期的一样，如果使用不重要的自变量则会降低预测方程的有效性，因为这会增加响应变量预测值的方差。我们将通过考察例 11.4 中 x_3 的重要性来进一步验证这一点。首先，我们可以利用自由度为 9 的 t 检验来检验

$$H_0: \beta_3 = 0$$
$$H_1: \beta_3 \neq 0$$

则我们有

$$t = \frac{b_3 - 0}{s\sqrt{c_{33}}} = \frac{-0.3433}{2.073\sqrt{0.0886}} = -0.556$$

这表明 β_3 与 0 之间不存在显著的差异，因此我们认为将 x_3 从模型中移除是非常合理的。假定我们在集合（x_1，x_2）上来考察 Y 的回归问题，最小二乘的正则方程组现在降维为：

$$\begin{bmatrix} 13.0 & 59.43 & 81.82 \\ 59.43 & 394.7255 & 360.6621 \\ 81.82 & 360.6621 & 576.7264 \end{bmatrix} \begin{bmatrix} b_0 \\ b_1 \\ b_2 \end{bmatrix} = \begin{bmatrix} 377.50 \\ 1877.5670 \\ 2246.6610 \end{bmatrix}$$

由此可得简化模型的回归系数估计为：

$b_0 = 36.094$
$b_1 = 1.031$
$b_2 = -1.870$

因此相应的自由度为 2 的回归平方和则为：

$$R(\beta_1, \beta_2) = 398.12$$

在此，$R(\beta_1, \beta_2)$ 这个符号表示的是受限模型的回归平方和。我们不能将其与 SSR 混淆了，SSR

是原模型中自由度为 3 的回归平方和。新的残差平方和为:

$$SST - R(\beta_1, \beta_2) = 438.13 - 398.12 = 40.01$$

于是,相应的自由度为 10 的均方误差则变为:

$$s^2 = \frac{40.01}{10} = 4.001$$

11.6.4   单变量的 t 检验是否具有相应的 F 检验

在例 11.4 中,在变量 x_1 和 x_2 存在的情况下, x_3 能解释存活率

$$R(\beta_3 | \beta_1, \beta_2) = SSR - R(\beta_1, \beta_2) = 399.45 - 398.12 = 1.33$$

的变差,我们可以看到这仅仅是整个回归模型所能解释变差的一小部分。因此,正如我们通过对 β_3 的检验所指出的那样,这部分增加的回归在统计上是不显著的。一个等价的检验可以通过下述比率来实现

$$f = \frac{R(\beta_3 | \beta_1, \beta_2)}{s^2} = \frac{1.33}{4.298} = 0.309$$

它是自由度为 1 和 9 的 F 分布值。回归一下可以发现,自由度为 v 的 t 分布与自由度为 1 和 v 的 F 分布之间的基本关系是

$$t^2 = f(1, v)$$

我们注意到 f 值 0.309 确实是 t 值 -0.56 的平方。

为了将上述思想进行推广,我们可以通过在固定其他变量对回归所作贡献的情况下,考察 x_i 对回归所作的贡献,即 x_i 的回归对其他变量所做的修正,从而对自变量 x_i 在一般多元线性回归模型

$$\mu_{Y|x_1, x_2, \cdots, x_k} = \beta_0 + \beta_1 x_1 + \cdots + \beta_k x_k$$

中所起到的作用进行评估。比如,我们可以通过计算

$$R(\beta_1 | \beta_2, \beta_3, \cdots, \beta_k) = SSR - R(\beta_2, \beta_3, \cdots, \beta_k)$$

来评估 x_1,其中 $R(\beta_2, \beta_3, \cdots, \beta_k)$ 为从模型中移除 $\beta_1 x_1$ 后的回归平方和。要检验

$$H_0 : \beta_1 = 0$$
$$H_1 : \beta_1 \neq 0$$

这个假设,我们可以计算

$$f = \frac{R(\beta_1 | \beta_2, \beta_3, \cdots, \beta_k)}{s^2}$$

并与 $f_\alpha(1, n - k - 1)$ 进行比较。

11.6.5   对多个系数的偏 F 检验

使用同样的方法,我们可以检验多个变量的显著性。比如,要同时考察模型中 x_1 和 x_2 的重要性,我们可以检验

$$H_0 : \beta_1 = \beta_2 = 0$$
$$H_1 : \beta_1 \text{和} \beta_2 \text{不全为 } 0$$

通过计算

$$f = \frac{[R(\beta_1, \beta_2 \mid \beta_3, \beta_4, \cdots, \beta_k)]/2}{s^2} = \frac{[SSR - R(\beta_3, \beta_4, \cdots, \beta_k)]/2}{s^2}$$

并与 $f_\alpha(2, n-k-1)$ 进行比较即可。分子上的自由度，在我们所考察的例子中为 2，等于我们所考察变量的个数。

假定我们在例 11.4 中要检验的假设是

$$H_0 : \beta_2 = \beta_3 = 0$$
$$H_1 : \beta_2 \text{ 和 } \beta_3 \text{ 不全为 } 0$$

且所建立的回归模型为：

$$y = \beta_0 + \beta_1 x_1 + \epsilon$$

则我们可得 $R(\beta_1) = SSR_{reduced} = 187.311\,79$。根据图 11.1，我们有全模型时 $s^2 = 4.297\,38$。这样一来，检验零假设的 f 值为：

$$f = \frac{R(\beta_2, \beta_3 \mid \beta_1)/2}{s^2} = \frac{[R(\beta_1, \beta_2, \beta_3) - R(\beta_1)]/2}{s^2} = \frac{[SSR_{full} - SSR_{reduced}]/2}{s^2}$$

$$= \frac{(399.454\,37 - 187.311\,79)/2}{4.297\,38} = 24.682\,78$$

这说明，β_2 和 β_3 并不同时为 0。根据诸如 SAS 这样的统计软件我们可以直接得到其 P 值为 0.000 2。读者可能已经发现，统计软件输出的分析结果中有针对每个模型系数的 P 值。不过，应当注意，系数的不显著并不必然意味着该变量不应留在最终的模型中。它仅仅表明，在该问题中在其他所有变量存在的情况下是不显著的。本章后面的案例研究会进一步对此进行说明。

11. 7　分类变量或示性变量

多元线性回归中一个非常重要的特殊应用是，一个或多个回归变量都是**分类变量**、**示性变量**或**哑变量**。在化工过程中，工程师可能希望对产量和回归变量进行建模，比如温度和反应时间。不过，我们还关心同时使用了两种不同的催化剂并将催化剂的影响包含在模型中。催化剂的影响却不能以连续统（continuum）来进行测度，因此只能是一个分类变量。研究人员可能希望对房价与包含居住面积 x_1（平方英尺）、土地面积 x_2 及房屋年限 x_3 在内的回归变量进行建模。显然，这些回归变量都是连续型的。不过，不同地区的房屋成本却可能存在巨大差异。如果我们收集的是美国东部、中西部、南部、西部的房屋数据，就要使用具有四个类别的示性变量。在化工生产的例子中，如果添加了两种催化剂，我们的示性变量则具有两个类别。在生物医学的例子中，我们将某种药物与安慰剂进行了一个对比，对所有人的年龄、血压等连续型变量进行测度，也要对诸如性别这样具有两个类别的分类变量进行测度。所以，除了连续型变量，我们还有两个示性变量：两种类别的处理（活性药物与安慰剂）以及两个类别的性别（男性与女性）。

11. 7. 1　对分类变量建模

我们通过化工生产中的例子来说明如何将示性变量加入模型中。假定 $y = $ 产量，$x_1 = $ 温度，$x_2 = $ 反应时间。我们将该示性变量记作 z。如果使用的是催化剂 1，则令 $z = 0$，如果是催化剂 2，则令 $z = 1$。其中（0，1）示性变量对催化剂的赋值是任意的。这样一来，我们的模型则变为：

$$y_i = \beta_0 + \beta_1 x_{1i} + \beta_2 x_{2i} + \beta_3 z_i + \epsilon_i, \quad i = 1, 2, \cdots, n$$

11. 7. 2　具有三个类别的情形

使用最小二乘法来估计系数的方法仍然是适用的。在单个示性变量具有三个水平或类别的情形下，模型包含两个回归变量，假设为z_1和z_2，其中（0，1）的赋值方式如下：

$$
\begin{array}{cc}
z_1 & z_2
\end{array}
$$

$$
\begin{bmatrix}
\mathbf{1} & \mathbf{0} \\
\mathbf{0} & \mathbf{1} \\
\mathbf{0} & \mathbf{0}
\end{bmatrix}
$$

其中的 $\mathbf{0}$ 和 $\mathbf{1}$ 分别是 0 和 1 的向量。也就是说，如果有 l 个类别，则模型中就要包含 $l-1$ 个回归项。

使用图形来考察包含三个类别的模型可能会更加直观。为了简单起见，我们假设模型中只含有一个连续型变量 x。这样一来，我们的模型即为：

$$y_i = \beta_0 + \beta_1 x_i + \beta_2 z_{1i} + \beta_3 z_{2i} + \epsilon_i$$

图 11.2 反映的就是这个模型。下面的模型表达式则对应于三个类别：

$$
\begin{aligned}
E(Y) &= (\beta_0 + \beta_2) + \beta_1 x, & \text{类别 1} \\
E(Y) &= (\beta_0 + \beta_3) + \beta_1 x, & \text{类别 2} \\
E(Y) &= \beta_0 + \beta_1 x, & \text{类别 3}
\end{aligned}
$$

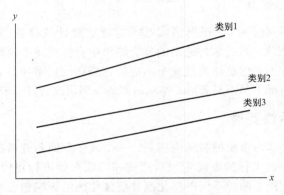

图 11.2　具有三个类别的情形

所以，包含分类变量的模型在本质上随着从一个类别到另一个类别的转换，截距发生变化。当然，在此我们假定连续型变量的系数在不同类别之间是保持不变的。

例 11.8　考察表 11.4 中的数据。响应变量 y 是在一个煤炭清洁系统中悬浮的固体总量。变量 x 是系统的 pH 值。在该系统中使用了三种不同的聚合物。因此，聚合物就是一个具有三个类别的分类变量，相应地就需要添加两个模型项。这样一来，我们的模型为：

$$y_i = \beta_0 + \beta_1 x_i + \beta_2 z_{1i} + \beta_3 z_{2i} + \epsilon_i, \qquad i = 1, 2, \cdots, 18$$

因此，我们有

$$z_1 = f(x) = \begin{cases} 1, & \text{聚合物 1} \\ 0, & \text{其他} \end{cases}$$

$$z_2 = f(x) = \begin{cases} 1, & \text{聚合物 2} \\ 0, & \text{其他} \end{cases}$$

根据图 11.3，我们可以得出以下结论：pH 值的系数 b_1 是对回归分析中所假设的**共同斜率**的估计。所有模型项在统计上都是显著的。这样一来，pH 值和聚合物都会对所需清洁的量产生影响。z_1 和 z_2 的系数的符号和大小说明聚合物 1 的清洁最有效（即所产生的悬浮固体量更多），其次是聚合物2，而聚合物3则是效果最差的。

表 11.4　例 11.8 的数据

pH 值 x	悬浮固体量 y	聚合物
6.5	292	1
6.9	329	1
7.8	352	1
8.4	378	1
8.8	392	1
9.2	410	1
6.7	198	2
6.9	227	2
7.5	277	2
7.9	297	2
8.7	364	2
9.2	375	2
6.5	167	3
7.0	225	3
7.2	247	3
7.6	268	3
8.7	288	3
9.2	342	3

Source	DF	Sum of Squares	Mean Square	F Value	Pr > F
Model	3	80 181.731 27	26 727.243 76	73.68	<0.000 1
Error	14	5 078.713 18	362.765 23		
Corrected Total	17	85 260.444 44			

R-Square	Coeff Var	Root MSE	y Mean
0.940 433	6.316 049	19.046 40	301.5556

Parameter	Estimate	Standard Error	t Value	Pr > |t|
Intercept	-161.897 333 3	37.433 155 76	-4.32	0.000 7
x	54.294 026 0	4.755 411 26	11.42	<0.000 1
z1	89.998 060 6	11.052 282 37	8.14	<0.000 1
z2	27.165 697 0	11.010 428 83	2.47	0.027 1

图 11.3　SAS 输出的对例 12.8 的分析结果

11.7.3　斜率随着示性变量的类别发生变化的情形

在上述讨论中，我们假设示性变量是以相加的方式加入模型中的。这说明图 11.2 所示的斜率在各个类别之间是常数。显然，这种情况并不总是成立的。我们可以通过加入一个乘积项或示性变量和连续型变量之间的**交互项**来考察斜率发生改变的可能性有多大，并对**平行**这种情况进行检验。比如，假定一个模型中具有一个连续型回归变量和一个具有两个水平的示性变量。则模型如下：

$$y = \beta_0 + \beta_1 x + \beta_2 z + \beta_3 xz + \epsilon$$

该模型表明对于类别 1 （$z=1$） 而言

$$E(y) = (\beta_0 + \beta_2) + (\beta_1 + \beta_3)x$$

而对类别 2 （$z=0$） 而言则为：

$$E(y) = \beta_0 + \beta_1 x$$

我们这时所考察的则是截距和斜率都可以在两个类别之间发生变化的情形。图 11.4 所示为两个类别之间斜率发生改变的回归直线。

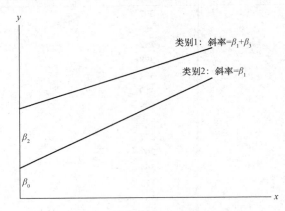

图 11.4   在分类变量之间不平行的情形

在这个例子中，β_0，β_1，β_2 都为正，而 β_3 为负，且 $|\beta_3| < \beta_1$。显然，如果交互项的系数 β_3 不显著的话，则该模型又退化为有共同斜率的情形。

习　题

11.45　一项研究要评估相对于货车或运动型多用途轿车而言，驾驶四门轿车的成本效用。其中的连续型变量是里程表的读数和所用汽油中辛烷的含量。响应变量是每加仑汽油行驶的英里数。数据如下表所示。

行驶英里数	汽车型号	里程表数	辛烷含量
34.5	四门轿车	75 000	87.5
33.3	四门轿车	60 000	87.5
30.4	四门轿车	88 000	78.0
32.8	四门轿车	15 000	78.0
35.0	四门轿车	25 000	90.0
29.0	四门轿车	35 000	78.0
32.5	四门轿车	102 000	90.0
29.6	四门轿车	98 000	87.5
16.8	货车	56 000	87.5
19.2	货车	72 000	90.0
22.6	货车	14 500	87.5
24.4	货车	22 000	90.0
20.7	货车	66 500	78.0

续前表

行驶英里数	汽车型号	里程表数	辛烷含量
25.1	货车	35 000	90.0
18.8	货车	97 500	87.5
15.8	货车	65 500	78.0
17.4	货车	42 000	78.0
15.6	运动型多用途轿车	65 000	78.0
17.3	运动型多用途轿车	55 500	87.5
20.8	运动型多用途轿车	26 500	87.5
22.2	运动型多用途轿车	11 500	90.0
16.5	运动型多用途轿车	38 000	78.0
21.3	运动型多用途轿车	77 500	90.0
20.7	运动型多用途轿车	19 500	78.0
24.1	运动型多用途轿车	87 000	90.0

（a）请拟合一个含有两个示性变量的线性回归模型，请以（0，0）表示四门轿车。

（b）哪种类型的机动车更加省油？

（c）请说明货车和运动型多用途轿车之间行驶里程数的差别。

11.8   模型选择的序贯方法

有时，我们在 11.6 节所讨论的显著性检验非常适合用来判断哪些变量应当纳入最终的回归模型中。如果我们可以对试验进行安排，且变量之间是相互正交的，则采用显著性检验就是非常有效的。即使变量不是正交的，在所考察变量个数很少的许多问题中，我们也可以使用单个的 t 检验。不过，在许多问题中我们需要使用更为精确的方法来筛选变量，特别是在某试验显著违背正交性的情况下。自变量之间存在**多重共线性**，即存在线性相关关系的有用测度是样本相关系数$r_{x_i x_j}$。由于我们关心的仅仅是自变量之间的线性相关关系，因此从符号中去掉 x 并不会产生混淆，这样一来，我们可以简记$r_{x_i x_j} = r_{ij}$，其中

$$r_{ij} = \frac{S_{ij}}{\sqrt{S_{ii}S_{jj}}}$$

请注意，严格说来，r_{ij}并不是总体相关系数的真实估计，因为在我们所讨论的情形中 x 实际上并不是随机变量。所以，术语"相关"尽管是标准的说法，在此却是用词不当的。

如果一个或多个样本相关系数显著不为 0，通常很难判断把哪些变量包含在预测模型中才是最有效的。实际上，对于某些问题来说，多重共线性会变得非常复杂，即如果我们不考察所有可能的变量组合，通常是无法找到合适的预测模型的。对回归中模型选择问题的更多讨论请参见 Hocking（1976），对多重共线性的判别方法则请参见 Myers（1990）。

使用多元线性回归模型者通常试图达成以下三个目标之一：

1. 获取全模型中每个系数的估计。
2. 筛选出对响应变量有显著影响的变量。
3. 获取最有效的预测模型。

在第 1 个目标中，所有变量在开始时都应当包含在模型中。在第 2 个目标中，预测功能是第二位的。第 3 个目标所看重的并不是单个回归系数，而是响应变量估计$\hat{y}$的质量。对于上述每种情况，多重共线性都会对试验造成很大的影响。

在这一节，我们将介绍一些变量选择的标准序贯法。这些方法基于这样的思想，即单个变量或多个变量如果不能显著提升回归平方和，或等价地，显著增大多重决定系数R^2，则就不应纳入估计方程中。

11.8.1 多重共线性情形下进行变量筛选的例证

例 11.9 考察表 11.5 中的数据。试验对 9 名婴儿进行了观测，希望获取一个合适的估计方程，对婴儿身长与所有或某些自变量建立模型。可以测度自变量间线性相关关系的样本相关系数如下述对称矩阵所示。

$$
\begin{array}{cccc}
x_1 & x_2 & x_3 & x_4 \\
\end{array}
$$

$$
\begin{bmatrix}
1.000\,0 & 0.952\,3 & 0.534\,0 & 0.390\,0 \\
0.952\,3 & 1.000\,0 & 0.262\,6 & 0.154\,9 \\
0.534\,0 & 0.262\,6 & 1.000\,0 & 0.784\,7 \\
0.390\,0 & 0.154\,9 & 0.784\,7 & 1.000\,0 \\
\end{bmatrix}
$$

表 11.5 与婴儿身长有关的数据

婴儿身长 y（厘米）	年龄 x_1（天）	出生时身长 x_2（厘米）	出生时体重 x_3（千克）	出生时胸围 x_4（厘米）
57.5	78	48.2	2.75	29.5
52.8	69	45.5	2.15	26.3
61.3	77	46.3	4.41	32.2
67.0	88	49.0	5.52	36.5
53.5	67	43.0	3.21	27.2
62.7	80	48.0	4.32	27.7
56.2	74	48.0	2.31	28.3

续前表

婴儿身长 y（厘米）	年龄 x_1（天）	出生时身长 x_2（厘米）	出生时体重 x_3（千克）	出生时胸围 x_4（厘米）
68.5	94	53.0	4.30	30.3
69.2	102	58.0	3.71	28.7

资料来源：数据由位于弗吉尼亚州布莱克斯伯格的弗吉尼亚理工大学统计咨询中心提供。

我们可以发现，存在明显的多重共线性。根据 11.2 节所讨论的最小二乘法，我们使用全模型来拟合的估计回归方程为：

$$\hat{y} = 7.1475 + 0.1000x_1 + 0.7264x_2 + 3.0758x_3 - 0.0300x_4$$

自由度为 4 的 s^2 为 0.7414，且该模型的决定系数值为 0.9908。在其他变量存在的情况下测度每个变量对响应变量的变差所作贡献的回归平方，以及相应的 t 值如表 11.6 所示。

表 11.6　对表 11.5 中数据进行回归的 t 值

变量 x_1	变量 x_2	变量 x_3	变量 x_4
$R(\beta_1/\beta_2, \beta_3, \beta_4)$	$R(\beta_2/\beta_1, \beta_3, \beta_4)$	$R(\beta_3/\beta_1, \beta_2, \beta_4)$	$R(\beta_4/\beta_1, \beta_2, \beta_3)$
$= 0.0644$	$= 0.6334$	$= 6.2523$	$= 0.0241$
$t = 0.2947$	$t = 0.9243$	$t = 2.9040$	$t = -0.1805$

在 0.05 的显著性水平上，自由度为 4 的双尾临界域为 $|t| > 2.776$。可以看到，我们所计算出来的 4 个 t 值，只有变量 x_3 是显著的。不过，回归一下我们知道，尽管我们在 11.6 节所探讨的 t 统计量测度的是相对其他所有变量而言是否有价值，但它并不能说明在一组变量中该变量的重要性。比如，如果我们考察方程中只有变量 x_2 和 x_3 的模型。根据数据可得其回归函数为：

$$\hat{y} = 2.1833 + 0.9576x_2 + 3.3253x_3$$

其中 $R^2 = 0.9905$，这个值并不显著小于全模型的 $R^2 = 0.9907$。不过，除非我们考察过这种特殊组合形式的性能特征，否则是不可能知道该模型的预测能力的。当然，这也说明我们需要进一步考察所有可能的回归模型，或以系统的序贯方法来检验各种变量组合方式。

11.8.2　逐步回归

在正交性缺失的情况下，选取最优变量组合的一种标准方法称为**逐步回归技术**。该方法是，以序贯的方式每次向模型中添加一个变量。在给定 α 的情况下，我们首先介绍**向前选择法**和**向后排除法**，这样更容易理解逐步回归的思想。

向前选择法的思想是，每次向模型中添加一个变量，直至得到一个满意的回归方程为止。其步骤如下：

步骤 1：选择 y 的简单线性回归中回归平方和最大的那个变量，或等价地，选择所给出的 R^2 最大的那个变量。我们将该初始变量记作 x_1。如果 x_1 是不显著的，则该方法终止。

步骤 2：在 x_1 存在的情况下，选取加入模型后能使 R^2 在步骤 1 的基础上增加最大的那个变量。即使得

$$R(\beta_j|\beta_1) = R(\beta_j, \beta_1) - R(\beta_1)$$

最大的变量 x_j。我们将这个变量记作 x_2。这样我们就可以拟合出包含 x_1 和 x_2 的回归模型，并得到相应的 R^2。如果 x_2 是不显著的，则该方法终止。

步骤 3：选择使得

$$R(\beta_j|\beta_1, \beta_2) = R(\beta_1, \beta_2, \beta_j) - R(\beta_1, \beta_2)$$

最大的变量x_j，此时也会使R^2在步骤2的基础上增加最大。我们将这个变量记作x_3，此时我们的回归模型中包含x_1，x_2，x_3。如果x_3是不显著的，则该方法终止。

一直持续下去，直到我们所添加的变量不能显著增加所能解释的回归平方和为止。在每一个步骤中，我们可以使用相应的偏F检验或t检验来判断每次的增量是不是显著的。比如，在步骤2中，我们可以通过计算

$$f = \frac{R(\beta_2 | \beta_1)}{s^2}$$

的值来判断是否应在模型中加入x_2。此时的s^2是指包含变量x_1和x_2的模型的均方误差。类似地，在步骤3中，检验模型中是否应当加入x_3的比率为：

$$f = \frac{R(\beta_3 | \beta_1, \beta_2)}{s^2}$$

此时的s^2值是指包含变量x_1，x_2，x_3的模型的均方误差。如果在步骤2中$f < f_\alpha(1, n-3)$，则在预先选定的显著性水平上，x_2不能被纳入模型中，该方法也因此终止，其结果则是y和x_1的简单线性方程。不过，如果$f > f_\alpha(1, n-3)$，我们就可以继续步骤3。同理，如果在步骤3中$f < f_\alpha(1, n-4)$，则x_3也不能被纳入模型中，且该方法终止，相应的回归方程所包含的是变量x_1和x_2。

向后排除法与向前选择法的思想一致，只不过它是从所有变量都在模型中的情形开始的。比如，假定我们所考察的有5个变量。则其步骤如下所示：

步骤1：以包含在模型中的所有5个变量拟合一个回归方程。选择对其他变量的回归平方和调整最小的那个变量。假定这个变量是x_2，如果

$$f = \frac{R(\beta_2 | \beta_1, \beta_3, \beta_4, \beta_5)}{s^2}$$

不显著，则从模型中剔除x_2。

步骤2：使用余下的变量x_1，x_3，x_4，x_5拟合一个回归方程，重复步骤1。假定此时所选中的是变量x_5。同样，如果

$$f = \frac{R(\beta_5 | \beta_1, \beta_3, \beta_4)}{s^2}$$

不显著，则从模型中剔除x_5。在每一步中，F检验中使用的s^2都是这一步中回归模型的均方误差。

重复这个步骤，直到在预先设定的显著性水平上，某一个步骤上调整回归平方和最小的那个变量的f值是显著的为止。

逐步回归法对向前选择法进行了细微而重要的改进。这个改进包括在每一步都要做深入的检验，以保证上一步所加入的变量仍然是显著的。对于在上一步中加入的变量来说，由于它与其他还没有加入的变量之间的关联关系，可能会使该变量变得不再重要或者冗余，因此这是对向前选择法的一个改进。于是，若在某一步中，我们通过F检验发现加入回归方程中的新变量显著增加了R^2，则在新变量加入模型后，我们对模型中的所有变量都要进行F检验（或等价地，t检验），并剔除f值不显著的变量。重复该步骤，直到模型中不能加入或剔除变量为止。我们将通过下面的例子来详细阐述逐步回归法。

例11.10 根据表11.5中的数据，利用逐步回归法，找到预测婴儿身长的一个合理的线性回归模型。

解：根据题意，我们有：

步骤1：分别考察每个变量，从而对4个变量都拟合一个简单线性回归方程。各自的回归平方和如下：

$$R(\beta_1) = 288.146\ 8$$
$$R(\beta_2) = 215.301\ 3$$
$$R(\beta_3) = 186.106\ 5$$
$$R(\beta_4) = 100.859\ 4$$

显然 x_1 的回归平方和是最大的。而仅含有变量 x_1 的回归方程对应的均方误差为 $s^2 = 4.727\ 6$，且因为

$$f = \frac{R(\beta_1)}{s^2} = \frac{288.146\ 8}{4.727\ 6} = 60.950\ 0$$

是大于 $f_{0.05}(1, 7) = 5.59$ 的，所以变量 x_1 是显著的，应当进入模型。

步骤2：在这一步中，我们拟合了三个回归模型，每个方程都含有变量 x_1。每个组合 (x_1, x_2)、(x_1, x_3)、(x_1, x_4) 的结果为：

$$R(\beta_2 | \beta_1) = 23.870\ 3$$
$$R(\beta_3 | \beta_1) = 29.308\ 6$$
$$R(\beta_4 | \beta_1) = 13.817\ 8$$

我们可以看到，在有 x_1 的情况下，变量 x_3 的回归平方和是最大的。此时包含 x_1 和 x_3 的回归方程中新的 $s^2 = 0.6307$，且因为

$$f = \frac{R(\beta_3 | \beta_1)}{s^2} = \frac{29.308\ 6}{0.630\ 7} = 46.47$$

是大于 $f_{0.05}(1, 6) = 5.99$ 的，所以变量 x_3 也是显著的，应当同 x_1 一起纳入模型中。现在我们还必须检验在模型中包含变量 x_3 时 x_1 的显著性。我们发现 $R(\beta_1 | \beta_3) = 131.349$，因此

$$f = \frac{R(\beta_1 | \beta_3)}{s^2} = \frac{131.349}{0.630\ 7} = 208.26$$

我们可以看到，它具有非常高的显著性。这样一来，x_1 应当和 x_3 一起保留在模型中。

步骤3：在 x_1 和 x_3 已经存在于模型中的情况下，我们现在还需要求出 $R(\beta_2 | \beta_1, \beta_3)$ 和 $R(\beta_4 | \beta_1, \beta_3)$，以决定余下的两个变量在这个步骤中是否进入模型中。根据 x_2 与 x_1 和 x_3 的回归分析，我们发现 $R(\beta_2 | \beta_1, \beta_3) = 0.794\ 8$，且根据 x_4 与 x_1 和 x_3 的回归分析，我们发现 $R(\beta_4 | \beta_1, \beta_3) = 0.185\ 5$。对于组合 (x_1, x_2, x_3) 而言，其 $s^2 = 0.597\ 9$，而组合 (x_1, x_3, x_4) 则为 $0.719\ 8$。由于两者的 f 值在 $\alpha = 0.05$ 的显著性水平上都是不显著的，因此最终的模型中只包含变量 x_1 和 x_3。我们所求得的估计方程为：

$$\hat{y} = 20.108\ 4 + 0.413\ 6\ x_1 + 2.025\ 3\ x_3$$

该模型的决定系数 $R^2 = 0.988\ 2$。

尽管 (x_1, x_3) 这个组合是通过逐步回归法选取的，但却并不意味着这两个变量组合在一起的 R^2 值一定是最大的。实际上，我们发现 (x_2, x_3) 这个组合的 $R^2 = 0.990\ 5$。不过，逐步回归法却一直没有考察到这个组合形式。一个合理的解释是，这两个估计方程之间的差异实际上是可以忽略的，至少两者所解释的变差所占的比例是这样。不过，有趣的是，我们如果采用向后排除法的话，所得到的最终方程中包含的却是 (x_2, x_3) 这种组合形式。

11.8.3 总结

我们在本节所介绍的每种方法的主要作用在于，通过系统的方法来选择变量，以确保我们所得到的最终结果中所包含的是变量的一个最优组合。显然，我们无法保证这种情况对于所有问题都是这样的，当然，对于多重共线性较严重的情形，而我们又别无选择时，就只能诉诸最小二乘法以外的估计方法。Myers（1990）讨论过这样的估计方法。

我们在这里所介绍的序贯方法是见诸文献的众多类似方法中的三个，且见诸可获取的众多回归分析软件包中。这些方法被设计得具有计算上的高效性，当然，并不能给变量所有可能的组合。因此，我们在此所介绍的方法对于包含众多变量的数据集而言是最为有效的。而在变量相对较少的回归问题中，现代计算机软件包不仅考虑到了计算问题，而且概括了变量所有可能的组合所对应的模型的定量信息。

11.8.4 对 P 值的选取

正如我们所看到的一样，使用我们在此介绍的这些方法来选择最终模型是非常依赖于我们对 P 值的选取的。此外，在检验众多候选变量时，这些方法是最为有效的。正因为这个原因，使用相对较大的 P 值对于序贯方法来说最为有效。所以，有的软件包默认的 P 值为 0.50。

11.9 残差问题及违背假设的情况（模型检验）

在本章开篇我们曾指出，残差或回归拟合的误差通常包含对数据分析人员而言非常有益的信息。模型误差 ϵ_i 的数值形式 $e_i = y_i - \hat{y}_i$，$i = 1, 2, \cdots, n$ 通常能够清楚地呈现出违背假设或存在可疑数据点的可能。假定我们令向量 $\boldsymbol{x}_i$ 表示回归变量在第 i 个数据点的取值，该向量的第一个元素为 1。即

$$\boldsymbol{x}_i' = [\,1\,, x_{1i}, x_{2i}, \cdots, x_{ki}\,]$$

接下来我们考察

$$h_{ii} = \boldsymbol{x}_i'(\boldsymbol{X}'\boldsymbol{X})^{-1}\boldsymbol{x}_i, \quad i = 1, 2, \cdots, n$$

读者可以已经发现，我们在 11.5 节计算响应变量均值的置信区间时就用到了 h_{ii}。h_{ii} 表示的是拟合值 $\hat{y}_i$ 的方差，其值为**帽子矩阵**

$$\boldsymbol{H} = \boldsymbol{X}(\boldsymbol{X}'\boldsymbol{X})^{-1}\boldsymbol{X}'$$

的对角元，在残差问题研究及现代回归分析的其他方面（Myers, 1990），该矩阵发挥了重要的作用。帽子矩阵这个术语来源于这样的事实，即当它乘上观测到的响应变量 $\boldsymbol{y}$ 时，就给 $\boldsymbol{y}$ 戴上了帽子。即 $\hat{\boldsymbol{y}} = \boldsymbol{Xb}$，这样一来，我们有

$$\hat{\boldsymbol{y}} = \boldsymbol{X}(\boldsymbol{X}'\boldsymbol{X})^{-1}\boldsymbol{X}'\boldsymbol{y} = \boldsymbol{Hy}$$

式中，$\hat{\boldsymbol{y}}$ 是第 i 个元素为 $\hat{y}_i$ 的向量。

在通常的假设下，即 ϵ_i 独立且服从均值为 0、方差为 σ^2 的正态分布，我们很容易给出残差的统计性质。即在 $i = 1, 2, \cdots, n$ 时（Myers, 1990）

$$E(e_i) = E(y_i - \hat{y}_i) = 0$$
$$\sigma_{\epsilon_i}^2 = (1 - h_{ii})\sigma^2$$

可以证明，帽子矩阵的对角元满足下述不等式：

$$\frac{1}{n} \leqslant h_{ii} \leqslant 1$$

此外，$\sum_{i=1}^{n} h_{ii} = k+1$，即回归参数的个数。这样一来，当任意一个数据点所对应的帽子矩阵中的对角元比较大时，也就是说，远远大于$(k+1)/n$时，其所对应的$\hat{y}_i$的方差相对也比较大，但残差的方差却相对较小。因此，此时数据分析人员就可以知道在残差偏离 0 多大的时候已经不是由于随机因素造成的。许多商用回归分析软件包都会给出每个数据点所对应的**学生化残差**。

学生化残差

$$r_i = \frac{e_i}{s\sqrt{1 - h_{ii}}}, \qquad i = 1, 2, \cdots, n$$

我们可以看到，其中每个残差都除以估计的标准差，从而得到了类似于 t 统计量的统计量，这个统计量是没有量纲的，可用来测度残差的大小。此外，许多标准的软件包通常还会给出另一种形式的学生化残差，称作 **R 学生化残差**。

R 学生化残差

$$t_i = \frac{e_i}{s_{-i}\sqrt{1 - h_{ii}}}, \qquad i = 1, 2, \cdots, n$$

式中，s_{-i} 是在剔除第 i 个数据点后对误差标准差的一个估计。

根据残差或残差图，我们很容易检测到三种违背假设的情况。原始残差e_i的图形是非常有用的，而学生化残差图通常更具有启发意义。这三种违背假设的情形如下：

1. 存在异常点。
2. 误差的异方差。
3. 模型误判。

在第一类中，当某个数据点x_i的值明显违背 $E(\epsilon_i) = 0$ 这个假设时，我们就认为这个点是**异常点**。如果我们有理由相信某个点的确是异常点，且它对模型造成了很大影响，此时的r_i或t_i可以提供非常丰富的信息。通常，R 学生化残差比r_i值对异常值更敏感。

实际上，在 $E(\epsilon_i) = 0$ 的条件下，t_i是一个随机变量，且它服从自由度为 $n-1-(k+1) = n-k-2$ 的 t 分布。这样一来，我们就可以采用双边的 t 检验来检测第 i 个数据点是否为异常点。

尽管 R 学生化统计量t_i是检测某个具体的数据点是否为异常点的精确 t 检验，但我们却不能同时使用 t 分布来检测所有点中是否存在异常点。因此，学生化残差或 R 学生化残差只能用作诊断工具，而不是正规的假设检验。这说明，这些统计量能告诉我们拟合误差大于根据概率进行预期的数据点。R 学生化残差在数量上比较大，说明我们有使用各种资源检查该数据点的必要。在实践中我们不能不加辨别地剔除回归数据集中的观测。有关异常值诊断的更多信息请参见 Myers (1990)。

11.9.1　检测异常值的例证

案例研究 11.1　（捕捉蝗虫的方法）在弗吉尼亚理工大学昆虫学系开展的一项生物学试验中，得到了 n 组关于采用两种不同的方法捕获蝗虫的试验数据。捕捉方法分别为降落式地网捕捉和席卷式地网捕捉。试验人员在给定的某天采用两种方法对多个不同区域的蝗虫进行了捕捉，并记录了捕获的平均数。同时记录的还有回归变量，即所在区域植被的平均高度。表 11.7 所示即为这次试验的数据。

表 11.7　案例研究 11.1 的数据集

观测	降落式地网捕获数 y	席卷式地网捕获数 x_1	植被高度 x_2
1	18.000 0	4.154 76	52.705
2	8.875 0	2.023 81	42.069
3	2.000 0	0.159 09	34.766
4	20.000 0	2.328 12	27.622
5	2.375 0	0.255 21	45.879
6	2.750 0	0.572 92	97.472
7	3.333 3	0.701 39	102.062
8	1.000 0	0.135 42	97.790
9	1.333 3	0.121 21	88.265
10	1.750 0	0.109 37	58.737
11	4.125 0	0.562 50	42.386
12	12.875 0	2.453 12	31.274
13	5.375 0	0.453 12	31.750
14	28.000 0	6.687 50	35.401
15	4.750 0	0.869 79	64.516
16	1.750 0	0.145 83	25.241
17	0.133 3	0.015 62	36.354

　　试验的目的是估计只采用席卷式地网捕捉的蝗虫数量，因为这种捕捉方式的费用较低一些。我们可以看到，表中的第 4 组数据可能存在值得关注的有效性问题。通过数据可以看到，在其他条件给定的情况下，利用降落式地网捕捉的蝗虫数量似乎更多一些，整体感觉上这种方式下的数字要更大一些。我们对这 17 个数据点拟合了

$$y_i = \beta_0 + \beta_1 x_1 + \beta_2 x_2$$

这种形式的模型，并根据其残差来判断第 4 个数据点是否为异常点。

　　解：使用软件包我们可以得到拟合的回归模型为：

$$\hat{y} = 3.687\ 0 + 4.105\ 0 x_1 - 0.036\ 7 x_2$$

且其 $R^2 = 0.924\ 4$，$s^2 = 5.580$。残差及其他诊断信息如表 11.8 所示。

表 11.8　案例研究 11.1 的数据集的残差信息

观测	y_i	$\hat{y}_i$	$y_i - \hat{y}_i$	h_{ii}	$s\sqrt{1 - h_{ii}}$	r_i	t_i
1	18.000	18.809	-0.809	0.229 1	2.074	-0.390	-0.378 0
2	8.875	10.452	-1.577	0.076 6	2.270	-0.695	-0.681 2
3	2.000	3.065	-1.065	0.136 4	2.195	-0.485	-0.471 5
4	20.000	12.231	7.769	0.125 6	2.209	3.517	9.931 5
5	2.375	3.052	-0.677	0.093 1	2.250	-0.301	-0.290 9
6	2.750	2.464	0.286	0.227 6	2.076	0.138	0.132 9
7	3.333	2.823	0.510	0.266 9	2.023	0.252	0.243 7
8	1.000	0.656	0.344	0.231 8	2.071	0.166	0.160 1
9	1.333	0.947	0.386	0.169 1	2.153	0.179	0.172 9
10	1.750	1.982	-0.232	0.085 2	2.260	-0.103	-0.098 9
11	4.125	4.442	-0.317	0.088 4	2.255	-0.140	-0.135 3
12	12.875	12.610	0.265	0.115 2	2.222	0.119	0.114 9

续前表

观测	y_i	$\hat{y}_i$	$y_i - \hat{y}_i$	h_{ii}	$s\sqrt{1-h_{ii}}$	r_i	t_i
13	5.375	4.383	0.992	0.1339	2.199	0.451	0.4382
14	28.000	29.841	−1.841	0.6233	1.450	−1.270	−1.3005
15	4.750	4.891	−0.141	0.0699	2.278	−0.062	−0.0598
16	1.750	3.360	−1.610	0.1891	2.127	−0.757	−0.7447
17	0.133	2.418	−2.285	0.1386	2.193	−1.042	−1.0454

正如我们所预期的一样，第 4 组数据的残差值看起来确实非常高，达到了 7.769。这里最为重要的问题是，该残差值是否大于我们根据概率值所计算的期望值。第 4 组数据的残差的标准差为 2.209，R 学生化残差 $t_4 = 9.9315$。由于 t_4 是一个随机变量，且它服从自由度为 13 的 t 分布，因此我们可以肯定，该残差确实是远远大于 0 的，同时也支持了存在测量误差的判断。请注意，其他所有数据点的 R 学生化残差都不是很大。

11.9.2 案例研究 11.1 的残差图

我们在第 10 章讨论了残差图在回归分析中的作用。这些图通常可以用来检测违背模型假设的情形。在多元线性回归中，残差的多元正态概率图或残差对 $\hat{y}$ 的图也是非常有用的。不过，我们通常更倾向于使用学生化残差图。

请记住，我们更倾向于使用学生化残差图而非普通残差图的原因在于，第 i 个残差的方差是依赖于帽子矩阵第 i 个对角元的，因此在帽子矩阵的对角元之间存在离差时残差的方差是不同的。这样一来，普通残差图看起来更像是存在异方差的，因为普通残差本身通常并不会按照理想的情形出现。应用学生化残差的目的在于标准化。显然，如果 σ 是已知的，则在理想的情况下（即模型正确，且方差齐性假设成立），我们有

$$E\left(\frac{e_i}{\sigma\sqrt{1-h_{ii}}}\right) = 0$$

$$\mathrm{Var}\left(\frac{e_i}{\sigma\sqrt{1-h_{ii}}}\right) = 1$$

因此，学生化残差是一组统计量，且是理想条件下的标准化形式。图 11.5 为案例研究 11.1 中蝗虫数据的 R 学生化残差图。我们可以看到，第 4 组数据所对应的点确实离其他点较远。R 学生化残差图是使用 SAS 软件绘制的，该图以 $\hat{y}$ 作为横坐标。

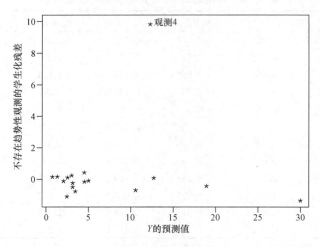

图 11.5　案例研究 11.1 中蝗虫数据的 R 学生化残差对预测值的图

11.9.3 正态性检验

读者应该还记得我们在第 10 章说道，通过正态概率图来进行正态性检验非常重要。在多元线性回归问题中，这一点是仍然成立的。我们可以使用标准的回归软件来绘制正态概率图。不过，相对普通残差而言，同样，我们使用学生化残差或 R 学生化残差会更有效。

11.10 交叉验证、C_p 以及模型选择的其他准则

对于许多回归问题而言，试验人员都需要从针对同一个数据集所提出的多个备选模型或模型形式中做出选择。通常，模型要能够很好地预测或估计响应变量的均值。试验人员还需要关注备择模型所对应 s^2 的大小，当然还包括响应变量均值的置信区间的一些性质。我们还必须考虑这样的问题，即那些没有成为候选模型的模型预测响应变量均值的效果如何。因此我们需要对模型进行**交叉验证**。此时我们所要做的是对误差进行交叉验证，而不是对拟合误差进行交叉验证。预测中的此类误差即是**预测平方和（PRESS）残差**

$$\delta_i = y_i - \hat{y}_{i,-i}, \quad i = 1,2,\cdots,n$$

式中，$\hat{y}_{i,-i}$ 是使用剔除第 i 个数据点后估计其系数的模型在第 i 个数据点的预测值。PRESS 残差的计算式为：

$$\delta_i = \frac{e_i}{1-h_{ii}}, \quad i = 1,2,\cdots,n$$

其推导请参见 Myers（1990）。

11.10.1 PRESS 统计量的应用

使用 PRESS 统计量的目的和 PRESS 残差的功用，这两点非常容易理解。我们每次都选出或剔除一个数据点的目的在于，可以使用与这个数据不相关的方法来拟合或是评价一个具体的模型。在对模型进行评价的时候，"$-i$"表示 PRESS 残差所给出的是预测误差，即预测的观测是独立于拟合模型的。

根据 PRESS 残差所提出的准则为：

$$\sum_{i=1}^{n} |\delta_i|$$

$$\text{PRESS} = \sum_{i=1}^{n} \delta_i^2$$

我们认为这两个准则都是可以采用的。PRESS 值存在被少数几个绝对值较大的 PRESS 残差控制的风险。显然，$\sum_{i=1}^{n} |\delta_i|$ 这个准则对少数比较大的值并没有那么敏感。

除了 PRESS 统计量本身，分析人员还可以简单地计算一个类似于 R^2 统计量的统计量来反映其预测效果。这个统计量通常称为 R^2_{pred}，其形式如下。

$$R^2_{pred}$$

已知一个拟合模型的 PRESS 值，则 R^2_{pred} 为

$$R^2_{pred} = 1 - \frac{\text{PRESS}}{\sum_{i=1}^{n}(y_i - \bar{y})^2}$$

我们可以发现，R^2_{pred} 仅仅是将普通的 R^2 统计量中的 SSE 替换成了 PRESS 统计量。

在下面的案例研究中，我们举例说明了如何在众多的候选模型中选择一个最优的模型来拟合数据。我们在这里所使用的方法并不是序贯方法，而是根据 PRESS 残差和其他一些统计量来选择最优回归模型。

案例研究 11.2　（弃踢）在美式橄榄球中，腿部力量是一名成功的弃踢手必须具备的。衡量弃踢时所踢出的悬空球好坏的关键是其悬空时间。这个时间是指在被回攻手接到之前，球在空中的悬空时间。为了确定腿部力量对飞行时间产生的影响，并给出可以预测该响应变量的一个经验模型，弗吉尼亚理工大学健康、体育与娱乐系开展了一项研究（*The Relationship Between Selected Physical Performance Variables and Football Punting Ability*）。他们在试验中选出了 13 名弃踢手，每人踢 10 次球，并记录下平均悬空时间及其他一些分析中需要用到的力量指标，如表 11.9 所示。

回归变量如下：
1. 右脚力量（磅）。
2. 左脚力量（磅）。
3. 右腿筋肌弹性（度）。
4. 左腿筋肌弹性（度）。
5. 整个腿部力量（英尺磅）。

请据此确定预测悬空时间的最佳模型。

表 11.9　案例研究 11.2 的数据

弃踢手	悬空时间 y（秒）	右脚力量 x_1	左脚力量 x_2	右腿筋肌弹性 x_3	左腿筋肌弹性 x_4	整个腿部力量 x_5
1	4.75	170	170	106	106	240.57
2	4.07	140	130	92	93	195.49
3	4.04	180	170	93	78	152.99
4	4.18	160	160	103	93	197.09
5	4.35	170	150	104	93	266.56
6	4.16	150	150	101	87	260.56
7	4.43	170	180	108	106	219.25
8	3.20	110	110	86	92	132.68
9	3.02	120	110	90	86	130.24
10	3.64	130	120	85	80	205.88
11	3.68	120	140	89	83	153.92
12	3.60	140	130	92	94	154.64
13	3.85	160	150	95	95	240.57

解：在选取最优的候选模型来预测悬空时间的过程中，我们根据回归软件包得到了如表 11.10 所示的信息。我们将候选模型按照 PRESS 统计量的大小做了升序排列。这样能为我们提供非常多的信息，并有助于用户在考察所有模型之后进行排除，从而只剩下少数几个模型。我们将包含 x_2 和 x_5 的模型记作 $x_2 x_5$，可以发现该模型预测弃踢时悬空时间的效果更好。我们还注意到，PRESS 值较低、s^2 较低、$\sum_{i=1}^{n} |\delta_i|$ 较低、R^2 值较高的所有模型中都包含这两个变量。

表 11.10　不同回归模型的比较信息

模型	s^2	$\sum |\delta_i|$	PRESS	R^2
$x_2 x_5$	0.036 907	1.935 83	0.546 83	0.871 300
$x_1 x_2 x_5$	0.041 001	2.064 89	0.589 98	0.871 321
$x_2 x_4 x_5$	0.037 708	2.187 97	0.599 15	0.881 658
$x_2 x_3 x_5$	0.039 636	2.095 53	0.661 82	0.875 606

续前表

模型	s^2	$\sum \lvert \delta_i \rvert$	PRESS	R^2
$x_1 x_2 x_4 x_5$	0.042 265	2.421 94	0.678 40	0.882 093
$x_1 x_2 x_3 x_5$	0.044 578	2.262 83	0.709 58	0.875 642
$x_2 x_3 x_4 x_5$	0.042 421	2.557 89	0.862 36	0.881 658
$x_1 x_3 x_5$	0.053 664	2.652 76	0.873 25	0.831 580
$x_1 x_4 x_5$	0.056 279	2.753 90	0.895 51	0.823 375
$x_1 x_5$	0.059 621	2.994 34	0.974 83	0.792 094
$x_2 x_3$	0.056 153	2.953 10	0.988 15	0.804 187
$x_1 x_3$	0.059 400	3.014 36	0.996 97	0.792 864
$x_1 x_2 x_3 x_4 x_5$	0.048 302	2.873 02	1.009 20	0.882 096
x_2	0.066 894	3.223 19	1.045 64	0.743 404
$x_3 x_5$	0.065 678	3.094 74	1.057 08	0.770 971
$x_1 x_2$	0.068 402	3.090 47	1.097 26	0.761 474
x_3	0.074 518	3.067 54	1.135 55	0.714 161
$x_1 x_3 x_4$	0.065 414	3.363 04	1.150 43	0.794 705
$x_2 x_3 x_4$	0.062 082	3.323 92	1.174 91	0.805 163
$x_2 x_4$	0.063 744	3.591 01	1.185 31	0.777 716
$x_1 x_2 x_3$	0.059 670	3.412 87	1.265 58	0.812 730
$x_3 x_4$	0.080 605	3.280 04	1.283 15	0.718 921
$x_1 x_4$	0.069 965	3.644 15	1.301 94	0.756 023
x_1	0.080 208	3.315 62	1.302 75	0.692 334
$x_1 x_3 x_4 x_5$	0.059 169	3.373 62	1.368 67	0.834 936
$x_1 x_2 x_4$	0.064 143	3.894 02	1.398 34	0.798 692
$x_3 x_4 x_5$	0.072 505	3.496 95	1.420 36	0.772 450
$x_1 x_2 x_3 x_4$	0.066 088	3.958 54	1.523 44	0.815 633
x_5	0.111 779	4.178 39	1.725 11	0.571 234
$x_4 x_5$	0.105 648	4.127 29	1.877 34	0.631 593
x_4	0.186 708	4.888 70	2.822 07	0.283 819

我们还想分析一下拟合模型

$$\hat{y}_i = b_0 + b_2 x_{2i} + b_5 x_{5i}$$

的残差，所以我们计算出了相应的残差值和 PRESS 残差值。真实的预测模型为：

$$\hat{y} = 1.107\,65 + 0.013\,70 x_2 + 0.004\,29 x_5$$

其残差、帽子矩阵的对角元、PRESS 值列于表 11.11 中。

表 11.11　PRESS 残差

弃踢手	y_i	$\hat{y}_i$	$e_i = y_i - \hat{y}_i$	h_{ii}	δ_i
1	4.750	4.470	0.280	0.198	0.349
2	4.070	3.728	0.342	0.118	0.388
3	4.040	4.094	-0.054	0.444	-0.097
4	4.180	4.146	0.034	0.132	0.039
5	4.350	4.307	0.043	0.286	0.060
6	4.160	4.281	-0.121	0.250	-0.161
7	4.430	4.515	-0.085	0.298	-0.121

续前表

弃踢手	y_i	$\hat{y}_i$	$e_i = y_i - \hat{y}_i$	h_{ii}	δ_i
8	3.200	3.184	0.016	0.294	0.023
9	3.020	3.174	−0.154	0.301	−0.220
10	3.640	3.636	0.004	0.231	0.005
11	3.680	3.687	−0.007	0.152	−0.008
12	3.600	3.553	0.047	0.142	0.055
13	3.850	4.196	−0.346	0.154	−0.409

我们可以发现，包含这两个变量的回归模型相对来说能较好地拟合数据。在我们独立进行时，PRESS 残差所反映的则是回归方程预测悬空时间的能力。比如，对第 4 号弃踢手而言，他所踢出的球悬空时间为 4.180 秒，而如果我们使用剩余 12 名弃踢手的数据来进行建模的话所得到这名弃踢手的预测误差为 0.039 秒。因此，对于该模型而言，平均预测误差或交叉验证误差为：

$$\frac{1}{13} \sum_{i=1}^{n} |\delta_i| = 0.148\ 9 (秒)$$

可见，这个值相对 13 名弃踢手的平均悬空时间而言更小一些。

我们在 11.8 节已经说过，要找出最优的模型，明智的做法通常是将回归变量的所有组合都考察一遍。大部分商用统计软件都有这样的算法。这些算法同时还计算了每种可能情况的各种不同判别指标。显然，使用诸如 R^2、s^2、PRESS 等准则来选取候选模型是合理的。另一个常用且有用的统计量是 C_p 统计量，尤其是对于物理学和工程学领域而言，我们在下面对此进行介绍。

11.10.2　C_p 统计量

通常，我们在选取最合适的模型时需要考察许多内容。显然，模型中回归项的个数非常重要；在精简变量这方面是我们不能忽视的。另一方面，分析人员也不喜欢太过简单的模型，因为这种模型严重缺乏解释力。而能对此起到非常好的折中效果的一个统计量就是 C_p 统计量（Mallows，1973）。

整体上 C_p 统计量还是非常好的，且在拟合不足（选取的模型项太少之故）会产生过大偏差，或在拟合过度（模型中存在冗余之故）又会产生过大预测方差的情况下，C_p 统计量考虑到了对这两种情况的折中。C_p 统计量实际上是候选模型中参数的总个数与均方误差 s^2 的一个简单函数。

在此我们不再给出 C_p 统计量的完整推导。详情请读者参见 Myers（1990）。对于某个具体的模型而言，C_p 统计量是对

$$\Gamma(p) = \frac{1}{\sigma^2} \sum_{i=1}^{n} \mathrm{Var}(\hat{y}_i) + \frac{1}{\sigma^2} \sum_{i=1}^{n} (\hat{y}_i 的偏倚)^2$$

的一个估计。在本章前面的章节中所提到的标准最小二乘法，且真实模型包含所有候选变量的假设下，可以证明（见习题 11.63）

$$\frac{1}{\sigma^2} \sum_{i=1}^{n} \mathrm{Var}(\hat{y}_i) = p(候选模型中参数的个数)$$

且

$$\frac{1}{\sigma^2} \sum_{i=1}^{n} (\hat{y}_i 的偏倚)^2$$

的一个无偏估计为：

$$\frac{1}{\sigma^2} \sum_{i=1}^{n} (\widehat{\hat{y}_i \text{的偏倚}})^2 = \frac{(s^2 - \sigma^2)(n-p)}{\sigma^2}$$

上式中的 s^2 是候选模型的均方误差，且 σ^2 是总体误差的方差。这样一来，如果 σ^2 的估计为 $\hat{\sigma}^2$，则 C_p 可以由下述方程给出。

C_p 统计量

$$C_p = p + \frac{(s^2 - \hat{\sigma}^2)(n-p)}{\hat{\sigma}^2}$$

式中，p 是模型参数的个数，s^2 是候选模型的均方误差，而 $\hat{\sigma}^2$ 是 σ^2 的一个估计。

显然，我们应当选取 C_p 值较小的模型。读者可能已经发现，与 PRESS 统计量不一样，C_p 统计量是无量纲的。此外，通过考察 C_p 值，我们还可以知道候选模型的适应性如何。比如，如果 $C_p > p$，则说明模型存在拟合过度问题，而 $C_p \approx p$ 的模型才是合理的。

在 C_p 的表达式中，如何得到 $\hat{\sigma}^2$ 通常也是一个困扰我们的难题。显然，科研人员或工程师是无法获知总体的 σ^2 的。在实际问题中，比如在试验设计中，由于我们可以不断重复，因此能够获得 σ^2 独立于模型的一个估计（见第 10 章和第 14 章）。不过，大多数软件包都把 $\hat{\sigma}^2$ 当作完全模型中的均方误差来用。显然，如果它不是一个好的估计，C_p 统计量的偏倚部分就是负的。这样一来，C_p 就会小于 p。

例 11.11　考察如表 11.12 所示的数据，一家沥青屋面板制造商希望能够了解年销售量与各影响因素之间的关系。数据来自 Kutner et al. (2004)。

表 11.12　例 11.11 的数据

地区	促销账户 x_1	活跃账户 x_2	竞争品牌 x_3	潜力 x_4	销售量 y（千美元）
1	5.5	31	10	8	79.3
2	2.5	55	8	6	200.1
3	8.0	67	12	9	163.2
4	3.0	50	7	16	200.1
5	3.0	38	8	15	146.0
6	2.9	71	12	17	177.7
7	8.0	30	12	8	30.9
8	9.0	56	5	10	291.9
9	4.0	42	8	4	160.0
10	6.5	73	5	16	339.4
11	5.5	60	11	7	159.6
12	5.0	44	12	12	86.3
13	6.0	50	6	6	237.5
14	5.0	39	10	4	107.2
15	3.5	55	10	4	155.0

在所有可能的模型中，有 3 个是我们非常关心的。这 3 个是 $x_2 x_3$，$x_1 x_2 x_3$，$x_1 x_2 x_3 x_4$。下表中罗列的是对这 3 个模型进行比较的所有信息。此外，我们还将 PRESS 统计量纳入其中，以辅助我们决策。

模型	R^2	R_{pred}^2	s^2	PRESS	C_p
x_2x_3	0.994 0	0.991 3	44.555 2	782.189 6	11.401 3
$x_1x_2x_3$	0.997 0	0.992 8	24.795 6	643.357 8	3.407 5
$x_1x_2x_3x_4$	0.997 1	0.991 7	26.207 3	741.755 7	5.0

根据上表所提供的信息，我们可以清楚地看到$x_1x_2x_3$这个模型要比另两个模型好。我们注意到，全模型下的$C_p = 5.0$。之所以会这样，是由于C_p表达式中的偏倚部分为 0 之故，全模型的均方误差$\hat{\sigma}^2 = 26.207\ 3$。

图 11.6 为 SAS PROC REG 输出的对所有可能的回归模型的分析结果。根据该图，我们也可以对其他包含x_1，x_2，x_3的模型进行比较。通过与所有模型的对比，我们可以发现，x_1，x_2，x_3模型是最好的。

```
                          Dependent Variable: sales
         Number in                     Adjusted
         Model        C(p)  R-Square   R-Square        MSE   Variables in Model

                 3    3.4075   0.997 0   0.996 1    24.795 60   x1 x2 x3
                 4    5.0000   0.997 1   0.995 9    26.207 28   x1 x2 x3 x4
                 2   11.4013   0.994 0   0.993 0    44.555 18   x2 x3
                 3   13.3770   0.994 0   0.992 4    48.547 87   x2 x3 x4
                 3 1 053.643   0.689 6   0.604 9  2 526.961 44   x1 x3 x4
                 2 1 082.670   0.680 5   0.627 3  2 384.142 86   x3 x4
                 2 1 215.316   0.641 7   0.582 0  2 673.833 49   x1 x3
                 1 1 228.460   0.637 3   0.609 4  2 498.683 33   x3
                 3 1 653.770   0.514 0   0.381 4  3 956.752 73   x1 x2 x4
                 2 1 668.699   0.509 0   0.427 2  3 663.993 57   x1 x2
                 2 1 685.024   0.504 2   0.421 6  3 699.648 14   x2 x4
                 1 1 693.971   0.501 0   0.462 6  3 437.128 46   x2
                 2 3 014.641   0.115 1  -0.032 4  6 603.451 09   x1 x4
                 1 3 088.650   0.092 8   0.023 1  6 248.722 83   x4
                 1 3 364.884   0.012 0  -0.064 0  6 805.595 68   x1
```

图 11.6　SAS 输出的对例 11.11 的销售数据所拟合的所有可能的模型

图 11.7 是我们绘制的x_1，x_2，x_3模型残差的正态概率图，以对该模型做最后的检测。

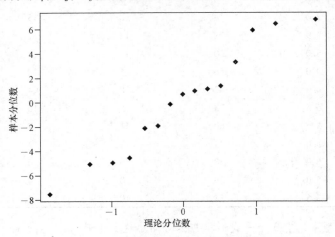

图 11.7　例 11.11 中$x_1x_2x_3$模型残差的正态概率图

习 题

11.47 考察案例研究 11.2 中所给出的悬空时间—弃踢数据，仅使用变量 x_2 和 x_3。

(a) 请验证案例研究中的回归方程。

(b) 在弃踢手的左脚力量 = 180 磅且整个腿部力量 = 260 英尺磅时，请预测这名弃踢手所踢出球的悬空时间。

(c) 在左脚力量 = 180 磅且整个腿部力量 = 260 英尺磅时，请构建这名弃踢手所踢出球平均悬空时间的 95% 置信区间。

11.49 请使用向后排除法在 $\alpha = 0.05$ 的水平上选择表 11.5 中数据的一个预测方程。

11.51 下表中的 y 是弗吉尼亚理工大学自 1960 级开始的各级捐给校友会的总金额（千美元），x 则是该班已经毕业的年数。

y	x	y	x
812.52	1	2 755.00	11
822.50	2	4 390.50	12
1 211.50	3	5 581.50	13
1 348.00	4	5 548.00	14
1 301.00	8	6 086.00	15
2 567.50	9	5 764.00	16
2 526.50	10	8 903.00	17

(a) 请拟合形如 $\mu_{Y|x} = \beta_0 + \beta_1 x$ 的回归模型。

(b) 请拟合形如 $\mu_{Y|x} = \beta_0 + \beta_1 x + \beta_{11} x^2$ 的回归模型。

(c) (a) 和 (b) 中的两个模型哪个更可取？请根据 s^2，R^2，PRESS 残差来支撑你的决策。

11.53 对于习题 11.51 (b) 中的二次模型，请给出 β_1 和 β_{11} 的方差和协方差的估计。

11.55 在评估纺织品质量时，人造纤维的洁白程度是一个很重要的因素。纸浆的质量以及处理过程中的其他变量都会对洁白程度产生影响。这些变量包括酸浴的温度 x_1（℃）、阶式蒸发器的酸度 x_2（%）、水温 x_3（℃）、硫化物浓度 x_4（%）、氯漂量 x_5（磅/分钟）、毯子制成时的温度 x_6（℃）。人造纤维的样品数据见下表，其中的响应变量 y 是测度洁白程度的一个指标。

y	x_1	x_2	x_3	x_4	x_5	x_6
88.7	43	0.211	85	0.243	0.606	48
89.3	42	0.604	89	0.237	0.600	55
75.5	47	0.450	87	0.198	0.527	61
92.1	46	0.641	90	0.194	0.500	65
83.4	52	0.370	93	0.198	0.485	54
44.8	50	0.526	85	0.221	0.533	60
50.9	43	0.486	83	0.203	0.510	57

续前表

y	x_1	x_2	x_3	x_4	x_5	x_6
78.0	49	0.504	93	0.279	0.489	49
86.8	51	0.609	90	0.220	0.462	64
47.3	51	0.702	86	0.198	0.478	63
53.7	48	0.397	92	0.231	0.411	61
92.0	46	0.488	88	0.211	0.387	88
87.9	43	0.525	85	0.199	0.437	63
90.3	45	0.486	84	0.189	0.499	58
94.2	53	0.527	87	0.245	0.530	65
89.5	47	0.601	95	0.208	0.500	67

(a) 请根据 MSE，C_p，PRESS 准则从所有可能的模型中选取最优的模型。

(b) 绘制出这个最优模型响应变量的标准残差图和残差的正态概率图，并对此进行评论。

11.57 牵引力的大小是电线黏合剂的一个重要特征。下面的数据是牵引力 y、闭合时的高度 x_1、分开时的高度 x_2、黏贴的高度 x_3、电线的长度 x_4、分开时的黏合宽度 x_5 及黏合时的黏合宽度 x_6（Myers, Montgomery, and Anderson-Cook, 2009）。

(a) 请使用所有的独立变量拟合出一个回归模型。

(b) 请使用逐步回归法确定最终的模型，其中进入的显著性水平为 0.25，出去的显著性水平为 0.05。

(c) 请计算所有可能的回归模型的 R^2，C_p，s^2，R^2_{adj}。

(d) 请给出最终的模型。

(e) 请绘制出 (d) 中的模型所对应的学生化残差（或 R 学生化残差），并对此进行说明。

y	x_1	x_2	x_3	x_4	x_5	x_6
8.0	5.2	19.6	29.6	94.9	2.1	2.3
8.3	5.2	19.8	32.4	89.7	2.1	1.8
8.5	5.8	19.6	31.0	96.2	2.0	2.0
8.8	6.4	19.4	32.4	95.6	2.2	2.1
9.0	5.8	18.6	28.6	86.5	2.0	1.8
9.3	5.2	18.8	30.6	84.5	2.1	2.1
9.3	5.6	20.4	32.4	88.8	2.2	1.9
9.5	6.0	19.0	32.6	85.7	2.1	1.9
9.8	5.2	20.8	32.2	93.6	2.3	2.1
10.0	5.8	19.9	31.8	86.0	2.1	1.8
10.3	6.4	18.0	32.6	87.1	2.0	1.6
10.5	6.0	20.6	33.4	93.1	2.1	2.1
10.8	6.2	20.2	31.8	83.4	2.2	2.1
11.0	6.2	20.2	32.4	94.5	2.1	1.9
11.3	6.2	19.2	31.4	83.4	1.9	1.8
11.5	5.6	17.0	33.2	85.2	2.1	2.1
11.8	6.0	19.8	35.4	84.1	2.0	1.8
12.3	5.8	18.8	34.0	86.9	2.1	1.8
12.5	5.6	18.6	34.2	83.0	1.9	2.0

11.11 非理想条件下特殊的非线性模型

在本章前面的大部分内容中，以及在第 10 章的内容中我们看到，模型误差ϵ_i服从均值为 0 且具有常数方差σ^2的正态分布这个假设为我们带来了非常多的好处。不过，在现实的许多情形中响应变量都显然不是正态的。比如，在很多实际应用中，响应变量是二元的（0 或 1），因此本质上其所服从的是伯努利分布。在社会科学中，人们希望能够利用某些诸如收入、年龄、性别、教育水平等社会经济学回归变量来构建一个模型，并以此来判断个人的信用风险状况是否良好（0 或 1）。而在生物医学的药物试验中，人们也希望能够判断某药物对病人是否具有积极作用，相应的回归变量可能是药物剂量及病人生理上的一些因素，如年龄、体重、血压等。这里的响应变量显然是二元的。在制造领域，对于某些可控因素是否会影响到产品的次品率或正品率这种问题，也存在大量的应用实例。

我们将简要介绍的第二类不是正态分布的例子为**计数数据**。在此假设响应变量服从泊松分布通常是非常便捷的。在生物医学应用中，以扩散的癌细胞数作为响应变量，于是我们可以建立它对作为回归变量的药物剂量的模型。在纺织工业中，每一米布料上瑕疵点的个数也可以作为合理的响应变量，于是我们也可以建立它对某些工艺变量的模型。

11.11.1 方差不齐的情况

读者应当注意对理想情形下（即正态响应）与伯努利（或二项）或泊松响应的比较。现在我们已经知道，正态响应是一种非常特殊的情形，因为其方差是独立于均值的。显然，无论是对伯努利响应，还是对泊松响应而言，这种情况都是不成立的。比如，如果响应变量为 0 或 1，即伯努利响应，则该模型的形式为：

$$p = f(x, \beta)$$

式中，p 是一次成功的概率（比如，此时响应变量 =1）。参数 p 此时所扮演的就是正态响应中$\mu_{Y|x}$的角色。但此时方差为$p(1-p)$，显然它也是回归变量 x 的函数。因此方差已不再是一个常数，我们也不能再使用线性回归中的最小二乘法来解决这个问题。泊松响应也存在这样的问题，此时的模型是

$$\lambda = f(x, \beta)$$

其中，$\text{Var}(y) = \mu_y = \lambda$，它也是随着 x 而发生变化的。

11.11.2 二元响应（Logistic 回归）

在拟合一个二元响应时，最常用的一种方法就是 Logistic 回归。这种方法被广泛应用于生物科学、生物医学、工程学中。事实上，在社会科学中，我们也可以找到许多二元响应的例子。响应变量最基本的分布即为伯努利或二项分布。前者是指在回归变量的每个水平上都没有重复观测，后者则是发生于试验设计的情形中。比如，在测试某种新药的临床试验中，如果我们的目的是要判断这种新药需要多大的剂量才会生效，则在试验中，我们可以把药物按照剂量的大小分为不同的几份，服用同一剂量药物的人在一个以上。这样的例子称为**分组试验**。

11.11.3 Logistic 回归的模型形式

在二元响应的情形中，响应变量均值是一个概率。在前面所提到的临床试验中，我们可能还希望给出病人对药物有积极反应的概率 $P(成功)$ 的一个估计。这样一来，模型则需要写成概率形式。在给定回归变量 x 的情况下，Logistic 函数为：

$$p = \frac{1}{1 + e^{-x'\beta}}$$

式中，$x'\beta$ 这部分称为**线性预报**，在只有单个回归变量 x 的情况下，它可以写作 $x'\beta = \beta_0 + \beta_1 x$。当然，我们并不排除线性预报中包含多个回归变量和多项式的情形。在分组试验中，我们所需要拟合的是二项分布的均值，而非伯努利分布的均值，因此均值的估计形式为：

$$np = \frac{n}{1 + e^{-x'\beta}}$$

11.11.4　Logistic 函数的特征

从 Logistic 函数的图形中，我们可以看到该函数具有非常多的特征，以及为什么该函数可以用来解决这一类型的问题。首先，函数是非线性的。此外，通过图 11.8 所示的图形我们可以看到，该函数是以 S 形逼近渐近线 $p = 1.0$ 的，且 $\beta_1 > 0$。这样一来，我们所估计出的概率是不会大于 1 的。

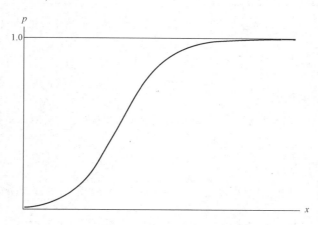

图 11.8　Logistic 函数

线性预报中的回归系数可以根据极大似然估计法来进行估计。在求解似然函数时，需要用到迭代方法，在此我们不对其进行详细介绍。但我们会举一个例子，并对计算机输出的结果和结论进行分析。

例 11.12　用 Logistic 回归来研究某种药剂的毒性的量子生物性，数据如表 11.13 所示。表中的数据是对果蝇喷洒不同剂量的尼古丁的结果。

表 11.13　例 11.12 的数据集

浓度 x（克/百毫升）	昆虫数目 n_i	灭杀数目 y	灭杀率
0.10	47	8	17.0
0.15	53	14	26.4
0.20	55	24	43.6
0.30	52	32	61.5
0.50	46	38	82.6
0.70	54	50	92.6
0.95	52	50	96.2

该试验的目的在于根据 Logistic 回归来找到描述灭杀率与药剂浓度之间关系的一个合理模型。

此外，分析人员还需要找到一个所谓的**有效剂量**（ED），即能得到某个灭杀概率的尼古丁浓度。通常，我们特别关心的是ED_{50}，也就是说，有50%的效率灭杀昆虫所需的浓度。

这是一个分组试验的例子，因此模型应当是

$$E(Y_i) = n_i p_i = \frac{n}{1 + e^{-(\beta_0 + \beta_1 x_i)}}$$

我们可以根据极大似然估计来估计β_0和β_1及其标准误。由于不存在相同的方差σ^2，因此我们需要根据χ^2统计量来对每个系数进行检验，而不是t统计量。χ^2统计量是根据$\left(\dfrac{系数}{标准误}\right)^2$而得到的。

这样一来，我们有 SAS PROC LOGIST 的分析结果如下：

	对估计参数的分析				
	自由度	估计值	标准误	卡方	P 值
β_0	1	− 1.736 1	0.242 0	51.448 2	< 0.000 1
β_1	1	6.295 4	0.742 2	71.939 9	< 0.000 1

我们可以看到，两个系数都显著不为0。因此，可以用于预测灭杀率的拟合模型为：

$$\hat{p} = \frac{1}{1 + e^{-(-0.736\,1 + 6.295\,4x)}}$$

11.11.5 对有效剂量的估计

由β_0的估计b_0和β_1的估计b_1我们可以很容易地得到ED_{50}的估计。根据 Logistic 函数，我们有

$$\log\left(\frac{p}{1-p}\right) = \beta_0 + \beta_1 x$$

因此，在$p = 0.5$时，我们可以根据$b_0 + b_1 x = 0$得到x的一个估计。于是，ED_{50}为：

$$x = -\left(\frac{b_0}{b_1}\right) = 0.276（克/百毫升）$$

11.11.6 概率比的概念

应用概率比，我们可以很方便地根据 Logistic 回归实现另一种形式的推断。我们设计概率比的目的在于，判断随着回归变量值的改变，**成功的概率**$\dfrac{p}{1-p}$会如何变化。比如，在例11.12中，我们可能还希望知道当用药量增加0.2克/百毫升时，概率比会如何增加。

定义 11.1   在 Logistic 回归中，**概率比**是指回归变量在条件2下成功的概率与条件1下成功的概率之比，即

$$\frac{[p/(1-p)]_2}{[p/(1-p)]_1}$$

有了概率比，分析人员就可以确定在回归变量增加或减少多少个单位之后，会产生什么样的效果。因为在例11.12中，$\left(\dfrac{p}{1-p}\right) = e^{\beta_0 + \beta_1 x}$，所以每增加0.2克/百毫升的尼古丁，根据这个比值可以看到成功概率的增量为：

$$e^{0.2b_1} = e^{(0.2)(6.295\,4)} = 3.522$$

3.522的概率比表明，每增加0.2克/百毫升的尼古丁，成功的概率则增加3.522。

习　题

11.61　在确定载荷 x（磅/平方英寸）是否对某样本失效概率有影响的一个试验中，我们考察了载荷为 $5\sim90$ 磅/平方英寸范围内失效样本的个数。数据如下表所示。

载荷	样品数目	失效数
5	600	13
35	500	95
70	600	189
80	300	95

续前表

载荷	样品数目	失效数
90	300	130

（a）请使用 Logistic 回归拟合模型：

$$p = \frac{1}{1 + e^{-(\beta_0 + \beta_1 x)}}$$

式中，p 是失效概率，x 为载荷。

（b）在载荷增加 20 磅/平方英寸的时候，请使用概率比的概念来计算失效概率会增加多少。

巩固练习

11.62　弗吉尼亚理工大学渔业和野生动物学系开展了一项试验，以研究河流的各项指标对鱼类数目所产生的影响。回归变量分别为平均深度 x_1（50 个单位）、河流覆盖区域（包括浅滩、原木、漂石等）x_2、植被覆盖率 x_3（取 12 个的平均），深度在 25 厘米以上的面积 x_4。响应变量 y 为单位面积内鱼的数量。数据如下表所示。

观测	y	x_1	x_2	x_3	x_4
1	100	14.3	15.0	12.2	48.0
2	388	19.1	29.4	26.0	152.2
3	755	54.6	58.0	24.2	469.7
4	1 288	28.8	42.6	26.1	485.9
5	230	16.1	15.9	31.6	87.6
6	0	10.0	56.4	23.3	6.9
7	551	28.5	95.1	13.0	192.9
8	345	13.8	60.6	7.5	105.8
9	0	10.7	35.2	40.3	0.0
10	348	25.9	52.0	40.3	116.6

（a）请拟合包含所有这 4 个回归变量的一个多元线性回归。

（b）请使用 C_p，R^2，s^2 来确定回归变量的最优子集。请计算出所有可能的这 3 个统计量。

（c）请对比（a）和（b）中的两个模型在预测鱼类数目时的适当性。

11.63　请证明多元线性回归数据集中下式

$$\sum_{i=1}^{n} h_{ii} = p$$

成立。

11.64　一个小试验要拟合出产出 y 与温度 x_1、反应温度 x_2、某反应物浓度 x_3 的一个多元线性回归方程。每个独立的回归变量都只有两个水平的值，因此数据编码后的形式记录如下。

y	x_1	x_2	x_3
7.6	−1	−1	−1
5.5	1	−1	−1
9.2	−1	1	−1
10.3	1	−1	1
11.6	1	1	−1
11.1	−1	1	1
10.2	−1	1	1
14.0	1	1	1

（a）请使用这些变量，估计下述多元线性回归方程：

$$\mu_{Y|x_1,x_2,x_3} = \beta_0 + \beta_1 x_1 + \beta_2 x_2 + \beta_3 x_3$$

（b）将回归平方和 SSR 分解成分别由 x_1，x_2，x_3 所对应的 3 个单自由度的项。请通过方差分析表，说明对每个变量的显著性检验结果，并对结果进行解释。

11.65　在关于浅流动层传热性能的化学工程试验中，共收集了 4 个回归变量的数据：液化状态气体的流速 x_1（磅/小时）、表面气体的流速 x_2（磅/小时）、表面气体进入的接管开口 x_3（分米）、表面气体的进入温度 x_4（℉）。响应变量分别为传热效率 y_1 和热效率 y_2。数据如下表所示。

观测	y_1	y_2	x_1	x_2	x_3	x_4
1	41.852	38.75	69.69	170.83	45	219.74
2	155.329	51.87	113.46	230.06	25	181.22
3	99.628	53.79	113.54	228.19	65	179.06
4	49.409	53.84	118.75	117.73	65	281.30

续前表

观测	y_1	y_2	x_1	x_2	x_3	x_4
5	72.958	49.17	119.72	117.69	25	282.20
6	107.702	47.61	168.38	173.46	45	216.14
7	97.239	64.19	169.85	169.85	45	223.88
8	105.856	52.73	169.85	170.86	45	222.80
9	99.348	51.00	170.89	173.92	80	218.84
10	111.907	47.37	171.31	173.34	25	218.12
11	100.008	43.18	171.43	171.43	45	219.20
12	175.380	71.23	171.59	263.49	45	168.62
13	117.800	49.30	171.63	171.63	45	217.58
14	217.409	50.87	171.93	170.91	10	219.92
15	41.725	54.44	173.92	71.73	45	296.60
16	151.139	47.93	221.44	217.39	65	189.14
17	220.630	42.91	222.74	221.73	25	186.08
18	131.666	66.60	228.90	114.40	25	285.80
19	80.537	64.94	231.19	113.52	65	286.34
20	152.966	43.18	236.84	167.77	45	221.72

考察以传热效率作为响应变量的预测模型

$$y_{1i} = \beta_0 + \sum_{j=1}^{4} \beta_j x_{ji} + \sum_{i=1}^{4} \beta_{jj} x_{ji}^2$$
$$+ \sum_{j \neq l} \sum \beta_{jl} x_{ji} x_{li} + \epsilon_i,$$
$$i = 1, 2, \cdots, 20$$

(a) 请使用最小二乘法拟合上述模型，并计算其

PRESS 值和 $\sum_{i=1}^{n} |y_i - \hat{y}_{i,-i}|$。

(b) 在不考虑变量 x_4 的情况下，请拟合二次模型（即去掉含有 x_4 的所有项）。请计算该模型的各项预测指标，并讨论 x_4 是否对预测传热效率有影响。

(c) 在响应变量为热效率的时候，请重复（a）和（b）这两部分的问题。

11.66 在运动生理学中，衡量有氧健身的一个客观标准是人体每单位重量在单位时间内所消耗氧气的体积。31 位志愿者参加了一项模拟氧气消耗量模型的试验，回归变量分别为年龄 x_1（岁）、体重 x_2（千克）、跑 1.5 英里所用时间 x_3、静止时的脉率 x_4、跑步结束时的脉率 x_5、跑步期间的脉搏最快速率 x_6。数据如下表所示。

ID	y	x_1	x_2	x_3	x_4	x_5	x_6
1	44.609	44	89.47	11.37	62	178	182
2	45.313	40	75.07	10.07	62	185	185
3	54.297	44	85.84	8.65	45	156	168
4	59.571	42	68.15	8.17	40	166	172
5	49.874	38	89.02	9.22	55	178	180

续前表

ID	y	x_1	x_2	x_3	x_4	x_5	x_6
6	44.811	47	77.45	11.63	58	176	176
7	45.681	40	75.98	11.95	70	176	180
8	49.091	43	81.19	10.85	64	162	170
9	39.442	44	81.42	13.08	63	174	176
10	60.055	38	81.87	8.63	48	170	186
11	50.541	44	73.03	10.13	45	168	168
12	37.388	45	87.66	14.03	56	186	192
13	44.754	45	66.45	11.12	51	176	176
14	47.273	47	79.15	10.60	47	162	164
15	51.855	54	83.12	10.33	50	166	170
16	49.156	49	81.42	8.95	44	180	185
17	40.836	51	69.63	10.95	57	168	172
18	46.672	51	77.91	10.00	48	162	168
19	46.774	48	91.63	10.25	48	162	164
20	50.388	49	73.37	10.08	76	168	168
21	39.407	57	73.37	12.63	58	174	176
22	46.080	54	79.38	11.17	62	156	165
23	45.441	52	76.32	9.63	48	164	166
24	54.625	50	70.87	8.92	48	146	155
25	45.118	51	67.25	11.08	48	172	172
26	39.203	54	91.63	12.88	44	168	172
27	45.790	51	73.71	10.47	59	186	188
28	50.545	57	59.08	9.93	49	148	155
29	48.673	49	76.32	9.40	56	186	188
30	47.920	48	61.24	11.50	52	170	176
31	47.467	52	82.78	10.50	53	170	172

(a) 请使用进入的显著性水平为 0.25 的逐步回归法进行变量筛选，给出最终模型。

(b) 请使用 s^2，C_p，R^2，R_{adj}^2 考察所有的变量子集，给出结论及最终模型。

11.67 考察巩固练习 11.64 中的情形。假定我们关心其中的交互项，则所需要考察的模型即为：

$$y_i = \beta_0 + \beta_1 x_{1i} + \beta_2 x_{2i} + \beta_3 x_{3i} + \beta_{12} x_{1i} x_{2i}$$
$$+ \beta_{13} x_{1i} x_{3i} + \beta_{23} x_{2i} x_{3i} + \beta_{123} x_{1i} x_{2i} x_{3i} + \epsilon_i$$

(a) 讨论此时的正交性是否仍然满足，请给出解释。

(b) 对于（a）中的拟合模型，是否可以给出响应变量均值的预测区间和置信区间，为什么？

(c) 将 $\beta_{123} x_1 x_2 x_3$ 项去掉之后，判断此时其他交叉项是否仍然是显著的。即考察假设检验问题：$H_0: \beta_{12} = \beta_{13} = \beta_{23} = 0$，请给出 P 值和结论。

11.68 人们可以利用二氧化碳溢流的技术来提炼原油。将二氧化碳注入储油箱中，就可以将原油替换出来。在试验中，我们将罐子插入含有已知数量的原油的储油箱底部，在三种不同的压力和三种不同的插入角度下，分别记录它们替换出的原油百分比。数据如下所示。

压力 x_1	插入角度 x_2	替换出的原油 y（%）
1 000	0	60.58
1 000	15	72.72
1 000	30	79.99
1 500	0	66.83
1 500	15	80.78
1 500	30	89.78
2 000	0	69.18
2 000	15	80.31
2 000	30	91.99

资料来源：Wang, G. C. "Microscopic Investigations of CO2 Flooding Process," *Journal of Petroleum Technology*, Vol. 34, No. 8, Aug. 1982.

考察模型

$$y_i = \beta_0 + \beta_1 x_{1i} + \beta_2 x_{2i} + \beta_{11} x_{1i}^2 + \beta_{22} x_{2i}^2 + \beta_{12} x_{1i} x_{2i} + \epsilon_i$$

请拟合该模型并讨论可以做出的改进。

11.69 *Journal of Pharmaceutical Sciences*（1991, Vol. 80）上的一篇文章，给出了一组恒温下某种溶解物的摩尔分数溶解性，同时测量出的还包括差值 x_1、偶极溶解性参数 x_2、氢键结合溶解性参数 x_3。部分数据如下表所示，其中 y 是指摩尔分数的负对数。

观测	y	x_1	x_2	x_3
1	0.222 0	7.3	0.0	0.0
2	0.395 0	8.7	0.0	0.3
3	0.422 0	8.8	0.7	1.0
4	0.437 0	8.1	4.0	0.2
5	0.428 0	9.0	0.5	1.0
6	0.467 0	8.7	1.5	2.8
7	0.444 0	9.3	2.1	1.0
8	0.378 0	7.6	5.1	3.4
9	0.494 0	10.0	0.0	0.3
10	0.456 0	8.4	3.7	4.1
11	0.452 0	9.3	3.6	2.0

续前表

观测	y	x_1	x_2	x_3
12	0.112 0	7.7	2.8	7.1
13	0.432 0	9.8	4.2	2.0
14	0.101 0	7.3	2.5	6.8
15	0.232 0	8.5	2.0	6.6
16	0.306 0	9.5	2.5	5.0
17	0.092 3	7.4	2.8	7.8
18	0.116 0	7.8	2.8	7.7
19	0.076 4	7.7	3.0	8.0
20	0.439 0	10.3	1.7	4.2

拟合模型

$$y_i = \beta_0 + \beta_1 x_{1i} + \beta_2 x_{2i} + \beta_3 x_{3i} + \epsilon_i,$$
$$i = 1, 2, \cdots, 20$$

（a）请检验 $H_0: \beta_1 = \beta_2 = \beta_3 = 0$。

（b）请绘制出变量 x_1，x_2，x_3 的学生化残差图（3 副图），并就此进行解释。

（c）考察另外两个含有其他项的模型：

- 模型 2：添加 x_1^2，x_2^2，x_3^2。
- 模型 3：添加 x_1^2，x_2^2，x_3^2，$x_1 x_2$，$x_1 x_3$，$x_2 x_3$。

请使用 PRESS 值和 C_p 值，从这三个模型中确定一个最优模型。

11.70 人们进行了一项针对高血压患者的研究，考察其生活方式的改变能否取代药物从而起到降血压的作用。主要考虑了三种情况：饮食健康且有体育锻炼；按常规剂量服用药物；不服药也不注意饮食。预处理体重指数（BMI）也要计算，因为它也影响血压。这里所考察的响应变量为血压的变化量。我们把变量值分为三个组：

$$1 = 饮食健康且有体育锻炼$$
$$2 = 按常规剂量服用药物$$
$$3 = 不服药也不注意饮食$$

数据如下表所示。

血压变化量	组别	BMI
−32	1	27.3
−21	1	22.1
−26	1	26.1
−16	1	27.8
−11	2	19.2
−19	2	26.1
−23	2	28.6

续前表

血压变化量	组别	BMI
−5	2	23.0
−6	3	28.1
5	3	25.3
−11	3	26.7
14	3	22.3

（a）请使用上面的数据拟合一个适当的模型。饮食健康且有体育锻炼是否可以有效降低血压？请根据你所得的结果来进行回答。

（b）饮食健康且有体育锻炼是否可以取代药物？（提示：你可以使用两个模型来分别回答上面的两个问题。）

11.71 在从一系列候选模型中选出所谓的最优模型的过程中，请证明如果模型具有最小的 s^2，则等价于该模型也具有最小的 R_{adj}^2。

11.12 可能的错误观点及危害；与其他章节的联系

本章我们介绍了集中选取最优方程的方法。但是，有一些天真的科研人员或工程师可能会存在这样一种非常严重的误解，即总会存在一个真实的线性模型，并且我们总能找到这个模型。在大部分科研问题中，变量之间的关系实际上都是非线性的，而且我们也并不知道真实模型的形式。线性统计模型仅是一种经验的近似。

有时，选取模型的根据在于，我们要从模型中得到哪些信息。比如，我们是希望用于预测还是用于解释每个回归变量所起的作用？不过，在多重共线性的情况下，通常是很难做出抉择的。但在许多回归问题中，的确可以找到一个近似的多元模型。详细讨论请参见 Myers（1990）。

最致命性的误用本章内容的情形是，在选取所谓的最优模型时，过分地强调 R^2 的重要性。必须牢记的是，对于任意一个数据集而言，我们可以得到任意一个 R^2 值，正如我们所期望的一样，其中 $0 \leqslant R^2 \leqslant 1$。过分关注 R^2 通常会造成过度拟合。

在本章中，我们用了很多笔墨来就异常值检测的问题进行讨论。围绕对异常值进行判断这个问题，通常会存在误用统计量的一个严重现象。因此，我们希望分析人员清楚，绝对不要去检测异常值、将其从数据集中剔除、拟合一个新模型、报告异常值等。为了得到一个完美拟合数据的模型，检测异常点的方法的确很吸引人，但同时也是灾难性的，这都是由统计量造成的。因此，如果我们检测到一个异常点，在剔除这个数据点之前，一定要检查数据的历史记录是否存在笔误或程序上的错误。我们应当谨记，我们所定义的异常点是指模型不能较好拟合的那些点。实际上，可能问题不在数据上，而是我们所选取的模型出了差错。如果调整模型，该数据点可能就不再是异常点了。

实践中存在许多种类型的响应变量，且不能采用标准最小二乘法来进行分析，因为经典的最小二乘法的假设不再成立。常常不再成立的假设有正态性误差假设和方差齐性假设。比如，如果响应变量是一个比例，假设是次品率，那么响应变量的分布则是二项分布。另一个实例是响应变量是泊松计数的情形。显然，其分布不是正态的，响应变量的方差是等于泊松均值的，而且其方差还会在不同的观测之间发生变化。对于这些非理想情形下的更多讨论请参见 Myers et al.（2008）。

第 12 章 单因子试验：一般性问题

12.1 方差分析技术

在第 8~9 章我们对估计和假设检验问题所做的讨论都局限于至多两个总体参数的情形。比如，检验两个总体均值是否相等，此时样本分别来自两个独立的正态分布，方差相等但未知。因此，我们需要首先给出 σ^2 的一个合理估计。

这种特殊的两样本推断问题称作单因子问题。比如，在习题 9.35 中，我们记录了两组老鼠的生存时间，其中一组老鼠接种了某种新的血清，另一组并没有接受任何治疗。在这种情形中，我们就说其中包含一个因素，即处理，而该因素同时具有两个水平。如果在抽样过程中存在多种治疗方式，从而也就需要多组老鼠样本。这时，我们所得到的就是一个具有多个水平的因子。

在 $k>2$ 的样本问题中，可以假设我们有来自 k 个总体的 k 组样本。检验总体均值最常用的方法称为方差分析，或 ANOVA。

对于学习了回归分析的人而言，对方差分析一定不会觉得陌生，因为我们曾经运用方差分析法将总平方和分解成了回归平方和与误差平方和两部分。

假设在某工程试验中，工程师希望能够了解到含有 5 种不同骨料的混凝土所吸收湿气的平均值会怎样变化。每一种混凝土都选取了 6 个样品，共有 30 个样品，并使之在湿气中暴露 48 小时，所得数据如表 12.1 所示。

表 12.1 混凝土吸收湿气的数据

混凝土	1	2	3	4	5	
	551	595	639	417	563	
	457	580	615	449	631	
	450	508	511	517	522	
	731	583	573	438	613	
	499	633	648	415	656	
	632	517	677	555	679	
合计	3 320	3 416	3 663	2 791	3 664	16 854
均值	553.33	569.33	610.50	465.17	610.67	561.80

此时，对每个总体而言，我们都有 6 个观测值，假设这 5 个总体的均值分别为 μ_1，μ_2，$\cdots$，μ_5。此时我们所希望检验的问题可能就是

$H_0 : \mu_1 = \mu_2 = \cdots = \mu_5$

H_1 : 至少有两个均值是不相等的

此外，我们还可以对这 5 个总体的均值进行个别比较。

12.1.1 数据中变差的两个来源

在方差分析法中，我们假设数据均值之间存在的变差是由两个因素引起的：（1）同一种骨料所对应的观测数据内部的变差；（2）不同骨料之间的变差，即由于骨料的化学成分不同引起的差异。同一种骨料内部的变差当然也可以是由多种原因造成的。可能是由于在试验过程中没能保持完全一致的温度和湿度，也可能是由于在原料炉中存在大量的不同成分。无论是哪种情况，我们都要把样本组内的变差看做一种偶然性或随机变差。我们进行方差分析的目的之一，就是要确定

这5个样本均值之间的变差是否只含有随机变差的成分。

在我们接下来所要考虑的情形中会遇到很多问题。比如，对每一种骨料，我们究竟必须检测多少个样本？这个问题一直困扰着从事混凝土行业的人。此外，如果样本组内变差非常大，以至于我们找不到一个统计方法来测定其系统性差异，这时又会如何？我们能不能系统地控制造成变差的外部因素，从而将其从随机变差中去除？在下面的章节中，我们将尝试着来解决这些问题以及其他一些问题。

12.2　试验设计策略

在第8~9章，我们对两样本的估计和假设检验问题所进行的讨论是基于试验所开展的方式这个重要的背景进行的，也就是试验设计的范畴。比如，我们在第9章所讨论的合并 t 检验，假定因子水平（即对每个老鼠样本所施加的处理）是随机地赋予给试验单元（老鼠）的。我们在第8~9章中，通过例子对试验单元的概念进行过介绍。简单来说，在某一个科学研究中，试验单元就是由于其自身的不一致而产生试验误差的那些个体（老鼠、病人、混凝土样品、时间）。随机指派可以消除由于系统性指派造成的偏差，我们的目的是将试验因子的不一致性所造成的风险均匀地分配给每一个因子水平。随机指派能够最好地模拟出模型的假设条件。在12.7节中，我们会对试验中的区组化问题进行探讨。这个概念也在第8~9章出现过，当时我们通过配对来对均值进行比较，即将试验单元分成一个个被称为区组的相似对。而因子水平或处理也是随机地指派给每个区组。区组化的目的是降低试验误差所造成的影响。在本章中，我们会将相似对自然地推广至规模更大的区组，而方差分析就是我们进行分析的主要工具。

12.3　单边方差分析：完全随机化设计

从 k 个总体中分别抽取容量为 n 的样本。这 k 个总体基于单个准则进行归类，比如，不同的处理或不同的组群。目前，**处理**这个词也被广义地用来指代其他众多不同的分类方式。比如，不同的混凝土、不同的分析人员、不同的肥料、国内不同的地区。

12.3.1　单边方差分析的前提与假设

我们假定这 k 个总体相互独立且服从正态分布，均值分别为 μ_1，μ_2，$\cdots$，μ_k，且具有共同的方差 σ^2。正如我们在12.2节所指出的，随机化将会使得这些假设更加合理。我们希望可以找到一个合适的方法来检验下面的假设：

$H_0 : \mu_1 = \mu_2 = \cdots = \mu_k$
$H_1 :$ 至少有两个均值是不相等的

令 y_{ij} 为表12.2中所示的第 i 个处理所对应的第 j 个观测数据。其中 $Y_{i.}$ 是第 i 个处理所有观测值的合计，而 $\bar{y}_{i.}$ 则是第 i 个处理所有观测数据的均值，$Y_{..}$ 是这 nk 个数据的合计，$\bar{y}_{..}$ 是这 nk 个数据的均值。

表12.2　k 个随机样本

处理	1	2	$\cdots$	i	$\cdots$	k	
	y_{11}	y_{21}	$\cdots$	y_{i1}	$\cdots$	y_{k1}	
	y_{12}	y_{22}	$\cdots$	y_{i2}	$\cdots$	y_{k2}	
	$\vdots$	$\vdots$		$\vdots$		$\vdots$	
	y_{1n}	y_{2n}	$\cdots$	y_{in}	$\cdots$	y_{kn}	
合计	$Y_{1.}$	$Y_{2.}$	$\cdots$	$Y_{i.}$	$\cdots$	$Y_{k.}$	$Y_{..}$
均值	$\bar{y}_{1.}$	$\bar{y}_{2.}$	$\cdots$	$\bar{y}_{i.}$	$\cdots$	$\bar{y}_{k.}$	$\bar{y}_{..}$

12.3.2 单边方差分析的模型

每个观测数据都可以写成下面这种形式：

$$Y_{ij} = \mu_i + \varepsilon_{ij}$$

式中，ε_{ij}是第 i 个处理第 j 个观测数据与这组样本所对应均值之间的差值，它表示的是随机误差，与回归模型中误差项的作用是一样的。而人们更愿意选用的一种形式，是把 μ_i 替换成 $\mu + \alpha_i$ 的形式，也就是说，$\mu_i = \mu + \alpha_i$，其中 $\sum\limits_{i=1}^{k} \alpha_i = 0$。于是，我们有

$$Y_{ij} = \mu + \alpha_i + \varepsilon_{ij}$$

式中，μ 是所有μ_i的均值，即

$$\mu = \frac{1}{k} \sum_{i=1}^{k} \mu_i$$

而α_i则被称作第 i 个处理的**效应**。

此时，k 个总体均值相等的零假设、至少有两个均值不相等的备择假设则可以替换成下述等价的假设：

$$H_0 : \alpha_1 = \alpha_2 = \cdots = \alpha_k = 0$$
$$H_1 : 至少有一个\alpha_i不等于 0$$

12.3.3 将总变差分解为两个部分

我们在对共同的总体方差σ^2的两个独立估计进行比较的基础上进行检验。将所有数据的总变差分解成两个部分，则可得到这两个估计，总变差以二重求和符号的形式表示如下：

$$\sum_{i=1}^{k} \sum_{j=1}^{n} (y_{ij} - \bar{y}_{..})^2$$

定理 12.1 *平方和恒等式*

$$\sum_{i=1}^{k} \sum_{j=1}^{n} (y_{ij} - \bar{y}_{..})^2 = n \sum_{i=1}^{k} (\bar{y}_{i.} - \bar{y}_{..})^2 + \sum_{i=1}^{k} \sum_{j=1}^{n} (y_{ij} - \bar{y}_{i.})^2$$

如果我们用不同的符号来分别表示上式中的三个平方和项，则更简单。

变差的三个重要测度

$$SST = \sum_{i=1}^{k} \sum_{j=1}^{n} (y_{ij} - \bar{y}_{..})^2 = 总平方和$$

$$SSA = n \sum_{i=1}^{k} (\bar{y}_{i.} - \bar{y}_{..})^2 = 处理平方和$$

$$SSE = \sum_{i=1}^{k} \sum_{j=1}^{n} (y_{ij} - \bar{y}_{i.})^2 = 误差平方和$$

则平方和恒等式可以表示为下述方程形式：

$$SST = SSA + SSE$$

该等式表明，组间变差和组内变差之和即为总平方和。不过，通过考察 SSA 和 SSE 两者的期

望值，我们还可以获得更多的信息。最终，我们即可得到方差的估计，并据此得到两者的比率，从而对总体均值相等的假设问题进行检验。

定理 12. 2

$$E(SSA) = (k-1)\sigma^2 + n\sum_{i=1}^{k}\alpha_i^2$$

定理的证明留作习题（见巩固练习 12. 53）。

如果H_0为真，我们则可以给出σ^2一个自由度为$k-1$的估计，其表达式如下。

处理的均方

$$s_1^2 = \frac{SSA}{k-1}$$

如果H_0为真，则定理 12. 2 中的每个α_i就等于 0，于是我们可知

$$E\left(\frac{SSA}{k-1}\right) = \sigma^2$$

此时，s_1^2是σ^2的一个无偏估计。但如果H_1为真，则我们有

$$E\left(\frac{SSA}{k-1}\right) = \sigma^2 + \frac{n}{k-1}\sum_{i=1}^{k}\alpha_i^2$$

此时，s_1^2对σ^2的估计还要加上另一项，后一项所测度的是系统性效应引起的变差。

均方误差

$$s^2 = \frac{SSE}{k(n-1)}$$

需要指明的是，上面这两个均方的期望值非常重要。在下一小节中，我们将讨论以处理的均方为分子的F比率的用法。在H_1为真时，由于此时$E(s_1^2) > E(s^2)$，因此我们使用的F比率是一个单边的上尾检验。也就是说，在H_1为真时，我们可以期望分子s_1^2是大于分母的。

12. 3. 4　方差分析中 F 检验的用法

不管零假设的真假，估计s^2都是无偏的（见巩固练习 12. 52）。需要特别注意的是，平方和等式不仅对总变差进行了分解，而且对总自由度进行了分解，即

$$nk - 1 = k - 1 + k(n-1)$$

12. 3. 5　检验均值相等与否的 F 比率

在H_0为真时，比率$f = s_1^2/s^2$就是服从自由度为$k-1$和$k(n-1)$的F分布的随机变量F的一个取值。由于在H_0不真时，s_1^2是大于s^2的，因此此时我们所做的单边检验的临界域完全在分布的右尾。

在α的显著性水平上，如果

$$f > f_\alpha[k-1, k(n-1)]$$

则拒绝零假设H_0。

另一种方法是使用 P 值法，根据 P 值法，结果是支持还是违背 H_0 的根据是

$$P = P\{f[k-1, k(n-1)] > f\}$$

我们将方差分析中所需计算的各项内容归纳到表 12.3 中。

表 12.3　单边的方差分析

变差来源	平方和	自由度	均方	f 值
处理	SSA	$k-1$	$s_1^2 = \dfrac{SSA}{k-1}$	$\dfrac{s_1^2}{s^2}$
误差	SSE	$k(n-1)$	$s^2 = \dfrac{SSE}{k(n-1)}$	
合计	SST	$kn-1$		

例 12.1　根据表 12.1 中的数据，对不同类型混凝土骨料所吸收湿气的数据就 $\mu_1 = \mu_2 = \cdots = \mu_5$ 的零假设在 0.05 的显著性水平上进行检验。

解：根据题意可知，我们所要检验的假设为：

$H_0 : \mu_1 = \mu_2 = \cdots = \mu_5$

H_1：至少有两个均值是不相等的

$\alpha = 0.05$

临界域：$f > 2.76$，且其自由度为 $v_1 = 4$ 和 $v_2 = 25$。则计算可得平方和为：

$SST = 209\,377$

$SSA = 85\,356$

$SSE = 209\,377 - 85\,356 = 124\,021$

这些结果及剩余的计算，如图 12.1 中 SAS ANOVA 的输出所示。

```
                    The GLM Procedure
Dependent Variable: moisture


                                       Sum of
Source        DF       Squares      Mean Square    F Value    Pr > F
Model          4     85 356.466 7   21 339.116 7     4.30     0.008 8
Error         25    124 020.333 3    4 960.813 3
Corrected Total 29  209 376.800 0


    R-Square    Coeff Var     Root MSE     moisture Mean
    0.407 6 69   12.537 03    70.433 04       561.800 0


Source        DF     Type I SS     Mean Square    F Value    Pr > F
aggregate      4    85 356.466 67  21 339.116 67    4.30     0.008 8
```

图 12.1　SAS 输出的方差分析结果

决策：拒绝 H_0。因此结论是，这些骨料所吸收湿气的均值是不相等的，其中 $f = 4.30$ 的 P 值小于 0.01。

除了方差分析，我们还可以构建每种混凝土的箱线图，如图 12.2 所示。根据该图，可以很明显地看到，所有混凝土吸收的湿气是不同的。实际上，第 4 种混凝土明显区别于其他混凝土。关

于此更正规的分析见习题 12.21，其结果和这里是一样的。

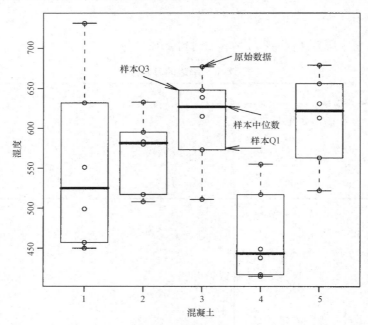

图 12.2　每种混凝土所吸收湿气的箱线图

在实际操作中，有一些我们需要的数据可能会缺失。比如，试验中的动物可能会死亡，试验器材可能会损坏，参加试验的人员也可能会退出。此时，只要稍微调整一下平方和公式，针对各总体样本容量相等所做的讨论仍然是有效的。此时，我们假设这 k 组随机样本的容量分别为 n_1，n_2，$\cdots$，n_k。

样本容量不等的平方和

$$SST = \sum_{i=1}^{k} \sum_{j=1}^{n_i} (y_{ij} - \bar{y}_{..})^2$$

$$SSA = \sum_{i=1}^{k} n_i (\bar{y}_{i.} - \bar{y}_{..})^2$$

$$SSE = SST - SSA$$

它们所对应的自由度分别和之前的分解是一样的：SST 的为 $N-1$，SSA 的为 $k-1$，SSE 的为 $N-1-(k-1)=N-k$，其中 $N = \sum_{i=1}^{k} n_i$。

例 12.2　弗吉尼亚理工大学开展了一项研究，其中包括对在某医师的照料下接受抗痉挛药物治疗的少儿癫痫患者体内血清碱磷酸酶的活性水平（以贝西-劳里（Bessey-Lowry）单位计）进行的测量。有 45 名儿童接受了试验，并按服用药物的种类分成了以下 4 组：

G-1：对照组（没有服用抗痉挛药物，亦无癫痫病史）。

G-2：镇静安眠剂。

G-3：卡马西平。

G-4：其他抗痉挛药物。

从每名儿童的血液样本中测得的血清碱磷酸酶的活性水平如表 12.4 所示。请在 0.05 的显著性水平上，检验各组血清碱磷酸酶的活性水平均值是否相等。

表12.4 血清碱磷酸酶的活性水平

G-1		G-2	G-3	G-4
49.20	97.50	97.09	62.10	110.60
44.54	105.00	73.40	94.95	57.10
45.80	58.05	68.50	142.50	117.60
95.84	86.60	91.85	53.00	77.71
30.10	58.35	106.60	175.00	150.00
36.50	72.80	0.57	79.50	82.90
82.30	116.70	0.79	29.50	111.50
87.85	45.15	0.77	78.40	
105.00	70.35	0.81	127.50	
95.22	77.40			

解： 在 0.05 的显著性水平上，我们的假设为：

$H_0 : \mu_1 = \mu_2 = \mu_3 = \mu_4$

H_1 ：至少有两个均值是不相等的

临界域：查附录表 A6 可知，$f > 2.836$。

计算结果：$Y_{1.} = 1\,460.25$，$Y_{2.} = 440.36$，$Y_{3.} = 842.45$，$Y_{4.} = 707.41$，$Y_{..} = 3\,450.47$。MINITAB 输出的方差分析结果如图 12.3 所示。

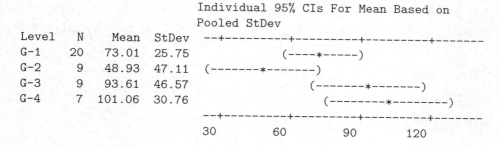

```
One-way ANOVA: G-1, G-2, G-3, G-4

Source  DF     SS     MS     F     P
Factor   3  13 939  4 646  3.57  0.022
Error   41  53 376  1 302
Total   44  67 315

S = 36.08   R-Sq = 20.71%   R-Sq(adj) = 14.90%


                               Individual 95% CIs For Mean Based on
                               Pooled StDev
Level   N    Mean   StDev  --+---------+---------+---------+-------
G-1    20   73.01   25.75           (----*-----)
G-2     9   48.93   47.11  (-------*-------)
G-3     9   93.61   46.57                (-------*-------)
G-4     7  101.06   30.76                 (--------*--------)
                           --+---------+---------+---------+-------
                           30        60        90       120


Pooled StDev = 36.08
```

图 12.3 MINITAB 对表 12.4 中的数据进行分析的结果

决策：拒绝 H_0。因此结论是，各组血清碱磷酸酶活性水平的均值是不相等的。此时的 *P* 值为 0.022。

对单边分类的方差分析进行总结，我们可以发现，样本容量相等时的结果要优于样本容量不等时。其第一个优势是，如果样本容量相等，则在与各总体方差相等的零假设存在细微出入时，结果对此并不敏感。其第二个优势是，选取等样本容量可以将犯第二类错误的概率降到最低。

12.4　方差齐性检验

在实际情况与 k 个总体的方差齐性假设存在细微出入时，尽管在样本容量相等的情况下根据方差分析法所得到的 f 比率对此是不敏感的，我们仍然需要谨慎，且应当预先做一下方差齐性检验。显然，在样本容量不等的情况下，如果有理由怀疑各总体的方差齐性，也需要对这个假设进行检验。于是，假定我们所需要检验的零假设为：

$$H_0 : \sigma_1^2 = \sigma_2^2 = \cdots = \sigma_k^2$$

与之相对应的备择假设为：

$$H_1 : 方差是不全相等的$$

此时我们所用到的检验称为 **Bartlett 检验**，该检验所基于的统计量的抽样分布在样本容量相等时，能够给出一个精确的临界值。通过该临界值也可以得到样本容量不相等时临界值一个非常精确的近似。

首先，计算 k 个总体各自的样本方差：s_1^2，s_2^2，$\cdots$，s_k^2，且对应的样本容量分别为 n_1，n_2，$\cdots$，n_k，其中 $\sum\limits_{i=1}^{k} n_i = N$。其次，将这些样本方差联合在一起，从而得到一个合并估计

$$s_p^2 = \frac{1}{N-k} \sum_{i=1}^{k} (n_i - 1) s_i^2$$

此时

$$b = \frac{\left[(s_1^2)^{n_1-1} (s_2^2)^{n_2-1} \cdots (s_k^2)^{n_k-1} \right]^{1/(N-k)}}{s_p^2}$$

是服从 **Bartlett 分布**的随机变量 B 的一个取值。对于 $n_1 = n_2 = \cdots = n_k = n$ 这种特殊情况，如果

$$b < b_k(\alpha; n)$$

则在 α 的显著性水平上拒绝 H_0。其中 $b_k(\alpha; n)$ 是 Bartlett 分布左尾大小为 α 的面积临界值。附录表 A10 中给出了 $\alpha = 0.01$ 和 0.05，$k = 2$，3，$\cdots$，10，选定 $3 \sim 100$ 之间的 n 值时的临界值 $b_k(\alpha; n)$。

样本容量不相等时，如果

$$b < b_k(\alpha; n_1, n_2, \cdots, n_k)$$

则在 α 的显著性水平上拒绝零假设 H_0。其中

$$b_k(\alpha; n_1, n_2, \cdots, n_k) \approx \frac{n_1 b_k(\alpha; n_1) + n_2 b_k(\alpha; n_2) + \cdots + n_k b_k(\alpha; n_k)}{N}$$

如前所述，样本容量为 n_1，n_2，$\cdots$，n_k 的所有 $b_k(\alpha; n_i)$ 都可以根据附录表 A10 而得到。

例 12.3　请在 0.01 的显著性水平上，使用 Bartlett 检验就例 12.2 中 4 组药物的总体方差相等的假设进行检验。

解： 根据题意可得，我们所需检验的假设为：

$H_0: \sigma_1^2 = \sigma_2^2 = \sigma_3^2 = \sigma_4^2$

$H_1:$ 方差不全相等

$\alpha = 0.01$

临界域：参考例 12.2，我们有 $n_1 = 20$，$n_2 = 9$，$n_3 = 9$，$n_4 = 7$，$N = 45$，$k = 4$。这样一来，我们拒绝零假设，如果

$$b < b_4(0.01; 20, 9, 9, 7)$$

$$\approx \frac{(20)(0.858\,6) + (9)(0.689\,2) + (9)(0.689\,2) + (7)(0.604\,5)}{45}$$

$$= 0.751\,3$$

计算结果：首先可得

$s_1^2 = 662.862$

$s_2^2 = 2\,219.781$

$s_3^2 = 2\,168.434$

$s_4^2 = 946.032$

其次可得

$$s_p^2 = \frac{(19)(662.862) + (8)(2\,219.781) + (8)(2\,168.434) + (6)(946.032)}{41} = 1\,301.861$$

于是

$$b = \frac{\left[(662.862)^{19}(2\,219.781)^8(2\,168.434)^8(946.032)^6 \right]^{1/41}}{1\,301.861} = 0.855\,7$$

决策：不能拒绝零假设。因此结论是，4 组药物的总体方差不存在显著差异。

检验方差齐性我们最常用到的是 Barlett 检验，不过还存在其他一些方法。其中一个在计算上非常简单的方法是由科克伦（Cochran）提出的，不过该方法将其适用的范围严格限定在了样本容量相等的情形。对于是否存在某一个方差大于其他方差的检测问题，**Cochran 检验**尤其有用。该检验所用到的统计量为：

$$G = \frac{\text{最大的} S_i^2}{\sum\limits_{i=1}^{k} S_i^2}$$

如果 $g > g_\alpha$，则拒绝方差相等的假设，其中 g_α 的值可根据附录表 A11 得到。

为了举例说明 Cochran 检验，我们再次来考察表 12.1 中有关混凝土骨料所吸收湿气的数据。我们在例 12.1 中进行方差分析时，能否确定方差相等的假设成立？事实上，我们有

$s_1^2 = 12\,134$

$s_2^2 = 2\,303$

$s_3^2 = 3\,594$

$s_4^2 = 3\,319$

$s_5^2 = 3\,455$

于是，我们有

$$g = \frac{12\,134}{24\,805} = 0.489\,2$$

可以看到，该值不超过 $g_{0.05} = 0.5065$。这样一来，我们的结论是，方差齐性假设是合理的。

习 题

12.1 在橡胶封条的制作中使用了 6 台不同的机器。比较这些产品的抗拉强度。我们从每台机器所生产的产品中选出 4 件作为一个随机样本，用来判断不同机器生产的产品所对应的抗拉强度是否相同。下表中的数据即为我们所测量到的抗拉强度（以千克/平方厘米 $\times 10^{-1}$ 计）。

机器					
1	2	3	4	5	6
17.5	16.4	20.3	14.6	17.5	18.3
16.9	19.2	15.7	16.7	19.2	16.2
15.8	17.7	17.8	20.8	16.5	17.5
18.6	15.4	18.9	18.9	20.5	20.1

请在 0.05 的显著性水平上进行方差分析，并说明这 6 台机器生产的产品所对应的抗拉强度均值是否显著不同。

12.3 刊载于 *Proceedings：Southern Marketing Association* 之上的《零售中货架空间策略》一文，考察了超市罐装狗粮在货架上的摆放高度对其销售量的影响。这是一个在小超市进行的为期 8 天的试验，针对的是 Arf 牌狗粮三个不同摆放高度的位置。在这些地方的其他部分再摆放其他品牌的狗粮，包括这一地区人们所熟悉和不熟悉的。Arf 牌狗粮在这三种高度上的日销售额（百美元）数据如下表所示。

货架高度		
齐膝	齐腰	齐眉
77	88	85
82	94	85
86	93	87
78	90	81
81	91	80
86	94	79
77	90	87
81	87	93

这些狗粮的日均销售额是否与其摆放高度有关？请在 0.01 的显著性水平上作答。

12.5 普通的老鼠绦虫中的线粒体酶 NADPH：NAD 转氢酶可以促使氢从 NADPH 中转移到 NAD，从而产生 NADH。众所周知，这种酶在绦虫厌氧性的新陈代谢中具有至关重要的作用，并且最近人们猜测可以将这种酶作为质子交换泵来使用，从而可以在线粒体膜中转移质子。博林格林州立大学开展了一项研究来考察不同培养基浓度对这种转氢酶构造上的变异产生的影响，从而评估其承受构造或外形改变的能力。由 NADP 浓度的变化引起的酶的比活性的改变，可以作为构造发生变化的理论依据。我们考察的是绦虫线粒体内膜中的酶，这些绦虫具有同质性，且经过一系列的离心过滤后，酶都被分离了出来。将不同浓度的 NADP 加入到这些分离出来的酶溶液中，随后将这些混合物放到 56℃ 的水池中培养 3 分钟。最后，将这些酶放入双电子束分光光度计上进行分析，得到的比活性（每分钟每毫克蛋白质的纳摩尔数）结果如下表所示。

NADP 浓度				
0	80	160	360	
11.01	11.38	11.02	6.04	10.31
12.09	10.67	10.67	8.65	8.30
10.55	12.33	11.50	7.76	9.48
11.26	10.08	10.31	10.13	8.89
			9.36	

请在 0.01 的显著性水平上，检验 4 种不同浓度下比活性的均值是否相等？

12.7 已经证明，镁胺磷酸盐（$MgNH_4PO_4$）这种肥料可以很好地为植物生长提供营养。这种肥料的化合物具有很好的溶解性，从而使得肥料可以在土壤表面直接使用。乔治·梅森大学对镁胺磷酸盐对菊花高度的影响进行了研究，以基于菊花增加的垂直高度，确定最优的施肥量。试验中共播种了 40 棵菊花，分为 4 组，每组 10 棵。每棵菊花都被放入相似的含有相同培养基的罐中，并将不同浓度的镁胺磷酸盐加入到不同组的菊花中。随后将它们在其他条件都相同的温室中培养 4 周，增加的高度（厘米）及其所对应的处理总结如下表。

处理							
50 克/蒲式耳		100 克/蒲式耳		200 克/蒲式耳		400 克/蒲式耳	
13.2	12.4	16.0	12.6	7.8	14.4	21.0	14.8
12.8	17.2	14.8	13.0	20.0	15.8	19.1	15.8
13.0	14.0	14.0	23.6	17.0	27.0	18.0	26.0
14.2	21.6	14.0	17.0	19.6	18.0	21.1	22.0
15.0	20.0	22.2	24.4	20.2	23.2	25.0	18.2

请问我们是否可以在 0.05 的显著性水平上说，不同浓度的镁胺磷酸盐对菊花高度产生的影响显著不同？镁胺磷酸盐含量究竟需要多少最合适？

12.9　对于习题 12.5 中的情形，请在 0.01 的显著性水平上使用 Bartlett 检验对方差齐性进行考察。

12.5　自由度为 1 的对照

在单边分类或单因子试验中，方差分析只是为了说明我们是否要拒绝处理的均值相等这个假设。但在试验中，我们通常需要做进一步的分析。比如，在例 12.1 中，虽然我们拒绝了零假设，也就是说均值是不全相等的，但是并不清楚骨料之间的差别源自何处。工程师可能事先会觉得骨料 1 和骨料 2 有类似的吸收性，同样骨料 3 和骨料 5 也有类似的吸收性。不过，我们更关心这两个组之间的差别。看起来，我们应当检验的假设为：

$$H_0 : \mu_1 + \mu_2 - \mu_3 - \mu_5 = 0$$
$$H_1 : \mu_1 + \mu_2 - \mu_3 - \mu_5 \neq 0$$

我们可以看到，该假设是总体均值的一个线性函数，且其系数之和等于 0。

定义 12.1　形如

$$w = \sum_{i=1}^{k} c_i \mu_i$$

的任意线性函数，其中 $\sum_{i=1}^{k} c_i = 0$，都被称为处理均值之间的**比较**或**对照**。

通过对处理均值之间的对照的显著性检验，试验人员常常可以进行多重比较，也就是说，检验下述这类假设。

对照的假设

$$H_0 : \sum_{i=1}^{k} c_i \mu_i = 0$$

$$H_1 : \sum_{i=1}^{k} c_i \mu_i \neq 0$$

式中，$\sum_{i=1}^{k} c_i = 0$。

要检验该假设，我们首先需要计算一个类似样本均值的对照

$$w = \sum_{i=1}^{k} c_i \bar{y}_i$$

因为 $\bar{Y}_{1.}$，$\bar{Y}_{2.}$，$\cdots$，$\bar{Y}_{k.}$ 分别是服从均值为 μ_1，μ_2，$\cdots$，μ_k 且方差为 σ_1^2 / n_1，σ_2^2 / n_2，$\cdots$，σ_k^2 / n_k 的正态分布的独立随机变量，w 是均值为：

$$\mu_W = \sum_{i=1}^{k} c_i \mu_i$$

且方差为

$$\sigma_W^2 = \sigma^2 \sum_{i=1}^{k} \frac{c_i^2}{n_i}$$

的正态随机变量 W 的一个值。

因此，在H_0为真的时候，$\mu_W = 0$，统计量

$$\frac{W^2}{\sigma_W^2} = \frac{\left(\sum\limits_{i=1}^{k} c_i \bar{Y}_{i.} \right)^2}{\sigma^2 \sum\limits_{i=1}^{k} (c_i^2 / n_i)}$$

是自由度为1的卡方分布统计量。

对照检验的检验统计量

在 α 的显著性水平上，我们进行假设检验的统计量为：

$$f = \frac{\left(\sum\limits_{i=1}^{k} c_i \bar{y}_{i.} \right)^2}{s^2 \sum\limits_{i=1}^{k} (c_i^2 / n_i)} = \frac{\left[\sum\limits_{i=1}^{k} (c_i Y_{i.} / n_i) \right]^2}{s^2 \sum\limits_{i=1}^{k} (c_i^2 / n_i)} = \frac{SSw}{s^2}$$

式中，f 是服从自由度为 1 和 $N-k$ 的 F 分布的随机变量 F 的一个值。

在样本容量都为 n 时

$$SSw = \frac{\left(\sum\limits_{i=1}^{k} c_i Y_{i.} \right)^2}{n \sum\limits_{i=1}^{k} c_i^2}$$

SSw 这个量称为**对照平方和**，它表示的是 SSA 中我们讨论的对照所解释的比例。

该平方和可用于检验

$$\sum_{i=1}^{k} c_i \mu_i = 0$$

这个假设。通常，我们所关心的是对多重对照进行检验的问题，尤其是线性独立或正交的对照。因此，我们还需要下面这个定义。

定义 12.2   两个对照

$$w_1 = \sum_{i=1}^{k} b_i \mu_i$$

$$w_2 = \sum_{i=1}^{k} c_i \mu_i$$

是正交的，如果 $\sum\limits_{i=1}^{k} b_i \mu_i / n_i = 0$ ，或者在 $n_i = n$ 时，成立下式

$$\sum_{i=1}^{k} b_i c_i = 0$$

如果 w_1 和 w_2 是正交的，则 SSw_1 和 SSw_2 这两个量都是 SSA 的一部分，且自由度都是 1。自由度为 $k-1$ 的处理平方和至多可以分解为 $k-1$ 个相互独立的自由度为 1 的对照平方和，且如果这些对照是相互正交的，则下面的等式成立：

$$SSA = SSw_1 + SSw_2 + \cdots + SSw_{k-1}$$

例 12.4 回到例 12.1，求对应于正交对照

$$w_1 = \mu_1 + \mu_2 - \mu_3 - \mu_5,$$
$$w_2 = \mu_1 + \mu_2 + \mu_3 - 4\mu_4 + \mu_5$$

的对照平方和，并进行相应的显著性检验。对于这个例子中，我们还要求（1，2）和（3，5）这两个组的一个先验对照。另一个重要的独立对照是对骨料（1，2，3，5）和骨料 4 之间的比较。

解： 这两个对照显然是正交的，因为

$$(1)(1) + (1)(1) + (-1)(1) + (0)(-4) + (-1)(1) = 0$$

第二个对照是对（1，2，3，5）和 4 之间的一个比较。我们还可以给出另外两个对照，即

$$w_3 = \mu_1 - \mu_2 \text{（骨料 1 与骨料 2）}$$
$$w_4 = \mu_3 - \mu_5 \text{（骨料 3 与骨料 5）}$$

根据表 12.1 中的数据，我们有

$$SSw_1 = \frac{(3\,320 + 3\,416 - 3\,663 - 3\,664)^2}{6[(1)^2 + (1)^2 + (-1)^2 + (-1)^2]} = 14\,553$$

$$SSw_2 = \frac{[3\,320 + 3\,416 + 3\,663 + 3\,664 - 4(2\,791)]^2}{6[(1)^2 + (1)^2 + (1)^2 + (-1)^2 + (-4)^2]} = 70\,035$$

表 12.5 是完整的方差分析表。我们可以发现，这两个对照平方和几乎就是所有骨料的平方和。不同骨料之间对湿气的吸收存在显著的差别，对照 w_1 也是边际显著的。不过，w_2 的 f 值 14.12 则非常显著，因此我们拒绝假设 $H_0: \mu_1 + \mu_2 + \mu_3 + \mu_5 = 4\mu_4$。

表 12.5 正交对照的方差分析

变差来源	平方和	自由度	均方	f 值
骨料	85 356	4	21 339	4.30
（1，2）对（3，5） （1，2，3，5）对 4	{14 553 70 035	{1 1	{14 553 70 035	2.93 14.12
误差	124 021	25	4 961	
合计	209 377	29		

正交对照使得我们可以将处理的变差分割为独立的部分。通常，试验人员还会关注一些特殊的对照。比如在这个例子中，人们已经事先认定骨料（1，2）和（3，5）按照不同的湿气吸收性来说属于两个截然不同的组，但根据显著性检验我们可知，这个假定并没有多少根据。由第二个对照就可以说明骨料 4 的确比其他骨料更突出。这个例子并不需要对 SSA 进行完全的分解，因为这两个独立对照就占据了总变差的大部分。

图 12.4 是根据 SAS GLM 过程给出的一个完整的正交对照。我们发现，这 4 个对照的平方和加起来正好是骨料的平方和。我们还注意到，后面两个对照（1 与 2，3 与 5）之间的对比是不显著的。

The GLM Procedure

Dependent Variable: moisture

Source	DF	Sum of Squares	Mean Square	F Value	Pr > F
Model	4	85 356.466 7	21 339.116 7	4.30	0.008 8
Error	25	124 020.333 3	4 960.813 3		
Corrected Total	29	209 376.800 0			

R-Square	Coeff Var	Root MSE	moisture Mean
0.407 669	12.537 03	70.433 04	561.800 0

Source	DF	Type I SS	Mean Square	F Value	Pr > F
aggregate	4	85 356.466 67	21 339.116 67	4.30	0.008 8

Source	DF	Type III SS	Mean Square	F Value	Pr > F
aggregate	4	85 356.466 67	21 339.116 67	4.30	0.008 8

Contrast	DF	Contrast SS	Mean Square	F Value	Pr > F
(1,2,3,5) vs. 4	1	70 035.008 33	70 035.008 33	14.12	0.000 9
(1,2) vs. (3,5)	1	14 553.375 00	14 553.375 00	2.93	0.099 1
1 vs. 2	1	768.000 00	768.000 00	0.15	0.697 3
3 vs. 5	1	0.083 33	0.083 33	0.00	0.996 8

图12.4 一组正交对照

12.6 多重比较

在均值相等的假设检验中,方差分析是一种非常有效的方法。如果拒绝原假设、接受备择假设,即均值是不全相等的情况下,我们依然不清楚哪些均值之间是相等的,哪些均值之间是不相等的。

通常,我们所关心的是,在处理之间进行**配对比较**的问题。实际上,配对比较可以看做一个简单的对照,即对

$$H_0:\mu_i-\mu_j=0$$
$$H_1:\mu_i-\mu_j\neq0$$

进行检验的问题,其中所有的 $i\neq j$。当然,一个配对比较可以看做一个简单的对照,对于我们没有先验的某些具体的复合对照而言,均值之间所有可能的配对比较方式都是非常重要的。比如,对于表 12.1 中的骨料数据,假定我们所要检验的假设为:

$$H_0:\mu_1-\mu_5=0$$
$$H_1:\mu_1-\mu_5\neq0$$

此时,我们就可以根据 F 检验、t 检验或是置信区间的方法来考虑这个检验问题。根据 t 检验,我们有

$$t=\frac{\bar{y}_{1.}-\bar{y}_{5.}}{s\sqrt{2/n}}$$

式中,s 为均方误差的平方根,且 $n=6$ 是每个处理的样本容量。在这个例子中,我们有

$$t=\frac{553.33-610.67}{\sqrt{4\,961}\sqrt{1/3}}=-1.41$$

则对于自由度为 25 的 t 检验而言，其 P 值为 0.17。这样一来，我们没有足够的理由拒绝 H_0。

12.6.1 t 检验和 F 检验之间的关系

在前面的内容中，我们在第 9 章曾探讨了应用合并 t 检验的方法。由均方误差给出的合并估计的自由度是将所有 5 组样本都合并到一起得到的。此外，我们还检验了一组对照。需要注意的是，如果对 t 值取平方，则对照检验的结果恰好就是我们在前一节所讨论的 f 值。实际上

$$f = \frac{(\bar{y}_{1.} - \bar{y}_{5.})^2}{s^2(1/6 + 1/6)} = \frac{(553.33 - 610.67)^2}{4\,961(1/3)} = 1.988$$

恰好是等于 t^2 的。

12.6.2 配对比较的置信区间

我们可以根据置信区间的方法来直接解决配对比较（或对照）的问题。显然，如果要计算 $\mu_1 - \mu_5$ 的 $100(1-\alpha)\%$ 置信区间，我们有

$$\bar{y}_{1.} - \bar{y}_{5.} \pm t_{\alpha/2} s \sqrt{\frac{2}{6}}$$

式中，$t_{\alpha/2}$ 是自由度为 25（这个自由度来自 s^2）的 t 分布的上 $100(1-\alpha/2)\%$ 分位点。根据第 8~9 章的讨论，显然我们可以将假设检验与置信区间直接联系起来。对于 $\mu_1 - \mu_5$ 这个简单的对照检验而言，我们只需要考察上面所给出的置信区间是否包含 0 这个点即可。在上式中，代入具体数值即可得其 95% 置信区间：

$$(553.33 - 610.67) \pm 2.060 \sqrt{4\,961} \sqrt{\frac{1}{3}} = -57.34 \pm 83.77$$

这样一来，由于这个区间中包含 0 这个点，因此这个对照是不显著的。也就是说，骨料 1 和骨料 5 之间并没有显著的差异。

12.6.3 试验误差率

分析人员试图考虑更多或所有的配对比较时困难是非常大的。对于有 k 个均值的情况，显然就有 $r = k(k-1)/2$ 个可能的配对比较。在这些比较相互独立的假设下，**试验误差率**或**整体误差率**（即至少错误地拒绝其中一个假设的概率）则为 $1 - (1-\alpha)^r$，其中 α 是我们给定的某个具体的对照犯第一类错误的概率。显然，这种形式的第一类试验误差率会非常大。比如，即使在只有 6 组对照时，如果均值为 4 且 $\alpha = 0.05$，则试验误差率为：

$$1 - (0.95)^6 \approx 0.26$$

因此，在要检验的配对比较很多时，我们通常需要更保守地来对每个对照进行有效的检验。也就是说，如果使用的是置信区间的方法，则此时的置信区间就要比只有一个对照的情形下的置信区间 $\pm t_{\alpha/2} s \sqrt{2/n}$ 更宽一些。

12.6.4 Tukey 检验

在进行配对比较时，我们还有一些标准方法可以确保犯第一类错误的概率在特定范围内。在此我们将介绍两种这样的方法。第一个方法称作 **Tukey 法**，该方法可以给出所有配对比较的 $100(1-\alpha)\%$ 联合置信区间。该方法所基于的是**学生化极差分布**。其相应的百分位点是 α，k，s^2 的自由度 v 的一个函数。在附录表 A12 中，我们可以查到在 $\alpha = 0.05$ 时所对应的各个上百分位点。如果 $|\bar{y}_{i.} - \bar{y}_{j.}|$ 大于 $q(\alpha, k, v)\sqrt{\dfrac{s^2}{n}}$，此时根据 Tukey 法可以发现，$i$ 和 $j\,(i \neq j)$ 的均值之间存在显著

的差异。

我们可以很容易地对 Tukey 法进行举例说明。在此我们考虑的例子是有 6 个处理且每个处理有 5 个观测的单因素完全随机化设计。假设方差分析表中的均方误差为 $s^2 = 2.45$（自由度为24）。则升序排列的样本均值为：

$\bar{y}_{2.}$	$\bar{y}_{5.}$	$\bar{y}_{1.}$	$\bar{y}_{3.}$	$\bar{y}_{6.}$	$\bar{y}_{4.}$
14.50	16.75	19.84	21.12	22.90	23.20

则在 $\alpha = 0.05$ 时，$q(0.05, 6, 24)$ 的值为 4.37。这样一来，所有差值的绝对值都要与

$$4.37\sqrt{\frac{2.45}{5}} = 3.059$$

进行对比。于是，可得具有显著差异的均值分别为：

4 和 1	4 和 5	4 和 2	6 和 1	6 和 5
6 和 2	3 和 5	3 和 2	1 和 5	1 和 2

12.6.5 Tukey 检验中 α 水平的含义

我们将简要介绍一下 Tukey 法中提到的**联合置信区间**的概念。如果读者可以理解其含义，则可以洞悉多重比较更多有用的思想。

在第 8 章中我们看到，如果所计算的是关于 μ 的 95% 置信区间，则置信区间包含真实均值 μ 的概率就是 0.95。不过，正如我们所提到的，对于多重比较的问题而言，这个概率与试验误差率是有关的，且由于都包含 s，而某些又含有同一个均值 $\bar{y}_{i.}$，因此这些具有形如 $\bar{y}_{i.} - \bar{y}_{j.} \pm q(\alpha, k, v)s\sqrt{\frac{1}{n}}$ 的置信区间就不是独立的。尽管存在难度，但如果我们使用的是 $q(0.05, k, v)$，联合置信区间的水平则总是控制在 95% 的。对于 $q(0.01, k, v)$ 的情况同样成立；也就是说，其置信水平是控制在 99% 的。在 $\alpha = 0.05$ 的情形中，至少有一对被错误地认为存在差异（至少有一个零假设被错误地拒绝了）的概率为 0.05。而对于 $\alpha = 0.01$ 的情形，相应的概率则为 0.01。

12.6.6 Duncan 检验

我们即将讨论的第二种方法称为 **Duncan 法**，或 **Duncan 多重极差检验**。这个方法所基于的也是学生化极差分布。p 个样本均值的极差都必须大于某个特定的值，我们才能认为这 p 个均值之间存在差别。我们将这个具体的值称为这 p 个均值的**最小显著性极差**，记作 R_p，其中

$$R_p = r_p\sqrt{\frac{s^2}{n}}$$

我们将 r_p 称为**最小显著性学生化极差**，其值依赖于我们所选定的显著性水平和均方误差的自由度。根据附录表 A13 可得 $p = 2, 3, \cdots, 10$ 的值。

为了举例说明多重极差检验法，我们仍然考虑对 6 个处理进行比较的假想例子，其中每个处理包含 5 个观测。这个例子与 Tukey 法中所举例子相同。用 0.70 乘以每个 r_p 则可得 R_p。计算结果归纳为下表：

p	2	3	4	5	6
r_p	2.919	3.066	3.160	3.226	3.276
R_p	2.043	2.146	2.212	2.258	2.293

对比这些升序排列的均值之间差值的最小显著性极差，我们可得下述结论：

1. 由于 $\bar{y}_{4.} - \bar{y}_{2.} = 8.70 > R_6 = 2.293$，因此 μ_4 和 μ_2 之间存在显著差异。
2. 将 $\bar{y}_{4.} - \bar{y}_{5.}$ 和 $\bar{y}_{6.} - \bar{y}_{2.}$ 与 R_5 进行对比可以发现，μ_4 显著大于 μ_5，且 μ_6 显著大于 μ_2。
3. 将 $\bar{y}_{4.} - \bar{y}_{1.}$，$\bar{y}_{6.} - \bar{y}_{5.}$，$\bar{y}_{3.} - \bar{y}_{2.}$ 与 R_4 进行对比，可以发现每个之间的差异都是显著的。
4. 将 $\bar{y}_{4.} - \bar{y}_{3.}$，$\bar{y}_{6.} - \bar{y}_{1.}$，$\bar{y}_{3.} - \bar{y}_{5.}$，$\bar{y}_{1.} - \bar{y}_{2.}$ 与 R_3 进行对比，可以发现所有差异都是显著的，$\mu_4 - \mu_3$ 除外。这样一来，μ_3，μ_4，μ_6 属于均值相同的一组。
5. 将 $\bar{y}_{3.} - \bar{y}_{1.}$，$\bar{y}_{1.} - \bar{y}_{5.}$，$\bar{y}_{5.} - \bar{y}_{2.}$ 与 R_2 进行对比，可以发现只有 μ_3 和 μ_1 之间的差异是不显著的。

习惯上，我们会根据均值的关系对其进行排列，并在相邻集合中均值无显著差异的元素下面画一条线。这样一来，我们有

$\bar{y}_{2.}$	$\bar{y}_{5.}$	$\bar{y}_{1.}$	$\bar{y}_{3.}$	$\bar{y}_{6.}$	$\bar{y}_{4.}$
14.50	16.75	19.84	21.12	22.90	23.20

显然在这个例子中，Tukey 法和 Duncan 法得到的结果是相似的。但也可以发现，Tukey 法并没有发现 2 和 5 之间的差异，而 Duncan 法却发现了。

12.6.7 Dunnett 检验：对有对照组的处理进行比较的问题

在许多科学和工程问题中，我们可能关心的不是对处理之间均值 $\mu_i - \mu_j$ 这种形式的所有可能的比较进行推断的问题。通常，试验却是需要同时将每个处理组与对照组进行比较。在 α 的显著性水平上，我们可以使用由邓尼特（C. W. Dunnett）提出的检验方法来判断每个处理组的均值与对照组之间是否存在显著差异。为了举例说明 Dunnett 法，我们现在考虑对表 12.6 中的数据进行单边归类的问题，其中所研究的问题是三种催化剂对产量的影响效应。不含有催化剂的第 4 个处理组是对照组。

表 12.6 产量数据

对照组	催化剂 1	催化剂 2	催化剂 3
50.7	54.1	52.7	51.2
51.5	53.8	53.9	50.8
49.2	53.1	57.0	49.7
53.1	52.5	54.1	48.0
52.7	54.0	52.5	47.2
$\bar{y}_{0.} = 51.44$	$\bar{y}_{1.} = 53.50$	$\bar{y}_{2.} = 54.04$	$\bar{y}_{3.} = 49.38$

一般说来，我们所要检验的 k 个假设为：

$$\left. \begin{array}{l} H_0 : \mu_0 = \mu_i \\ H_1 : \mu_0 \neq \mu_i \end{array} \right\} \quad i = 1, 2, \cdots, k$$

式中，μ_0 为对照组所对应总体产量的均值。我们认为通常情况下，关于方差分析的假设，如 12.3 节所示，是仍然有效的。对于一个包含 k 个处理，外加一个对照组，每个处理都有 n 个观测数据的试验，为了检验零假设 H_0 及与之对应的双边备择假设，我们首先计算出

$$d_i = \frac{\bar{y}_{i.} - \bar{y}_{0.}}{\sqrt{2s^2/n}}, \quad i = 1, 2, \cdots, k$$

和之前一样，根据方差分析中的均方误差，我们可以得到样本方差 s^2。此时在显著性水平为 α

的情况下，拒绝H_0的临界域则可以由下述不等式确定

$$|d_i| > d_{\alpha/2}(k, v)$$

式中，v 是均方误差的自由度。双边检验中 $d_{\alpha/2}$ 的取值可以通过查取 $\alpha = 0.05$ 及 $\alpha = 0.01$ 时所对应的不同的 k 值和 v 值得到。

例 12.5　对于表 12.6 中的数据，对每种催化剂与不包含催化剂的对照组进行比较的问题进行检验。选定的联合显著性水平为 $\alpha = 0.05$。

解： 对于共有 $k+1$ 个处理的情形，通过方差分析表可知自由度为 16 的均方误差。因此，均方误差为：

$$s^2 = \frac{36.812}{16} = 2.300\ 75$$

$$\sqrt{\frac{2s^2}{n}} = \sqrt{\frac{(2)(2.300\ 75)}{5}} = 0.959\ 3$$

这样一来，则有

$$d_1 = \frac{53.50 - 51.44}{0.959\ 3} = 2.147$$

$$d_2 = \frac{54.04 - 51.44}{0.959\ 3} = 2.710$$

$$d_3 = \frac{49.38 - 51.44}{0.959\ 3} = -2.147$$

根据附录表 A14，我们可知 $\alpha = 0.05$ 的临界值为 $d_{0.025}(3, 16) = 2.59$。由于 $|d_1| < 2.59$ 且 $|d_3| < 2.59$，因此我们认为只有催化剂 2 的产出均值显著地与对照组的产出均值之间存在差别。

在许多实际应用中，都需要处理与对照组的一个单边检验。比如，当一位药理学家想比较某药物的不同剂量是否对降低胆固醇有效时，他所关心的显然是，每种剂量的效果是否显著好于对照组的效果。我们在附录表 A15 中给出的就是单边备择假设的各个临界值 $d_{\alpha}(k, v)$。

习　题

12.13　弗吉尼亚理工大学开展的一项研究名为"将络合剂加入到棉织法兰绒的阻燃工艺及对所选纺布性质的比较研究"，其目的在于，通过测定络合剂对经过特殊洗涤处理的布料的易燃性的影响，考察该络合剂作为阻燃工艺中一道工序的使用情况。试验中准备了两个水槽，一个含有羧甲基纤维素，而另一个则没有。我们还选择了 12 块布料并让它们在水槽 1 中洗 10 次，又选了 24 块布料分别将其在水槽 2 中也进行同样的操作。经过洗涤后，测量得到了这些布料燃烧后的长度和燃烧时间。为了简单起见，我们定义：

处理 1：水槽 1 中清洗 5 次

处理 2：水槽 2 中清洗 5 次

处理 3：水槽 1 中清洗 10 次

处理 4：水槽 2 中清洗 10 次

燃烧时间（s）的数据如下表所示。

	处理		
1	2	3	4
13.7	6.2	27.2	18.2
23.0	5.4	16.8	8.8
15.7	5.0	12.9	14.5
25.5	4.4	14.9	14.7
15.8	5.0	17.1	17.1
14.8	3.3	13.0	13.9
14.0	16.0	10.8	10.6
29.4	2.5	13.5	5.8
9.7	1.6	25.5	7.3
14.0	3.9	14.2	17.7
12.3	2.5	27.4	18.3
12.3	7.1	11.5	9.9

（a）请在 0.01 的显著性水平上进行方差分析，并判断这些处理均值是否存在显著差别。

（b）请使用 $\alpha = 0.01$ 的显著性水平上单自由度的对照，比较处理 1 对处理 2、处理 3 对处理 4 的燃烧事件的均值。

12.17 弗吉尼亚理工大学在杰克逊河流上开展的一项名为"对估计水底物种数目和多样性的排除法的评估"的研究中，采用了 5 种不同的抽样方法来确定水底物种的数量。随机选取了 20 个样本，其中 5 种方法中每种方法重复 4 次。水底物种数量记录如下表所示。

抽样方法				
Depletion	Modified Hess	Surber	Substrate Removal Kicknet	Kicknet
85	75	31	43	17
55	45	20	21	10
40	35	9	15	8
77	67	37	27	15

（a）请问不同的抽样方法所抽取到物种数量的均值是否存在显著的差别？请使用 P 值来证明你的结论。

（b）请在 $\alpha = 0.05$ 的显著性水平上，使用 Tukey 检验找出显著有别于其他方法的抽样方法。

12.19 我们认为周边环境的温度会对电池寿命产生影响。试验中抽出了 30 个一样的电池。每 6 个一组，将各组分别置于 5 种不同的温度环境之下，寿命（以秒计）数据如下表所示。请分析并解释数据（来自 C. R. Hicks, *Fundamental Concepts in Design of Experiments*, Holt, Rinehart and Winston, New York, 1973）。

温度（℃）				
0	25	50	75	100
55	60	70	72	65
55	61	72	72	66
57	60	72	72	60
54	60	68	70	64
54	60	77	68	65
56	60	77	69	65

12.21 图 12.5 是 Duncan 检验例 12.1 中骨料数据 SAS PROC GLM 的分析结果。请使用 Duncan 检验的结果进行配对比较，并给出你的结论。

```
                 The GLM Procedure
         Duncan's Multiple Range Test for moisture
NOTE: This test controls the Type I comparisonwise error rate,
      not the experimentwise error rate.
        Alpha                          0.05
        Error Degrees of Freedom         25
        Error Mean Square          4 960.813
   Number of Means        2         3         4         5
   Critical Range     83.75     87.97     90.69     92.61


Means with the same letter are not significantly different.
     Duncan Grouping           Mean      N    aggregate
              A               610.67      6        5
              A
              A               610.50      6        3
              A
              A               569.33      6        2
              A
              A               553.33      6        1

              B               465.17      6        4
```

图 12.5 习题 12.21 的 SAS 分析结果

12.23 在下面这个生物试验中，有 4 种不同浓度的某种化学物质被用来加快某种植物在一定时

期内的生长速度。在每种浓度下都选择 5 棵植物，且每棵植物的生长高度（厘米）都被记录

了下来，这些植物的生长数据如下表所示。该试验还包括一个控制组（即没有添加任何化学物质）。

控制组	浓度			
	1	2	3	4
6.8	8.2	7.7	6.9	5.9
7.3	8.7	8.4	5.8	6.1
6.3	9.4	8.6	7.2	6.9

续前表

控制组	浓度			
	1	2	3	4
6.9	9.2	8.1	6.8	5.7
7.1	8.6	8.0	7.4	6.1

请在 0.05 的显著性水平上，进行 Dunnett 双边检验，分别将这些不同浓度的化学物质与控制组进行比较。

12.7 对区组中的处理进行比较的问题

在 12.2 节中，我们探讨了区组化设计的思想，即将同质的试验单元归并到一组，并随机地将处理指派给这些单元。这是对我们在第 8~9 章所讨论的配对这个概念的一个推广，之所以进行区组化设计之后就减少了试验误差，是因为相对于不同区组之间而言，同一个区组内的单元具有更多的共同特征。

读者不要将区组看做第二个因子，尽管这样使得试验设计更加形象。实际上，主因子（处理）仍然是试验的主要原因。而且和完全随机化设计一样，试验单元也仍然是误差的来源。进行区组化设计以后，我们则可以更加系统地来对这些单元进行处理。这样一来，此时的随机化则是受到一定限制的。在讨论区组化设计之前，我们先来看一下完全随机化设计的两个例子。第一个例子是一个化学实验设计，我们想要确定在四种催化剂作用之下的产出均值是否存在差别。我们所检测的材料样品都是从同一批原材料中抽取的，而其他诸如温度和反应物浓度这样的条件则都保持恒定。在这种情况下，试验单元就是试验所持续的时间，如果试验人员认为其中可能存在一定时间效应的话，他就要随机地指派催化剂，并以此来抵消其中可能存在的趋势。这类设计的第二个例子是，就测量某种流体的物理特性的四种方法进行对比这样一个试验。假定抽样方法是破坏性的；也就是说，某个样品一旦经过某一种方法测量之后，它就不能再由其他方法进行测量了。如果对每种方法，我们都选出 5 个样品来进行测量，则需要从一大批中随机选择出 20 个样品，以对不同的测量方法进行对比。该试验中的试验单元是随机选取的样品。样品之间的变差则体现为误差的变差，并在分析中以 s^2 的形式进行测度。

12.7.1 区组化设计的目的

如果由试验单元的不一致造成的变差非常大，此时的 s^2 会降低检测处理之间所存在的差别敏感度，此时最好的方法就是，屏蔽这些单元的变差，并由此降低外生变差或者更同质的区组所占的比例。比如，在前面催化剂的例子中，已知产出确实存在显著的时间效应这个先验，这时我们则可以在给定的某天测量 4 种催化剂所对应的产出水平。此时，我们不再将这 4 种催化剂完全随机地指派给这 20 次检验，而是选出 5 天，每天都随机地将这 4 种催化剂指派给这些检验。这样一来，在分析和试验误差中，每一天的时间变差被从分析中消除掉了，相应地，试验误差则能更准确地反映随机变差，虽然试验误差中在某一天内仍然包含有时间趋势。在这个例子中，一天就是一个区组。

最为直接的随机区组化设计是对每个区组每次都随机指派一个处理。这样的一个试验设计称为**完全随机区组化（RCB）设计**，这样一来，每个区组都是处理的一个复制。

12.8 完全随机区组化设计

在 4 个区组中进行 3 次测量的完全随机区组化设计的典型形式如下：

区组 1　区组 2　区组 3　区组 4

区组 1	区组 2	区组 3	区组 4
t_2	t_1	t_3	t_2
t_1	t_3	t_2	t_1
t_3	t_2	t_1	t_3

其中 t 表示的是指派给区组中每个单元的处理。当然，在实际中将处理指派给区组中各单元的操作是随机的。完成试验之后，则可以记录得到如下所示的 3×4 的矩阵表：

处理＼区组	1	2	3	4
1	y_{11}	y_{12}	y_{13}	y_{14}
2	y_{21}	y_{22}	y_{23}	y_{24}
3	y_{31}	y_{32}	y_{33}	y_{34}

其中 y_{11} 表示的是对区组 1 中的单元施加处理 1 所得到的响应变量，y_{12} 表示的是对区组 2 中的单元施加处理 1 所得到的响应变量，$\cdots$，y_{34} 表示的是对区组 4 中的单元施加处理 3 所得到的响应变量。

我们现在将上面的例子推广到对 b 个区组施加 k 个处理的情形。数据可以归结为如表 12.7 所示的 $k \times b$ 的矩阵表。假定每个 y_{ij}，$i = 1, 2, \cdots, k$，且 $j = 1, 2, \cdots, b$，都是相互独立的随机变量，服从均值为 μ_{ij} 及同方差 σ^2 的正态分布。

表 12.7　$k \times b$ 的完全随机区组化设计矩阵表

处理	区组 1	2	$\cdots$	j	$\cdots$	b	合计	均值
1	y_{11}	y_{12}	$\cdots$	y_{1j}	$\cdots$	y_{1b}	$T_{1.}$	$\bar{y}_{1.}$
2	y_{21}	y_{22}	$\cdots$	y_{2j}	$\cdots$	y_{2b}	$T_{2.}$	$\bar{y}_{2.}$
$\vdots$	$\vdots$	$\vdots$		$\vdots$		$\vdots$	$\vdots$	$\vdots$
i	y_{i1}	y_{i2}	$\cdots$	y_{ij}	$\cdots$	y_{ib}	$T_{i.}$	$\bar{y}_{i.}$
$\vdots$	$\vdots$	$\vdots$		$\vdots$		$\vdots$	$\vdots$	$\vdots$
k	y_{k1}	y_{k2}	$\cdots$	y_{kj}	$\cdots$	y_{kb}	$T_{k.}$	$\bar{y}_{k.}$
合计	$T_{.1}$	$T_{.2}$	$\cdots$	$T_{.j}$	$\cdots$	$T_{.b}$	$T_{..}$	
均值	$\bar{y}_{.1}$	$\bar{y}_{.2}$	$\cdots$	$\bar{y}_{.j}$	$\cdots$	$\bar{y}_{.b}$		$\bar{y}_{..}$

令 $\mu_{i.}$ 为第 i 个处理所对应的 b 个总体均值的均值，即

$$\mu_{i.} = \frac{1}{b} \sum_{j=1}^{b} \mu_{ij}, \quad i = 1, 2, \cdots, k$$

类似地，令 $\mu_{.j}$ 表示第 j 个区组所对应的 k 个总体均值的均值，即

$$\mu_{.j} = \frac{1}{k} \sum_{i=1}^{k} \mu_{ij}, \quad j = 1, 2, \cdots, b$$

这 bk 个总体均值的均值为 μ，其定义式为：

$$\mu = \frac{1}{bk} \sum_{i=1}^{k} \sum_{j=1}^{b} \mu_{ij}$$

为了确定观测值的变差中是否有一部分是由于处理间的差异造成的，我们需要考虑下面的假设检验问题。

处理的均值相等的假设

$H_0 : \mu_{1.} = \mu_{2.} = \cdots = \mu_{k.} = \mu$

$H_1 : \mu_{i.}$ 不全相等

12.8.1 完全随机区组化设计的模型

我们可以将观测值写成下面这种形式：

$$y_{ij} = \mu_{ij} + \varepsilon_{ij}$$

式中，ε_{ij} 测度的是观测值 y_{ij} 相对于总体均值 μ_{ij} 的离差。将

$$\mu_{ij} = \mu + \alpha_i + \beta_j$$

代入上式则可得到该方程的另一表达式，这是一个我们首选的表达式。和之前一样，其中 α_i 为第 i 个处理的效应，而 β_j 则是第 j 个区组的效应。假定处理效应和区组效应是可加的。这样一来，则我们有

$$y_{ij} = \mu + \alpha_i + \beta_j + \varepsilon_{ij}$$

可以发现，这个模型与单边分类是一致的，两者之间本质的区别在于我们在该模型中引入了区组效应 β_j。其中的基本概念也类似于单边分类，但必须在分析中考虑到区组所带来的效应，因为此时我们在两个方向上都系统地控制变差。如果此时加入

$$\sum_{i=1}^{k} \alpha_i = 0$$

$$\sum_{j=1}^{b} \beta_j = 0$$

这样的限制，则

$$\mu_{i.} = \frac{1}{b} \sum_{j=1}^{b} (\mu + \alpha_i + \beta_j) = \mu + \alpha_i, \qquad i = 1, 2, \cdots, k$$

且

$$\mu_{.j} = \frac{1}{k} \sum_{i=1}^{k} (\mu + \alpha_i + \beta_j) = \mu + \beta_j, \qquad j = 1, 2, \cdots, b$$

k 个处理的均值 $\mu_{i.}$ 都是相等的，因此也是等于 μ 的，这个零假设此时则等价于检验假设问题：

$H_0 : \alpha_1 = \alpha_2 = \cdots = \alpha_k = 0$

$H_1 :$ 至少有一个 α_i 不为 0

关于处理的每个检验都依赖于对共同方差 σ^2 的独立估计的比较。将数据的总平方和按下述定理中的等式分解成三部分，则可以得到 σ^2 的这些估计。

定理 12.3 平方和等式

$$\sum_{i=1}^{k} \sum_{j=1}^{b} (y_{ij} - \bar{y}_{..})^2 = b \sum_{i=1}^{k} (\bar{y}_{i.} - \bar{y}_{..})^2 + k \sum_{j=1}^{b} (\bar{y}_{.j} - \bar{y}_{..})^2 + \sum_{i=1}^{k} \sum_{j=1}^{b} (y_{ij} - \bar{y}_{i.} - \bar{y}_{.j} + \bar{y}_{..})^2$$

证明留给读者。

平方和等式也可以用下面的符号来表示。

$$SST = SSA + SSB + SSE$$

其中

$$SST = \sum_{i=1}^{k} \sum_{j=1}^{b} (y_{ij} - \bar{y}_{..})^2 = 总平方和$$

$$SSA = b \sum_{i=1}^{k} (\bar{y}_{i.} - \bar{y}_{..})^2 = 处理平方和$$

$$SSB = k \sum_{j=1}^{b} (\bar{y}_{.j} - \bar{y}_{..})^2 = 区组平方和$$

$$SSE = \sum_{i=1}^{k} \sum_{j=1}^{b} (y_{ij} - \bar{y}_{i.} - \bar{y}_{.j} + \bar{y}_{..})^2 = 误差平方和$$

根据定理 12.2 中所示的方法，我们可以证明处理平方和、区组平方和、误差平方和的期望为：

$$\dot{E}(SSA) = (k-1)\sigma^2 + b \sum_{i=1}^{k} \alpha_i^2$$

$$E(SSB) = (b-1)\sigma^2 + k \sum_{j=1}^{b} \beta_j^2$$

$$E(SSE) = (b-1)(k-1)\sigma^2$$

我们将平方和看做独立随机变量 Y_{11}，Y_{12}，$\cdots$，Y_{kb} 的函数。

在单因素问题中，我们有处理均方为：

$$s_1^2 = \frac{SSA}{k-1}$$

如果处理效应 $\alpha_1 = \alpha_2 = \cdots = \alpha_k = 0$，则 s_1^2 就是 σ^2 的一个无偏估计。但如果处理效应并不是所有的都为 0，则有下式成立。

处理均方的期望

$$E\left(\frac{SSA}{k-1}\right) = \sigma^2 + \frac{b}{k-1} \sum_{i=1}^{k} \alpha_i^2$$

在这种情况下，s_1^2 就高估了 σ^2。σ^2 的第二个估计是自由度为 $b-1$ 的统计量

$$s_2^2 = \frac{SSB}{b-1}$$

如果区组效应 $\beta_1 = \beta_2 = \cdots = \beta_b = 0$，则 s_2^2 也是 σ^2 的一个无偏估计。但如果区组效应并不都为 0，则

$$E\left(\frac{SSB}{b-1}\right) = \sigma^2 + \frac{k}{b-1} \sum_{j=1}^{b} \beta_j^2$$

此时，s_2^2 就高估了 σ^2。σ^2 的第三个估计是自由度为 $(k-1)(b-1)$ 的统计量

$$s^2 = \frac{SSE}{(k-1)(b-1)}$$

不管零假设正确与否，这个统计量都是无偏的，其中 s_1^2 和 s_2^2 独立。

要检验处理效应全都为 0 的这个零假设，我们需要计算比值 $f_1 = s_1^2/s^2$，在零假设下，这是服从

自由度为 $k-1$ 和 $(k-1)(b-1)$ 的 F 分布的随机变量 F_1 的一个值。此时，如果

$$f_1 > f_\alpha[k-1,(k-1)(b-1)]$$

则在 α 的显著性水平上拒绝零假设。

实践中，我们首先要计算出 SST，SSA，SSB，然后再根据平方和等式做减法即可得到 SSE。SSE 的自由度通常也可以通过相减得到，即

$$(k-1)(b-1) = kb-1-(k-1)-(b-1)$$

在完全随机区组化设计的方差分析中所需要计算的各项内容如表 12.8 所示。

表 12.8   完全随机区组化设计的方差分析

变差来源	平方和	自由度	均方	f 值
处理	SSA	$k-1$	$s_1^2 = \dfrac{SSA}{k-1}$	$f_1 = \dfrac{s_1^2}{s^2}$
区组	SSB	$b-1$	$s_2^2 = \dfrac{SSB}{b-1}$	
误差	SSE	$(k-1)(b-1)$	$s^2 = \dfrac{SSE}{(k-1)(b-1)}$	
合计	SST	$kb-1$		

例 12.6   在某产品的生产过程中，使用了 4 台不同的机器 M_1，M_2，M_3，M_4。在随机区组化试验中，选择了 6 名操作员来对机器进行比较。每台机器按照一个随机的顺序指派给每个操作员。操作机器需要身体上的灵巧性，因此操作员操作机器的速度是存在差异的。我们将组装产品所用的时间（以秒计）记录了下来，数据如表 12.9 所示。

表 12.9   组装产品的时间

机器	操作员						合计
	1	2	3	4	5	6	
1	42.5	39.3	39.6	39.9	42.9	43.6	247.8
2	39.8	40.1	40.5	42.3	42.5	43.1	248.3
3	40.2	40.5	41.3	43.4	44.9	45.1	255.4
4	41.3	42.2	43.5	44.4	45.9	42.3	259.4
合计	163.8	162.1	164.9	169.8	176.2	174.1	1 010.9

请在 0.05 的显著性水平上，对零假设 H_0 进行检验，即机器运行的平均速度是一样的。

解：根据题意可知，我们的假设为：

$H_0 : \alpha_1 = \alpha_2 = \alpha_3 = \alpha_4 = 0$（机器效应为 0）

H_1：至少有一个 α_i 不为 0

用于方差分析的平方和及相应的自由度如表 12.10 所示。可以看到 $f = 3.34$ 在 $P = 0.048$ 时是显著的。如果我们近似地以 α 至少为 0.05 作为标准，则可以认为每台机器运行的平均速度并不相同。

表 12. 10　对表 12. 9 中的数据进行方差分析的结果

变差来源	平方和	自由度	均方	f 值
机器	15. 93	3	5. 31	3. 34
操作人员	42. 09	5	8. 42	
误差	23. 84	15	1. 59	
合计	81. 86	23		

12. 8. 2　区组化设计的进一步讨论

我们在第 9 章介绍了配对数据中比较均值的方法。这种方法可以通过同质配对的方式消除观测之间的效应，从而可以专门针对差异进行分析。可见这实际上是完全随机区组化设计在处理数 $k = 2$ 时的一种特殊情况，此时是将每个处理分配给 n 个同质单元，于是起到了区组的作用。

如果在试验单元中存在不一致性，我们则不应该想当然地认为，使用较小的同质区组来减少试验误差总是可行的。实际上，有些例子就不需要采用区组化设计。减少误差方差的目的在于增加在对处理均值相等的假设进行检验时的敏感度。检验的功效（势函数）所反映的就是检验的敏感度。（我们会在 12. 11 节就方差分析检验方法的功效进行讨论。）检测处理均值某种差异性的功效将会随着误差方差的减少而增加。但是，检验的功效也依赖于方差估计的自由度，而区组化设计则把单边分类中的自由度由 $k(b-1)$ 减小到了 $(k-1)(b-1)$。因此，当误差方差并没有显著变小时，区组化设计反而会造成检验功效的降低。

12. 8. 3　区组和处理之间的交互效应

在给出完全随机区组化设计的模型时，另一个非常重要的假设是，处理和区组效应都是可加的，也就是说，对于所有的 i，i'，j，j' 我们有

$$\mu_{ij} - \mu_{ij'} = \mu_{i'j} - \mu_{i'j'}$$

或

$$\mu_{ij} - \mu_{i'j} = \mu_{ij'} - \mu_{i'j'}$$

即区组 j 和区组 j' 的总体均值之间的差别与这两个区组中每一个处理之间的差别是一样的，并且处理 i 和处理 i' 的总体均值之间的差别也是与每个区组相对应的差别一样的。如图 12. 6（a）所示，其中的平行线就是区组与处理效应都可加时的响应变量均值，而图 12. 6（b）中的交叉线则表示处理与区组效应是存在**交互作用**的。考察例 12. 6，如果 3 号操作员操作 1 号机器要比 2 号操作员操作 1 号机器平均快 0. 5 秒，则对于机器 2，3，4 而言，3 号操作员也应比 2 号操作员平均快 0. 5 秒。不过，在许多试验中，可加性的假定并不成立，若此时仍然使用我们在本节所讨论的方法则会导致错误的结果。比如，如果 3 号操作员操作 1 号机器要比 2 号操作员操作 1 号机器平均快 0. 5 秒，但对机器 2 来说仅快 0. 2 秒，这时操作员与机器就存在交互效应了。

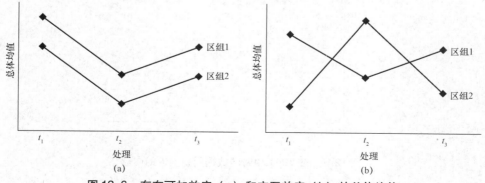

图 12. 6　存在可加效应（a）和交互效应（b）的总体均值

表 12.9 中的数据表明交互作用是可能存在的。这种表面上的交互作用有可能确实存在，也有可能是由试验误差造成的。例 12.6 中的分析就是基于表面交互作用完全由试验误差造成这一假设而进行的。如果数据的总变差有一部分是来自交互作用的影响，则这一部分的变差还是误差平方和中的一部分，从而使得均方误差过高地估计了 σ_2，这样一来也增加了犯第二类错误的概率。实际上，从一开始我们就给出了错误的模型。如果令 $(\alpha\beta)_{ij}$ 表示第 i 个处理与第 j 个区组之间的交互作用，则更恰当的模型形式应当是

$$y_{ij} = \mu + \alpha_i + \beta_j + (\alpha\beta)_{ij} + \varepsilon_{ij}$$

且还需要增加一个条件，即

$$\sum_{i=1}^{k} (\alpha\beta)_{ij} = \sum_{j=1}^{b} (\alpha\beta)_{ij} = 0, \quad i = 1, 2, \cdots, k, j = 1, 2, \cdots, b$$

可以证明

$$E\left[\frac{SSE}{(b-1)(k-1)}\right] = \sigma^2 + \frac{1}{(b-1)(k-1)} \sum_{i=1}^{k} \sum_{j=1}^{b} (\alpha\beta)_{ij}^2$$

这样一来，如果忽视了交互作用的存在，均方误差则是 σ^2 的有偏估计。从这一点上可以看出，当有可能存在交互作用时，我们应该找到一个判别方法来判断其是否真正存在。这个方法需要 σ^2 独立且无偏的估计。然而，遗憾的是，除非我们改变试验，否则完全随机区组化设计就并不适用于这样一个检验。这一部分的内容我们将在第 13 章进行详细讨论。

12.9 图形方法与模型诊断

在许多章节中，我们都用图形方法来演示数据并对结果进行分析。在前面的几章内容中，我们在归纳样本时，使用了茎叶图与箱线图来辅助对样本进行归纳。接下来将利用类似的诊断方法来更好地理解第 8~9 章中的两样本问题中的数据。在第 8 章中，我们介绍了使用残差图来诊断是否存在违背标准假设的情况。近年来，数据分析的关注点开始转向**图形方法**。就像回归分析一样，方差分析也可以采用图形的方式来呈现，不仅可以检验假设，也可以用来辅助我们归纳数据。比如，从关于处理均值原始观测数据的一个简单散点图中就可以初步地看到，样本均值之间及样本内部的变差性。图 12.7 所展现的就是根据表 12.1 中的骨料数据所绘制的这种类型的图形。从该图中，我们甚至可以发现哪种骨料更为突出（如果有的话）。显然，相对其他骨料而言，骨料 4 是比较突出的。而骨料 3 和 5 则应当是同质的，骨料 1 和 2 也是如此。

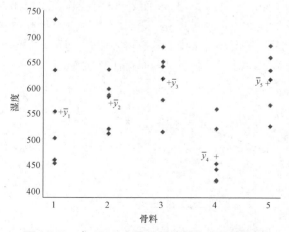

图 12.7　表 12.1 中骨料数据围绕均值的图形

在回归分析中，对残差进行方差分析是非常有用的，这样可以诊断出是否存在违背假设的情况。要构造这样的残差，我们只需要考虑下面这种单因子问题中的模型即可：

$$y_{ij} = \mu_i + \varepsilon_{ij}$$

我们直接就可以看出，μ_i 的估计为 $\bar{y}_{i.}$。这样一来，第 ij 个残差即为 $y_{ij} - \bar{y}_{i.}$。我们可以很容易地将其推广到完全随机区组化设计的模型中。把每一种骨料的残差都绘制出来，将十分有助于我们进一步认识方差齐性假设，如图 12.8 所示。

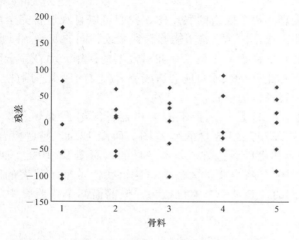

图 12.8   表 12.1 的数据中 5 种骨料的残差图

在某些情况下，图形所呈现出来的趋势有助于我们揭示一些难点，尤其是在我们可以从图形中看到违背特定假设的情形时。在图 12.8 所示的这种情形中，通过残差我们可以看到，除了骨料 1，其他的组内方差应该是一致的。因此，通过对图形的考察我们就有理由相信骨料 1 的方差要比其他的大。

12.9.1   完全随机区组化设计的残差

完全随机区组化设计是另一种试验情境，我们可以通过图形来分析其问题或指出其难点。回顾一下我们可以知道，完全随机区组化设计的模型为：

$$y_{ij} = \mu + \alpha_i + \beta_j + \varepsilon_{ij}, \quad i = 1, 2, \cdots, k, j = 1, 2, \cdots, b$$

且其满足的条件是

$$\sum_{i=1}^{k} \alpha_i = 0$$

$$\sum_{j=1}^{b} \beta_j = 0$$

为了判断哪些才是残差的组成要素，我们考虑

$$\alpha_i = \mu_{i.} - \mu$$

$$\beta_j = \mu_{.j} - \mu$$

且 μ 的估计为 $\bar{y}_{..}$，$\mu_{i.}$ 的估计为 $\bar{y}_{i.}$，$\mu_{.j}$ 的估计为 $\bar{y}_{.j}$。这样一来，$\hat{y}_{ij}$ 的预测值或**拟合值**则为：

$$\hat{y}_{ij} = \hat{\mu} + \hat{\alpha}_i + \hat{\beta}_j = \bar{y}_{i.} + \bar{y}_{.j} - \bar{y}_{..}$$

这样一来，观测 (i, j) 的残差则为：

$$y_{ij} - \hat{y}_{ij} = y_{ij} - \bar{y}_{i.} - \bar{y}_{.j} + \bar{y}_{..}$$

我们注意到，拟合值 $\hat{y}_{ij}$ 是均值 μ_{ij} 的一个估计。这与定理 12.3 对变差所进行的分解是一致的，其中误差平方和为：

$$SSE = \sum_{i}^{k} \sum_{j}^{b} (y_{ij} - \bar{y}_{i.} - \bar{y}_{.j} + \bar{y}_{..})^2$$

通过分别绘制每个处理和每个区组的残差图，我们可以直观地将完全随机区组化设计试验呈现出来。如果方差齐性假设成立，我们希望能够看到大致相同的变差。回顾我们在第 11 章所做的讨论，绘制残差图的目的主要在于检测是否存在对模型的误用，而在完全随机区组化设计的试验中，可加性（即没有交互作用）的假设可能会造成更为严重的后果。因此，在不存在交互效应时，残差图所显示的应该是一种随机的模式。

考察例 12.6 的数据，处理是指 4 台不同的机器，区组是指 6 名操作人员。图 12.9 和图 12.10 就是这个例子中处理和区组各自的残差图。而图 12.11 则是拟合数据的残差图。从图 12.9 我们可以看到，每台机器的误差方差是不一样的，而图 12.10 也表明每名操作人员的误差方差是不一样的。但是图中有两个非常大的值，这给我们带来了很大的困难。图 12.11 中残差的散点图充分说明了我们的试验是一个随机行为。但前面两个残差图中的两个较大的残差仍然是很突出的。

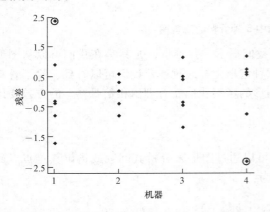 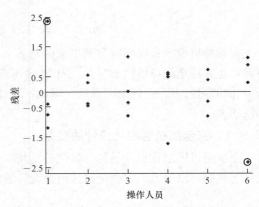

图 12.9　例 12.6 中数据的 4 台机器的残差图　　　图 12.10　例 12.6 中数据的 6 名操作人员的残差图

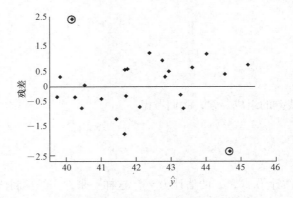

图 12.11　例 12.6 中数据的拟合值相对应的残差图

12.10 方差分析中的数据变换

在第10章中，我们在使用一个线性回归模型来拟合一组数据时，有相当一部分的注意力都放在了响应变量 y 的变换问题上。显然，尽管我们在第11章中没有指出，但在多元回归问题中也是存在这种情况的。在回归建模中，我们强调的是对 y 的变换，从而可以找到一个能够更好地拟合数据的模型，而不是强调如何来描述 y 的线性模型。比如，如果真实的时间结构是指数形式的，则 y 的对数变换就可以有一个线性的结构，相应地我们也可以期望能得到更好的结果。

尽管迄今为止进行数据变换的最初目的都是提高模型的拟合效果，但还有其他一些原因需要我们重新表示 y 或对其进行变换，且大部分原因都是与我们的假设有关的（即进行有效分析所依赖的假定）。方差分析中一个非常重要的假设就是我们在12.4节中所讨论的方差齐性假设，即假设有一个共同方差 σ^2。如果处理之间的方差存在很大差异，而我们仍然按照标准的方差分析进行的话，所得到的结论则是不准确的。也就是说，**方差分析对方差齐性假设是不稳健的**。这正是我们在上节绘制残差图（见图12.9至图12.11）的动机。这些图可以帮助我们确定是否存在异方差。如果真的存在异方差，我们该做些什么？我们要如何来解决这个问题？

12.10.1 产生异方差的根源

虽然并非总是如此，但方差分析中的异方差通常就是由于响应变量所服从的分布造成的。在此我们假定，响应变量是正态的。但正如我们在第 5～6 章所提到的那样，在实际中，确实存在响应变量非正态的情形，此时我们还需要对其均值进行检验，比如泊松分布、对数正态分布、指数分布、伽马分布。这类问题也的确存在于计数数据、失效时间数据等中。

我们在第 5～6 章提到，除了正态分布，方差的分布常常是均值的一个函数，也就是说 $\sigma_i^2 = g(\mu_i)$。比如，在泊松分布的情形下，就有 $\mathrm{Var}(Y_i) = \mu_i = \sigma_i^2$（即方差等于均值）。而在对数正态分布中，对数变换之后所服从的是正态分布，且有常数方差 σ^2。

在第4章中我们用来寻找非线性函数方差的思想，也可以用来确定方差稳定变换 $g(y_i)$ 的性质。回顾一下，$g(y_i)$ 在 $y_i = \mu_i$ 的泰勒级数一阶展开为 $g'(\mu_i B) = \left[\dfrac{\partial g(y_i)}{\partial y_i}\right]_{y_i = \mu_i}$。因此作为稳定变换，要求 $g(y)$ 必须独立于 μ。因此，由上面的讨论可知

$$\mathrm{Var}[g(y_i)] \approx [g'(\mu_i)]^2 \sigma_i^2$$

这样一来，$g(y_i)$ 则必须满足 $g'(\mu_i) \propto \dfrac{1}{\sigma}$。因此，如果我们认为响应变量是服从泊松分布的，且 $\sigma_i = \mu_i^{1/2}$，则 $g'(\mu_i) \propto \dfrac{1}{\mu_i^{1/2}}$。因此方差稳定性变换就变成了 $g(y_i) = y_i^{1/2}$ 的形式。从这些推断以及在指数分布和伽马分布情形中的类似操作中，我们可以得到下述结论。

分布	方差稳定性变换
泊松	$g(y) = y^{1/2}$
指数	$g(y) = lny$
伽马	$g(y) = lny$

习 题

12.25 在关于大豆产量的一项研究中，使用了 4 种不同的肥料 f_1, f_2, f_3, f_4。土地被分成 3 个区组，

每个区组中包含 4 块相似的土地。每块土地的产量（千克）及其所对应的处理记录如下。

区组 1　　区组 2　　区组 3

区组 1	区组 2	区组 3
$f_1 = 42.7$	$f_3 = 50.9$	$f_4 = 51.1$
$f_3 = 48.5$	$f_1 = 50.0$	$f_2 = 46.3$
$f_4 = 32.8$	$f_2 = 38.0$	$f_1 = 51.9$
$f_2 = 39.3$	$f_4 = 40.2$	$f_3 = 53.5$

请在 0.05 的显著性水平上，使用完全随机区组化模型对方差进行分析。

12.27　下面这组数据是 5 位分析师对 3 个品牌草莓酱 A，B，C 中添加剂的百分比的分析结果。

分析师 1	分析师 2	分析师 3	分析师 4	分析师 5
B: 2.7	C: 7.5	B: 2.8	A: 1.7	C: 8.1
C: 3.6	A: 1.6	A: 2.7	B: 1.9	A: 2.0
A: 3.8	B: 5.2	C: 6.4	C: 2.6	B: 4.8

请在 0.05 的显著性水平上进行方差分析，并检验这 3 个品牌的草莓酱中是否含有同样比重的添加剂，哪种草莓酱中的添加剂最少？

12.29　由弗吉尼亚理工大学环境科学与工程学系开展的一项名为"弗吉尼亚南河中的水生生物：汞浓度、生产力及自养指数研究"的研究中，试验人员分别在 6 个不同的地点，在不同的 6 天测量了水生植物土壤中的汞浓度，数据如下。

日期	CA	CB	E1	E2	E3	E4
4 月 08 日	0.45	3.24	1.33	2.04	3.93	5.93
6 月 23 日	0.10	0.10	0.99	4.31	9.92	6.49
7 月 01 日	0.25	0.25	1.65	3.13	7.39	4.43
7 月 08 日	0.09	0.06	0.92	3.66	7.88	6.24
7 月 15 日	0.15	0.16	2.17	3.50	8.82	5.39
7 月 23 日	0.17	0.39	4.30	2.91	5.50	4.29

请判断不同地点汞含量的均值是否存在显著差异。请使用 P 值给出结论并进行讨论。

12.31　弗吉尼亚理工大学健康与体育学系开展的一项研究中，共有 6 位受试人员，对应于 3 种不同的饮食处理，在完全随机区组化设计中进行了为期 3 天的实验。这些受试人员起到了区组的作用，并随机地选择 3 种饮食处理中的一种。

饮食 1：脂肪与碳水化合物相结合
饮食 2：高脂肪
饮食 3：碳水化合物

在 3 天结束之后，测量每位受试人员骑踏板车所能坚持的时间（秒）。数据如下所示。

饮食	受试人员					
	1	2	3	4	5	6
1	84	35	91	57	56	45
2	91	48	71	45	61	61
3	122	53	110	71	91	122

请进行方差分析，并分别写出饮食平方和、受试人员平方和及误差平方和。请根据 P 值来判断这些饮食是否存在显著差异。

12.33　弗吉尼亚理工大学植物病理学系的科研人员设计了一项试验，在一个苹果园中选择了 6 个不同的地点，并对不同处理对苹果树生长的影响进行判断。处理 1 到处理 4 分别代表不同的除草剂，处理 5 是一个控制组。生长期从 1982 年 5 月到 11 月，在 6 个不同的地点都选取了样本，并将其新生部分的长度（厘米）记录了下来。

处理	地点					
	1	2	3	4	5	6
1	455	72	61	215	695	501
2	622	82	444	170	437	134
3	695	56	50	443	701	373
4	607	650	493	257	490	262
5	388	263	185	103	518	622

请进行方差分析，分别将处理平方和、地点平方和及误差平方和表示出来，并使用 P 值来判断处理均值是否存在显著差异。

12.35　在由日本规格协会出版的《质量改进中的试验设计》（1989）一书中，一个关于布料染色问题的研究考察了某种布料要达到最佳染色效果所需要的染色数量。研究中使用了 3 种不同剂量的燃料，分别是 1/3% wof（即布料重量的 1/3%），1% wof，3% wof，而这些燃料分别来自 2 种植物。我们对每种燃料每种剂量所染出布的颜色的密度进行了 4 次观测，数据记录如下表所示。

燃料的剂量					
1/3%		1%		3%	
工厂 1	5.2　6.0	12.3　10.5	22.4　17.8		
	5.9　5.9	12.4　10.9	22.5　18.4		
工厂 2	6.5　5.5	14.5　11.8	29.0　23.2		
	6.4　5.9	16.0　13.6	29.7　24.0		

请在 0.05 的显著性水平上进行方差分析，并判断这 3 种剂量的颜色密度是否存在差异。将工厂作为区组。

12.11 随机效应模型

贯穿本章的所有内容, 我们应用方差分析法的主要目的就是, 研究某些固定的或提前设定好的处理对响应变量产生的影响。处理或处理水平是由试验人员事先选定的, 而不是随机选择的试验称作**固定效应试验**。对于固定效应模型而言, 我们只需要对试验中所用到的那些特定处理进行推断。

通过其中的处理是随机地从总体中选取的这样一个试验, 试验人员来对处理的总体进行推断, 这一点通常非常重要。比如, 一名生物学家关心的问题可能是, 生理特征中是否存在由动物类型不同造成的显著差异。试验中的各类型动物就会随机地选出来, 它就是处理效应。再如, 一位化学家可能关心, 不同化学实验是否会对同一种物质的化学分析结果产生影响。但她关注的并不是某些特定的实验室, 而是许多实验室这个大的总体。那么她就需要随机地选择出一组实验室并将样本分配给其中的每个实验室来进行分析。则此时的统计推断就应该包括:(1)对分析结果中是否存在由于实验室因素造成的非零方差进行检验;(2)给出实验室的方差估计以及实验室的组间方差估计。

12.11.1 随机效应模型的形式和假设

单边随机效应模型的形式与固定效应模型类似, 只不过其各项的均值是不相等的。此时, 响应变量 $y_{ij} = \mu + \alpha_i + \varepsilon_{ij}$ 不是随机变量

$$Y_{ij} = \mu + A_i + \varepsilon_{ij}, \quad i = 1, 2, \cdots, k, j = 1, 2, \cdots, n$$

的一个值, 其中 A_i 独立且服从均值为 0、方差为 σ_α^2 的正态分布, 并与 ε_{ij} 独立。对于固定效应模型而言, ε_{ij} 也独立且服从均值为 0、方差为 σ^2 的正态分布。而对于随机效应试验而言, $\sum_{i=1}^{k} \alpha_i = 0$ 这个条件则不再适用。

定理 12.4 在单边随机效应的方差分析模型中

$$E(SSA) = (k-1)\sigma^2 + n(k-1)\sigma_\alpha^2$$
$$E(SSE) = k(n-1)\sigma^2$$

表 12.11 给出了固定效应试验和随机效应试验两者的均方期望。随机效应试验中的计算与固定效应试验中的计算是完全一致的。也就是说, 方差分析表中平方和、自由度、均方这三列对于这两个模型而言都是一样的。

表 12.11 单因素试验的均方期望

来源	自由度	均方	均方期望	
			固定效应	随机效应
处理	$k-1$	s_1^2	$\sigma^2 + \dfrac{n}{k-1}\sum_i \alpha_i^2$	$\sigma^2 + n\sigma_\alpha^2$
误差	$k(n-1)$	s^2	σ^2	σ^2
合计	$nk-1$			

对于随机效应模型而言, 我们可以将处理效应为 0 的这个假设写成下面这种形式。

随机效应试验的假设

$H_0 : \sigma_\alpha^2 = 0$

$H_1 : \sigma_\alpha^2 \neq 0$

这个假设的含义是，响应变量的变差中每一部分都不是由处理的不同造成的。从表 12.11 我们可以明显地看到，在 H_0 为真的情况下，s^2 和 s_1^2 两者都是 σ^2 的估计，且比率

$$f = \frac{s_1^2}{s^2}$$

为服从自由度为 $k-1$ 和 $k(n-1)$ 的 F 分布的随机变量 F 的一个值。如果

$$f > f_\alpha[k-1, k(n-1)]$$

则在 α 的显著性水平上拒绝零假设。

在许多科研问题和工程问题中，我们所关心的并不是 F 检验。科研人员知道随机效应的确存在一个显著的效应。因此，更为重要的是对各个方差项的估计，从而可以按照各因子所产生的变差大小来进行排序。目前许多研究都关心单因子方差组分比随机方差大多少。

12.11.2　方差组分的估计

表 12.11 也可以用来估计**方差组分** σ^2 和 σ_α^2。由于 s_1^2 是 $\sigma^2 + n\sigma_\alpha^2$ 的估计，且 s^2 是 σ^2 的估计

$$\hat{\sigma}^2 = s^2$$
$$\hat{\sigma}_\alpha^2 = \frac{s_1^2 - s^2}{n}$$

例 12.7　表 12.12 中的数据记录的是某个化学反应过程的产出，在该过程中随机选取了 5 批原材料。请证明：批组的方差组分显著大于 0，并给出其估计。

表 12.12　例 12.7 的数据

批次	1	2	3	4	5	
	9.7	10.4	15.9	8.6	9.7	
	5.6	9.6	14.4	11.1	12.8	
	8.4	7.3	8.3	10.7	8.7	
	7.9	6.8	12.8	7.6	13.4	
	8.2	8.8	7.9	6.4	8.3	
	7.7	9.2	11.6	5.9	11.7	
	8.1	7.6	9.8	8.1	10.7	
合计	55.6	59.7	80.7	58.4	75.3	329.7

解：总平方和、批组平方和、误差平方和分别为：

$$SST = 194.64$$
$$SSA = 72.60$$
$$SSE = 194.64 - 72.60 = 122.04$$

该结果及其他计算结果如表 12.13 所示。

表 12.13　例 12.7 中的方差分析表

变差来源	平方和	自由度	均方	f 值
批组	72.60	4	18.15	4.46
误差	122.04	30	4.07	
合计	194.64	34		

在 $\alpha = 0.05$ 的水平上 f 值是显著的，这说明我们应该拒绝批组的方差组分为 0 的假设。批组的方差组分的一个估计为：

$$\hat{\sigma}_\alpha^2 = \frac{18.15 - 4.07}{7} = 2.01$$

请注意，虽然批组的方差组分显著不为 0，但与 σ^2 的估计即 $\hat{\sigma}^2 = MSE = 4.07$ 相比较，我们可以发现，批组的方差组分也不是特别大。

如果根据 σ_α^2 的表达式所得到的结果为负（即 s_α^2 小于 s^2），则设定 $\hat{\sigma}_\alpha^2$ 为 0。这是一个有偏的估计量。为了得到 σ_α^2 更好的估计量，我们通常会采用**限制性极大似然法**或**残差极大似然法**，详情参见 Harville（1997）。这个估计量在许多统计软件中都可以找到。不过，该估计方法的内容已经超出本书的范围。

12.11.3 包含随机区组的随机区组化设计

可以想象，在以区组表示日期的完全随机区组化设计试验中，试验人员肯定希望所得到的结论不仅适用于进行研究的那些天，而且要适用于一年中的每一天。因此，就像随机处理一样，试验人员也应该从一年中随机地选出几天来进行试验，并使用随机效应模型

$$Y_{ij} = \mu + A_i + B_j + \varepsilon_{ij}, \quad i = 1, 2, \cdots, k, j = 1, 2, \cdots, b$$

式中，A_i，B_j，ε_{ij} 是独立的随机变量，其均值为 0、方差分别为 σ_α^2，σ_β^2，σ^2。利用单因子问题中相同的方法，也可以得到具有随机效应的完全随机区组化设计中的均方期望，我们将这些期望同固定效应试验中的期望归纳到表 12.14 中。

表 12.14 完全随机区组化设计中的均方期望

变差来源	自由度	均方	均方期望	
			固定效应	随机效应
处理	$k-1$	s_1^2	$\sigma^2 + \dfrac{b}{k-1}\sum_i \alpha_i^2$	$\sigma^2 + b\sigma_\alpha^2$
区组	$b-1$	s_2^2	$\sigma^2 + \dfrac{k}{b-1}\sum_j \beta_j^2$	$\sigma^2 + k\sigma_\beta^2$
误差	$(k-1)(b-1)$	s^2	σ^2	σ^2
合计	$kb-1$			

各个平方和的计算及自由度与固定效应模型中一致。要检验

$$H_0 : \sigma_\alpha^2 = 0$$
$$H_1 : \sigma_\alpha^2 \neq 0$$

这个假设，我们需要计算

$$f = \frac{s_1^2}{s^2}$$

如果 $f > f_\alpha[k-1, (b-1)(k-1)]$，则拒绝 H_0。

各方差组分的无偏估计为：

$$\hat{\sigma}_\alpha^2 = \frac{s_1^2 - s^2}{b}$$

$$\hat{\sigma}_{\beta}^2 = \frac{s_2^2 - s^2}{k}$$

$$\sigma^2 = s^2$$

关于不同方差组分的假设检验问题，我们可以通过计算相应的均方的比率来实现，如表 12.14 所示，将其与附录表 A6 中相应的 f 值进行比较即可。

12.12 案例研究

案例研究 12.1 （化学分析）弗吉尼亚理工大学化学院的一名人员分析了一组数据，以对某一固体点火器混合物中铝含量的 4 种不同分析方法进行比较。为了能够得到分析所需的大量数据，该试验共在 5 个实验室开展。选择这 5 个实验室的原因是，它们对此类分析比较擅长。铝含量至少为 2.70% 的点火器物质的 20 个样本被随机地分配给每个实验室，并指导它们如何使用这 4 种不同的化学分析方法。得到的数据如下表所示。

方法	实验室					均值
	1	2	3	4	5	
A	2.67	2.69	2.62	2.66	2.70	2.668
B	2.71	2.74	2.69	2.70	2.77	2.722
C	2.76	2.76	2.70	2.76	2.81	2.758
D	2.65	2.69	2.60	2.64	2.73	2.662

由于我们并不是从由大量的实验室构成的总体中随机选取这 5 个实验室，因此不能将实验室看做随机效应，而应将所分析的数据看做完全随机区组化设计。通过这些数据的图形我们可以确定形如

$$y_{ij} = \mu + m_i + l_j + \varepsilon_{ij}$$

的可加模型是否适当，即模型是否存在可加效应。在实验室和这些方法之间存在交互效应时，随机区组化设计则不再合适。我们考察图 12.12 中所示的图形。尽管这个图形有点儿难以解释，但我们仍然可以看出实验室与方法之间并不存在明显的交互作用。

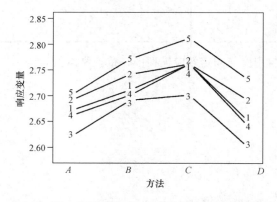

图 12.12 案例研究 12.1 中数据的交互的图像

12.12.1 残差图

在方差齐性假设之下，我们可以使用残差图来作为诊断指标。图 12.13 为各分析方法的残差图。我们可以看到，残差的变差存在显著的齐性。图 12.14 则是其残差的正态概率图。

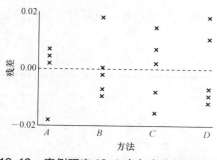
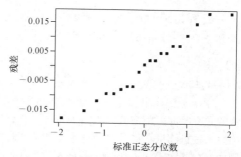

图 12.13 案例研究 12.1 中各方法数据的残差 图形

图 12.14 案例研究 12.1 中数据的残差的 正态概率图

通过这两个图形我们容易发现，误差的正态性假定和方差齐性假定都是成立的。我们可以使用 SAS PROC GLM 来进行方差分析。图 12.15 为计算机输出的计算结果。

```
                    The GLM Procedure
                  Class Level Information
     Class           Levels        Values
     Method             4          A B C D
     Lab                5          1 2 3 4 5
          Number of Observations Read     20
          Number of Observations Used     20
Dependent Variable: Response
                         Sum of
Source          DF      Squares     Mean Square    F Value    Pr > F
Model            7   0.053 405 00  0.007 629 29      42.19   <0.000 1
Error           12   0.002 170 00  0.000 180 83
Corrected Total 19   0.055 575 00

     R-Square    Coeff Var    Root MSE    Response Mean
     0.960 954   0.497 592    0.013 447     2.702 500

Source          DF    Type III SS   Mean Square   F Value    Pr > F
Method           3   0.031 455 00  0.010 485 00     57.98   <0.000 1
Lab              4   0.021 950 00  0.005 487 50     30.35   <0.000 1

Observation      Observed          Predicted          Residual
      1        2.670 000 00       2.663 000 00       0.007 000 00
      2        2.710 000 00       2.717 000 00      -0.007 000 00
      3        2.760 000 00       2.753 000 00       0.007 000 00
      4        2.650 000 00       2.657 000 00      -0.007 000 00
      5        2.690 000 00       2.685 500 00       0.004 500 00
      6        2.740 000 00       2.739 500 00       0.000 500 00
      7        2.760 000 00       2.775 500 00      -0.015 500 00
      8        2.690 000 00       2.679 500 00       0.010 500 00
      9        2.620 000 00       2.618 000 00       0.002 000 00
     10        2.690 000 00       2.672 000 00       0.018 000 00
     11        2.700 000 00       2.708 000 00      -0.008 000 00
     12        2.600 000 00       2.612 000 00      -0.012 000 00
     13        2.660 000 00       2.655 500 00       0.004 500 00
     14        2.700 000 00       2.709 500 00      -0.009 500 00
     15        2.760 000 00       2.745 500 00       0.014 500 00
     16        2.640 000 00       2.649 500 00      -0.009 500 00
     17        2.700 000 00       2.718 000 00      -0.018 000 00
     18        2.770 000 00       2.772 000 00      -0.002 000 00
     19        2.810 000 00       2.808 000 00       0.002 000 00
     20        2.730 000 00       2.712 000 00       0.018 000 00
```

图 12.15 案例研究 12.1 中数据的 SAS 分析结果

通过计算得到的 f 值和 P 值说明，不同的分析方法之间存在显著差异。我们可以使用多重比较分析来确定这些分析方法之间的差异究竟在何处。

习 题

12.37 在检验病人血液样本中的 HIV 抗体时，要用到一个分光光度计来确定每个样本中的光密度。血液的光密度可以用血液吸收某种特定波长光线的能力来进行测度。如果血液样本中的值超过了控制样本在该次操作中所确定的截断值，我们则认为该血液样本是阳性的。研究人员所关注的是对于不同实验室条件下给出的阳性控制组的比较。下表中给出的就是 4 个随机选择出来的实验室分别进行 10 次操作所得到的阳性控制值。

次数	实验室			
	1	2	3	4
1	0.888	1.065	1.325	1.232
2	0.983	1.226	1.069	1.127
3	1.047	1.332	1.219	1.051
4	1.087	0.958	0.958	0.897
5	1.125	0.816	0.819	1.222
6	0.997	1.015	1.140	1.125
7	1.025	1.071	1.222	0.990
8	0.969	0.905	0.995	0.875
9	0.898	1.140	0.928	0.930
10	1.018	1.051	1.322	0.775

（a）请写出该试验一个适当的模型。

（b）请分别给出实验室方差和实验室之间方差的估计。

12.39 下面这组数据是随机选取的 4 位操作人员对某台机器的产量所产生的效应。

巩固练习

12.42 化学物质绿草定常被人们用来使树桩进行再生，弗吉尼亚理工大学统计咨询中心与森林学系合作开展了这方面的一项研究。试验中将 4 种不同浓度的绿草定分别喷洒在三个为一组的树桩上，经过一段时间以后，对这些树桩新长出的树芽进行测量，数据如下所示：

绿草定水平			
1	2	3	4
2.87 2.31	3.27 2.66	2.39 1.91	3.05 0.91
3.91 2.04	3.15 2.00	2.89 1.89	2.43 0.01

请使用单因子方差分析处理上述数据，并判断绿

操作人员			
1	2	3	4
175.4	168.5	170.1	175.2
171.7	162.7	173.4	175.7
173.0	165.0	175.7	180.1
170.5	164.1	170.7	183.7

（a）请在 0.05 的显著性水平上，对数据进行随机效应的方差分析。

（b）请分别给出操作人员方差及试验误差方差的估计。

12.41 一家纺织品公司用很多织布机编织一种布料。公司经理希望这种织布机是没有差别的，即织出来的布具有同样的强度。但最初的猜想是织布机之间可能存在显著的差别。随机选出的 4 台织布机所对应的数据如下表所示。每个数据表示的都是布的强度（磅/平方英寸）。

织布机			
1	2	3	4
99	97	94	93
97	96	95	94
97	92	90	90
96	98	92	92

（a）请写出该试验的模型。

（b）织布机的方差是否显著不为 0？

（c）对最初的猜想进行评论。

草定的浓度是否对树芽的高度有显著影响。取 $\alpha = 0.05$。

12.43 考察例 12.1 中的骨料数据。请在 $\alpha = 0.1$ 的显著性水平上使用 Bartlett 检验来判断骨料之间的方差齐性是否成立。

12.44 在某个化学过程中，有 3 种不同的催化剂，另外还有一个控制组（无催化剂）。下表中的产量数据就来自这个过程。

控制组	催化剂		
	1	2	3
74.5	77.5	81.5	78.1
76.1	82.0	82.3	80.2

续前表

控制组	催化剂		
	1	2	3
75.9	80.6	81.4	81.5
78.1	84.9	79.5	83.0
76.2	81.0	83.0	82.1

请在 $\alpha = 0.01$ 的显著性水平上，使用 Dunnett 检验来判断使用了催化剂的产量是否显著大于没有使用催化剂的产量。

12.45 4 个实验室共同参与了一项化学分析工作。同一种物质的样本被分到各实验室进行分析，以此来判断这 4 个实验室所分析的平均结果是否一致。各实验室的分析结果总结在下表之中。

实验室			
A	B	C	D
58.7	62.7	55.9	60.7
61.4	64.5	56.1	60.3
60.9	63.1	57.3	60.9
59.1	59.2	55.2	61.4
58.2	60.3	58.1	62.3

(a) 请在 $\alpha = 0.05$ 的显著性水平上使用 Bartlett 检验来判断实验室组内方差是否显著不同。

(b) 进行方差分析并给出与实验室有关的数据。

(c) 请绘制出残差的正态概率图。

12.46 弗吉尼亚理工大学动物学系开展的一项研究，要研究使用尿素和氨水处理过的小麦麦秆，这样做的目的是提高绵羊的营养水平。饮食处理包括控制组、加入尿素、氨水处理、尿素处理。共有 24 头羊接受了试验，并按体重分成 4 组，每组有 6 头相似的羊，且都随机地选择每种饮食处理。我们将每头羊所消耗的干料数量记录如下。

按照体重分组（区组）						
饮食	1	2	3	4	5	6
控制组	32.68	36.22	36.36	40.95	34.99	33.89
加入尿素	35.90	38.73	37.55	34.64	37.36	34.35
氨水处理	49.43	53.50	52.86	45.00	47.20	49.76
尿素处理	46.58	42.82	45.41	45.08	43.81	47.40

(a) 请在 $\alpha = 0.05$ 的显著性水平上，用完全随机化区组化分析来检验不同饮食处理之间是否存在差异。

(b) 请在 $\alpha = 0.05$ 的显著性水平上，使用 Dunnett 检验来比较 3 种饮食处理与控制组。

(c) 请绘制残差的正态概率图。

12.47 弗吉尼亚理工大学生物化学系的研究人员分析了这样一组数据，用 3 种不同的食物给一组小老鼠喂食，以此来研究这 3 种食物对血液中食物留下的锌含量的影响。5 只怀孕的老鼠被随机分发到某种食物，共有 15 只老鼠，并在老鼠的怀孕期间持续了 22 天。我们将其分别对应的锌含量（ppm）记录在下表中。

饮食	1	0.50	0.42	0.65	0.47	0.44
	2	0.42	0.40	0.73	0.47	0.69
	3	1.06	0.82	0.72	0.72	0.82

请判断这 3 种食物留下的锌含量是否存在显著差异。请在 $\alpha = 0.05$ 的显著性水平上进行单边方差分析。

12.48 一项试验要比较三种不同的油漆，以判断它们的磨损质量是否存在显著差异。将它们暴露在磨损环境下一段时间（小时）直到出现磨损情况为止。我们将数据记录如下。

油漆类型								
1			2			3		
158	97	282	515	264	544	317	662	213
315	220	115	525	330	525	536	175	614

(a) 请通过方差分析判断这 3 种油漆的磨损质量是否存在显著差异。请根据 P 值作答。

(b) 如果存在显著差异，如何体现出来？是否存在一种特别突出的油漆？请讨论。

(c) 请绘制出任何你所需要的图形来分析数据，并判断（a）中所用到的假设是否有效。请讨论。

(d) 假设已经知道每个处理中的数据都服从指数分布。在这个假设之下，我们是否需要使用其他分析方法？如果需要，请进行分析并得出结论。

12.49 一家用胶皮、塑料及软木压制垫圈的企业想要对 3 种材料 1 小时内压制的垫圈数进行比较。随机选择了 2 个机器作为区组。每小时生产的垫圈数（千）记录在下表中。

机器	软木			胶皮			塑料		
A	4.31	4.27	4.40	3.36	3.42	3.48	4.01	3.94	3.89
B	3.94	3.81	3.99	3.91	3.80	3.85	3.48	3.53	3.42

对这组数据的方差分析结果如图 12.16 所示。

(a) 为什么要将机器看做区组？

(b) 请绘制机器与材料的 6 个不同组合的均值图。

（c）能否找出最好的一种材料？

（d）处理与区组之间是否存在交互效应？如果存在，

这个交互效应是否会使我们难以得出适当的结论？请解释。

The GLM Procedure

Dependent Variable: gasket

Source	DF	Sum of Squares	Mean Square	F Value	Pr > F
Model	5	1.681 227 78	0.336 245 56	76.52	<0.000 1
Error	12	0.052 733 33	0.004 394 44		
Corrected Total	17	1.733 961 11			

R-Square	Coeff Var	Root MSE	gasket Mean
0.969588	1.734 095	0.066 291	3.822 778

Source	DF	Type III SS	Mean Square	F Value	Pr > F
material	2	0.811 944 44	0.405 972 22	92.38	<0.000 1
machine	1	0.101 250 00	0.101 250 00	23.04	0.000 4
material*machine	2	0.768 033 33	0.384 016 67	87.39	<0.000 1

Level of material	Level of machine	N	gasket Mean	Std Dev
cork	A	3	4.326 666 67	0.066 583 28
cork	B	3	3.913 333 33	0.092 915 73
plastic	A	3	3.946 666 67	0.060 277 14
plastic	B	3	3.476 666 67	0.055 075 71
rubber	A	3	3.420 000 00	0.060 000 00
rubber	B	3	3.853 333 33	0.055 075 71

Level of material	N	gasket Mean	Std Dev
cork	6	4.120 000 00	0.237 655 21
plastic	6	3.711 666 67	0.262 557 93
rubber	6	3.636 666 67	0.242 871 71

Level of machine	N	gasket Mean	Std Dev
A	9	3.897 777 78	0.397 988 00
B	9	3.747 777 78	0.213 762 59

图 12.16 巩固练习 12.49 的 SAS 分析结果

12.50 一项试验要比较 3 个不同品牌汽油的行驶英里数。4 辆不同类型的机动车被随机挑选了出来，数据（英里/加仑）如下表所示。

机动车	汽车品牌		
	A	B	C
A	32.4	35.6	38.7
B	28.8	28.6	29.9
C	36.5	37.6	39.1
D	34.4	36.2	37.9

（a）请讨论为什么要选择多种类型的车辆来进行试验。

（b）请根据图 12.17 所示的 SAS 给出的方差分析结果，判断机动车所行驶的英里数是否与汽油的品牌有关。

（c）如果让你选择，你会选择哪个品牌的汽油？

请以 Duncan 检验的结果来作答。

12.51 在美国东北部的 4 个不同地点测量了当地的臭氧含量（ppm）。每个地点都有 5 个样本，数据如下表所示。

地点			
1	2	3	4
0.09	0.15	0.10	0.10
0.10	0.12	0.13	0.07
0.08	0.17	0.08	0.05
0.08	0.18	0.08	0.08
0.11	0.14	0.09	0.09

（a）请问是否有充足的信息认为不同地区的臭氧含量存在显著差异？请根据 P 值作答。

（b）如果在（a）中我们的确得出了存在显著差异的结论，请描述它们之间的差异。请使用任何你学过的方法来作答。

The GLM Procedure

Dependent Variable: MPG

Source	DF	Sum of Squares	Mean Square	F Value	Pr > F
Model	5	153.250 833 3	30.650 166 7	24.66	0.000 6
Error	6	7.458 333 3	1.243 055 6		
Corrected Total	11	160.709 166 7			

R-Square	Coeff Var	Root MSE	MPG Mean
0.953591	3.218 448	1.114 924	34.641 67

Source	DF	Type III SS	Mean Square	F Value	Pr > F
Model	3	130.349 166 7	43.449 722 2	34.95	0.000 3
Brand	2	22.901 666 7	11.450 833 3	9.21	0.014 8

Duncan's Multiple Range Test for MPG

NOTE: This test controls the Type I comparisonwise error rate, not the experimentwise error rate.

Alpha	0.05
Error Degrees of Freedom	6
Error Mean Square	1.243 056

Number of Means	2	3
Critical Range	1.929	1.999

Means with the same letter are not significantly different.

Duncan Grouping	Mean	N	Brand
A	36.400 0	4	C
A			
B A	34.500 0	4	B
B			
B	33.025 0	4	A

图 12.17　巩固练习 12.50 的 SAS 分析结果

12.52　请证明：单边分类中的方差分析的均方误差

$$s^2 = \frac{SSE}{k(n-1)}$$

是 σ^2 的一个无偏估计。

12.53　请证明定理 12.2。

12.54　请证明：完全随机区组化设计的方差分析中 SSB 的计算式等价于定理 12.3 等式中的对应项。

12.55　对于有 k 个处理和 b 个区组的随机区组化设计中，请证明：

$$E(SSB) = (b-1)\sigma^2 + k\sum_{j=1}^{b}\beta_j^2$$

12.56　团队作业：我们想知道体育运动中所用到的哪种球类扔出去的距离最远。我们选定了网球、棒球、垒球。请将你所在班级分组，每组有 5 名同学。每组都要各自设计并开展一个试验，并分析其所在组的数据。5 人组中的每个人都要（在充分热身之后）各掷一次这 3 种球。该试验的响应变量为球被掷出的距离（英尺）。因此，到最后每组会得到 15 个观测值。需要重点说明的是：

（a）该试验并非各个组之间的比赛，而是这 3 类球之间的对比。我们可以期望的是，每组所得到的结论都应当是类似的。

（b）每组的组员在性别上应当做到有男有女。

（c）每组的试验设计应当是一个完全随机区组化设计。而 5 个人则是区组。

（d）请在进行试验时一定进行适当的随机化处理。

（e）结果应当包括对该实验进行描述的方差分析表，表中应包含 P 值和适当的结论。请在适当的时候绘制出图形来并进行多重比较分析。请通过图形来反映这 3 类球之间的差别。

12.13　可能的错误观点及危害；与其他章节的联系

与我们在前面的章节所介绍的其他方法一样，方差分析对正态性假设也具有稳健性，但它对于方差齐性假设则不具有稳健性。不过，还需要注意的是，检验方差齐性的 Barlett 检验对于正态性则极不稳健。

本章是全书极为关键的章节，因为本章实际上是诸如试验设计和方差分析之类的重要问题的入门基础。第 13 章虽然和本章所讨论的是一样的问题，但推广到了包含一个以上因子的情形，对这种问题的分析难度会因为对各因子之间交互效应的解释而进一步加大。而且在有些时候，科学试验中的交互效应相对于主因子（主效应）而言所起的作用会更加重要。交互效应的存在使得我们更加重视对图形方法的利用。在第 13～14 章，由于因子组合的方式繁多，我们有必要就随机化方法进行更详细的讨论。

第 13 章　因子试验（两因子或多因子）

13.1　引言

考虑这样一种情形，在其中我们关心的是两个因子 A 和 B 对同一个响应变量的效应。比如，在一个化学试验中，在反应压力及反应时间同时发生变化的时候，我们希望观测每个因素对产出的效应。在生物化学试验中，我们可能关心的是，干燥时间和温度对酵母样本中剩余固体量（以比重计）的效应。与第 12 章一样，术语**因子**在广义上表示的是试验的特征，诸如在各次试验之间可能会发生改变的温度、时间、压力。我们将因子的**水平**定义为试验中所实际使用的（诸如温度）值。

在上面的例子中，不仅要确定两个因子各自对响应变量的效应，而且要确定两个因子之间是否有显著的交互效应，这一点很重要。这种试验用术语来描述即可被称为两因子试验，而试验设计方式则既可以是完全随机化设计，也可以采取完全随机区组化设计，前者中不同的处理组合方式被随机指派给所有试验单元，后者中因子的组合方式只是在区组内进行随机指派。在酵母的例子中，如果我们使用完全随机化设计，温度和干燥时间的不同组合方式随机指派给酵母样本。

在第 12 章中，我们所研究的许多概念在本章都要推广到两个因子或三个因子的情形。最主要的推广是对因子试验的完全随机化设计。两因子的因子试验包含所有因子组合方式的试验结果（多个或单个）。比如，在温度与干燥时间的例子中，假如每个因子都有 3 个水平，在这 9 种组合方式中每个组合都进行 $n = 2$ 次试验，则我们有完全随机化设计的两因子因子试验。其中，每个因子都不是区组化因子；我们所关心的是，每个因子各自是如何影响样本中固体所占百分比的，以及它们是否存在交互作用。生物学家获得了 18 个样本，并以此作为试验单元，然后将它们随机地在 18 个组合（共 9 种处理组合方式，且每种方式重复 1 次）之间进行分配。

在我们开始讲述分析细节、平方和等内容之前，读者可能关心的是，观察我们所讨论的内容和单因子问题情形中存在的明显联系的问题，我们考察酵母试验，对自由度的解释能够引导读者和分析人员认清这一推广。我们应该首先考察这 9 种处理组合方式，假如它们是一个因子的 9 个水平（自由度为 8）。这样一来，相应的自由度则为：

处理组合方式	8
误差	9
合计	17

13.1.1　主效应及其交互效应

我们可以采用上表的方式来对试验进行分析。但是，对组合方式所做的 F 检验则可能无法给出分析人员所希望得到的信息，比如温度与干燥时间各自所起的作用。3 种干燥时间所对应的自由度为 2。3 种温度所对应的自由度也是 2。主因子、温度和干燥时间称为**主效应**。因子组合为 8 的自由度中主效应占到了 4。另外 4 个自由度所对应的是这两个因子的交互效应。这样一来，该分析的自由度则为：

处理组合方式	8
温度	2
干燥时间	2
交互效应	4
误差	9
合计	17

回顾第 12 章，方差分析中的因子可以看做固定的，也可以看做随机的，这主要取决于我们所做推断的类型，以及水平选取的方式。在此我们必须综合考虑固定效应、随机效应、甚至是存在混合效应的情形。在我们对这些问题进行深入分析时，应当更加关注均方的期望。在下一节中，我们将就交互效应的概念进行讨论。

13.2　两因子试验中的交互效应

在我们前面所讨论的随机化区组模型中，假设在每个区组的每个处理上仅有一次观测。如果模型假设是正确的，即区组和处理是仅有的真实效应，而交互效应不存在，均方误差的期望就是试验误差的方差 σ^2。然而，假设处理和区组之间存在交互效应，如 12.8 节中的模型

$$y_{ij} = \mu + \alpha_i + \beta_j + (\alpha\beta)_{ij} + \varepsilon_{ij}$$

所示。均方误差的期望则为：

$$E\left(\frac{SSE}{(b-1)(k-1)}\right) = \sigma^2 + \frac{1}{(b-1)(k-1)}\sum_{i=1}^{k}\sum_{j=1}^{b}(\alpha\beta)_{ij}^2$$

在均方误差的期望中，并不存在处理效应和区组效应，却有交互效应。这样一来，在模型中存在交互效应时，均方误差所反映的变化则来自试验误差及交互效应的贡献，而在这个试验设计中，我们是无法将它们分离开的。

13.2.1　交互效应及对主效应的解释

从试验人员的角度来看，我们有必要从交互效应引起的变差中分离出真实误差的变差，才能对交互效应的存在性进行显著性检验。在存在交互效应的情况下，主效应 A 和 B 有不同的含义。在前面的生物学例子中，干燥时间对酵母中剩余固体量的效应在很大程度上依赖于样本所处环境的温度。一般来说，可能有这样的试验情形，其中因子 A 在因子 B 的一个水平下，对响应变量有一个正效应；而在 B 的另一个水平下，其效应则是负。在此我们使用**正效应**来表示在某个因子的水平增加时，产出或响应变量相应地按照某种方式增加。同理，**负效应**则表示的是，在因子水平增加时响应变量却减少。

比如，考察下面关于温度（因子 A 在水平 t_1，t_2，t_3 上呈递增趋势）和干燥时间 d_1，d_2，d_3（同样呈递增趋势）的数据。响应变量是固体所占百分比。下表中的数据完全是为了说明问题而虚拟的。

A	d_1	d_2	d_3	合计
t_1	4.4	8.8	5.2	18.4
t_2	7.5	8.5	2.4	18.4
t_3	9.7	7.9	0.8	18.4
合计	21.6	25.2	8.4	55.2

　　显然，温度对固体百分比的效应在较短的干燥时间d_1下是正的，而在较长的干燥时间d_3下是负的。温度和干燥时间之间显著的交互作用显然是生物学家所关心的，但是基于温度t_1，t_2，t_3的响应变量总和，温度的平方和SSA取值则为0。我们可以说，交互效应的存在掩盖了温度的效应。因此，如果考察每个干燥时间上温度的平均效应，结果就是效应不存在。而它所定义的是主效应，但这对生物学家来说可能是没有用处的。

　　在对基于主效应和交互效应的显著性检验做出任何最终结论之前，试验人员应当首先考察检验交互效应的存在性假设的显著性。如果交互作用是不显著的，那么只有那些表现出显著性的主效应的检验才有意义。在交互作用存在的情况下，不显著的主效应很有可能是被掩盖了的结果，于是，我们有必要在固定其他因子水平的情况下，考察每个因子所产生的影响。

13.2.2　交互效应的图形呈现

　　我们可以通过**交互效应图**很好地说明是否存在交互效应，以及交互效应的影响。交互效应图可以清楚地显示出数据的趋势，从而说明某个因子从一个水平变换到另一水平的效应。图 13.1 说明了温度和干燥时间的强交互效应。如果线段是相交的，则说明两者之间存在交互效应。

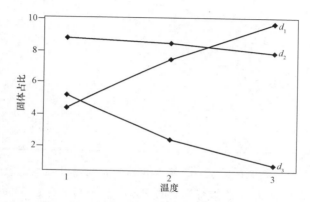

图 13.1　温度与干燥时间数据的交互效应图

　　在比较短的干燥时间内，对固体占比相对较强的温度效应，可以通过陡峭的斜率d_1进行反映。在中等的干燥时间d_2内，温度几乎没有效应，而在较长的干燥时间d_3内，负的斜率则说明存在负的温度效应。这种交互效应图使得研究人员能够很快地对交互效应做出合理的解释。显然，如果图中存在的是平行关系，则说明不存在交互效应。

13.2.3　多重观测的必要性

　　在两因子试验中，只有在不同的处理组合上进行多次观测才能将交互效应和试验误差区别开来。为了使效率最大化，每个组合都应该有相同数据n次观测，且这些观测应当是真正的重复观测，而不是对同一个观测的重复测量。比如，在酵母的例子中，如果我们在每个温度和干燥时间的组合中都进行$n=2$次观测，则应当有两个不同的样本，而不仅仅是对同一个样本的重复测量。这样一来，试验单元的变差就会出现在"误差"中，且其中的变差不仅仅是由测量误差导致的。

13.3　两因子方差分析

　　在完全随机化设计中，如果我们开展了一个有重复观测的两因子试验，为了得到方差分析的一般表达式，我们考虑在处理组合上有n次重复的情形。这些处理组合由因子A中的a个水平以及因子B中的b个水平确定。我们以矩形数据的方法对观测值进行分类，其中行表示的是因子A

的水平，列表示的则是因子 B 的水平。在该数组中，每个处理组合就确定了一个单元格。于是，我们有 ab 个单元格，每个单元格中包括 n 个观测值。用 y_{ijk} 表示在因子 A 的第 i 水平与因子 B 的第 j 水平的第 k 次观测值。表 13.1 中即有 abn 个观测值。

表 13.1 n 次重复的两因子试验

A	B				合计	均值
	1	2	$\cdots$	b		
1	y_{111}	y_{121}	$\cdots$	y_{1b1}	$Y_{1..}$	$\bar{y}_{1..}$
	y_{112}	y_{122}		y_{1b2}		
	$\vdots$	$\vdots$		$\vdots$		
	y_{11n}	y_{12n}	$\cdots$	y_{1bn}		
2	y_{211}	y_{221}	$\cdots$	y_{2b1}	$Y_{2..}$	$\bar{y}_{2..}$
	y_{212}	y_{222}		y_{2b2}		
	$\vdots$	$\vdots$		$\vdots$		
	y_{21n}	y_{22n}		y_{2bn}		
$\vdots$	$\vdots$	$\vdots$		$\vdots$	$\vdots$	$\vdots$
a	y_{a11}	y_{a21}	$\cdots$	y_{ab1}	$Y_{a..}$	$\bar{y}_{a..}$
	y_{a12}	y_{a22}	$\cdots$	y_{ab2}		
	$\vdots$	$\vdots$		$\vdots$		
	y_{a1n}	y_{a2n}		y_{abn}		
合计	$Y_{.1.}$	$Y_{.2.}$	$\cdots$	$Y_{.b.}$	$Y_{...}$	
均值	$\bar{y}_{.1.}$	$\bar{y}_{.2.}$	$\cdots$	$\bar{y}_{.b.}$		$\bar{y}_{...}$

第 (ij) 个单元格中的观测值构成了一个样本容量为 n 的随机样本，假设其服从均值为 μ_{ij}、方差为 σ^2 的正态分布。假设所有 ab 个总体有相同的方差 σ^2。我们定义如下一些有用的符号，其中一些我们已经在表 13.1 中有所使用：

$Y_{ij.} = $ 第 (ij) 个单元的观测值之和

$Y_{i..} = $ 因子 A 的第 i 个水平的观测值之和

$Y_{.j.} = $ 因子 B 的第 j 个水平的观测值之和

$Y_{...} = abn$ 个观测值之和

$\bar{y}_{ij.} = $ 第 (ij) 个单元的观测值的均值

$\bar{y}_{i..} = $ 因子 A 的第 i 个水平的观测值的均值

$\bar{y}_{.j.} = $ 因子 B 的第 j 个水平的观测值的均值

$\bar{y}_{...} = abn$ 个观测值的均值

与在第 12 章中详细讨论的单因子情形不同，这里我们假设的**总体**是因子**组合**，其中 n 个独立同分布的观测值就是从该总体中选取出来的。同样，我们始终假设在每个因子组合上都有相同数目为 n 的观测值。对每个组合的样本容量不相等的情况，计算起来更为复杂，不过思想却是一致的。

13.3.1 两因子问题的模型与假设

在表 13.1 中，每个观测都可以写成下述形式：

$$y_{ijk} = \mu_{ij} + \varepsilon_{ijk}$$

式中，ε_{ijk} 测度的是第（ij）个单元格中的观测值 y_{ijk} 与总体均值 μ_{ij} 之间的偏差。如果用 $(\alpha\beta)_{ij}$ 表示因子 A 的第 i 水平与因子 B 的第 j 水平的交互效应，α_i 表示因子 A 的第 i 水平的效应，β_j 表示因子 B 的第 j 水平的效应，μ 表示总体均值，则我们有

$$\mu_{ij} = \mu + \alpha_i + \beta_j + (\alpha\beta)_{ij}$$

于是

$$y_{ijk} = \mu + \alpha_i + \beta_j + (\alpha\beta)_{ij} + \varepsilon_{ijk}$$

加上如下限制条件：

$$\sum_{i=1}^{a} \alpha_i = 0$$

$$\sum_{j=1}^{b} \beta_j = 0$$

$$\sum_{i=1}^{a} (\alpha\beta)_{ij} = 0$$

$$\sum_{j=1}^{b} (\alpha\beta)_{ij} = 0$$

其中，所需检验的三个假设如下：

1. $H_0': \alpha_1 = \alpha_2 = \cdots = \alpha_a = 0$
   $H_1':$ 至少有一个 α_i 不为 0
2. $H_0'': \beta_1 = \beta_2 = \cdots = \beta_b = 0$
   $H_1'':$ 至少有一个 β_j 不为 0
3. $H_1''': (\alpha\beta)_{11} = (\alpha\beta)_{12} = \cdots = (\alpha\beta)_{ab} = 0$
   $H_1''':$ 至少有一个 $(\alpha\beta)_{ij}$ 不为 0

如果交互效应在模型中有很大贡献，我们提醒读者一定要留意主效应被掩盖的问题。我们建议应当首先考察对交互效应的检验结果，然后再对主效应的检验做出解释，而且结论的正确性取决于我们是否发现了交互效应。如果排除了交互效应的存在，那么就可以检查上面的假设 1 和假设 2，解释起来也很简单。然而，如果我们发现确实存在交互效应，比如我们在前一节中关于干燥时间和温度的讨论中就已经看到，那么解释起来就要复杂得多。下面我们将讨论这 3 个假设的结构。对结果的解释我们将在例 13.1 中一并进行。

上面假设检验问题的检验所基于的是对 σ^2 的独立估计的一个比较，其中 σ^2 的独立估计由下列恒等式对数据平方和分解出的 4 个部分给出。

13.3.2　两因子情形中对变差的分割

定理 13.1　*平方和恒等式*

$$\sum_{i=1}^{a} \sum_{j=1}^{b} \sum_{k=1}^{n} (y_{ijk} - \bar{y}_{...})^2 = bn \sum_{i=1}^{a} (\bar{y}_{i..} - \bar{y}_{...})^2 + an \sum_{j=1}^{b} (\bar{y}_{.j.} - \bar{y}_{...})^2$$

$$+ n \sum_{i=1}^{a} \sum_{j=1}^{b} (\bar{y}_{ij.} - \bar{y}_{i..} - \bar{y}_{.j.} + \bar{y}_{...})^2 + \sum_{i=1}^{a} \sum_{j=1}^{b} \sum_{k=1}^{n} (y_{ijk} - \bar{y}_{ij.})^2$$

我们可以将平方和恒等式记成

$$SST = SSA + SSB + SS(AB) + SSE$$

式中，SSA 和 SSB 分别称作主效应 A 和 B 的平方和，$SS(AB)$ 称作效应 A 和 B 的交互效应平方和，SSE 是误差平方和。根据该恒等式可知，自由度的分割为：

$$abn - 1 = (a-1) + (b-1) + (a-1)(b-1) + ab(n-1)$$

13.3.3 均方的结构

如果我们将平方和恒等式右端的每个平方和除以它们各自的自由度，则可得下述 4 个统计量：

$$S_1^2 = \frac{SSA}{a-1}$$

$$S_2^2 = \frac{SSB}{b-1}$$

$$S_3^2 = \frac{SS(AB)}{(a-1)(b-1)}$$

$$S^2 = \frac{SSE}{ab(n-1)}$$

在没有效应 α_i 和 β_j 且相应地也没有 $(\alpha\beta)_{ij}$ 的情况下，所有这些方差的估计都是对 σ^2 的独立估计。如果将平方和理解为独立随机变量 y_{111}，y_{112}，$\cdots$，y_{abn} 的函数，我们不难证明

$$E(S_1^2) = E\left[\frac{SSA}{a-1}\right] = \sigma^2 + \frac{nb}{a-1}\sum_{i=1}^{a}\alpha_i^2$$

$$E(S_2^2) = E\left[\frac{SSB}{b-1}\right] = \sigma^2 + \frac{na}{b-1}\sum_{j=1}^{b}\beta_j^2$$

$$E(S_3^2) = E\left[\frac{SS(AB)}{(a-1)(b-1)}\right] = \sigma^2 + \frac{n}{(a-1)(b-1)}\sum_{i=1}^{a}\sum_{j=1}^{b}(\alpha\beta)_{ij}^2$$

$$E(S^2) = E\left[\frac{SSE}{ab(n-1)}\right] = \sigma^2$$

据此我们可以直接看出，在 H_0'，H_0''，H_0''' 为真时，σ^2 的这 4 个估计都是无偏的。

为了检验 H_0'，即因子 A 的效应是否全为 0，需要计算下述比率。

因子 A 的 F 检验

$$f_1 = \frac{s_1^2}{s^2}$$

式中，f_1 是在 H_0' 为真时，服从自由度为 $a-1$ 和 $ab(n-1)$ 的 F 分布的随机变量 F_1 的一个取值。如果 $f_1 > f_\alpha[a-1, ab(n-1)]$，则在 α 的显著性水平上拒绝零假设。

类似地，要检验 H_0''，即因子 B 的效应是否全为 0，需要计算下述比率。

因子 B 的 F 检验

$$f_2 = \frac{s_2^2}{s^2}$$

式中，f_2 是在 H_0'' 为真时，服从自由度为 $b-1$ 和 $ab(n-1)$ 的 F 分布的随机变量 F_2 的一个取值。如果 $f_2 > f_\alpha[b-1, ab(n-1)]$，则在 α 的显著性水平上拒绝零假设。

最后，要检验H_0'''，即交互效应是否全为0，需要计算下述比率。

交互效应的F检验

$$f_3 = \frac{s_3^2}{s^2}$$

式中，f_3是在H_0'''为真时，服从自由度为$(a-1)(b-1)$和$ab(n-1)$的F分布的随机变量F_3的一个取值。如果$f_3 > f_\alpha[(a-1)(b-1),\ ab(n-1)]$，则在$\alpha$的显著性水平上，我们的结论是，交互效应是存在的。

正如13.2节所指出的，我们建议在对主效应做出推断之前先检验交互效应。如果交互效应不显著，显然主效应的检验就能说明问题。拒绝前面检验中的假设1，则表明在因子A的不同水平下响应变量均值是显著不同的；而拒绝假设2，则表明在因子B的各水平下响应变量均值是显著不同的。但是，一个显著的交互效应则表明，应该用另一种不同的方法来分析数据，即也许是在因子B的固定水平下观测因子A的效应，诸如此类。

在具有n次重复的两因子试验的方差分析问题中，我们可以将其中的计算归结为表13.2。

表13.2 具有n次重复的两因子试验的方差分析

变差来源	平方和	自由度	均方	f值
主效应				
A	SSA	$a-1$	$s_1^2 = \dfrac{SSA}{a-1}$	$f_1 = \dfrac{s_1^2}{s^2}$
B	SSB	$b-1$	$s_2^2 = \dfrac{SSB}{b-1}$	$f_2 = \dfrac{s_2^2}{s^2}$
两因子交互效应				
AB	SS(AB)	$(a-1)(b-1)$	$s_3^2 = \dfrac{SS(AB)}{(a-1)(b-1)}$	$f_3 = \dfrac{s_3^2}{s^2}$
误差	SSE	$ab(n-1)$	$s^2 = \dfrac{SSE}{ab(n-1)}$	
合计	SST	$abn-1$		

例13.1 为了确定3种不同类型的导弹系统哪一个更好，开展了一个试验，试验中测量了24次推进燃料的燃烧速度。使用的推进物有4种类型。对每个处理组而言，都得到了燃烧速度的2个观测。

数据如表13.3所示。检验下述假设：（a）H_0'：在不同导弹系统中推进物的平均燃烧速度没有差别。（b）H_0''：4种推进物的平均燃烧速度没有差别。（c）H_0'''：在不同的导弹系统和不同的推进物之间不存在交互效应。

表13.3 推进物的燃烧速度

导弹系统	推进物的类型			
	b_1	b_2	b_3	b_4
a_1	34.0	30.1	29.8	29.0
	32.7	32.8	26.7	28.9

续前表

导弹系统	推进物的类型			
	b_1	b_2	b_3	b_4
a_2	32. 0	30. 2	28. 7	27. 6
	33. 2	29. 8	28. 1	27. 8
a_3	28. 4	27. 3	29. 7	28. 8
	29. 3	28. 9	27. 3	29. 1

解：根据题意我们有

1. （a）H_0'：$\alpha_1 = \alpha_2 = \alpha_3 = 0$

   （b）H_0''：$\beta_1 = \beta_2 = \beta_3 = \beta_4 = 0$

   （c）H_0'''：$(\alpha\beta)_{11} = (\alpha\beta)_{12} = \cdots = (\alpha\beta)_{34} = 0$

2. （a）H_1'：至少有一个 α_i 不为 0

   （b）H_1''：至少有一个 β_i 不为 0

   （c）H_1'''：至少有一个 $(\alpha\beta)_{ij}$ 不为 0

则根据定理 13.1 中的平方和公式，我们可得如表 13.4 所示的方差分析结果。

表 13.4   表 13.3 中数据的方差分析结果

变差来源	平方和	自由度	均方	f 值
导弹系统	14. 52	2	7. 26	5. 84
推进物类型	40. 08	3	13. 36	10. 75
交互效应	22. 16	6	3. 69	2. 97
误差	14. 91	12	1. 24	
合计	91. 68	23		

如图 13.2 所示，读者可以看到，我们给出了 SAS GLM 关于燃烧速度数据的分析结果。注意该模型（自由度为 11）最初是如何检验的，以及与系统、燃料类型、系统和燃料的交互效用分别是如何检验的。对模型的 F 检验（$P = 0.0030$）检验了两个主效应和交互效用的集聚。

（a）拒绝 H_0'。结论是，不同的导弹系统中推进物的平均燃烧速度是不同的。P 值近似为 0.0010。

（b）拒绝 H_0''。结论是，4 种推进物的平均燃烧速度是存在差异的。P 值小于 0.0010。

（c）交互效应在 0.05 的显著性水平上也刚好是不显著的，但是 P 值仅近似为 0.052，这说明应认真分析交互效应。

这样一来，我们应当对交互效应进行一定的解释。应当强调的是，主效应的统计显著性仅仅表明边际均值是显著不同的。不过，我们还需要考虑如表 13.5 所示的关于均值的双边表。

表 13.5   对交互效应的解释

	b_1	b_2	b_3	b_4	均值
a_1	33. 35	31. 45	28. 25	28. 95	30. 50
a_2	32. 60	30. 00	28. 40	27. 70	29. 68
a_3	28. 85	28. 10	28. 50	28. 95	28. 60
均值	31. 60	29. 85	28. 38	28. 53	

```
                        The GLM Procedure
   Dependent Variable: rate
                             Sum of
   Source           DF      Squares     Mean Square    F Value    Pr > F
   Model            11    76.768 333 33   6.978 939 39     5.62    0.003 0
   Error            12    14.910 000 00   1.242 500 00
   Corrected Total  23    91.678 333 33

   R-Square      Coeff Var      Root MSE      rate Mean
   0.837 366     3.766 854      1.114 675      29.591 67

   Source           DF    Type III SS    Mean Square    F Value    Pr > F
   system            2    14.523 333 33    7.261 666 67     5.84    0.016 9
   type              3    40.081 666 67   13.360 555 56    10.75    0.001 0
   system*type       6    22.163 333 33    3.693 888 89     2.97    0.051 2
```

图 13.2　SAS 对表 13.3 中推进物燃烧速度数据的分析结果

显然该表中有更多更重要的信息，即趋势与边际平均所描述的趋势不一致。如表 13.5 所示，推进物类型的效应依赖于我们所使用的系统。比如，在系统 3 中，推进物类型的效应看起来并不重要，但在使用系统 1 或系统 2 时，推进物的类型却存在很大的效应。这就解释了两个因子之间显著的交互效应。在后续的内容中，关于交互效应的问题我们还会进行更多讨论。

例 13.2　回到例 13.1 中，选择两个正交的对照，将导弹系统的平方和分解为单自由度的组分，并进行系统 1 和系统 2 对系统 3 的比较、系统 1 对系统 2 的比较。

解：对系统 1 和系统 2 与系统 3 进行比较的对照为：

$$w_1 = \mu_{1.} + \mu_{2.} - 2\mu_{3.}$$

对系统 1 与系统 3 进行比较且与 ω_1 正交的第二个对照为 $w_2 = \mu_{1.} - \mu_{2.}$。则单自由度的平方和为：

$$SSw_1 = \frac{[244.0 + 237.4 - (2)(228.8)]^2}{(8)[(1)^2 + (1)^2 + (-2)^2]} = 11.80$$

且

$$SSw_2 = \frac{(244.0 - 237.4)^2}{(8)[(1)^2 + (-1)^2]} = 2.72$$

可以发现，和我们预期的一样，$SSw_1 + SSw_2 = SSA$。则对应于 w_1 和 w_2 的 f 值分别为：

$$f_1 = \frac{11.80}{1.24} = 9.5$$

$$f_2 = \frac{2.72}{1.24} = 2.2$$

和临界值 $f_{0.05}(1, 12) = 4.75$ 进行比较，我们发现 f_1 是显著的。实际上，其 P 值小于 0.01。这样一来，通过第一个对照说明我们应当拒绝

$$H_0 : \frac{1}{2}(\mu_{1.} + \mu_{2.}) = \mu_{3.}$$

的假设。由于 $f_2 < 4.75$，系统 1 和系统 2 的平均燃烧速度并不存在显著差异。

13.3.4　例 13.1 中交互效应的影响

如果例 13.1 中不存在交互效应的假设为真，我们就可以对例 13.2 中的导弹系统之间进行总括

性比较，而不需要对每种推进物分别进行比较。同样，我们可以在推进物之间进行总括性比较，而不是对每种导弹系统进行比较。比如，我们可以比较推进物 1，2 与推进物 3，4，也可以比较推进物 1 与推进物 2。所得到的 f 比率值，在自由度为 1 和 12 时，分别为 24.86 和 7.41，且这两者在 0.05 的显著性水平上都是非常显著的。

从推进物的平均水平来看，似乎推进物 1 具有更高的平均燃烧速度。一个明智的试验人员在对类似这个问题做出全局性结论时，可能会相对慎重，因为交互效应的 f 比率值刚刚低于 0.05 的临界值。比如，从整体来看，两种推进物的平均燃烧速度分别为 31.60 和 29.85，当然表明了推进物 1 要优于推进物 2 的，因为其燃烧速度更快。然而，如果限制在系统 3 上，推进物 1 的平均为 28.85，相比推进物 2 的平均 28.10 而言，这两种推进物看起来几乎是没有差别的。实际上，当使用系统 3 时，不同推进物的燃烧速度看起来是稳定的。总体来看，系统 1 要比系统 3 具有更快的燃烧速度，但是如果限制在推进物 4 来看，这个结论似乎就是不成立的。

试验人员可以对系统 3 下的平均燃烧速度做一个简单的 t 检验，从而为我们得出相应结论提供证据，即证明交互效应对做出关于主效应的全局结论造成了很大的困难。如果仅在系统 3 中对推进物 1 和推进物 2 进行比较，借用全局分析中 σ^2 的一个估计值 $s^2 = 1.24$，其自由度为 12，我们则有

$$|t| = \frac{0.75}{\sqrt{2s^2/n}} = \frac{0.75}{\sqrt{1.24}} = 0.67$$

是非常不显著的。这个例子说明，在存在交互效应时，要对主效应做出严谨的解释必须慎重。

13.3.5　对例 13.1 中两因子问题的图形分析

我们在单因子问题中提到的许多图形仍然适用于两因子的情形，一个单元均值或处理组均值的二维图有助于考察两个因子间是否存在交互效应。此外，拟合值的残差图也可以很好地验证方差齐性假设是否成立。通常，不满足方差齐性假设时，误差的方差将随着响应变量的增大而增加。因此，根据这个图我们可以观察到是否存在违背假设的情形。

图 13.3 为例 13.1 的导弹系统推进物单元均值的图像。我们可以看到，这个例子中的不平行是如何被图形化的。图像的平缓部分显示了系统 3 中的推进物效应，这个图也说明了因子之间所存在的交互效应。图 13.4 为同一数据拟合值的残差图，在图 13.4 中并没有明显的迹象表明方差齐性假设是不正确的。

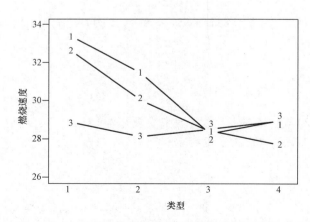

图 13.3　例 13.1 中数据单元均值的图像，数字代表的是导弹系统

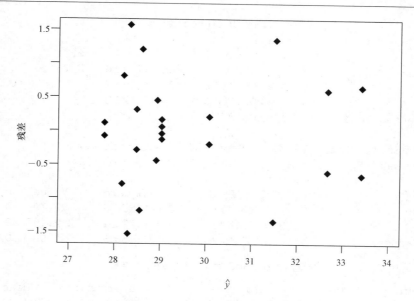

图 13.4 例 13.1 中数据的残差图

例 13.3 一个电子工程师研究了用于半导体制造中的等离子体的侵蚀过程，他所关心的是对 C_2F_6 气体流速（A）和供给阴极的电能（B）这个两因子效应问题的研究。响应变量是侵蚀速度。每个因子都有 3 个水平，在 9 个组合上分别进行 2 次侵蚀速度的试验。该试验为完全随机化设计。表 13.6 为试验数据（侵蚀速度以 A/分钟计）。

表 13.6 例 13.3 的数据

C_2F_6气体流速	电能供给		
	1	2	3
1	288	488	670
	360	465	720
2	385	482	692
	411	521	724
3	488	595	761
	462	612	801

其中，因子的水平按照递增的顺序进行排列，水平 1 是低水平，而水平 3 则是高水平。

（a）请通过对交互效应的检验，解释说明方差分析表，并据此得出结论。

（b）请就主效应进行检验，并据此得出结论。

解：图 13.5 是 SAS 数据的分析结果。根据该图我们可得以下结论：

（a）交互效应检验的 P 值为 0.448 5。据此我们的结论是，不存在显著的交互效应。

（b）在 C_2F_6 气体流速的 3 个水平下，平均侵蚀速度存在显著差异。Duncan 检验表明，水平 3 的平均侵蚀速度明显高于水平 2，而水平 2 又明显高于水平 1，如图 13.6（a）所示。

基于供给阴极不同水平的电能，平均侵蚀速度存在明显的差异。Duncan 检验表明，水平 3 的侵蚀速度明显高于水平 2，而水平 2 又明显高于水平 1，如图 13.6（b）所示。

The GLM Procedure

Dependent Variable: etchrate

Source	DF	Sum of Squares	Mean Square	F Value	Pr > F
Model	8	379 508.777 8	47 438.597 2	61.00	<0.000 1
Error	9	6 999.500 0	777.722 2		
Corrected Total	17	386 508.277 8			

R-Square	Coeff Var	Root MSE	etchrate Mean
0.981 890	5.057 714	27.887 67	551.388 9

Source	DF	Type III SS	Mean Square	F Value	Pr > F
c2f6	2	46 343.111 1	23 171.555 6	29.79	0.000 1
power	2	330 003.444 4	165 001.722 2	212.16	<0.000 1
c2f6*power	4	3 162.222 2	790.555 6	1.02	0.448 5

图 13.5 SAS 对例 13.3 的分析结果

Duncan Grouping	Mean	N	c2f6
A	619.83	6	3
B	535.83	6	2
C	498.50	6	1

(a)

Duncan Grouping	Mean	N	power
A	728.00	6	3
B	527.17	6	2
C	399.00	6	1

(b)

图 13.6 SAS 对例 13.3 的分析结果；（a）为对气体流速的 Duncan 检验；
（b）为对电能的 Duncan 检验

习 题

13.1 一项试验要研究温度和烤箱类型对某特殊部件使用寿命的效应。在试验中共使用了 4 种不同类型的烤箱和 3 个温度水平。24 个部件以 2 个一个处理组的方式随机进行分配，得到如下结果。

温度（℉）	烤箱			
	O_1	O_2	O_3	O_4
500	227	214	225	260
	221	259	236	229
550	187	181	232	246
	208	179	198	273
600	174	198	178	206
	202	194	213	219

请在 0.05 的显著性水平上，检验下述假设：

（a）不同温度对零部件的寿命没有影响。

（b）不同烤箱对零部件的寿命没有影响。

（c）烤箱的类型和温度之间不存在交互效应。

13.3 对 3 种不同状态下的老鼠在 2 种环境条件下进行观察，以研究它们在迷宫测试中的行为。48 只老鼠的误差得分如下表所示。

环境	状态					
	聪明		混合		愚笨	
自由	28	12	33	83	101	94
	22	23	36	14	33	56
	25	10	41	76	122	83
	36	86	22	58	35	23
受限	72	32	60	89	136	120
	48	93	35	126	38	153
	25	31	83	110	64	128
	91	19	99	118	87	140

请在 0.01 的显著性水平上检验下述假设：

（a）不同环境下的误差得分没有差异。

（b）不同状态下的误差得分没有差异。

（c）环境和老鼠的状态之间没有交互效应。

13.5 为了确定不同的肌肉是否影响网球运动中发平击球的表现，弗吉尼亚理工大学健康、身体训练与恢复系开展了一项研究。测试了 5 种不同的肌肉：

1. 三角肌前束

2. 大胸肌

3. 三角肌后束

4. 三角肌中束
5. 三头肌

每种类型的肌肉都有 3 名受试人员，在每个处理组中进行 3 次试验。击球时的肌动电流图数据如下表所示。请在 0.01 的显著性水平上，检验下述假设：

（a）不同受试人员肌动电流图的测量值是相等的。

（b）不同的肌肉对肌动电流图的测量值没有影响。

（c）试验与肌肉类型之间不存在交互效应。

人	肌肉				
	1	2	3	4	5
1	32	5	58	10	19
	59	1.5	61	10	20
	38	2	66	14	23
2	63	10	64	45	43
	60	9	78	61	61
	50	7	78	71	42
3	43	41	26	63	61
	54	43	29	46	85
	47	42	23	55	95

13.7 已知某种聚合物的萃取速率是由反应温度及催化剂的用量决定的。基于 4 个温度水平和 5 个催化剂水平，在下面的表格中记录了萃取速率，请进行方差分析，检验主效应和交互效应的显著性。

温度	催化剂剂量				
	0.5%	0.6%	0.7%	0.8%	0.9%
50℃	38	45	57	59	57
	41	47	59	61	58
60℃	44	56	70	73	61
	43	57	69	72	58
70℃	44	56	70	73	61
	47	60	67	61	59
80℃	49	62	70	62	53
	47	65	55	69	58

13.9 工程师对影响一个机械工具寿命（小时）的切割速度及工具几何形状的效应产生了兴趣。使用 2 种切割速度及 2 种几何形状，对 4 个组合中的每种进行 3 次试验。数据如下表所示。

工具的几何形状	切割速度					
	慢			快		
1	22	28	20	34	37	29
2	18	15	16	11	10	10

（a）请给出方差分析表，并检验交互效应和主效应。

（b）在对切割速度进行检验时，请对交互效应进行评论。

（c）再次进行试验，让工程师了解切割速度的真实效果。

（d）通过图形来展示交互效应。

13.11 一项试验要确定两个因子——分析方法和进行该分析的实验室，对煤中硫含量水平的影响。28 个煤样本随机分配给 28 个处理组，试验单元的结构用 7 个实验室及 2 种分析方法的组合来表示，每个因子组合 2 个样本。数据如下表所示，其中响应变量是硫所占百分比。

实验室	方法			
	1		2	
1	0.109	0.105	0.105	0.108
2	0.129	0.122	0.127	0.124
3	0.115	0.112	0.109	0.111
4	0.108	0.108	0.117	0.118
5	0.097	0.096	0.110	0.097
6	0.114	0.119	0.116	0.122
7	0.155	0.145	0.164	0.160

资料来源：G. Taguchi, "Signal to Noise Ratio and Its Applications to Testing Material," *Reports of Statistical Application Research*, Union of Japanese Scientists and Engineers, Vol. 18, No. 4, 1971.

（a）请进行方差分析，并将结果列在方差分析表中。

（b）交互效应是否显著？如果是显著的，请讨论它对科研人员有何意义。请根据 P 值作答。

（c）各个主效应、实验室、分析方法在统计上是不是显著的？请讨论你所得到的结论，在存在显著交互效应的情形下又当如何？

（d）绘制交互效应图来刻画交互效应。

（e）在实验室 1 进行检验来比较方法 1 和方法 2，并在实验室 7 做同样的检验。请对结果进行解释。

13.13 Myers（1990）描述了这样一个试验，环境保护部门想要确定 2 种水处理方法对镁摄取的影响。镁的水平以克/立方厘米为单位，该试验中还包括 2 个不同的时间水平，数据如下表所示。

时间（小时）	处理					
	1			2		
1	2.19	2.15	2.16	2.03	2.01	2.04
2	2.01	2.03	2.04	1.88	1.86	1.91

(a) 请绘制交互效应图，根据该图你所得到的印象是什么？

(b) 请进行方差分析，并对主效应和交互效应进行检验。

(c) 请给出科学的结论来说明时间和处理是如何影响镁的摄取的。

(d) 将处理视为分类变量，请拟合一个适当的回归模型。该模型中要包含交互效应。

(e) 在回归模型中交互效应是否显著？

13.15　弗吉尼亚理工大学开展了一项研究，目的在于评估在阻燃剂中使用络合剂对棉织法兰绒这种纤维进行特殊的洗涤之后的可燃性的影响。其中有 2 个处理且每个处理有 2 个水平。我们准备了 2 个泡缸，一个缸（泡缸 1）中是羧甲基纤维素化合物，而另一个缸（泡缸 2）中则什么都没有。一半织物洗涤 5 次，另一半织物则洗涤 10 次。每个泡缸/洗涤组合中有 12 块织物。洗涤之后，将纤维进行燃烧试验，并

记录下燃烧时长。燃烧时长（秒）的数据如下表所示。

洗涤次数	泡缸 1			泡缸 2		
5	13.7	23.0	15.7	6.2	5.4	5.0
	25.5	15.8	14.8	4.4	5.0	3.3
	14.0	29.4	9.7	16.0	2.5	1.6
	14.0	12.3	12.3	3.9	2.5	7.1
10	27.2	16.8	12.9	18.2	8.8	14.5
	14.9	17.1	13.0	14.7	17.1	13.9
	10.8	13.5	25.5	10.6	5.8	7.3
	14.2	27.4	11.5	17.7	18.3	9.9

(a) 请进行方差分析。请问交互效应项是否显著？

(b) 主效应之间是否存在差异？请讨论。

13.4　三因子试验

在这一节中，我们考察完全随机化设计的另一个试验，其中包含 A，B，C 这 3 个因子，且分别有 a，b，c 这 3 个不同的水平。同时假设在 abc 个处理组的每个组都有 n 次观测。我们将继续讨论对所包含的主效应和交互效应的显著性检验问题，希望能将这里的内容推广到 $k>3$ 个因子的分析问题中。

三因子试验的模型

三因子试验的模型为：

$$y_{ijkl} = \mu + \alpha_i + \beta_j + \gamma_k + (\alpha\beta)_{ij} + (\alpha\gamma)_{ik} + (\beta\gamma)_{jk} + (\alpha\beta\gamma)_{ijk} + \varepsilon_{ijkl}$$

式中，$i=1$，2，$\cdots$，a；$j=1$，2，$\cdots$，b；$k=1$，2，$\cdots$，c；$l=1$，2，$\cdots$，n；α_i，β_j，γ_k 为主效应；$(\alpha\beta)_{ij}$，$(\alpha\gamma)_{ik}$，$(\beta\gamma)_{jk}$ 为两因子的交互效应，且与两因子试验中的解释是相同的。

$(\alpha\beta\gamma)_{ijk}$ 称作**三因子交互效应**，表示的是 $(\alpha\beta)_{ij}$ 对因子 C 的不同水平是不可加的。和之前一样，所有主效应的和是 0，对两因子和三因子交互效应的任意下标求和也为 0。在大多数试验条件下，这些高阶的交互效应是不显著的，且其均方仅反映随机变差，但我们仍将从最一般的细节来进行分析。

为了做出有效的显著性检验，我们再次假设误差是相互独立、均值为 0 且共同方差为 σ^2 的正态分布随机变量的值。

三因子试验的基本原理与单因子和两因子试验是相同的。平方和被分解为 8 个部分，每一项都是一个变差来源，在所有主效应和交互效应为 0 时，我们可以据此得到 σ^2 的独立估计。如果给定的因子和交互效应不全为 0，均方估计则是误差方差再加上由我们讨论的系统性效应引起的一个变差。

三因子试验的平方和

$$SSA = bcn \sum_{i=1}^{a} (\bar{y}_{i..} - \bar{y}_{....})^2$$

$$SS(AB) = cn \sum_{i} \sum_{j} (\bar{y}_{ij..} - \bar{y}_{i..} - \bar{y}_{.j.} + \bar{y}_{....})^2$$

$$SSB = acn \sum_{j=1}^{b} (\bar{y}_{.j.} - \bar{y}_{....})^2$$

$$SS(AC) = bn \sum_{i} \sum_{k} (\bar{y}_{i.k.} - \bar{y}_{i..} - \bar{y}_{..k.} + \bar{y}_{....})^2$$

$$SSC = abn \sum_{k=1}^{c} (\bar{y}_{..k.} - \bar{y}_{....})^2$$

$$SS(BC) = an \sum_{j} \sum_{k} (\bar{y}_{.jk.} - \bar{y}_{.j.} - \bar{y}_{..k.} + \bar{y}_{....})^2$$

$$SS(ABC) = n \sum_{i} \sum_{j} \sum_{k} (\bar{y}_{ijk.} - \bar{y}_{ij..} - \bar{y}_{i.k.} - \bar{y}_{.jk.} + \bar{y}_{i..} + \bar{y}_{.j.} + \bar{y}_{..k.} - \bar{y}_{....})^2$$

$$SST = \sum_{i} \sum_{j} \sum_{k} \sum_{l} (y_{ijkl} - \bar{y}_{....})^2$$

$$SSE = \sum_{i} \sum_{j} \sum_{k} \sum_{l} (y_{ijkl} - \bar{y}_{ijk.})^2$$

    尽管在本书中，我们更强调对计算机软件分析结果的解释，而不是费力地去计算平方和，但我们还是在此提供了三个主效应和交互效应的平方和。我们可以发现，这显然就是两因子问题向三因子问题的推广。

    公式中均值的定义如下：

$\bar{y}_{....} = abcn$ 个观测值的均值

$\bar{y}_{i..} = $ 因子 A 的第 i 个水平的观测值的均值

$\bar{y}_{.j.} = $ 因子 B 的第 j 个水平的观测值的均值

$\bar{y}_{..k.} = $ 因子 C 的第 k 个水平的观测值的均值

$\bar{y}_{ij..} = $ 因子 A 的第 i 个水平和因子 B 的第 j 个水平的观测值的均值

$\bar{y}_{i.k.} = $ 因子 A 的第 i 个水平和因子 C 的第 k 个水平的观测值的均值

$\bar{y}_{.jk.} = $ 因子 B 的第 j 个水平和因子 C 的第 k 个水平的观测值的均值

$\bar{y}_{ijk.} = $ 第 (ijk) 个处理组的观测值的均值

表 13.7 为我们对每个因子组进行 n 次重复观测的三因子问题所做方差分析的结果。

表 13.7 n 次重复观测的三因子试验的方差分析

变差来源	平方和	自由度	均方	f 值
主效应				
A	SSA	$a-1$	s_1^2	$f_1 = \dfrac{s_1^2}{s^2}$
B	SSB	$b-1$	s_2^2	$f_2 = \dfrac{s_2^2}{s^2}$
C	SSC	$c-1$	s_3^2	$f_3 = \dfrac{s_3^2}{s^2}$

续前表

变差来源	平方和	自由度	均方	f 值
两因子交互效应				
AB	$SS(AB)$	$(a-1)(b-1)$	s_4^2	$f_4 = \dfrac{s_4^2}{s^2}$
AC	$SS(AC)$	$(a-1)(c-1)$	s_5^2	$f_5 = \dfrac{s_5^2}{s^2}$
BC	$SS(BC)$	$(b-1)(c-1)$	s_6^2	$f_6 = \dfrac{s_6^2}{s^2}$
三因子交互效应				
ABC	$SS(ABC)$	$(a-1)(b-1)(c-1)$	s_7^2	$f_6 = \dfrac{s_7^2}{s^2}$
误差	SSE	$abc(n-1)$	s^2	
合计	SST	$abcn-1$		

对于一个三因子试验，如果每个组合都只有单个观测值，我们可以在表 13.7 中令 $n=1$，并利用 ABC 交互效应平方和作为 SSE。在这种情形下，我们假设 $(\alpha\beta\gamma)_{ijk}$ 交互效应都为 0，于是有

$$E\left[\frac{SS(ABC)}{(a-1)(b-1)(c-1)}\right] = \sigma^2 + \frac{n}{(a-1)(b-1)(c-1)} \sum_{i=1}^{a} \sum_{j=1}^{b} \sum_{k=1}^{c} (\alpha\beta\gamma)_{ijk}^2 = \sigma^2$$

也就是说，$SS(ABC)$ 所代表的是仅由试验误差引起的变差。因此它的均方给出了均方误差的一个无偏估计。由于 $n=1$，$SSE = SS(ABC)$，于是从总平方和中减去主效应和交互作用的平方和，就得到了误差平方和。

例 13.4　在生产一种特殊材料时，我们关注 3 个变量：A 是操作员效应（有 3 名操作员）；B 是试验中使用的催化剂（有 3 种催化剂）；C 是冷却后产品的清洗时间（15 分钟和 20 分钟）。每个因子组各有 3 次观测。而我们需要对因子之间的所有交互效应都进行研究。表 13.8 为响应变量的产出数据。现在我们对其进行方差分析以检验效应的显著性。

表 13.8　例 13.4 的数据

操作员 A	清洗时间 C					
	15 分钟			20 分钟		
	催化剂 B			催化剂 B		
	1	2	3	1	2	3
1	10.7	10.3	11.2	10.9	10.5	12.2
	10.8	10.2	11.6	12.1	11.1	11.7
	11.3	10.5	12.0	11.5	10.3	11.0
2	11.4	10.2	10.7	9.8	12.6	10.8
	11.8	10.9	10.5	11.3	7.5	10.2
	11.5	10.5	10.2	10.9	9.9	11.5
3	13.6	12.0	11.1	10.7	10.2	11.9
	14.1	11.6	11.0	11.7	11.5	11.6
	14.5	11.5	11.5	12.7	10.9	12.2

解：表 13.9 是对上表中数据进行方差分析的结果。在 $\alpha=0.05$ 的显著性水平上，所有交互效应都没有显著的效应。不过，BC 的 P 值是 0.0610，因此不应该忽略这一个。也就是说，操作员和催化剂之间的交互效应是显著的，而清洗时间的效应则是不显著的。

表 13.9　对完全随机化设计的三因子试验的方差分析

来源	自由度	平方和	均方	F 值	P 值
A	2	13.98	6.99	11.64	0.000 1
B	2	10.18	5.09	8.48	0.001 0
AB	4	4.77	1.19	1.99	0.117 2
C	1	1.19	1.19	1.97	0.168 6
AC	2	2.91	1.46	2.43	0.102 7
BC	2	3.63	1.82	3.03	0.061 0
ABC	4	4.91	1.23	2.04	0.108 9
误差	36	21.61	0.60		
合计	53	63.19			

13.4.1　交互效应 BC 的影响

在此我们对例 13.4 做进一步讨论，特别是处理催化剂与清洗时间之间的交互效应及其对清洗时间主效应（因子 C）的检验造成的影响。回顾一下在 13.2 节所做的讨论，我们说明了在交互效应存在时是如何改变我们对主效应的解释的。在例 13.4 中，交互效应 BC 在约为 0.06 的水平上是显著的。不过，假设我们观测到如表 13.10 所示的关于均值的双边表。

表 13.10　例 13.4 中关于均值的双边表

催化剂 B	清洗时间 C	
	15 分钟	20 分钟
1	12.19	11.29
2	10.86	10.50
3	10.09	11.49
均值	11.38	11.08

显然，我们会认为清洗时间是不显著的。不仔细的试验人员可能会认为，在任何对产量做进一步讨论的研究中，清洗时间都是可以从中剔除的一个因素。然而，我们还是可以很明显地看到清洗时间的效应是有所改变的，在第一种催化剂下其效应为负，而在第三种催化剂下似乎又是正效应了。如果仅仅关注催化剂 1 的数据，通过比较在两种清洗时间下的平均产出，我们可以得到一个简单 t 统计量

$$t = \frac{12.19 - 11.29}{\sqrt{0.6(2/9)}} = 2.5$$

可以看到，该统计量在 0.02 以上的显著性水平上都是显著的。这样一来，如果分析人员对清洗时间的不显著的 F 比率值进行了错误的解释，就可能忽略了清洗时间对催化剂 1 而言具有的重要的负效应。

13.4.2　多因子模型中的合并

我们已经描述并分析了最一般情形的三因子模型，即模型中包含所有可能的交互效应。当然，在很多时候，我们可能事先就知道，模型是不应该包含某些交互效应的。我们可以利用这些知识，把与可忽略的交互效应相关的平方和与误差平方和结合或合并起来，从而对 σ^2 所构造的估计的自由度也会更大。比如，在一个冶金试验中，研究 3 个重要的工艺变量对涂层厚度的效应，假定因子 A（酸浓度）与因子 B 和 C 没有交互效应。平方和 SSA，SSB，SSC，SS(BC) 则可利用本节前面所述的方法进行计算。其余效应的均方则都是误差方差 σ^2 的独立估计。因此，我们构造新的均方

误差，合并 $SS(AB)$，$SS(AC)$，$SS(ABC)$，SSE，同时也合并了其自由度。于是显著性检验的分母就是如下的均方误差：

$$s^2 = \frac{SS(AB) + SS(AC) + SS(ABC) + SSE}{(a-1)(b-1) + (a-1)(c-1) + (a-1)(b-1)(c-1) + abc(n-1)}$$

在计算上，如果得出了 SST 及所存在效应的平方和，就可以通过减法而得到合并的平方和以及合并的自由度。方差分析表的形式如表 13.11 所示。

表 13.11　因子 A 无交互效应的方差分析

变差来源	平方和	自由度	均方	f 值
主效应				
A	SSA	$a-1$	s_1^2	$f_1 = \dfrac{s_1^2}{s^2}$
B	SSB	$b-1$	s_2^2	$f_2 = \dfrac{s_2^2}{s^2}$
C	SSC	$c-1$	s_3^2	$f_3 = \dfrac{s_3^2}{s^2}$
两因子交互效应				
BC	$SS(BC)$	$(b-1)(c-1)$	s_4^2	$f_4 = \dfrac{s_4^2}{s^2}$
误差	SSE	余数		
合计	SST	$abcn-1$		

13.4.3　区组中的因子试验

在本章，我们假设试验设计所使用的是一个完全随机化设计。通过将表 13.11 中的因子 A 的水平解释为不同的区组，则可以得到一个随机区组化设计中的两因子试验的方差分析。比如，如果将例 13.4 中的操作员理解为区组，并假设区组与其他两个因子之间没有交互效应，则方差分析的形式如表 13.12 所示，而不是像表 13.9 那样。读者可以验证，均方误差仍然为：

$$s^2 = \frac{4.77 + 2.91 + 4.91 + 21.61}{4 + 2 + 4 + 36} = 0.74$$

它就是将不存在交互效应的效应合并后的平方和。我们注意到，因子 B（即催化剂）对产量有一个显著的效应。

表 13.12　对随机区组化设计的两因子试验的方差分析

变差来源	平方和	自由度	均方	f 值	P 值
区组	13.98	2	6.99		
主效应					
B	10.18	2	5.09	6.88	0.002 4
C	1.18	1	1.18	1.59	0.213 0
两因子交互效应					
BC	3.64	2	1.82	2.46	0.096 6
误差	34.21	46	0.74		
合计	63.19	53			

例 13.5 为了确定温度、压强及搅拌速率对产品滤清率的效应，开展了一项试验。假设试验是在一个试验工厂中完成的。试验中的每个因子都包含 2 个水平。另外，使用 2 批原材料，以批次作为区组。对每批原材料以随机的顺序进行 8 次试验操作。所有 2 个因子之间都可能存在交互效应，但假设它们与批次之间没有交互作用。数据如表 13.13 所示。L 和 H 分别表示低水平和高水平。滤清率以加仑/小时计。

表 13.13　例 13.5 的数据

第 1 批					
温度	低搅拌率		温度	高搅拌速率	
	压强 L	压强 H		压强 L	压强 H
L	43	49	L	44	47
H	64	68	H	97	102

第 2 批					
温度	低搅拌速率		温度	高搅拌速率	
	压强 L	压强 H		压强 L	压强 H
L	49	57	L	51	55
H	70	76	H	103	106

（a）给出完整的方差分析表。将所有与区组的交互效应合并到误差中。

（b）哪些交互效应可能是显著的？

（c）通过图形找到显著的交互作用，并对其进行解释。说明该图形对工程师的意义何在。

解： 根据题意我们有：

（a）我们在图 13.7 中给出了 SAS 软件的分析结果。

```
Source                 DF  Type III SS    Mean Square    F Value   Pr > F
batch                   1    175.562 500    175.562 500    177.14  <0.000 1
pressure                1     95.062 500     95.062 500     95.92  <0.000 1
temp                    1  5 292.562 500  5 292.562 500  5 340.24  <0.000 1
pressure*temp           1      0.562 500      0.562 500      0.57   0.475 8
strate                  1  1 040.062 500  1 040.062 500  1 049.43  <0.000 1
pressure*strate         1      5.062 500      5.062 500      5.11   0.058 3
temp*strate             1  1 072.562 500  1 072.562 500  1 082.23  <0.000 1
pressure*temp*strate    1      1.562 500      1.562 500      1.58   0.249 5
Error                   7      6.937 500      0.991 071
Corrected Total        15  7 689.937 500
```

图 13.7　对例 13.5 的方差分析，批次的交互效应被合并到误差中

（b）正如我们在图 13.7 中所看到的，温度和搅拌速率的交互效应看起来非常显著。压强与搅拌速率的交互效应也非常显著。此外，如果要做进一步的合并，把不显著的交互效应合并到误差中，结论仍然是相同的，而压强与搅拌速率的交互效应的 P 值则变得更显著一些，即 0.051 7。

（c）如图 13.7 所示，我们可以看到，搅拌速率主效应和温度主效应都非常显著。通过图 13.8（a）中的交互效应图我们可以看到，搅拌速率的效应依赖于温度水平。在较低的温度水平下，搅拌速率的效应是可以忽略的，而在较高的温度水平下，搅拌速率对平均过滤率则有很强的正效应。图 13.8（b）为压强与搅拌速率的交互效应，尽管不像图 13.8（a）中那样显著，但我们仍然可以看到，在不同的压强下，搅拌速率是存在少许不一致的。

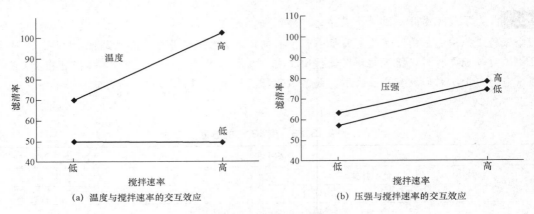

图 13.8　例 14.5 的交互效应

(a) 温度与搅拌速率的交互效应

(b) 压强与搅拌速率的交互效应

🐟 习　题

13.17　下面的数据是在一项研究中测量得到的。试
验使用了 3 个因子 A，B，C，它们 3 个全都是固
定效应。

	C_1			C_2			C_3	
	$B_1\ B_2\ B_3$			$B_1\ B_2\ B_3$			$B_1\ B_2\ B_3$	
A_1	15.0 14.8 15.9 16.8			14.2 13.2 15.8			15.5 19.2	
	18.5 13.6 14.8 15.4			12.9 11.6 14.3			13.7 13.5	
	22.1 12.2 13.6 14.3			13.0 10.1 13.0			12.6 11.1	
A_{12}	11.3 17.2 16.1 18.9			15.4 12.4 12.7			17.3 7.8	
	14.6 15.5 14.7 17.3			17.0 13.6 14.2			15.8 11.5	
	18.2 14.2 13.4 16.1			18.6 15.2 15.9			14.6 12.2	

(a)　请在 $\alpha = 0.05$ 的显著性水平上检验所有交互
效应是否显著。

(b)　请在 $\alpha = 0.05$ 的显著性水平上检验主效应
是否显著。

(c)　请解释显著的交互效应怎样掩盖了因子 C
的效应。

13.19　金属的腐蚀疲劳被认为是循环压力以及对
金属结构的化学腐蚀共同导致的。弗吉尼亚理
工大学机械工程系设计了一项研究"温度和一
些表面涂层对铝合金 2024 – T351 的工作寿命
的效应"，其中包含保护性铬酸盐涂层的技术，
以使铝的腐蚀疲劳损失达到最小。研究中使用
了 3 个因子，在每个处理组重复 5 次：涂层有
2 个水平，湿度和切变压力各有 3 个水平。金
属疲劳数据如下表所示，其中记录的是每千次
循环中失败的次数。

(a)　请在 $\alpha = 0.01$ 的显著性水平上，对主效应和
交互效应进行方差分析，以检验其显著性。

(b)　请对 3 个因子组给出你的建议，从而使得疲
劳损失最低。

涂层	湿度	切变压力（psi）		
		13 000	17 000	20 000
无涂层	低 （20% ~ 25% RH）	4 580	5 252	361
		10 126	897	466
		1 341	1 465	1 069
		6 414	2 694	469
		3 549	1 017	937
	中 （50% ~ 60% RH）	2 858	799	314
		8 829	3 471	244
		10 914	685	261
		4 067	810	522
		2 595	3 409	739
	高 （86% ~ 91% RH）	6 489	1 862	1 344
		5 248	2 710	1 027
		6 816	2 632	663
		5 860	2 131	1 216
		5 901	2 470	1 097
铬酸盐	低 （20% ~ 25% RH）	5 395	4 035	130
		2 768	2 022	841
		1 821	914	1 595
		3 604	2 036	1 482
		4 106	3 524	529
	中 （50% ~ 60% RH）	4 833	1 847	252
		7 414	1 684	105
		10 022	3 042	847
		7 463	4 482	874
		21 906	996	755
	高 （86% ~ 91% RH）	3 287	1 319	586
		5 200	929	402
		5 493	1 263	846
		4 145	2 236	524
		3 336	1 392	751

13.21 电子复印机是利用静电将黑墨黏附到纸上从而进行复印的。加热并将黑墨黏附到纸上是复印过程的最后一步。这个过程中的黏附力决定了复印的质量。假定温度、胶轴的表面状况、印刷轴的硬度都会影响复印机的黏附力。开展了一个试验，处理组由 3 个因子及各自的 3 个水平构成。下面的数据是每个处理组的黏附力。请在 $\alpha = 0.05$ 的显著性水平上进行方差分析，检验主效应和交互效应的显著性。

胶轴表面状态	印刷轴的硬度					
	20		40		60	
低温 软	0.52	0.44	0.54	0.52	0.60	0.55
	0.57	0.53	0.65	0.56	0.78	0.68
低温 中	0.64	0.59	0.79	0.73	0.49	0.48
	0.58	0.64	0.79	0.78	0.74	0.50
低温 硬	0.67	0.77	0.58	0.68	0.55	0.65
	0.74	0.65	0.57	0.59	0.57	0.58
中温 软	0.46	0.40	0.31	0.49	0.56	0.42
	0.58	0.37	0.40	0.66	0.49	0.49
中温 中	0.60	0.43	0.66	0.57	0.64	0.54
	0.62	0.61	0.72	0.56	0.74	0.56
中温 硬	0.53	0.65	0.53	0.45	0.56	0.66
	0.66	0.56	0.59	0.47	0.71	0.67
高温 软	0.52	0.44	0.54	0.52	0.65	0.49
	0.57	0.53	0.65	0.56	0.65	0.52
高温 中	0.53	0.53	0.59	0.47	0.49	0.48
	0.66	0.56	0.59	0.47	0.74	0.50
高温 硬	0.43	0.43	0.48	0.31	0.55	0.65
	0.47	0.44	0.43	0.27	0.57	0.58

13.23 在标准负荷下考察洗衣机的去污能力时，需要考察 3 个因子的组合。第一个因子是去污剂的品牌（X，Y，Z），第二个因子是去污剂的类型（液体或粉末），第三个因子是水温（热或温）。试验重复 3 次。响应变量是污垢被去除的百分比。数据如下表所示。

品牌	类型		温度		
X	粉末	热	85	88	80
		温	82	83	85
	液体	热	78	75	72
		温	75	75	73
Y	粉末	热	90	92	92
		温	88	86	88
	液体	热	78	76	70
		温	76	77	76
Z	粉末	热	85	87	88
		温	76	74	78
	液体	热	60	70	68
		温	55	57	54

（a）请在 $\alpha = 0.05$ 的显著性水平上检验是否存在显著的交互效应。

（b）去污剂的 3 个品牌之间是否存在显著差异？

（c）你更愿意采用哪个因子组？

13.25 在日本规格协会出版的《质量改进中的试验设计》一书中记录了这样一项研究，利用一种溶剂萃取聚乙烯，并研究凝胶（比例）的数量是如何被以下 3 个因子影响的：溶剂类型、萃取温度和萃取时间。设计一个因子试验，收集到的凝胶的比例数据如下表所示。

溶剂	温度	时间					
		4		8		16	
乙醇	120	94.0	94.0	93.8	94.2	91.1	90.5
	80	95.3	95.1	94.9	95.3	92.5	92.4
甲苯	120	94.6	94.5	93.6	94.1	91.1	91.0
	80	95.4	95.4	95.6	96.0	92.1	92.1

（a）请进行方差分析，判断哪些因子和交互效应会影响到凝胶的比例。

（b）请绘制出所有两因子的显著的交互效应图。此外，你根据所存在的交互效应能得出什么结论？

（c）请绘制出残差的正态概率图，并加以评论。

13.5 随机效应和混合效应模型的因子试验

在一个包含随机效应的两因子试验中，我们有模型

$$Y_{ijk} = \mu + A_i + B_j + (AB)_{ij} + \varepsilon_{ijk}$$

式中，$i = 1, 2, \cdots, a$；$j = 1, 2, \cdots, b$；$k = 1, 2, \cdots, n$；A_i，B_j，$(AB)_{ij}$，ε_{ijk} 分别是均值为 0、方差为 σ_α^2，σ_β^2，$\sigma_{\alpha\beta}^2$，σ^2 的独立随机变量。随机效应试验的平方和与固定效应试验的计算方法是完

全相同的。现在我们关注以下形式的假设检验：

$$H'_0 : \sigma_\alpha^2 = 0$$
$$H''_0 : \sigma_\beta^2 = 0$$
$$H'''_0 : \sigma_{\alpha\beta}^2 = 0$$
$$H'_1 : \sigma_\alpha^2 \neq 0$$
$$H''_1 : \sigma_\beta^2 \neq 0$$
$$H'''_1 : \sigma_{\alpha\beta}^2 \neq 0$$

其中 f 比率值的分母不一定是均方误差。通过分析各个均方的期望值可以确定合适的分母，如表13.14 所示。

表 13.14   两因子随机效应试验的均方期望

变差来源	自由度	均方	均方期望
A	$a-1$	s_1^2	$\sigma^2 + n\sigma_{\alpha\beta}^2 + bn\sigma_\alpha^2$
B	$b-1$	s_2^2	$\sigma^2 + n\sigma_{\alpha\beta}^2 + an\sigma_\beta^2$
AB	$(a-1)(b-1)$	s_3^2	$\sigma^2 + n\sigma_{\alpha\beta}^2$
误差	$ab(n-1)$	s^2	σ^2
合计	$abn-1$		

根据表 13.14 我们可以看到，H'_0 和 H''_0 利用 s_3^2 作为 f 比率值的分母，而 H'''_0 是利用 s^2 作为 f 比率值的分母。方差组分的无偏估计为：

$$\hat{\sigma}^2 = s^2$$
$$\hat{\sigma}_{\alpha\beta}^2 = \frac{s_3^2 - s^2}{n}$$
$$\hat{\sigma}_\alpha^2 = \frac{s_1^2 - s_3^2}{bn}$$
$$\sigma_\beta^2 = \frac{s_2^2 - s_3^2}{an}$$

如表 13.15 所示，我们给出了完全随机化设计中，包含随机效应的三因子试验的均方期望。从表 13.15 中的均方期望可以很容易看出，可以构造出检验所有两因子和三因子交互效应方差组分的适当的 f 比率值。然而，要检验如下形式的一个假设：

$$H_0 : \sigma_\alpha^2 = 0$$
$$H_1 : \sigma_\alpha^2 \neq 0$$

表 13.15   三因子随机效应试验的均方期望

变差来源	自由度	均方	均方期望
A	$a-1$	s_1^2	$\sigma^2 + n\sigma_{\alpha\beta\gamma}^2 + cn\sigma_{\alpha\beta}^2 + bn\sigma_{\alpha\gamma}^2 + bcn\sigma_\alpha^2$
B	$b-1$	s_2^2	$\sigma^2 + n\sigma_{\alpha\beta\gamma}^2 + cn\sigma_{\alpha\beta}^2 + an\sigma_{\beta\gamma}^2 + acn\sigma_\beta^2$
C	$c-1$	s_3^2	$\sigma^2 + n\sigma_{\alpha\beta\gamma}^2 + bn\sigma_{\alpha\gamma}^2 + an\sigma_{\beta\gamma}^2 + abn\sigma_\gamma^2$
AB	$(a-1)(b-1)$	s_4^2	$\sigma^2 + n\sigma_{\alpha\beta\gamma}^2 + cn\sigma_{\alpha\beta}^2$
AC	$(a-1)(c-1)$	s_5^2	$\sigma^2 + n\sigma_{\alpha\beta\gamma}^2 + bn\sigma_{\alpha\gamma}^2$

续前表

变差来源	自由度	均方	均方期望
BC	$(b-1)(c-1)$	s_6^2	$\sigma^2 + n\sigma_{\alpha\beta\gamma}^2 + an\sigma_{\beta\gamma}^2$
ABC	$(a-1)(b-1)(c-1)$	s_7^2	$\sigma^2 + n\sigma_{\alpha\beta\gamma}^2$
误差	$abc(n-1)$	s^2	σ^2
合计	$abcn-1$		

只有当一个或多个两因子交互效应的方差组分不显著时，才可能找到一个适当的 f 比率值。比如，假设已经对比了 s_5^2（AC 的均方）和 s_7^2（ABC 的均方），并发现 $\sigma_{\alpha\gamma}^2$ 是可以忽略的。那么可以说 $\sigma_{\alpha\gamma}^2$ 项应该从表 13.15 中所有的均方期望中删除，这时比率值 s_1^2/s_4^2 就给出了对方差组分 σ_α^2 的显著性检验。这样一来，如果我们要检验关于主效应的方差组分的假设，必须首先研究两因子交互效应的显著性。如果某个两因子交互效应的方差组分是显著的，从而必须在均方期望中保留，这时我们可以使用由 Satterthwaite（1946）推导出来的近似检验。

例 13.6 在确定工业生产中变差的重要来源有哪些的一项研究中，对 3 个随机选择的操作员和 4 批随机选择的原材料，在 0.05 的显著性水平上进行显著性检验，以确定批次、操作员的方差组分、交互效应是否显著。表 13.16 为相应的数据，响应变量是重量百分比。

表 13.16 例 13.6 的数据

操作员	批次			
	1	2	3	4
1	66.9	68.3	69.0	69.3
	68.1	67.4	69.8	70.9
	67.2	67.7	67.5	71.4
2	66.3	68.1	69.7	69.4
	65.4	66.9	68.8	69.6
	65.8	67.6	69.2	70.0
3	65.6	66.0	67.1	67.9
	66.3	66.9	66.2	68.4
	65.2	67.3	67.4	68.7

解： 用通常的方法即可求得平方和，其结果为：

SST（合计）$= 84.5564$

SSE（误差）$= 10.6733$

SSA（操作员）$= 18.2106$

SSB（批次）$= 50.1564$

$SS(AB)$（交互）$= 5.5161$

其他所有计算结果如表 13.17 所示。由于

$f_{0.05}(2,6) = 5.14$

$f_{0.05}(3,6) = 4.76$

$f_{0.05}(6,24) = 2.51$

于是我们可以看到，操作员和批次的方差组分都是显著的。交互效应的方差在 $\alpha = 0.05$ 的显著性水平上是不显著的，但 P 值仅为 0.095。因此，主效应的方差组分的估计为：

$$\hat{\sigma}_\alpha^2 = \frac{9.\,105\,3 - 0.\,919\,4}{12} = 0.\,68$$

$$\hat{\sigma}_\beta^2 = \frac{16.\,718\,8 - 0.\,919\,4}{9} = 1.\,76$$

表 13.17　例 13.6 的方差分析结果

变差来源	平方和	自由度	均方	f 值
操作员	18.210 6	2	9.105 3	9.90
批次	50.156 4	3	16.718 8	18.18
交互效应	5.516 1	6	0.919 4	2.07
误差	10.673 3	24	0.444 7	
合计	84.556 4	35		

13.5.1　混合效应模型的试验

在有些情形下，试验需要假设为**混合效应模型**（即随机效应和固定效应的混合）。比如，对于两因子的情形，我们有

$$Y_{ijk} = \mu + A_i + B_j + (AB)_{ij} + \varepsilon_{ijk}$$

式中，$i = 1, 2, \cdots, a$；$j = 1, 2, \cdots, b$；$k = 1, 2, \cdots, n$；A_i 可能是独立随机变量，且独立于 ε_{ijk}；B_j 为可能为固定效应。该模型的混合性质要求交互效应项是堆积变量。因此，相关的假设形式如下：

$$H_0' : \sigma_\alpha^2 = 0$$
$$H_0'' : B_1 = B_2 = \cdots = B_b = 0$$
$$H_0''' : \sigma_{\alpha\beta}^2 = 0$$
$$H_1' : \sigma_\alpha^2 \neq 0$$
$$H_1'' : 至少有一个 B_i 是不为 0 的$$
$$H_1''' : \sigma_{\alpha\beta}^2 \neq 0$$

同样，平方和的计算方法仍与固定效应和随机效应的情形是一致的，F 检验也可由均方导出。表 13.18 给出了两因子混合模型问题的均方期望。

表 13.18　两因子混合模型试验的均方期望

因子	均方期望
A（随机）	$\sigma^2 + bn\sigma_\alpha^2$
B（固定）	$\sigma^2 + n\sigma_{\alpha\beta}^2 + \dfrac{an}{b-1}\sum_j B_j^2$
AB（随机）	$\sigma^2 + n\sigma_{\alpha\beta}^2$
误差	σ^2

根据均方期望的特性，很明显对随机效应的检验应该以均方 s^2 作为分母，而对固定效应的检验则应该以交互效应的均方作为分母。现在我们假设考虑 3 个因子。当然，这里我们必须分别考虑一个因子是固定效应的情形及两个因子是固定效应的情形。表 13.19 给出了这两种情形。

表 13.19　混合模型因子试验的三因子的均方期望

	A 随机	A 随机，B 随机
A	$\sigma^2 + bcn\sigma_\alpha^2$	$\sigma^2 + cn\sigma_{\alpha\beta}^2 + bcn\sigma_\alpha^2$
B	$\sigma^2 + cn\sigma_{\alpha\beta}^2 + acn\sum\limits_{j=1}^{b}\dfrac{B_j^2}{b-1}$	$\sigma^2 + cn\sigma_{\alpha\beta}^2 + acn\sigma_\beta^2$
C	$\sigma^2 + bn\sigma_{\alpha\gamma}^2 + abn\sum\limits_{k=1}^{c}\dfrac{C_k^2}{c-1}$	$\sigma^2 + n\sigma_{\alpha\beta\gamma}^2 + an\sigma_{\beta\gamma}^2 + bn\sigma_{\alpha\gamma}^2 + abn\sum\limits_{k=1}^{c}\dfrac{C_k^2}{c-1}$
AB	$\sigma^2 + cn\sigma_{\alpha\beta}^2$	$\sigma^2 + cn\sigma_{\alpha\beta}^2$
AC	$\sigma^2 + bn\sigma_{\alpha\gamma}^2$	$\sigma^2 + n\sigma_{\alpha\beta\gamma}^2 + bn\sigma_{\alpha\gamma}^2$
BC	$\sigma^2 + n\sigma_{\alpha\beta\gamma}^2 + an\sum\limits_{j}\sum\limits_{k}\dfrac{(BC)_{jk}^2}{(b-1)(c-1)}$	$\sigma^2 + n\sigma_{\alpha\beta\gamma}^2 + an\sigma_{\beta\gamma}^2$
ABC	$\sigma^2 + n\sigma_{\alpha\beta\gamma}^2$	$\sigma^2 + n\sigma_{\alpha\beta\gamma}^2$
误差	σ^2	σ^2

在 A 是随机效应的情形中，所有效应都有适当的 f 比率值。但在 A 和 B 都为随机效应的情形中，主效应 C 的检验必须利用类似于随机效应试验中的 Satterthwaite 方法。

习　题

13.27 为了估计过滤过程中不同成分的变差，在 12 种试验条件下，测量母液中物质的流失百分比，每种条件下重复操作 3 次。随机选择 3 种过滤器和 4 个不同的操作员，测量结果如下表所示。

过滤器	操作人员			
	1	2	3	4
1	16.2	15.9	15.6	14.9
	16.8	15.1	15.9	15.2
	17.1	14.5	16.1	14.9
2	16.6	16.0	16.1	15.4
	16.9	16.3	16.0	14.6
	16.8	16.5	17.2	15.9
3	16.7	16.5	16.4	16.1
	16.9	16.9	17.4	15.4
	17.1	16.8	16.9	15.6

（a）请在 $\alpha = 0.05$ 的显著性水平上检验过滤器和操作人员之间无交互效应这个假设。

（b）请在 $\alpha = 0.05$ 的显著性水平上检验过滤器和操作人员对过滤过程中的变差无影响这个假设。

（c）请估计来自过滤器、操作人员、试验误差的方差。

13.29 考察对随机效应试验进行的下述方差分析。

变差来源	自由度	均方
A	3	140
B	1	480
C	2	325
AB	3	15
AC	6	24
BC	2	18
ABC	6	2
误差	24	5
合计	47	

请在 0.01 的显著性水平上，根据下述方法，检验所有主效应和交互效应显著的方差组合：

（a）在适当的时候使用误差的合并估计。

（b）不合并不显著的效应的平方和。

13.31 一家用于建筑的乳胶漆（品牌 A）的厂商愿意证明其漆比两个竞争者的漆对材料有更好的稳定性。响应变量是从投入使用到碎裂的时间（年）。研究包括 3 个品牌的漆以及 3 种随机选择的材料。每个组合使用 2 块材料。

材料	油漆品牌					
	A		B		C	
A	5.50	5.15	4.75	4.60	5.10	5.20
B	5.60	5.55	5.50	5.60	5.40	5.50
C	5.40	5.48	5.05	4.95	4.50	4.55

（a）这是哪一类模型？

（b）请使用适当的模型来分析数据。

（c）这些数据能否支持品牌 A 的厂商的说法？

🖐 巩固练习

13.33 弗吉尼亚理工大学统计咨询中心参与了一项由人类营养与食品系发起并收集数据的研究，对数据进行了分析，后者对研究面粉类型和甜料百分比对一种蛋糕的某些物理性质的效应感兴趣。分别使用一般的面粉和蛋糕面粉，检验甜料在 4 个水平上的变化。下面的数据给出了蛋糕样本确切的重量信息。在 8 个因子组上各自准备了 3 个蛋糕。

甜料浓度	面粉					
	一般面粉			蛋糕面粉		
0	0.90	0.87	0.90	0.91	0.90	0.80
50	0.86	0.89	0.91	0.88	0.82	0.83
75	0.93	0.88	0.87	0.86	0.85	0.80
100	0.79	0.82	0.80	0.86	0.85	0.85

（a）按照两因子方差分析来处理，检验面粉类型之间的差异和甜料浓度之间的差异。

（b）如果存在交互效应，讨论其效应。对所有的检验都请给出 P 值。

13.34 弗吉尼亚理工大学食品科学系开展了一项试验。我们所关心的是如何描述鲕科某种鱼类的纹理，同时还要研究用这种鱼来做寿司的影响。试验的响应变量是由一种鱼产品切片机器测定的纹理值。下表所示为纹理值的数据。

寿司类型	鱼的类型					
	没有漂白的鲕鱼		漂白的鲕鱼		鲕鱼	
	27.6	57.4	64.0	66.9	107.0	83.9
酸奶油	47.8	71.1	66.5	66.8	110.4	93.4
	53.8			53.8		83.1
	49.8	31.0	48.3	62.2	88.0	95.2
红酒	11.8	35.1	54.6	43.6	108.2	86.7
	16.1			41.8		105.2

（a）请进行方差分析，判断寿司种类是否与鱼的类别之间存在交互效应。

（b）基于（a）中所得到的结果以及对主效应的 F 检验，请判断不同种类的寿司对纹理是否存在差异，并判断鱼的类别是否存在显著差异。

13.35 一项研究要确定湿度对撕开胶合塑料所需的

力量是否有影响。在 4 个不同水平的湿度条件下检验了 3 类塑料。结果（千克）如下表所示。

塑料类型	温度			
	30%	50%	70%	90%
A	39.0	33.1	33.8	33.0
	42.8	37.8	30.7	32.9
B	36.9	27.2	29.3	28.5
	41.0	26.8	29.1	27.9
C	27.4	29.2	26.7	30.9
	30.3	29.9	32.0	31.5

（a）如果这是固定效应试验，请进行方差分析，并在 0.05 的显著性水平上检验湿度与塑料类型之间无交互效应的假设。

（b）仅用塑料 A 和 B 以及（a）中的 s^2 值，再次在 0.05 的显著性水平上检验交互效应是否存在。

13.36 弗吉尼亚理工大学材料工程系的员工开展了一项试验，以研究环境因素对某种铜镍合金的稳定性是否有影响。响应变量是材料的工作寿命，因子是压力的水平及环境。数据如下表所示。

环境	压力水平		
	低	中	高
干燥氢	11.08	13.12	14.18
	10.98	13.04	14.90
	11.24	13.37	15.10
高湿（95%）	10.75	12.73	14.15
	10.52	12.87	14.42
	10.43	12.95	14.25

（a）请在 $\alpha = 0.05$ 的显著性水平上进行方差分析来检验因子之间是否存在交互效应。

（b）基于（a）中的结论，请对两个主效应进行分析并据此给出结论。请根据 P 值来得出结论。

13.37 在巩固练习 13.33 中，把蛋糕的体积也视为一个响应变量（立方英寸）。请检验因子之间的交互效应并讨论主效应。两个因子都假设为固定效应。

甜料浓度	面粉					
	一般面粉			蛋糕面粉		
0	4.48	3.98	4.42	4.12	4.92	5.10
50	3.68	5.04	3.72	5.00	4.26	4.34
75	3.92	3.82	4.06	4.82	4.34	4.40
100	3.26	3.80	3.40	4.32	4.18	4.30

13.38 控制值必须对输入电压非常敏感，才能得到较好的输出电压。工程师通过转动控制螺钉来改变输入电压。在由日本规格协会出版的《用于质量估计的信噪比》一书中有一项研究，关心这3个因子（控制螺钉的相对位置、螺钉的控制域、输入电压）如何影响控制值的敏感性。下面给出了各因子及其水平。数据显示了控制值的敏感性。因子 A: 控制螺钉的相对位置：中心 -0.5，中心，中心 $+0.5$ 因子 B: 螺钉的控制域：2，4.5，7（毫米）因子 C: 输入电压：100，120，150（伏）

A	B		C				
A_1	B_1	151	C_1 135	151	C_2 135	151	C_3 138
A_1	B_2	178	171	180	173	181	174
A_1	B_3	204	190	205	190	206	192
A_2	B_1	156	148	158	149	158	150
A_2	B_2	183	168	183	170	183	172
A_2	B_3	210	204	211	203	213	204
A_3	B_1	161	145	162	148	163	148
A_3	B_2	189	182	191	184	192	183
A_3	B_3	215	202	216	203	217	205

请进行方差分析，并在 $\alpha = 0.05$ 的显著性水平上检验主效应和交互效应的显著性，据此请给出你的结论。

13.39 习题 13.25 给出了一个试验，从某种溶剂中萃取聚乙烯。

溶剂	温度	时间					
		4		8		16	
乙醇	120	94.0	94.0	93.8	94.2	91.1	90.5
	80	95.3	95.1	94.9	95.3	92.5	92.4
甲苯	120	94.6	94.5	93.6	94.1	91.1	91.0
	80	95.4	95.4	95.6	96.0	92.1	92.1

（a）请对数据进行与前面不同的分析。请对容积的类别变量、时间项、温度与时间的交互项、容积与时间的交互项拟合一个适当的回归模型。对所有的系数进行 t 检验，并给出你的发现。

（b）你的发现显示，对乙醇和甲苯这两者来说其适当的模型不同，还是除了截距项以外两者等价？请解释。

（c）你是否得到了与习题 13.25 中相矛盾的结论？请说明。

13.40 由日本规格协会出版的《用于质量估计的信噪比》一书中，研究了轮胎气压如何影响汽车机动性的问题。在 3 种不同的行车路面上比较 3 种不同的轮胎气压。3 种气压是：左右轮胎都膨胀到 6 千克力/平方厘米，左边轮胎膨胀到 6 千克力/平方厘米而右边轮胎膨胀到 3 千克力/平方厘米，左右轮胎都膨胀到 3 千克力/平方厘米。3 种行车路面分别是沥青路面、干沥青路面、干水泥路面。在 3 种不同行车路面上，在每种轮胎气压水平上观测两次待测汽车的转弯半径。

行车路面	轮胎气压					
	1		2		3	
沥青	44.0	25.5	34.2	37.2	27.4	42.8
干沥青	31.9	33.7	31.8	27.6	43.7	38.2
干水泥	27.3	39.5	46.6	28.1	35.5	34.6

请对上面的数据进行方差分析，并对主效应和交互效应进行解释，并加以评论。

13.41 某品牌的冷干咖啡制造商希望在不危害产品安全的前提下，能够缩短工艺时间。在干燥时采用 3 种温度、4 种干燥时间。现在的干燥时间是 3 小时，温度为 $-15\,℃$。响应变量口味是 4 位鉴赏家的平均打分。得分从 1 到 10，10 分为最好。下面的表格中给出了相应的数据。

时间（小时）	$-20\,℃$		$-15\,℃$		$-10\,℃$	
1	9.60	9.63	9.55	9.50	9.40	9.43
1.5	9.75	9.73	9.60	9.61	9.55	9.48
2	9.82	9.93	9.81	9.78	9.50	9.52
3	9.78	9.81	9.80	9.75	9.55	9.58

（a）我们应该采用什么类型的模型？请给出你所基于的假设。

（b）请恰当地对数据进行分析。

（c）请写出给主管副总裁的简要报告，给出你对未来产品生产的建议。

13.42 为了确定在业务的高峰时间所需出纳的数量，收集了一家城市银行的数据。在 3 个繁忙时段研究了 4 名出纳的情况。繁忙的时段分别为：（1）工作日的上午 10：00 到 11：00，（2）工作日的下午 2：00 到 3：00，（3）周六上午 11：00 到 12：00。就每位出纳而言，研究人员要在一个月之内于上述 3 个时段中的每个时段都选出 4 次时间来，以观测其所服务的顾客数。数据如下表所示。

出纳	时段											
	1				2				3			
1	18	24	17	22	25	29	23	32	29	30	21	34
2	16	11	19	14	23	32	25	17	27	29	18	16
3	12	19	11	22	27	33	27	24	25	20	29	15
4	11	9	13	8	10	7	19	8	11	9	17	9

如果服务的顾客数是服从泊松分布的随机变量，则：

(a) 请叙述对上面的数据进行标准的方差分析所存在的危害何在。它违背了那些假设（如果有假设的话）？

(b) 请给出标准的方差分析表，包括关于主效应及交互效应的 F 检验。如果交互效应和主效应是显著的，请给出科学的结论。我们从中知道了什么？请确保对任何显著的交互效应进行解释。在你进行判断的过程中请使用 P 值。

(c) 对响应变量进行适当的变换，再进行全面的分析。在你的结论中是否发现了不同之处？请对此进行说明。

13.6 可能的错误观点及危害；与其他章节的联系

在对因子试验进行分析时，最容易混淆的问题之一就是在存在交互效应时如何对主效应进行解释。在明显存在交互效应时，如果主效应的 P 值较大，则可能会让分析人员得出"主效应不显著"的结论。然而，我们必须知道，如果某个显著的交互效应中包含该主效应的话，那么该主效应实际上对响应变量有影响的。在其他效应的不同水平上，效应的性质就是不一致的。主效应所发挥作用的特征可以通过交互效应图得到。

根据在上面的内容我们可以知道，当因子间存在明显的交互效应时，如果还对主效应进行多重比较检验，则会存在误用统计量的可能。

如果在完全随机化设计中无法做到完全随机化，我们对因子试验进行分析时就必须小心。比如，我们经常能遇到极难有变动的一些因子。因此，在整个试验中，因子水平可能需要在较长时间内保持不变。比如，温度因子就是一个常见的例子。在一个随机化设计中升高或降低温度的代价是很高的，多数试验人员都会避免这样去做。试验设计的随机化因此经常会受到限制，这种设计被称作**裂区设计**。这些内容已经超出本书的范围，感兴趣的读者请参见 Montgomery（2008a）。

我们在本章所讨论的许多概念仍然适用于第 14 章（比如，随机化的重要性、交互效应在对结果进行解释时所起到的作用）。不过，第 14 章有两方面的内容基本上就是第 12 ~ 13 章基本原则的一个推广。在第 14 章中，我们应用因子试验来解决问题的方式是回归分析，因为我们假设绝大多数因子都是定量的，且都是在连续统上进行测度的。预测方程是根据设计性试验的数据得到的，我们可以将其用于工艺改进，甚至是工艺过程优化。此外，我们还提出了部分因子试验，在部分因子试验中的我们只对全因子试验中的部分因子进行了试验，因为开展全因子试验的成本过高。

第14章 2^k因子试验和部分因子试验

14.1 引言

我们已经接触了一些试验设计的思想。对正态总体均值的简单 t 检验的抽样方案与方差分析都涉及将预先选取的处理随机在试验单元间进行分配的问题。在随机区组化设计中，我们是在相对同质的区组中向单元分配处理，因此随机区组化设计是具有限制性的随机化。

在本章中，我们将特别关注这样一种试验设计，它需要对一个有 k 个皆包含两个水平的因子对响应变量的效应进行研究。通常我们称之为 **2^k 因子试验**。我们通常将水平记为"高"和"低"，虽然对于定性变量的情形中这个记法可能存在一定的随意性。全因子试验设计需要在所有其他因子的全部水平上对每个因子的每个水平都进行试验，因此其总量为 2^k 个处理组。

14.1.1 因子筛选和序贯试验

通常，当试验是在研究或开发中进行时，一个优良的试验设计实际上仅是一个**序贯试验设计**的一个部分。通常，科研人员和工程师在研究开始时，可能并不知道哪些因素是重要的，哪些潜在因素使用的试验范围是什么。比如，在 Myers，Montgomery，and Anderson-Cook（2009）中，给出了一个研究小规模试验工厂的例子，其中通过变化 4 个因子——温度、压强、甲醛浓度和搅拌浓度——来确定它们所对应的响应变量，即某种化学产物全部包含在模型中。此外，我们的最终目标是，恰当地设定有贡献的因子，从而使得渗透率最大化。因此，需要确定试验的合理范围。只有在所有试验序贯地完成后，这个问题才能够得到解答。许多试验性的尝试都以迭代学习为特点，这类方法就与"迭代"这个词所暗含的意义——明智的试验方法一样，是和科学的方法相容的。

一般，理想的序贯方法第一步是变量或**因子筛选**，这个步骤由一个包含**候选因子**的简单筛选试验设计组成。当设计中包含一个如同生产过程一样复杂的系统时，这一点尤为重要。将从筛选设计中得到的信息用于设计接下来的一个或多个试验，对重要因子进行调整，能够很好地改进系统或进程。

2^k 因子试验和 2^k 部分因子试验都是有效的工具，且是理想的筛选设计。它们简单、实用，而且直观。我们在第 13 章中讨论的许多概念在本章仍然是适用的。同样，应用图形法也为我们对两水平设计的分析提供了有用的直观印象。

14.1.2 大量因子的筛选设计

在 k 很小时，比如 $k=2$ 或 $k=3$，对因子做 2^k 因子试验的功效很明显。在第 11~13 章中我们所讨论并举例说明的方差分析和回归分析也仍然是有用的工具。此外，本章中也将经常用到图形法。

如果 k 很大，比如是 6，7，8，因子组合的数目会非常大，从而试验将常常难以操作。比如，假设一个人要设计一个包括 $k=8$ 个因子的筛选设计，他将需要得到不仅仅是 $k=8$ 个主效应，还有 $\frac{k(k-1)}{2}=28$ 个两因子的交互效用。然而，$2^8=256$ 次重复对研究 $28+8=36$ 个效应而言，看起来过于庞大且浪费了。但是，正如后面的章节中我们将进行说明的那样，在 k 很大时，我们可以用一种有效的方法——仅仅使用全 2^k 因子试验的一部分，便能得到相当多的信息。这类设计就是部分因子设计。其目的是，大大减少设计规模的同时，仍能很好地保留主效应和我们所关心的交互效应之上的信息。

14.2 2^k 因子试验：效应的估计和方差分析

首先考虑 2^2 因子试验，其中有 A 和 B 两个因子，每个因子组合有 n 个试验观测值。使用记号 (1)，a，b，ab 来表示设计点，这里，出现小写字母表示该因子（A 或 B）处于高水平，而不写出小写字母则表示该因子处于低水平。因此，ab 即设计点 $(+，+)$，a 是 $(+，-)$，b 是 $(-，+)$，(1) 是 $(-，-)$。在前面的一些情形中，此符号也可以表示所讨论的设计点处响应变量的数据。为了说明如何计算重要的效用，以确定各因子的影响，以及如何合并方差分析计算中的平方和，我们给出表 14.1。

表 14.1 一个 2^2 因子试验

		A		均值
B	$\begin{cases} b \\ (1) \end{cases}$		ab a	$\dfrac{b+ab}{2n}$ $\dfrac{(1)+a}{2n}$
均值		$\dfrac{(1)+b}{2n}$	$\dfrac{a+ab}{2n}$	

在该表中，(1)，a，b，ab 是 n 个响应变量在单个设计点处可能取值的总和。简化的 2^2 因子试验这样定义：除去试验误差，分析人员所得到的重要信息是单个自由度这部分，两个主效应 A 和 B 各有一个自由度，交互效应 AB 有一个自由度。从中获得的信息通过三个对照即可给出。我们在处理的总体中定义如下对照：

$$A \text{ 对照} = ab + a - b - (1)$$
$$B \text{ 对照} = ab - a + b - (1)$$
$$AB \text{ 对照} = ab - a - b + (1)$$

很自然地，我们可以认为试验中的三个效应包含这些对照。两个主效应的估计有如下形式：

$$\text{效应} = \bar{y}_H - \bar{y}_L$$

式中，$\bar{y}_H$ 和 $\bar{y}_L$ 分别是高或 + 水平下的响应变量均值，以及低或 - 水平下的响应变量均值。这样一来，我们有如下公式。

主效应的估计

$$A = \frac{ab + a - b - (1)}{2n} = \frac{A \text{ 对照}}{2n}$$

$$B = \frac{ab - a + b - (1)}{2n} = \frac{B \text{ 对照}}{2n}$$

A 这个量被看做因子 A 在低水平和高水平下的响应变量均值之差。实际上，我们称 $A.$ 为 A 的主效应。类似地，$B.$ 为因子 B 的主效应。显然，通过考察表 14.1 中 $ab - b$ 与 $a - (1)$ 或 $ab - a$ 与 $b - (1)$ 之间的差，我们可以得到数据的交互效应。比如，如果

$$ab - a \approx b - (1)$$

或者

$$ab - a - b + (1) \approx 0$$

在因子 B 的高水平下连接因子 A 的各个水平的直线将近似平行于在因子 B 的低水平下连接 A 的各个水平的直线。图 14.1 中不平行的直线说明存在交互效应。为了检验这种表面上存在的交互效应是否显著，我们构造在处理合计中与主效应的对照正交的第三个对照，称作**交互效应**。

$$AB = \frac{ab - a - b + (1)}{2n} = \frac{AB \text{ 对照}}{2n}$$

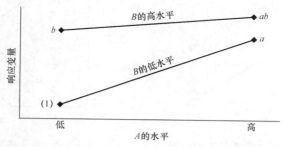

图 14.1   通过响应变量发现明显的交互效应

例 14.1   考虑表 14.2 和表 14.3 中关于 $n = 1$ 的 2^2 因子试验。

表 14.2   无交互效应的 2^2 因子试验

A	B	
	$-$	$+$
$+$	50	70
$-$	80	100

表 14.3   有交互效应的 2^2 因子试验

A	B	
	$-$	$+$
$+$	50	70
$-$	80	40

表 14.2 和表 14.3 中的数字清楚地说明了交互效应在多大程度上影响了对照以及对两个主效应的计算结果和由此得到的相应结论。在表 14.2 中，A 的效应在 B 处于低水平和高水平下都是 -30，而 B 的效应在 A 处于低水平和高水平下都是 20。这种"效应一致性"（无交互效应）对分析人员来说可能是非常重要的信息。两个主效应分别是

$$A = \frac{70 + 50}{2} - \frac{100 + 80}{2} = 60 - 90 = -30$$

$$B = \frac{100 + 70}{2} - \frac{80 + 50}{2} = 85 - 65 = 20$$

而交互效应则为：

$$AB = \frac{100 + 50}{2} - \frac{80 + 70}{2} = 75 - 75 = 0$$

另一方面，在表 14.3 中，A 的效应在 B 处于低水平时仍然是 -30，而在 B 处于高水平时则是 $+30$。这种"效应不一致性"（存在交互效应）在 A 的不同水平下对 B 也存在。在这种情况下，主效应可能没有意义，实际上可能还会有很大的误导性。比如，A 的效应为：

$$A = \frac{50+70}{2} - \frac{80+40}{2} = 0$$

因为作为在 B 的不同水平下的平均，这个效应有一个完全的"掩盖"作用。通过计算效应

$$AB = \frac{70+80}{2} - \frac{50+40}{2} = 30$$

我们可以看到非常强的交互效应。在此，我们用交互效应图来刻画表 14.2 和表 14.3 的情形是非常合适的。我们注意到，图 14.2 中存在平行关系，而图 14.3 中却有明显的交互效应。

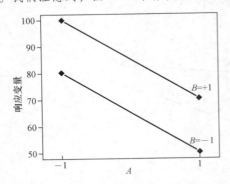

图 14.2　表 14.2 中数据的交互效应图　　　图 14.3　表 14.3 中数据的交互效应图

14.2.1　平方和的计算

我们利用这样一个事实，在 2^2 因子试验，或更一般的 2^k 因子试验中，每个主效应及交互效应都相应地有单个自由度。因此，对处理组而言，我们能够写出 2^k-1 个正交的单自由度的对照，每个对照都可以解释由某些主效应或交互效应引起的变化。这样一来，在试验模型通常的独立正态性假设之下，就能够通过检验来确定对照所显示的是系统变化，还是仅仅是偶然或随机的变化。每个对照的平方和构造如下，其过程见 12.5 节。记

$$Y_{1..} = b + (1)$$
$$Y_{2..} = ab + a$$
$$c_1 = -1$$
$$c_2 = 1$$

式中，$Y_{1..}$ 和 $Y_{2..}$ 是 $2n$ 个观测值的总和，于是我们有

$$SSA = SSw_A = \frac{\left(\sum_{i=1}^{2} c_i Y_{i..}\right)^2}{2n\sum_{i=1}^{2} c_i^2} = \frac{[ab+a-b-(1)]^2}{2^2 n} = \frac{(A\ 对照)^2}{2^2 n}$$

且其自由度为 1。类似地，我们有

$$SSB = \frac{[ab+b-a-(1)]^2}{2^2 n} = \frac{(B\ 对照)^2}{2^2 n}$$

且

$$SS(AB) = \frac{[ab+(1)-a-b]^2}{2^2 n} = \frac{(AB\ 对照)^2}{2^2 n}$$

其中每个对照的自由度都为 1，而误差平方和有 $2^2(n-1)$ 个自由度，且可以在下面的公式中通过

减法得到

$$SSE = SST - SSA - SSB - SS(AB)$$

在计算主效应 A 和 B 及交互效应 AB 的平方和时，一种合适的方法是，用处理组与恰当的代数符号的总和来表示每个对照，如表 14.4 所示。主效应由低水平和高水平之间的简单比较而得到。因此，我们用正号来表示给定因子处于高水平下的处理组合，负号表示给定因子处于低水平下的处理组合。交互效应的正负号是由交互因子的对照的相应符号相乘得到的。

表 14.4　2^2 因子试验中对照的符号

处理组	因子效应		
	A	B	AB
（1）	−	−	+
a	+	−	−
b	−	+	−
ab	+	+	+

14.2.2　2^3 因子试验

现在我们来考察一个试验，它有三个因子 A，B，C，每个因子有 -1 和 $+1$ 两个水平。这是一个 2^3 因子试验，共有 8 个处理组：（1），a，b，c，ab，ac，bc，abc。表 14.5 中给出了处理组及每个对照的恰当的代数符号，用来计算主效应和交互效应的平方和。

表 14.5　2^3 因子试验中对照的符号

处理组	因子效应（符号）						
	A	B	C	AB	AC	BC	ABC
（1）	−	−	−	+	+	+	−
a	+	−	−	−	−	+	+
b	−	+	−	−	+	−	+
c	−	−	+	+	−	−	+
ab	+	+	−	+	−	−	−
ac	+	−	+	−	+	−	−
bc	−	+	+	−	−	+	−
abc	+	+	+	+	+	+	+

类似于图 14.1 所表示的 2^2 因子试验的情形，讨论 2^3 因子试验的集合图像也是非常有用的。对于 2^3 因子试验的情形，图 14.4 中立方体的顶点代表了 8 个设计点。

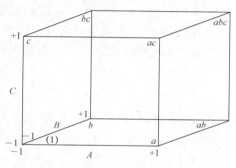

图 14.4　2^3 因子试验的几何图示

表 14.5 中的各列给出了对照的正负号，从而可以计算 7 个主效应及其对应的平方和。这些列与在 2^2 情形中表 14.4 给出的是相似的。有 8 个设计点，因此存在 7 个效应。比如

$$A = \frac{a + ab + ac + abc - (1) - b - c - bc}{4n}$$

$$AB = \frac{(1) + c + ab + abc - a - b - ac - bc}{4n}$$

平方和由下式给出

$$SS(\text{效应}) = \frac{(\text{对照})^2}{2^3 n}$$

观察表 14.5 可以发现，在 2^3 因子试验中，所有 7 个对照是相互正交的，从而 7 个效应可认为是独立的。

14.2.3 2^k 因子试验的效应和平方和

在 2^k 因子试验中，主效应和交互效应的单个自由度的平方和可能通过如下方式得到：对处理总和中相应的对照取平方，并除以 $2^k n$，其中 n 是处理组的重复次数。

与前面一样，效应总是通过从高水平的响应变量均值中减掉低水平的响应变量均值得到的。主效应的高低是非常清楚的。有关交互效应高低的证据我们也可以从表 14.5 中得到。

正交性在这里与第 12 章所讨论的对照一样重要。对照的正交性说明了估计效应，因此平方和就是独立的。这种独立性在 2^3 因子试验中很容易解释，如表 14.5 所示，假设因子 A 处于高水平，每个量都增加 x。只有对照 A 的平方和变大了，因为在其余 6 个对照的结构中，A 处于高水平下的相关处理组中各有两个正的和两个负的符号，于是 x 的效应被抵消了。

正交性还有其他优点。在我们讨论回归情形中的 2^k 因子试验时会进一步对此进行说明。

14.3 无重复 2^k 因子试验

全 2^k 因子试验可能会涉及大量的试验，特别是当 k 非常大时。因此，通常很难对每一个因子组合进行重复试验。如果所有效应，包括所有交互效应都包含在试验模型中，则任何一个自由度都不允许存在误差。通常在 k 非常大时，数据分析人员会将那些已知或假设其中可以忽略的高阶交互效应的平方和与自由度合并起来。这将产生关于主效应和低阶交互效应的 F 检验。

14.3.1 无重复 2^k 因子试验的诊断图

在一个相当大的无重复两水平因子试验中，正态概率图在确定效应的相对重要性时是一个非常有用的工具。数据分析人员有时对合并高阶交互效应这件事犹豫不决，担心某些合并在"误差"中的效应可能是真正的效应，而不是随机的，此时这类诊断图就格外有用。读者应该记住，所有那些非真实的效应（即它们是零的独立估计）服从一个均值近似为 0 且方差为常数的正态分布。比如，在一个 2^k 因子试验中，我们应该知道所有效应在 $n = 1$ 时都具有这样的形式：

$$AB = \frac{\text{对照}}{8} = \bar{y}_H - \bar{y}_L$$

式中，$\bar{y}_H$ 是高或 + 水平下 8 次独立试验操作的均值，$\bar{y}_L$ 是低或 − 水平下 8 次独立试验操作的均值。因此，每个对照的方差就是 $\text{Var}(\bar{y}_H - \bar{y}_L) = \sigma^2 / 4$。对任何真实的效应而言，$E(\bar{y}_H - \bar{y}_L) \neq 0$。所以，在正态概率图中，有些点远离刻画独立同分布的正态随机变量的那条直线，就表现出显著的效应。

概率图可以采用许多种形式。请读者查阅第 7 章的内容，我们在第 7 章对这些图进行了介绍。我们可以使用经验正态分位数—分位数图。也可以使用正态概率值来作图。此外，还有一些其他

类型的诊断正态概率图。我们可以将诊断效应图法概括如下。

无重复 2^4 因子试验的概率效应图

1. 计算效应。

$$效应 = \frac{对照}{2^{k-1}}$$

2. 构造所有效应的正态概率图。
3. 远离直线的效应被认为是真实存在的效应。

我们应该顺次对正态概率图做进一步的讨论。首先，数据分析人员在对一个小型试验使用这些图时感到失望。看起来这个图只有在效应稀疏，即许多效应实际上都不真实存在时，才能给出令人满意的结果。这种稀疏性在大型试验中将比较明显，因为其中的高阶交互效应很有可能不是真实存在的。

案例研究 14.1　（注射铸模）美国及海外的许多制造公司在加工零件的过程中都使用模型制品。收缩常常是一个主要的问题。通常，考虑到零件会收缩，一个零件的模具会做得稍微大一些。在下面的试验条件下，制造一个新的模具，最重要的是找到合适的设定过程，以使收缩最少。在下面的试验中，响应值是与名义值的偏离（即收缩）。因子及其水平如下所示。

	因子水平	
	-1	$+1$
A. 注射速率（英尺/秒）	1.0	2.0
B. 铸模温度（℃）	100	150
C. 铸模压力（psi）	500	1 000
D. 背部压力（psi）	75	120

试验的目的是确定哪些效应（主效应和交互效应）影响到收缩状况。我们认为该试验是一个初步的筛选试验，从中确定的因子可用在更为完全的分析之中。我们希望从中能够得到一些关于重要因子如何影响收缩的信息。表 14.6 给出了一个无重复 2^4 因子试验的数据。

表 14.6　案例研究 14.1 的数据

因子组合	响应变量（厘米 $\times 10^4$）	因子组合	响应变量（厘米 $\times 10^4$）
(1)	72.68	d	73.52
a	71.74	ad	75.97
b	76.09	bd	74.28
ad	93.19	abd	92.87
c	71.25	cd	79.34
ac	70.59	acd	75.12
bc	70.92	bcd	79.67
abc	104.96	abcd	97.80

首先，计算出效应，并绘制它的正态概率图。所计算出的效应如下：

$A = 10.561\ 3$

$BD = -2.278\ 7$

$B = 12.446\ 3$

$C = 2.413\ 8$

$$D = 2.143\,8$$
$$AB = 11.403\,8$$
$$AC = 1.261\,3$$
$$AD = -1.823\,8$$
$$BC = 1.816\,3$$
$$CD = 1.408\,8$$
$$ABC = 2.858\,8$$
$$ABD = -1.781\,3$$
$$ACD = -3.043\,8$$
$$BCD = -0.478\,8$$
$$ABCD = -1.306\,3$$

其正态分位数—分位数图如图 14.5 所示。该图暗示我们，效应 A，B，AB 比较重要。重要效应的符号说明了如下一些初步结论：

1. 注射速率从 1.0 增加到 2.0，将增加收缩。

2. 铸模温度从 100℃ 增加到 150℃，将增加收缩。

3. 注射速率和铸模温度之间存在交互效应；两个主效应都很重要，理解两个因素间交互效应的影响也很关键。

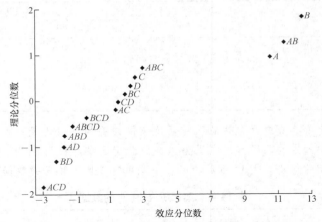

图 14.5　案例研究 14.1 中效应的正态分位数—分位数图

14.3.2　如何理解两因子交互效应

正如我们所期望的那样，一个均值的双边表格可以让我们对交互效应 AB 理解起来更容易。考察表 14.7 中的两因子情形。

表 14.7　两因子交互效应的例证

A（速率）	B（温度）	
	100	150
2	73.355	97.205
1	74.197 5	75.240

我们注意到，在高速率和高温度下大样本均值产生了显著的交互效应。收缩的增加是以一种非叠加的方式进行的。无论速率是怎样的，铸模温度看起来都有一个正的效应，但在高速率时其效应最大。速率的效应在低温下是非常小的，而在高铸模温度下则存在明显的正效应。为了将收缩控制在一个较低的水平，应该避免同时使用高注射速率和高铸模温度。图 14.6 说明了这一结果。

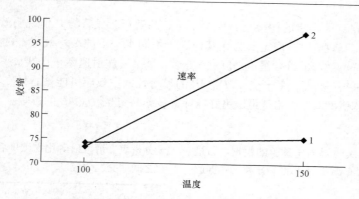

图 14.6　案例研究 14.1 的交互效应图

14.3.3　合并均方误差分析：计算机输出结果的解释

　　我们可能会侧重于观察一个注射铸模数据的方差分析，这些数据将高阶交互效应合并形成一个均方误差。三阶和四阶交互效应被合并了起来。图 14.7 是 SAS PROC GLM 的分析结果。方差分析结果显示出与正态概率图所得结论在本质上一致的结论。

The GLM Procedure

Dependent Variable: y

Source	DF	Sum of Squares	Mean Square	F Value	Pr > F
Model	10	1 689.237 462	168.923 746	9.37	0.011 7
Error	5	90.180 831	18.036 166		
Corrected Total	15	1 779.418 294			

R-Square	Coeff Var	Root MSE	y Mean
0.949 320	5.308 667	4.246 901	79.999 38

Source	DF	Type III SS	Mean Square	F Value	Pr > F
A	1	446.160 006 2	446.160 006 2	24.74	0.004 2
B	1	619.636 556 3	619.636 556 3	34.36	0.002 0
C	1	23.304 756 3	23.304 756 3	1.29	0.307 2
D	1	18.382 656 3	18.382 656 3	1.02	0.359 0
A * B	1	520.182 056 2	520.182 056 2	28.84	0.003 0
A * C	1	6.363 006 3	6.363 006 3	0.35	0.578 4
A * D	1	13.304 256 2	13.304 256 2	0.74	0.429 7
B * C	1	13.195 056 2	13.195 056 2	0.73	0.431 4
B * D	1	20.770 806 2	20.770 806 2	1.15	0.332 2
C * D	1	7.938 306 3	7.938 906 3	0.44	0.536 4

Parameter	Estimate	Standard Error	t Value	Pr > |t|
Intercept	79.999 375 00	1.061 725 20	75.35	<0.000 1
A	5.280 625 00	1.061 725 20	4.97	0.004 2
B	6.223 125 00	1.061 725 20	5.86	0.002 0
C	1.206 875 00	1.061 725 20	1.14	0.307 2
D	1.071 875 00	1.061 725 20	1.01	0.359 0
A * B	5.701 875 00	1.061 725 20	5.37	0.003 0
A * C	0.630 625 00	1.061 725 20	0.59	0.578 4
A * D	-0.911 875 00	1.061 725 20	-0.86	0.429 7
B * C	0.908 125 00	1.061 725 20	0.86	0.431 4
B * D	-1.139 375 00	1.061 725 20	-1.07	0.332 2
C * D	0.704 375 00	1.061 725 20	0.66	0.536 4

图 14.7　SAS 对案例研究 14.1 中数据的分析结果

我们需要对图 14.7 中所示的检验及 P 值给予一定的解释。显著的 P 值说明效应显著不为 0。关于主效应（在存在交互效应时，假定其为在其他因子不同水平下的平均效应）的检验说明了效应 A 和 B 的显著性。同样，效应的符号是正是负也很重要。将 A（注射速率）从低水平增加到高水平，收缩将增加。B 也是如此。然而，由于交互效应 AB 的显著性，主效应可能被看做在其他因子不同水平中的趋势。用一个均值的双边表格就可以更好地理解显著的交互效应 AB 的影响。

习　题

14.1　下面是重复 3 次的 2^3 因子试验的数据。通过对照的方法计算所有因子效应的平方和，并据此给出结论。

处理组	第1次	第2次	第3次
(1)	12	19	10
a	15	20	16
b	24	16	17
ab	23	17	27
c	17	25	21
ac	16	19	19
bc	24	23	29
abc	28	25	20

14.3　在冶金试验中，需要检验影响铸造原料的一种特定磷化物浓度（重量的百分比）的 4 个因子的效应及它们之间的交互效应。变量有 A（提炼物中磷的百分比），B（再熔原料的百分比），C（熔化时间），D（持续时间）。这 4 个因子在一个 2^4 因子试验中会发生变化，每个因子组上分别进行两次铸造试验，32 次铸造试验则是按照随机顺序进行的。数据如下表所示，图 14.8 给出了方差分析表。请讨论磷化物浓度各因子的效应及它们之间的交互效应。

处理组	磷化物浓度（重量的百分比）		
	第1次	第2次	第3次
(1)	30.3	28.6	58.9
a	28.5	31.4	59.9
b	24.5	25.6	50.1
ab	25.9	27.2	53.1
c	24.8	23.4	48.2
ac	26.9	23.8	50.7
bc	24.8	27.8	52.6
abc	22.2	24.9	47.1
d	31.7	33.5	65.2
ad	24.6	26.2	50.8
bd	27.6	30.6	58.2
abd	26.3	27.8	54.1
cd	29.9	27.7	57.6
acd	26.8	24.2	51.0
bcd	26.4	24.9	51.3
$abcd$	26.9	29.3	56.2
合计	428.1	436.9	865.0

变差来源	效应	平方和	自由度	均方	f 值	P 值
主效应						
A	-1.2000	11.52	1	11.52	4.68	0.0459
B	-1.2250	12.01	1	12.01	4.88	0.0421
C	-2.2250	39.61	1	39.61	16.10	0.0010
D	1.4875	17.70	1	17.70	7.20	0.0163
两因子交互效应						
AB	0.9875	7.80	1	7.80	3.17	0.0939
AC	0.6125	3.00	1	3.00	1.22	0.2857
AD	-1.3250	14.05	1	14.05	5.71	0.0295
BC	1.1875	11.28	1	11.28	4.59	0.0480
BD	0.6250	3.13	1	3.13	1.27	0.2763
CD	0.7000	3.92	1	3.92	1.59	0.2249
三因子交互效应						
ABC	-0.5500	2.42	1	2.42	0.98	0.3360
ABD	1.7375	24.15	1	24.15	9.82	0.0064
ACD	1.4875	17.70	1	17.70	7.20	0.0163
BCD	-0.8625	5.95	1	5.95	2.42	0.1394
四因子交互效应						
$ABCD$	0.7000	3.92	1	3.92	1.59	0.2249
误差		39.36	16	2.46		
合计		217.51	31			

图 14.8　习题 14.3 的方差分析表

14.5　一项名为"分析聚乙二烯–丙烯酸（PBAA）推进物的 X 射线荧光法"（Quarterly Reports, RK-TR-62-1, Army Ordnance Missile Command）的研究中进行了这样一个试验，以确定分析中所得到铝的含量在某些处理变量的某些水平之间是否显著不同。数据如下表所示。

观测	物理状态	混合时间	推进速度	氮条件	铝
1	1	1	2	2	16.3
2	1	2	2	2	16.0
3	1	1	1	1	16.2
4	1	2	1	2	16.1
5	1	1	1	2	16.0
6	1	2	1	1	16.0
7	1	2	2	1	15.5
8	1	1	2	1	15.9
9	2	1	1	2	16.7
10	2	2	2	2	16.1
11	2	1	1	1	16.3
12	2	2	1	2	15.9
13	2	1	2	2	15.9
14	2	2	1	1	15.9
15	2	2	2	1	15.6
16	2	1	2	1	15.8

上表中的变量如下：

　A：混合时间
　　水平 1：2 小时
　　水平 2：4 小时
　B：推进速度
　　水平 1：36rpm
　　水平 2：78rpm
　C：通过推进物的氮的情况
　　水平 1：干燥
　　水平 2：相对湿度 72%

D：推进物的物理状态
　　水平 1：未凝固
　　水平 2：凝固
如果所有三因子、四因子的交互效应都是可以忽略的，请在 0.05 的显著性水平上分析上述数据，并写出简要的报告来总结你的发现。

14.7　考察习题 14.3 中的情形。研究人员可能不仅关心 AD，BC，很可能还关心 AB 是否重要，而且关心它们的科学含义。请绘制出三者之间的二维交互效应图，并给出你的解释。

14.11　在 Myers, Montgomery, and Anderson-Cook（2009）中有这样一个试验，一位工程师根据一个 2^3 因子试验来研究切割速度（A）、工具几何形状（B）、切割角度（C）对一台机器寿命（小时）的影响。每个因子选择两个水平，在每个设计点上按照随机顺序操作两次。数据如下表所示。

	A	B	C	寿命
(1)	−	−	−	22, 31
a	+	−	−	32, 43
b	−	+	−	35, 34
ab	+	+	−	35, 47
c	−	−	+	44, 45
ac	+	−	+	40, 37
bc	−	+	+	60, 50
abc	+	+	+	39, 41

（a）请计算所有 7 个效应。从它们的值的大小来看，哪些更为重要？

（b）请进行方差分析，并考察相应的 P 值。

（c）（a）和（b）中的结果是否一致？

（d）工程师认为切割速度与切割角度会相互影响。如果这个交互效应是显著的，请绘制出交互效应图，并讨论该交互效应的工程学意义。

14.4　回归中的因子试验

在第 14 章，关于 2^k 因子试验数据的讨论中目前大部分限定在方差分析法之上。在一些情况下，模型拟合是非常重要的，并且被研究的因子也是可以控制的。比如，一位生物学家可能会研究水中某种藻类的生长情况，那么以藻类的数量作为污染物数量和时间的函数所建立起来的模型将很有帮助。因此，这项研究就包含一个因子分析，在实验室的背景下将污染物数量和时间作为因子。本节稍后将会讨论到，如果因子是可以控制的，则 2^k 因子试验通常就是一个有用的选择，因此也就可以拟合一个更加精确的模型。在许多生物学和化学过程中，回归变量的水平能够且应该受到控制。

回顾一下，我们知道在第11章中所使用的回归模型可以用矩阵形式表示如下：

$$y = X\beta + \epsilon$$

式中，矩阵 X 称作**模型矩阵**。比如，假设一个 2^3 因子试验有如下变量：

温度：	150℃	200℃
湿度：	15%	20%
压力（psi）：	1 000	1 500

我们所熟悉的 $+1$，-1 水平则可以通过如下的中心化和标准化变成**设计单元**：

$$x_1 = \frac{温度 - 175}{25}$$

$$x_2 = \frac{湿度 - 17.5}{2.5}$$

$$x_3 = \frac{压力 - 1\ 250}{250}$$

这样一来，矩阵 X 变为：

$$
X = \begin{array}{c}
\\
\\
\\
\\
\\
\\
\\
\\
\end{array}
\begin{array}{cccc}
x_1 & x_2 & x_3 & \\
\end{array}
$$

$$
X = \left[\begin{array}{rrrr}
1 & -1 & -1 & -1 \\
1 & 1 & -1 & -1 \\
1 & -1 & 1 & -1 \\
1 & -1 & -1 & 1 \\
1 & 1 & 1 & -1 \\
1 & 1 & -1 & 1 \\
1 & -1 & 1 & 1 \\
1 & 1 & 1 & 1
\end{array}\right]
\quad\begin{array}{c}
设计标识 \\
(1) \\
a \\
b \\
c \\
ab \\
ac \\
bc \\
abc
\end{array}
$$

我们可以看到，我们在14.2节中所阐述并讨论的对照与回归系数直接相关。在我们的 2^3 因子试验中，矩阵 X 的所有列都是相互正交的。因此，我们在11.3节中所讨论的回归系数的估计则变成

$$
b = \begin{bmatrix} b_0 \\ b_1 \\ b_2 \\ b_3 \end{bmatrix} = (X'X)^{-1}X'y = \left(\frac{1}{8}I\right)X'y
$$

$$
= \frac{1}{8}\begin{bmatrix}
a + ab + ac + abc + (1) + b + c + bc \\
a + ab + ac + abc - (1) - b - c - bc \\
b + ab + bc + abc - (1) - a - c - ac \\
c + ac + bc + abc - (1) - a - b - ab
\end{bmatrix}
$$

式中，a，ab 等都是响应变量的测度。

可以看到，我们在本章所强调的 2^k 因子试验主效应的估计的内涵，在定量的因子条件下与拟合回归模型的系数相关。实际上，对一个 2^k 因子试验，如果每个设计点都有 n 次观测，则效应与回归系数的关系如下：

$$效应 = \frac{对照}{2^{k-1}(n)}$$

$$回归系数 = \frac{对照}{2^k(n)} = \frac{效应}{2}$$

上述关系对于读者来说应该很容易理解，因为回归系数 b_j 就是 x_j 每变化一个单位所导致响应变量发生的平均变化。当然，如果令 x_j 从 -1 变化到 $+1$（低水平到高水平），设计变量则变化 2 个单位。

例 14.2 考察这样一个试验：一位工程师希望对产量 y 拟合一个线性回归，以持续时间 x_1 和弯曲时间 x_2 为自变量。数据如表 14.8 所示。请估计出多元线性回归模型。

表 14.8 例 14.2 的数据

持续时间（小时）	弯曲时间（小时）	产量（%）
0.5	0.10	28
0.8	0.10	39
0.5	0.20	32
0.8	0.20	46

解： 根据题意，拟合回归模型为：

$$\hat{y} = b_0 + b_1 x_1 + b_2 x_2$$

而设计单元为：

$$x_1 = \frac{持续时间 - 0.65}{0.15}$$

$$x_2 = \frac{弯曲时间 - 0.15}{0.05}$$

且矩阵为：

$$\boldsymbol{X} = \begin{bmatrix} & x_1 & x_2 \\ 1 & -1 & -1 \\ 1 & 1 & -1 \\ 1 & -1 & 1 \\ 1 & 1 & 1 \end{bmatrix}$$

回归系数为：

$$\begin{bmatrix} b_0 \\ b_1 \\ b_2 \end{bmatrix} = (\boldsymbol{X}'\boldsymbol{X})^{-1}\boldsymbol{X}'\boldsymbol{y} = \begin{bmatrix} \dfrac{(1) + a + b + ab}{4} \\ \dfrac{a + ab - (1) - b}{4} \\ \dfrac{b + ab - (1) - a}{4} \end{bmatrix} = \begin{bmatrix} 36.25 \\ 6.25 \\ 2.75 \end{bmatrix}$$

这样一来，最小二乘回归方程则为：

$$\hat{y} = 36.25 + 6.25 x_1 + 2.75 x_2$$

这个例子为在回归背景中使用两水平的因子试验提供了一个例证。2^2 设计中的 4 次观测用于估计回归方程时，其中的回归系数有明显的解释意义。值 $b_1 = 6.25$ 是持续时间每变化一个设计单位（0.15 小时）响应变量（产出的百分比）的估计增量，而值 $b_2 = 2.75$ 则是弯曲时间的类似变化率。

14.4.1 回归模型中的交互效应

我们在 14.2 节中探讨的交互效应的对照在回归分析中具有明确的含义。实际上，在回归模型中乘积项就是交互效应。比如，在例 14.2 中，有交互效应的模型为：

$$y = b_0 + b_1 x_1 + b_2 x_2 + b_{12} x_1 x_2$$

式中，b_0，b_1，b_2 与之前一样，而

$$b_{12} = \frac{ab + (1) - a - b}{4} = \frac{46 + 28 - 39 - 32}{4} = 0.75$$

因此，包含两个线性主效应和交互效应的回归方程为：

$$\hat{y} = 36.25 + 6.25 x_1 + 2.75 x_2 + 0.75 x_1 x_2$$

回归模型为我们提供了一个框架，使得读者能够更好地理解在 2^k 因子试验中使用正交性的好处。在 14.2 节中，我们对正交性的优点所做的讨论是基于 2^k 因子试验中数据的方差分析的视角进行的。需要指出的是，效应间的正交性导致了平方和的独立性。当然，存在回归变量并不能排除对方差分析这种方法的使用。实际上，我们正是像 14.2 节中所指出的那样来进行 F 检验的。区别当然是存在的，在方差分析的情形中，假设是根据总体均值提出的，在回归情形下假设则是根据回归系数提出的。

14.5　正交设计

在一些试验情形中，可能适合将模型对设计变量的线性项进行拟合，并且包含交互效应或乘积项，那么两水平的正交设计或者正交数组就很有用。所谓正交设计，是指矩阵 X 各列之间的正交性。比如，考察例 14.2 的 2^2 因子试验中的矩阵 X，我们可以看到它的三列都是相互正交的。2^3 因子试验中的 X 矩阵的列也是正交的。存在交互效应的 2^3 因子试验中的 X 矩阵的形式为：

$$X = \begin{array}{c} \begin{matrix} x_1 & x_2 & x_3 & x_1x_2 & x_1x_3 & x_2x_3 & x_1x_2x_3 \end{matrix} \\ \begin{bmatrix} 1 & -1 & -1 & -1 & 1 & 1 & 1 & -1 \\ 1 & 1 & -1 & -1 & -1 & -1 & 1 & 1 \\ 1 & -1 & 1 & -1 & -1 & 1 & -1 & 1 \\ 1 & -1 & -1 & 1 & 1 & -1 & -1 & 1 \\ 1 & 1 & 1 & -1 & 1 & -1 & -1 & -1 \\ 1 & 1 & -1 & 1 & -1 & 1 & -1 & -1 \\ 1 & -1 & 1 & 1 & -1 & -1 & 1 & -1 \\ 1 & 1 & 1 & 1 & 1 & 1 & 1 & 1 \end{bmatrix} \end{array}$$

相应的自由度为：

来源	自由度	
回归	3	
拟合不足	4	$(x_1x_2,\ x_1x_3,\ x_2x_3,\ x_1x_2x_3)$
误差（纯）	8	
合计	15	

纯误差的自由度 8 是根据在每个设计点的 2 次重复观测得到的。欠拟合的自由度可以看做不同设计点的数目与模型总项数的差，此例中分别是 8 个设计点和 4 个模型项。

14.5.1　系数的标准误和 T 检验

在前面几节中，我们说明了试验设计人员可能会如何利用正交性来设计回归试验，从而使得回归系数在单位损失的意义下达到最小方差。我们可以利用在 11.4 节中的回归方法来估计系数的方差，

从而估计它们的标准差。我们还希望了解系数的 t 检验与前几章中叙述并阐释的 F 检验之间的关系。

回顾一下 11.4 节，系数的方差和协方差以 A^{-1} 的形式给出，或者用方差—协方差矩阵给出：

$$\sigma^2 A^{-1} = \sigma^2 (X'X)^{-1}$$

在 2^k 因子试验的情形中，X 的各列是互相正交的，由此形成了一个非常特殊的结构。一般，对于 2^k 因子试验而言，我们可以写出

$$
\begin{array}{ccccccc}
 & x_1 & x_2 & \cdots & x_k & x_1 x_2 & \cdots \\
X = [\; 1 & \pm 1 & \pm 1 & \cdots & \pm 1 & \pm 1 & \cdots\;]
\end{array}
$$

其中每列都包含 2^k 项或 $2^k n$ 项，n 为在每个设计点上试验重复操作的次数。于是就有 $X'X$ 的公式：

$$X'X = 2^k n I_p$$

式中，I 是 p 维单位矩阵，p 是模型的参数个数。

例 14.3 考察一个 2^3 试验，重复观测两次，拟合模型

$$E(y) = \beta_0 + \beta_1 x_1 + \beta_2 x_2 + \beta_3 x_3 + \beta_{12} x_1 x_2 + \beta_{13} x_1 x_3 + \beta_{23} x_2 x_3$$

请给出 b_0，b_1，b_2，b_3，b_{12}，b_{13}，b_{23} 的最小二乘估计的标准差的表达式。

解： 根据题意，我们有：

$$
\begin{array}{ccccccc}
 & x_1 & x_2 & x_3 & x_1 x_2 & x_1 x_3 & x_2 x_3 \\
\end{array}
$$
$$
X = \begin{bmatrix}
1 & -1 & -1 & -1 & 1 & 1 & 1 \\
1 & 1 & -1 & -1 & -1 & -1 & 1 \\
1 & -1 & 1 & -1 & -1 & 1 & -1 \\
1 & -1 & -1 & 1 & 1 & -1 & -1 \\
1 & 1 & 1 & -1 & 1 & -1 & -1 \\
1 & 1 & -1 & 1 & -1 & 1 & -1 \\
1 & -1 & 1 & 1 & -1 & -1 & 1 \\
1 & 1 & 1 & 1 & 1 & 1 & 1 \\
\end{bmatrix}
$$

其中每个单元被看做重复的（即每个观测都有两个观测值）。这样一来，则

$$X'X = 16 I_7$$

因此，我们有

$$(X'X)^{-1} = \frac{1}{16} I_7$$

由前述我们可以知道，一个 2^k 因子试验在每个设计点上都有 n 个观测，其系数的方差为：

$$\mathrm{Var}(b_j) = \frac{\sigma^2}{2^k n}$$

且所有的协方差都为 0。因此系数标准差的估计为：

$$s_{b_j} = s \sqrt{\frac{1}{2^k n}}$$

式中，s 是均方误差的平方根（适量的重复观测次数就可以得到）。那么在我们 2^3 的例子中

$$s_{b_j} = s \left(\frac{1}{4} \right)$$

例 14.4 考察习题 14.3 中的冶金试验。假定拟合模型为：

$$E(Y) = \beta_0 + \beta_1 x_1 + \beta_2 x_2 + \beta_3 x_3 + \beta_4 x_4 + \beta_{12} x_1 x_2 + \beta_{13} x_1 x_3 + \beta_{14} x_1 x_4 + \beta_{23} x_2 x_3 + \beta_{24} x_2 x_4 + \beta_{34} x_3 x_4$$

最小二乘回归系数的标准误是多少？

解： 2^k 因子试验中所有系数的标准误都相等，等于

$$s_{b_j} = s\sqrt{\frac{1}{2^k n}}$$

在本例中，我们有

$$s_{b_j} = s\sqrt{\frac{1}{(16)(2)}}$$

此例中，纯均方误差由 $s^2 = 2.46$ （自由度为 16）给出。于是我们有

$$s_{b_j} = 0.28$$

系数的标准误可以用来构造所有系数的 t 统计量。这些 t 值与方差分析中的 F 统计量是相关的。我们已经证明了，在 2^k 因子试验中，一个系数的 F 统计量是

$$F = \frac{(\text{对照})^2}{(2^k)(n) s^2}$$

这是冶金试验（见习题 14.3）中 F 统计量的形式。容易验证，如果令

$$t = \frac{b_j}{s_{b_j}}$$

式中

$$b_j = \frac{\text{对照}}{2^k n}$$

此时

$$t^2 = \frac{(\text{对照})^2}{s^2 2^k n} = F$$

因此，系数的 t 统计量与 F 值之间的一般关系在这里仍然成立。正如我们所期望的那样，使用 t 统计量或 F 统计量来考察显著性的唯一区别在于，t 统计量指明了系数效应的符号或方向。

看来 2^k 因子设计能够处理很多拟合回归模型的实际情形。它可以包括线性项和交互效应项，从而得到所有系数的最佳估计值（从方差的角度来看）。如果 k 很大，需要的设计点的数目则会非常大。通常可以使用整个设计的一部分，并且仍可以利用正交性的优点。我们在 14.6 节将介绍这种设计。

14.5.2 2^k 因子试验中的正交性的更详尽解释

我们已经知道，在 2^k 因子试验的情形下，所有关于主效应和交互效应的信息都是以对照的形式传递给分析人员的。这 $2^k - 1$ 个信息片段都是单自由度的片段，且彼此独立。在方差分析中，我们将它们表示为效应，而如果建立回归模型，通过除以 2，效应就转化为回归系数。两种分析方式中都可以使用显著性检验，对给定效应的 t 检验与对相应的回归系数的 t 检验在数值上一样。在方差分析的情形中，变量筛选以及对交互效应的科学解释是非常重要的；而在回归分析的情形中，模型可能用来预测响应变量或确定哪些因子水平的组合是最优的（比如，要最大化产量或使净化

效率最大化)。

结果是,无论对方差分析还是对回归分析,正交性质都是非常重要的。模型矩阵 **X**,如例 14.3 中的一样,其各列之间的正交性为我们提供了特殊的条件,对**方差效应**或**回归系数**都有重要的影响。实际上,正交设计使得所有效应或者系数的方差都是相等的。这样一来,无论是以估计还是以检验为目的,精确性对于所有系数而言,主效应或者交互效应都是相等的。此外,如果回归模型中只包含线性项,也就是只关心主效应时,下面的条件将使得所有效应(或者对应于回归分析中的一次回归系数)的方差最小化。

最小化系数方差的条件

如果回归模型中包含的是不高于 1 阶的项,变量的范围为 $x_j \in [-1, +1]$,$j = 1, 2, \cdots, k$,设计是正交的,设计中所有 x_i 的水平都是 ± 1 时,$i = 1, 2, \cdots, k$,则 $\mathrm{Var}(b_j)/\sigma^2$ ($j = 1, 2, \cdots, k$) 是最小的。

这样一来,从模型项的系数或者主效应来看,2^k 设计的正交性是非常好的。

由 2^3 给出的平衡性可以通过图像的形式得到更好的理解。图 14.9 给出了每个正交的对照,它们也是相互独立的。图形中正方体的顶点表示的就是响应变量,并比较了标记为 + 和 − 的平面。图 14.9(a)中给出的图形是主效应的对照,读者应该非常熟悉了。图 14.9(b)中所示的平面表示的是三组两因子之间相互作用的对照的 + 和 − 的顶点。如图 14.9(c)所示,我们可以看到三因子交互作用(ABC)的几何表示。

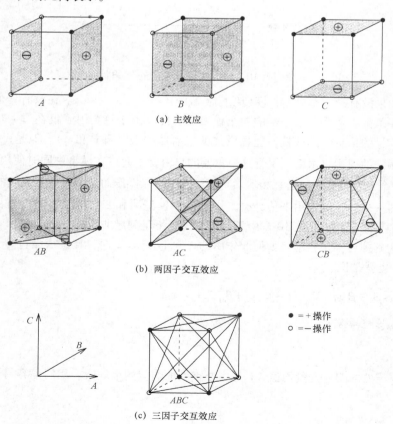

图 14.9 2^3 因子设计中对照的几何表示

14.5.3 2^k 设计的中心点操作问题

在 2^k 设计中，如果其中的设计变量是连续的，且我们希望拟合出一个线性回归模型，那么在**中心设计**中应用重复观测的方法则是非常有用的。实际上，除了我们在下面的内容中将要探讨到的一个优点，大部分科研人员和工程师都认为中心操作方式（即在 x_i，$i = 1$，2，$\cdots$，k 进行操作/观测）不仅是合理的经验，而且是一种直观的诉求。在应用 2^k 设计的许多领域，科研人员都希望能够确定因子移动到所关心的不同区域后是受益的。在许多情形中，中心（即未分类因子中的点 $(0, 0, \cdots, 0)$）通常是过程中的现有操作条件，或至少是目前被认为最优的那些条件。所以，科研人员通常会要求响应变量的数据是处于中心的。

14.5.4 中心点操作与拟合不足问题

在 2^k 设计中进行中心点操作除了具有直观的吸引力，其第二个优点在于，它与拟合数据的模型类型有关。比如，我们考虑 $k = 2$ 的情形，如图 14.10 所示。

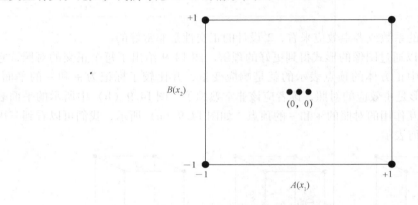

图 14.10 进行中心点操作的 2^2 设计

很显然，如果没有中心点操作，模型项除了截距还有 x_1，x_2，x_1x_2。在没有任何重复观测的情况下，它们解释了由 4 个设计点产生的 4 个模型自由度。由于每个因子仅在 $\{-1, +1\}$ 这两个点处存在响应变量的信息，模型就不能提供纯的二阶曲线项（即 x_1^2 和 x_2^2）。但是，$(0, 0)$ 点的信息产生了一个额外的模型自由度。尽管这个重要的自由度不允许在模型中同时使用 x_1^2 和 x_2^2，但是可以对 x_1^2 和 x_2^2 的一个线性组合做显著性检验。对于 n_c 个中心点操作而言，对重复或纯的误差就有 $n_c - 1$ 个自由度。这样一来，就可以用来估计 σ^2，用来检验模型项和二次拟合不足的自由度为 1 的显著性。此处的这个概念与我们在第 10 章中所讨论的拟合不足问题非常相似。

为了充分理解拟合不足检验是如何起作用的，假定在 $k = 2$ 时，**真实模型**包含全部二阶项，其中包括 x_1^2 和 x_2^2。也就是说

$$E(Y) = \beta_0 + \beta_1 x_1 + \beta_2 x_2 + \beta_{12} x_1 x_2 + \beta_{11} x_1^2 + \beta_{22} x_2^2$$

因此，我们来考察对照

$$\bar{y}_f - \bar{y}_0$$

式中，$\bar{y}_f$ 是在因子处的响应变量均值，$\bar{y}_0$ 是中心点处的响应变量均值。我们很容易证明（见巩固练习 14.56）

$$E(\bar{y}_f - \bar{y}_0) = \beta_{11} + \beta_{22}$$

这样一来，拟合不足检验则为一个简单 t 检验（或 $F = t^2$），且

$$t_{n_c-1}=\frac{\bar{y}_f-\bar{y}_0}{s_{\bar{y}_f-\bar{y}_0}}=\frac{\bar{y}_f-\bar{y}_0}{\sqrt{MSE(1/n_f+1/n_c)}}$$

式中，n_f是因子点的个数，而MSE是响应变量在（0，0，…，0）处的样本方差。

例 14.5   本例来自 Myers，Montgmery，and Anderson-Cook（2009）。一名化学工程师试图对生产过程中转化的百分比进行建模。他关心的有反应时间和反应温度这两个变量。为了得到合适的模型，先在当前所关注的反应时间和反应温度范围内利用2^2因子设计做了一个初步试验。在 4 个因子点分别操作一次，并且为了做关于弯曲性的拟合不足检验，在设计中心点处观测了 5 次。图14.11 为该试验的设计域及试验的产出水平。

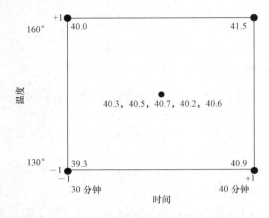

图 14.11   对中心点进行 5 次观测的2^2因子试验

中心点的时间和温度分别是 35 分钟和 145℃。如前所述，利用对照可以估计主效应和单个交互效应的系数。中心点对b_1，b_2，b_{12}的估计无影响。这与读者在直观上的感觉应该是一致的。整个试验的截距是$\bar{y}$，其值为$\bar{y}=40.444\ 4$。标准差由$(X'X)^{-1}$的对角元构造，在前面我们已经对此讨论过。在本例中，

$$X=\begin{array}{c}\quad x_1\quad x_2\quad x_1x_2\\[4pt]\begin{bmatrix}1 & -1 & -1 & 1\\1 & -1 & -1 & -1\\1 & 1 & -1 & -1\\1 & 1 & 1 & 1\\1 & 0 & 0 & 0\\1 & 0 & 0 & 0\\1 & 0 & 0 & 0\\1 & 0 & 0 & 0\\1 & 0 & 0 & 0\end{bmatrix}\end{array}$$

经过计算，我们有

$b_0=40.444\ 4$

$b_1=0.775\ 0$

$b_2=0.325\ 0$

$b_{12}=-0.025\ 0$

$s_{b_0}=0.062\ 31$

$$s_{b_1} = 0.093\ 47$$

$$s_{b_2} = 0.093\ 47$$

$$s_{b_{12}} = 0.093\ 47$$

$$t_{b_0} = 649.07$$

$$t_{b_1} = 8.29$$

$$t_{b_2} = 3.48$$

$$t_{b_2} = -0.27 \qquad (P = 0.800)$$

对照 $\bar{y}_f - \bar{y}_0 = 40.425 - 40.46 = -0.035$，曲度检验的 t 统计量则为：

$$t = \frac{40.425 - 40.46}{\sqrt{0.043\ 0(1/4 + 1/5)}} = 0.251 \qquad (P = 0.814)$$

因此，适当的模型应该是仅包含一次项的（截距项除外）。

14.5.5　曲度检验的直观理解

我们来考察一个简单的情形，其中只有一个设计变量，如果在该变量的 −1 和 +1 处进行观测，则在模型为 1 阶时，−1 和 +1 处的响应变量均值很显然应该与中心点 0 处的响应变量非常接近。任何偏离显然都可以认为是存在曲度的。我们很容易将这个模型推广到两个变量的情形。我们来考察图 14.12。

通过该图我们可以发现，y 平面是经过因子点的值 y 的。这个平面就是对包含 x_1，x_2，$x_1 x_2$ 的模型的最优拟合。如果模型中不包含二阶的曲度（即 $\beta_{11} = \beta_{22} = 0$），我们希望 (0，0) 点的响应变量落入或者接近该平面。如图 14.12 所示，如果响应变量与平面相距较远，则通过图形我们易见，是存在二阶的曲度的。

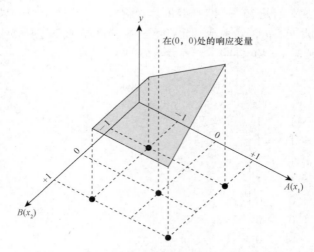

图 14.12　在 (0，0) 点进行了观测的 2^2 因子试验

习　题

14.13　考察一个 2^5 因子试验，在 4 台不同的机器上进行试验。把机器视为区组，且假设所有主效应和两因子交互效应都是非常重要的。

（a）在这 4 台机器上应该进行哪些试验？

（b）区组中还包含哪些效应？

14.15　石油制造商对高硬度的镍合金感兴趣，因为它们坚固且抗腐蚀。因此开展了一个试验，将样本浸泡在含有二硫化碳的硫酸溶液中。将两种合金进行比较：一种是 75% 的镍合金，另一种是 30% 的镍合金，并在两种不同的控制时间（25 天和 50 天）范围内对合金进行检验。2^3 因子试验的因子包括：

硫酸的百分比：4%，6%（x_1）

控制时间：25 天，50 天（x_2）

镍合金比例：30%，75%（x_3）

对于这 8 种条件，每种情况下都有一个样品。由于工程师并不确定模型的种类（即是否需要二次项），因此加入了另一个水平（中间水平），并且利用在 5% 的硫酸中浸泡 37.5 天的 52.5% 的镍合金样本进行中心点操作。下表所示为硬度数据（千克/平方英寸）。

镍合金	控制时间			
	25 天		50 天	
	硫酸		硫酸	
	4%	6%	4%	6%
75%	52.5	56.5	47.9	47.2
30%	50.2	50.8	47.4	41.7

在中心点进行试验后所得到的硬度值为 51.6，51.4，52.4，52.9。

（a）请进行检验，并判断哪些主效应和交互效应应该包括到拟合模型中。

（b）请进行二次曲线项的检验。

（c）如果二次曲线项是显著的，则为了确定哪些二次曲线项应该包括在模型中，还需要多少个设计点？

14.17 考察如图 14.13 所示的情形，这是在中心点进行了 3 次试验的一个 2^2 因子试验。如果其二次曲线项是显著的，则为了估计出 x_1^2 和 x_2^2 项，还需要选择哪些设计点？请对此进行说明。

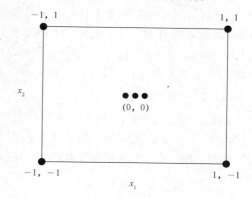

图 14.13　习题 14.17 中的图形

14.6　部分因子试验

在 k 较大时，由于所需的试验单元数也非常大，2^k 因子试验的要求则变得非常高。这一类试验设计的真正优点在于，它赋予每个交互效应一个自由度。不过，在许多试验条件下，已知有些交互效应是可以忽略的情况下，进行全因子试验将是一种浪费。实际上，试验人员可能会有经济上的约束，不允许对全部 2^k 个处理组进行观测。在 k 较大时，我们可以利用**部分因子试验**，只对全因子设计中的 1/2，1/4，甚至 1/8 进行试验。

14.6.1　构造 1/2 因子试验

半一重复试验设计的构造与将 2^k 因子试验分配到两个区组中的设计是一样的。首先选择一个确定的对照，这个对照将完全被舍弃掉。然后，我们就可以相应地构造两个区组，并选取其中之一来进行试验设计。

根据设计点的数目，一个 2^k 因子试验的 1/2 因子试验经常被记作 2^{k-1} 设计。2^{k-1} 设计的第一个例证为，2^3 的 1/2 因子试验或 2^{3-1} 设计。换言之，科研人员或工程师无法使用全因子（即包括 8 个设计点的全 2^3 设计），而只能满足于一个仅有 4 个设计点的设计。其中的问题是，对于设计点 (1)，a，b，ab，ac，c，bc，abc 而言，哪 4 个设计点能够形成最有用的设计？其答案及相关的重要概念请见以符号 + 和 − 表示全 2^3 因子试验中所有对照的表 14.9，我们下面考察一下。

表 14.9　2^3 因子试验中 7 个可能效应的对照

处理组	效应							
	I	A	B	C	AB	AC	BC	ABC
2^{3-1}　a	+	+	−	−	−	−	+	+
b	+	−	+	−	−	+	−	+
c	+	−	−	+	+	−	−	+
abc	+	+	+	+	+	+	+	+

续前表

处理组		效应							
		I	A	B	C	AB	AC	BC	ABC
2^{3-1}	ab	+	+	+	−	+	−	−	−
	ac	+	+	−	+	−	+	−	−
	bc	+	−	+	+	−	−	+	−
	(1)	+	−	−	−	+	+	+	−

　　我们发现，两个 1/2 因子设计分别是 $\{a, b, c, abc\}$ 和 $\{ab, ac, bc, (1)\}$。从表 14.9 中我们还可以看到，这两种设计中 ABC 都没有对照，而其他所有效应都有。在其中一个部分因子设计中 ABC 包含所有的 + 号，而另一个部分因子设计中则包含所有的 − 号。因此，表中的顶部设计可以由 $ABC = I$ 来进行描述，底部设计则可以由 $ABC = -I$ 来表示。交互效应 ABC 称为**设计生成器**，而 $ABC = I$（或在第二个设计中的 $ABC = -I$）称为**定义关系**。

14.6.2　2^{3-1} 中的别名

　　如果我们关注 $ABC = I$ 的设计（顶部 2^{3-1} 设计），很明显可以看出有 6 个效应是包含对照的。这让我们有一个初步的印象，除了 ABC 的所有效应都可以研究。然而，读者可以想到，在只有 4 个设计点的条件下，即使在各点重复，存在的自由度（除了试验误差）也只是

回归模型项　　　3
截距　　　　　　1
　　　　　　　　4

　　进一步考察可以发现，7 个效应并不正交。实际上，如果我们用 ≡ 来表示**恒等对照**，则每个对照都可以由其他对照表达出来，我们有

$$A \equiv BC$$
$$B \equiv AC$$
$$C \equiv AB$$

　　因此，一对效应中的任一个效应都不可能独立于它别名的"配对"而估计出来。实际上，效应

$$A = \frac{a + abc - b - c}{2}$$

$$BC = \frac{a + abc - b - c}{2}$$

将得到数值上相等的结果，因此包含相同的信息。我们通常则说它们共用了一个自由度。实际上，估计的效应值是估计的 $A + BC$ 这个和。我们称 A 和 BC 是别名关系，B 和 AC 是别名关系，C 和 AB 是别名关系。

　　对于 $ABC = -I$ 部分因子设计而言，我们可以看到，除了符号，其别名关系与 $ABC = I$ 的别名关系是一样的。于是我们有

$$A \equiv -BC$$
$$B \equiv -AC$$
$$C \equiv -AB$$

　　在图 14.14（a）和图 14.14（b）中这两个部分因子设计都在立方体的角上。

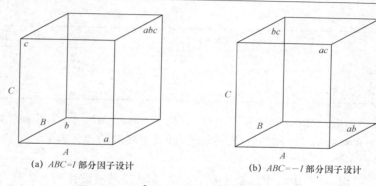

(a) $ABC=I$ 部分因子设计　　　　　(b) $ABC=-I$ 部分因子设计

图 14.14　2^3因子设计的 1/2 部分因子设计

14.6.3　在一般情形中如何确定别名关系

一般，对于 2^{k-1} 因子试验而言，除了由生成器定义的效应，每个效应都有唯一的别名对。而由生成器定义的效应与其他效应不构成别名关系，而是与均值互为别名，前提是均值是一个最小二乘估计量。为了确定每个效应的别名，我们应当从定义关系出发，比如 2^{3-1} 因子试验的 $ABC=I$。以寻找效应 A 的别名关系为例，我们可以通过在等式 $ABC=I$ 两端同时乘上 A，并消掉模数为 2 的所有指数形式。比如，

$$A \cdot ABC = A$$

因此

$$BC \equiv A$$

类似地，我们有

$$B \equiv B \cdot ABC \equiv A\,B^2C \equiv AC$$

当然，还有

$$C \equiv C \cdot ABC \equiv AB\,C^2 \equiv AB$$

对于第二个部分因子试验（即由定义关系 $ABC=-I$ 确定的），我们有

$$A \equiv -BC$$
$$B \equiv -AC$$
$$C \equiv -AB$$

这样一来，效应 A 的值实际上估计的就是 $A-BC$。类似地，效应 B 的值实际上估计的是 $B-AC$，效应 C 的值实际上估计的是 $C-AB$。

14.6.4　2^{k-1} 的一般构造方法

对别名关系概念的清晰理解使得我们理解起 2^{k-1} 的构造方法来非常轻松。我们从 2^{3-1} 开始研究。需要 3 个因子和 4 个设计点。构造过程要从全因子试验开始，它包括 $k-1=2$ 个因子，即 A 和 B。比如，以 ABC 作为生成器，显然有 $C=\pm AB$。于是，$C=AB$ 或 $C=-AB$ 可以用来补充 A 和 B 的全因子试验。表 14.10 刻画的是一个非常简单的过程。

表 14.10　两个 2^{3-1} 设计的构造

基本的 2^2		2^{3-1}；$ABC=I$			2^{3-1}；$ABC=-I$		
A	B	A	B	$C=AB$	A	B	$C=-AB$
−	−	−	−	+	−	−	−
+	−	+	−	−	+	−	+

续前表

基本的 2^2		2^{3-1}; $ABC = I$			2^{3-1}; $ABC = -I$		
A	B	A	B	C = AB	A	B	C = -AB
−	+	−	+	−	−	+	+
+	+	+	+	+	+	+	−

在前面我们已经知道，$ABC = I$ 时有设计点 a，b，c，abc；$ABC = -I$ 时有 (1)，ac，bc，ab。前面我们根据表 14.9 构造出了相同的设计。然而，随着更高阶的部分因子设计的复杂化，这些对照表会变得非常难以处理。

现在考虑因子 A，B，C，D 的 2^{4-1} 部分因子试验（即 2^4 因子设计的 1/2 部分因子设计）。与 2^{3-1} 的情形一致，最高阶的交互效应作为生成器，因此本例中所用的就是 $ABCD$。我们需要谨记，$ABCD = I$ 这个定义关系说明，$ABCD$ 的信息损失了。我们从 A，B，C 的一个 2^3 开始，由 $D = \pm ABC$ 来生成两个 2^{4-1} 设计。表 14.11 刻画了对这两个设计的构造。

表 14.11 两个 2^{4-1} 设计构造

基本 2^3			2^{4-1}; $ABCD = I$				2^{4-1}; $ABCD = -I$			
A	B	C	A	B	C	D = ABC	A	B	C	D = -ABC
−	−	−	−	−	−	−	−	−	−	+
+	−	−	+	−	−	+	+	−	−	−
−	+	−	−	+	−	+	−	+	−	−
+	+	−	+	+	−	−	+	+	−	+
−	−	+	−	−	+	+	−	−	+	−
+	−	+	+	−	+	−	+	−	+	+
−	+	+	−	+	+	−	−	+	+	+
+	+	+	+	+	+	+	+	+	+	−

用记号 a，b，c 等，我们可得下述设计：

$$ABCD = I, (1), ad, bd, ab, cd, ac, bc, abcd$$
$$ABCD = -I, d, a, b, abd, c, acd, bcd, abc$$

2^{4-1} 情形中的别名与前面 2^{3-1} 中是相似的。每个效应都有唯一的别名对，且是通过对定义关系的乘法关系得到的。比如，对于设计 $ABCD = I$，A 的别名对是

$$A = A \cdot ABCD = A^2 BCD = BCD$$

而 AB 的别名对则是

$$AB = AB \cdot ABCD = A^2 B^2 CD = CD$$

容易看到，主效应与三因子交互效应之间互为别名关系，两因子交互效应与其他两因子交互效应之间互为别名关系。完整的关系列表如下：

$$A = BCD$$
$$AB = CD$$
$$B = ACD$$
$$AC = BD$$
$$C = ABD$$
$$AD = BC$$
$$D = ABC$$

14.6.5 1/4 部分因子设计的构造

在 1/4 部分因子设计中，选择两个交互效应将比选择一个损失大，第三个由选出的两个广义的交互效应得到。我们注意到，这与 4 个区组的构造非常类似。使用的部分因子设计仅仅是区组中的一个。一个简单的例子有助于我们看到它与所构造的 1/2 部分因子设计之间的关联。考虑构造一个因子为 A，B，C，D，E 的 2^5 因子设计的 1/4 部分因子设计（即一个 2^{5-2}）。以 $ABD=I$ 和 $ACE=I$ 为定义关系，避免两个主效应混合在一起的一种方法是，选择 ABD 和 ACE 作为与两个生成器相关的交互效应。第三个损失掉的交互效应是 $(ABD)(ACE)=A^2BCDE=BCDE$。为了构造这个设计，我们从一个因子为 A，B，C 的因子试验开始，以交互效应 $ABD=I$ 和 $ACE=I$ 来补充生成器，从而因子为 A，B，C 的 2^3 因子设计则由 $D=\pm AB$ 和 $E=\pm AC$ 来补充。于是其中一个部分因子设计就是

$$
\begin{array}{ccccc}
A & B & C & D=AB & E=AC \\
- & - & - & + & + \\
+ & - & - & - & - \\
- & + & - & - & + \\
+ & + & - & + & - \\
- & - & + & + & - \\
+ & - & + & - & + \\
- & + & + & - & - \\
+ & + & + & + & +
\end{array}
\quad
\begin{array}{l}
de \\
a \\
be \\
abd \\
cd \\
ace \\
bc \\
abcde
\end{array}
$$

另外三个部分因子设计的生成器是 $\{D=-AB,\ E=AC\}$，$\{D=AB,\ E=-AC\}$，$\{D=-AB,\ E=-AC\}$。基于上述 2^{5-2} 的分析，研究这 5 个因子共需要 8 个设计点，主效应的别名如下所示：

$$
\begin{array}{lll}
A(ABD)\equiv BD & A(ACE)\equiv CE & A(BCDE)\equiv ABCDE \\
B\equiv AD & \equiv ABCE & \equiv CDE \\
C\equiv ABCD & \equiv AE & \equiv BDE \\
D\equiv AB & \equiv ACDE & \equiv BCE \\
E\equiv ABDE & \equiv AC & \equiv BCD
\end{array}
$$

其他效应的别名可以类似地写出来。自由度分解（去除重复）如下所示：

主效应	5
拟合不足	2 （$CD=BE$，$BC=DE$）
合计	7

就拟合不足问题，我们所列出交互效应的自由度仅为 2。

现在我们来考察 2^{6-2} 的情况，其中有 16 个设计点来研究 6 个因子。依然选择 2 个设计生成器。从因子为 A，B，C，D 的全因子设计 $2^{6-2}=2^4$ 开始，我们用 $E=\pm ABC$ 和 $F=\pm BCD$ 来作为补充是一个很实用的选择。表 14.12 就是针对这个设计的构造。

表 14.12 2^{6-2} 的设计

A	B	C	D	$E=ABC$	$F=BCD$	处理组
$-$	$-$	$-$	$-$	$-$	$-$	(1)
$+$	$-$	$-$	$-$	$+$	$-$	ae
$-$	$+$	$-$	$-$	$+$	$+$	bef

续前表

A	B	C	D	E = ABC	F = BCD	处理组
+	+	−	−	−	+	abf
−	−	+	−	+	+	cef
+	−	+	−	−	+	acf
−	+	+	−	−	−	bc
+	+	+	−	+	−	abce
−	−	−	+	−	+	df
+	−	−	+	−	+	adef
−	+	−	+	−	+	bde
+	+	−	+	−	−	abd
−	−	+	+	+	−	cde
+	−	+	+	−	−	acd
−	+	+	+	+	+	bcdf
+	+	+	+	+	+	abcdef

显然，尽管比 2^{5-2} 的情况多了 8 个设计点，但主效应的别名表并不难。实际上，我们注意到，在定义关系为 $ABCE = \pm I$，$BCDF = \pm I$，$(ABCE)(BCDF) = ADEF = \pm I$ 时，主效应与交互效应互为别名，它不比三阶的情形更简单。因此，我们可得主效应的别名结构为：

$$A \equiv BCE \equiv ABCDF \equiv DEF$$
$$D \equiv ABCDE \equiv BCF \equiv AEF$$
$$B \equiv ACE \equiv CDF \equiv ABDEF$$
$$E \equiv ABC \equiv BCDEF \equiv ADF$$
$$C \equiv ABE \equiv BDF \equiv ACDEF$$
$$F \equiv ABCEF \equiv BCD \equiv ADE$$

每个的自由度都为 1。而对于两因子的交互效应

$$AB \equiv CE \equiv ACDF \equiv BDEF$$
$$AF \equiv BCEF \equiv ABCD \equiv DE$$
$$AC \equiv BE \equiv ABDF \equiv CDEF$$
$$BD \equiv ACDE \equiv CF \equiv ABEF$$
$$AD \equiv BCDE \equiv ABCF \equiv EF$$
$$BF \equiv ACEF \equiv CD \equiv ABDE$$
$$AE \equiv BC \equiv ABCDEF \equiv DF$$

当然，某些两因子的交互效应之间也是存在别名关系的。下面的两组则可以解释剩下的两个自由度：

$$ABD \equiv CDE \equiv ACF \equiv BEF$$
$$ACD \equiv BDE \equiv ABF \equiv CEF$$

很明显，对一个部分因子试验而言，我们应该在了解其别名结构之后才最终接受一个试验设计。在定义对照时合理地选择很重要，因为它决定了我们的别名结构。

14.7　对部分因子试验的分析

对来自部分因子试验的数据进行通常的显著性检验，其困难程度取决于我们是否能确定合适

的误差项。除非我们可以从先前的试验中获取数据，否则误差只能通过合并对照的方式得到，这些对照表示了假设可以忽略的效应。

单个效应的平方和可以通过与全因子设计本质上相同的方法而得到。我们可以对处理组构造相应的对照，得到一个正负号的表格。比如，以 ABC 为定义对照的 2^3 因子试验中的半—重复表（见表 14.13）中，我们给出了处理组一个可能的集合，以及用于估计效应和各效应平方和的适当的代数符号。

表 14.13 2^3 因子试验的半—重复中对照的符号

处理组	因子效应						
	A	B	C	AB	AC	BC	ABC
a	+	−	−	−	−	+	+
b	−	+	−	−	+	−	+
c	−	−	+	+	−	−	+
abc	+	+	+	+	+	+	+

在表 14.13 中，对照 A 和 BC 是相同的，即互为别名。同样，$B \equiv AC$，$C \equiv AB$。这种情形下，用 3 个正交的对照表示了 3 个可能的自由度。如果 4 个处理组都有两个观测值，我们将得到自由度为 4 的误差方差的一个估计。进一步假设交互效应是可以忽略的，我们则可以对所有主效应的显著性进行检验。

以一个效应及其相应的平方和为例

$$A = \frac{a - b - c + abc}{2n}$$

$$SSA = \frac{(a - b - c + abc)^2}{2^2 n}$$

通常，对于 2^k 因子试验的一个 2^{-p}（$p < k$）部分因子试验而言，任何一个效应的自由度为 1 的平方和都等于所选处理组中合计的平方，再除以 $2^{k-p}n$，其中 n 是这些处理组重复观测的次数。

例 14.6　假设我们想用一个半—重复试验来研究 5 个因子对某个响应变量的效应，每个因子有两个水平，且已知每个因子的效应水平不受其他效应水平的影响。也就是说，没有交互效应。令 $ABCDE$ 为定义对照，则主效应与 4 个因子的交互效应互为别名。将包括交互效应在内的对照进行合并，我们可得误差的自由度为 $15 - 5 = 10$。对表 14.14 中的数据进行方差分析，请在 0.05 的显著性水平上检验所有主效应的显著性。

表 14.14   例 14.6 的数据

处理	响应	处理	响应
a	11.3	bcd	14.1
b	15.6	abe	14.2
c	12.7	ace	11.7
d	10.4	ade	9.4
e	9.2	bce	16.2
abc	11.0	bde	13.9
abd	8.9	cde	14.7
acd	9.6	$abcde$	13.2

解： 根据题意我们可知，主效应的平方和与效应是

$$SSA = \frac{(11.3 - 15.6 - \cdots - 14.7 + 13.2)^2}{2^{5-1}} = \frac{(-17.5)^2}{16} = 19.14$$

$$A = -\frac{17.5}{8} = -2.19$$

$$SSB = \frac{(-11.3 + 15.6 - \cdots - 14.7 + 13.2)^2}{2^{5-1}} = \frac{(18.1)^2}{16} = 20.48$$

$$B = \frac{18.1}{8} = 2.26$$

$$SSC = \frac{(-11.3 - 15.6 + \cdots + 14.7 + 13.2)^2}{2^{5-1}} = \frac{(10.3)^2}{16} = 6.63$$

$$C = \frac{10.3}{8} = 1.21$$

$$SSD = \frac{(-11.3 - 15.6 - \cdots + 14.7 + 13.2)^2}{2^{5-1}} = \frac{(-7.7)^2}{16} = 3.71$$

$$D = \frac{-7.7}{8} = -0.96$$

$$SSE = \frac{(-11.3 - 15.6 - \cdots + 14.7 + 13.2)^2}{2^{5-1}} = \frac{(8.9)^2}{16} = 4.95$$

$$E = \frac{8.9}{8} = 1.11$$

所有其他估计与显著性检验的结果我们归结为表 14.15。检验结果表明，因子 A 对响应变量存在一个显著的负效应，而因子 B 则存在一个显著的正效应。因子 C，D，E 在 0.05 的显著性水平上是不显著的。

表 14.15　对 2^5 因子试验中半—重复数据的方差分析

变差来源	平方和	自由度	均方	f 值
主效应				
A	19.14	1	19.14	6.21
B	20.48	1	20.48	6.65
C	6.63	1	6.63	2.15
D	3.71	1	3.71	1.20
E	4.95	1	4.95	1.61
误差	30.83	10	3.08	
合计	85.74	15		

习　题

14.19 考虑以下情形：

（a）求一个 2^5 因子试验的 1/2 部分因子试验，设 BCD 为定义对照。

（b）在混合了 ABC 的情况下，请将 1/2 部分因子试验分割为 2 个区组的 4 个单元。

（c）假设所有的交互效应都可以忽略，请进行方差分析（变差来源和自由度），检验所有未被混合的主效应。

14.21 考虑以下情形：

（a）设定义对照为 $ABCE$ 和 $ABDF$，求一个 2^6 因子设计的 1/4 部分因子设计。

（b）假设 E 和 F 无交互效应，且所有 3 个因子及更高阶的交互效应都可以忽略，则请通过方差分析（变差来源和自由度）进行所有适当的检验。

14.23 开展了一项试验以帮助工程师研究影响面包包装纸原料的密封强度（克/英寸）的因素（密封温度 A，冷却槽温度 B，聚乙烯添加物百分比 C，压强 D）的影响。我们采用了一个 2^4 因子试验的 1/2 部分因子试验，设定义对照为 $ABCD$。数据如下表所示。请对主效应和两因子交互效应进行方差分析，假设所有 3 因子及更高阶的交互效应都可以忽略。取 $\alpha = 0.05$。

A	B	C	D	响应变量
-1	-1	-1	-1	6.6
1	-1	-1	1	6.9
-1	1	-1	1	7.9
1	1	-1	1	6.1
-1	-1	1	1	9.2
1	-1	1	-1	6.8
-1	1	1	-1	10.4
-1	1	1	-1	7.3

14.25 弗吉尼亚理工大学环境科学及机械系开展了一项研究钢的黏合处橡胶耐久性的试验，弗吉尼亚理工大学统计咨询中心对其进行了分析，试验人员记录下黏合密封中出现故障的次数。假定海水的浓度 A，温度 B，pH 值 C，电压 D，压力 E 影响黏合密封的故障情况。我们采用一个 2^5 因子试验的 1/2 部分因子试验，设定义对照为 $ABCDE$。数据如下表所示。

A	B	C	D	E	响应变量
-1	-1	-1	-1	1	462
1	-1	-1	-1	-1	746

续前表

A	B	C	D	E	响应变量
-1	1	-1	-1	-1	714
1	1	-1	-1	1	1 070
-1	-1	1	-1	-1	474
1	-1	1	-1	1	832
-1	1	1	-1	1	764
1	1	1	-1	-1	1 087
-1	-1	-1	1	-1	522
1	-1	-1	1	1	854
-1	1	-1	1	1	773
1	1	-1	1	-1	1 068
-1	-1	1	1	1	572
1	-1	1	1	-1	831
-1	1	1	1	-1	819
1	1	1	1	1	1 104

请对主效应和两因子的交互效应进行方差分析，假设所有 3 因子及更高阶的交互效应都可以忽略。取 $\alpha = 0.05$。

14.27 试验中有 6 个因子，但仅有 8 个设计点可用。由一个 2^3 因子试验开始，以 $D = AB$，$E = -AC$，$F = BC$ 作为生成器，请构造一个 2^{6-3} 的因子试验。

14.29 对于习题 14.27，请给出 6 个主效应的所有别名（关系）。

14.8 高阶部分因子试验和筛选设计

在一些工业环境中，常常要求分析人员确定大量可控因子中哪些因素对某个重要响应变量是有影响的。这些因子可能是定性或分类变量、回归变量或二者的混合。分析过程可能包括方差分析、回归分析或者两者都有。通常情况下，回归模型仅使用线性的主效应，但是也可以加入一些交互效应。这种情形下，通常要求对变量进行筛选，因此这种试验设计称作**筛选设计**（screening designs）。显然，饱和或者近乎饱和的两水平正交设计是可行的选择。

14.8.1 设计的解析度

两水平正交设计通常可以根据其**解析度**来进行分类，后者可以由如下定义确定。

定义 14.1 两水平正交设计的解析度是，定义对照的集合中最小（最简单）的交互效应的长度。

如果一个设计是全因子设计或部分因子设计（即要么是 2^k 设计，要么是 2^{k-p} 设计，$p = 1$，2，$\cdots$，$k-1$），设计的解析度的概念有助于我们对别名关系的影响进行分类。比如，解析度为 Ⅱ 的设计，可能并没有很大的用处，因为至少存在一个主效应与其他因子互为别名关系的情形。一个解析度为 Ⅲ 的设计中所有的主效应（线性效应）是相互正交的。但是在线性效应和两因子交互效应之间却存在一些互为别名的情形。显然，如果分析人员关注于对主效应的研究，而又不存在两因子的交互效应，那么就需要一个解析度至少为 Ⅲ 的设计。

14.9 以 8，16，32 个设计点构造解析度为 Ⅲ 和 Ⅳ 的设计

使用 8 个设计点可以对 $2 \sim 7$ 个变量构造解析度为 Ⅲ 和 Ⅳ 的有用设计。我们先从 2^3 因子试验开始，这个试验对交互效应是饱和的。

$$\begin{array}{ccccccc} x_1 & x_2 & x_3 & x_1x_2 & x_1x_3 & x_2x_3 & x_1x_2x_3 \end{array}$$

$$\begin{bmatrix} -1 & -1 & -1 & 1 & 1 & 1 & -1 \\ 1 & -1 & -1 & -1 & -1 & 1 & 1 \\ -1 & 1 & -1 & -1 & 1 & -1 & 1 \\ -1 & -1 & 1 & 1 & -1 & -1 & 1 \\ 1 & -1 & 1 & -1 & 1 & -1 & -1 \\ 1 & 1 & -1 & 1 & -1 & -1 & -1 \\ -1 & 1 & 1 & -1 & -1 & 1 & -1 \\ 1 & 1 & 1 & 1 & 1 & 1 & 1 \end{bmatrix}$$

显然，仅仅用新的主效应将交互效应的列替换掉，就可以构造一个 7 个变量的解析度为 Ⅲ 的设计。比如，我们可以定义：

$$x_4 = x_1x_2(\text{定义对照 } ABD)$$
$$x_5 = x_1x_3(\text{定义对照 } ACE)$$
$$x_6 = x_2x_3(\text{定义对照 } BCF)$$
$$x_7 = x_1x_2x_3(\text{定义对照 } ABCG)$$

从而得到一个 2^7 因子设计的 2^{-4} 部分因子设计。上述表达式与所选定的定义对照是一样的。结果产生了 11 个附加的定义对照，全部 11 个定义对照都至少包含 3 个字母。于是这就是一个解析度为 Ⅲ 的设计。显然，如果我们从增加的列的一个子集出发，所得到的一个包含少于 7 个设计变量的设计，就是一个少于 7 个变量的解析度为 Ⅲ 的设计。

从一个包含交互效应的饱和的 2^4 设计出发，可以对 16 个设计点构造出一个相似的可能的设计集。定义出与这些交互效应相关的变量，就生成了一个 15 个变量的解析度为 Ⅲ 的设计。类似地，我们可以从 2^5 出发构造一个包含 32 个设计点的设计。

表 14.16 为用户提供了构造 8，16，32，64 个设计点且解析度为 Ⅲ，Ⅳ，Ⅴ 的设计的指南。表中给出了因子数目、操作次数以及用来生成 2^{k-p} 设计的生成器。给出的生成器可以用来对包含 $k-p$ 个因子的全因子设计进行扩充。

表 14.16 解析度为 Ⅲ，Ⅳ，Ⅴ，Ⅵ，Ⅶ 的 2^{k-p} 设计

因子数	设计	设计点数目	生成器
3	$2_{Ⅲ}^{3-1}$	4	$C = \pm AB$
4	$2_{Ⅳ}^{4-1}$	8	$D = \pm ABC$
5	$2_{Ⅲ}^{5-2}$	8	$D = \pm AB;\ E = \pm AC$
6	$2_{Ⅵ}^{6-1}$	32	$F = \pm ABCDE$
	$2_{Ⅳ}^{6-2}$	16	$E = \pm ABC;\ F = \pm BCD$
	$2_{Ⅲ}^{6-3}$	8	$D = \pm AB;\ F = \pm BC;\ E = \pm AC$
7	$2_{Ⅶ}^{7-1}$	64	$G = \pm ABCDEF$
	$2_{Ⅳ}^{7-2}$	32	$E = \pm ABC;\ G = \pm ABDE$
	$2_{Ⅳ}^{7-3}$	16	$E = \pm ABC;\ F = \pm BCD;\ G = \pm ACD$
	$2_{Ⅲ}^{7-4}$	8	$D = \pm AB;\ E = \pm AC;\ F = \pm BC;\ G = \pm ABC$
8	$2_{Ⅴ}^{8-2}$	64	$G = \pm ABCD;\ H = \pm ABEF$
	$2_{Ⅳ}^{8-3}$	32	$F = \pm ABC;\ G = \pm ABD;\ H = \pm BCDE$
	$2_{Ⅳ}^{8-4}$	16	$E = \pm BCD;\ F = \pm ACD;\ G = \pm ABC;\ H = \pm ABD$

14.10 解析度为 Ⅲ 的其他两水平设计；Plackett-Burman 设计

Plackett and Burman（1946）提出的一类设计填补了部分因子设计中样本容量处于无效状态的空白。部分因子试验在样本容量为 2^r（即样本容量为 4，8，16，32，64……的情形）中非常有用。Plackett-Burman 设计中包含 $2r$ 个设计点，于是大小为 12，20，24，28 等的设计也可以实现了。这些两水平的 Plackett-Burman 设计是解析度为 Ⅲ 的设计，我们很容易对此进行构造。对于每个样本容量的情形我们都给出了其基线。这些基线是由 $n-1$ 个 + 号和 $n-1$ 个 − 号组成的。为了构造设计矩阵的列，我们从基线出发，对各列做循环置换，直到构造了 k（所需要的变量个数）列为止。然后在最后一行填入 − 号，结果就得到包含 k（$k=1$，2，…，N）个变量且解析度为 Ⅲ 的一个设计。基线如下所示：

$N = 12$ + + − + + + − − − + −
$N = 16$ + + + + − + − + + − − + − − −
$N = 20$ + + − − + + + + − + − + − − − − + + −
$N = 24$ + + + + + − + − + + − − + + − − + − + − − − −

例 14.7 请构造两水平的一个筛选设计，假定有 6 个变量，包含 12 个设计点。

解： 第一列从基线出发。第二列的构造方法是，将第一列最底部的项移到第二列的最顶端，到最后就重写第一列。第三列采用与第二列同样的方法来构造。当列数足够时，在最后一行填入负号即可。这样一来，我们所得到的设计如下：

x_1	x_2	x_3	x_4	x_5	x_6
+	−	+	−	−	−
+	+	−	+	−	−
−	+	+	−	+	−
+	−	+	+	−	+
+	+	−	+	+	−
+	+	+	−	+	+
−	+	+	+	−	+
−	−	+	+	+	−
−	−	−	+	+	+
+	−	−	−	+	+
−	+	−	−	−	+
−	−	−	−	−	−

Plackett-Burman 设计在工业上需要筛选的情形中非常普遍。作为解析度为 Ⅲ 的设计，所有线性效应都是正交的。对任意的样本容量，用户都可以得到一个有 $k=2$，3，…，$N-1$ 个变量的设计。

Plackett-Burman 设计的别名结构非常复杂，因此用户不可能像在 2^k 或 2^{k-p} 的情形中那样通过对别名结构的完全控制来构造设计。不过，在回归模型的情形中，当有足够的自由度时，Plackett-Burman 设计是可以调节交互效应的（尽管它们不是相互正交的情形）。

14.11 稳健参数设计

在本章中，我们一直在强调以试验设计来对工程和科学过程进行认识的思想。在产品的生产中，试验设计可以用来改进产量或质量。正如我们在第 1 章中指出的，在产品生产改良中所使用的统计工具非常重要。在 20 世纪八九十年代，这种质量改良的一个重要的方面就是，在研究或过程设计层面将质量考虑到过程和产品中。在工艺开发中通常需要试验设计具有下述一些性质：

1. 对环境条件是不敏感（稳健）的。
2. 对难以控制的因子是不敏感（稳健）的。
3. 在性能上能够提供最小的变差。

这些方法被称作是稳健参数设计（见 Taguchi, 1991；Taguchi and Wu, 1985；Kackar, 1985）。在这样的背景下，设计这个术语则指对过程或系统的设计；参数指系统中的参数。它们就是我们所说的因子或变量。

显然，上面的目标1，2，3 是极好的。比如，一个石油工程师可能有一种汽油的混合物，只要条件是理想且稳定的，它的性能就会很好。然而，随着环境条件的变化（如驱动器类型、天气状况、发动机类型等），性能可能会很差。一位科研人员有一份蛋糕混合配方，只要使用人员精确地遵从盒子上关于烤箱温度、烘焙时间等说明，就能够提高蛋糕的口感。一个产品或过程，若在环境条件变化时性能可以保持一致，则称作**稳健产品**或**稳健过程**（Myers, Montgomery, and Anderson-Cook, 2009）。

14.11.1 控制变量和噪声变量

Taguchi（1991）强调，在涉及稳健参数设计的研究中应当使用两种类型的设计变量，即控制因子和噪声因子。

定义 14.2 **控制因子**是指在试验和过程中都可以控制的变量。**噪声因子**是指在试验中可能或不可控制，而在过程中不可控制（或在过程中不能很好控制）的变量。

一个重要的方法是，在同一个试验中，将控制变量和噪声变量都作为固定效应。这时通常会使用正交设计或者正交表。

稳健参数设计的目标

稳健参数设计的目标是选择控制变量的水平（即过程的设计），使得对噪声变量的变化最为稳健（不敏感）。

我们应当注意到，噪声变量的变化实际上意味着过程中的变化、范围的变化、环境的变化、用户操作或用法的变化，等等。

14.11.2 乘积数组

试验设计同时包含控制变量和噪声变量的一个方法是，使用一个对控制变量和噪声变量分别要求正交性的试验计划。则全试验设计不过是这两个正交设计的乘积或交叉。下面是一个有两个控制变量和两个噪声变量的乘积数组的简单例子。

例 14.8 在 1987 年 12 月《质量进展》杂志上一篇名为《参数设计的田口方法》的文章中，讨论了一个有趣的例子：寻找一种方法将电连接器装配到尼龙管上，以使得软定位器的性能与汽车发动机相适应。目标是寻找可控制的条件，使得软定位力达到最大。可控变量有 A 和 B，前者是连接器的壁厚，后者是嵌入深度。在常规的操作中，有一些不可控制的变量，不过它们在试验中却是可控制的。这些变量包括 C 和 D，前者是作用时间，后者是作用温度。每个控制变量和每个噪声变量都有三个水平。控制数组是一个 3×3 的数组，噪声数组是我们所熟悉的 2^2 因子设计，因子组合有 (1), c, d, cd。噪声因子的目的是使响应变量、软定位力中出现一些变差，而这样的变差在日常的运行中是会出现的。该设计如表 14.17 所示。

表 14.17 例 14.8 中的设计

		B（深度）		
		浅	中等	深
A（壁厚）	薄	(1) c d cd	(1) c d cd	(1) c d cd
	中等	(1) c d cd	(1) c d cd	(1) c d cd
	厚	(1) c d cd	(1) c d cd	(1) c d cd

案例研究 14.2 （焊接工艺优化）in Schmidt and Launsby（1991）中有一个试验，印刷电路板装配厂完成了焊接工艺优化。在将零件手工或者机械化地嵌在一块裸板上之后，再将电路板通过波峰焊设备进行处理，以将所有零件都在电路板上连接起来。电路板被放在一个传送带上并且要经过一系列的步骤。它们要浸入助焊剂混合物以移除其表面的氧化物。为了让它的热变形达到最小，在进行焊接前要进行预热。电路板在通过波峰焊时完成焊接。试验的目的是使每百万个连接点中的焊接瑕疵数目最少。控制变量及水平如表 14.18 所示。

表 14.18 案例研究 14.2 中的控制因子

因子	(-1)	(+1)
焊接罐温度 A（℉）	480	510
传送速度 B（英尺/分钟）	7.2	10
助焊剂密度 C	0.9°	1.0°
预热温度 D	150	200
波峰高度 E（英寸）	0.5	0.6

这些因子在试验水平下是很容易控制的，但在工厂或工艺水平下却很难做到。

14.11.3 噪声因子：控制因子的容忍度

在类似上例的过程中，通常情况下，非人为的噪声因子就是控制因子的容忍度。比如，在实际生产过程中，焊接罐的温度和传送带的速度是很难控制的。已知温度可以控制在 ±5 ℉ 范围内，传送带速度可以控制在 ±0.2 英尺/分钟范围内。不难想象，产品响应变量（焊接效果）的变差将因为这两个因子在一些名义水平上的不可控性而增加。第三个噪声因子是所涉及的装配方式。在实践中，一般会使用两种装配方式。这样一来，我们即可得到如表 14.19 所示的噪声因子。

表 14.19 案例研究 14.3 中的噪声因子

因子	(-1)	(+1)
焊接罐温度的容忍度 A^*（℉） 　（相对于名义水平的偏差）	-5	+5
传送速度的容忍度 B^*（英尺/分钟） 　（相对于理想情形的偏差）	-0.2	+0.2
助焊剂密度 C^*	1	2

控制数组（内部数组）和噪声数组（外部数组）两者都被选入部分因子试验，前者是 2^5 因子设计的 1/4 部分因子试验，而后者则是 2^3 因子设计的 1/2 部分因子试验。表 14.20 为交叉数组和响应变量。内部数组的前三列表示的是 2^3 因子设计。由 $D = -AC$ 和 $E = -BC$ 构成另两列。因此，内部数组的定义对照就是 ACD，BCE，ADE。外部数组是一个标准的解析度为 Ⅲ 的 2^3 因子设计的部分因子设计。每个内部数组的点都包括外部数组的操作。因此，在控制数组的每个组合上都有 4 个响应变量的观测值。图 14.15 揭示了温度和密度对响应变量均值的效应。

表 14.20　案例研究 14.3 中的交叉数组和响应变量

内部数组					外部数组					
A	B	C	D	E	(1)	a^*b^*	a^*c^*	b^*c^*	$\bar{y}$	s_y
1	1	1	-1	-1	194	197	193	275	214.75	40.20
1	1	-1	1	1	136	136	132	136	135.00	2.00
1	-1	1	-1	1	185	261	264	264	243.50	39.03
1	-1	-1	1	-1	47	125	127	42	85.25	47.11
-1	1	1	1	-1	295	216	204	293	252.00	48.75
-1	1	-1	-1	1	234	159	231	157	195.25	43.04
-1	-1	1	1	1	328	326	247	322	305.75	39.25
-1	-1	-1	-1	-1	186	187	105	104	145.50	47.35

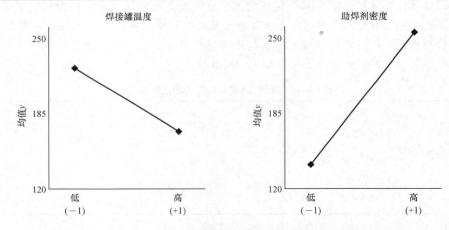

图 14.15　揭示因子对响应变量均值影响的图形

14.11.4　对过程均值与方差的联合分析

在应用稳健参数设计的绝大多数例子中，分析人员都会关心寻找控制变量所满足的条件，从而能得到响应变量均值 $\bar{y}$ 的适当取值。不过，不同的噪声变量对过程方差 σ_z^2 的贡献在该过程中是可以预期的。显然，如果产品情况稳健的话，则说明该过程的一致性比较强，因此其中的过程方差就会较小。稳健参数设计可能需要对 $\bar{y}$ 和 s_y 进行联合分析。

所以，在案例研究 14.3 中温度和助焊剂密度是极为重要的因子，而且它们似乎对 $\bar{y}$ 和 s_y 都有影响。幸运的是，高温和低助焊剂密度对两者而言都是更好的。因此，根据图 14.15 我们可知，最优的条件是

焊接温度 $= 510$ ℉
助焊剂密度 $= 0.9°$

14.11.5　稳健参数设计的替代方法

许多人提出的一种方法是，对样本均值和样本方差分别建立模型。分别建立模型通常有助于

试验人员对所涉及的过程有更好的了解。在下面的例子中，我们将以焊接工艺的试验来就这个方法进行介绍。

案例研究14.3 考察案例研究14.2中的数据集。替代的方法是对均值$\bar{y}$和样本标准差分别拟合模型。假设我们用通常$+1$和-1来标记控制因子。基于焊接罐温度x_1和助焊剂密度x_2非常明显的重要性，我们对响应变量（每百万个连接点中瑕疵的数目）利用线性回归模型得到如下的模型：

$$\hat{y} = 197.125 - 27.5x_1 + 57.875x_2$$

为了寻找温度和助焊剂密度最稳健的水平，非常重要的一步是在响应变量均值及其变差之间取得平衡，以对变差进行建模。在这一点上我们有一个非常重要的工具，就是对数变换（见Bartlett and Kendall，1946；Carroll and Ruppert，1988）：

$$\ln s^2 = \gamma_0 + \gamma_1(x_1) + \gamma_2(x_2)$$

建模之后我们可得下述结果

$$\widehat{\ln s^2} = 6.6975 - 0.7458x_1 + 0.6150x_2$$

对数线性模型在对样本方差进行建模的问题中存在大量应用，因为对样本方差进行对数变换之后就可以使用最小二乘法了。其原因在于，在我们以$\ln s^2$而非s^2作为模型响应变量时，正态性假定和方差齐性假定通常非常符合实际情况。

这样的分析对于要联合使用这两个模型的科研人员或工程师而言非常重要。图形方法此时也会非常有用。图14.16是均值和标准差模型的简单图示。正如我们所预期的，使瑕疵平均数量最少的温度和助焊剂密度的点，与使变差最小的点是相同的，也就是高温和低助焊剂密度。多响应面方法有助于用户通过图形方式领会到我们在过程均值和过程变差之间的权衡。在这个例子中，工程师可能会对焊接温度和助焊剂密度的极端条件并不满意。该图为我们估计出了在偏离最优均值和变差条件的任意中间状态下的损失程度。

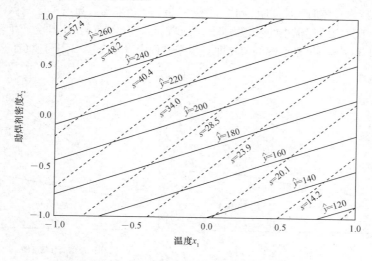

图14.16 案例研究14.3中的均值和标准差

在案例研究14.3中，我们对控制变量的取值进行了限制，使生产过程中的均值和方差两者都能取得有利条件。均值和方差来自生产过程中噪声变量的分布，因此需要分别建模，通过耦合响应面法即可求得两者的有利条件。案例研究14.3中涉及两个模型（均值和方差），因此可以将此看做一个耦合响应面分析。可喜的是，本例中针对两个相关的控制变量（焊接罐温度和助焊剂密度）的相同条件对过程均值和方差两者都是最优的。而在实践中，大部分时候都需要在均值和方差之间做出一定的折中。

案例研究 14.3 中所述的方法会求解出最优的过程条件，只要我们所使用的数据来自乘积阵列或交叉阵列的试验设计。通常，使用乘积阵列来在两个设计之间进行交叉，费用是非常高的。不过，对于耦合响应面模型（即均值模型和方差模型）而言则不需要采用乘积阵列。涉及控制变量和噪声变量这两者的设计通常称为联合阵列。这种类型的设计以及针对这种设计的相应分析可以用于判断在哪种条件下控制变量对于噪声变量的变差是最稳健的（最有惰性的）。这样几乎就等价于求解控制变量水平来极小化由噪声变量的波动引起的过程变差。

14.11.6　控制变量和噪声变量的交互效应的作用

过程方差的结构在很大程度上是由控制变量和噪声变量的交互效应决定的。非齐次的过程方差在本质上是控制变量与噪声变量之间交互效应的函数。这些控制变量和一个或多个噪声变量有交互的情形，是我们分析研究的对象，后续我们将会讲到。例如，我们来考察 Myers, Montgomery, and Anderson-Cook（2009）中的例子，其数据如表 14.21 所示，其中包含两个控制变量和一个噪声变量。A 和 B 是控制变量，而 C 是噪声变量。

表 14.21　交叉阵列形式的试验数据

内部阵列		外部阵列		响应变量均值
A	B	$C = -1$	$C = +1$	
-1	-1	11	15	13.0
-1	1	7	8	7.5
1	-1	10	26	18.0
1	1	10	14	12.0

我们可以通过图形的方式来展示交互效应 AC 和 BC，如图 14.17 所示。我们应当知道，在 A 和 B 都在生产过程中保持为常数时，C 却服从于一个概率分布。如果我们知道了这一点，那么就清楚了水平 $A = -1$ 和 $B = +1$ 只会引起很小的过程方差，而水平 $A = +1$ 和 $B = -1$ 却会产生较大的方差值。因此，我们说 $A = -1$ 和 $B = +1$ 是稳健的值，即对生产过程中噪声变量 C 不可避免的变动不敏感。

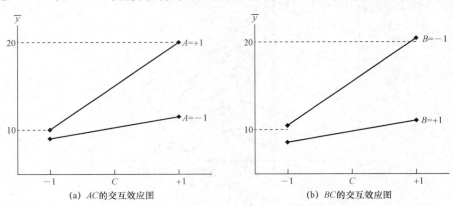

(a) AC 的交互效应图　　　　　　(b) BC 的交互效应图

图 14.17　表 14.21 中数据的交互效应图

在上例中，A 和 B 两者都存在离散效应（即两个因素都会影响过程方差）。此外，这两个变量也存在位置效应，因为当这两个因素在 -1 和 $+1$ 之间变化时 y 的均值也会发生改变。

14.11.7　对包含控制变量和噪声变量的模型之分析

尽管我们一直强调在生产线运转的过程中噪声变量并非常数，不过通过试验我们仍然可以完美地实现对此的分析，从而得到所期望的结果甚至是关于控制变量的最优条件，只要试验中的控制变量和噪声变量两者都是固定效应的。因此，控制变量和噪声变量的主效应、控制变量和噪声变量所有重要的交互效应都可以求得。故 x 和 z 的这个模型（通常称作响应模型）就能同时直接和间接地为我们提供有关该生产过程的有用信息。该响应模型实际上是向量 x 和向量 z 的响应面模型，其中 x 中包含的是控制变量，而 z 中则包含的是噪声变量。对该模型经过一些运算即可像案例研究 14.3 一样得到过程均值和方差。详细内容请参阅 Myers，Montgomery，and Anderson-Cook (2009)。下面我们将以一个非常简单的例子来对此进行说明。考察表 14.21 中所示的数据，其中 A 和 B 是控制变量，而 C 是噪声变量。在 $2^2 \times 2$ 或 2^3 因子设计、部分因子设计中，进行了 8 次操作。故我们可以把响应模型写为：

$$y(x,z) = \beta_0 + \beta_1 x_1 + \beta_2 x_2 + \beta_3 z + \beta_{12} x_1 x_2 + \beta_{1z} x_1 z + \beta_{2z} x_2 z + \epsilon$$

我们没有将三因子交互效应纳入上述的回归模型中。表 14.21 中的 A，B，C 分别为模型中的 x_1，x_2，z。且我们假定误差项 ϵ 满足通常的独立与常数方差性质。

14.11.8 均值和方差响应面

通过考察整个生产过程中 z 的期望和方差即可较好地理解该生产过程的均值和方差响应面。假定噪声变量 C（记作 $y(x,z)$ 中的 z）是均值为 0、方差为 σ_z^2 的连续型变量。因此，该过程的均值和方差模型则可看做

$$E_z[y(x,z)] = \beta_0 + \beta_1 x_1 + \beta_2 x_2 + \beta_{12} x_1 x_2$$
$$\mathrm{Var}_z[y(x,z)] = \sigma^2 + \sigma_z^2(\beta_3 + \beta_{1z} x_1 + \beta_{2z} x_2)^2 = \sigma^2 + \sigma_z^2 l_x^2$$

式中，l_x 是 z 方向上的斜率 $\partial y(x,z)/\partial z$。如前所述，我们可以看到，因子 A 和 B 与噪声变量 C 的交互效应是过程方差模型非常重要的组成部分。

虽然我们已经通过图 14.17（该图呈现的是交互效应 AB 和 AC 所发挥的作用）分析了当前的例子，但对上面的 $E_z[y(x,z)]$ 和 $\mathrm{Var}_z[y(x,z)]$ 进行分析仍然是有益的。在本例中，读者容易验证 β_{1z} 的估计 b_{1z} 的值为 15/8，而 β_{2z} 的估计 b_{2z} 的值为 $-15/8$，且系数 $b_3 = 25/8$。因此，在 $x_1 = +1$ 且 $x_2 = -1$ 的条件下，过程方差的估计为：

$$\widehat{\mathrm{Var}}_z[y(x,z)] = \sigma^2 + \sigma_z^2(b_3 + b_{1z} x_1 + b_{2z} x_2)^2$$
$$= \sigma^2 + \sigma_z^2 \left[\frac{25}{8} + \left(\frac{15}{8}\right)(1) + \left(\frac{-15}{8}\right)(-1) \right]^2$$
$$= \sigma^2 + \sigma_z^2 \left(\frac{55}{8} \right)^2$$

而在 $x_1 = -1$ 且 $x_2 = 1$ 的条件下，我们则有

$$\widehat{\mathrm{Var}}_z[y(x,z)] = \sigma^2 + \sigma_z^2(b_3 + b_{1z} x_1 + b_{2z} x_2)^2$$
$$= \sigma^2 + \sigma_z^2 \left[\frac{25}{8} + \left(\frac{15}{8}\right)(-1) + \left(\frac{15}{8}\right)(-1) \right]^2$$
$$= \sigma^2 + \sigma_z^2 \left(\frac{-5}{8} \right)^2$$

因此，在 $x_1 = -1$ 且 $x_2 = 1$ 这个最优（稳健）的条件下，估计的过程方差中噪声变量 C（或 z）贡献的为 $(25/64)\sigma_z^2$。而在最坏的条件下，即使得过程方差最大时（$x_1 = +1$ 且 $x_2 = -1$）贡献则达到了 $(3\,025/64)\sigma_z^2$。就响应变量均值而言，正如图 14.17 所示，如果响应变量最大就是最优的，则在 $x_1 = +1$ 且 $x_2 = -1$ 的条件下所得即为最优结果。

习 题

14.31 考察这样一个例子，其中有两个控制变量 x_1 和 x_2，以及唯一一个噪声变量 z。我们的目标是要判断 x_1 和 x_2 的水平相对于 z 的变化是否稳健，也就是说，z 在 -1 和 $+1$ 之间变化时，x_1 和 x_2 的水平能够极小化响应变量 y 所产生的方差。变量 x_1 和 x_2 在试验中有两个水平：-1 和 $+1$。图 14.18 就是根据数据所得到的图形。可以发现，x_1 和 x_2 与噪声变量 z 之间存在交互。则 x_1 和 x_2（各自都取 -1 或 $+1$）要满足什么条件才能极小化 y 的方差？请进行说明。

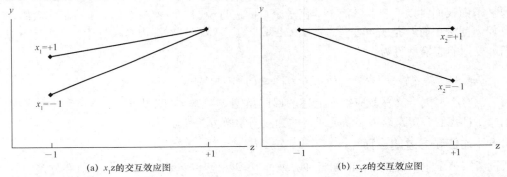

图 14.18　习题 14.31 中数据的交互效应图

14.33 考察案例研究 14.1 中注射铸模的数据。铸模温度非常难以控制，因此假定在铸模过程中温度服从均值为 0、方差为 σ_z^2 的正态分布。我们所关心的是过程中收缩响应变量的方差。在图 14.7 中，可以清楚地看到铸模温度、注射速度、两者之间的交互效应为其中仅有的重要因素。

(a) 由于我们无法控制温度这个因素，请问是否可以通过注射速度来控制生产中收缩的方差？请对此进行说明。

(b) 根据图 14.7 中估计的参数，请估计以下模型：

（ i ）基于温度分布所得的平均收缩。

（ ii ）收缩的方差，以 σ_z^2 函数的形式给出。

(c) 请根据你所估计得到的平均收缩的模型确定注射速度在哪个水平上可以极小化平均收缩。

(d) 请根据平均收缩模型确定最小化平均收缩的注射速度。

(e) 请问你的上述结果是否与图 14.6 中交互效应图的分析结果一致？请对此进行说明。

14.37 考察 14.9 节中 2^7 因子试验的 1/16 部分因子试验。请列出其他定义对照。

巩固练习

14.39 我们采用 Plackett-Burman 设计来研究高分子聚合物的流变学性质。在试验中，6 个变量中每个变量所具有的两个水平都是固定的。将聚合物的黏度作为响应变量。弗吉尼亚理工大学统计咨询中心完成了对该试验的数据分析，以供该校化学工程系使用。变量如下：强阻碍化学量 x_1，氮流速 x_2，加热时间 x_3，压缩百分比 x_4，扫描率（高或低）x_5，张力百分比 x_6。数据如下表所示。请构建黏度关于这 6 个变量各水平的回归方程。对所有主效应进行 t 检验。你认为在进一步的研究中，哪些因子应该保留下来，哪些因子又不该保留？请将（自由度为 5 的）残差均方作为试验误差的测度。

观测	x_1	x_2	x_3	x_4	x_5	x_6	y
1	1	-1	1	-1	-1	-1	194 700
2	1	1	-1	1	-1	-1	588 400
3	-1	1	1	-1	1	-1	7 533
4	1	-1	1	1	-1	1	514 100
5	1	1	-1	1	1	-1	277 300
6	1	1	1	-1	1	1	493 500
7	-1	1	1	1	-1	1	8 969
8	-1	-1	1	1	1	-1	18 340
9	-1	-1	-1	1	1	1	6 793
10	1	-1	-1	-1	1	1	160 400
11	-1	1	-1	-1	-1	1	7 008
12	-1	-1	-1	-1	-1	-1	3 637

14.40 美国西南一家大型石油公司定期要开展试验以检验钻探泥浆的厚度。通常以塑性黏度来测度泥浆的厚度。可以在泥浆中添加不同的聚合物来增加黏度。下面是一个数据集，其中两种聚合物在两个水平上进行变动，并测度黏度。聚合物的浓度用高和低来表示。请分析这个 2^2 因子试验。请对两个聚合物及其交互效应进行检验。

聚合物 2	聚合物 1			
	低		高	
低	3.0	3.5	11.3	12.0
高	11.7	12.0	21.7	22.4

14.41 弗吉尼亚理工大学统计咨询中心分析了一个 2^2 因子试验。委托人是住房、内部设计与资源管理系的成员。委托人关心的是，在全部能量都被传递到产品之上的情况下，应该直接冷启动还是要预热炉子。另外，还要将传递的条件与常规模型进行比较。在 4 个因子组合的每一个上进行 4 次试验。下表是来自该试验的数据。

	预热		冷启动	
传递模式	618	619.3	575	573.7
	629	611	574	572
常规模式	581	585.7	558	562
	581	595	562	566

请进行方差分析，以研究主效应和交互效应，并据此给出你的结论。

14.42 刊载于 *Proceedings of the Tenth Conference on the Design of Experiments in Army Research Development and Testing*（ARO-D Report 65-3, 1965）上的名为"应用回归分析校正 X 射线对烟花成分的荧光性分析中的矩阵效应"的研究中，开展了一项试验，其中推进物化合物中 4 种成分的浓度及泥浆中精细和粗糙颗粒的重量都是可以变化的。因子 A, B, C, D, 每个因子有两个水平，分别为 4 种成分的浓度，因子 E 和 F 也各有两个水平，

为泥浆中精细和粗糙颗粒的重量。分析的目标是，确定与推进物成分 1 相关联的 X 射线的强度比，在改变化合物不同成分的浓度及颗粒大小的重量时，是否会受到显著影响。请根据 2^6 因子试验的 1/8 部分因子试验来进行分析，设定义对照为 ADE, BCE, ACF。下表中的数据为一组强度比值。

批次	处理组	强度比之和
1	abef	2.248 0
2	cdef	1.857 0
3	(1)	2.242 8
4	ace	2.327 0
5	bde	1.883 0
6	abcd	1.807 8
7	adf	2.142 4
8	bcf	1.912 2

合并的均方误差为 0.020 05, 自由度为 8。请在 0.05 的显著性水平上对数据进行分析，确定成分的浓度和泥浆中精细或粗糙颗粒的重量是否对成分 1 的关联强度比存在显著的影响。假定 6 个因子之间不存在交互效应。

14.43 请根据表 14.16 构造一个有 8 个因子、16 次操作的解析度为 Ⅳ 的设计。

14.44 请证明巩固练习 14.43 中设计的解析度为 Ⅳ。

14.45 请构造一个包含 9 个正交设计点的设计，要求共操作 12 次，重复操作的误差自由度为 3，且可以对纯二次曲线进行是否存在拟合不足的检验。

14.46 考察有 2 次中心操作的一个 2^{3-1}_{III} 设计。假设 $\bar{y}_f$ 为设计参数的响应变量均值，$\bar{y}_0$ 为设计中心的响应变量均值。假设真实的回归模型为：

$$E(Y) = \beta_0 + \beta_1 x_1 + \beta_2 x_2 + \beta_3 x_3 + \beta_{11} x_1^2 + \beta_{22} x_2^2 + \beta_{33} x_3^2$$

（a）请给出（并证明）$E(\bar{y}_f - \bar{y}_0)$。

（b）请说明你从（a）中获得了哪些认识。

14.12   可能的错误观点及危害；与其他章节的联系

    在使用部分因子试验时，分析人员必须考虑的最重要的因素之一就是设计的解析度。解析度较低的设计比解析度较高的设计规模更小（相应地也更便宜）。不过，为了更便宜的设计我们也需要付出一定的代价，即解析度较低的设计的别名关系相对解析度较高的设计而言也更复杂。比如，在研究人员期望两因子的交互效应可能是非常重要的情况下，就不应当采用解析度为 Ⅲ 的设计。解析度为 Ⅲ 的设计是一个严格的**主效应设计**。

第 15 章　非参数统计

15.1　非参数检验

我们在前面的章节中所讨论的假设检验方法大部分都是基于随机样本来自正态分布这个假设。幸运的是，在我们所遇到的实际情况些微偏离正态性假设时，这些检验方法仍然是可靠的，特别是当样本容量非常大时。通常我们将这些检验方法称作**参数方法**。在本章中，我们所考察的是另一些方法，称作**非参数方法**或**分布无关方法**，这类方法通常不会对总体分布的任何信息进行假定，连续性假定除外。

数据分析人员越来越广泛地使用非参数方法或分布无关方法。在科学和工程中的许多实际情形中，数据并不是连续记录的，而是按照顺序尺度进行记录的，因此很自然地我们可以为这些数据赋予相应的秩。实际上，读者在本章一开始就可以看到，我们在此所讲到的分布无关方法就包含秩分析方法。绝大多数分析人员都会发现非参数方法所得到的计算结果是非常有吸引力的，而且非常直观。

在此我们举一个应用非参数检验的例子。考察这样一个情形，两名品酒师要对 5 种不同品牌的优质啤酒进行评级，他们需要给自己认为质量最好的啤酒评级为 1，质量次好的评级为 2，以此类推。那么在判断这两位品酒师的意见是否一致时，我们就需要用到非参数检验方法。

还需要指出的是，非参数检验仍然存在一些不足。首先，它没有充分利用样本的所有信息，因此在非参数检验和参数检验都适用时，前者的功效则低于相应的参数方法。这样一来，为了达到相同的功效，非参数检验相对于其所对应的参数检验而言就需要更大的样本容量。

正如我们之前所述，对于标准的参数检验而言，在与正态性假设存在些许差异时，也会使得结果些微偏离理想模型的情况。对 t 检验和 F 检验而言更是如此。在应用 t 检验和 F 检验时，如果与正态性假定存在温和的偏离情形，那么此时的 P 值则可能只有些微的误差。

总而言之，对于同一组数据，在参数检验和非参数检验都适用的情形下，我们应该选取更有效的参数方法。但同时也必须注意到，正态性假定在多数情况下都是无法验证的，而且我们也不可能总是得到定量观测结果。不过，幸运的是，统计学家已经为我们提供了许多非常有用的非参数方法。有了非参数技术的支持，数据分析人员就能够分析来自更加广泛的领域的试验数据。需要指出的是，在标准正态理论的假定下，非参数方法的功效与参数方法的功效几乎是一致的。而另一方面，在实际情况严重偏离正态性假定时，非参数方法则比参数方法更加有效。

15.1.1　符号检验

读者可以回顾我们在 9.4 节中检验零假设 $\mu = \mu_0$ 时所用到的方法，该方法只有在总体是渐近正态或样本容量非常大时才是有效的。然而，如果 $n < 30$ 且总体不服从正态分布，我们就需要使用非参数检验方法。

符号检验常常用于总体中位数的假设检验问题。在许多非参数方法的应用情形中，我们往往会用中位数来代替均值作为相应的**位置参数**进行检验。回顾一下可以知道，我们在 1.3 节中已经定义了样本中位数。而总体中位数，记作 $\tilde{\mu}$，也有类似的定义。即在给定随机变量 X 时，$\tilde{\mu}$ 的定义是 $P(X > \tilde{\mu}) \leqslant 0.5$ 且 $P(X < \tilde{\mu}) \leqslant 0.5$。在连续型情形中

$$P(X > \tilde{\mu}) = P(X < \tilde{\mu}) = 0.5$$

当然，如果分布是对称的，总体的中位数就等于其均值。在假设检验问题$H_0: \tilde{\mu} = \tilde{\mu}_0$中，我们需要根据随机样本的容量$n$，将每一个样本点都与$\tilde{\mu}_0$进行比较，大于$\tilde{\mu}_0$则赋予其一个正号，小于$\tilde{\mu}_0$则赋予其一个负号。当零假设成立且总体对称时，正号的个数应该与负号的个数大致相等。如果其中一个符号与另一个相比出现得更加频繁，则根据概率原理，我们应该拒绝$\tilde{\mu} = \tilde{\mu}_0$的零假设。

理论上，符号检验仅能用于观测值不等于$\tilde{\mu}_0$的情形。尽管在总体服从连续型分布的情形中，样本观测值严格地等于$\tilde{\mu}_0$的概率等于0，但在实际情形中，由于数据记录的不精确性，相等的情况经常发生。当存在观测值与$\tilde{\mu}_0$相等的情况时，则不能用这些观测值来进行分析，从而使得样本容量相应地减少。

符号检验中适当的检验统计量为二项随机变量X，它表示随机样本中正号的总数。在$\tilde{\mu} = \tilde{\mu}_0$的零假设下，样本取正或取负的概率都应当是$1/2$。因此，要检验零假设$\tilde{\mu} = \tilde{\mu}_0$，只需要检验正号的总数是否服从参数为$1/2$的二项分布即可。此时，单边和双边的$P$值都可以通过二项分布求出来。比如，在假设检验问题

$$H_0: \tilde{\mu} = \tilde{\mu}_0$$
$$H_1: \tilde{\mu} < \tilde{\mu}_0$$

中，在正号所占的比例足够小于$1/2$时，即随机变量的值x非常小时，将拒绝H_0并支持H_1。因此，如果我们所计算出来的P值

$$P = P(在 p = 1/2 时 X \leqslant x)$$

小于或等于某个我们事先所选定的显著性水平α，就拒绝H_0并支持H_1。比如，在$n = 15$，$x = 3$时，通过查附录表 A1 我们可知

$$P = P(在 p = 1/2 时 X \leqslant 3) = \sum_{x=0}^{3} b(x;15, \frac{1}{2}) = 0.017\,6$$

故在0.05的显著性水平上我们就要拒绝H_0，而在0.01的显著性水平上则不能拒绝H_0。

对于假设检验问题

$$H_0: \tilde{\mu} = \tilde{\mu}_0$$
$$H_1: \tilde{\mu} > \tilde{\mu}_0$$

如果正号所占的比例显著大于$1/2$时，即x很大时，就拒绝H_0并支持H_1。因此，如果所计算出来的P值

$$P = P(在 p = 1/2 时 X \geqslant x)$$

小于α，我们就拒绝H_0并支持H_1。最后，我们考察这样一个假设检验问题

$$H_0: \tilde{\mu} = \tilde{\mu}_0$$
$$H_1: \tilde{\mu} \neq \tilde{\mu}_0$$

如果正号所占比例显著小于或大于$1/2$，即x足够小或足够大，我们就拒绝H_0并支持H_1。因此，在$x < n/2$时，如果我们所计算出来的P值

$$P = 2P(在 p = 1/2 时 X \leqslant x)$$

小于或等于α；或者在$x > n/2$时，如果我们所计算出来的P值

$$P = 2P(在 p = 1/2 时 X \geqslant x)$$

小于或等于 α，则拒绝 H_0 并支持 H_1。

只要有 $n > 10$，$p = 1/2$ 的二项分布就可以使用正态曲线来进行逼近，这是因为此时 $np = nq > 5$。比如，假定我们要检验的假设为：

$$H_0 : \tilde{\mu} = \tilde{\mu}_0$$
$$H_1 : \tilde{\mu} < \tilde{\mu}_0$$

在显著性水平为 $\alpha = 0.05$ 且一个样本容量为 $n = 20$ 的随机样本中，正号的个数 $x = 6$。根据正态近似

$$\tilde{\mu} = np = (20)(0.5) = 10$$

且

$$\sigma = \sqrt{npq} = \sqrt{(20)(0.5)(0.5)} = 2.236$$

则我们有

$$z = \frac{6.5 - 10}{2.236} = -1.57$$

因此

$$P = P(X \leqslant 6) \approx P(Z < -1.57) = 0.0582$$

从而不能拒绝零假设。

例 15.1 下面的数据是一个充电式绿篱修剪机在充电一次之后的运行时间：

$$1.5, \ 2.2, \ 0.9, \ 1.3, \ 2.0, \ 1.6, \ 1.8, \ 1.5, \ 2.0, \ 1.2, \ 1.7$$

请使用符号检验在 0.05 的显著性水平上检验该假设，即该充电式绿篱修剪机在充电一次后所运行时间的中位数为 1.8 小时。

解：根据题意，我们有：

1. $H_0 : \tilde{\mu} = 1.8$。
2. $H_1 : \tilde{\mu} \neq 1.8$。
3. $\alpha = 0.05$。
4. 检验统计量：$p = 1/2$ 的二项变量 X。
5. 计算：将每一个数据都与 1.8 进行比较，大于 1.8 则以 + 号标记，小于 1.8 则以 – 号标记，并将等于 1.8 的数据丢掉，则我们可得下面这个序列

$$- \ + \ - \ - \ + \ - \ - \ + \ - \ -$$

其中 $n = 10$，$x = 3$，$n/2 = 5$。这样一来，根据附录表 A1 我们可得，P 值为：

$$P = 2P(\text{在 } p = 1/2 \text{ 时 } X \leqslant 3) = 2 \sum_{x=0}^{3} b(x; 10, 1/2) = 0.3438 > 0.05$$

6. 决策：不能拒绝零假设。因此结论是，运行时间的中位数并不显著有别于 1.8 小时。

我们还可以使用符号检验来检验配对观测中的零假设问题 $\tilde{\mu}_1 - \tilde{\mu}_2 = d_0$。在此我们需要将每个差值 d_i 都与 d_0 进行比较，大于 d_0 则标记为 + 号，小于 d_0 则标记为 – 号。贯穿本节，我们将始终假设总体是对称的，即使总体是偏态的，我们也可以用同样的方法进行检验，只不过此时的均值与中位数不再是相同的，因此我们总是考察关于中位数的假设检验问题，而不是关于均值的假设检验问题。

例 15.2 一家出租车公司想要知道使用放射状轮胎与使用普通带状轮胎相比是否能节省燃料。他们为 16 辆汽车换上放射状轮胎之后，对其进行了某项特定的测试。随后在不更换司机的情形下，将轮胎替换为普通带状轮胎，并同样接受该项测试。将其所消耗的汽油量（以千米/升计）记录下来，数据如表 15.1 所示。在 0.05 的显著性水平上，我们是否能得出使用放射状轮胎比使用普通带状轮胎更省油这个结论？

表 15.1　例 15.2 的数据

汽车	1	2	3	4	5	6	7	8
放射状轮胎	4.2	4.7	6.6	7.0	6.7	4.5	5.7	6.0
带状轮胎	4.1	4.9	6.2	6.9	6.8	4.4	5.7	5.8
汽车	9	10	11	12	13	14	15	16
放射状轮胎	7.4	4.9	6.1	5.2	5.7	6.9	6.8	4.9
带状轮胎	6.9	4.9	6.0	4.9	5.3	6.5	7.1	4.8

解： 令 $\tilde{\mu}_1$ 和 $\tilde{\mu}_2$ 分别表示使用放射状轮胎和使用带状轮胎的汽车每升汽油所能形式的里程数的中位数。则我们有：

1. $H_0 : \tilde{\mu}_1 - \tilde{\mu}_2 = 0$。
2. $H_1 : \tilde{\mu}_1 - \tilde{\mu}_2 > 0$。
3. $\alpha = 0.05$。
4. 检验统计量：$p = 1/2$ 的二项变量 X。
5. 计算：以 + 号替换所有差值为正的项，以 − 号替换所有差值为负的项，且去除两者之差为 0 的项，我们可得下述序列

+ − + + − + + + + + + + − +

其中 $n = 14$ 且 $x = 11$。根据正态曲线近似，可得

$$z = \frac{10.5 - 7}{\sqrt{(14)(0.5)(0.5)}} = 1.87$$

则我们有

$$P = P(X \geq 11) \approx P(Z > 1.87) = 0.030\,7$$

6. 决策：拒绝 H_0。因此结论是，在平均意义上，放射状轮胎确实有助于我们节省燃料。

符号检验是非参数方法中最为简单的方法之一，同时它还具有另一个优点，即可以用来考察那些无法用数字表示而只能表示为正的响应变量或负的响应变量的情形。比如，所记录的数据表示的是某种性质，比如"击中"或"丢失"；在感官型试验中，被测试人员在品尝之后能正确辨别其中成分的记为正号，不能正确辨别其中成分的则记为负号。

我们将就多数非参数方法与其相对应的参数检验进行比较。对应于符号检验的则是 t 检验。如果我们是从正态分布中抽样，使用 t 检验的功效更大。如果样本分布仅仅对称而非正态，在该分布相对于正态而言没有极厚的尾部的情况下，t 检验的功效仍然是较大的。

15.2 符号秩检验

读者应该已经注意到，在单样本的情形中符号检验仅利用了观测值与 $\tilde{\mu}_0$ 之间差值的正负号信息，在配对样本的情形中仅利用了配对观测之间差值的正负号信息，而没有考虑这些差值之间的大小。弗兰克·威尔科克森（Frank Wilcoxon）在 1945 年提出了既利用符号信息又利用差值大小信

息的一种检验——**Wilcoxon 符号秩检验**。

对于一组非参数形式的数据，如果我们可以合理地在这些数据的总体分布上加上一个限制条件，分析人员则可以从这些数据中获得更多的信息。Wilcoxon 符号秩检验适用于**对称连续型分布**。在这个条件下，我们就可以检验 $\tilde{\mu} = \tilde{\mu}_0$ 的零假设。首先，假设每个观测值都减掉 $\tilde{\mu}_0$，然后将等于 0 的点去掉，并将剩下的这些差值进行排序，不考察其正负号。假设绝对值最小的秩为 1，第 2 小的秩为 2，依次类推。如果某两个或几个绝对值相等，则假设它们是不相等的，并将其对应的秩取平均之后作为它们此时共同的秩。比如，如果第 5 小和第 6 小的差值绝对值相等，则赋予这两者相等的秩为 5.5。在假设 $\tilde{\mu} = \tilde{\mu}_0$ 为真时，这些正差值所对应的秩和就应该与负差值所对应的秩和大致相等。我们分别使用 w_+ 和 w_- 表示这两个秩和统计量，并用 w 表示其中较小的那一个。

在重复抽样样本中，我们认为 w_+，w_- 都是在不断发生变化的，因此 w 也是变化的。这样一来，我们则将 w_+，w_-，w 分别看做随机变量 W_+，W_-，W 的取值。仅当 w_+ 很小而 w_- 很大时，我们才会拒绝 $\tilde{\mu} = \tilde{\mu}_0$ 的零假设，并支持备择假设 $\tilde{\mu} < \tilde{\mu}_0$。同样，仅当 w_+ 很大而 w_- 很小时，我们才会接受 $\tilde{\mu} > \tilde{\mu}_0$。对于双边的备择假设而言，在 w_+，w_- 中有一个足够小，即 w 足够小时，我们就拒绝 H_0，并接受 H_1。因此，不管备择假设是哪种形式，我们都将在统计量 W_+，W_-，W 的取值足够小时拒绝零假设。

15.2.1 配对观测的两样本

对于从两个连续对称总体中观测到的配对样本来说，要检验零假设 $\tilde{\mu}_1 = \tilde{\mu}_2$ 是否成立，我们需要将配对观测值所对应的差值看做单样本的情形，并在不考察其符号的情况下，对配对观测之间的差值进行排序。单样本和配对样本情形下各种备择假设及其相应的统计量归纳在表 15.2 中。

表 15.2　符号秩检验

H_0	H_1	计算
$\tilde{\mu} = \tilde{\mu}_0$	$\begin{cases} \tilde{\mu} < \tilde{\mu}_0 \\ \tilde{\mu} > \tilde{\mu}_0 \\ \tilde{\mu} \neq \tilde{\mu}_0 \end{cases}$	w_+ w_- w
$\tilde{\mu}_1 = \tilde{\mu}_2$	$\begin{cases} \tilde{\mu}_1 < \tilde{\mu}_2 \\ \tilde{\mu}_1 > \tilde{\mu}_2 \\ \tilde{\mu}_1 \neq \tilde{\mu}_2 \end{cases}$	w_+ w_- w

不难证明，只要 $n < 5$ 且单边检验的显著性水平不超过 0.05，双边检验的显著性水平不超过 0.01，无论 w_+，w_-，w 所有可能的取值是怎样的，我们都会接受零假设。在 $5 \leqslant n \leqslant 30$ 时，我们则可以根据附录表 A16 求得单边检验中 W_+ 和 W_- 在 0.01，0.025，0.10 的显著性水平上的临界值。在 w_+，w_-，w 小于或等于相应的临界值时，我们则拒绝零假设。比如，在 $n = 12$，显著性水平为 0.05 时，根据附录表 A16 我们可以求得，对于单边备择假设 $\tilde{\mu} = \tilde{\mu}_0$ 而言，必须满足 $w_+ \leqslant 17$，才能拒绝零假设。

例 15.3　请根据符号秩检验重新考察例 15.1。

解：根据题意，我们有：

1. H_0：$\tilde{\mu} = 1.8$。
2. H_1：$\tilde{\mu} \neq 1.8$。
3. $\alpha = 0.05$。
4. 临界域：去除那些观测值等于 1.8 的点之后 $n = 10$，根据附录表 A16 我们可得，临界域为 $w \leqslant 8$。

5. 计算：将每个值减去 1.8 后进行排序，不考虑其符号，则可得

d_i	-0.3	0.4	-0.9	-0.5	0.2	-0.2	-0.3	0.2	-0.6	-0.1
秩	5.5	7	10	8	3	3	5.5	3	9	1

于是，$w_+ = 13$，$w_- = 42$，因此 w_+ 和 w_- 两者中最小的 $w = 13$。

6. 决策：与前类似，我们拒绝 H_0。因此结论是，充电后运行时间的中位数并没有显著地不同于 1.8 小时。

符号秩检验也可以用在零假设为 $\tilde{\mu}_1 - \tilde{\mu}_2 = d_0$ 的假设检验问题中。在这种情形下，我们不再需要总体分布对称性这个假设。与符号检验一致，我们将先前的差值再减掉 d_0，并对最后得到的差值进行排序，不考察其正负号，然后再采用上述方法进行检验即可。

例 15.4 据称如果一名大学毕业生提前得到了样题，那么他专业课的毕业考试成绩将至少提高 50 分。为了验证这种说法，我们将 20 名大学毕业生分成 10 组，前三年全部课程的平均考试成绩基本一致的两个人分在同一组。每一组都随机选择一人使其在考试前一周获得样题和答案。最终的考试结果如表 15.3 所示。

表 15.3 例 15.4 的数据

	组队									
	1	2	3	4	5	6	7	8	9	10
有样题的	531	621	663	579	451	660	591	719	543	575
无样题的	509	540	688	502	424	683	568	748	530	524

请在 0.05 的显著性水平上，检验样题能够使考试成绩提高 50 分的零假设，以及提高分数低于 50 分的备择假设。

解： 令 $\tilde{\mu}_1$ 和 $\tilde{\mu}_2$ 分别表示有样题和无样题的学生所取得考试成绩的中位数。

1. H_0：$\tilde{\mu}_1 - \tilde{\mu}_2 = 50$。

2. H_1：$\tilde{\mu}_1 - \tilde{\mu}_2 < 50$。

3. $\alpha = 0.05$。

4. 临界域：由于 $n = 10$，根据附录表 A16 我们可知，临界域为 $w_+ \leqslant 11$。

5. 计算：

	组队									
	1	2	3	4	5	6	7	8	9	10
d_i	22	81	-25	77	27	-23	23	-29	13	51
$d_i - d_0$	-28	31	-75	27	-23	-73	-27	-79	-37	1
秩	5	6	9	3.5	2	8	3.5	10	7	1

则我们有 $w_+ = 6 + 3.5 + 1 = 10.5$。

6. 决策：拒绝 H_0。因此结论是，从平均意义上说，样题不能使毕业生提高 50 分的考试成绩。

15.2.2 大样本的正态近似

在 $n \geqslant 15$ 时，W_+（或 W_-）的分布近似于一个均值和方差分别为：

$$\mu_{W_+} = \frac{n(n+1)}{4}$$

$$\sigma^2_{W_+} = \frac{n(n+1)(2n+1)}{24}$$

的正态分布。这样一来，在 n 超出了附录表 A16 中的范围时，我们就可以利用统计量

$$Z = \frac{W_+ - \mu_{W_+}}{\sigma_{W_+}}$$

来确定假设检验问题的临界域。

习 题

15.1 下面这组数据为一家诊所中 12 位候诊病人的候诊时间（分钟）：

$$17 \quad 15 \quad 20 \quad 20 \quad 32 \quad 28$$
$$12 \quad 26 \quad 25 \quad 25 \quad 35 \quad 24$$

请在 0.05 的显著性水平上，通过符号检验来验证该医生的说法：她的病人在获准进入检查室之前候诊时间的中位数不超过 20 分钟。

15.3 一名食品检查员对某品牌的 16 瓶果酱进行了检验，以此确定该品牌的果酱中所含杂质的百分比含量，数据如下所示：

$$2.4 \quad 2.3 \quad 3.1 \quad 2.2 \quad 2.3 \quad 1.2 \quad 1.0 \quad 2.4$$
$$1.7 \quad 1.1 \quad 4.2 \quad 1.9 \quad 1.7 \quad 3.6 \quad 1.6 \quad 2.3$$

请根据正态逼近二项分布的方法，在 0.05 的显著性水平上进行符号检验。其中零假设为该品牌果酱中所含杂质百分比的中位数为 2.5%，备择假设为不等于 2.5%。

15.5 有人声称某种新型套餐可以使人的体重在两周之内平均减少 4.5 千克。10 位选择这种套餐的女性两周前后的体重（千克）分别记录在下表中。

女性	之前体重	之后体重
1	58.5	60.0
2	60.3	54.9
3	61.7	58.1
4	69.0	62.1
5	64.0	58.5
6	62.6	59.9
7	56.7	54.4
8	63.6	60.2

续前表

女性	之前体重	之后体重
9	68.2	62.3
10	59.4	58.7

请在 0.05 的显著性水平上进行符号检验，以考察该套餐可以减轻体重的中位数为 4.5 千克的零假设，以及少于 4.5 千克的备择假设。

15.7 在下表中，给出了 16 位慢跑者在跑完 8 千米前后的收缩压数据。

慢跑者	之前	之后
1	158	164
2	149	158
3	160	163
4	155	160
5	164	172
6	138	147
7	163	167
8	159	169
9	165	173
10	145	147
11	150	156
12	161	164
13	132	133
14	155	161
15	146	154
16	159	170

请在 0.05 的显著性水平上，进行符号检验以检验慢跑 8 千米可以使收缩压的中位数增加 8 个点的零假设，以及少于 8 个点的备择假设。

15.11 请使用符号秩检验重做习题 15.5。

15.3 Wilcoxon 秩和检验

正如我们之前所言，通常情况下，在不满足正态性假定时，非参数方法就是相对于正态性理论检验问题的适当的备选方法。如果我们要检验两个明显非正态的连续分布的均值是否相等，且样本都是独立的（即不存在配对观测的情形），则 **Wilcoxon 秩和检验**或 **Wilcoxon 两样本检验**就是相对于我们在第 10 章所讨论的两样本 t 检验的适当备择方法。

我们所需要检验的问题为零假设 $H_0: \tilde{\mu}_1 = \tilde{\mu}_2$ 以及与之相对应的备择假设。首先，我们分别从两个总体中随机选出样本，令 n_1 为较小样本中观测值的个数，而 n_2 为较大样本中观测值的个数。在

样本容量相等时，n_1 和 n_2 就可以进行随机分配。我们将这 $n_1 + n_2$ 个联合样本按升序排列，赋予每个观测值一个秩，从 1 到 $n_1 + n_2$。在存在节点（相同的观测）的情况下，则假定它们不相等时秩的平均，作为它们共同的秩。比如，第 7 个和第 8 个观测值相同，则它们共同的秩为 7.5。

令 w_1 表示较小样本中 n_1 个观测值的秩和。类似地，令 w_2 表示较大样本中 n_2 个观测值的秩和。显然 $w_1 + w_2$ 只与两组样本的个数有关，而与试验的其他任何因素无关。因此，如果 $n_1 = 3$，$n_2 = 4$，则我们有 $w_1 + w_2 = 1 + 2 + \cdots + 7 = 28$，这与观测值的大小是无关的。通常情况下

$$w_1 + w_2 = \frac{(n_1 + n_2)(n_1 + n_2 + 1)}{2}$$

即为整数 1，2，$\cdots$，$n_1 + n_2$ 的算术和。在我们确定了 w_1 时，则可以使用公式

$$w_2 = \frac{(n_1 + n_2)(n_1 + n_2 + 1)}{2} - w_1$$

容易地求得 w_2。

在对这 n_1 和 n_2 个样本分别进行重复抽样时，我们认为 w_1 和 w_2 都是在不断变化的。因此，我们将 w_1 和 w_2 看做两个随机变量 W_1 和 W_2 的取值。仅在 w_1 很小而 w_2 很大时，才拒绝零假设 $\tilde{\mu}_1 = \tilde{\mu}_2$，而支持备择假设 $\tilde{\mu}_1 < \tilde{\mu}_2$。类似地，仅在 w_1 很大而 w_2 很小时，拒绝零假设 $\tilde{\mu}_1 = \tilde{\mu}_2$，而支持备择假设 $\tilde{\mu}_1 > \tilde{\mu}_2$。在双边检验问题中，我们则会在 w_1 很小而 w_2 很大或 w_1 很大而 w_2 很小时，拒绝 H_0，而支持 H_1。也就是说，在 w_1 足够小时接受 $\tilde{\mu}_1 < \tilde{\mu}_2$ 的备择假设，而在 w_2 足够小时接受 $\tilde{\mu}_1 > \tilde{\mu}_2$ 的备择假设，并在 w_1 和 w_2 的最小值足够小时接受 $\tilde{\mu}_1 \neq \tilde{\mu}_2$ 的备择假设。在实际应用中，我们在做出决策时通常要基于相应统计量 U_1 和 U_2 的取值

$$u_1 = w_1 - \frac{n_1(n_1 + 1)}{2}$$

$$u_2 = w_2 - \frac{n_2(n_2 + 1)}{2}$$

或统计量 U 的取值 u 来进行决策，其中 u 是 U_1 和 U_2 中的最小值。由于 U_1 和 U_2 两者都具有对称的抽样分布，它们的值都在 0 与 $n_1 n_2$ 之间，且满足 $u_1 + u_2 = n_1 n_2$，这样一来，这些统计量就简化了临界值表的结构。

根据 u_1 和 u_2 的公式可以知道，在 w_1 较小时 u_1 也会比较小；类似地，在 w_2 较小时 u_2 也会比较小。因此，只要 U_1，U_2，U 中相应的那个统计量的取值小于或等于附录表 A17 中的某个临界值，我们就拒绝零假设。各种不同的检验方法归纳如表 15.4 所示。

表 15.4　秩和检验

H_0	H_1	计算
$\tilde{\mu}_1 = \tilde{\mu}_2$	$\tilde{\mu}_1 < \tilde{\mu}_2$	u_1
	$\tilde{\mu}_1 > \tilde{\mu}_2$	u_2
	$\tilde{\mu}_1 \neq \tilde{\mu}_2$	u

附录表 A17 给出了显著性水平为 0.001，0.002，0.01，0.02，0.025，0.05 时 U_1，U_2 的单边临界值，以及显著性水平为 0.002，0.02，0.05，0.10 时 U 的双边临界值。u_1，u_2，u 小于或等于表中所对应的临界值时，我们就在相应的显著性水平上拒绝零假设。比如，对样本容量分别为 $n_1 = 3$，$n_2 = 5$，$w_1 = 8$ 的随机样本，在 0.05 的显著性水平上，考察零假设为 $\tilde{\mu}_1 = \tilde{\mu}_2$，备择假设为 $\tilde{\mu}_1 < \tilde{\mu}_2$ 的假设检验问题。则我们有

$$u_1 = 8 - \frac{(3)(4)}{2} = 2$$

因此，我们单边检验所基于的统计量则为 U_1。根据附录表 A17 我们可知，在 $u_1 \leq 1$ 时，拒绝均值相等的零假设。由于 $u_1 = 2$ 并没有落入拒绝域，因此我们不能拒绝零假设。

例 15.5 在下表中，我们给出了两种香烟品牌中的尼古丁含量（毫克）。

品牌 A	2.1	4.0	6.3	5.4	4.8	3.7	6.1	3.3	
品牌 B	4.1	0.6	3.1	2.5	4.0	6.2	1.6	2.2	1.9	5.4

请在 0.05 的显著性水平上，检验两种品牌尼古丁含量的中位数相等的假设，以及两者不相等的备择假设。

解：根据题意，我们有：

1. $H_0: \tilde{\mu}_1 = \tilde{\mu}_2$。
2. $H_1: \tilde{\mu}_1 \neq \tilde{\mu}_2$。
3. $\alpha = 0.05$。
4. 临界域：$u \leq 17$（根据附录表 A17 可知）。
5. 计算：将这些观测值按照升序进行排列，并赋予其从 1 到 18 的秩。

原始数据	秩	原始数据	秩
0.6	1	4.0	10.5 *
1.6	2	4.0	10.5
1.9	3	4.1	12
2.1	4 *	4.8	13 *
2.2	5	5.4	14.5 *
2.5	6	5.4	14.5
3.1	7	6.1	16 *
3.3	8 *	6.2	17
3.7	9 *	6.3	18 *

*有标记的秩属于样本 A。

则我们有

$$w_1 = 4 + 8 + 9 + 10.5 + 13 + 14.5 + 16 + 18 = 93$$

且

$$w_2 = \frac{(18)(19)}{2} - 93 = 78$$

因此

$$w_1 = 93 - \frac{(8)(9)}{2} = 57$$

$$w_2 = 78 - \frac{(10)(11)}{2} = 23$$

6. 决策：不能拒绝 H_0。因此结论是，这两种品牌尼古丁含量的中位数没有显著差异。

15.3.1 两样本的正态逼近

在 n_1 和 n_2 都大于 8 时，U_1（或 U_2）的抽样分布就近似于均值和方差分别为：

$$\mu_{U_1} = \frac{n_1 n_2}{2}$$

$$\sigma_{U_1}^2 = \frac{n_1 n_2 (n_1 + n_2 + 1)}{12}$$

的正态分布。因此在n_2大于20，即附录表 A17 中的最大值，且n_1至少为 9 时，我们可以使用统计量

$$Z = \frac{U_1 - \mu_{U_1}}{\sigma_{U_1}}$$

来进行检验，根据不同的H_1，临界域将会落在标准正态分布尾部的一侧或同时落在两侧。

Wilcoxon 秩和检验不只限于非正态总体的情形，在总体是正态时，还可以取代两样本 t 检验，尽管该检验的势较小。Wilcoxon 秩和检验在总体非正态的情况下总是优于两样本 t 检验。

15.4 Kruskal-Wallis 检验

在第 12~14 章中，方差分析技术是我们检验$k \geq 2$个总体均值相等性的重要分析技术。然而，读者应该还记得，正态性假定是 F 检验在理论上正确的必要条件。在本节中，我们将研究一种能取代方差分析的非参数方法。

Kruskal-Wallis 检验，也称作 **Kruskal-Wallis H 检验**，是$k > 2$个样本的情形中秩和检验的推广。该方法被用来检验k个独立样本都是来自相同总体的零假设H_0。克鲁斯卡（W. H. Kruskal）和沃利斯（W. A. Wallis）在 1952 年提出了这个检验。在试验人员希望避免使用正态总体这个假设时，它是用来检验单因子方差分析中均值相等的非参数检验法。

令n_i（$i = 1, 2, \cdots, k$）为第i组样本中观测值的个数。首先，将这k组样本放在一起并将所有$n = n_1 + n_2 + \cdots + n_k$个观测值按升序排列，并赋予每个观测值从 1 到 n 的秩。在有节点（观测值相同）的情况下，按照通常的做法，我们将这些观测值的秩的均值作为相应观测值现在的秩。我们用随机变量R_i表示第i组样本中第n_i个观测值的秩和。此时，我们来考察统计量

$$H = \frac{12}{n(n+1)} \sum_{i=1}^{k} \frac{R_i^2}{n_i} - 3(n+1)$$

在H_0为真，且每组样本中包含至少 5 个观测值时，该统计量就可以由自由度为 $k-1$ 的卡方分布进行很好的逼近。在独立样本来自不同总体时，H 的取值h则会很大，基于这样的事实，我们就可以构建检验H_0的决策准则。

Kruskal-Wallis 检验

要检验k个独立样本都是来自相同总体的零假设H_0，我们需要计算

$$h = \frac{12}{n(n+1)} \sum_{i=1}^{k} \frac{r_i^2}{n_i} - 3(n+1)$$

式中，r_i为R_i（$i = 1, 2, \cdots, k$）所取到的值。如果h落入临界域$H > \chi_\alpha^2$，且χ_α^2的自由度为$v = k-1$，则在α的显著性水平上拒绝H_0；否则，不能拒绝H_0。

例 15.6 在确定三个不同的导弹系统哪一个最好的一项试验中，对推进物的燃烧率进行了测量。经过编码之后的数据如表 15.5 所示。请在$\alpha = 0.05$的显著性水平上使用 Kruskal-Wallis 检验判断这三个系统推进物的燃烧率是否相等。

表 15.5   推进物的燃烧率

导弹系统								
1			2			3		
24.0	16.7	22.8	23.2	19.8	18.1	18.4	19.1	17.3
19.8	18.9		17.6	20.2	17.8	17.3	19.7	18.9
						18.8	19.3	

解： 根据题意，我们有：

1. H_0：$\mu_1 = \mu_2 = \mu_3$。

2. H_1：三个均值不全相等。

3. $\alpha = 0.05$。

4. 临界域：$h > \chi_{0.05}^2 = 5.991$，且其自由度为 $v = 2$。

5. 计算：在表 15.6 中，我们将这 19 个观测值转化为相应的秩，并计算每个导弹系统的秩和。

表 15.6   推进物燃烧率的秩

导弹系统		
1	2	3
19	18	7
1	14.5	11
17	6	2.5
14.5	4	2.5
9.5	16	13
$r_1 = 61.0$	5	9.5
	$r_2 = 63.5$	8
		12
		$r_3 = 63.5$

现在我们将 $n_1 = 5$，$n_2 = 6$，$n_3 = 8$，$r_1 = 61.0$，$r_2 = 63.5$，$r_3 = 65.5$ 代入统计量 H，则可得 H 的值为：

$$h = \frac{12}{(19)(20)} \left(\frac{61.0^2}{5} + \frac{63.5^2}{6} + \frac{65.5^2}{8} \right) - (3)(20) = 1.66$$

6. 决策：$h = 1.66$，并没有落入临界域 $h > 5.991$ 的范围内，因此我们没有足够的理由拒绝三个导弹系统的燃烧率相同的假设。

习 题

15.15   一家香烟厂商声称，B 牌香烟中焦油的含量要比 A 牌的低。为了验证这种说法，我们记录下了如下表所示的焦油含量的数据。

品牌 A	1	12	9	13	11	14
品牌 B	8	10	7			

请在 $\alpha = 0.05$ 的显著性水平上，使用秩和检验来验证上述说法是否真实有效。

15.17   下面这组数据为两种类型的科学用袖珍计算器在充电后所能工作的时长。

计算器 A	5.5	5.6	6.3	4.6	5.3	5.0	6.2	5.8	5.1
计算器 B	3.8	4.8	4.3	4.2	4.0	4.9	4.5	5.2	4.5

请在 $\alpha = 0.01$ 的显著性水平上，使用秩和检验来判断在电池充满电之后，计算器 A 的工作时间是否长于计算器 B。

15.19   在一个数学班上，有 12 名能力相当的学生接受了计划内教学，并从中随机选出 5 名学生接受了老师的课外辅导。他们最后的考试成绩如下表所示。

	成绩				
课外辅导	87	69	78	91	80
无课外辅导	75	88	64	82	93 79 67

计算器								
	A			B			C	
4.9	6.1	4.3	5.5	5.4	6.2	6.4	6.8	5.6
4.6	5.2		5.8	5.5	5.2	6.5	6.3	6.6
				4.8				

请在 $\alpha = 0.05$ 的显著性水平上，使用秩和检验来判断课外辅导是否会影响他们的平均成绩。

15.21 下面这组数据是三种类型的科学用袖珍计算器在充电前所能工作的时长。

请在 0.01 的显著性水平上，使用 Kruskal-Wallis 检验来判断这三种计算器的工作时间是否相等。

15.5 游程检验

在本书所讨论的众多统计概念的实际应用中，总是假定样本数据是按照某些随机方式得到的。基于我们所获得样本观测值的次序，**游程检验**是检验观测值是否真是随机抽取而来的这个零假设 H_0 的一个有用工具。

为了说明游程检验，假定我们抽取了 12 个人来进行市场调研，以调查他们是否都在使用某种产品。如果所有这 12 个人的性别都是一样的，那么我们就会严重地质疑样本的随机性假设。我们分别用 M 和 F 表示男性和女性，并按照它们所发生的次序将其性别记录下来。该试验的一个经典的序贯为：

$$\underline{M\,M}\ \underline{F\,F\,F}\ \underline{M}\ \underline{F\,F}\ \underline{M\,M\,M\,M}$$

其中我们已经将相同的符号分组为不同的子序贯。这样的序贯称为**游程**。

定义 15.1 一个游程即一个或多个相同的符号所构成的一个子序贯，其中的符号表示的是该数据中某一种共同的性质。

无论样本观测是定性数据还是定量数据，游程检验都将这些数据分成两个互斥的类：男性或女性；次品或非次品；正面或反面；中位数以上或以下，等等。因此，我们总是可以使用两个不同的符号来表示一个序贯。假设 n_1 为出现次数最少的那一类符号所出现的次数，n_2 为另一类符号所出现的次数。因此，样本容量为 $n = n_1 + n_2$。

在我们的民意测验中共有 $n = 12$ 个符号，则可得 5 个游程，第一个游程包含 2 个 M，第二个游程包含 3 个 F 等。如果游程数大于或小于我们基于概率所期望的游程数，则拒绝样本是随机抽取而得到的假设。当然，一个只包含 2 个游程

$$M\,M\,M\,M\,M\,M\,M\,F\,F\,F\,F\,F$$

（或颠倒过来）的样本则是极不可能在一个随机抽样过程中发生的。这样的结果表明，我们所调查的前 7 个人全为男性，而随后 5 个人全为女性。类似地，如果该样本达到了最大为 12 个游程的情形，出现诸如下述的序贯

$$M\,F\,M\,F\,M\,F\,M\,F\,M\,F\,M\,F$$

我们也会质疑该民意测验中抽取每个人的次序。

针对随机性的游程检验所基于的是随机变量 V，即该试验的全序贯中所出现的游程总数。在附录表 A18 中，我们给出了在 $v^* = 2, 3, \cdots, 20$ 个游程，n_1 和 n_2 都小于或等于 20 时 P（在 H_0 为真时 $V \leqslant v^*$）的值。对于单边检验和双边检验的 P 值我们都可以根据表中的值得到。

在之前民意测验的例子中，显然我们共有 5 个 F 和 7 个 M。因此，在 $n_1 = 5$，$n_2 = 7$，$v = 5$ 时，我们根据附录表 A18 可得，双边检验的 P 值为：

$$P = 2P(\text{在} H_0 \text{为真时} V \leqslant 5) = 0.394 > 0.05$$

即在 H_0 为真时，在 0.05 的显著性水平上 $v = 5$ 就是合理的，因此我们没有足够的证据来拒绝样

本的随机性假设。

在游程数非常大时（比如，在$n_1 = 5$，$n_2 = 7$，$v = 11$时），双边检验P值为：

$$P = 2P(在H_0为真时\ V \geq 11) = 2[1 - P(在H_0为真时\ V \leq 10)]$$
$$= 2(1 - 0.992) = 0.016 < 0.05$$

这样一来，我们则拒绝样本值是随机产生的假设。

游程检验也能够用来检测由某种趋势性或周期性引起的一个定量观测的序贯随着时间的推移偏离随机性的问题。我们按照每个观测所获得的次序，如果观测落在中位数上方则以正号替换该观测，而落在中位数下方则以负号替换该观测，并去除数据中完全等于中位数的所有观测，这样我们可得一列由正负号组成的序贯，正如我们在下面的例子中检验序贯的随机性一样。

例15.7 人们对一个丙烯酸颜料稀释剂的分装机进行了校准。如果该机器分别将3.6，3.9，4.1，3.6，3.8，3.7，3.4，4.0，3.8，4.1，3.9，4.0，3.8，4.2，4.1升稀释剂分装到各容器中，那么我们是否可以说，机器分装的容量是随机的？请在0.1的显著性水平上作答。

解： 根据题意，我们有：

1. H_0：序贯是随机的。
2. H_1：序贯不是随机的。
3. $\alpha = 0.1$。
4. 检验统计量：游程总数V。
5. 计算：从这些数据中我们可以求得$\tilde{x} = 3.9$。将观测值落在3.9上方的观测替换为+号，落在3.9下方的观测替换为-号，并去除等于3.9的2个观测，则我们有下面的序贯：

$$- \quad + \quad - \quad - \quad - \quad - \quad + \quad - \quad + \quad + \quad - \quad + \quad +$$

则$n_1 = 6$，$n_2 = 7$，$v = 8$。这样一来，根据附录表A18我们可知，P值为：

$$P = 2P(在H_0为真时\ V \geq 8)$$
$$= 2[1 - P(在H_0为真时\ V \leq 8)] = 2(0.5) = 1$$

6. 决策：不能拒绝观测序列随机的假设。

尽管游程检验的功效较低，但仍然可以代替Wilcoxon两样本检验来检验两组样本是否来自同一总体，即其是否拥有相同的均值。如果总体是对称的，则拒绝同分布就等价于接受备择假设，也就是两总体均值不相等。在实际操作中，我们首先将两组样本合并，再将其按照升序进行排列。假设A是来自第一组样本的观测值，B是来自第二组样本的观测值，则可以得到仅含有字母A，B的一个序贯。如果第一组样本中的某个观测值与第二组样本中的某个观测值相等，则这个A，B序贯不再唯一，因此游程数也不是唯一的。要消除节点所带来的影响，就要增加我们的计算量，也正是出于这个原因，只要出现了这样的节点，我们就会选择使用Wilcoxon秩和检验。

在n_1，n_2都增加时，V的分布近似于均值和方差分别为：

$$\mu_V = \frac{2n_1 n_2}{n_1 + n_2} + 1$$

$$\sigma_V^2 = \frac{2n_1 n_2 (2n_1 n_2 - n_1 - n_2)}{(n_1 + n_2)^2 (n_1 + n_2 - 1)}$$

的正态分布。因此，在n_1，n_2都超过10时，我们就可以使用统计量

$$Z = \frac{V - \mu_V}{\sigma_V}$$

来构造游程检验的临界域。

15.6 容忍限

我们在第 8 章讨论了正态分布的容忍限问题。本节中，我们将考虑一种与总体分布的类型无关的构建容忍限的方法。正如我们预期的一样，对于一个合理置信度而言，这里的置信区间要比正态假设下的置信区间宽得多，而且需要的样本量一般来说也很大。非参数容忍限是根据样本中的最大观测值和最小观测值进行定义的。

> **双边容忍限**
>
> 对于观测值的任意分布而言，双边容忍限是根据样本容量为 n 的样本中最小值和最大值确定的，其中 n 是使得我们可以在 $100(1-\gamma)\%$ 置信度上确信，分布中至少有 $1-\alpha$ 的比例落在样本中两个极值之间所需要的样本容量。

附录表 A19 给出了不同的 γ 和 $1-\alpha$ 下所需样本容量的大小。比如，在 $\gamma=0.01$ 且 $1-\alpha=0.95$ 时，我们至少需要 130 个样本才能有 99% 的把握确信，观测值的分布中至少有 95% 是落在样本的两个极值之间的。

在许多工业生产中，我们并不需要知道能确保一定比例的观测值落在两个极值之间的样本数，而是更关心使得总体的一定比例落在最大观测值下方（或最小观测值上方）所需样本的个数。这样的限值则称作单边容忍限。

> **单边容忍限**
>
> 对于观测值的任意分布而言，单边容忍限是根据样本中的最小（最大）观测值确定的样本容量 n，其中 n 是使得我们能在 $100(1-\gamma)\%$ 置信度上确信，分布中至少有 $1-\alpha$ 的比例落在样本最小值上方（最大值下方）所需要的样本容量。

附录表 A20 给出了在不同的 γ 和 $1-\alpha$ 下所需样本容量的大小。因此通过查表我们就可以知道，在 $\gamma=0.05$ 且 $1-\alpha=0.70$ 时，必须选择一个容量至少为 $n=9$ 的样本，才可以使得我们有 95% 的把握确信，观测值分布中有 70% 是落在样本最小值上方的。

15.7 秩相关系数

在第 10 章中，我们以样本相关系数 r 来衡量两个随机变量 X 和 Y 之间的线性关系。如果 1，2，$\cdots$，n 是按大小关系赋予观测值 x 秩的，类似地，赋予观测值 y 的秩，则对于第 10 章中那些关于相关系数的公式而言，我们可以将其中真正的数值用这里的秩来替换，从而得到一个在通常意义上的相关系数的非参数形式。用这种方法计算出的相关系数就是人们所熟知的 **Spearman 秩相关系数**，以 r_s 表示。在观测值中不存在节点时，r_s 的公式则简化为一个由 d_i 构成的简单表达式，其中 d_i 为第 i 对 x 和 y 的秩之差。

> **秩相关系数**
>
> 两个变量 X 和 Y 之间所存在关系的非参数测度可以由秩相关系数给出：
>
> $$r_s = 1 - \frac{6}{n(n^2-1)}\sum_{i=1}^{n} d_i^2$$
>
> 式中，d_i 为 x_i 和 y_i 间的秩之差，n 为数据对的数目。

　　实践中，上式也可用于 x 或 y 的观测值存在节点的情形。其中，节点所对应的秩与符号秩检验中的一样，也就是说，我们假设它们的秩是不相等的，然后对其秩取平均。

　　r_s 的值通常会接近于由真实的数值测量得到的 r 值，其对应的解释也大致相同。同样，r_s 的值也落在 -1 和 $+1$ 之间。如果是 $+1$ 或 -1，则表示 X 与 Y 之间是完全相关的，其中 $+1$ 表示每对观测值的秩是完全一样的，而 -1 表示每对观测值的秩是完全相反的。在 r_s 接近 0 时，我们则认为这两个变量之间是不相关的。

例 15.8　　表 15.7 中的数据是美国联邦商务委员会发布的 10 个香烟品牌中焦油和尼古丁的含量（毫克）。请计算其秩相关系数，并测度香烟中焦油含量和尼古丁含量之间的相关度。

表 15.7　焦油含量和尼古丁含量

香烟品牌	焦油含量	尼古丁含量
Viceroy	14	0.9
Marlboro	17	1.1
Chesterfield	28	1.6
Kool	17	1.3
Kent	16	1.0
Raleigh	13	0.8
Old Gold	24	1.5
Philip Morris	25	1.4
Oasis	18	1.2
Players	31	2.0

　　解：假设 X 和 Y 分别是焦油含量和尼古丁含量。首先将每组数据进行排序，并赋予每组数据中最小那组数据的秩为 1，次小那组数据的秩为 2，依此类推，直到最后赋予最大那组数据的秩为 10。在表 15.8 中，我们给出了这些数据的秩以及这 10 对观测的秩之差。

表 15.8　焦油含量和尼古丁含量的秩

香烟品牌	x_i	y_i	d_i
Viceroy	2.0	2.0	0.0
Marlboro	4.5	4.0	0.5
Chesterfield	9.0	9.0	0.0
Kool	4.5	6.0	-1.5
Kent	3.0	3.0	0.0
Raleigh	1.0	1.0	0.0
Old Gold	7.0	8.0	-1.0
Philip Morris	8.0	7.0	1.0
Oasis	6.0	5.0	1.0
Players	10.0	10.0	0.0

　　代入 r_s 的公式，我们有

$$r_s = 1 - \frac{(6)(5.50)}{(10)(100-1)} = 0.967$$

　　这表明，香烟中的焦油含量与尼古丁含量之间存在很强的正相关性。

　　相比 r，使用 r_s 存在一些优点。比如，我们不再需要假设 X 和 Y 之间的关系是线性相关的，因此在数据之间存在明显曲线关系时，秩相关系数就要比我们常用的测度可靠得多。使用秩相关系数还有另外一个优点，那就是我们不再需要假定 X 和 Y 服从正态分布。最为重要的一个优点则在于，无法得到任何有意义的数值观测而只能得到其秩时（比如，不同的裁判对某种物品按照某种属性进行排序时），我们就可以使用秩相关系数来测度两位裁判之间的相关性。

要使用秩相关系数来检验 $\rho = 0$ 这个假设，我们需要知道在变量之间不存在相关性的假设下 r_s 的抽样分布。附录表 A21 给出了 α 分别为 0.05, 0.025, 0.01, 0.005 时的临界值。该表在组成上与 t 分布的临界值表是类似的，除了其最左边的一列给出的是成对观测值的个数而不是自由度这一点。由于在 $\rho = 0$ 时 r_s 的分布是关于 0 对称的，于是等于左 α 临界值的 r_s 应该也等于负的右 α 临界值。因此，对于一个双边的备择假设来说，水平为 α 的临界域在分布上对应的左右两端应该是相等的。且对于一个为负的备择假设而言，其临界域应该完全在分布的左尾；而对于一个正的备择假设而言，其临界域则完全在分布的右尾。

例 15.9 回到例 15.8 中，请检验香烟中焦油含量和尼古丁含量的相关性为 0 的假设，以及两者的相关性大于 0 的备择假设。请在 0.01 的显著性水平上作答。

解： 根据题意，我们有：

1. H_0：$\rho = 0$。
2. H_1：$\rho > 0$。
3. $\alpha = 0.01$。
4. 临界域：根据附录表 A21 我们可知，$r_s > 0.745$。
5. 计算：根据例 15.8 我们可知，$r_s = 0.967$。
6. 决策：拒绝 H_0。因此结论是，香烟中的焦油含量与尼古丁含量之间存在显著的相关关系。

在不相关的假设下，随着 n 的增加，r_s 的分布近似于均值为 0、方差为 $1/\sqrt{n-1}$ 的正态分布。因此，在 n 大于附录表 A21 所给出的范围之时，我们则可以通过计算

$$z = \frac{r_s - 0}{1/\sqrt{n-1}} = r_s\sqrt{n-1}$$

并将其与附录表 A3 中标准正态分布的临界值进行比较，来检验是否存在显著的相关关系。

习 题

15.23 在一个小镇上随机调查了 15 位成年人来估计某位候选人所获得拥护者的比例。同时我们还询问了这 15 个人是否为大学毕业生，分别用 Y 和 N 表示是和否，从而得到如下所示的序列。

$$N\ N\ N\ N\ Y\ Y\ N\ Y\ Y\ N\ Y\ N\ N\ N\ N$$

请在 0.01 的显著性水平上通过游程检验来判断这些样本是不是随机选取的。

15.25 请在 0.01 的显著性水平上，通过游程检验来判断习题 15.17 中两个计算器的平均运行时间是否存在差异。

15.29 一个容量为 24 的样本至少包含总体 90% 的概率是多少？

15.31 总体中至少有 95% 的观测大于容量为 $n = 135$ 的样本的极小值的概率是多少？

15.33 回到习题 10.1 中的数据。

（a）请计算秩相关系数。

（b）请在 0.05 的显著性水平上，检验 $\rho = 0$ 的零假设，以及 $\rho \neq 0$ 的备择假设。

15.35 回到习题 10.47 中婴儿体重和婴儿胸围的数据。

（a）请计算秩相关系数。

（b）请在 0.025 的显著性水平上，检验 $\rho = 0$ 的零假设，以及 $\rho > 0$ 的备择假设。

15.37 两名评委在校友返校日对游行的 8 辆彩车进行评级排序，等级如下表所示。

	游行彩车							
	1	2	3	4	5	6	7	8
评委 A	5	8	4	3	6	2	7	1
评委 B	7	5	4	2	8	1	6	3

（a）请计算秩相关系数。

（b）请在 $\alpha = 0.05$ 的显著性水平上，检验 $\rho = 0$ 的零假设，以及 $\rho > 0$ 的备择假设。

巩固练习

15.39 某化工企业比较了两种聚合物的排水性能。试验中选取了 10 种淤泥,并将这两种聚合物都放入淤泥中进行排水,然后分别记录下其排水量(毫升/分钟)。数据如下表所示。

淤泥类型	聚合物 A	聚合物 B
1	12.7	12.0
2	14.6	15.0
3	18.6	19.2
4	17.5	17.3
5	11.8	12.2
6	16.9	16.6
7	19.9	20.1

续前表

淤泥类型	聚合物 A	聚合物 B
8	17.6	17.6
9	15.6	16.0
10	16.0	16.1

(a) 请在 0.05 的显著性水平上通过符号检验来判断聚合物 A 和聚合物 B 排水量的中位数是否相等。

(b) 请通过符号秩检验重新考察 (a) 中的问题。

15.40 在巩固练习 12.45 中,请在 0.05 的显著性水平上,使用 Kruskal-Wallis 检验来判断 4 个实验室的化学分析结果平均来说是否一致。

第16章 统计质量控制

16.1 引言

在生产领域，从20世纪20年代开始运用抽样和统计分析技术。这个获得了巨大成功的概念的目标在于，系统地减少生产过程中的变差，并分离出变差源。1924年，贝尔电话实验室的休哈特（Walter A. Shewhart）提出了控制图的概念。然而，直到第二次世界大战时控制图才得到了广泛的应用。这是因为在战争时期保证生产过程的质量尤为重要。20世纪五六十年代，特别是伴随着美国太空计划的出现，质量控制和一般领域中的质量保证均得到了迅速的发展。由于第二次世界大战后在日本当顾问的戴明（W. Edwards Deming）所做出的努力，质量控制在日本得到了广泛且成功的应用。质量控制一直是日本工业和经济发展的一个重要因素。

质量控制作为一种管理工具正越来越受到人们的关注，我们可以通过质量控制方法来对产品的某些特性进行观察、评估，并将它与某些标准进行比较。质量控制中的各种方法都用到了我们在前几章中所提到的抽样程序和统计原则。工业企业当然是质量控制方法的主要使用者。显然，有效的质量控制方法能提高生产中产品的质量，从而增加利润，在产品产量如此之大的今天尤其如此。在没有运用质量控制方法时，由于缺乏效率，企业所生产产品的质量通常也不高。

16.1.1 控制图

控制图的目标在于判断我们的生产过程是否保持在可接受的质量水平之上。显然，我们可以预期，任何生产过程都存在非人为的变差，也就是说，由本来不重要或不受控制的变异引起的变差。另一方面，生产过程在关键的性能测度上也可能会存在较严重的变差。这种变差可能来源于几个非随机因素之一，比如操作错误或者不正确地调整机器的仪表盘。我们称处在这种状态下的生产过程是失控的。而其中只有偶然性变异的生产过程是统计可控的。显然，一个好的生产过程在长期内都应处于可控的范围内。我们假定在某段时期内，生产出来的产品是合格的。然而，生产过程中也可能存在一个渐近的或者突然的变动，而我们需要把这样的变动检测出来。

我们设计控制图的目的是要作为检测出生产过程中的非随机或失控状态的工具。图16.1是典型的控制图。为了能及时地纠正问题，快速地检测出生产过程中的变动是很重要的。显然，若检测速度较慢，就会生产出很多次品或不合格品，从而造成极大的浪费和成本的增加。

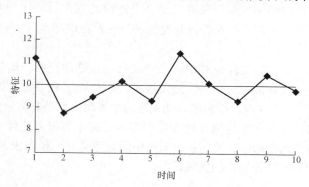

图 16.1 典型的控制图

我们必须考察某些类型的质量特征，并持续地抽取生产过程中的产品。比如，轴瓦的周长就是这样的一个特征。图形中间的中心线是生产过程可控时这种特性的均值。图中的点则是随着时间不断抽取的某种特性的样本均值。选取控制上限和下限，使得在生产过程可控时，所有的样本点都落在所选的边界内。因此，通过那些随着时间变化而变化的点的一般特性，我们就可以判断生产过程是否可控。这种所有点都在控制限之内的随机模式就是该生产过程可控的证据。如果有一个点落了控制限之外，就是该生产过程不可控的证据，此时我们建议寻找该非随机原因。此时需要对这些点的非随机模式进行考察，当然这也说明我们需要进行研究以确定所必须采取的相应改正措施。

16.2   控制限的性质

控制图的基本思想在结构上类似于假设检验。确定控制限是为了控制得出错配判断的概率，即在实际上生产过程可控时，得出该过程失控的错误结论的概率。这等同于在我们检验零假设过程可控时，犯第一类错误的概率。另一方面，我们也必须留心犯第二类错误的概率，即在生产过程实际上失控的情况下，却没有检测出来的概率（第二类错误）。这样一来，控制限的选取与临界域的选取就是类似的。

与假设检验问题中的情形一样，每个点的样本容量也是非常重要的。样本容量的选取在很大程度上依赖于对失控状态检测的敏感度或功效。在这类实际应用中，功效的概念与假设检验问题中功效的概念是十分相似的。显然，每个时期的样本容量越大，其对失控状态的检测则就越快。在某种意义上，控制限实际上定义了该生产过程在什么样的情况下会被认为是可控的。也就是说，控制限给出的范围在某种意义上依赖于该过程的变差。所以，控制限的计算自然就取决于该生产过程结果的数据。这样一来，任何质量控制都必须从对一个最初的样本或一系列样本的计算开始，这些计算将确定控制图的中心线以及控制限。

16.3   控制图的用途

控制图一个很显然的用途在于监督生产过程，以判断是否需要进行改动。此外，持续的系统性数据采集可以使得管理人员能够对生产过程的潜力进行评价。显然，如果单独的某个性能特征很重要，则不断地对这个性能特征的均值和标准差进行抽样和估计，根据平均性能及其随机变异就可以及时地知道生产过程处于什么样的状态。即使生产过程是长期可控的，它仍也是有价值的。控制图系统且规范的结构通常可以防止对某些随机波动的过度反应。显然，在很多情况下，过度反应所带来的变化会造成难以解决的严重问题。

统计图的质量特征一般分为两个类别：**变量**和**属性**。所以，控制变量图的类型也区分为相同的类别。在变量形式的控制图中，其特征通常是一个连续的观测值，比如直径、重量等。而对于属性图，其特征则反映的是个别产品是否符合规范（是否存在瑕疵）。这两种不同类型的应用是显而易见的。

对于变量图的情形，我们需要同时对中心趋势及其变差施加控制。质量控制分析一定要关注该特征在平均意义上是否有所改变。此外，还需要关注该生产过程条件的改变是否会导致精确度的降低（即可变性的增大）。这两种控制图对处理这两个概念而言是非常重要的。中心趋势由 $\bar{X}$-图控制，其中我们将相对较小的样本均值反映在控制图中。样本的极差或样本的标准差控制着均值附近的变差。在属性抽样的情形中，绘制在控制图中的通常是一个样本中的次品率。在下一节中，我们将探讨变量型性能特征的控制图的发展情况。

16.4   变量型控制图

用一个例子来解释变量的 $\bar{X}$-图的基本原理是相对较容易的方式。假定质量控制图被用于生产某种引擎部件的过程中。假设该生产过程的均值为 $\mu = 50$，标准差为 $\sigma = 0.01$。假定每小时抽取 5 组，并记录下样本均值 $\bar{X}$，绘制在图 16.2 中。$\bar{X}$-图的上下限是基于随机变量 $\bar{X}$ 的标准差绘制出来的。根据第 7 章的内容我们可以知道，样本容量为 n 的独立观测的均值为：

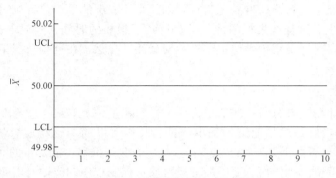

图 16.2　引擎部件的 3σ 控制限

$$\sigma_{\bar{X}} = \frac{\sigma}{\sqrt{n}}$$

式中，σ 是单个观测的标准差。控制限的设定要满足以下标准：给定的 $\bar{X}$ 值落在控制限以外的概率非常小，因此该生产过程是可控的（即 $\mu = 50$）。根据中心极限定理，在该生产过程可控的假设下我们有

$$\bar{X} \sim N\left(50, \frac{0.01}{\sqrt{5}}\right)$$

因此，在该生产过程可控的情况下，$\bar{X}$ 值的 $100(1 - \alpha)\%$ 将落在控制限以内，此时的控制限则为：

$$LCL = \mu - z_{\alpha/2}\frac{\sigma}{\sqrt{n}} = 50 - z_{\alpha/2}(0.004\,5)$$

$$UCL = \mu + z_{\alpha/2}\frac{\sigma}{\sqrt{n}} = 50 + z_{\alpha/2}(0.004\,5)$$

这里的 LCL 和 UCL 分别表示控制下限和控制上限。通常 $\bar{X}$-图是基于 3σ 限而绘制的，也就是说 $z_{\alpha/2} = 3$，这样一来，上下限则为：

$$\mu \pm 3\frac{\sigma}{\sqrt{n}}$$

在上面的例证中，上下限则为：

$$LCL = 50 - 3(0.004\,5) = 49.986\,5$$
$$UCL = 50 + 3(0.004\,5) = 50.013\,5$$

因此，如果以假设检验的观点来考察 3σ 限，则我们可知，对于给定的样本点，在生产过程可控的条件下，$\bar{X}$ 落在控制限以外的概率为 0.002 6。这就是分析人员错误地把该生产过程判定为不受控制这种情况的概率（见附录表 A3）。

在上例中我们不仅阐明了变量的 $\bar{X}$-图，也使读者对控制图的一般性质有了一些了解。中心线通常反映重要参数的理想值。控制限是根据我们用于估计参数的统计量抽样性质确定的。这些控制限通常会用到统计量标准差的一个倍数。因此，实践中 3σ 限得到了广泛的应用。对于我们在此

所提到的 $\bar{X}$-图,中心极限定理能为用户错判生产过程失控的概率提供较好的近似。但是,通常情况下,用户不能依赖于对中心线统计量的正态性假定。因此,第一类错误的精确概率可能是不知道的。现在 $k\sigma$ 限的使用十分普遍。不过,尽管 3σ 限的应用十分广泛,但有时用户却不希望使用这种方法。在对失控状态进行快速检测尤为重要的情形中,σ 的更小倍数则可能更为适用。出于经济上的考虑,即使生产过程在失控的情况下只持续了很短的时间,其成本也可能是非常大的,然而我们找出并纠正某种非随机因素的成本却相对较小。显然,在这种情况下,我们应该选取比 3σ 限更小的控制限。

16.4.1 合理的亚组

质量控制中的样本值会被分为一些亚组,一个样本就是一个亚组。就像我们在前面所说的一样,生产的时间顺序当然是选择亚组的基本依据。我们可以简单地将质量控制分为三个步骤:(1)抽样;(2)检测是否处于失控状态;(3)查找随着时间推移可能发生的非随机因素。这些样本组的选取原则非常直观。抽样信息亚组的选择对质量控制程序的成败有着重要的影响。这些亚组通常称为合理亚组。通常情况下,如果分析人员关心检测是否有位置的改变,那么对亚组的选择应该尽量使亚组内的变差较小,且在存在非随机因素的情况下,其被检测出来的机会应该最大。因此我们应该这样来选择亚组,即让组与组之间的变差尽量最大化。比如,在亚组中选择那些基本上是一起生产的产品就是一个合理的方法。另一方面,控制图经常被用来控制变差,此时的性能统计量则是样本组内的变差。这样一来,选取合理的亚组以最大化样本组内的变差则变得更为重要。在这种情况下,亚组的观测值更应该像一个随机样本,且样本组内的变差要能反映过程的变差。

重要的是,要注意到在建立位置中心图(即 $\bar{X}$-图)之前,我们应当首先建立变量控制图。任何位置中心控制图的建立都将取决于变差。比如,我们已经看到的中心趋势图的例子,它的建立就依赖于 σ。在本节接下来的内容中,我们将探讨如何根据数据来估计 σ。

16.4.2 有估计参数的 $\bar{X}$-图

在前面的内容中,我们阐述了使用中心极限定理及该生产过程中已知的均值和标准差的 $\bar{X}$-图的概念。如前所述,其控制限为:

$$LCL = \mu - z_{\alpha/2}\frac{\sigma}{\sqrt{n}}$$

$$UCL = \mu + z_{\alpha/2}\frac{\sigma}{\sqrt{n}}$$

根据这个控制限,在一个 $\bar{X}$ 值落入以上控制限以外时,我们认为均值 μ 就发生了改变,于是该生产过程可能就是失控的。

在很多实际情形中,我们并不能事先知道 μ 和 σ。因此,必须根据取自可控生产过程的数据来进行估计。通常是在背景信息或起始阶段信息的采集时段来进行估计。然后,选择合理的亚组并在每个亚组中从大小为 n 的样本中采集数据。样本容量通常较小,比如为 4,5,6,且有 k(不小于 20)个样本。在假定该生产过程是可控的时段内,用户确定了 μ 和 σ 的估计,基于我们所估计的 μ 和 σ 就可以绘制控制图。这个阶段我们所采集的重要信息包括每个亚组的样本均值、总体均值、样本极差。后面我们将介绍怎样使用这些信息来绘制控制图。

这 k 个样本的一部分样本信息所具有的形式为 $\bar{X}_1, \bar{X}_2, \cdots, \bar{X}_k$,其中随机变量 $\bar{X}_i$ 是第 i 个样本的均值。显然,全体的均值为随机变量

$$\bar{\bar{X}} = \frac{1}{k}\sum_{i=1}^{k}\bar{X}_i$$

这就是过程均值适当的估计量，也就是 $\bar{X}$ 控制图的中心线。在质量控制的实际问题中，我们使用样本极差的信息而非样本标准差的信息来估计 σ 通常更为方便。因此，对于第 i 个样本，我们则定义

$$R_i = X_{\max,i} - X_{\min,i}$$

为第 i 个样本数据的极差。式中，$X_{\max,i}$ 和 $X_{\min,i}$ 分别是样本的最大和最小观测值。则 σ 的适当估计为平均极差的一个函数：

$$\bar{R} = \frac{1}{k} \sum_{i=1}^{k} R_i$$

这样一来，σ 的估计，比如为 $\hat{\sigma}$，则为：

$$\hat{\sigma} = \frac{\bar{R}}{d_2}$$

式中，d_2 为依赖于样本容量的常数，其值如附录表 A22 所示。

运用极差来估计 σ 在质量控制问题中历史悠久，主要是因为相对于变差的其他估计而言，在高效计算仍然是个问题的年代，计算极差是非常容易的。有关各个观测的正态性假设内含在 $\bar{X}$-图中。当然，在这一点上，中心极限定理的确还是很有用的。在正态性假定下，我们要使用到称为相对极差的随机变量

$$W = \frac{R}{\sigma}$$

我们可以证明，W 的矩是样本容量为 n 的简单函数（Montgomery，2000b）。W 的期望通常为 d_2。这样一来，对上式中的 W 取期望，则我们有

$$\frac{E(R)}{\sigma} = d_2$$

因此，估计量 $\hat{\sigma} = \bar{R}/d_2$ 的理论基础就非常容易理解了。众所周知，在相对较小的样本中，极差方法可以算出一个有效的 σ 估计值。因为亚组的样本容量普遍较小，所以这样计算的估计值在质量控制问题中非常具有吸引力。在使用极差方法估计 σ 时，控制图的参数如下所示：

$$\text{UCL} = \bar{\bar{X}} + \frac{3\bar{R}}{d_2\sqrt{n}}$$

$$\text{中心线} = \bar{\bar{X}}$$

$$\text{LCL} = \bar{\bar{X}} - \frac{3\bar{R}}{d_2\sqrt{n}}$$

如果令

$$A_2 = \frac{3}{d_2\sqrt{n}}$$

则我们有

$$\text{UCL} = \bar{\bar{X}} + A_2\bar{R}$$

$$\text{LCL} = \bar{\bar{X}} - A_2\bar{R}$$

为了简化公式结构，使用 $\bar{X}$-图时可以将 A_2 的值放入表格中备查。附录表 A22 就是不同样本容量下的 A_2 值。

16.4.3 控制变差的 R-图

到现在为止，我们所举的所有例证和所介绍的所有内容，都包含质量控制分析人员试图检测出由于均值的改变而引起的失控状况。控制限依赖于随机变量 $\bar{X}$ 的分布和各个观测值的正态性假设。同时，控制变差和中心位置都是非常重要的。实际上，很多专家都认为控制性能特征的变差更为重要，在考察中心位置之前应当先确定性能特征的变差。运用样本极差图，我们可以对生产过程中的变差进行控制。这样随着时间改变而发生变化的样本极差图则称为 R-图。其基本机制和 $\bar{X}$-图一样，即以 $\bar{R}$ 为中心线，控制限则依赖于我们对随机变量 R 的标准差的估计值。这样一来，与 $\bar{X}$-图一样，我们就可确定 3σ 限，此处的 3σ 是指 $3\sigma_R$。与估计 $\sigma_{\bar{X}}$ 一样，在此我们也要根据数据来估计 σ_R 的值。

对于标准差 σ_R 的估计，也要依赖于相对极差的分布

$$W = \frac{R}{\sigma}$$

W 的标准差是关于样本容量的已知函数，通常记作 d_3。因此，我们有：

$$\sigma_R = \sigma\, d_3$$

此时我们以 $\hat{\sigma} = \bar{R}/d_2$ 来替代 σ，这样一来，σ_R 的估计量则为：

$$\hat{\sigma}_R = \frac{\bar{R} d_3}{d_2}$$

所以，决定 R-图的参数分别为：

$$\text{UCL} = \bar{R} D_4$$
$$\text{中心线} = \bar{R}$$
$$\text{LCL} = \bar{R} D_3$$

式中，常数 D_4 和 D_3（仅依赖于 n）为：

$$D_4 = 1 + 3\frac{d_3}{d_2}$$

$$D_3 = 1 - 3\frac{d_3}{d_2}$$

常数 D_4 和 D_3 的值如附录表 A22 所示。

16.4.4 变量的 $\bar{X}$-图和 R-图

生产导弹零件的一个过程是可控的，其性能特征为每平方英尺的拉伸强度（磅/平方英尺）。我们每小时采集一个容量为 5 的样本，共记录了 25 个样本。其数据如表 16.1 所示。

表 16.1 拉伸强度数据的样本信息

样本编号	观测值					$\bar{X}_i$	R_i
1	1 515	1 518	1 512	1 498	1 511	1 510.8	20
2	1 504	1 511	1 507	1 499	1 502	1 504.6	12
3	1 517	1 513	1 504	1 521	1 520	1 515.0	17
4	1 497	1 503	1 510	1 508	1 502	1 504.0	13
5	1 507	1 502	1 497	1 509	1 512	1 505.4	15
6	1 519	1 522	1 523	1 517	1 511	1 518.4	12

续前表

样本编号	观测值					$\bar{X}_i$	R_i
7	1 498	1 497	1 507	1 511	1 508	1 504. 2	14
8	1 511	1 518	1 507	1 503	1 509	1 509. 6	15
9	1 506	1 503	1 498	1 508	1 506	1 504. 2	10
10	1 503	1 506	1 511	1 501	1 500	1 504. 2	11
11	1 499	1 503	1 507	1 503	1 501	1 502. 6	8
12	1 507	1 503	1 502	1 500	1 501	1 502. 6	7
13	1 500	1 506	1 501	1 498	1 507	1 502. 4	9
14	1 501	1 509	1 503	1 508	1 503	1 504. 8	8
15	1 507	1 508	1 502	1 509	1 501	1 505. 4	8
16	1 511	1 509	1 503	1 510	1 507	1 508. 0	8
17	1 508	1 511	1 513	1 509	1 506	1 509. 4	7
18	1 508	1 509	1 512	1 515	1 519	1 512. 6	11
19	1 520	1 517	1 519	1 522	1 516	1 518. 8	6
20	1 506	1 511	1 517	1 516	1 508	1 511. 6	11
21	1 500	1 498	1 503	1 504	1 508	1 502. 6	10
22	1 511	1 514	1 509	1 508	1 506	1 509. 6	8
23	1 505	1 508	1 500	1 509	1 503	1 505. 0	9
24	1 501	1 498	1 505	1 502	1 502	1 502. 2	7
25	1 506	1 511	1 507	1 500	1 499	1 505. 2	12

正如我们在前面所说的,应当首先确定可控状态下变差所满足的条件,这一点非常重要。我们计算可得 R-图的中心线为:

$$\bar{R} = \frac{1}{25} \sum_{i=1}^{25} R_i = 10.72$$

根据附录表 A22 我们可知,在 $n = 5$ 时,$D_4 = 2.114$,$D_3 = 0$。因此,R-图的控制限为:

$$\text{LCL} = \bar{R}D_3 = (10.72)(0) = 0$$
$$\text{UCL} = \bar{R}D_4 = (10.72)(2.114) = 22.6621$$

R-图如图 16.3 所示。我们可以看到,极差并没有落到控制限以外。因此,没有迹象表明存在失控的情形。

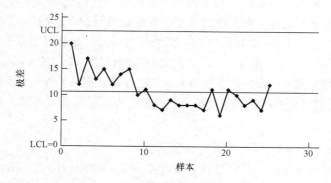

图 16.3　拉伸强度例子中的 R-图

此时我们可以构建拉伸强度的 $\bar{X}$-图。其中心线为:

$$\overline{\overline{X}} = \frac{1}{25}\sum_{i=1}^{25} \overline{X}_i = 1\,507.328$$

根据附录表 A22 我们可知，样本容量为 5 时，$A_2 = 0.577$。这样一来，控制限为：

$$UCL = \overline{\overline{X}} + A_2\overline{R} = 1\,507.328 + (0.577)(10.72) = 1\,513.513\,4$$

$$LCL = \overline{\overline{X}} - A_2\overline{R} = 1\,507.328 - (0.577)(10.72) = 1\,501.142\,6$$

图 16.4 为 $\overline{X}$-图。读者可以发现，其中有 3 个值落在了控制限以外。因此，$\overline{X}$ 的控制限不能用作质量控制限。

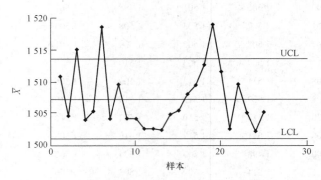

图 16.4　拉伸强度例子的 $\overline{X}$-图

16.4.5　对变量型控制图的进一步探讨

生产过程看起来可能是可控的，且在实际上该过程也可能在很长的时段内都是可控的。那么这是否意味着，该过程就是顺利运行的？生产过程在运行中可控，仅仅意味着该过程的均值和变差都是稳定的。显然，可控的过程并没有发生严重的变化。可控意味着该过程与非人为因素的变差之间存在一致性。质量控制图可以看做一种由内在的非人为因素的变差决定控制限的范围的方法。不过，质量控制图并没有给出可控的生产过程在多大程度上满足该过程所需的事先所确定的规格参数。其规格参数是用户所确定的一些控制限。如果当前生产过程非人为因素的变差大于规格参数所设定的值，即使该过程是稳定且可控的，也将会生产出很多不符合规格参数的产品。

我们已经间接提到了，在变量型控制图中要对各个观测值进行正态性假定。对于 $\overline{X}$-图而言，如果各个观测值都是正态的，则统计量 $\overline{X}$ 也是正态的。因此，在这种情况下，质量控制分析人员控制着发生第一类错误的概率。如果各 X 的观测值是非正态的，在 σ 已知的情况下，$\overline{X}$ 是渐近正态的，于是质量控制分析人员也能近似地控制第一类错误发生的概率。不过，使用极差来估计标准差的方法也依赖于正态性假定。在存在背离正态性假定的情况下，我们对 $\overline{X}$-图的稳健性进行研究的结果表明，在样本容量 $k \geqslant 4$ 的情况下，$\overline{X}$-图的风险为 α，非常接近我们所设定的值（Montgomery，2000b；Schilling and Nelson，1976）。在此之前我们说道，R-图的 $\pm k\sigma_R$ 方法是出于方便和惯例的原因。即使各个观测值的分布服从正态分布，R 的分布也不是正态的。实际上，R 的分布甚至都不是对称的。$\pm k\sigma_R$ 的对称控制限只是给出了一个近似为 α 的风险水平值，在某些情况下，该近似值并不是非常好。

16.4.6　$\overline{X}$-图中对样本容量的选取（运行特征函数）

从事质量控制的科研人员和工程师通常需要考察影响控制图的因素。决定控制图的因素包括从各个亚组抽取的样本容量、控制限的范围、抽样的频率。所有这些因素在很大程度上都取决于对经济情况与实际情况的一些考虑。显然，抽样频率取决于抽样成本，以及在生产过程长时间处于不可控状态下所引发的成本。同样的因素也影响着"可控"状态下控制限的范围。与调查并寻找非随机因素相关的成本对控制限的范围和抽样频率存在影响。人们将大量的注意力投入到对控制图的最优设计上，有关这方面的更多细节我们在此不进行展开。读者可以参考 Montgomery（2000b），该书中有很多关于这方面的历史资料。

我们对样本容量和抽样频率的选择需要对这两方面可以获取到的资源进行平衡。在多数情形中，分析人员需要不断改变策略直到取得适当的平衡为止。如果生产出不合格产品的成本很高，那么适当的策略就应当是采用高频的抽样以及相对较少的样本容量。

在选择样本容量时我们必须考察很多因素。在我们所举的例证和所做的讨论中，强调了应当使用 $n = 4$，5，6。这些值对于统计推断中的一般问题来说显得过于少了，但是对于质量控制来说确实是比较适当的样本容量。显然，其中的一个理由就是质量控制是一个连续的过程，且虽然我们根据一个样本或一组产品所得到的只有一个结论，但其后还会有更多的样本或产品。这样一来，整个质量控制中的有效样本容量就是每个亚组中样本容量的许多倍。通常我们认为，以较小的样本容量进行频繁的抽样会更有效率。

分析人员可以使用检验功效的概念来对样本容量选取的有效性进行更为深刻的认识。由于每个亚组中通常会选取较小的样本容量，因此利用检验功效的概念来理解样本容量选取的有效性尤为重要。回顾第 9 章和第 12 章我们对均值的正规检验的功效和方差分析所做的讨论。尽管正规的假设检验在实际上并不是在质量控制中间推导出来的，但是人们可以将抽样信息看做一个在每个亚组中的假设检验策略，要么检验总体均值 μ，要么检验标准差 σ。对于一个给定的样本而言，我们关心的是能检测出生产过程处于失控状态的概率，或更为重要的是，进行检测所需的期望操作次数（样本容量的期望）。检测出一个失控状态的概率对应于该检测的功效。我们在此并不是想要说明所有类型功效的发展情况，而是要对 $\bar{X}$-图的发展情况进行说明，并给出 R-图的功效。

我们考察 σ 已知时的 $\bar{X}$-图。假定可控的状态有 $\mu = \mu_0$。对于亚组中样本容量作用的研究等价于对 β 风险的研究，即假定均值确实存在改变时，$\bar{X}$ 值仍然在控制限内的概率。假定均值发生改变的形式为：

$$\mu = \mu_0 + r\sigma$$

我们再次根据 $\bar{X}$ 的正态性可得

$$\beta = P(\text{LCL} \leqslant \bar{X} \leqslant \text{UCL} \mid \mu = \mu_0 + r\sigma)$$

对于 $k\sigma$ 的情形，我们有

$$\text{LCL} = \mu_0 - \frac{k\sigma}{\sqrt{n}}$$

$$\text{UCL} = \mu_0 + \frac{k\sigma}{\sqrt{n}}$$

因此，如果我们以 Z 表示标准正态随机变量，则有

$$\beta = P\left[Z < \left(\frac{\mu_0 + k\sigma/\sqrt{n} - \mu}{\sigma/\sqrt{n}}\right)\right] - P\left[Z < \left(\frac{\mu_0 - k\sigma/\sqrt{n} - \mu}{\sigma/\sqrt{n}}\right)\right]$$

$$= P\left\{Z < \left[\frac{\mu_0 + k\sigma/\sqrt{n} - (\mu + r\sigma)}{\sigma/\sqrt{n}}\right]\right\} - P\left\{Z < \left[\frac{\mu_0 - k\sigma/\sqrt{n} - (\mu + r\sigma)}{\sigma/\sqrt{n}}\right]\right\}$$

$$= P(Z < k - r\sqrt{n}) - P(Z < -k - r\sqrt{n})$$

请注意 n，r，k 在 β 风险的表达式中所起到的作用。正如我们所期望的一样，没有检测出某个改变的概率显然会随着 k 的增大而增大。β 随着改变量大小 r 的增加而减小，且随着样本容量 n 的

增加而减小。

我们在此应当强调，在单个样本的情形中，上述表达式会导致 β 风险（犯第二类错误的概率）。比如，假设容量为 4 的样本中，均值改变了 σ 单位。则我们在改变发生后的第一个样本中检测到这个变动的概率（功效）即为（假定为 3σ 限）：

$$1 - \beta = 1 - [P(Z < 1) - P(Z < -5)] = 0.158\,7$$

另一方面，检测出发生了 2σ 单位变动的概率为：

$$1 - \beta = 1 - [P(Z < -1) - P(Z < -7)] = 0.841\,3$$

上述结果说明，检测出改变 σ 单位的概率是适中的，而检测出改变 2σ 单位的概率则相当高。图 16.5 给出了 $\bar{X}$-图中不同的 3σ 限。图中我们给出了对应于不同 r 的 β 值，而非功效；均值的改变量为 $r\sigma$。当然，样本容量 $n = 4$，5，6 时，在改变发生后的第一个样本中检测出大小为 1.0σ 甚至 1.5σ 的改变的概率非常小。

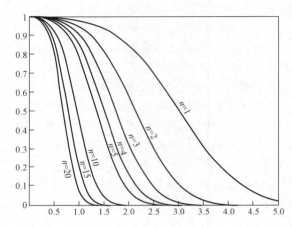

图 16.5 3σ 限的 $\bar{X}$-图的运行特征曲线，其中 β 为均值发生 $r\sigma$ 的改变之后，在第一个样本中犯第二类错误的概率

但是如果抽样频率非常之高，那么在检测是否发生改变之前，概率就不如所需运行次数的均值或期望值那么重要了。尽管检测出第一个样本中发生改变的概率并不高，但是快速的检测重要且可行。研究结果证明，小样本的 $\bar{X}$-图可以相对快速地进行检测。如果 β 为发生改变之后没能在第一个样本中将这个改变检测出来的概率，那么改变发生之后在第 s 个样本中将其检测出来的概率为（假设为独立样本）：

$$P_s = (1 - \beta)\beta^{s-1}$$

读者应当意识到，这是几何分布的一个应用。检测所需样本数量的均值或期望值为：

$$\sum_{s=1}^{\infty} s\beta^{s-1}(1 - \beta) = \frac{1}{1 - \beta}$$

因此，检测均值发生改变所需样本数的期望值就是功效的倒数（即发生改变之后在第一个样本之中即检测出这一改变的概率）。

例 16.1   在一个质量控制问题中，质量控制分析人员能运用样本容量 $n = 4$ 的 3σ 控制图快速检测出均值 $\pm\sigma$ 的改变是非常重要的。在改变发生之后，检测出失控状态所需样本数的期望值对评估质量控制过程而言是很有帮助的。

由图 16.5 可知，在 $n=4$ 且 $r=1$ 时，$\beta \approx 0.84$。如果我们令 s 为检测出这一改变所需的样本数，则 s 的均值为：

$$E(S) = \frac{1}{1-\beta} = \frac{1}{0.16} = 6.25$$

因此，在检测出 $\pm \sigma$ 的改变之前，我们平均需要 7 个亚组。

16.4.7　R-图中的样本容量选择问题

图 16.6 给出了 R-图的运行特征曲线。由于 R-图可以用来控制生产过程的标准差，因此在图中 β 风险是作为 σ_0 和 σ_1 的函数给出的，其中 σ_0 表示的是可控过程的标准差，而 σ_1 表示的是不可控过程的标准差。令

$$\lambda = \frac{\sigma_1}{\sigma_0}$$

则在不同的样本容量下，我们可以绘制出不同的 λ 所对应的 β。

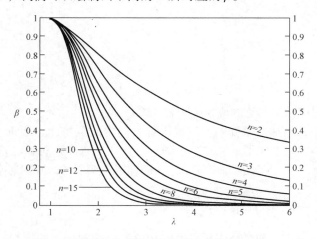

图 16.6　3σ 限 R-图的运行特征曲线

16.4.8　变量的 $\bar{X}$-图和 S-图

对于统计学专业的学生而言，很自然地想要使用 $\bar{X}$-图中的样本方差并通过该图来控制变差。极差作为 σ 的估计量是有效的，但其有效性随着样本容量的增大而降低。对于 n 等于 10 的情形，我们所熟悉的统计量

$$S = \sqrt{\frac{1}{n-1} \sum_{i=1}^{n} (X_i - \bar{X})^2}$$

被用于均值和变差两者的控制图中。回顾一下第 8 章的内容我们知道，S^2 是 σ^2 的无偏估计量，但 S 却并非 σ 的无偏估计量。在控制图的实际应用中，我们通常会对 S 的偏倚进行修正。一般情况下，我们知道

$$E(S) \neq \sigma$$

在 X_i 独立且服从均值为 μ、方差为 σ^2 的正态分布时

$$E(S) = c_4 \sigma$$

$$c_4 = \left(\frac{2}{n-1} \right)^{1/2} \frac{\Gamma(n/2)}{\Gamma[(n-1)/2]}$$

式中，$\Gamma(\cdot)$ 是伽马函数（见第 6 章）。比如，在 $n=5$ 时，$c_4 = (3/8)\sqrt{2\pi}$。此外，估计量 S 的方差为：

$$Var(S) = \sigma^2(1 - c_4^2)$$

由此我们便确定了 S 的性质，这些性质有助于我们分别写出 $\bar{X}$ 和 S 的控制限。为了得到合适的结构，我们首先假定 σ 是已知的。后面我们将讨论如何根据初始样本集来估计 σ。

如果统计量 S 在图中已经绘制出来，则其中显而易见的控制图参数为：

$$UCL = c_4\sigma + 3\sigma\sqrt{1 - c_4^2}$$
$$\text{中心线} = c_4\sigma$$
$$LCL = c_4\sigma - 3\sigma\sqrt{1 - c_4^2}$$

通常情况下，我们使用列联表中的常数更容易定义控制限。假设

$$B_5 = c_4 - 3\sqrt{1 - c_4^2}$$
$$B_6 = c_4 + 3\sqrt{1 - c_4^2}$$

因此，我们有

$$UCL = B_6\sigma$$
$$\text{中心线} = c_4\sigma$$
$$LCL = B_5\sigma$$

不同样本容量所对应的 B_5 和 B_6 的值如附录表 A22 所示。

大多数实际情形中，σ 都是未知的，控制限都是确定质量控制参数的基础。必须再次假定，我们获得了基础样本集或初始样本集来构造 σ 的一个估计，通常我们假定 σ 对应于可控阶段的情形。样本标准差 S_1，S_2，$\cdots$，S_m 是从每个容量为 n 的样本中获取的。我们通常以

$$\frac{\bar{S}}{c_4} = \left(\frac{1}{m}\sum_{i=1}^{m} S_i\right)\Big/ c_4$$

作为 σ 的无偏估计量。其中，初始样本标准差的均值 $\bar{S}$ 是控制变差的控制图中的逻辑中心线。上下控制限是 σ 已知的情况下相应控制限的无偏估计量。因为

$$E\left(\frac{\bar{S}}{c_4}\right) = \sigma$$

统计量 $\bar{S}$ 就是适当的中心线（作为 $c_4\sigma$ 的无偏估计量），且

$$\bar{S} - 3\frac{\bar{S}}{c_4}\sqrt{1 - c_4^2}, \bar{S} + 3\frac{\bar{S}}{c_4}\sqrt{1 - c_4^2}$$

分别为所对应的上下 3σ 控制限。因此，控制变差的 S-图的中心线和上下限为：

$$LCL = B_3\bar{S}$$
$$\text{中心线} = \bar{S}$$
$$UCL = B_4\bar{S}$$

式中

$$B_3 = 1 - \frac{3}{c_4}\sqrt{1 - c_4^2}$$
$$B_4 = 1 + \frac{3}{c_4}\sqrt{1 - c_4^2}$$

常数 B_3 和 B_4 的值如附录表 A22 所示。

我们在此可以写出相应的 $\bar{X}$-图的参数, 其中用到了样本的标准差。我们假定从初始样本中可以得到 S 和 $\bar{X}$。中心线仍然为 $\bar{X}$, 3σ 限的形式为 $\bar{X} \pm 3\,\hat{\sigma}\sqrt{n}$, 其中 $\hat{\sigma}$ 是一个无偏估计量。我们仅使 $\bar{S}/c_4$ 作为 σ 的一个无偏估计量。这样一来, 则我们有

$$\text{LCL} = \bar{\bar{X}} - A_3\bar{S}$$
$$\text{中心线} = \bar{\bar{X}}$$
$$\text{UCL} = \bar{\bar{X}} + A_3\bar{S}$$

式中

$$A_3 = \frac{3}{c_4\sqrt{n}}$$

常数 A_3 在不同样本容量下的值如附录表 A22 所示。

例 16.2 在生产容器的过程中, 对容器的容积（立方厘米）进行质量控制。25 个样本容量为 5 的样本被用来确定质量控制参数。这些样本的信息如表 16.2 所示。

表 16.2 初始样本中 25 个容器样本的容积

样本	观测值					$\bar{X}_i$	S_i
1	62.255	62.301	62.289	62.189	62.311	62.269	0.049 5
2	62.187	62.225	62.337	62.297	62.307	62.271	0.062 2
3	62.421	62.377	62.257	62.295	62.222	62.314	0.082 9
4	62.301	62.315	62.293	62.317	62.409	62.327	0.046 9
5	62.400	62.375	62.295	62.272	62.372	62.343	0.055 8
6	62.372	62.275	62.315	62.372	62.302	62.327	0.043 4
7	62.297	62.303	62.337	62.392	62.344	62.335	0.038 1
8	62.325	62.362	62.351	62.371	62.397	62.361	0.026 4
9	62.327	62.297	62.318	62.342	62.318	62.320	0.016 3
10	62.297	62.325	62.303	62.307	62.333	62.313	0.015 3
11	62.315	62.366	62.308	62.318	62.319	62.325	0.023 2
12	62.297	62.322	62.344	62.342	62.313	62.324	0.019 8
13	62.375	62.287	62.362	62.319	62.382	62.345	0.040 6
14	62.317	62.321	62.297	62.372	62.319	62.325	0.027 9
15	62.299	62.307	62.383	62.341	62.394	62.345	0.043 1
16	62.308	62.319	62.344	62.319	62.378	62.334	0.028 1
17	62.319	62.357	62.277	62.315	62.295	62.313	0.030 0
18	62.333	62.362	62.292	62.327	62.314	62.326	0.025 7
19	62.313	62.387	62.315	62.318	62.341	62.335	0.031 3
20	62.375	62.321	62.354	62.342	62.375	62.353	0.023 0
21	62.399	62.308	62.292	62.372	62.299	62.334	0.048 3
22	62.309	62.403	62.318	62.295	62.317	62.328	0.042 7
23	62.293	62.293	62.342	62.315	62.349	62.318	0.026 4
24	62.388	62.308	62.315	62.392	62.303	62.341	0.044 8
25	62.324	62.318	62.315	62.295	62.319	62.314	0.011 1

$$\bar{\bar{X}} = 62.325\,6$$
$$\bar{S} = 0.036\,1$$

根据附录表 A22 我们可知，$B_3 = 0$，$B_4 = 2.089$，$A_3 = 1.427$。因此，$\overline{X}$ 的控制限为：

$$\text{UCL} = \overline{\overline{X}} + A_3\overline{S} = 62.3771$$
$$\text{LCL} = \overline{\overline{X}} - A_3\overline{S} = 62.2741$$

则 S-图的控制限为：

$$\text{LCL} = B_3\overline{S} = 0$$
$$\text{UCL} = B_4\overline{S} = 0.0754$$

图 16.7 和图 16.8 分别给出了本例中的 $\overline{X}$-图和 S-图。初始样本集中所有 25 个样本的样本信息均在图中绘制出来。我们可以看到，除了最初的几个样本，其余均是可控的。

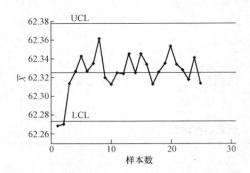

图 16.7　根据例 16.2 的数据而确定
控制限的 $\overline{X}$ 图

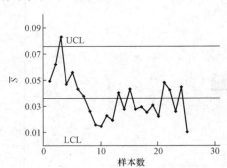

图 16.8　根据例 16.2 的数据而
确定控制限的 S 图

16.5　属性控制图

正如我们在本章开篇所言，在许多应用质量控制的工业问题中仅仅要求质量特性来说明产品是不是合格的。也就是说，目前还没有一种连续的观测值可以用来测度产品的性能。这类抽样称为**属性抽样**。灯泡的性能要么满足要求、要么满足不了要求这种情形就是一个明显的例子。产品要么是次品，要么是正品。制成的金属片可能会发生变形，生产线所生产的容器也可能会有泄漏。在这两种情形中，消费者会拒绝使用次品。适用于这种情形的标准控制图为 p-图或次品率图。正如我们所预见的一样，其中涉及的概率分布为二项分布。关于二项分布的知识请参见第 5 章。

16.5.1　次品率的 p-图

任何产品都可能包含一些重要的特征，检验员应该对这些重要特征进行检查。然而，这里我们全部的理论都只是关于单个特征的。假定所有产品中有次品的概率为 p，且所有产品都是独立生产出来的。则在包含 n 个产品的一个随机样本间，如果 X 为次品数，我们有

$$P(X = x) = \binom{n}{x} p^x (1-p)^{n-x}, \qquad x = 0,1,2,\cdots,n$$

正如我们所想的那样，二项随机变量的均值和方差也对确定控制图有着重要的影响。回顾一下我们可以知道

$$E(X) = np$$
$$\text{Var}(X) = np(1-p)$$

次品率 p 的无偏估计量为 $\hat{p}$，其中

$$\hat{p} = \frac{容量为\ n\ 的样本中的次品数}{n}$$

与变量型控制图一样，p 的分布特征对确定控制图而言也是非常重要的。我们知道

$$E(\hat{p}) = p$$

$$\mathrm{Var}(\hat{p}) = \frac{p(1-p)}{n}$$

因而，在此我们就使用了与变量型控制图中相同的 3σ 原则。首先假定 p 是已知的，则控制图中就要使用到 3σ 限，而

$$\hat{\sigma} = \sqrt{\frac{p(1-p)}{n}}$$

这样一来，则我们可得上下限为：

$$\mathrm{LCL} = p - 3\sqrt{\frac{p(1-p)}{n}}$$

$$\mathrm{UCL} = p + 3\sqrt{\frac{p(1-p)}{n}}$$

在样本中的 $\hat{p}$ 值落在控制限之内时，我们就认为该过程是可控的。

通常 p 值是未知的，它需要我们根据初始样本集来进行估计。这与我们在变量型控制图中估计 μ 和 σ 的情形是非常类似的。假设有 m 个样本容量为 n 的初始样本。对于给定的样本，n 个观测值中间每个要么是次品，要么是正品。我们在控制图中用到了 p 的一个显而易见的无偏估计量

$$\bar{p} = \frac{1}{m}\sum_{i=1}^{m}\hat{p}_i$$

式中，$\hat{p}_i$ 是第 i 个样本中的次品率。因此

$$\mathrm{LCL} = \bar{p} - 3\sqrt{\frac{\bar{p}(1-\bar{p})}{n}}$$

$$中心线 = \bar{p}$$

$$\mathrm{UCL} = \bar{p} + 3\sqrt{\frac{\bar{p}(1-\bar{p})}{n}}$$

例 16.3 我们考察如表 16.3 中所示的数据，它是容量为 50 的样本中电子元件的次品数。抽取出 20 个样本用来确定初始控制图参数。最初确定的控制图的中心线为 $\bar{p} = 0.088$，则控制限为：

$$\mathrm{LCL} = \bar{p} - 3\sqrt{\frac{\bar{p}(1-\bar{p})}{50}} = -0.0322$$

$$\mathrm{UCL} = \bar{p} + 3\sqrt{\frac{\bar{p}(1-\bar{p})}{50}} = 0.2082$$

表 16.3　例 16.3 中用于确定 p-图的控制限的数据，样本容量为 50

样本	次品数	次品率 $\hat{p}_i$
1	8	0.16
2	6	0.12
3	5	0.10

续前表

样本	次品数	次品率 $\hat{p}_i$
4	7	0.14
5	2	0.04
6	5	0.10
7	3	0.06
8	8	0.16
9	4	0.08
10	4	0.08
11	3	0.06
12	1	0.02
13	5	0.10
14	4	0.08
15	4	0.08
16	2	0.04
17	3	0.06
18	5	0.10
19	6	0.12
20	3	0.06
		$\bar{p} = 0.088$

显然，我们所计算得到的值为负，所以令 LCL 为 0。从控制限的值可以明显看出，在初始阶段过程是可控的。

16.5.2　对 p-图的样本容量的选取

对属性 p-图的样本容量的选取所需考虑的一般因素与对变量型控制图的样本容量的选取相同。在 p 发生一定的变化时，为了以较高的概率检测到失控状况，需要足够大的样本容量。样本容量的选择实际上目前并没有公认的最优方法。不过，Duncan（1986）提出了一个适当的方法，即选择能使得检测出 p 一定数量变化的概率为 0.5 的容量值 n。n 的解非常简单。假定对二项分布采用正态逼近。我们希望在 p 已经发生改变（假定 $p_1 > p_0$）的条件下，有

$$P(\hat{p} \geqslant UCL) = P\left[Z \geqslant \frac{UCL - p_1}{\sqrt{p_1(1-p_1)/n}}\right] = 0.5$$

由于 $P(Z > 0) = 0.5$，我们令

$$\frac{UCL - p_1}{\sqrt{p_1(1-p_1)/n}} = 0$$

代入

$$p + 3\sqrt{\frac{p(1-p)}{n}} = UCL$$

则我们有

$$(p - p_1) + 3\sqrt{\frac{p(1-p)}{n}} = 0$$

由此我们则可以求解出每个样本的容量 n 为：

$$n = \frac{9}{\Delta^2} p(1-p)$$

式中，Δ 为 p 值的改变量；p 为控制限所依赖的次品率。不过，如果控制图是基于 $k\sigma$ 限的，则

$$n = \frac{k^2}{\Delta^2} p(1-p)$$

例 16.4 假定要设计次品的可控概率为 $p = 0.01$ 的一个属性质量控制图。要使得我们能够在该过程改变为 $p = p_1 = 0.05$ 时有 0.5 的概率检测出来，则每个亚组的样本容量各为多少？请在 3σ 限上给出 p-图。

解： 根据题意我们可知，$\Delta = 0.04$，则适当的样本容量为：

$$n = \frac{9}{(0.04)^2}(0.01)(0.99) = 55.68 \approx 56$$

16.5.3 次品控制图（泊松模型的应用）

我们在前面的讨论中，假定所考察的产品要么是次品（即无用），要么是正品。后一种情况对消费者来说则是有用且可以接受的。在很多实际情形中，这种非此即彼的方法有些过于简单。产品可能存在瑕疵或缺陷，但对消费者而言可能仍然是有用的。实际上，在这种情形下，对次品数或缺陷数施加控制是非常重要的。在产品比较复杂或比较大时，就可以采用这种类型的质量控制。比如，在单个产品或单元是个人电脑时，管道焊接的瑕疵数就是质量控制的对象。长 50 英尺的地毯的瑕疵数量，以及一大块玻璃中所含气泡的数量都是质量控制的对象。

很明显，二项分布在我们这里所描述的情形中已经不再适用了。一个单元中的瑕疵总数或者每个单元中的平均瑕疵数就可以作为控制图的测度。通常，假定一个产品样本中的缺陷数服从泊松分布。这种类型的图通常称作 **C-图**。

假定一个产品单元中的瑕疵数 X 服从参数为 λ 的泊松分布（在此我们采用 $t = 1$ 的泊松模型）。回顾一下泊松分布，我们知道

$$P(X = x) = \frac{e^{-\lambda}\lambda^x}{x!}, \qquad x = 0, 1, 2, \cdots$$

式中，随机变量 X 为瑕疵数。在第 5 章中，我们知道泊松随机变量的均值和方差都是 λ。因此，如果在确定质量控制图时遵循 3σ 的控制限，且 λ 已知，则我们有

$$\text{UCL} = \lambda + 3\sqrt{\lambda}$$
$$\text{中心线} = \lambda$$
$$\text{LCL} = \lambda - 3\sqrt{\lambda}$$

λ 通常是从数据中计算得到的估计量。每个样本中的平均缺陷数就是 λ 的一个无偏估计量。我们将这个估计量记为 $\hat{\lambda}$。因此，控制图的控制限为：

$$\text{UCL} = \hat{\lambda} + 3\sqrt{\hat{\lambda}}$$
$$\text{中心线} = \hat{\lambda}$$
$$\text{LCL} = \hat{\lambda} - 3\sqrt{\hat{\lambda}}$$

例 16.5 表 16.4 列出了每个长度为 100 英尺的金属卷片的 20 个连续样本中的瑕疵数。请根据这些初始数据确定控制图，从而达到对这些样本的瑕疵数进行控制的目的。泊松参数 λ 的估计由 $\hat{\lambda} = 5.95$ 给出。因此，根据这些初始数据计算的控制限为：

$$UCL = \hat{\lambda} + 3\sqrt{\hat{\lambda}} = 13.2678$$
$$LCL = \hat{\lambda} - 3\sqrt{\hat{\lambda}} = -1.3678$$

则设定 LCL 为 0。

表 16.4　例 16.5 的数据；对金属卷片瑕疵数的控制

样本序号	次品数	样本序号	次品数
1	8	11	3
2	7	12	7
3	5	13	5
4	4	14	9
5	4	15	7
6	7	16	7
7	6	17	8
8	4	18	6
9	5	19	7
10	6	20	4
			平均值 5.95

在图 16.9 中，我们刻画了初始数据与控制限之间的关系。

在表 16.5 中，我们给出了从生产过程中收集的其他数据。对于每个样本，都要确定控制图所用的单元，即要检测长 100 英尺的金属片。这样我们就得到了 20 个样本的信息。图 16.10 给出了产品其他数据的图形。显然，这个过程是可控的，至少在得到数据的那个阶段是可控的。

表 16.5　例 16.5 的生产过程中的其他数据

样本序号	次品数	样本序号	次品数
1	3	11	7
2	5	12	5
3	8	13	9
4	5	14	4
5	8	15	6
6	4	16	5
7	3	17	3
8	6	18	2
9	5	19	1
10	2	20	6

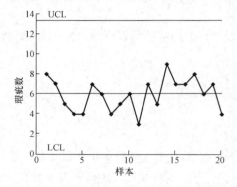

图 16.9　例 16.5 中绘在控制图上的初始数据

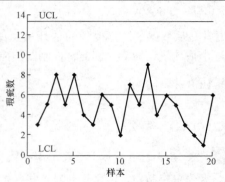

图 16.10　例 16.5 的其他生产数据

在例 16.5 中我们非常清楚地将长为 100 英尺的金属片作为抽样和检测的单元。在很多情形中，产品是比较特殊的（比如，一台个人电脑或一个特别型号的电子器件），检测单元可能是一个产品集。比如，分析人员可能决定在每个亚组中用 10 台电脑来考察所发现的次品数。因此，用来确定控制图的初始样本涉及对一些样本的使用，每个样本中包含 10 台电脑。样本容量的选择可能取决于很多因素。通常我们要求这个样本容量能保证 LCL 为正。

分析人员可能希望用每个抽样单元的平均瑕疵数来作为控制图中的基本测度。比如，对于个人电脑的问题，在每个容量为 $n = 10$ 的样本中，我们可以使用总次品数这个随机变量

$$U = \frac{总次品数}{n}$$

来测度每个样本。如果假定每个抽样单元的次品数服从参数为 λ 的泊松分布，我们就可以使用矩母函数的方法证明 U 是一个泊松随机变量（见巩固练习 16.1）。因此，这种情形中的控制图可以由下式给出：

$$UCL = \bar{U} + 3\sqrt{\frac{\bar{U}}{n}}$$

$$中心线 = \bar{U}$$

$$LCL = \bar{U} - 3\sqrt{\frac{\bar{U}}{n}}$$

显然，这里的 $\bar{U}$ 为初始或基本数据集中 U 的均值。表达式 $\bar{U}/n$ 为 $\mathrm{Var}(U) = \lambda/n$ 的一个无偏估计。这种类型的控制图称作 **U-图**。

在本节的讨论中，我们把对控制图的研究建立在泊松概率模型的基础之上，与 3σ 的概念结合在一起应用该模型。正如我们在本章前面所提到的一样，3σ 限仍然是一个注重实效的工具。当然，困难在于不满足正态性时，我们就不能控制误判不可控状态的概率。在泊松模型的情形中，当 λ 很小时，分布是十分不对称的，这种情况下如果我们坚持 3σ 方法就可能得到不好的结果。

16.6 累积和控制图

我们在前面的几节中提出并进行论述的休哈特型控制图的缺点在于，它不能检测到均值较小的变动。**累积和图**这种质量控制机制在统计界引起了广泛的关注并在工业上得到了广泛的应用。累积和图的方法简单，且具有直观的优点。读者显然想知道为什么这个方法对较小的均值变化很敏感。考察参考水平建立在 W 值上的一个均值控制图，具体的观测值序列为 X_1, X_2, $\cdots$, X_r，则前 r 个累积和为：

$$S_1 = X_1 - W$$
$$S_2 = S_1 + (X_2 - W)$$
$$S_3 = S_2 + (X_3 - W)$$
$$\vdots$$
$$S_r = S_{r-1} + (X_r - W)$$

显然，累积和就是各观测值与参考水平之差的累积，即有

$$S_k = \sum_{i=1}^{k} (X_r - W), \quad k = 1, 2, \cdots$$

可见，累积和图就是 S_k 的值相对时间坐标的图。

假定我们认为参考水平 W 是均值 μ 一个可接受的值。显然，如果 μ 没有改变，则累积和图应

该接近为水平的，并在零附近有少数平稳的波动。现在，如果均值只有一个较小的变化，将会导致累积和图中曲线**斜率**相对较大的改变，因为每个新的观测值都有可能导致均值发生变化，并且这些绘制在图上的测量值将所有这些变化都累积了起来。当然，均值改变的信号取决于累积和图的斜率的性质。我们绘制这个图的目的在于检测出偏离参考水平的变化。非零的斜率（在任意一端）则意味着偏离了参考水平。正的斜率意味着在参考水平之上均值的增加，而负的斜率则意味着减少。

累积和图通常分为两个部分，即可接受的质量水平（AQL）和拒绝的质量水平（RQL），这两个水平一般是用户事先定义的，都用均值进行表示。这两个值的作用与假设检验中零均值和替换均值的作用有些相似。我们考察这样一种情形，即分析人员要检验该过程的均值是否增加。我们以符号 μ_0 来表示 AQL，μ_1 来表示 RQL，并令 $\mu_1 > \mu_0$。则现在参考水平可表示为：

$$W = \frac{\mu_1 + \mu_0}{2}$$

在该过程的均值为 μ_0 时，$S_r(r = 1, 2, \cdots)$ 的值为负的斜率；而在均值为 μ_1 时，S_r 的值则为正的斜率。

16.6.1　累积和图的决策准则

正如我们之前所说，从累积和图的斜率就可以知道质量控制分析人员应该做什么。在第 r 个抽样周期中，如果

$$d_r > h$$

式中，h 是一个事先给定的值，我们称之为决策区间长度，且

$$d_r = S_r - \min_{1 \leq i \leq r-1} S_i$$

也就是说，如果数据显示现在的累积和值超过了之前最小的累积和值的某个量级时，就要采取相应的措施。

下面我们对上面所描述的机制进行修正，使得此方法的应用更加简单。我们描述了绘制累积和图和计算差值的过程。一个简单的修正即是，直接绘制出差值并对比决策区间来进行检查。d_r 的一般表达式是非常简单的。如果我们要使用累积和方法来检测均值是否有增加，则

$$d_r = \max[0, d_{r-1} + (X_r - W)]$$

当然，对 h 值的选取非常重要。我们在本书中将不再更多地就如何选择 h 进行更多的讨论，读者可以参考 Ewan and Kemp（1960），Montgomery（2000b）以更透彻地了解选择 h 的讨论。**期望运行长度**也是一个重要的考虑因素。理性情况下，期望运行长度在 $\mu = \mu_0$ 时最大，而在 $\mu = \mu_1$ 时最小。

🍩 巩固练习

16.1　考察参数为 μ_1，μ_2，$\cdots$，μ_n 的独立泊松随机变量 X_1，X_2，$\cdots$，X_n。请根据矩母函数的性质来证明随机变量 $\sum_{i=1}^{n} X_i$ 是一个均值为 $\sum_{i=1}^{n} \mu_i$、方差为 $\sum_{i=1}^{n} \mu_i$ 的泊松随机变量。

16.2　考察下述取自容量为 5 的亚组中的数据（毫米）。这些数据为某台机器重要零部件直径的 20 个均值和极差。请绘制出 $\bar{X}$-图和 R-图。请问该生产过程是否可控？

样本	$\bar{X}$	R
1	2.397 2	0.005 2
2	2.419 1	0.011 7
3	2.421 5	0.006 2
4	2.391 7	0.008 9
5	2.415 1	0.009 5
6	2.402 7	0.010 1

续前表

样本	$\bar{X}$	R
7	2.392 1	0.009 1
8	2.417 1	0.005 9
9	2.395 1	0.006 8
10	2.421 5	0.004 8
11	2.388 7	0.008 2
12	2.410 7	0.003 2
13	2.400 9	0.007 7
14	2.399 2	0.010 7
15	2.388 9	0.002 5
16	2.410 7	0.013 8
17	2.410 9	0.003 7
18	2.394 4	0.005 2
19	2.395 1	0.003 8
20	2.401 5	0.001 7

16.3 如果巩固练习 16.2 中的购买者有特定的要求。它要求直径落在 2.400 00 ± 0.010 0 毫米范围以内。求该生产过程中所制造的产品不符合要求的比例是多少?

16.4 对于巩固练习 16.2 中的情形,请给出正在生产过程中的产品直径的均值和标准差的数值估计值。

16.5 考察表 16.1 中所示的数据。如果再抽取容量为 5 的其他一些样本并记录下其拉伸力,其抽样结果如下表所示。

样本	$\bar{X}$	R
1	1 511	22
2	1 508	14
3	1 522	11
4	1 488	18
5	1 519	6
6	1 524	11
7	1 519	8
8	1 504	7
9	1 500	8
10	1 519	14

(a) 请在表 16.1 中原始数据的 $\bar{X}$-图和 R-图中将上述数据绘制出来。

(b) 请问该生产过程是可控的吗?如果不是,请说明原因。

16.6 考察一个均值 $\mu = 25$ 且 $\sigma = 1.0$ 的可控生产过程。如果采用容量为 5 的亚组,且控制限为 $\mu \pm 3\sigma\sqrt{n}$,中心线为 μ,在均值发生改变时新的均值为 $\mu = 26.5$。

(a) 请问要检测出不可控状态所需平均样本数是多少?

(b) 进行 (a) 中结果那么多次试验的标准差是多少?

16.7 考察例 16.2 中的情形。下面的数据是抽取的容量为 5 的其他一些样本。请在例 16.2 中原始数据的 $\bar{X}$-图和 S-图中将上述数据的 $\bar{X}$ 和 S 值绘制出来。请问该生产过程是否可控?请对此进行说明。

样本	$\bar{X}$	S_i
1	62.280	0.062
2	62.319	0.049
3	62.297	0.077
4	62.318	0.042
5	62.315	0.038
6	62.389	0.052
7	62.401	0.059
8	62.315	0.042
9	62.298	0.036
10	62.337	0.068

16.8 某生产过程中所生产的某种产品要么存在瑕疵,要么没有瑕疵,现在每小时从中抽取样本容量为 50 的一个样本,共抽取了 20 个样本。

样本	瑕疵数	样本	瑕疵数
1	4	11	2
2	3	12	4
3	5	13	1
4	3	14	2
5	2	15	3
6	2	16	1
7	2	17	1
8	1	18	2
9	4	19	3
10	3	20	1

(a) 请构建用于控制次品率的一个控制图。

(b) 请问该生产过程是否可控?为什么?

16.9 对于巩固练习 16.8 中的情形,如果我们还收集了如下所示的其他一些数据:

样本	瑕疵数
1	3
2	4
3	2
4	2
5	3
6	1
7	3

续前表

样本	瑕疵数
8	5
9	7
10	7

请问该过程是否可控？请说明原因。

16.10 我们希望对生产大型钢板的过程进行质量控制，而我们关心的是钢板表面的瑕疵数。因此，质量控制的目标就是构建每个钢板瑕疵数的一个质量控制图。其数据如下表所示。请根据样本信息，构建适当的控制图。请问该过程是否可控？

样本	瑕疵数	样本	瑕疵数
1	4	11	1
2	2	12	2
3	1	13	2
4	3	14	3
5	0	15	1
6	4	16	4
7	5	17	3
8	3	18	2
9	2	19	1
10	2	20	3

参考文献

[1] Bartlett, M. S., and Kendall, D. G. (1946). "The Statistical Analysis of Variance Heterogeneity and Logarithmic Transformation," *Journal of the Royal Statistical Society*, Ser. B. 8, 128–138.

[2] Bowker, A. H., and Lieberman, G. J. (1972). *Engineering Statistics*, 2nd ed. Upper Saddle River, N.J.: Prentice Hall.

[3] Box, G. E. P. (1988). "Signal to Noise Ratios, Performance Criteria and Transformations (with discussion)," *Technometrics*, **30**, 1–17.

[4] Box, G. E. P., and Fung, C. A. (1986). "Studies in Quality Improvement: Minimizing Transmitted Variation by Parameter Design," Report 8. University of Wisconsin-Madison, Center for Quality and Productivity Improvement.

[5] Box, G. E. P., Hunter, W. G., and Hunter, J. S. (1978). *Statistics for Experimenters*. New York: John Wiley & Sons.

[6] Brownlee, K. A. (1984). *Statistical Theory and Methodology: In Science and Engineering*, 2nd ed. New York: John Wiley & Sons.

[7] Carroll, R. J., and Ruppert, D. (1988). *Transformation and Weighting in Regression*. New York: Chapman and Hall.

[8] Chatterjee, S., Hadi, A. S., and Price, B. (1999). *Regression Analysis by Example*, 3rd ed. New York: John Wiley & Sons.

[9] Cook, R. D., and Weisberg, S. (1982). *Residuals and Influence in Regression*. New York: Chapman and Hall.

[10] Daniel, C. and Wood, F. S. (1999). *Fitting Equations to Data: Computer Analysis of Multifactor Data*, 2nd ed. New York: John Wiley & Sons.

[11] Daniel, W. W. (1989). *Applied Nonparametric Statistics*, 2nd ed. Belmont, Calif.: Wadsworth Publishing Company.

[12] Devore, J. L. (2003). *Probability and Statistics for Engineering and the Sciences*, 6th ed. Belmont, Calif: Duxbury Press.

[13] Dixon, W. J. (1983). *Introduction to Statistical Analysis*, 4th ed. New York: McGraw-Hill.

[14] Draper, N. R., and Smith, H. (1998). *Applied Regression Analysis*, 3rd ed. New York: John Wiley & Sons.

[15] Duncan, A. (1986). *Quality Control and Industrial Statistics*, 5th ed. Homewood, Ill.: Irwin.

[16] Dyer, D. D., and Keating, J. P. (1980). "On the Determination of Critical Values for Bartlett's Test," *Journal of the American Statistical Association*, 75, 313–319.

[17] Ewan, W. D., and Kemp, K. W. (1960). "Sampling Inspection of Continuous Processes with No Autocorrelation between Successive Results," *Biometrika*, 47, 363–380.

[18] Geary, R. C. (1947). "Testing for Normality," *Biometrika*, 34, 209–242.

[19] Gunst, R. F., and Mason, R. L. (1980). *Regression Analysis and Its Application: A Data-Oriented Approach*. New York: Marcel Dekker.

[20] Guttman, I., Wilks, S. S., and Hunter, J. S. (1971). *Introductory Engineering Statistics*. New York: John Wiley & Sons.

[21] Harville, D. A. (1977). "Maximum Likelihood Approaches to Variance Component Estimation and to Related Problems," *Journal of the American Statistical Association*, 72, 320–338.

[22] Hicks, C. R., and Turner, K. V. (1999). *Fundamental Concepts in the Design of Experiments*, 5th ed. Oxford: Oxford University Press.

[23] Hoaglin, D. C., Mosteller, F., and Tukey, J. W. (1991). *Fundamentals of Exploratory Analysis of Variance*. New York: John Wiley & Sons.

[24] Hocking, R. R. (1976). "The Analysis and Selection of Variables in Linear Regression," *Biometrics*, 32, 1–49.

[25] Hodges, J. L., and Lehmann, E. L. (2005). *Basic Concepts of Probability and Statistics*, 2nd ed. Philadelphia: Society for Industrial and Applied Mathematics.

[26] Hoerl, A. E., and Wennard, R. W. (1970). "Ridge Regression: Applications to Nonorthogonal Problems," *Technometrics*, 12, 55–67.

[27] Hogg, R. V., and Ledolter, J. (1992). *Applied Statistics for Engineers and Physical Scientists*, 2nd ed. Upper Saddle River, N.J.: Prentice Hall.

[28] Hogg, R. V., McKean, J. W., and Craig, A. (2005). *Introduction to Mathematical Statistics*, 6th ed. Upper Saddle River, N.J.: Prentice Hall.

[29] Hollander, M., and Wolfe, D. (1999). *Nonparametric Statistical Methods*. New York: John Wiley & Sons.

[30] Johnson, N. L., and Leone, F. C. (1977). *Statistics and Experimental Design: In Engineering and the Physical Sciences*, 2nd ed. Vols. I and II, New York: John Wiley & Sons.

[31] Kackar, R. (1985). "Off-Line Quality Control, Parameter Design, and the Taguchi Methods," *Journal of Quality Technology*, 17, 176–188.

[32] Koopmans, L. H. (1987). *An Introduction to Contemporary Statistics*, 2nd ed. Boston: Duxbury Press.

[33] Kutner, M. H., Nachtsheim, C. J., Neter, J., and Li, W. (2004). *Applied Linear Regression Models*, 5th ed. New York: McGraw-Hill/Irwin.

[34] Larsen, R. J., and Morris, M. L. (2000). *An Introduction to Mathematical Statistics and Its Applications*, 3rd ed. Upper Saddle River, N.J.: Prentice Hall.

[35] Lehmann, E. L., and D'Abrera, H. J. M. (1998). *Nonparametrics: Statistical Methods Based on Ranks*, rev. ed. Upper Saddle River, N.J.: Prentice Hall.

[36] Lentner, M., and Bishop, T. (1986). *Design and Analysis of Experiments*, 2nd ed. Blacksburg, Va.: Valley Book Co.

[37] Mallows, C. L. (1973). "Some Comments on C_p," *Technometrics*, 15, 661–675.

[38] McClave, J. T., Dietrich, F. H., and Sincich, T. (1997). *Statistics*, 7th ed. Upper Saddle River, N.J.: Prentice Hall.

[39] Montgomery, D. C. (2008a). *Design and Analysis of Experiments*, 7th ed. New York: John Wiley & Sons.

[40] Montgomery, D. C. (2008b). *Introduction to Statistical Quality Control*, 6th ed. New York: John Wiley & Sons.

[41] Mosteller, F., and Tukey, J. (1977). *Data Analysis and Regression*. Reading, Mass.: Addison-Wesley Publishing Co.

[42] Myers, R. H. (1990). *Classical and Modern Regression with Applications*, 2nd ed. Boston: Duxbury

Press.

[43] Myers, R. H., Khuri, A. I., and Vining, G. G. (1992). "Response Surface Alternatives to the Taguchi Robust Parameter Design Approach," *The American Statistician*, 46, 131–139.

[44] Myers, R. H., Montgomery, D. C., and Anderson-Cook, C. M. (2009). *Response Surface Methodology: Process and Product Optimization Using Designed Experiments*, 3rd ed. New York: John Wiley & Sons.

[45] Myers, R. H., Montgomery, D. C., Vining, G. G., and Robinson, T. J. (2008). *Generalized Linear Models with Applications in Engineering and the Sciences*, 2nd ed., New York: John Wiley & Sons.

[46] Noether, G. E. (1976). *Introduction to Statistics: A Nonparametric Approach*, 2nd ed. Boston: Houghton Mifflin Company.

[47] Olkin, I., Gleser, L. J., and Derman, C. (1994). *Probability Models and Applications*, 2nd ed. New York: Prentice Hall.

[48] Ott, R. L., and Longnecker, M. T. (2000). *An Introduction to Statistical Methods and Data Analysis*, 5th ed. Boston: Duxbury Press.

[49] Pacansky, J., England, C. D., and Wattman, R. (1986). "Infrared Spectroscopic Studies of Poly (perfluoropropyleneoxide) on Gold Substrate: A Classical Dispersion Analysis for the Refractive Index." *Applied Spectroscopy*, 40, 8–16.

[50] Plackett, R. L., and Burman, J. P. (1946). "The Design of Multifactor Experiments," *Biometrika*, 33, 305–325.

[51] Ross, S. M. (2002). *Introduction to Probability Models*, 9th ed. New York: Academic Press, Inc.

[52] Satterthwaite, F. E. (1946). "An Approximate Distribution of Estimates of Variance Components," *Biometrics*, 2, 110–114.

[53] Schilling, E. G., and Nelson, P. R. (1976). "The Effect of Nonnormality on the Control Limits of $\bar{X}$ Charts," *Journal of Quality Technology*, 8, 347–373.

[54] Schmidt, S. R., and Launsby, R. G. (1991). *Understanding Industrial Designed Experiments*. Colorado Springs, Col. Air Academy Press.

[55] Shoemaker, A. C., Tsui, K.-L., and Wu, C. F. J. (1991). "Economical Experimentation Methods for Robust Parameter Design," *Technometrics*, 33, 415–428.

[56] Snedecor, G. W., and Cochran, W. G. (1989). *Statistical Methods*, 8th ed. Allies, Iowa: The Iowa State University Press.

[57] Steel, R. G. D., Torrie, J. H., and Dickey, D. A. (1996). *Principles and Procedures of Statistics: A Biometrical Approach*, 3rd ed. New York: McGraw-Hill.

[58] Taguchi, G. (1991). *Introduction to Quality Engineering*. White Plains, N.Y.: Unipub/Kraus International.

[59] Taguchi, G., and Wu, Y. (1985). *Introduction to Off-Line Quality Control*. Nagoya, Japan: Central Japan Quality Control Association.

[60] Thompson, W. O., and Cady, F. B. (1973). *Proceedings of the University of Kentucky Conference on Regression with a Large Number of Predictor Variables*. Lexington, Ken.: University of Kentucky Press.

[61] Tukey, J. W. (1977). *Exploratory Data Analysis*. Reading, Mass.: Addison-Wesley Publishing Co.

[62] Vining, G. G., and Myers, R. H. (1990). "Combining Taguchi and Response Surface Philosophies: A Dual Response Approach," *Journal of Quality Technology*, 22, 38–45.

[63] Welch, W. J., Yu, T. K., Kang, S. M., and Sacks, J. (1990). "Computer Experiments for Quality Control by Parameter Design," *Journal of Quality Technology*, 22, 15–22.

[64] Winer, B. J. (1991). *Statistical Principles in Experimental Design*, 3rd ed. New York: McGraw-Hill.

图书在版编目（CIP）数据

概率与统计：理工类：第9版/罗纳德·沃波尔等著；袁东学、龙少波译. —北京：中国人民大学出版社，2016.11
（统计学经典教材）
ISBN 978-7-300-23343-7

Ⅰ. ① 概… Ⅱ. ①罗… ②袁… Ⅲ. ①概率论 ②数理统计 Ⅳ. ①O21

中国版本图书馆 CIP 数据核字（2016）第 212972 号

统计学经典教材
概率与统计（理工类·第9版）
罗纳德·沃波尔
雷蒙德·迈尔斯 著
沙伦·迈尔斯
叶可英
袁东学　龙少波　译
贾俊平　主审
Gailü yu Tongji

出版发行	中国人民大学出版社		
社　　址	北京中关村大街 31 号	**邮政编码**	100080
电　　话	010－62511242（总编室）		010－62511770（质管部）
	010－82501766（邮购部）		010－62514148（门市部）
	010－62515195（发行公司）		010－62515275（盗版举报）
网　　址	http://www.crup.com.cn		
	http://www.ttrnet.com（人大教研网）		
经　　销	新华书店		
印　　刷	三河市汇鑫印务有限公司		
规　　格	185 mm×260 mm　16 开本	**版　　次**	2016 年 11 月第 1 版
印　　张	32 插页 1	**印　　次**	2016 年 11 月第 1 次印刷
字　　数	888 000	**定　　价**	69.00 元

尊敬的老师：

您好！

为了确保您及时有效地申请培生整体教学资源，请您务必完整填写如下表格，加盖学院的公章后传真给我们，我们将会在 2～3 个工作日内为您处理。

请填写所需教辅的开课信息：

采用教材				□中文版　□英文版　□双语版
作　者			出版社	
版　次			ISBN	
课程时间	始于　　年　月　日		学生人数	
	止于　　年　月　日		学生年级	□专　科　　□本科 1/2 年级 □研究生　　□本科 3/4 年级

请填写您的个人信息：

学　校			
院系/专业			
姓　名		职　称	□助教　□讲师　□副教授　□教授
通信地址/邮编			
手　机		电　话	
传　真			
official email（必填） （eg：xxx@ruc.edu.cn）		email （eg：xxx@163.com）	
是否愿意接受我们定期的新书讯息通知：　　□是　　□否			

系/院主任：_____（签字）

（系/院办公室章）

_____年_____月_____日

资源介绍：

——教材、常规教辅（PPT、教师手册、题库等）资源：请访问 www.pearsonhighered.com/educator；　（免费）

——MyLabs/Mastering 系列在线平台：适合老师和学生共同使用；访问需要 Access Code；　（付费）

100013 北京市东城区北三环东路 36 号环球贸易中心 D 座 1208 室

电话：(8610) 57355003　　传真：(8610) 58257961

Please send this form to:

教师教学服务说明

中国人民大学出版社工商管理分社以出版经典、高品质的工商管理、财务会计、统计、市场营销、人力资源管理、运营管理、物流管理、旅游管理等领域的各层次教材为宗旨。

为了更好地为一线教师服务，近年来工商管理分社着力建设了一批数字化、立体化的网络教学资源。教师可以通过以下方式获得免费下载教学资源的权限：

在"人大经管图书在线"（www.rdjg.com.cn）注册，下载"教师服务登记表"，或直接填写下面的"教师服务登记表"，加盖院系公章，然后邮寄或传真给我们。我们收到表格后将在一个工作日内为您开通相关资源的下载权限。

如您需要帮助，请随时与我们联络：

中国人民大学出版社工商管理分社

联系电话：010 - 62515735，62515749，62515987

传　　真：010 - 62515732，62514775　　　　电子邮箱：rdcbsjg@crup.com.cn

通讯地址：北京市海淀区中关村大街甲 59 号文化大厦 1501 室 （100872）

教师服务登记表

姓　名		□先生 □女士	职　称		
座机/手机			电子邮箱		
通讯地址			邮　编		
任教学校			所在院系		
所授课程	课程名称	现用教材名称	出版社	对象（本科生/研究生/MBA/其他）	学生人数
需要哪本教材的配套资源					
人大经管图书在线用户名					

院/系领导（签字）：

院/系办公室盖章